Technisches Zeichnen

Herausgegeben vom Normenausschuß Zeichnungswesen
im DIN Deutsches Institut für Normung e.V.

Bearbeitet von Oberingenieur Paul Böttcher, Berlin
und Studiendirektor Wolfgang Wehr, Berlin

20., neubearbeitete und erweiterte Auflage
Mit 802 Bildern, 271 Tabellen, 45 Beispielen und
327 Übungsaufgaben

B. G. Teubner Stuttgart 1986

CIP-Kurztitelaufnahme der Deutschen Bibliothek

Böttcher, Paul:
Technisches Zeichnen / bearb. von Paul Böttcher
u. Wolfgang Wehr. Hrsg. vom Normenausschuß
Zeichnungswesen im DIN Dt. Inst. für Normung
e.V. – 20., neu bearb. u. erw. Aufl. –
Stuttgart : Teubner, 1986.
ISBN 3-519-06725-0

NE: Wehr, Wolfgang:

Printed in Germany

Gesamtherstellung: Passavia Druckerei GmbH Passau

Umschlaggestaltung: W. Koch, Sindelfingen

Vorwort

Die Technische Zeichnung ist eine besondere Form der Kommunikation. Man verständigt sich mit Hilfe von Bildern und Zeichen. Um sich dieser Sprache fehlerfrei bedienen zu können, sind Kenntnisse notwendig, gleichgültig, ob die Zeichnung von Hand oder durch rechnergesteuerte Anlagen gefertigt wird.

Diesem Buch liegt die Absicht zugrunde, all denen, die mit Technischen Zeichnungen zu tun haben, ein Lehr- und Lernmittel bereitzustellen, das auch als Nachschlagewerk benutzt werden kann.

Die Mittel der Verständigung ändern sich. Im Bereich der Technischen Zeichnung sind deshalb ständig Anpassungen in Form von Normenänderungen notwendig, um weltweit in dem sich schnell entwickelnden Bereich der Technik verstanden zu werden. Die in diesem Buch berücksichtigten Vorschriften entsprechen dem Stand bei Drucklegung. Fehler der vorigen Auflage wurden korrigiert, Hinweise aus der kritischen Fachwelt berücksichtigt. Zusätzlich wurden Gesamtzeichnungen aufgenommen, damit neben der Zeichnungserstellung und dem Zeichnunglesen auch die kritische Beurteilung von Konstruktionen stärker angesprochen werden kann.

Wir danken den Benutzern des nun in der 20. Auflage erscheinenden Buches für ihre Kritiken und Hinweise und bitten auch für die Zukunft um ihre sachkundige Stellungnahme.

Berlin, Februar 1986 P. Böttcher W. Wehr

Inhaltsverzeichnis

				Seite

Hinweise auf DIN-Normen in diesem Werk entsprechen dem Stande der Normung bei Abschluß des Manuskriptes. Maßgebend sind die jeweils neuesten Ausgaben der Normblätter des DIN Deutsches Institut für Normung e.V. , die durch den Beuth-Verlag, 1000 Berlin 30, zu beziehen sind. – Sinngemäß gilt das gleiche für alle in diesem Buch angezogenen amtlichen Richtlinien, Bestimmungen, Verordnungen usw.

1 Einleitung

1.1 Technisches Zeichnen

Zeichnen ist eine Kunst, Formen und Gedanken bildhaft darzustellen. Die Zeichnung wird entweder freihändig entworfen oder mit besonderen Werkzeugen und Geräten unter Einhaltung gewisser Vorschriften angefertigt. Entsprechend unterscheidet man zwischen dem freien künstlerischen Zeichnen und dem gebundenen technischen Zeichnen.

Die technische Zeichnung dient der Verständigung zwischen Konstruktion und Werkstatt. Aus ihren Darstellungen sind in Verbindung mit dem Schriftfeld und der Stückliste alle erforderlichen Fertigungsangaben zu entnehmen. Das betrifft sowohl Formen und Maße des Werkstücks als auch seinen Werkstoff.

Die Aussage der technischen Zeichnung muß deshalb vollständig, eindeutig und für jeden Techniker verständlich sein. Die gemeinsame Sprache sind die Zeichenregeln und Normen.

1.2 Normung

Durch die Normung sind Form, Größe und Ausführung von Erzeugnissen und Verfahren geordnet und vereinheitlicht.

Die in sinnvoller Zusammenarbeit zwischen Wissenschaft und Praxis erarbeiteten Normen bieten Lösungen für immer wiederkehrende Aufgaben. Genormte Teile lassen sich austauschen. Normen fördern damit die Rationalisierung, gewährleisten gleichbleibende Qualität. Die Normen berücksichtigen zugleich die Sicherheit von Menschen und Sachen. Erst die Normung ermöglichte die moderne Massenfertigung.

Deutsches Institut für Normung e.V. Die erste zentrale Organisation zum Erarbeiten von Normen wurde 1917 als „Normalienausschuß für den allgemeinen Maschinenbau" beim VDI gegründet und noch im gleichen Jahr in den Verein „Normenausschuß der deutschen Industrie e.V." umgewandelt. Die Normen erschienen unter dem Zeichen DIN, abgeleitet von „Deutsche Industrie-Norm". Zu dieser Zeit wurde auch der für die Normung im Zeichnungswesen zuständige Ausschuß gegründet. Da die Aufgaben bald den engen Bereich der industriellen Güter überschritten, änderte man 1926 den Namen in „Deutscher Normenausschuß e.V. (DNA)". Das Zeichen DIN wurde entsprechend als „Das ist Norm" gedeutet. 1975 entstand in Anlehnung an die Praxis des Auslands der Name „DIN Deutsches Institut für Normung e.V.".

DIN ist heute das Kurzzeichen des Vereins und zugleich Kennzeichen seiner Gemeinschaftsarbeit, z.B. DIN-Normen, DIN-Taschenbücher. Das Verbandszeichen **DIN** ist ins Warenzeichenregister des Deutschen Patentamts eingetragen.

Wesen der DIN-Normen. DIN-Normen haben den Charakter von Empfehlungen mit einer technisch-normativen Wirkung. Die Beachtung von DIN-Normen steht jedermann frei. Aus sich heraus haben sie keine rechtliche Verbindlichkeit. Wer sich nach Normen richtet, verhält sich in der Regel ordnungsgemäß.

Inhalt. Eine DIN-Norm kann zum Inhalt haben:

- Technische Grundlagen für Dienstleistungen (Dienstleistungsnorm);
- objektiv feststellbare Eigenschaften in bezug auf die Gebrauchstauglichkeit eines Gegenstands (Gebrauchstauglichkeitsnorm);
- technische Grundlagen und Bedingungen für Lieferungen (Liefernorm);
- Maße und Toleranzen von materiellen Gegenständen (Maßnorm);
- Planungsgrundsätze und Grundlagen für Entwurf, Berechnung, Aufbau, Ausführung und Funktion von Anlagen, Bauwerken und Erzeugnissen (Planungsnorm);
- Untersuchungs-, Prüf- und Meßverfahren für technische und wissenschaftliche Zwecke zum Nachweis zugesicherter und/oder erwarteter (geforderter) Eigenschaften von Stoffen und/oder von technischen Erzeugnissen (Prüfnorm);
- die für die Verwendung eines materiellen Gegenstandes wesentlichen Eigenschaften und objektiven Beurteilungskriterien (Qualitätsnorm);
- Festlegungen zur Abwendung von Gefahren für Menschen, Tiere und Sachen (Anlagen, Bauwerke, Erzeugnisse u.ä.) (Sicherheitsnorm);
- physikalische, chemische und technologische Eigenschaften von Stoffen (Stoffnorm);
- Verfahren zum Herstellen, Behandeln und Handhaben von Erzeugnissen (Verfahrensnorm);
- Zeichen oder Systeme zur eindeutigen und rationellen Verständigung terminologischer Sachverhalte (Verständigungsnorm).

Normungsgegenstand ist der materielle oder immaterielle Gegenstand, auf den sich die Festlegungen in der Norm beziehen. Aufgrund ihres Inhalts kann eine Norm zu mehreren der vorstehenden Arten gehören.

Das Ergebnis der Normungsarbeit liegt als Norm-Entwurf, Vornorm oder DIN-Norm vor.

Die Kopfleiste enthält die genaue Bezeichnung des Genormten und im rechten Feld die DIN-Nummer, die aus den Buchstaben DIN und einer Zählnummer ohne klassifizierende Bedeutung besteht (**1**.1). Links steht die DK-Zahl (DK = Dezimalklassifikation, z.B. für das Zeichnungswesen DK 74), die das Fach- und Anwendungsgebiet kennzeichnet. Über der Fußleiste ist der zuständige Normenausschuß aufgeführt.

DK 006	DEUTSCHE NORM	**Dezember 1980**
	Normungsarbeit Gestaltung von Normen Form, Nummern, Titel	DIN 820 Teil 21
Standardization; presentation of standards; layout, numbers, title Normalisation; présentation de normes; tracé, numéros, titre		Ersatz für Ausgabe 12.76

1.1 Kopfleiste einer DIN-Norm

Veröffentlichungen. Wichtig ist es, sich gründlich und laufend über Normen zu unterrichten. Gelegenheit dazu bieten folgende Veröffentlichungen des DIN:

- der DIN-Katalog, in dem Normen und Norm-Entwürfe und andere Technische Regelwerke vermerkt sind[1]),
- die DIN-Mitteilungen, die Monatsschrift des DIN und das DIN-Informationssystem Technik **DINST**[1]),
- die Einführung in die DIN-Normen, die zahlreiche Normen umfassend behandelt[2]),
- das Inhaltsverzeichnis der Luftfahrtnormen[1]).

Internationale Normung. Da es weder sinnvoll noch wirtschaftlich wäre, die Normung allein auf die Bedürfnisse eines Landes abzustellen, wurde 1926 die „International Federation of the National Standardizing Associations (ISA)" gegründet. Ihre Arbeitsergebnisse galten als Vorschläge bzw. Empfehlungen für die nationalen Normenausschüsse. Am bekanntesten waren die ISA-Passungen. Als Nachfolgerin der ISA entstand 1947 die ISO (International Organization for Standardization) in Genf, was etwa „Internationale Organisation für Normung" bedeutet. Die Kurzbezeichnung ISA wurde durch ISO ersetzt.

Zweck der Organisation ist die Förderung der Normung in der Welt, um den Austausch von Gütern und Dienstleistungen zu unterstützen und die gegenseitige Zusammenarbeit im Bereich des geistigen, wissenschaftlichen, technischen und wirtschaftlichen Schaffens zu entwickeln.

Eine internationale Norm der ISO oder IEC, der das DIN zugestimmt hat, wird nach Entscheidung des zuständigen Normenausschusses entweder ohne Überarbeitung als DIN-ISO- bzw. DIN-IEC-Norm übernommen, oder es wird daraus nach Überarbeitung eine DIN-Norm erstellt[3]). Voraussetzung für die Übernahme ohne Überarbeitung ist, daß die Norm vorher demselben Einspruchsverfahren unterworfen wurde wie DIN-Normen.

1.3 Zeichnungsarten

Zeichnungen werden nach Art der Darstellung und Anfertigung sowie nach Inhalt und Zweck verschieden benannt (**1**.3 auf S. 12).

Angaben über Aufbau, Anwendung und Ausführung von Zeichnungen für vereinfachte Angaben in technischen Unterlagen enthalten DIN 30 T5 (Fremdteilzeichnungen), DIN 30 T6 (Sammelzeichnungen), DIN 30 T7 (Vordruckzeichnungen) und DIN 30 T8 (Ergänzungszeichnungen).

Skizzen. Ist ein zu Bruch gegangenes Teil einer Maschine zu ersetzen und eine Zeichnung davon nicht vorhanden, wird zunächst eine Skizze angefertigt. Man legt fest, wieviel und welche Ansichten und Schnitte erforderlich sind, damit die Gestalt des Werkstücks vollkommen erfaßt ist. Für die Hülse (**1**.2) z.B. ist nur ein Bild

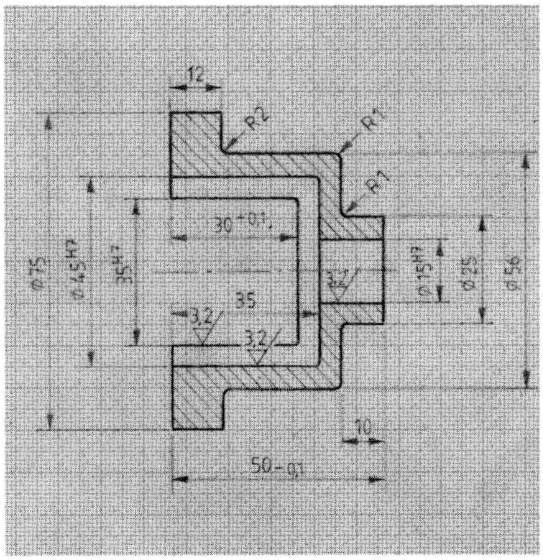

1.2 Skizze einer Hülse

---
[1]) Beuth Verlag GmbH, Berlin und Köln
[2]) Klein, M.: Einführung in die DIN-Normen, B. G. Teubner, Stuttgart 1985
[3]) Das Verzeichnis „Arbeitsergebnisse internationaler Normenorganisationen" gibt jeweils an, mit welchen Normen die ISO- und IEC-Normen übereinstimmen bzw. in Zusammenhang stehen.

nötig. Die Abmessungen werden geschätzt. Ohne Verwendung des Zirkels, der Zeichendreiecke und anderer Geräte wird das Werkstück freihändig mit einem weichen Zeichenstift meist auf Millimeterpapier übertragen, denn Feldteilungen erleichtern die Arbeit.

Tabelle 1.3 **Begriffe im Zeichnungs- und Stücklistenwesen (DIN 199 T 1)**

Anordnungsplan	Technische Zeichnung, die die räumliche Lage von Gegenständen zueinander darstellt
Diagramm	Zeichnung, in der Zahlenwerte oder funktionale Zusammenhänge in einem Koordinatensystem dargestellt sind
Einzelteilzeichnung	Technische Zeichnung, die ein Einzelteil ohne die räumliche Zuordnung zu anderen Teilen darstellt
Entwurf-, Entwurf	Wortkombinationen mit „Entwurf" deuten auf eine Fassung hin, über deren endgültige Ausführung noch nicht entschieden wurde
Ergänzungszeichnung	eigenständige Zeichnung solcher Einzelheiten von Gegenständen, auf die in anderen Zeichnungen Bezug genommen wird
Fertigungszeichnung	Technische Zeichnung, die in der Darstellung eines Gegenstands und mit weiteren Angaben in besonderer Weise Gesichtspunkten der Fertigung Rechnung trägt
Fotozeichnung	Zeichnungsunterlage, die als wesentlichen Bestandteil fotografische Abbildungen enthält
Gesamtzeichnung	zeigt eine Anlage, ein Bauwerk, eine Maschine, ein Gerät, eine Gruppe in zusammengebautem Zustand oder auch als Explosionsdarstellung
Grafische Darstellung	soll im Sinne dieser Norm nicht angewendet werden. Statt dessen wird auf →Technische Zeichnung verwiesen
Gruppenzeichnung	maßstäbliche →Technische Zeichnung, die die räumliche Lage und die Form der zu einer Gruppe zusammengefaßten Teile darstellt
Hauptzeichnung	im Bedarfsfall für die Darstellung eines Erzeugnisses in seiner obersten Strukturstufe zulässig
Konstruktionszeichnung	Technische Zeichnung, die einen Gegenstand in seinem vorgesehenen Endzustand darstellt
Maßbild	Zeichnung, in der für ein Teil nur die für den jeweiligen Einzelfall wesentlichen Maße und Informationen angegeben sind
Montierte Zeichnung	Originalzeichnung, in die vorhandene oder getrennt erstellte Zeichnungen, Abbildungen, Texte eingesetzt sind
Originalzeichnung	eine als Unikat dauerhaft gespeicherte Zeichnung, deren Informationsinhalt als verbindlich erklärt wurde
Patentzeichnung	Technische Zeichnung, die in ihrem formalen Aufbau und in ihrer zeichnerischen Darstellung den Vorschriften der „Verordnung über die Anmeldung von Patenten" entspricht
Prüfzeichnung	Technische Zeichnung zur Prüfung des dargestellten Gegenstands
Sammelzeichnung	Technische Zeichnung, bei der mehrere Teile in einer oder mehreren Darstellungen ohne räumliche Zuordnung zusammengefaßt sind
Schema-, Schema	bei Zeichnungen deuten Wortkombinationen mit „-Schema-" auf eine stark abstrahierte oder symbolische Darstellung hin
Skizze	eine nicht unbedingt maßstäbliche, vorwiegend freihändig erstellte Zeichnung
Stammzeichnung	Zeichnungsunterlage, die zur Vervielfältigung benutzt wird
Standardzeichnung	Zeichnung, die durch Hinzufügen oder Verändern bestimmter, vorgesehener Daten dem jeweiligen Anwendungsfall angepaßt werden muß, bevor sie als →Technische Zeichnung angewendet werden kann

Fortsetzung s. nächste Seite

Tabelle 1.3, Fortsetzung

Technische Skizze	Skizze in der für technische Zwecke erforderlichen Art und Vollständigkeit
Technische Unterlage	Unterlage, deren Informationsinhalt technischen Zwecken dient
Technische Zeichnung	Zeichnung in der für technische Zwecke erforderlichen Art und Vollständigkeit
Teilzeichnung	Technische Zeichnung, die ein Teil ohne räumliche Zuordnung zu anderen Teilen darstellt
Unterlage	im Sinn dieser Norm ein archivierbarer Informationsträger, von dem Informationen direkt oder mit optischen Hilfsmitteln gelesen werden können
Vordruckzeichnung	Zeichnungsunterlage, die nur eine reproduzierte →Standardzeichnung enthält
Zeichnungssatz	Gesamtheit aller für einen bestimmten Zweck zusammengestellten →Zeichnungsunterlagen
Zeichnungsunterlage	Technische Unterlage, die eine →Technische Zeichnung enthält
Zusammenbauzeichnung	Technische Zeichnung, die zur Erläuterung von Zusammenbauvorgängen dient
Außer den genormten Begriffen sind diese Begriffe üblich und werden im folgenden Text verwendet:	
Bleizeichnung	eine von Hand ausgeführte Zeichnung oder Skizze in Blei (**1**.9)
Druckstockzeichnung	dient zum Anfertigen eines Druckstocks oder einer Druckplatte
Original	eine erstmalig entstandene, meist transparente Zeichnung oder Skizze
Rohteilzeichnung	Teilzeichnung von Schmiede-, Guß-, Preßstücken u.a., die noch weiter zu bearbeiten sind (**1**.10)
Tuschezeichnung	von Hand ausgeführte Zeichnung oder Skizze in Tusche
Vervielfältigung	Lichtpausen, fotografische Abzüge oder durch Drucken hergestellte Zeichnungen

Begriffe im Zeichnungs- und Stücklistenwesen siehe DIN 199 T 2 und T 3 sowie T 5 und T 100 (zur Zeit noch Entwürfe).

Skizzen sollen möglichst maßstäblich, wenn auch in beliebigem Maßstab, gezeichnet werden und somit die Abmessungen des Werkstücks einigermaßen verhältnisgleich zeigen. Stets sind die Mittellinien zuerst zu ziehen und die Formen (und zwar bei hohlen Werkstücken von innen nach außen) in schmalen Linien zu entwickeln. Dann wird nachgezogen und bemaßt. Danach wird gemessen. Mit Meßschieber (Schieblehre), Stabmaß, Meßschraube (Schraublehre), Tiefenmaß u.a. werden die Abmessungen am Werkstück abgenommen und die Maßzahlen in die Skizze übertragen. Schließlich setzt man Toleranzen und Oberflächenzeichen ein und zieht die Schraffuren.

Macht das freihändige Zeichnen der Kreise anfänglich Schwierigkeiten, legt man den Halbmesser auf einem Papierstreifen fest und trägt vom Kreismittelpunkt aus nach mehreren Seiten ab (**1**.4 auf S.14). Durch die Markierungspunkte werden kurze Bogen gezogen und zu dem gewünschten Kreise vereinigt.

Die Skizze wird nach einem der genormten Zeichnungsmaßstäbe auf den Bogen übertragen. Hierbei stellt sich von selbst heraus, ob alle Maße in der Skizze enthalten sind; denn die Zeichenarbeit stockt, wenn auch nur ein Maß fehlt.

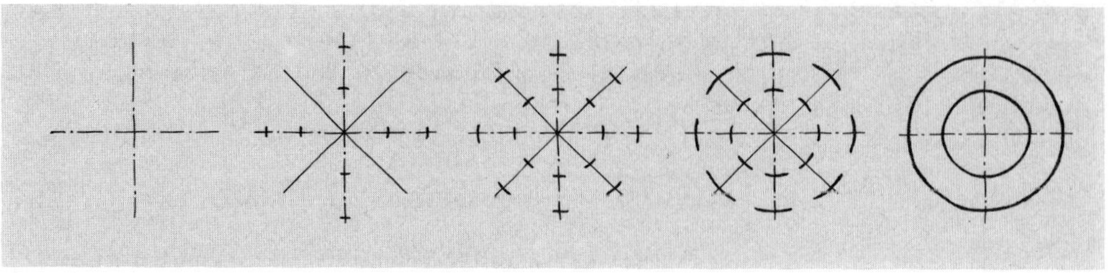

1.4 Entstehung eines freihändig zu ziehenden Kreises

Tuschezeichnungen. Hat man, wie üblich, auf Klarpapier vorgezeichnet, kann die Tuschezeichnung auf demselben Bogen entstehen. Man kann auch einen Bogen transparentes Papier über den Zeichnungsentwurf spannen und darauf ausziehen.

Zuerst werden die Mittellinien und danach, mit den kleinen beginnend, alle Kreise und Bogen einer Linienbreite nachgezogen (1.5). Übergangsstellen von Bogen in andere Bogen oder in gerade Linien werden zweckmäßig mit einem weichen Zeichenstift markiert.

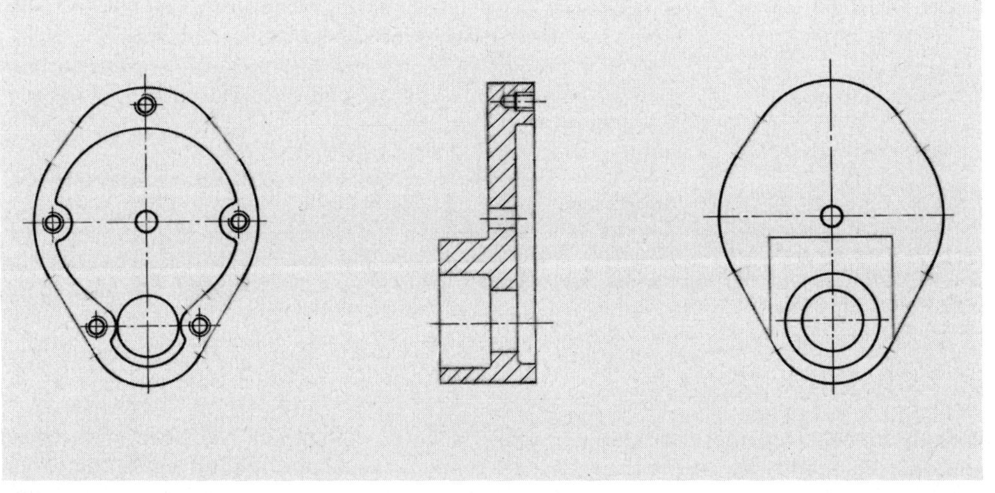

1.5 Ausgezogene Mittellinien und Kreise

Ist der einwandfreie Übergang mehrerer aneinandergereihter Kreisbogen nicht ohne weiteres möglich, unterbricht man die Zirkelschläge kurz vor den Übergangspunkten und füllt die Lücken durch gerade Linien aus (1.6). Dann sind alle waagerechten Linien, oben links auf dem Zeichenblatt beginnend, zu ziehen. Es folgen die senkrechten Linien, die man nur an dem auf der Zeichenschiene aufgesetzten Zeichendreieck nachzieht, wenn damit gearbeitet wird. Die Zeichenschiene soll, wo nur immer möglich,

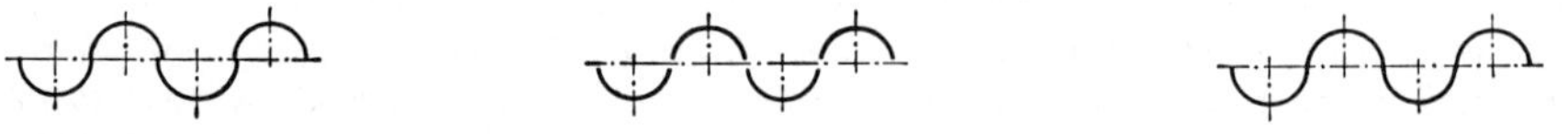

1.6 Ausziehen von Kreisbogenübergängen

verwendet werden. Die schrägen Linien werden ausgezogen (**1**.7). Nach den sichtbaren und verdeckten Körperkanten folgen nacheinander Maß- und Maßhilfslinien, Maßpfeile, Maßzahlen, Oberflächenzeichen und sonstige Angaben (**1**.8). Zum Schluß erst schraffiert man und füllt das Schriftfeld aus.

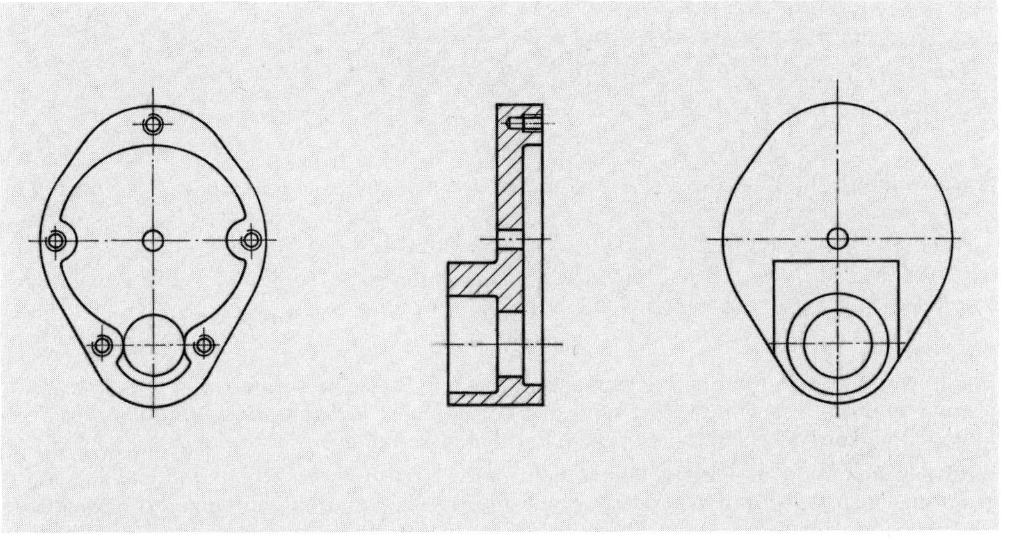

1.7 Ausgezogene Körperkanten

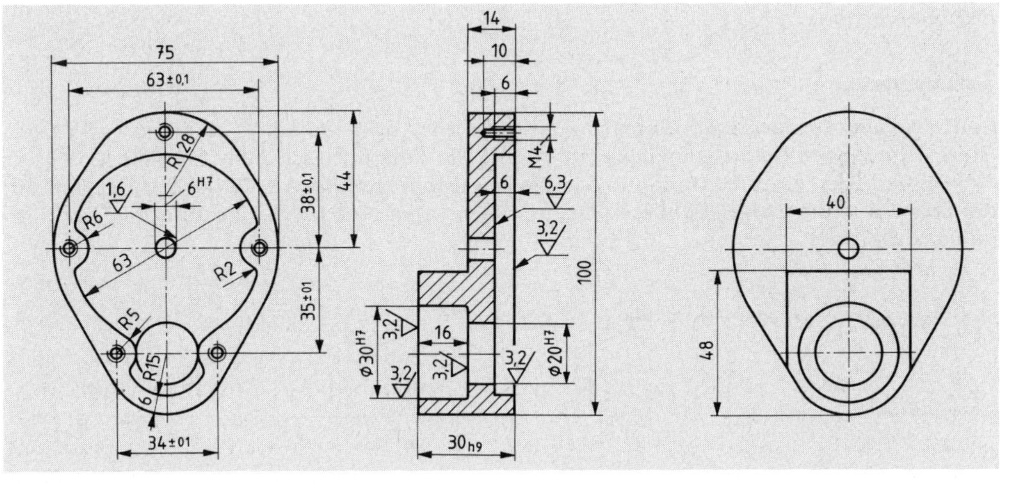

1.8 Ausgezogene und bemaßte Darstellung

Bleizeichnungen. Zeichnungen auf Klarpapier werden häufig mit dem Zeichenstift nachgezogen. Kreise, Maßpfeile, Maßzahlen und die Beschriftung führt man jedoch in Tusche aus (**1**.9). Bei Zeichnungen für die Mikroverfilmung ist dieses Verfahren wegen der unterschiedlichen Kontraste von Tusche und Blei nicht zu empfehlen. Die Linien müssen scharf umrissen, tiefschwarz, unverwischbar sein und, von der Seite gesehen, glänzen.

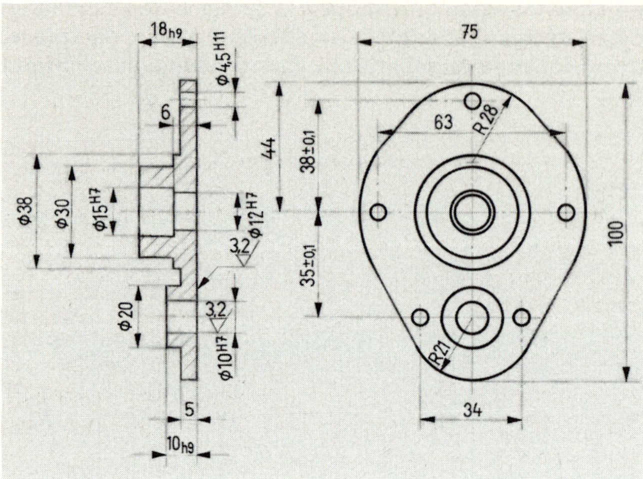

1.9 Bleizeichnung

Sonst ist die Zeichnung nicht lichtpausbar. Auch in Bleizeichnungen sind die Linienbreiten abzustufen. Schraffiert wird zweckmäßig auf der Rückseite des Bogens, damit die feinen Linien auf den Lichtpausen recht deutlich erscheinen.

Sind Arbeitsgänge an einem Werkstück in Verbindung mit Arbeitsgängen an einem anderen, dazugehörigen Werkstück empfehlenswert (wie das gemeinsame Bohren der fünf Gewindekernlöcher des Gehäuses **1**.8 mit den fünf auf den gleichen Durchmesser zunächst vorzubohrenden Durchgangslöchern im Deckel **1**.9), sind entsprechende Vermerke nötig, wenn der gemeinsame Arbeitsgang anderswo (z. B. aus der Arbeitskarte) nicht hervorgeht.

Teilzeichnungen

Rohteilzeichnungen geben Gestalt, Abmessungen und Werkstoff der unbearbeiteten Guß-, Preß- oder Schmiedestücke an (**1**.10). Sie können auch dem Modelltischler zur Anfertigung der einzuformenden Modelle oder dem Stahlformenbauer zur Herstellung der Formen in die Hand gegeben werden; häufig aber sind hierbei besondere Zeichnungen erforderlich.

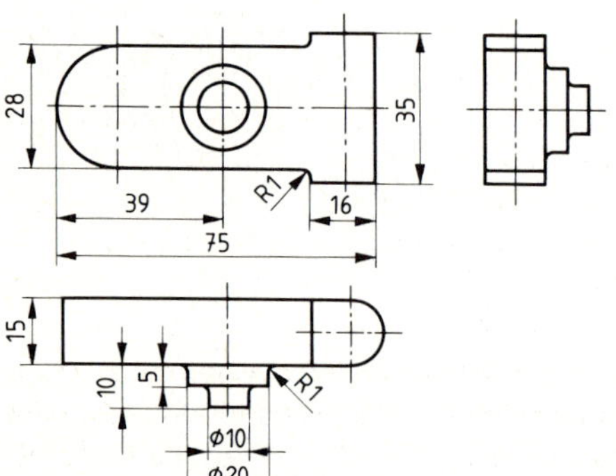

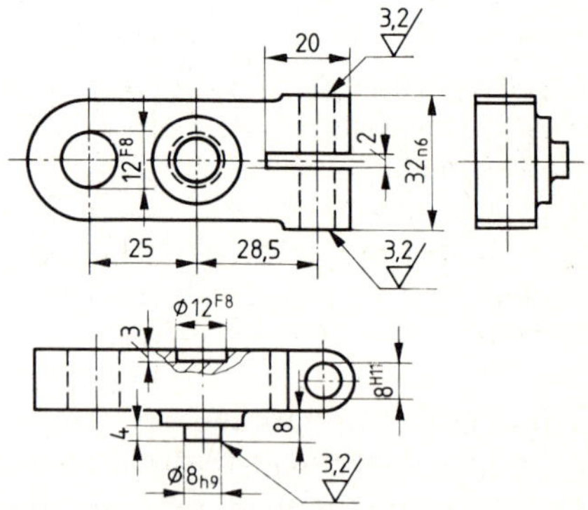

Rohteilmaße nach Zchng. Nr. ...

1.11 Fertigteilzeichnung

Fertigteilzeichnungen sind Darstellungen bearbeiteter Werkstücke und geben Aufschluß über die Gestalt der einzelnen Teile, über ihre Abmessungen einschließlich der einzuhaltenden Toleranzen, die Beschaffenheit der Oberflächen und den Werkstoff (**1**.11). An Stelle einer Rohteilzeichnung kann die Zugabe des Werkstoffs in einfach gelagerten Fällen durch Strich-Zweipunktlinien in der Fertigteilzeichnung angegeben werden.

Die Rohteilzeichnung trägt gewöhnlich die gleiche Nummer und Benennung wie die Fertigteilzeichnung, außerdem hinter der Werkstückbezeichnung in Klammern einen entsprechenden Vermerk (z. B. „Rohteil", „Preßteil"). In die Fertigteilzeichnung werden, sofern eine Rohteilzeichnung vorhanden ist, bisweilen nur die für die Bearbeitung des Rohteils nötigen Maße eingesetzt. Empfehlenswert ist dann ein Vermerk, daß die fehlenden Maße in der Rohteilzeichnung enthalten sind.

Gesamtzeichnungen

Der Zusammenbau der Werkstücke zu einem Gerät oder zu einer Maschine wird in Gesamtzeichnungen zum Ausdruck gebracht, und zwar in der Gebrauchslage. Es kommt besonders auf die Anordnung der Teile, auf ihre Abhängigkeit voneinander und auf das gegenseitige Zusammenwirken an – nicht auf die Wiedergabe aller Einzelheiten der Werkstücke (dazu sind die Teilzeichnungen da).

Die Zeichnung des Lochwerkzeugs (**1**.12, S. 18) ist eine Gesamtzeichnung. Sie ist so beschaffen, daß Lernende die Formen aller Teile genau erkennen und sich im Herauszeichnen der Einzelteile üben können. In der Praxis jedoch wird zur Konstruktion einer Maschine eine nicht sehr ausführliche Gesamtzeichnung hergestellt, aus der dann die Teile „herausgezogen", d. h. normgerechte Teilzeichnungen angefertigt werden. Gesamtzeichnung und Einzelteile können aber auch auf demselben Bogen untergebracht werden, wie es im Vorrichtungsbau üblich ist.

Teilnummern. In der Gesamtzeichnung erhält jedes Werkstück eine nicht umrandete laufende Teilnummer (Positionsnummer) in etwa doppelter Größe der Maßzahl, mindestens aber von 5 mm Höhe. Diese Teilnummern, deren Reihenfolge möglichst dem Zusammenbau entsprechen soll, stehen übersichtlich in, besser neben der Darstellung in Leserichtung waagerecht oder/und senkrecht oder in Richtung der Uhrzeigerbewegung. Sie stehen außerdem in der Spalte „Lfd. Nr." bzw. Pos. der Stückliste. Die Bezugslinien nach den Teilnummern sind schmal wie Maßlinien und geradlinig so zu ziehen, daß sie nicht mit benachbarten Linien verwechselt werden können und nicht stören. Das in der Darstellung liegende Ende der Bezugslinie erhält einen Punkt in Tusche. Gesamtzeichnungen enthalten meist einige Hauptmaße und (wenn nötig) Angaben für Zusammenbau und Wirkungsweise der Teile.

Für genormte Teile (wie Schrauben, Muttern, Scheiben, Splinte) sind Teilzeichnungen meist nicht erforderlich, da sie am Lager sind oder von auswärts bezogen, im eigenen Betriebe also nicht nach Zeichnung hergestellt werden. Die Aufnahme der genormten Bezeichnungen bzw. Sachnummern in die Stückliste genügt.

Der Zusammenhang aller Zeichnungen untereinander bleibt durch Eintragen der auf den Teilzeichnungen eingeschriebenen Werkstück- bzw. Sachnummern in die Stückliste gewahrt. In Mappen oder Heftern werden die Lichtpausen aller Zeichnungen des Geräts wohlgeordnet vereinigt und geschlossen oder einzeln ausgegeben.

Gruppenzeichnungen. Bestehen Schwierigkeiten, eine Gesamtdarstellung mit sehr vielen Teilen auf einem Zeichenbogen unterzubringen, faßt man die Werkstücke zunächst gruppenweise in sogenannten Gruppenzeichnungen zusammen. Dann hat die Gesamtzeichnung nur die Anordnung und Wirksamkeit der einzelnen Gruppen untereinander zu zeigen. Beispiele bringt Abschn. 7.9

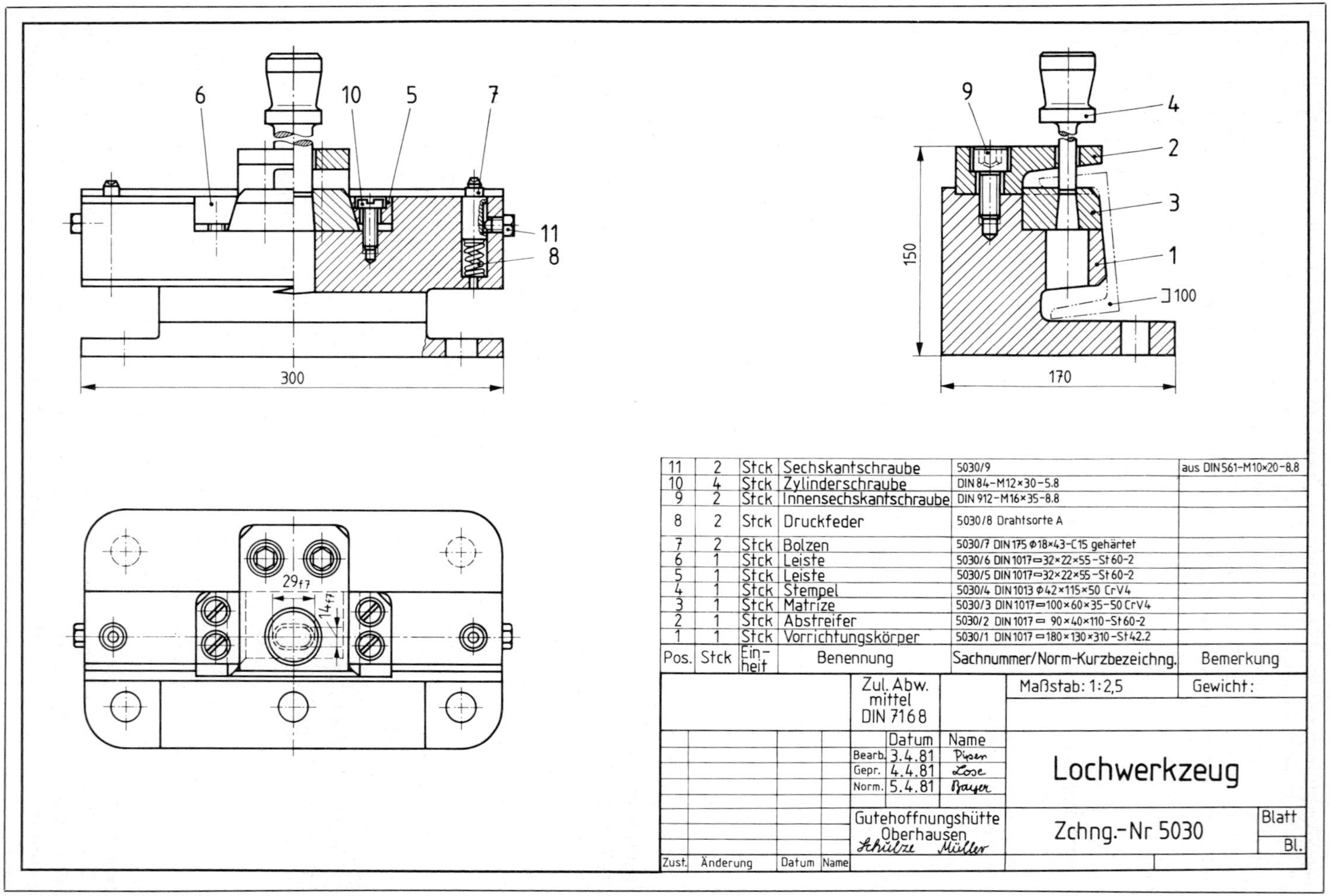

Pos.	Stck	Einheit	Benennung	Sachnummer/Norm-Kurzbezeichng.	Bemerkung
11	2	Stck	Sechskantschraube	5030/9	aus DIN 561-M10×20-8.8
10	4	Stck	Zylinderschraube	DIN 84-M12×30-5.8	
9	2	Stck	Innensechskantschraube	DIN 912-M16×35-8.8	
8	2	Stck	Druckfeder	5030/8 Drahtsorte A	
7	2	Stck	Bolzen	5030/7 DIN 175 Φ18×43-C15 gehärtet	
6	1	Stck	Leiste	5030/6 DIN 1017 ▭32×22×55-St 60-2	
5	1	Stck	Leiste	5030/5 DIN 1017 ▭32×22×55-St 60-2	
4	1	Stck	Stempel	5030/4 DIN 1013 Φ42×115×50 CrV4	
3	1	Stck	Matrize	5030/3 DIN 1017 ▭100×60×35-50 CrV4	
2	1	Stck	Abstreifer	5030/2 DIN 1017 ▭ 90×40×110-St 60-2	
1	1	Stck	Vorrichtungskörper	5030/1 DIN 1017 ▭180×130×310-St 42.2	

1.12 Gesamtzeichnung eines Lochwerkzeugs

2 Zeichengeräte

Für alle beruflichen Tätigkeiten braucht man in mehr oder minder großem Umfang Werkzeuge und Geräte. So sind für die Fertigung technischer Zeichnungen Zeichengeräte erforderlich.

2.1 Zeichenbrett, Zeichentisch, Zeichenplatte

Zeichenbretter, -tische und -platten dienen als Unterlage und Spannmöglichkeit für die Zeichenpapiere. In Abhängigkeit zu den Blattgrößen sind die Brettermaße genormt (**2**.1).

Tabelle **2**.1 **Größen der Bretter nach DIN 3100**

Blattgröße DIN	A4	A3	A2	A1	A0	>A0	
Höhe × Breite in mm	250×350	350×500	500×700	700×1000	1000×1500	1250×1750	1250×2000

Zeichenbretter und -tische bestehen aus kunststoffbeschichteten Holzplatten, auf denen die Zeichnungsbögen mit Klebeband befestigt werden (**2**.2).

Zeichenplatten sind für die Blattformate A4 bis A2 gebräuchlich (**2**.3). Sie bestehen aus Kunststoff. Die Zeichenpapiere werden durch Klemmschienen auf der Platte befestigt.

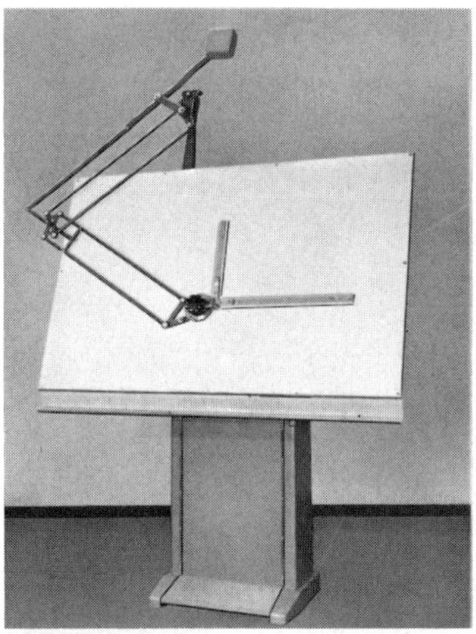

2.2 Zeichentisch

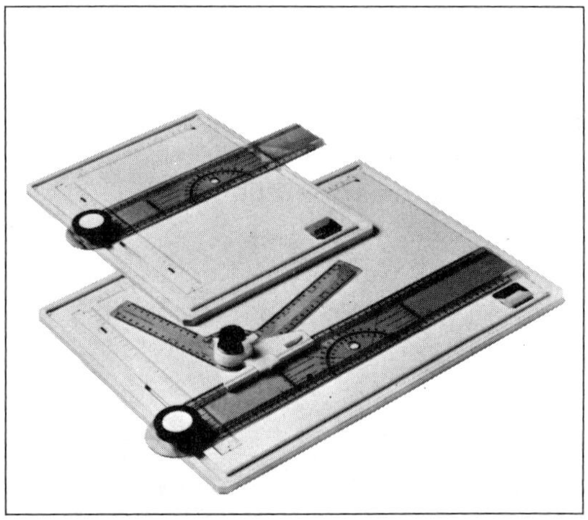

2.3 Zeichenplatten

2.2 Zeichenstifte, Tuschehalter

Feststoffminen, in Holz gefaßt oder in Klemmhaltern geführt, dienen für Bleizeichnungen. Die Minen unterscheiden sich durch ihre Härte, die durch Buchstaben und Ziffern kenntlich gemacht wird. Härtere Minen eignen sich zum Vorzeichnen und zum Arbeiten auf rauhem Papier, weichere Minen verwendet man zum Nachzeichnen und für glatte Papiere.

Die Buchstaben der Härtebezeichnungen bedeuten:

B = black (schwarz) ≙ weich	HB = hard-black	Zwischenhärten
H = hard (hart) ≙ hart	F = firm (fest)	

Die Ziffern vor den Buchstaben B und H verweisen auf feinere Abstufungen innerhalb der Härtegrade.

Bevorzugt werden für das technische Zeichnen Feinminenhalter, in denen Minen in den gebräuchlichsten Linienbreiten geführt werden.

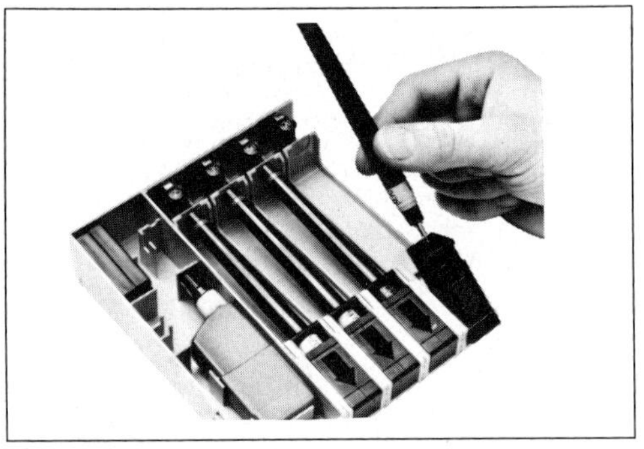

2.4 Tuschehaltersatz

Tuschehalter. Tuschezeichnungen wurden früher mit der Reißfeder, heute fast ausschließlich mit Tuschehaltern gefertigt. Tuschehalter erleichtern die Arbeit wesentlich durch genaue Einhaltung der Linienbreiten, kontinuierlichen Tuschefluß und geringe Reinigungsprobleme. Um das häufige Wechseln von Tuschetank und Feder zu vermeiden, verwendet man einen Haltersatz mit den wichtigsten Linienbreiten für Zeichnung und Beschriftung (**2**.4).

2.3 Geräte zur Linienführung

Gerade Linien werden auf Zeichenbrettern mit Hilfe von Zeichenschienen (DIN 3101) und Dreiecken (DIN 3102) gezeichnet (**2**.5 und **2**.6). Die Kanten müssen glatt und völlig gerade sein.

2.5 Ziehen waagerechter Linien mit der Zeichenschiene

2.6 Ziehen vertikaler Linien mit dem Dreieck

Zeichenschienen dienen zum Zeichnen waagerechter Linien. Die genaue Führung der Schiene kann auch eine Führungsschiene übernehmen. Sie läßt sich (meist mit zwei Schraubzwingen) an jeder ebenen Platte anbringen (**2**.7). Die Zunge der Schiene muß über die volle Brettbreite reichen. Der Schienenkopf sitzt rechtwinklig zur Zunge; er übernimmt die Führung an der Innenkante des Zeichenbretts. Hilfreich sind Feststellvorrichtungen, die das Weggleiten der Schiene beim Andruck durch Blei- und Tuschehalter verhindern.

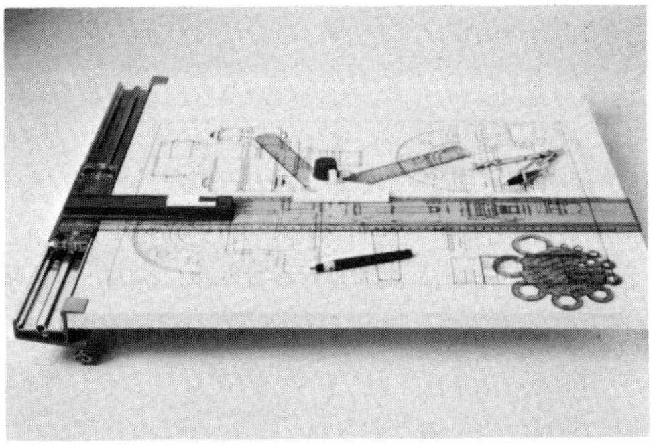

2.7 Zeichenschiene mit Führungsschiene

Dreiecke – je eins mit den Winkelgrößen 45°/90°/45° ($\triangleq \frac{\pi}{4}$ rad/$\frac{\pi}{2}$ rad/$\frac{\pi}{4}$ rad) und 30°/60°/90° ($\triangleq \frac{\pi}{6}$ rad/$\frac{\pi}{3}$ rad/$\frac{\pi}{2}$ rad) – dienen zum Zeichnen der vertikalen Linien. Mit ihnen lassen sich alle Winkel in den Abständen von 15° zu 15° ($\triangleq \frac{\pi}{12}$ rad) zeichnen (**2**.8).

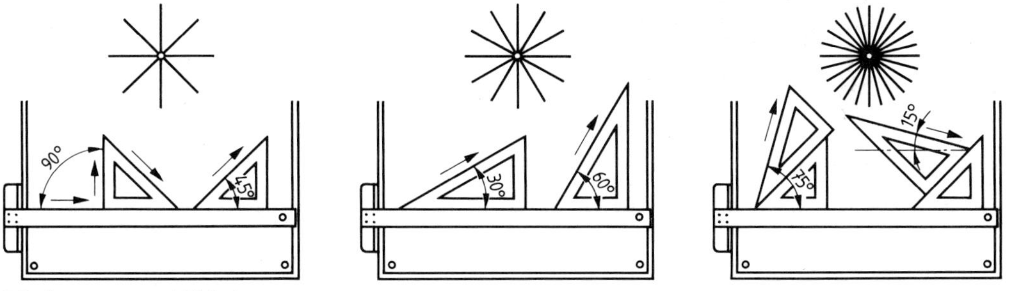

2.8 Antragen von Winkeln

Zeichenmaschinen gehören zur Ausrüstung der Zeichentische. Sie bestehen aus der Führung und dem Zeichenkopf, der die Lineale trägt. Die Führung kann eine Parallelführung mit zwei hintereinander geschalteten Parallelogrammgestängen sein (**2**.9) oder eine Horizontal- und Vertikalführung wie bei Laufwagenmaschinen (**2**.10). Der Zeichen-

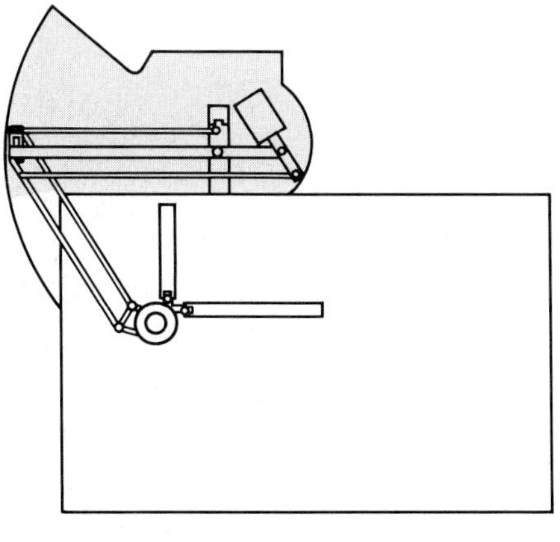

2.9 Parallelogrammführung

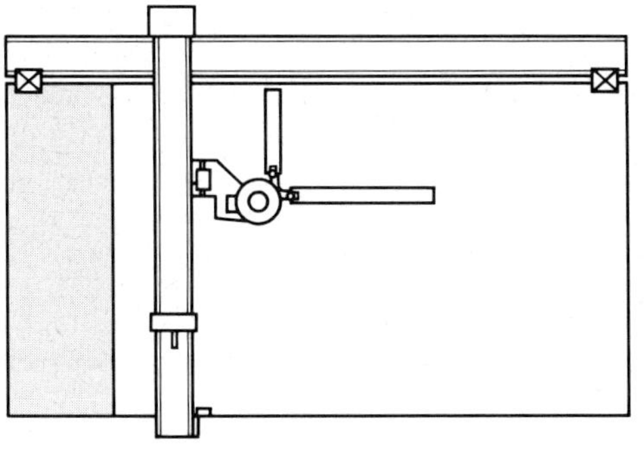

2.10 Laufwagenführung

kopf mit den beiden senkrecht zueinander stehenden Linealen ist drehbar gelagert (**2**.11). Er läßt die Einstellung und Fixierung beliebiger Winkel zu; meist besteht eine Rastung von 15° zu 15° ($\triangleq \frac{\pi}{12}$ rad). Zeichenköpfe haben oft eine Einrichtung zum Einstellen und Einhalten gleicher Schraffurabstände. Die Lineale sind auswechselbar zum Zeichnen mit verschiedenen Maßstäben bzw. zum Einsatz von Tuschelinealen.

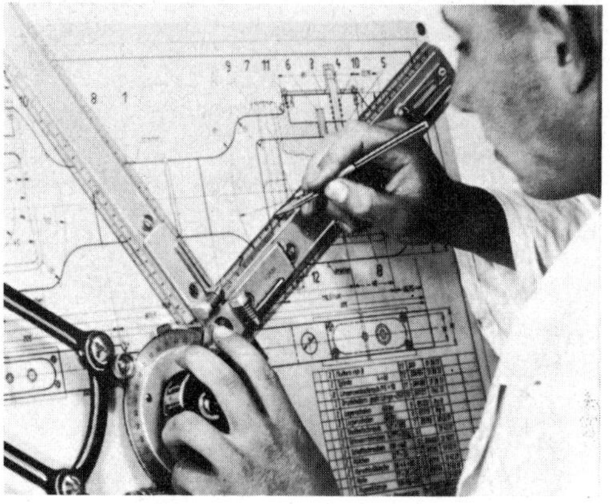

2.11 Handhabung des Zeichenkopfs

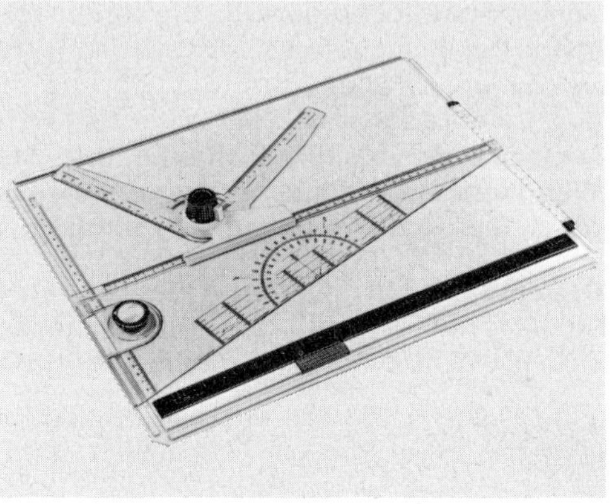

2.12 Universal-Zeichenplatte mit Zeichenschiene und Zeichenkopf

Schablonen – z.B. Rundungsschablonen, Kurvenlineale, Perspektivwinkel und andere (**2**.13) – sind für die Linienführung auf allen Zeichenbrettern, -tischen und -platten einsetzbar.

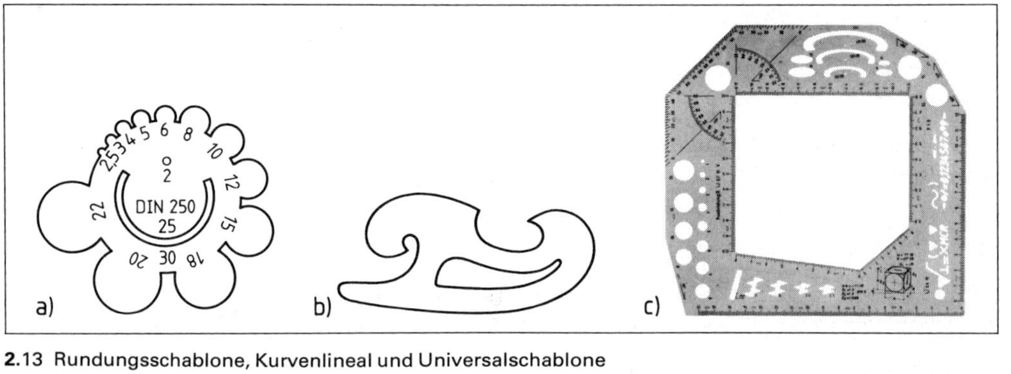

2.13 Rundungsschablone, Kurvenlineal und Universalschablone

2.4 Zirkel

Zirkel sind wichtige Hilfsmittel für das technische Zeichnen. Erforderlich sind Stechzirkel, Teilzirkel, Nullenzirkel und Einsatzzirkel mit Verlängerungsstange (**2**.14 bis **2**.17).

Der Stechzirkel dient zum Übertragen von Längen vom Maßstab auf die Zeichnung, vor allem aber dazu, gezeichnete Längen auf den Zeichnungen sicher zu übernehmen. Das

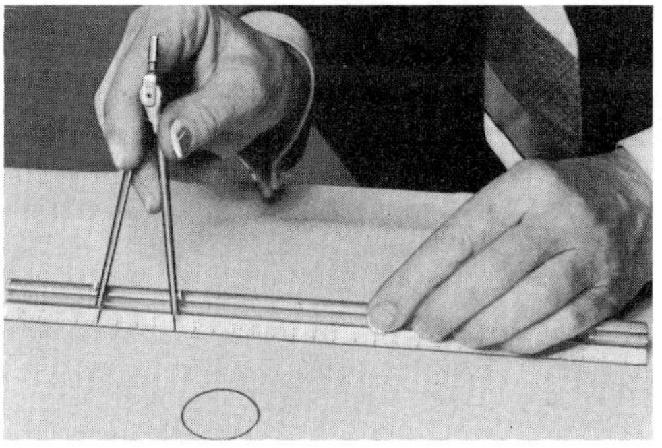

2.14 Stechzirkel

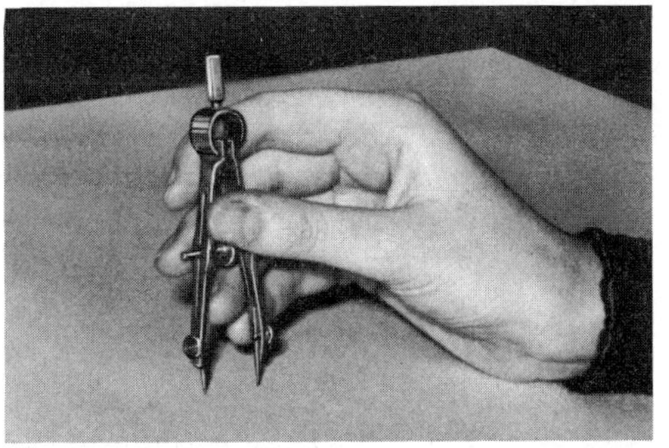

2.15 Teilzirkel

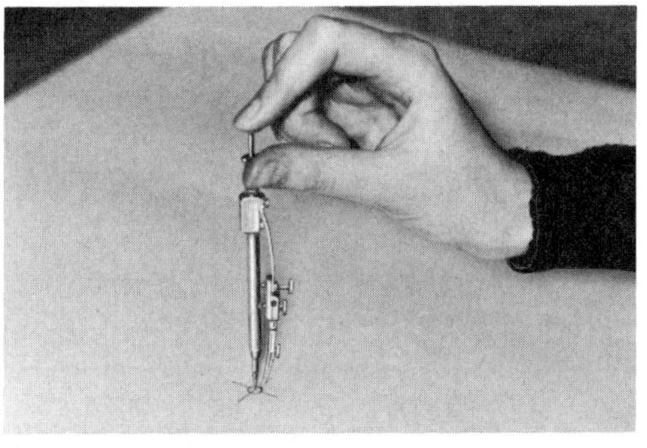

2.16 Nullenzirkel

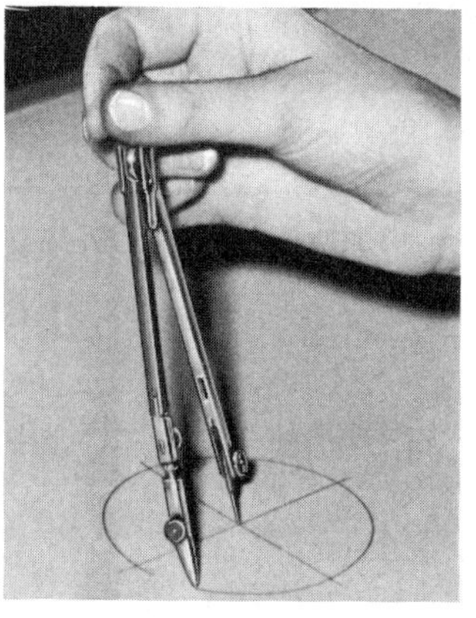

2.17 Einsatzzirkel

Übertragungsverfahren ist wesentlich weniger mit Fehlern behaftet als das Messen und Neuantragen von Maßen.

Der Teilzirkel wird für mehrmaliges Übertragen kleiner Strecken benutzt. Der über eine Schraubspindel einstellbare Spitzenabstand bleibt während des Teilens unverändert.

Mit dem Nullenzirkel zeichnet man sehr kleine Kreise. Der leicht drehbare Schenkel, der den Blei- oder Tuscheeinsatz trägt, läßt sich dicht zum Kreismittelpunkt hin einstellen.

Der Einsatzzirkel dient zum Zeichnen der Kreisbögen. Mit Hilfe einer Verlängerungsstange lassen sich auch sehr große Kreise und Kreisteile zeichnen.

Nullen- und Einsatzzirkel gibt es auch mit Spezialhalterungen zum Einschrauben von Tuschetank und Feder eines Tuschehalters. Da vielfach auch auf Bleizeichnungen Kreise und Kreisteile mit Tusche gefertigt werden, nutzt man entsprechend die Vorzüge des Tuschehalters.

Die Güte der Arbeit hängt von der Handhabung der Zeichengeräte ab, in erheblichem Maße jedoch auch von deren Ausführung und Pflege. Mit schlecht gefertigten, unsachgemäß eingesetzten oder ungepflegten Geräten kann man keine korrekten Zeichnungen erstellen.

2.5 Zeichenzubehör

Radiermittel gehören zum wichtigsten Zeichenzubehör. Für Bleizeichnungen verwendet man vor allem Gummis verschiedener Härte, die dem Zeichenstrich und dem Papier angepaßt sein müssen. Tuschelinien werden mit dem Radiermesser (**2**.18), einem Glashaarpinsel oder einer gebrauchten Rasierklinge entfernt.

2.18 Radieren mit dem Radiermesser

2.19 Radieren mit dem Tuscheradierer

Beim Radieren muß der Bogen glatt gespannt sein und die zu bessernde Stelle auf einer festen Unterlage liegen.

Um das Papier möglichst wenig aufzurauhen, radiert man stets in einer Richtung.

Vor dem Nachziehen der Linien muß man dafür sorgen, daß die Tusche an den Radierstellen nicht verläuft. Das dazu nötige Glätten und Schwärzen der radierten Stellen entfällt beim Einsatz von Tuscheradieren (**2**.19). Sie enthalten Mikrokapseln mit einem Tuschelösungsmittel, das die Linie chemisch entfernt.

Schriftschablonen erleichtern die einheitliche und normgerechte Beschriftung der Zeichnungen (**2**.20). Die früher gebräuchlichen Röhrenfedern sind heute durch Tuschehalter ersetzt.

2.20 Schreiben mit der Schriftschablone

Beschriftungsmaschinen ergeben ein gleichmäßiges, gut lesbares Schriftbild. Es handelt sich um eine besondere Schreibmaschinenart, die man auf die Zeichenmaschine aufsetzen kann, oder um elektronisch gesteuerte Geräte, die als Tischgeräte oder ebenfalls am Zeichenkopf befestigt arbeiten.

Wiederkehrende Texte, genormte Symbole u. ä. werden auf Klarsichtfolien gedruckt oder abriebfähig hergestellt. Durch Aufkleben oder Abreiben werden sie schnell und normgerecht auf die Zeichnungen übertragen.

2.6 Rechnergestütztes Zeichnen

Wie in vielen anderen Bereichen gewinnt die elektronische Datenverarbeitung auch im technischen Büro immer stärkeren Einfluß. Die aus mehreren Einzelgeräten (Dateneingabe, -verarbeitung und -speicherung, Rechnereinheit, Datensichtgerät, Zeicheneinheit) bestehenden Systeme können in der computergestützten Entwicklung und Konstruktion (CAD – **c**omputer-**a**ided **d**esign), der computergestützten Produktion (CAM – **c**omputer-**a**ided **m**anufacturing) und der rechnergestützten Zeichentechnik (RZT, **2**.21) eingesetzt werden.

Beschränkte sich der Einsatz zu Beginn der Entwicklung auf spezielle Gebiete der Elektronik, auf die Kartografie, die Architektur und auf Forschungen im Flugzeug- und Fahrzeugbau, so machen die sich ständig ausweitenden Möglichkeiten der Geräte, die geringer werdenden Baugrößen, die sinkenden Anschaffungspreise und die immer einfacher werdende Bedienung diese spezielle Datenverarbeitung für fast alle Bereiche der Technik interessant.

Bei der herkömmlichen manuellen Zeichnungserstellung ist das Papier der Informationsträger, die gezeichneten Linien bzw. aufgesetzten Folien bilden die Informationen. Eine Änderung der Informationen geschieht über Radieren und/oder Neuzeichnen. Es handelt sich hier um eine sehr flexible Form der Zeichnungserstellung, jedoch auch eine im zunehmendem Maß aufwendige Methode.

Beim rechnergestützten Zeichnen bildet der Speicher der Datenverarbeitungsanlage den primären Informationsträger. Die Informationen können, müssen jedoch nicht in Form einer Zeichnung weitergegeben werden.

Die Arbeitstechnik „Technisches Zeichnen" wird durch die Geräte und Verfahren für die Eingabe und Verarbeitung der Daten geprägt und führt gegenüber der herkömmlichen Art zu teilweise stark veränderten Handlungsabläufen. Ein wesentliches Merkmal für die Nutzung der (RZT) ist die „V e r s t ä n d i g u n g" zwischen Anwender und dem DV-System, es muß eine beiden verständliche „Sprache" verabredet werden. Diese Zugangsmöglichkeit des Anwenders zum System ist in den letzten Jahren erheblich vereinfacht worden, so daß es auch mit geringen Programmierkenntnissen möglich ist, die rechnergestützte Zeichentechnik anzuwenden.

2.21 Arbeitsplatz: Arbeitsplatzrechner mit Hauptspeicher und Datenübertragungseinheit (von links nach rechts) mit Plattenspeicher, Tastatur mit entsprechendem Bildschirm, Grafiktablett mit Stift und zugehörigem Bildschirm

Die dialogorientierten Kommandosprachen werden mit einem Stift über Tastaturen und Tabletts mit Menüfeldern eingegeben (auch möglich mit dem Lichtgriffel auf besonderen Bildschirmen, **2**.21). Die „Zeichnung" läßt sich z. B. auf die folgende Weise (vorerst im Speicher, sichtbar auf dem Bildschirm) erstellen:

Befehlsangabe (Tastatur oder mit dem Stift), z. B. Erzeugung einer Linie oder eines Kreises,

Dateneingabe (Tastatur), z. B. Anfangs-, Endpunkt einer Linie, Kreisdurchmesser,

Positionieren (mit dem Stift), Festlegung des Kreismittelpunktes,

Identifizieren (mit dem Stift), z. B. Auswahl zu löschender Eingaben.

Komfortable Systeme führen dazu mit dem Anwender einen zusätzlichen Dialog mit Fragen, Warnungen und Fehlermeldungen.

Für die Zeichnungserstellung lassen sich Linienart und -breite, Maßstäbe, Schriftart und -größe sowie auch die Darstellungsgenauigkeit in den Rechner eingeben. Die auf dem Bildschirm zu verfolgenden Darstellungen können auch verschoben, gedreht und gespiegelt werden, so daß z. B. bei symmetrischen Werkstücken nur eine Symmetriehälfte „gezeichnet" zu werden braucht. Die Werkstücke lassen sich zu Baugruppen- und Gesamtzeichnungen zusammenstellen, die über ein angeschlossenes Hardcopygerät bzw. einen Plotter auf Papier ausgegeben werden.

Ein wesentlicher Vorteil der RZT liegt außerdem darin, daß alle Informationen über Datenleitungen schnell transportiert und aus großen Entfernungen abgerufen werden können. (Siehe dazu DIN 6774, Teil 10: Technische Zeichnungen, Ausführungsregeln rechnerunterstützt erstellter Zeichnungen.)

3 Zeichenbogen

3.1 Zeichenpapier

Das Zeichenpapier kommt in verschieden breiten und langen Rollen und in bereits zugeschnittenen Bogen in den Handel. Die Dicke des Papiers ist von der Gewichtsstufe abhängig. Sie wird in Gramm je Quadratmeter (g/m^2) angegeben.

Die Oberfläche ist entweder rauh und matt (naturglatt) oder glatt und leicht glänzend (satiniert). Glattes Papier wird vorwiegend für Tuschezeichnungen verwendet, da sich die Feder dabei nicht so sehr abnutzt. Auf rauherem Papier hingegen entsteht ein schwärzerer Bleistiftstrich. Für Bleizeichnungen wird daher rauhes Papier vorgezogen. Papier mit einer glatten und einer rauhen Oberfläche kann sehr vorteilhaft sein.

Es gibt mehrere Sorten:

Zeichenkarton, gewöhnlich Zeichenpapier genannt, ist weiß, bisweilen auch farbig getönt und dient zur Herstellung nichtlichtpausbarer Zeichnungen. Gute Papiere müssen unbedingt holzfrei, tuschefest, zäh, radierfest und lichtbeständig sein. Luftfeuchtigkeit darf sie nur wenig verändern.

Für hohe Beanspruchung stehen Zeichenpapiere mit hinterklebtem Gewebe und undehnbarer Zeichenkarton mit Aluminiumeinlage zur Verfügung.

Klarpapier, früher Transparentpapier genannt, ist fett- und ölfrei und von meist hellgrauer Farbe. Es wird hauptsächlich zur Herstellung lichtpausbarer Stammzeichnungen gebraucht. Klarpapier muß tusche- und radierfest und gut lichtdurchlässig sein.

Pergamin und Pergazell sind besonders stark geglättete, mit Kunstharzen getränkte Klarpapiere von außerordentlicher Lichtdurchlässigkeit. Sie verziehen sich kaum und werden fast ausschließlich für Tuschezeichnungen gebraucht.

Klargewebe, auch Pausgewebe oder Pausleinen genannt, von bläulicher oder weißer Färbung, besteht aus textilen Rohstoffen und ist infolge besonderer Behandlung sehr lichtdurchlässig. Es kommt für Bleistift- und Tuschezeichnungen in Betracht.

Transparentfolien sind fast glasklare, beiderseits geglättete oder einseitig mattierte filmartige Zeichenhäute von gewöhnlich bläulicher Färbung. Sie sind beständig gegen Wärme, Nässe, Öle und Fette.

Millimeterpapier ist undurchsichtiges Zeichenpapier oder Klarpapier mit blauer, brauner oder andersfarbiger Teilung. Es wird für grafische Darstellungen, oft auch für Skizzen benutzt. Soll die Millimeterteilung nicht auf der Lichtpause erscheinen, nimmt man Papier mit blauem Aufdruck. Für Sonderzwecke gibt es Papiere mit geeigneten Teilungen.

3.2 Blattgrößen

Ausgangsformat, Formatreihe A. Die Blattgrößen sind nach DIN 823 genormt. Das Ausgangsformat ist ein Rechteck von 1 m^2 Flächeninhalt, dessen Seiten sich wie $1:\sqrt{2}$ verhalten.

Aus den Gleichungen $x \cdot y = 1\,000\,000\ \text{mm}^2$ und $x : y = 1 : \sqrt{2}$ ergeben sich die Seitenlängen des Ausgangsformates A0 zu $x = 841$ mm und $y = 1189$ mm (**3**.1). Durch fortgesetztes Halbieren der langen Seiten entsteht die Formatreihe A. Sie enthält die Fertigformate für Zeichnungen (beschnittene Lichtpausen, Schneidlinien auf der Stammzeichnung), für Formulare, Geschäftsbriefe usw. (**3**.2).

Durch das Seitenverhältnis $1 : \sqrt{2}$ werden alle Blattgrößen untereinander ähnlich.

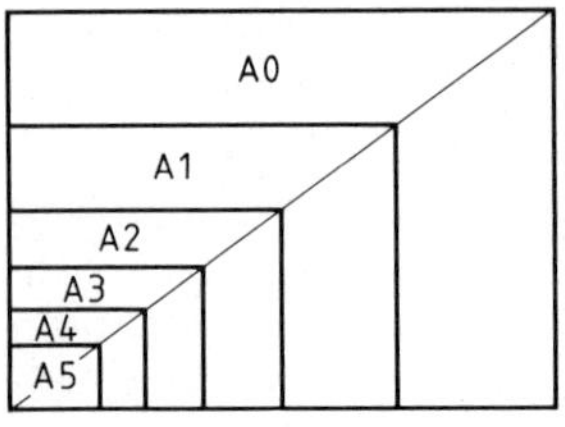

3.1 Aufgeteiltes Ausgangsformat DIN A0

Tabelle **3**.2 **Blattgrößen Reihe A** in mm

Kurzzeichen	Seitenlängen
A0	841 × 1189
A1	594 × 841
A2	420 × 594
A3	297 × 420
A4	210 × 297
A5	148 × 210

Hoch- und Querlage. Alle Blätter können sowohl in der Hoch- als auch in der Querlage verwendet werden. Schriftfeld und Stückliste stehen in der unteren, rechten Ecke in 5 mm Abstand von den Kanten des Bogens (**3**.3). Format und Blattlage sind beim Aufzeichnen aller Teile, die zu einem Ganzen gehören, nach Möglichkeit beizubehalten.

Bei kleineren Formaten, besonders bei DIN A4, wird die Hochlage bevorzugt, weil die im Hefter aufbewahrten Zeichnungen dadurch bequem eingesehen werden können. Ein Heftrand ist zulässig, um den sich die Nutzfläche des fertigen Blattes verkleinert. Ausnahmsweise schmale Formate können als Längsstreifen durch Halbieren, Vierteln und Achteln der Hauptformate oder durch Aneinanderreihen gleicher und benachbarter Blattgrößen gebildet werden (**3**.4).

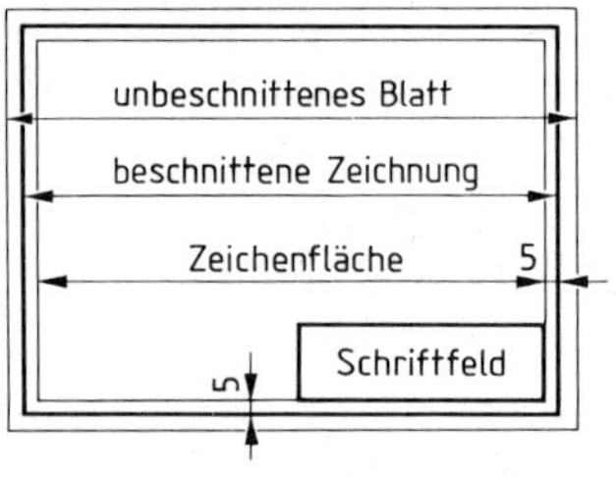

3.3 Zeichenbogen mit Schriftfeld

Tabelle **3**.4 **Beispiele für Streifenformate**

Benennung	Kurz-zeichen	Format
1 Querdrittel von A4	1/3 A4	99 × 210
2 Querdrittel von A4	2/3 A4	198 × 210
1 Querviertel von A4	1/4 A4	74 × 210
1 Querachtel von A4	1/8 A4	37 × 210
1 Querviertel von A3	1/4 A3	105 × 297
1 Querdrittel von A5	1/3 A5	70 × 148

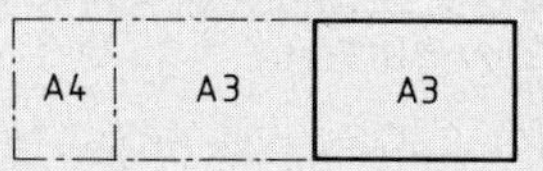

3.3 Beschriftung

3.3.1 ISO-Normschrift (DIN 6776)

Die Normschrift nach DIN 6776 wurde im Rahmen der ISO als internationale Normschrift erarbeitet (**3**.5 bis **3**.8). Sie löst die Normschriften nach DIN 16 und DIN 17 ab. Ihr Merkmal ist eine besondere Eignung für Mikroverfilmung und andere fotografische Reproduktionsverfahren. Sie kann gut mit Schablonen geschrieben werden und ist auch für andere Handbeschriftungsmethoden anwendbar.

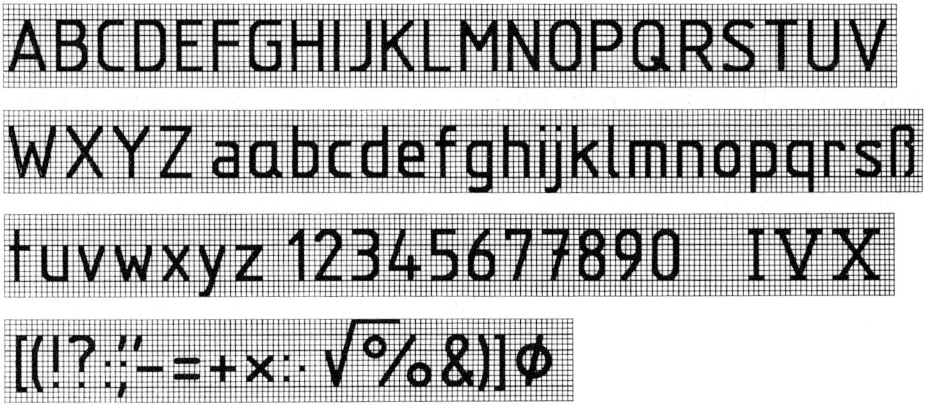

3.5 ISO-Normschrift, Schriftform A, vertikal (v, DIN 6776)

Tabelle **3.6** **Schriftform A** ($d = h/14$)

Beschriftungsmerkmal		Verhältnis	Maße in mm				
Schriftgröße							
Höhe der Großbuchstaben	*h*	(14/14) *h*	2,5	3,5	5	7	10
Höhe der Kleinbuchstaben (ohne Ober- oder Unterlängen)	*c*	(10/14) *h*	–	2,5	3,5	5	7
Mindestabstand zwischen Schriftzeichen	*a*	(2/14) *h*	0,35	0,5	0,7	1	1,4
Mindestabstand zwischen Grundlinien	*b*	(20/14) *h*	3,5	5	7	10	14
Mindestabstand zwischen Wörtern	*e*	(6/14) *h*	1,05	1,5	2,1	3	4,2
Linienbreite	*d*	(1/14) *h*	0,18	0,25	0,35	0,5	0,7

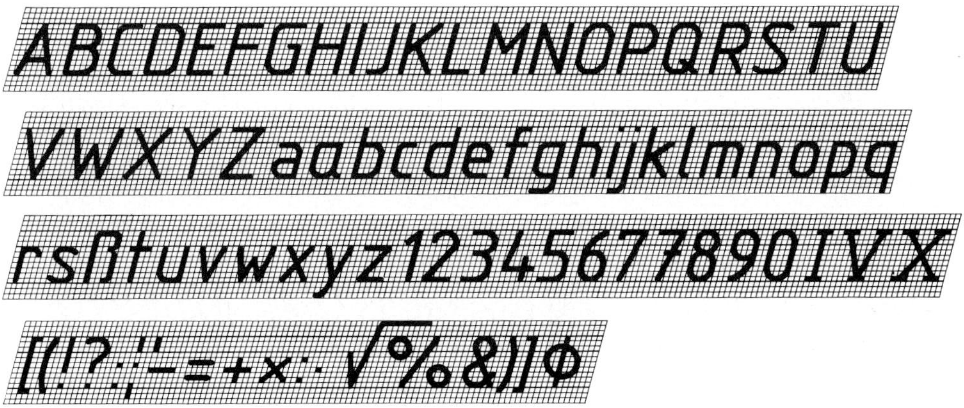

3.7 ISO-Normschrift, Schriftform B, kursiv (k, DIN 6776)

Die Schrift mit den Linienbreiten $d = {}^1/_{14}\,h$ (Schriftform A) oder $d = {}^1/_{10}\,h$ (Schriftform B) kann kursiv (15° nach rechts geneigt) oder vertikal geschrieben werden.

Die Höhe *h* der Großbuchstaben ist die Bemessungsgrundlage für die anderen Größen.

Tabelle **3**.8 **Schriftform B** ($d = h/10$)

Beschriftungsmerkmal		Verhältnis		Maße in mm			
Schriftgröße							
Höhe der Großbuchstaben	h	(10/10) h	2,5	3,5	5	7	10
Höhe der Kleinbuchstaben	c	(7/10) h	–	2,5	3,5	5	7
(ohne Ober- oder Unterlängen)							
Mindestabstand zwischen Schriftzeichen	a	(2/10) h	0,5	0,7	1	1,4	2
Mindestabstand zwischen Grundlinien	b	(14/10) h	3,5	5	7	10	14
Mindestabstand zwischen Wörtern	e	(6/10) h	1,5	2,1	3	4,2	6
Linienbreite	d	(1/10) h	0,25	0,35	0,5	0,7	1

Die Angaben zum Mindestabstand zwischen den Grundlinien (b) beziehen sich nur auf Buchstaben ohne Ober- bzw. Unterlängen. Bei Schriftzeichen mit Ober- bzw. Unterlängen sind die angegebenen Maße für b entsprechend Tabelle **3**.9 zu vergrößern.

Tabelle **3**.9

zu Tabelle	Mindestabstand zwischen den Grundlinien	Verhältnis	Maße in mm				
1	b	(22/14) h	3,85	5,5	7,7	11,0	15,4
2	b	(16/10) h	4,0	5,7	8,0	11,4	16,0

Jede Schrift ist nur bis auf eine gewisse Entfernung lesbar. Angaben über Sichtweiten in Abhängigkeit von den Schrifthöhen enthält DIN 1450.

3.3.2 Schräge griechische Schrift (DIN 1453)

Griechische Buchstaben werden vielfach als Formelzeichen verwendet (**3**.10).

3.10 Griechische Schrift DIN 1453 T1 Mittelschrift

3.4 Schriftfeld und Stückliste

Beide dienen zur Aufnahme schriftlicher Angaben und werden in je 5 mm Abstand von den Blattkanten (**3**.11) so angebracht, daß sie sich nach dem Falten der Zeichnung auf DIN A4 und Einlegen in den Hefter in der unteren rechten Ecke obenaufliegend befinden und die Darstellung einschließlich Beschriftung in Leserichtung steht (**3**.11). Ergibt sich aber eine ungünstige Formatausnutzung, ist durch andere Maßnahmen, wie Änderung des Maßstabs, unterbrochene oder abgebrochene Darstellung, eine günstigere Ausnutzung des Zeichnungsformats zu erreichen.

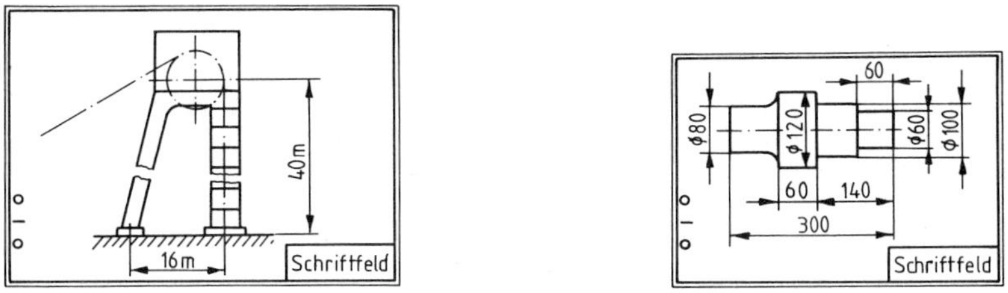

3.11 Anordnung des Schriftfelds

Schriftfelder für Zeichnungen nach DIN 6771 T1

Das Schriftfeld für Zeichnungen besteht aus einem Grundschriftfeld (**3**.12) und Zusatzfeldern, in denen im Bedarfsfall Eintragungen für Auftraggeber, Auftragsausführende und weitere Benutzer untergebracht werden können (**3**.13).

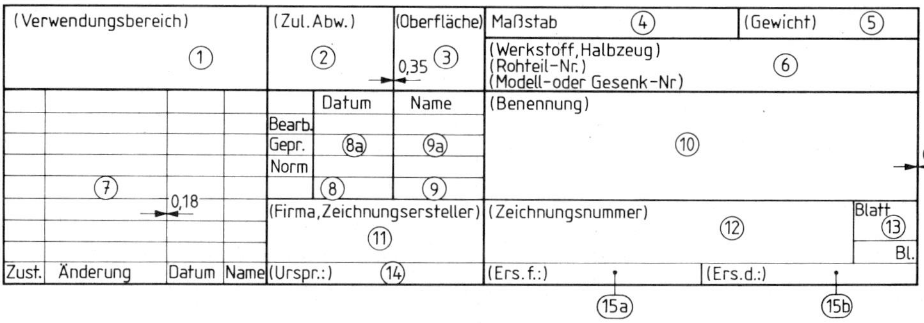

3.12 Grundschriftfeld für Zeichnungen (Die in Klammern stehenden Hinweise dienen zur Erläuterung; sie dürfen bei Bedarf in die Vordrucke aufgenommen werden)

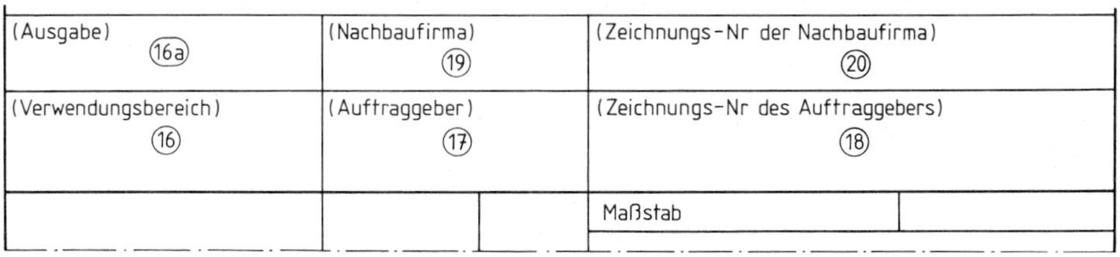

3.13 Schriftfeld für Zeichnungen (Grundschriftfeld mit Zusatzfeldern)

Mit Rücksicht auf die Mikroverfilmung von technischen Unterlagen ist für die Formate A1 und A0 die wahlweise Verwendung größerer Schriftfelder vorgesehen. Die einzelnen Felder des Schriftfelds sind so bemessen, daß ein maschinelles Beschriften möglich ist.

Die durch die verschiedenen Zeilenhöhen und Schreibschritte der Schreibmaschinen, Schnelldrucker (bei der elektronischen Datenverarbeitung) usw. erforderlichen Abmessungen sind aus Bild **3**.14 und Tabelle **3**.15 zu ersehen.

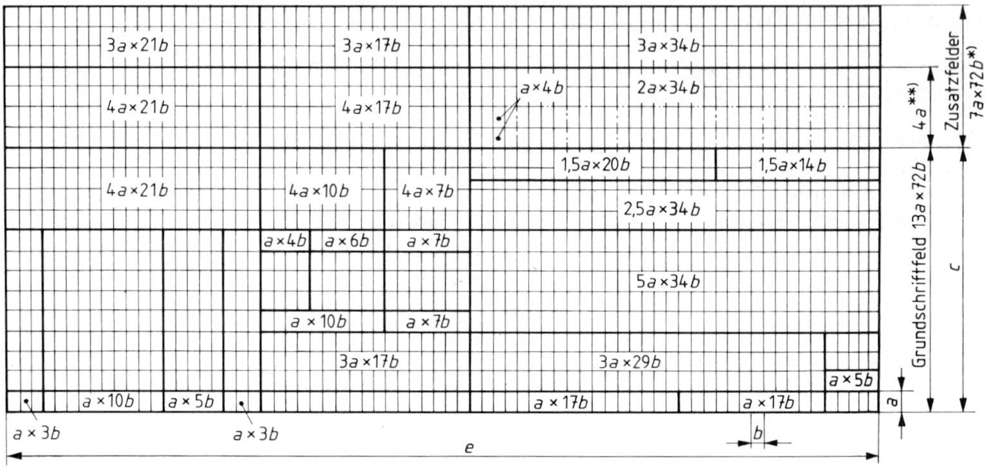

3.14 Maße und Raster des Grundschriftfelds und der Zusatzfelder. Die Zahlen in den Feldern geben deren Größe in den Rastermaßen *a* und *b* an

*) Auf Wunsch des Bestellers dürfen nach oben weitere Felder angefügt werden, wenn noch andere Firmen mit zugehöriger Nummer eingetragen werden sollen. Die Felder können je nach Bedarf unter Berücksichtigung des Rastermaßes *a* höher oder etwas niedriger ausgeführt werden.

) Beim Schriftfeld **3.13 beträgt die Höhe 3*a*.

Tabelle **3**.15 **Rastermaße und Größe der Schriftfelder** in mm

Format		Rastermaße		Schriftfeldgröße	
		a	*b*	*c*	*e*
A4 bis A0	für Beschriftung mit Schnelldrucker	4,23	2,54	54,99	182,88
	Schreibmaschinen (s. DIN 2107)	4,25	2,6	55,25	187,2
für A1 und A0 zulässig (für Mikroverfilmung)		5,6	3,6	72,8	259,2

Schriftfelder für Pläne und Listen nach DIN 6771 T1 bestehen, ebenso wie das Schriftfeld für Zeichnungen, aus einem Grundschriftfeld und erforderlichenfalls angefügten Zusatzfeldern (**3**.16).

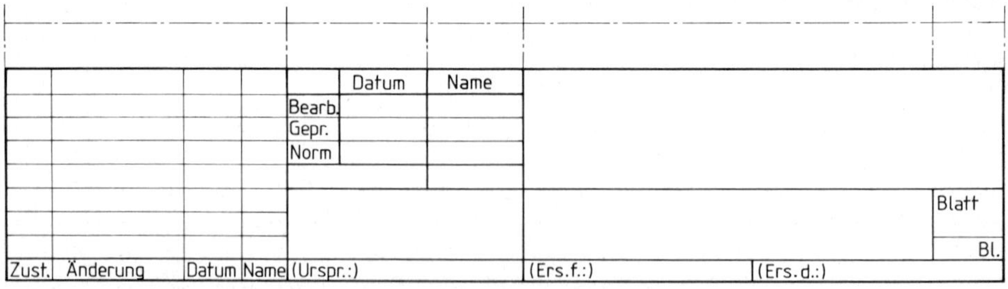

3.16 Grundschriftfeld für Pläne und Listen (mit Zusatzfeldern)

Stücklisten nach DIN 6771 T2

Stücklisten dienen dem Austausch von technischen Informationen zwischen Auftraggeber und Auftragnehmer; sie können auch innerbetrieblich angewendet werden. In die Stücklisten werden alle zu einer Baueinheit gehörenden Werkstücke nach Fertigungsgruppen geordnet aufgeführt. Sie werden entweder auf das Schriftfeld aufgesetzt oder auf einem oder mehreren Bogen DIN A4 untergebracht. Das zweite Verfahren, „lose Stückliste" benannt, hat sich wegen der Datenverarbeitbarkeit von Stücklisten immer mehr durchgesetzt. Folgende Stücklisten sind genormt:

Stückliste Form A (**3**.17). Sie besteht aus dem Schriftfeld für Pläne und Listen (**3**.16) und einem darüber angeordneten Stücklistenfeld.

Stückliste Form B (**3**.18). Sie besteht aus dem Schriftfeld für Pläne und Listen (**3**.16) und einem darüber angeordneten Stücklistenfeld, das gegenüber Form A um weitere Spalten erweitert werden kann, z. B. für Werkzeug, Halbzeug, Gewicht, Oberflächenbehandlung, Schlüssel für die maschinelle Datenverarbeitung.

$\frac{b}{2}$ $71 \times b$ $\frac{b}{2}$; b; $\frac{b}{2}$; $\frac{b}{2}$; a; $2a$

1	2	3	4	5	6
Pos.	Menge	Einheit	Benennung	Sachnummer/Norm-Kurzbezeichnung	Bemerkung
1	1		Gehäuse	387541	weich geglüht
2	1		Nabe	425683	
3	2		Zahnrad	523453	$m=3, z=60$
4	4		Stehbolzen	581774	
5	1		Feder	435627	
6	1		Zapfenschraube	DIN 931-M12×90	4,6 verwenden
7	1		Sechskantmutter	DIN 936-M12	

3.17 Stückliste Form A

1	2	3	4	5	6	7	8
Pos.	Menge	Einheit	Benennung	Sachnummer/Norm-Kurzbezeichnung	Werkstoff	kg/Einheit	Bemerkung

3.18 Stückliste Form B

3.5 Zeichnungsvordrucke

Zeichnungsvordrucke ersparen das Aufzeichnen des Schriftfelds, der Stückliste, der Randlinien und andere zeitraubende Nebenarbeiten und sind für alle Blattgrößen zulässig. Die genormten Formate, Schriftfelder und Stücklisten, die Schrift und die Umrandung geben den Vordrucken ein einheitliches Aussehen.

Der Aufdruck wird meist als Spiegelbild auf der Rückseite des lichtdurchlässigen Zeichenbogens angebracht. Er liegt daher beim Pausen unmittelbar auf der lichtempfindlichen Schicht und wird somit auf der Lichtpause in scharfen Umrissen wiedergegeben. Gewöhnlich werden in die Vordrucke auch Firmennamen und andere feststehende Angaben aufgenommen.

Die Vordrucke nach DIN 6771 (**3**.20) haben ein Schriftfeld ohne oder mit aufgesetzter Stückliste und unterschiedliche Feldeinteilungen (**3**.19).

Tabelle **3**.19 **Feldeinteilungen (Planquadrate)**

Teilung	Blattgrößen		A0	A1	A2	A3	A4
Zahl der unter sich gleichen Felder	*a*	waagerecht	16	12	8	8	4
	b	senkrecht	12	8	6	6	4

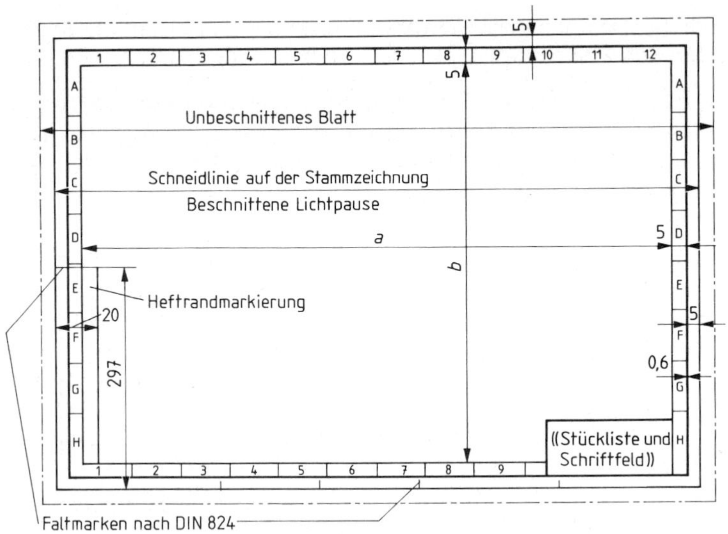

Blattgröße A2 und größer. Das Bild stellt die Blattgröße A1 dar.

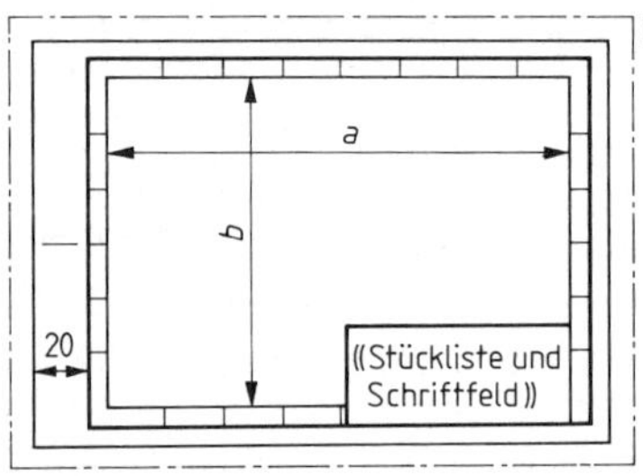

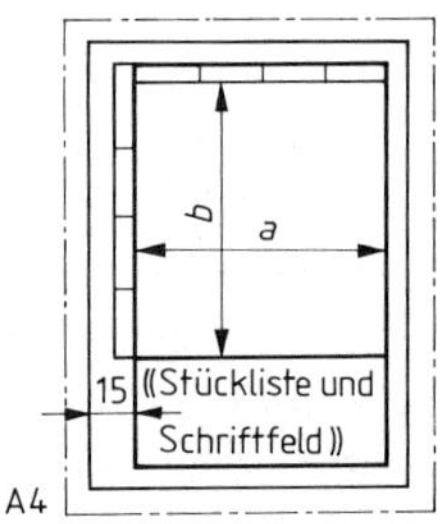

3.20 Zeichnungsvordrucke

Die waagerechten Teilungen erhalten arabische Zahlen, die senkrechten dagegen Großbuchstaben. Eine bestimmte Stelle der Blattfläche wird mithin durch einen Buchstaben und dahinterstehende Zahl gekennzeichnet, z. B. „D5".

Die Feldeinteilungen werden von links nach rechts mit 1 und von oben nach unten mit A beginnend gekennzeichnet und sind für die einzelnen Blattgrößen in der Tabelle **3**.19 zusammengefaßt.

Um Verstößen gegen das Urheberrecht vorzubeugen, kann die Zeichnung mit einem Vermerk (DIN 34) versehen werden, in Kurzform etwa: „Für diese technische Unterlage behalten wir uns alle Rechte vor."

3.6 Änderungen der Zeichnungsunterlagen

Die Änderung eines Werkstücks hat auch die Änderung der Zeichnungsunterlagen zur Folge. Ist die Zeichnung noch nicht ausgegeben und die Herstellung des Teils noch nicht begonnen worden, braucht man nur die Zeichnung zu ändern; sonst müssen weitergehende Maßnahmen getroffen werden. Befindet sich z.B. die Zeichnung schon in der Werkstatt, hängen die Maßnahmen von der betrieblichen Organisation ab; sie lassen sich daher nicht normen. Eine Form der Änderung der Zeichnungsunterlagen ist hier wiedergegeben.

Erhebliche Änderungen erfordern eine neue Zeichnung. In diesem Fall erhält das Schriftfeld der bisherigen Zeichnung einen Vermerk, z.B. „Ersetzt durch 20081/1", wobei die Zahl die Nummer der neuen Zeichnung bedeutet. Außerdem trägt man in das Schriftfeld der neuen Zeichnung ein: „Ersatz für 20081" und die Nummer der Ursprungszeichnung (**3**.12, Feld 14, 15a und 15b). Auch die Stückliste muß berichtigt werden, da zu der Baugruppe nicht mehr das auf der Zeichnung 20081, sondern das auf 20081/1 dargestellte Werkstück gehört.

Kleinere Änderungen werden unmittelbar auf der Zeichnung vorgenommen. Bei Berichtigung einer Maßzahl wird die bisher gültige durchgestrichen oder abradiert und die neue eingeschrieben. In der Nähe der Berichtigung setzt man einen Kleinbuchstaben in einen Kreis (**3**.21). Der Buchstabe wird mit dem Änderungsvermerk in die hierfür vorgesehene Spalte des Schriftfelds geschrieben. Der Änderungsvermerk soll den Zustand vor und nach der Änderung erkennen lassen. Es heißt also z.B. „35 statt 25" und nicht etwa: „Neues Maß 35". Die neue Maßzahl ist außerdem zu unterstreichen, wenn die Darstellung selbst nicht geändert wurde.

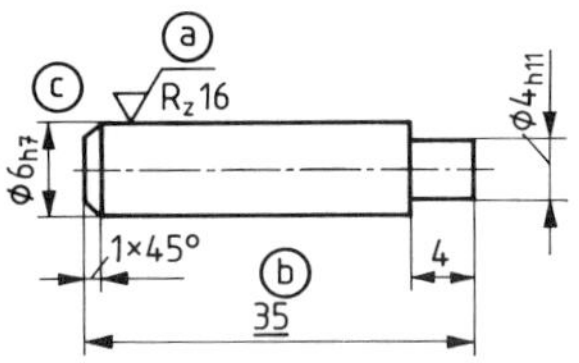

Angaben in der Zeichnung

c	h7 statt h11	7.8.85	[illegible]
b	35 statt 25	7.8.85	[illegible]
a	R_z16 statt R_z63	3.7.85	[illegible]
Zu-stand	Änderung	Datum	Name

Angaben im Schriftfeld

3.21 Zeichnungsänderungen

2	98/59 E5	8.7.85	[illegible]
1	298/58 B7	9.6.85	[illegible]
Zu-stand	Änderung	Datum	Name

3.22 Änderungsvermerke bei Verwendung eines Zeichenbogens mit Feldeinteilung

> Unterstrichene Maßzahlen geben an, daß die dazugehörigen Abmessungen ausnahmsweise nicht maßstäblich dargestellt sind.

Bei Zeichenbogen mit Feldeinteilung werden in die Spalte „Änderung" die Nummer der Änderungsmitteilung und die Bezeichnung des Feldes eingesetzt, in dem die Änderung erfolgte (**3**.22). In die Spalte „Zustand" sind laufende Nummern einzutragen. Sie geben die Reihenfolge der Änderungszustände an. Bei Bedarf kann man mehrere Zeilen für eine Änderung benutzen.

Organisatorische Maßnahmen. Die verbesserten Zeichnungsunterlagen werden meist mit besonderen Änderungsmitteilungen ausgegeben. Diese enthalten auch nähere Angaben über die Änderungen (z.B. wann, weshalb und von wem sie angeordnet wurden) und Anweisungen, welche Maßnahmen in ihrem Verfolg zu treffen sind. Durch solche Anordnungen können z.B. bereits ausgegebene Lichtpausen eingezogen und die Fertigung der betreffenden Teile unterbrochen werden.

4 Darstellung und Bemaßung von Werkstücken

4.1 Anordnung der Ansichten

Ansichten. Ein Werkstück läßt sich in den meisten Fällen durch die Darstellung in maximal 3 Ansichten bestimmen: von vorn (Vorderansicht), von oben (Draufsicht) und von der linken Seite (Seitenansicht). Der Blick von vorn gegen eine Rechtecksäule zeigt die vordere Rechteckfläche und ergibt die Vorderansicht. Der Blick von oben gegen die Deckfläche ergibt die Draufsicht. Die Ansicht von links heißt Seitenansicht. Diese 3 Ansichten (**4**.1 a) werden nach einer festen Regel (DIN 6, s. Abschn. 4.9) angeordnet:

> Die Draufsicht setzt man senkrecht unter die Vorderansicht, die Seitenansicht waagerecht rechts neben die Vorderansicht (**4**.1 b).

Durch Flächen wird die Gestalt eines Werkstücks festgelegt. Die Vorderansicht zeigt die Körperfläche *abcd,* die Draufsicht *aefb,* die Seitenansicht *adhe* (**4**.1). Die übrigen drei Flächen des Körpers sind verdeckt.

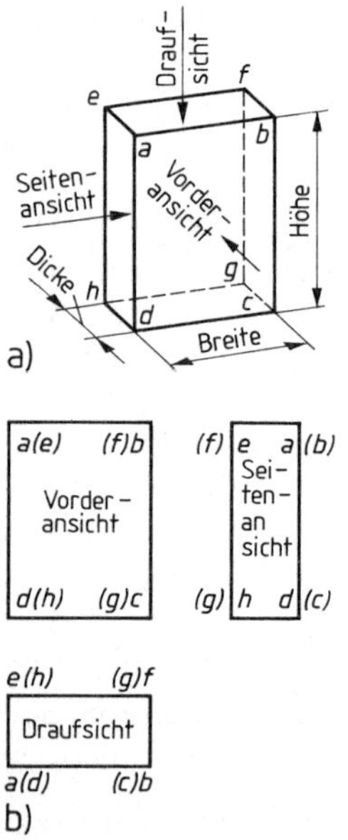

4.1 Rechtecksäule
a) Schaubild
b) Anordnung der 3 Ansichten

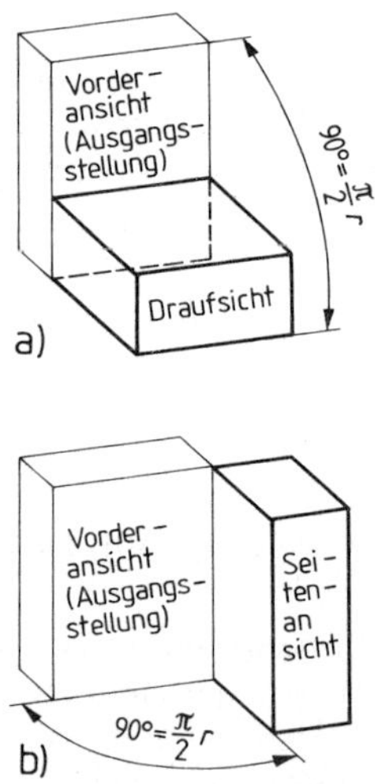

4.2 a) Kippen des Körpers nach vorn
b) Drehen des Körpers nach rechts

Durch Umklappen eines Werkstücks ergeben sich ebenfalls Draufsicht und Seitenansicht. Die Sehrichtung verändert sich dadurch nicht. Für die Draufsicht muß man das Werkstück um $90° \mathrel{\hat{=}} \frac{\pi}{2}\, r$ nach vorn kippen, für die Seitenansicht um $90° \mathrel{\hat{=}} \frac{\pi}{2}\, r$ nach rechts drehen (**4**.2).

Die Zeichenfläche wird zweckmäßig aufgeteilt. Die Abstände zwischen den Ansichten sollen weder zu groß noch zu klein und möglichst gleichmäßig sein.

Beispiel Für die Darstellung eines Flachstahls 60 mm breit, 40 mm dick und 100 mm hoch wird ein Bogen DIN A4 in der Hochlage gewählt (**4**.3). Unter Berücksichtigung eines Heftrands von 15 mm Breite und eines Rands von 5 mm an den übrigen Seiten ist über dem Schriftfeld eine Zeichenfläche von 232 mm Höhe und 190 mm Breite verfügbar.

In der Breite des Bogens sind unterzubringen: Breite der Vorderansicht = 60 mm, Breite der Seitenansicht = 40 mm und ein angenommener Abstand von 30 mm zwischen beiden; zusammen = 130 mm. Für die Überstände rechts und links bleiben also je (190 mm − 130 mm) : 2 = 30 mm.

Die Höhe setzt sich zusammen aus den Bildhöhen 100 mm + 40 mm und dem Abstand 30 mm = 170 mm. Somit betragen die Überstände über der Vorderansicht und unter der Draufsicht je (232 mm − 170 mm) : 2 = 31 mm.

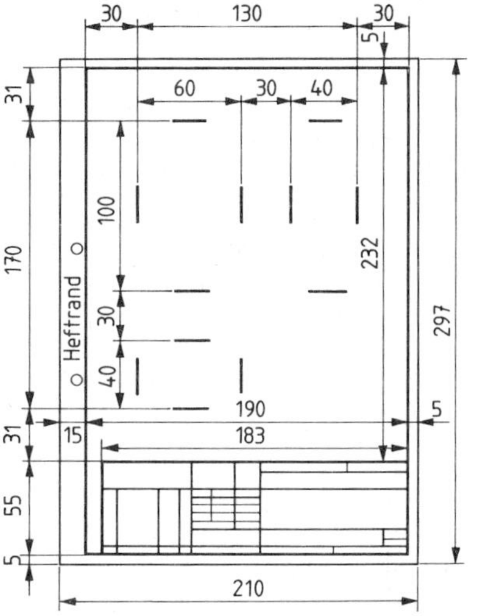

4.3 Aufteilung der Zeichenfläche auf DIN A4

Übung

Zeichnen Sie die beiden in Bild **4**.4 dargestellten Werkstücke auf ein Blatt DIN A4, Hochformat in der wahren Größe. Die Grundmaße der Werkstücke betragen 60 mm × 40 mm × 100 mm.

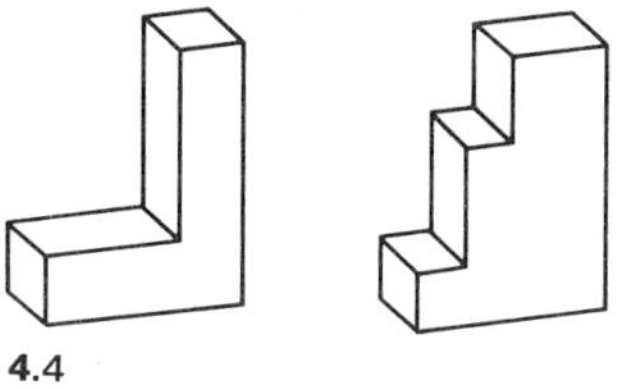

4.4

4.2 Linienarten, Liniengruppen, Linienbreiten (DIN 15)

Linienarten. Es sind 10 Linienarten vorgesehen, von denen jedoch zwei (E und H) nur in Sonderfällen Anwendung finden (**4**.5 und **4**.6).

Liniengruppen. Die Linien sind verschieden breit und zu Liniengruppen zusammengestellt. Der Gruppensprung beträgt wie bei der Stufung der Blattformate $\sqrt{2}$. Damit ergeben sich bei Vergrößerungen oder Verkleinerungen jeweils wieder genormte Linienbreiten (**4**.7).

Linienbreiten. Im allgemeinen werden 2 Linienbreiten je Liniengruppe (breit; schmal) angewendet. Das Breitenverhältnis zueinander beträgt 2 : 1.

Für Beschriftungen und grafische Symbole nach DIN 32830 T2 ist eine zusätzliche Linienbreite aufgenommen worden (**4**.8).

Tabelle **4.5** **Linienarten, Anwendungen (DIN 15 T1 und T2)**

Linienart		Benennung		Anwendungen (Aufzählung) entsprechend ISO 128-1982	zusätzliche Anwendung	Länge des langen Striches ≈	Länge des kurzen Striches (Punktes) und/oder d. Abstands ≈
A		Vollinie	breit	1. sichtbare Kanten 2. sichtbare Umrisse	3. Gewindespitzen 4. Grenze der nutzbaren Gewindelänge 5. Hauptdarstellungen in Diagrammen, Karten, Fließbildern 6. Systemlinien (Stahlbau)	—	—
B		Vollinie	schmal	1. Lichtkanten 2. Maßlinien 3. Maßhilfslinien 4. Hinweislinien 5. Schraffuren 6. Umrisse am Ort eingeklappter Schnitte 7. kurze Mittellinien	8. Gewindegrund 9. Maßlinienbegrenzungen 10. Diagonalkreuz zur Kennzeichnung ebener Flächen 11. Biegelinien 12. Umrahmungen von Einzelheiten 13. Kennzeichnung sich wiederholender Einzelheiten, z.B. Fußkreise bei Verzahnungen 14. Umrahmungen von Prüfmaßen 15. Faser und Walzrichtungen 16. Lagerichtung von Schichtungen (z.B. Trafoblech) 17. Projektionslinien 18. Rasterlinien	—	—
C		Freihandlinie	schmal	1. Begrenzung von abgebrochenen oder unterbrochen dargestellten Ansichten und Schnitten, wenn die Begrenzung keine Mittellinie ist.[1])			
D		Zickzacklinie	schmal				
E		Strichlinie	breit	1. verdeckte Kanten[2]) 2. verdeckte Umrisse[2])	3. mögliche Kennzeichnung zulässiger Oberflächenbehandlung	10 *d*	2,5 *d*
F		Strichlinie	schmal	1. verdeckte Kanten 2. verdeckte Umrisse		20 *d*	5 *d*
G		Strichpunktlinie	schmal	1. Mittellinien 2. Symmetrielinien 3. Trajektorien	4. Teilkreise bei Verzahnungen 5. Lochkreise 6. Teilungsebenen (Formteilung)	40 *d*	5 *d*
H		Strichpunktlinie	schmal, jedoch an den Enden und an Richtungsänderungen breit	1. Kennzeichnung der Schnittebene[3])		40 *d* (20 *d*)	5 *d* (2,5 *d*)
J		Strichpunktlinie	breit	1. Kennzeichnung geforderter Behandlungen (z.B. Wärmebehandlung)	2. Kennzeichnung der Schnittebene	20 *d*	2,5 *d*
K		Strich-Zweipunktlinie	schmal	1. Umrisse von angrenzenden Teilen 2. Grenzstellungen von beweglichen Teilen 3. Schwerlinien 4. Umrisse (ursprüngliche) vor der Verformung 5. Teile, die vor der Schnittebene liegen	6. Umrisse von wahlweisen Ausführungen 7. Fertigformen in Rohteilen 8. Umrahmungen von besonderen Feldern/Bereichen (z.B. für Kennzeichnungen von Teilen)	40 *d*	5 *d*

[1]) In einer Zeichnung soll vorzugsweise nur eine dieser Linienarten angewendet werden.
[2]) Für die Darstellung von den verdeckten Kanten und Umrissen ist anstelle von Linienart E Linienart F anzuwenden.
[3]) Statt Linienart H ist Linienart J bevorzugt anzuwenden.

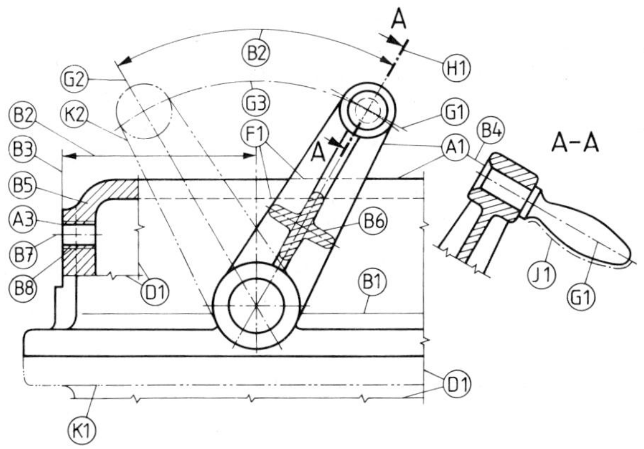

4.6 Anwendung der Linienarten

Tabelle **4.7** **Liniengruppen und -breiten**

Linien-gruppen	Linienbreiten in mm für Linienart		Maß- und Textangaben grafische Symbole
	A J E H	B C D F G K	
0,25	0,25	0,13	0,18
0,35	0,35	0,18	0,25
0,5	**0,5**	**0,25**	**0,35**
0,7	**0,7**	**0,35**	**0,5**
1,0	1,0	0,5	0,7
1,4	1,4	0,7	1,0
2,0	2,0	1,0	1,4

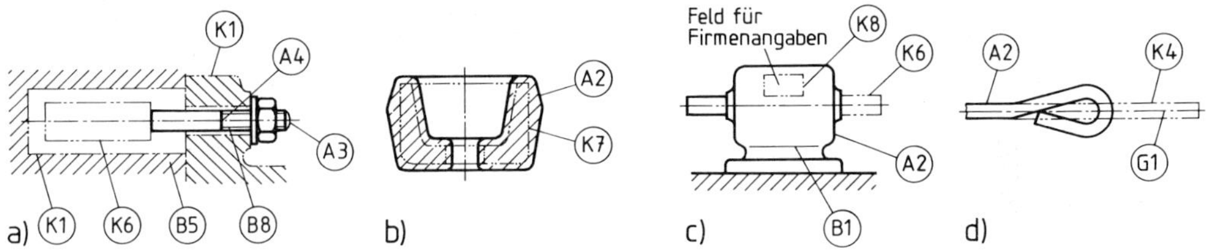

4.8 a) Schraubanker, b) Formteil, c) Motor, d) Öse

Die Liniengruppen 0,5 und 0,7 sind vorrangig zu verwenden.

> Anzustreben ist stets die Gruppe mit den breitesten Linien, die nach Größe und Schwierigkeit der Zeichnung (Informationsdichte) ohne Rücksicht auf den gewählten Zeichnungsmaßstab noch möglich ist.

Einfachere und größere Darstellungen erfordern also breitere Linien als kleinere und kompliziertere Zeichnungen.

Rangfolge beim Überdecken von Linien. Wenn sich Linien überdecken, soll die folgende Rangfolge eingehalten werden:

1. Sichtbare Kanten und Umrisse,
2. verdeckte Kanten,
3. Schnittebenen,
4. Mittellinien,
5. Schwerlinien,
6. Maßhilfslinien.

4.3 Zeichnungsmaßstäbe (DIN ISO 5455)

Die unterschiedlichen Größen der Einzelwerkstücke, Baugruppen und Gesamtanlagen erfordern entsprechende Zeichnungsmaßstäbe. Der Zeichnungsmaßstab ist so zu wählen, daß ein nicht zu großes, aber auch nicht zu kleines Bild entsteht. Darauf sind Größe sowie Hoch- oder Querlage des Zeichenbogens abzustimmen.

Natürliche Größe. Sind die Abmessungen eines Werkstücks in der Zeichnung ebenso groß wie in Wirklichkeit, ist der Zeichnungsmaßstab 1 : 1.

Verkleinerungen. Größere Werkstücke werden verkleinert dargestellt, und zwar in den Maßstäben 1 : 2, 1 : 5, 1 : 10, 1 : 20, 1 : 50, 1 : 100, 1 : 200, 1 : 500, 1 : 1000, 1 : 2000, 1 : 5000, 1 : 10000. Sondermaßstäbe gibt es 1 : 15 für den Stahlbau, 1 : 25 für Planungszeichnungen und 1 : 40 für Gesamtzeichnungen von Schienenfahrzeugen.

Vergrößerungen. Kleinere Werkstücke zeichnet man vergrößert. Dafür gelten die Maßstäbe 2 : 1, 5 : 1, 10 : 1, 20 : 1, 50 : 1. Bei Vergrößerungen kleiner Teile wird empfohlen, eine Darstellung in natürlicher Größe ohne Maße hinzuzufügen.

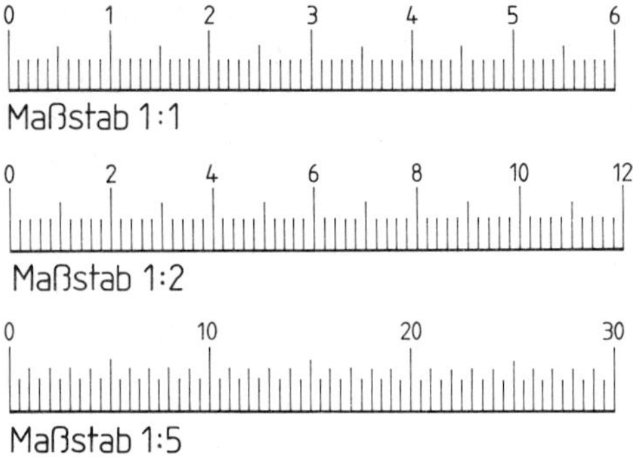

4.9 Maßstabteilungen

Stabmaße. Werden Werkstücke nicht im Maßstab 1 : 1 dargestellt, muß man die Zeichnungsmaße errechnen. Maßstab 1 : 5 bedeutet z. B., daß jedes Zeichnungsmaß nur $^{1}/_{5}$ so lang ist wie die natürliche Größe. Beim Maßstab 5 : 1 wird jedes Zeichnungsmaß dagegen 5mal so lang wie die natürliche Größe. Stabmaße mit maßstäblichen Teilungen, wie sie für Zeichenmaschinen gebräuchlich sind und als Dreikantmaßstäbe verwendet werden, ersparen die Umrechnungen, weil man die Abmessungen einfach abgreifen kann (**4.9**).

Angabe des Maßstabs. Die den einzelnen Darstellungen auf einem Zeichenbogen zugrunde liegenden Maßstäbe werden angegeben. Im Schriftfeld gibt man den Hauptmaßstab in großer, die übrigen Maßstäbe in kleinerer Schrift an. Die letzteren trägt man außerdem an der betreffenden Darstellung, in der Nähe der Teilnummer oder der Kennbuchstaben der Einzelheit (oder des Schnitts) ein (z. B. A-B 5 : 1 oder X 10 : 1).

Übungen

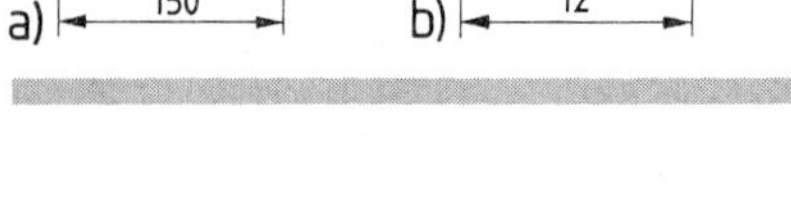

Zeichnen Sie das Werkstück a) von Bild **4.10** im Maßstab 1 : 5 und das Werkstück b) im Maßstab 5 : 1 jeweils in den 3 Ansichten auf ein Zeichenblatt DIN A4.

4.10

4.4 Grundkörper

Die Gestalt der meisten Werkstücke läßt sich aus geometrischen Grundkörpern entwickeln.

Prismen haben geradlinig begrenzte, deckungsgleiche Grund- und Deckflächen in parallelem Abstande. Es gibt gerade und schiefe Prismen (**4.11**). Beim geraden Prisma steht die Körperachse rechtwinklig zur Grundfläche, und alle Seitenflächen sind rechteckig.

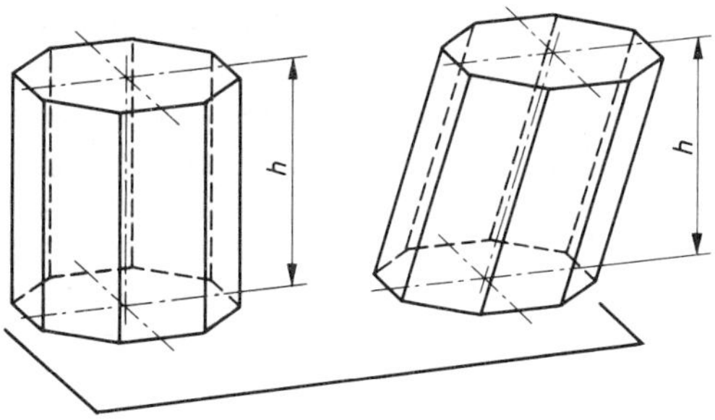

4.11 Gerades und schiefes Prisma

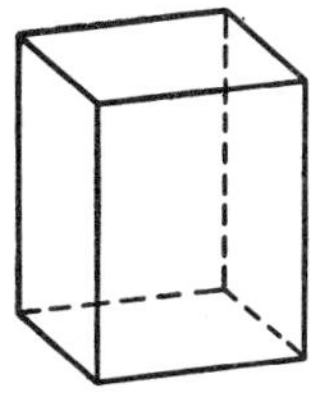

4.12 Quadratsäule

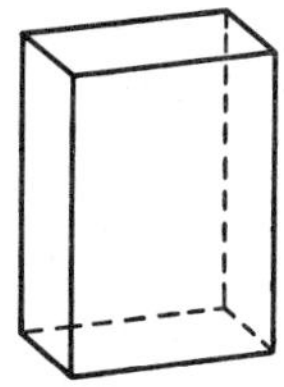

4.13 Rechtecksäule

Das schiefe Prisma hat eine zur Grundfläche geneigte Körperachse. Als Höhe h gilt der kürzeste Abstand zwischen der Grund- und der Deckfläche.

Die Anzahl der Seitenflächen ist gleich der Zahl der Kanten der Grund- oder Deckfläche. Wichtige gerade Prismen sind: Quadratsäule (**4**.12), Rechtecksäule (**4**.13), Trapezsäule (**4**.14), Dreiecksäule (**4**.15) und Sechsecksäule (**4**.16). Eine besondere Quadratsäule ist der Würfel. Er wird allseitig von Quadraten begrenzt (**4**.17).

Die Seitenflächen eines Prismas zusammen ergeben den Mantel. Grundfläche, Deckfläche und Mantel bilden die Oberfläche.

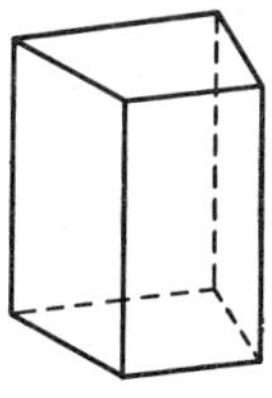

4.14 Trapezsäule

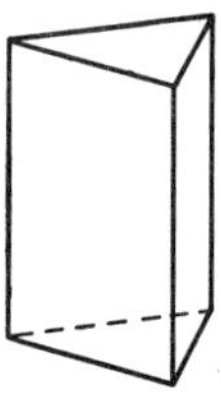

4.15 Dreiecksäule

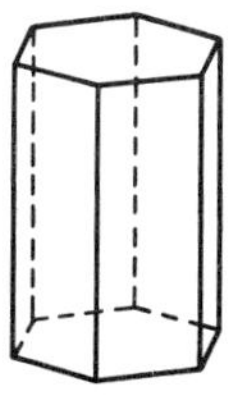

4.16 Sechsecksäule

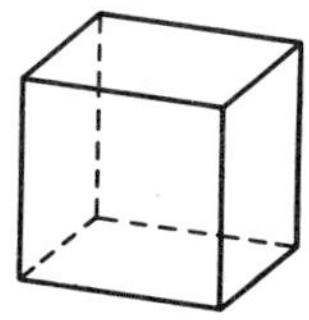

4.17 Würfel

Pyramiden haben dreieckige Seitenflächen, die auf den Seiten einer ebenen Grundfläche stehen und mit ihren oberen Ecken, in einem Punkte zusammenlaufend, die Spitze der Pyramide bilden. Regelmäßige Pyramiden (**4**.18) haben eine gleichseitige Grundfläche mit beliebig vielen, auf einem Kreise liegenden Ecken und eine Körperachse senkrecht zur Grundfläche. Demnach sind alle Seitenflächen deckungsgleiche gleichschenklige Dreiecke. Eine Sonderform ist das von vier gleichseitigen Dreiecken begrenzte Tetraeder. Bei der schiefen Pyramide steht die Körperachse geneigt.

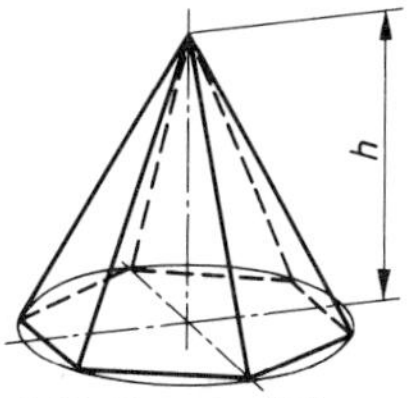

4.18 Regelmäßige Pyramide

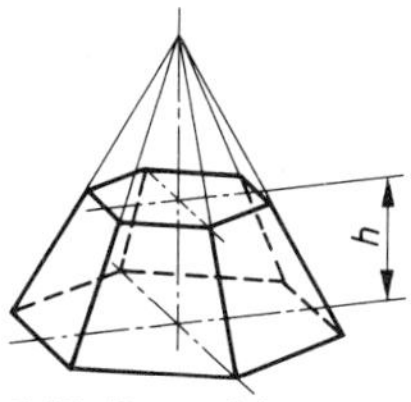

4.19 Pyramidenstumpf

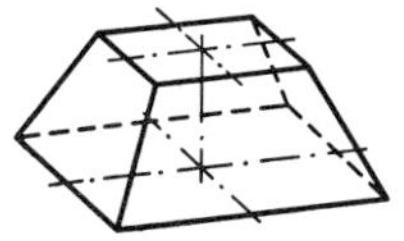

4.20 Pyramidenstumpf mit quadratischer Grundfläche

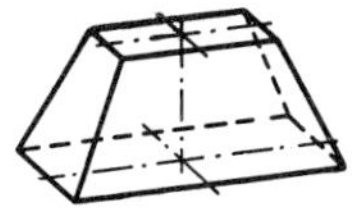

4.21 Pyramidenstumpf mit rechteckiger Grundfläche

Durch Abschneiden der Spitze entsteht ein Pyramidenstumpf (**4**.19). Liegt der Schnitt parallel zur Grundfläche, sind Deckfläche und Grundfläche ähnlich. Der kürzeste Abstand beider ist die Höhe. Von Bedeutung sind Pyramidenstümpfe, deren Grund- und Deckflächen quadratisch (**4**.20) oder rechteckig (**4**.21) sind.

Zylinder und Kegel haben gewölbte Mantelflächen. Grund- und Deckfläche eines Zylinders sind ebene, von gekrümmten Linien begrenzte, deckungsgleiche Flächen in parallelem Abstand. Sind sie kreisförmig, heißt der Körper Kreiszylinder. Beim geraden Kreiszylinder (**4**.22), einfach Zylinder oder Rundsäule genannt, steht die Körperachse rechtwinklig zur Grundfläche im Gegensatz zum schiefen Kreiszylinder (**4**.23). Gerade und schiefe elliptische Zylinder haben Ellipsen als Grund- und Deckflächen.

Der Kegel läuft in einer Spitze aus. Liegt sie senkrecht über dem Mittelpunkt einer kreisförmigen Grundfläche, steht die Körperachse senkrecht, und der Körper heißt gerader Kreiskegel (**4**.24) oder häufig nur Kegel. Der schiefe Kreiskegel (**4**.25) hat eine geneigte Körperachse. Durch Abschneiden der Spitze eines Kreiskegels parallel zur Grundfläche entsteht ein Kegelstumpf (**4**.26). Seine Deckfläche ist ebenfalls ein Kreis.

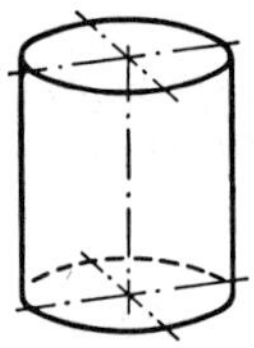

4.22 Gerader Kreiszylinder

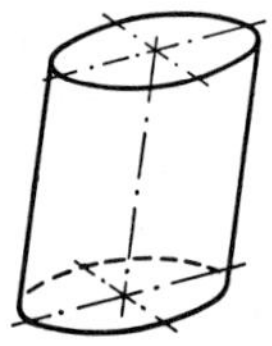

4.23 Schiefer Kreiszylinder

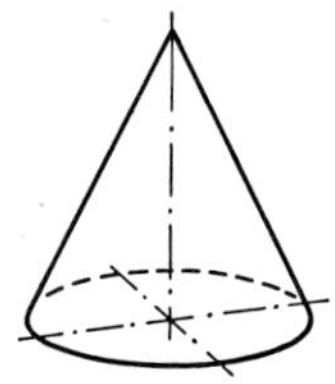

4.24 Gerader Kreiskegel

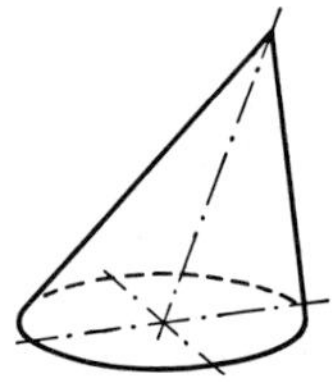

4.25 Schiefer Kreiskegel

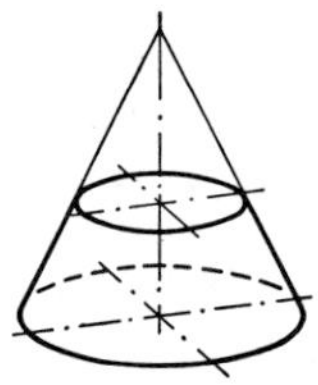

4.26 Kegelstumpf

Die Kugel hat eine gleichförmig gewölbte Oberfläche (**4**.27) mit überall gleichweitem Abstand vom Kugelmittelpunkt. Der durch einen ebenen Schnitt abgetrennte Teil heißt Kugelabschnitt oder Kalotte (**4**.28). Die Grundfläche ist stets ein Kreis.

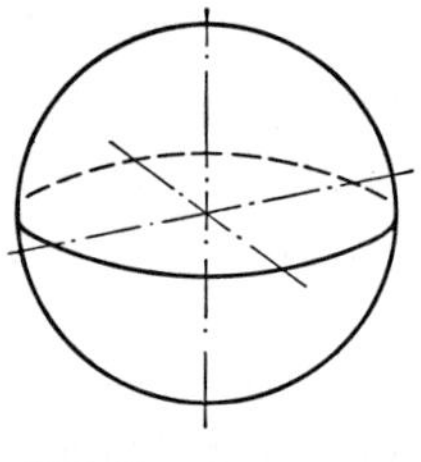

4.27 Kugel

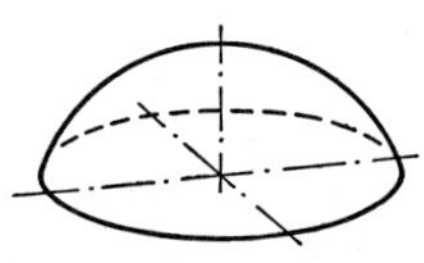

4.28 Kugelabschnitt

Übungen

Bestimmen Sie die Grundkörperformen der Werkstücke in Bild **4**.29.

4.29 a) Schwalbenschwanzführung b) Ankerplatte c) Rohling für Mutter d) Stopfen

4.5 Bemaßung der Werkstücke

Die Größe eines Werkstücks geht aus der Bemaßung hervor. Dazu gehören Maßlinien, Maßhilfslinien, Maßlinienbegrenzungen und Maßzahlen mit oder ohne Zeichen und Zusätze (DIN 406 T 2, **4**.31).

> Die Maßzahlen gelten stets für den Endzustand des dargestellten Teils (Normmaße s. Tabelle **4**.240).

Die Maßeintragungen an den Werkstücken können sich unterscheiden, je nachdem, ob sie funktionsbezogen, fertigungsbezogen oder prüfbezogen sind (DIN 406 T 1). So wird in Bild **4**.30 a die Funktion der beiden Bohrungen hervorgehoben, in **4**.30 b sind für die Fertigung verwendbare Maße eingetragen, Bild **4**.30 c zeigt die entsprechend prüfbezogene Maßeintragung.

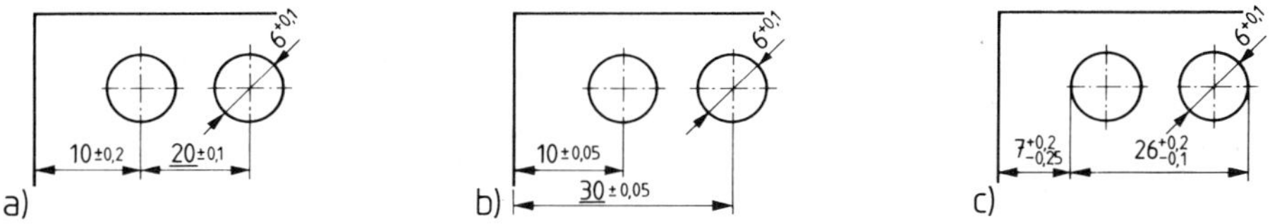

4.30 Maßeintragung
a) funktionsbezogen, b) fertigungsbezogen, c) prüfbezogen

4.5.1 Prismatische Werkstücke

Eine Rechtecksäule hat 3 Abmessungen: Breite, Dicke und Höhe.

> Jede Abmessung wird in der Zeichnung nur einmal bemaßt; es darf aber auch kein Maß fehlen (**4**.32).

Maßlinien sind schmale Vollinien. Der Abstand der Maßlinien hängt von der Größe der Darstellung ab. Zwischen Maßlinie und Körperkante soll er mindestens 10 mm, zwischen einzelnen Maßlinien mindestens 7 mm betragen und einheitlich sein. Die Maßzahlen werden nach Möglichkeit in der Mitte über die durchgezogenen Maßlinien gesetzt (**4**.31).

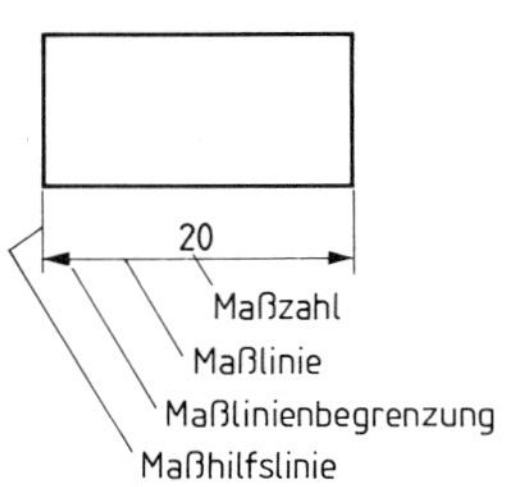

4.31 Bemaßungselemente

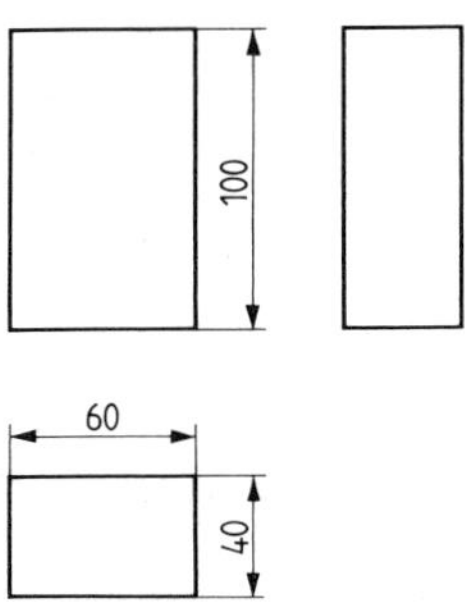

4.32 Bemaßung der Rechtecksäule

Maßhilfslinien sind ebenfalls schmale Vollinien. Sie werden ohne Zwischenraum an den zu bemaßenden Kanten angesetzt und dürfen weder von einer Ansicht in eine andere durchgezogen noch aus verschiedenen Ansichten für dieselbe Maßlinie herausgezogen werden. Sie ragen etwa 2 mm über die Maßlinienbegrenzungen hinaus.

Maßlinienbegrenzungen werden als ausgefüllte oder offene Maßpfeile, als Schrägstrich oder als ausgefüllte oder offene Punkte ausgeführt. Für jede Zeichnung ist nur eine Art der Maßlinienbegrenzung anzuwenden. Kombinationen von Maßpfeil und Punkt sind bei Platzmangel zulässig (**4**.33).

Bei Maßlinien am Kreisbogen für Radien und Durchmesser ist als Maßlinienbegrenzung ein Maßpfeil anzuwenden.

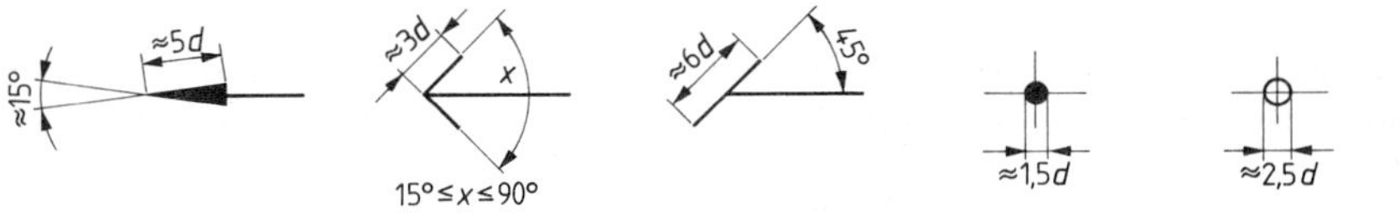

4.33 Maßlinienbegrenzungen

Maßzahlen werden grundsätzlich in Millimetern ohne Angabe der Maßeinheit eingetragen. Teile eines Millimeters sind als Dezimalwert auszudrücken, z.B. 20,5.

Größere Abmessungen können in Zentimetern oder in Metern angegeben werden, doch muß dann hinter der Maßzahl die Maßeinheit stehen, z.B. 3,20 m.

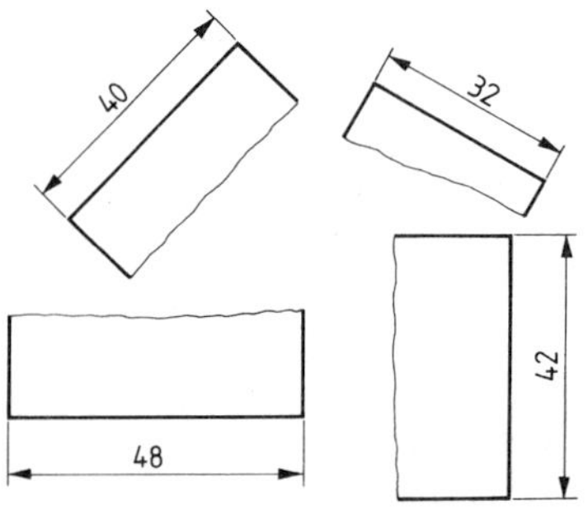

4.34 Stellung der Maßzahlen

Die Höhe der Maßzahlen ist innerhalb einer Zeichnung einheitlich, etwa gleich der Länge der Maßpfeile und beträgt mindestens 3,5 mm. Die Maßzahlen werden so eingeschrieben, daß sie in Richtung ihrer Maßlinie zu lesen sind. Zudem müssen die Füße der Zahlen bei waagrechten und schrägen Maßlinien (bezogen auf die Hauptlage des Zeichenbogens) nach unten und bei senkrechten Maßlinien nach rechts zeigen (**4**.34). Als Hauptlage gilt diejenige Lage des Bogens, die beim Lesen der Zeichnung den Gegenstand in der Gebrauchs- oder in der Fertigungslage zeigt. Sie soll möglichst mit der Anordnung des Schriftfelds im Einklang stehen.

Die Zahlen 6, 9, 66, 99 und ähnliche erhalten bei ungünstiger Stellung einen Fußpunkt, weil sie sonst verkehrt herum, also falsch gelesen werden können, außer bei Kombinationen mit den Zeichen ∅, □, M, R, SW usw.

Ausschnitte an Körpern erzeugen neue Flächen. Durch einen Ausschnitt aus der Rechtecksäule entstehen die Flächen *a* und *b* (**4**.35). Das linke Rechteck in der Draufsicht stellt die Fläche *b* und das obere in der Seitenansicht die Fläche *a* dar. Die Draufsicht hat nunmehr zwei Flächen. Sie liegen am Werkstück jedoch in verschiedenen Ebenen, wie die Vorderansicht zeigt. Ebenso verhält es sich mit den beiden Rechteckflächen der Seitenansicht.

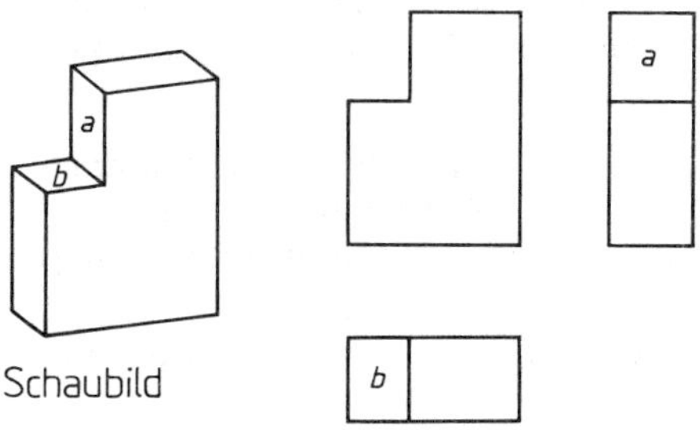

4.35 Ausschnitt aus der Rechtecksäule

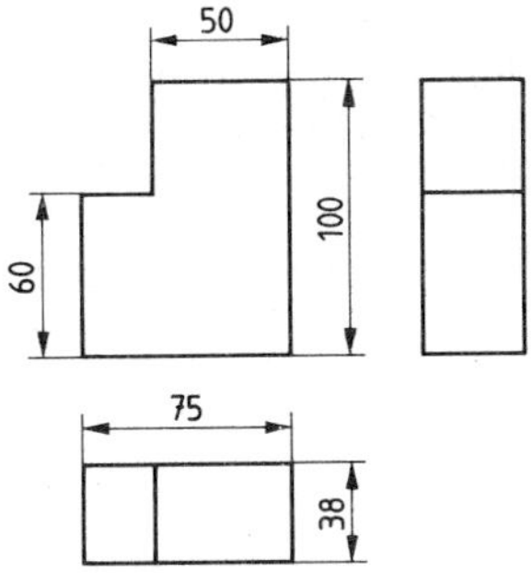

4.36 Bemaßung des Werkstücks

Der Ausschnitt ist eine Rechtecksäule und hat demgemäß drei Abmessungen. Es sind aber nur zwei Maße erforderlich, da die Dicke des Ausschnitts gleich der des Werkstücks ist. Meist werden jedoch nicht die Maße für den Ausschnitt, sondern des bequemeren Messens wegen die Absatzmaße eingeschrieben (**4**.36). Fertigungsgang, Prüfung und Funktion (Verwendungszweck) eines Werkstücks können auch eine andere Bemaßung erfordern.

Maßlinien werden von außen angesetzt, sofern der Platz zur Unterbringung der Maßlinienbegrenzungen und der Maßzahl nicht ausreicht (**4**.37). Hat die Zahl nicht genügend Platz zwischen den Pfeilspitzen, wird sie möglichst rechts über die Maßlinie gesetzt (Maß 5,3 in Bild **4**.38).

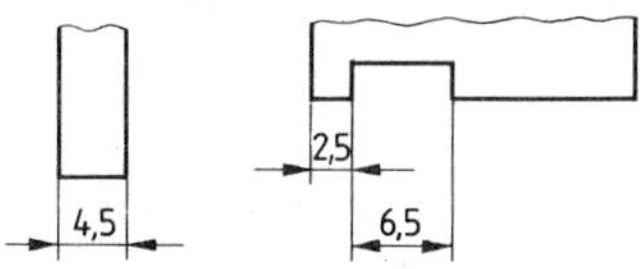

4.37 Von außen angesetzte Maßlinien

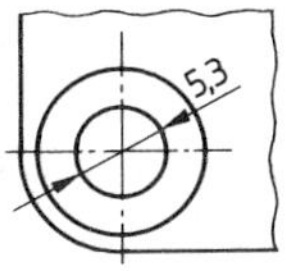

4.38 Herausgezogene Maßzahl

Linienkreuzungen stören. Maßlinien und Maßhilfslinien sollen sich gegenseitig und andere Linien möglichst nicht schneiden (**4**.39). In Verlängerung von Körperkanten werden Maßlinien nicht gezogen. Benachbarte Maßlinien haben voneinander gleichmäßige Abstände von nicht weniger als 7 mm und gegenseitig versetzte Maßzahlen.

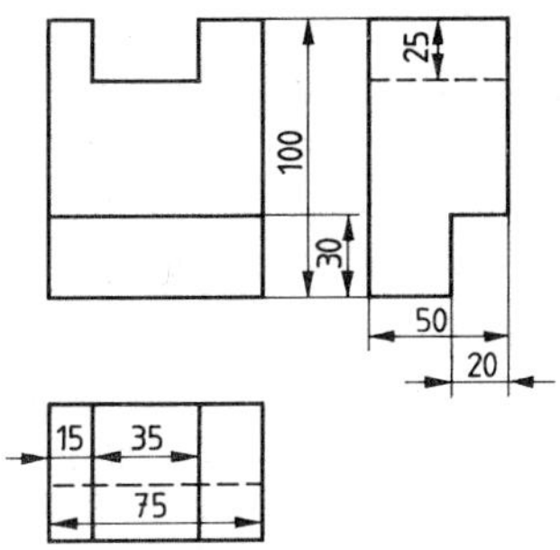

Nicht so,

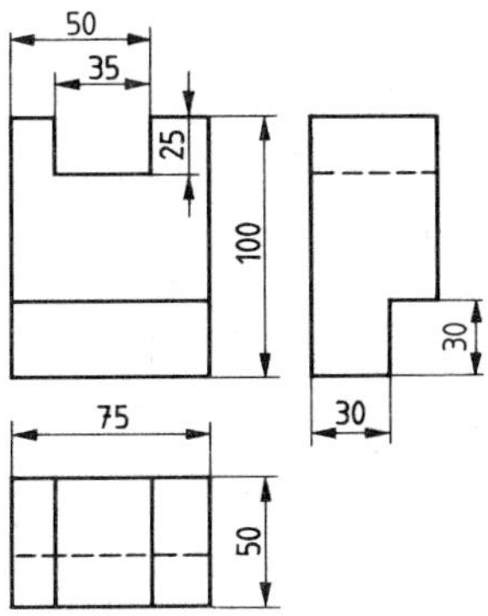

sondern so!

4.39 Schlechte und gute Bemaßung

Maße müssen übersichtlich angeordnet sein. Ohne langes Suchen und Rechnen soll der Facharbeiter alle für die Herstellung, die Prüfung, den Zusammenbau und die Funktion der Teile nötigen Maße aus der Zeichnung entnehmen können. Alle Maße müssen am Werkstück meßbar sein und dort stehen, wo die Gestalt des Teils am deutlichsten zum Ausdruck kommt. Der guten Übersicht wegen werden die Maße gern aus der Darstellung herausgezogen.

Übungen

Zeichnen Sie die rechtkantigen Werkstücke (**4**.40) in drei Ansichten und tragen Sie die Maße ein.

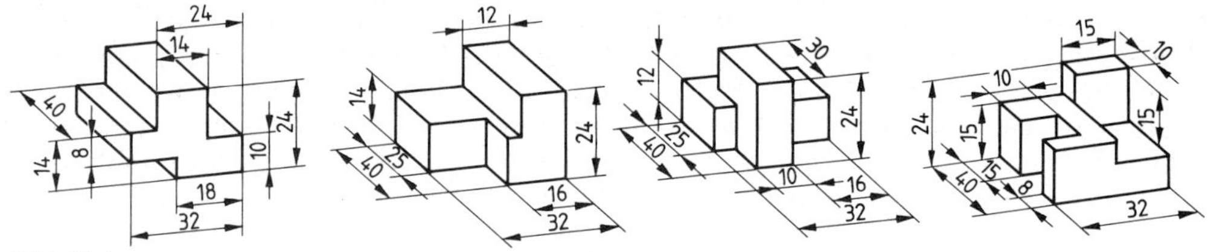

4.40 Kloben

Werkstücke mit quadratischem Querschnitt (**4**.41 a) haben als Seitenflächen deckungsgleiche Rechtecke. Vorderansicht und Seitenansicht des Körpers sind demzufolge gleich (**4**.41 b), die Seitenansicht kann daher fortfallen (**4**.41 c). Unter Umständen kann man aber auch die Draufsicht weglassen (**4**.41 d). Dann sind das Quadratzeichen und ein Diagonalkreuz erforderlich (DIN 406 T 2). Die Darstellung in nur einer Ansicht sollte aber möglichst vermieden werden.

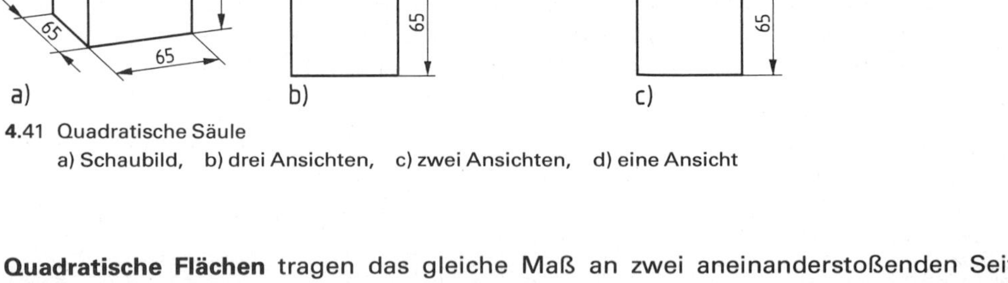

4.41 Quadratische Säule
a) Schaubild, b) drei Ansichten, c) zwei Ansichten, d) eine Ansicht

Quadratische Flächen tragen das gleiche Maß an zwei aneinanderstoßenden Seiten (**4**.42). Muß aber in der Ansicht bemaßt werden, in der die quadratische Fläche als Linie erscheint, ist das Quadratzeichen zu setzen. Es ist ein v o r der Maßzahl auf der Zeile stehendes Quadrat (**4**.43).

Ebene vierseitige Mantelflächen müssen durch Diagonalkreuze gekennzeichnet werden, sofern das zugehörige Profil in einer anderen Ansicht nicht dargestellt ist (**4**.41 d); sonst sind sie zulässig. Diagonalkreuze sind so breit wie Maßlinien zu ziehen.

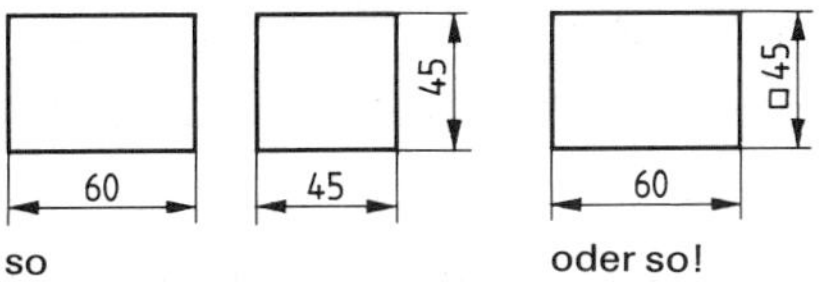

4.42 Bemaßung quadratischer Flächen

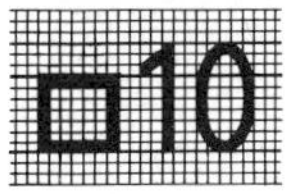

4.43 Maßzahl mit Quadratzeichen

Symmetrische Ansichten erhalten strichpunktierte Mittellinien. Eine Fläche ist symmetrisch, wenn sie durch eine Linie in gleiche Hälften zerlegt werden kann. Mittellinien, auch Symmetrieachsen genannt, sind in regelmäßigen Grund- und Deckflächen und als Achsen der Grundkörper zu ziehen.

Bei einfachen Körpern, deren Symmetrie nicht betont zu werden braucht, können Mittellinien fortfallen. Sie werden auch nicht quer zur Längsachse der Körper gezogen und sind deshalb in Bild **4**.31 und in ähnlichen nicht notwendig.

Mittellinien sind so breit wie Maßlinien und beim Aufzeichnen zuerst zu ziehen, weil die Abmessungen von hier aus nach beiden Seiten abgetragen werden. Sie ragen etwas über die Darstellung hinaus, werden aber nicht von einer Ansicht in eine andere durchgezogen. Die Länge der Striche ist gleich und von der Länge der Mittellinie abhängig (**4**.**44**). Die Punkte liegen in sehr kleinen Lücken und werden nicht betont, können aber als ganz kurze, unauffällige Striche gezogen werden. Mittellinien sind nur in den Strichen zu kreuzen und, wenn sie kurz sind, als schmale Vollinien zu zeichnen (**4**.45 bis **4**.47).

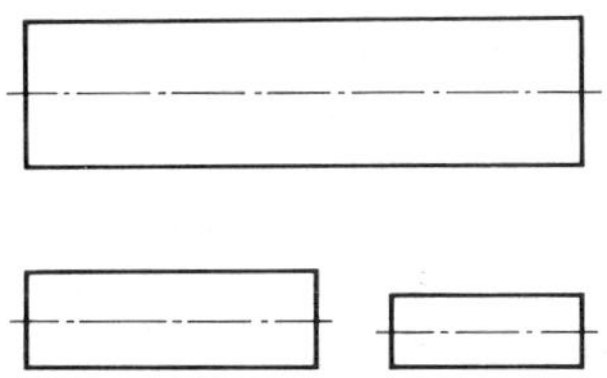

4.44 Mittellinien

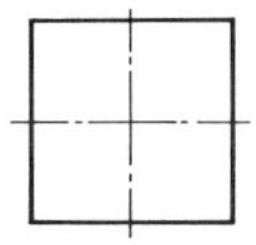

4.45 Mittellinien Kreuzungen

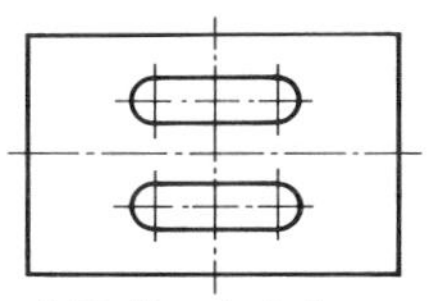

4.46 Beschränkung der Mittellinien

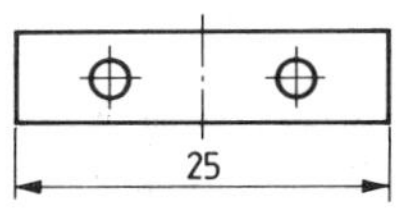

4.47 Die Symmetrie braucht nicht bemaßt zu werden

Beziehen sich Mittellinien nur auf gewisse Formen eines Werkstücks, werden sie darauf beschränkt (**4**.46). Ein Maß zur Bestimmung der Lage einer Hauptmittellinie ist gewöhnlich überflüssig (**4**.47). Mittellinien dürfen als Maßhilfslinien benutzt werden; die etwa erforderliche Verlängerung ist als schmale Vollinie zu ziehen (**4**.48).

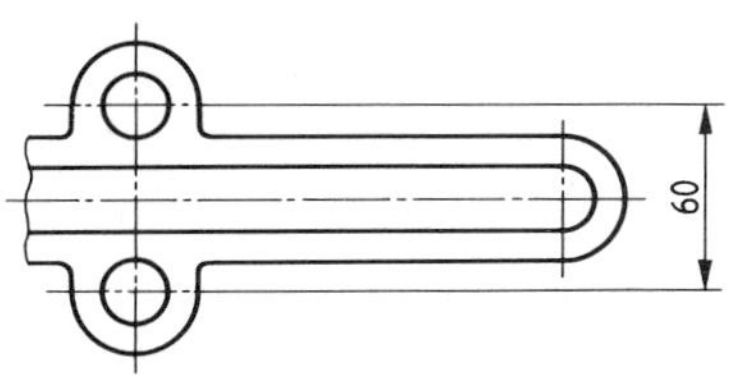

4.48 Mittellinien als Maßhilfslinien

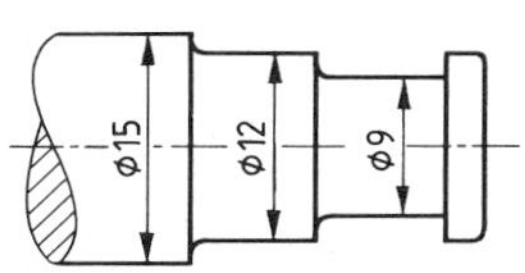

4.49 Maßzahlen dürfen nicht beeinträchtigt werden

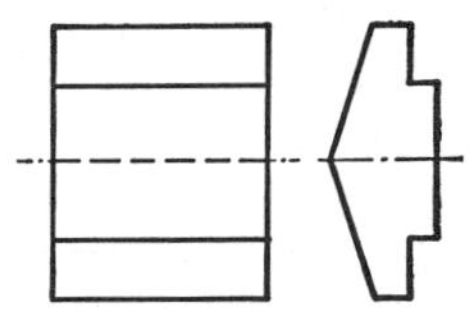

4.50 Strich- und Mittellinie decken sich

Maßzahlen werden neben die Mittellinien gesetzt. Bei Platzmangel ist die Mittellinie jedoch zum Einschreiben der Maßzahl zu unterbrechen (**4**.49), aus gleichem Grund auch eine Maßhilfslinie und, wenn nötig, auch eine Vollinie.

Strichlinien ist der Vorrang zu geben, wenn sie mit Mittellinien zusammenfallen (**4**.50).

Übungen

Zeichnen Sie die symmetrischen Werkstücke **4**.51 bis **4**.53 in je drei Ansichten und tragen Sie die Maße ein.

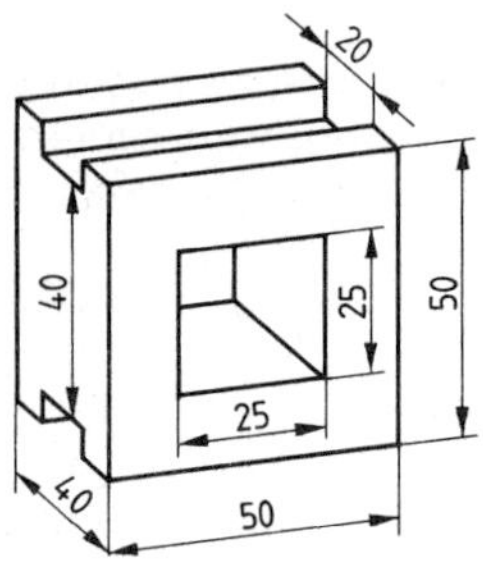

4.51 Führung

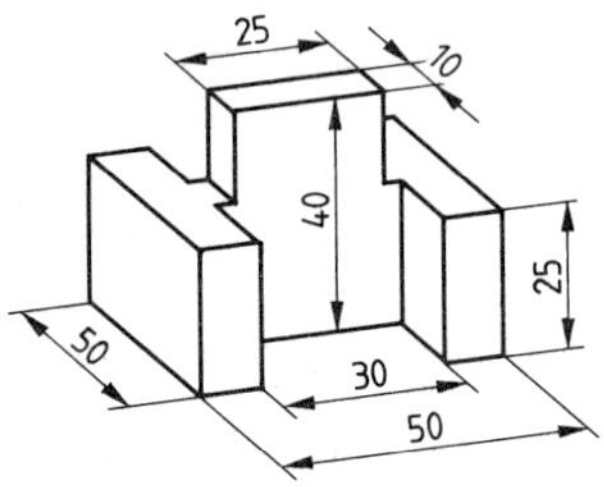

4.52 Bock

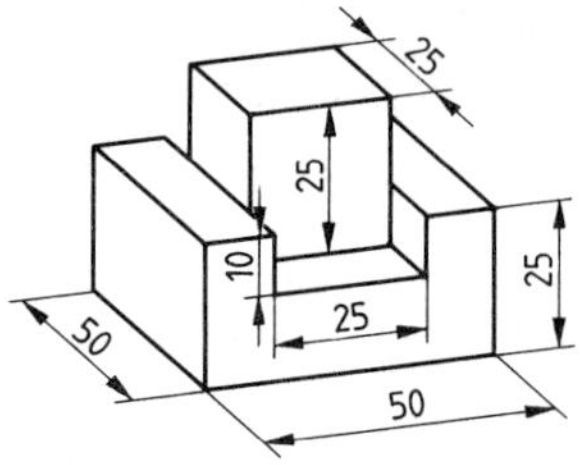

4.53 Sockel

4.5.2 Zylindrische Werkstücke

Durchmesserzeichen. Für eine stehende Rundsäule (**4**.54 a) sind Vorderansicht und Seitenansicht deckungsgleiche Rechtecke (**4**.54 b). Die Seitenansicht ist mithin überflüssig (**4**.54 c). Sofern die Vorderansicht beide Maße des Körpers (Durchmesser und Höhe, **4**.54 d) erhält, kann auch die Draufsicht fehlen. Der Maßzahl für den Durchmesser ist dann ein Durchmesserzeichen voranzustellen. Es besteht aus einem Kreis in der Größe der Kleinbuchstaben und einer in der Mitte unter 75° zur Zeile liegenden geraden Linie und besagt, daß der Körper kreisrund ist (**4**.55). Durchmesserzeichen haben die gleiche Linienbreite wie Maßzahlen.

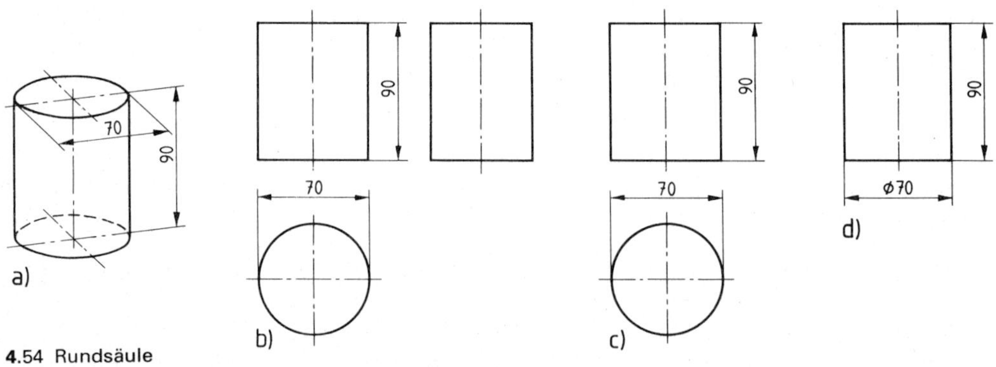

4.54 Rundsäule

a) Schaubild, b) drei Ansichten, c) zwei Ansichten, d) eine Ansicht

Das Durchmesserzeichen muß gesetzt werden bei Kugeln und wenn das Durchmessermaß nicht mit zwei Pfeilen am Kreise steht. Es ist also erforderlich, wenn die Maßlinie mit zwei Pfeilen in der Ansicht steht, in der der Kreis als Gerade erscheint (**4**.54d), auch wenn die Draufsicht vorhanden ist, nur einen Maßpfeil trägt (**4**.56) oder durch eine Bezugslinie ersetzt ist (Maß ∅ 2 in **4**.56). In allen anderen Fällen wird das Durchmesserzeichen nicht eingetragen.

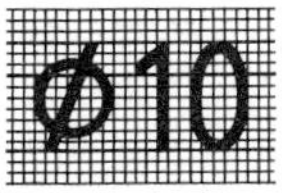

4.55 Maßzahl mit Durchmesserzeichen

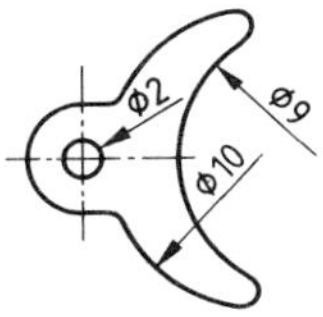

4.56 Durchmesserzeichen sind hier erforderlich

Maßlinien. Längen und zugehörige Durchmesser werden möglichst in derselben Ansicht bemaßt (**4**.57) und dabei Linienkreuzungen tunlichst vermieden. Die Maßlinien beginnen häufig an einer Bezugsebene. Das ist die gemäß der Bearbeitungsfolge zuerst fertiggestellte Fläche am Werkstück, für Längen an Drehteilen gewöhnlich die plangedrehte Fläche am dünnen Ende. Auch für Guß-, Schmiede- und Preßteile ist die Festlegung einer Maßbezugsebene von Bedeutung. Maßlinien können auch von Mittellinien ausgehen.

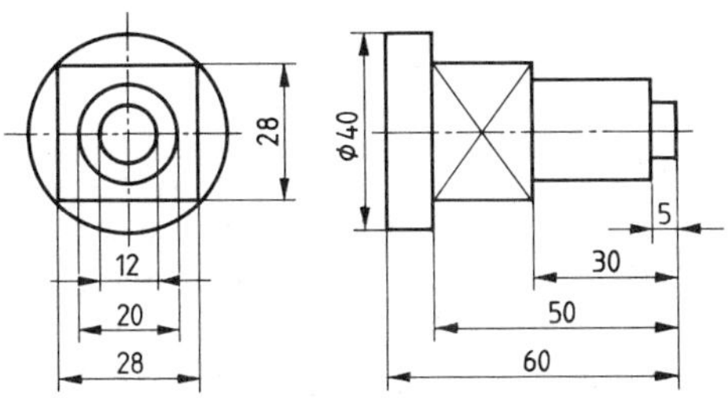

4.57 Anordnung der Maße

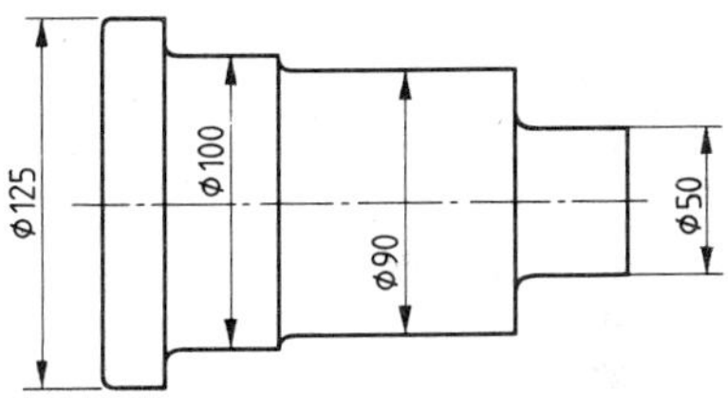

4.58 Gegeneinander versetzte Maßzahlen

Hintereinanderliegende Maße erhalten wechselseitig versetzte Maßzahlen (**4**.58). Ziffern und Zusätze zu den Maßzahlen dürfen nicht durch Linien voneinander getrennt werden.

Maßketten entstehen durch Aneinanderreihen mehrerer Maße und sind möglichst zu vermeiden; es gibt aber Ausnahmen. Ist eine Maßkette unumgänglich, wird zur Aufnahme der bei der Fertigung insgesamt entstehenden Maßabweichungen eine geeignete Abmessung nicht bemaßt oder diese Maßzahl in Klammern gesetzt (**4**.59). Das Gesamtmaß soll unmittelbar unter oder hinter den Teilmaßen und nicht etwa auf der entgegengesetzten Seite angeordnet werden. Aneinandergereihte Maße setzt man gewöhnlich nicht ab, sondern legt sie in die gleiche Flucht, damit sie in einem Zuge gezogen werden können (Maß 12 und Maß 5).

So

oder so!

4.59 Teilmaße und Gesamtmaß

Radien (Halbmesser). Jeder Radius (Halbmesser) ist mit dem Großbuchstaben R vor der Maßzahl zu versehen (**4**.60) und trägt nur einen Pfeil am Kreisbogen. Die Bilder **4**.61 bis **4**.67 zeigen Beispiele für die Eintragung der Radien mit und ohne Kennzeichnung des Zirkeleinsatzpunkts. Der Maßpfeil wird bei Platzmangel von außen angesetzt (**4**.64 links). Die Maßzahl und das Radiuszeichen R sind über den Außenpfeil zu setzen (**4**.64 rechts) oder in eine Maßlücke.

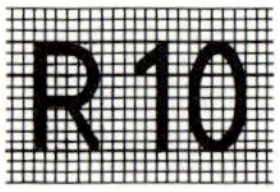

4.60 Maßzahl mit Radiuszeichen

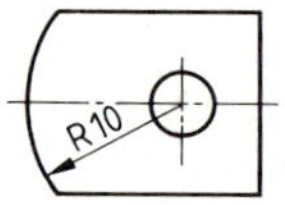

4.61 Der Zirkeleinsatzpunkt ist angegeben

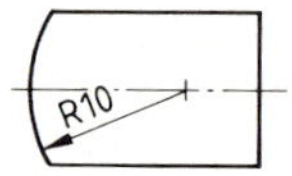

4.62 Kennzeichnung des Zirkeleinsatzpunkts

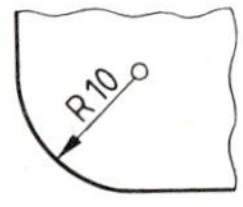

4.63 Einfassung des Zirkeleinsatzpunkts

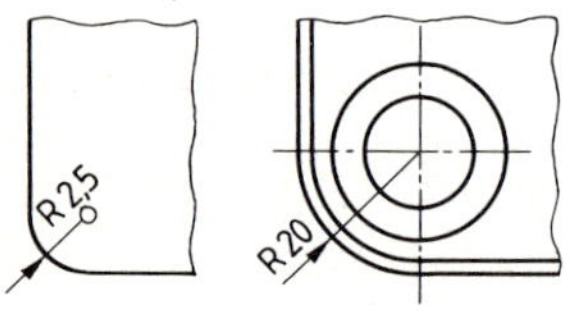

4.64 Von außen angesetzte Maße für den Radius

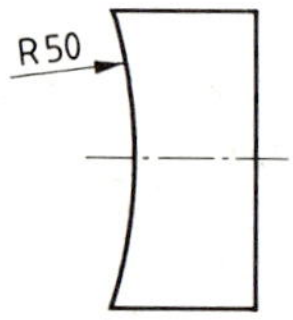

4.65 Großer Radius

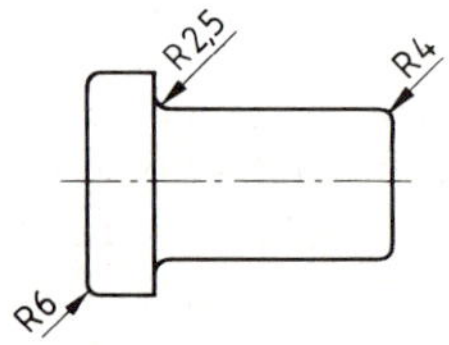

4.66 Kleine Radien

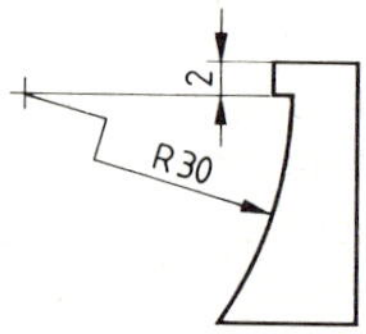

4.67 Gebrochenes Maß für den Radius

Vereinfachend dürfen kleine Radien in der Zeichnung scharfkantig gezeichnet werden. Das Maß mit dem Kurzzeichen R muß angegeben werden.

Ein durch Maße festzulegender Zirkeleinsatzpunkt für einen großen Radius wird an den Kreisbogen „herangezogen", wobei die auf den wirklichen Zirkeleinsatzpunkt gerichtete Maßlinie zu kürzen und zweimal rechtwinklig zu knicken ist (**4**.67). Das Maß für den Radius steht in der Nähe des Pfeils.

Haben mehrere Rundungen den gleichen Halbmesser, braucht man sie nicht einzeln zu bemaßen, wenn neben die Darstellung ein Vermerk geschrieben wird, etwa:

Alle nicht bemaßten Rundungen R 4

Die Rundungshalbmesser sind genormt.

Rundungshalbmesser in mm (Auszug aus DIN 250)

1	1,2	**1,6**	2	**2,5**	3	**4**	5	**6**	8	**10**	12	**16**	18	**20**	22

Die fettgedruckten Größen sollen bevorzugt werden.

Wird ein Vierkant aus rundem Werkstoff hergestellt, ist auch ein Maß für den Durchmesser erforderlich (**4**.68), wenn die Abmessungen des Ausgangswerkstoffs anderswo, z. B. im Schriftfeld, nicht angegeben sind.

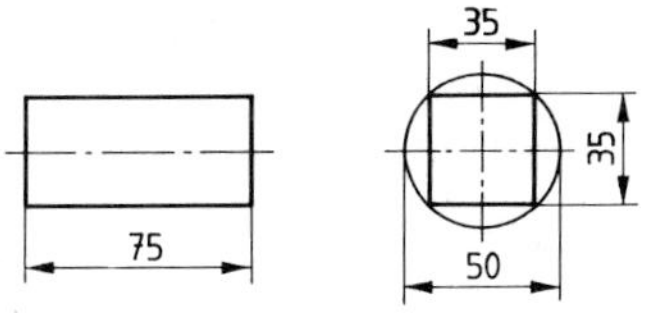

4.68 Erforderliches Durchmessermaß

Für quadratische Vierkante mit vollen Ecken ist der Durchmesser d des Werkstoffs mindestens so groß wie die Diagonale. Er errechnet sich aus der Quadratseite a zu

$$d = \sqrt{2} \cdot a \approx 1{,}414 \cdot a$$

Beispiel Der Mindestdurchmesser für einen Vierkant mit 35 mm Seitenlänge ist

$d \approx 1{,}414 \cdot a \approx 1{,}414 \cdot 35 \approx 49{,}49$ mm $\approx$ **50 mm**

Die Länge einer Vierkantseite a ergibt sich aus der Diagonalen d zu $a = 0{,}5 \cdot \sqrt{2} \cdot d \approx 0{,}707 \cdot d$

Beispiel Die Seite eines Vierkants mit 85 mm Eckenmaß ist

$a \approx 0{,}707 \cdot d \approx 0{,}707 \cdot 85 \approx 60{,}095$ mm $\approx$ **60,1 mm**

Vierkante und Vierkantlöcher für Spindeln und Bedienteile s. DIN 79.

Ausschnitte aus der Rundsäule. Durch einen Schnitt senkrecht und einen Schnitt parallel zur Körperachse fällt ein Stück heraus; es entstehen Rechteck a und Kreisabschnitt b (**4**.69). Das Rechteck erscheint in der Draufsicht als Linie; sie wird als Breite der Rechteckfläche in die Seitenansicht übertragen. Außer dem Durchmesser und der Körperhöhe sind zwei Absatzmaße erforderlich. Die Breite des Rechtecks wird aber nicht bemaßt, weil sie bei der Bearbeitung zwangsläufig entsteht.

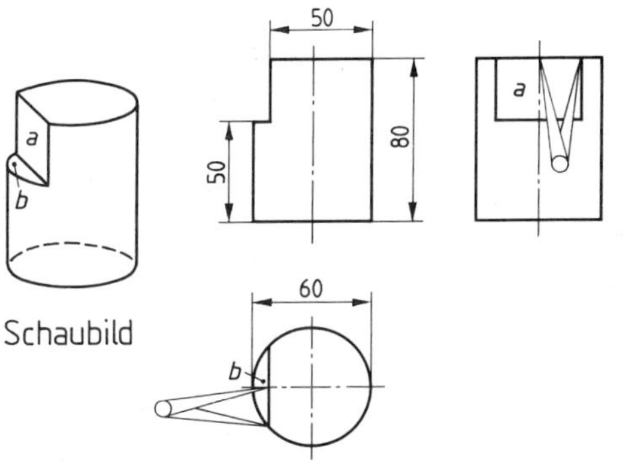

4.69 Ausschnitt aus der Rundsäule

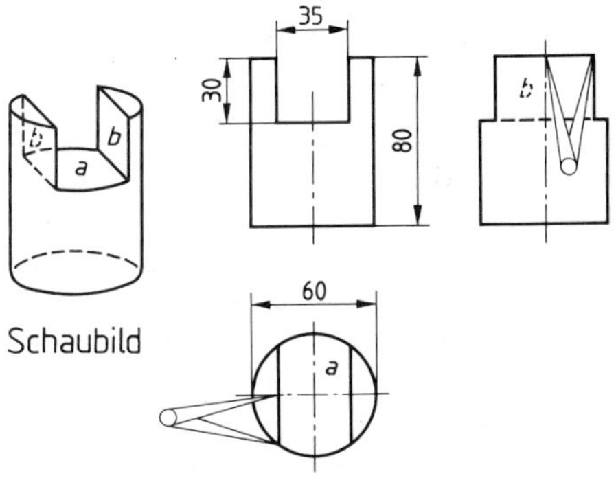

4.70 Geschlitzte Rundsäule

In Bild **4**.70 hat die Rundsäule einen Schlitz von rechteckigem Querschnitt. Der Schlitz wird von dem Teil a einer Kreisfläche und zwei gleich großen Rechtecken b begrenzt. Je breiter der Schlitz ist, desto schmaler sind die Rechtecke und umgekehrt. Die Breite der Rechtecke wird aus der Draufsicht übernommen. Die senkrechten Umrißlinien der Rundsäule in der Seitenansicht sind abgesetzt, weil im Schlitz Werkstoff fortgefallen ist. Zu bemaßen sind Durchmesser und Höhe des Werkstücks sowie Breite und Tiefe des Schlitzes.

Übungen

1. Zeichnen Sie in geeignetem Maßstab die Werkstücke **4**.71 und **4**.73 bis **4**.76, die zum Teil nur mit einigen Hauptmaßen versehen sind, in drei Ansichten und **4**.72 und **4**.77 in zwei Ansichten und tragen Sie die zur Fertigung nötigen Maße ein.

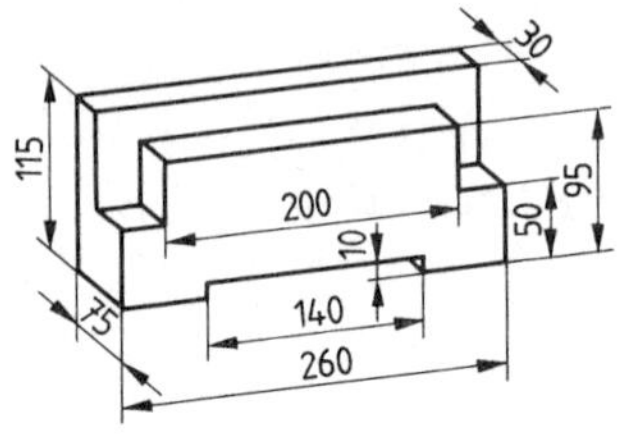

4.71 Barren

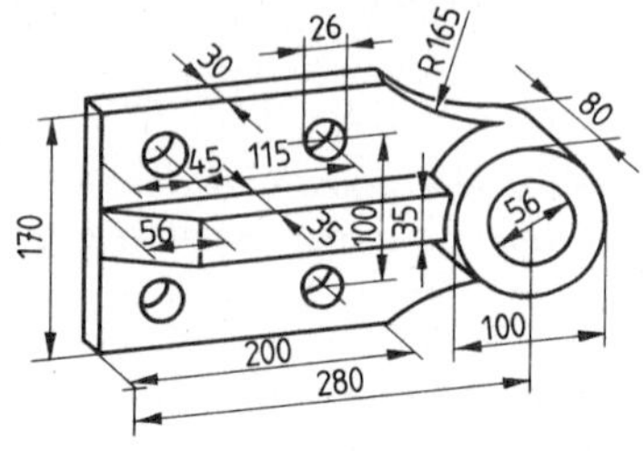

4.72 Seitenlager

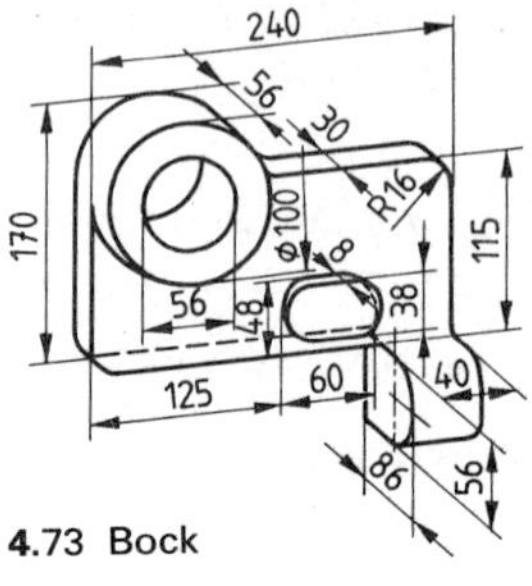

4.73 Bock

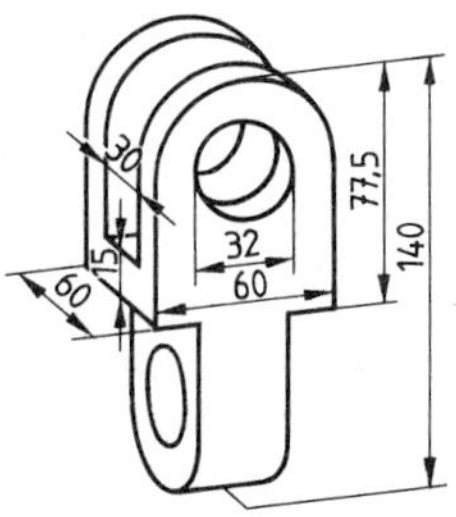

4.74 Gelenk

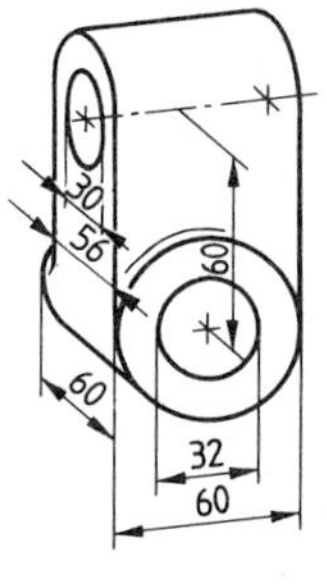

4.75 Gelenk

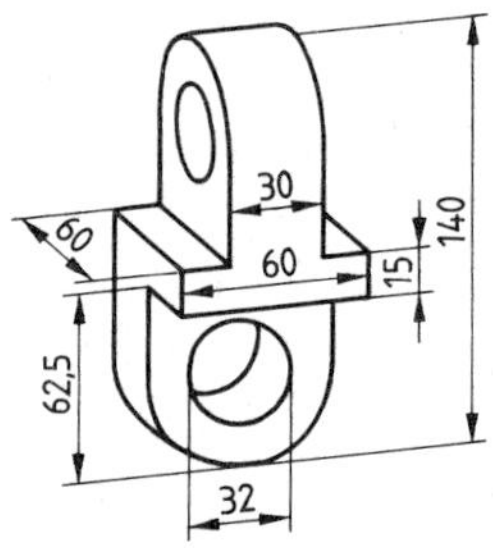

4.76 Gelenk

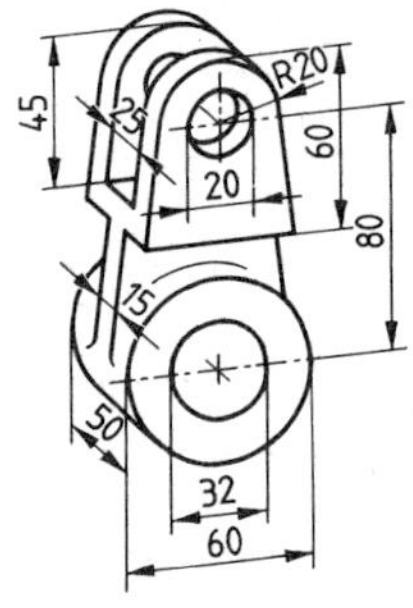

4.77 Gabel

2. Zeichnen Sie die Werkstücke **4**.78 bis **4**.80 in drei Ansichten und tragen Sie die Maße ein.

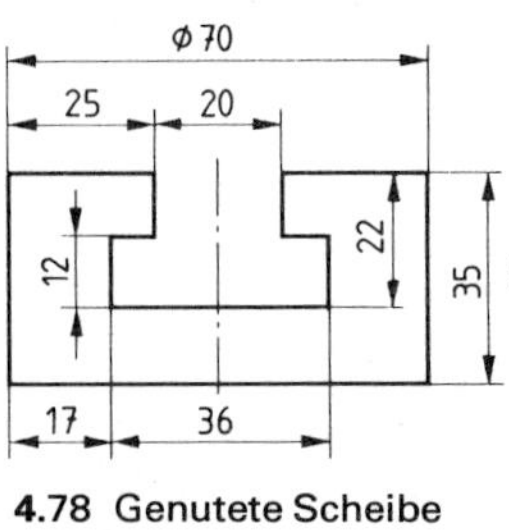

4.78 Genutete Scheibe

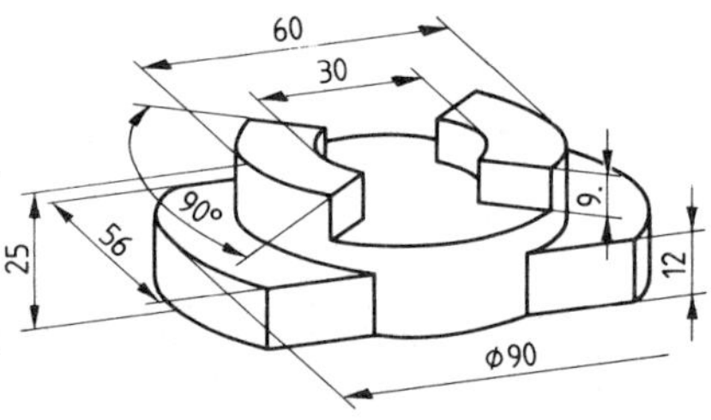

4.79 Klaue

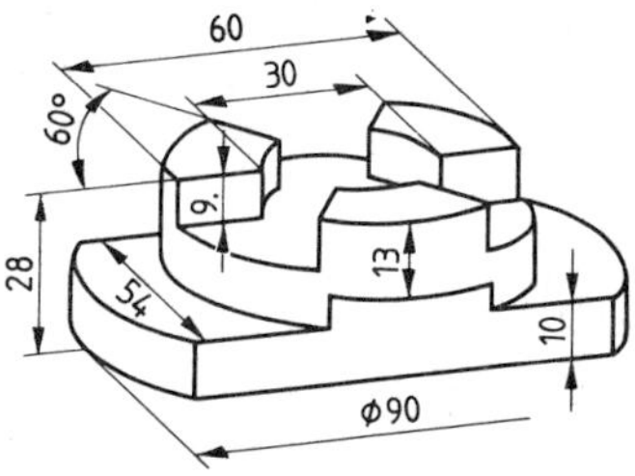

4.80 Führungssockel

4.5.3 Trapez-, sechs- und dreikantige Werkstücke

Trapezkantige Werkstücke. Von einer stehenden Trapezsäule ist die Trapezfläche in der Draufsicht zu sehen. Vorderansicht und Seitenansicht sind Rechtecke. In der Vorderansicht sind außerdem zwei weitere senkrechte Körperkanten zu ziehen (**4**.81 b).

Ist die Trapezfläche gleichschenklig (**4**.81 b) oder hat sie einen rechten Winkel (**4**.81 c), genügen vier Maße: große und kleine Grundlinie, Trapezhöhe und Körperhöhe. Beim ungleichschenkligen Trapez ist ein fünftes Maß (**4**.81 d) zur Angabe der seitlichen Verschiebung der Grundlinien zueinander erforderlich. In allen drei Darstellungen ist die Seitenansicht meist entbehrlich.

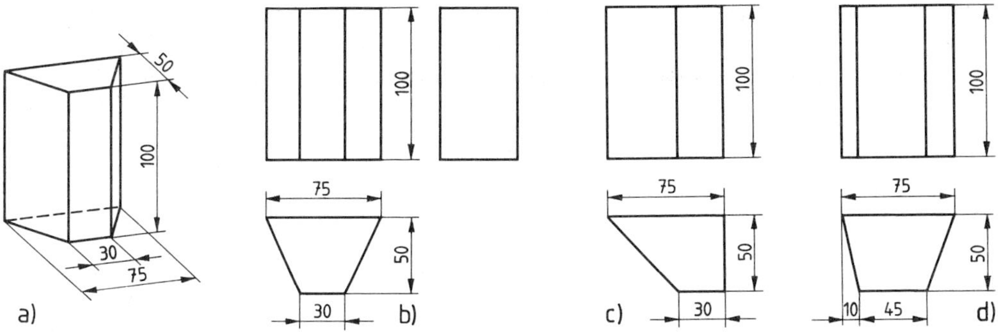

4.81 Trapezsäule
a) Schaubild, b) drei Ansichten (4 Maße), c) zwei Ansichten (4 Maße), d) zwei Ansichten (5 Maße)

Die Breite der nichtparallelen Seitenflächen erscheint in der Vorderansicht und in der Seitenansicht v e r k ü r z t (**4**.81 b).

Eine Linie ist in wahrer Größe zu sehen, wenn die Endpunkte gleichen Abstand vom Auge haben, d. h., wenn man senkrecht auf diese Linie blickt. Ist das nicht der Fall (**4**.82), erscheint sie verkürzt, und zwar um so mehr, je größer der Unterschied der Entfernungen der Endpunkte vom Auge ist. Im Grenzfall liegt die Linie in Richtung des Sehstrahls und erscheint als Punkt. In Bild **4**.83 ist die Kante *y* in wahrer Größe nur in der Vorderansicht zu sehen. In der Seitenansicht und der Draufsicht ist die Kante und somit die dazugehörige Fläche *a* verkürzt dargestellt.

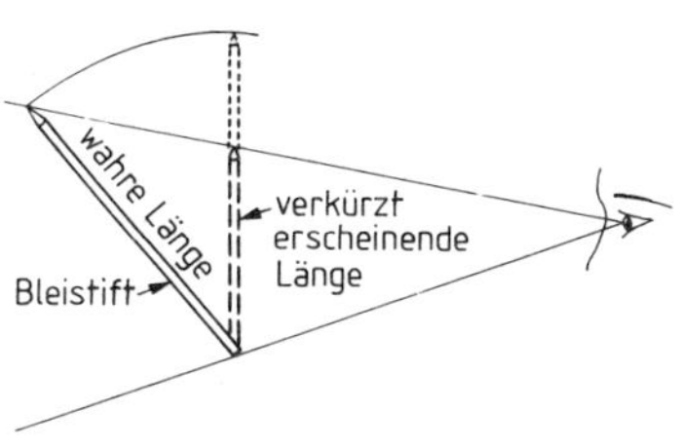

4.82 Verkürzung und wahre Länge

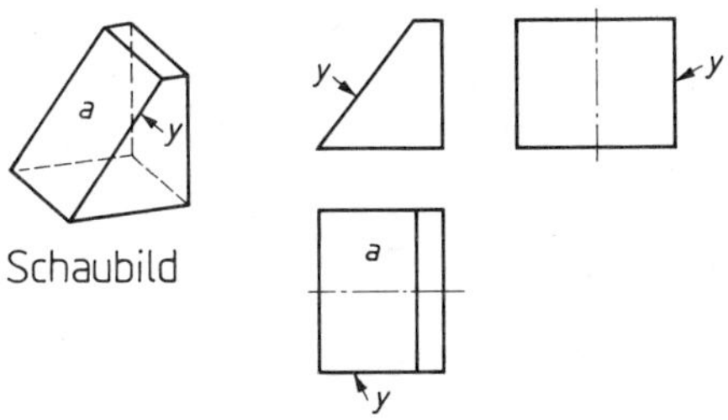

4.83 Verkürzt dargestellte Fläche *a*

Durch einen Ausschnitt aus der Trapezsäule entstehen Trapezfläche *a* und Rechteckfläche *b* (**4**.84). Die Trapezfläche *a* in der Seitenansicht entsteht durch Herüberholen der großen Grundlinie aus der Vorderansicht. Die Höhe der Rechteckfläche in der Draufsicht wird in der Seitenansicht abgegriffen.

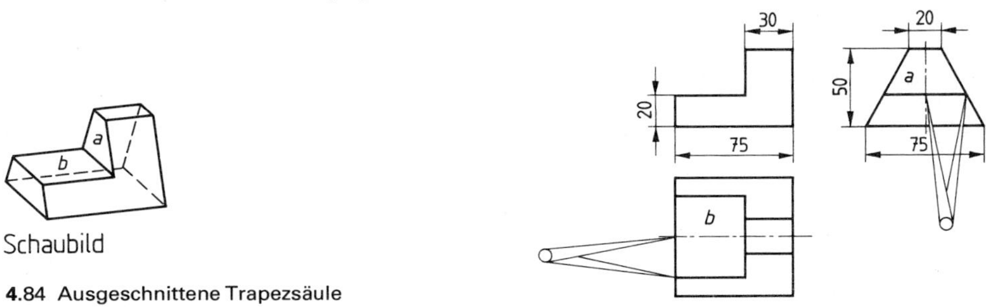

4.84 Ausgeschnittene Trapezsäule

Übungen

1. Zeichnen Sie die Werkstücke **4**.85 bis **4**.87 in geeigneten Ansichten und tragen Sie die Maße ein.

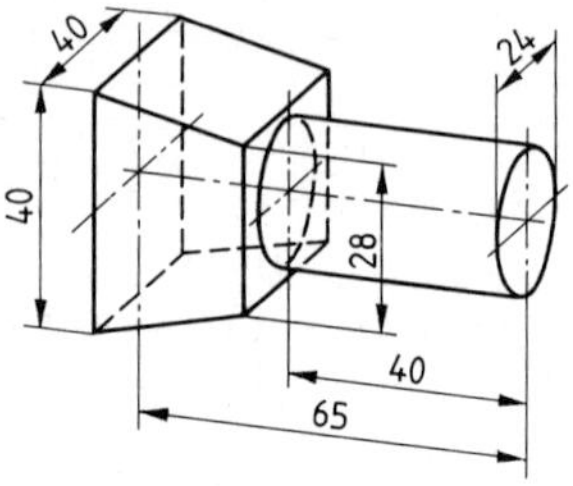

4.85 Ankerbolzen

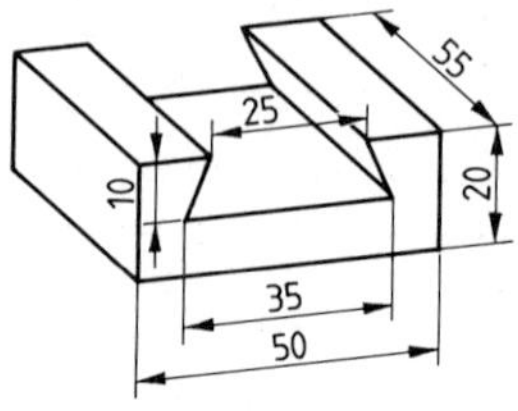

4.86 Schwalbenschwanzführung

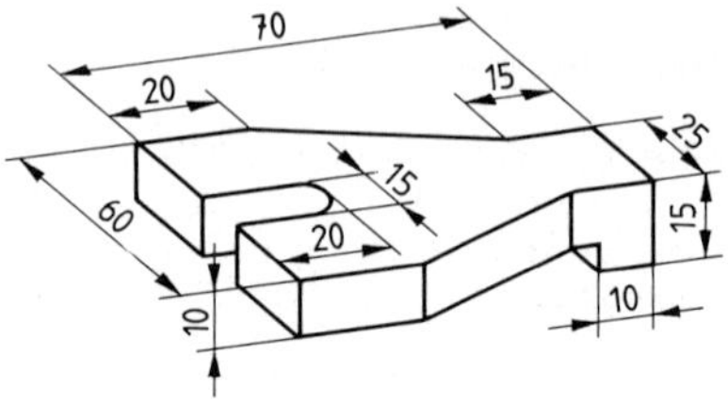

4.87 Spannklaue

2. Zeichnen Sie die Werkstücke **4**.88 und **4**.89 in je drei Ansichten und tragen Sie die Maße ein.

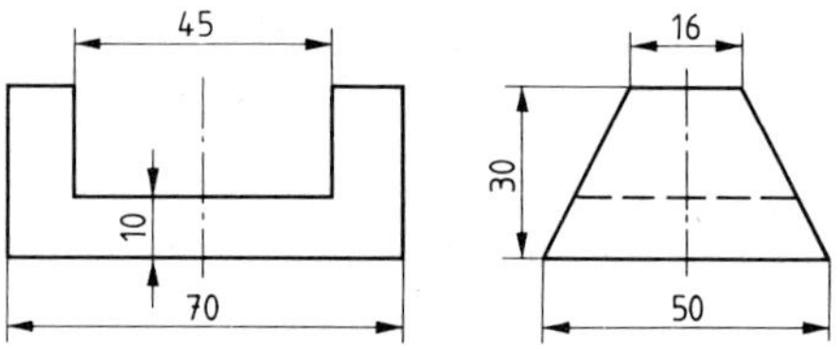

4.88 Bock

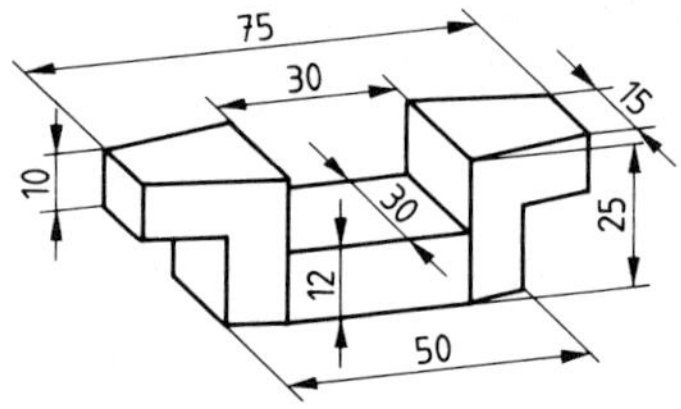

4.89 Spanneisen

Sechskantige Werkstücke. Die Deckfläche einer aufgerichteten Sechsecksäule ist in der Draufsicht zu sehen. Je nach ihrer Lage erscheinen in der Vorderansicht drei und in der Seitenansicht zwei Seitenflächen des Körpers (**4**.90 b) oder umgekehrt (**4**.90 c).

Die Breite der Vorderansicht ist in Bild **4**.90 b gleich dem Abstand zweier gegenüberliegender Ecken, dem E c k e n m a ß *e*. Die Breite der Seitenansicht ist gleich dem Abstand zweier gegenüberliegender Sechseckseiten, dem S e i t e n m a ß *s*. Von den Seitenflächen des Körpers erscheint nur die mittlere Fläche in der Vorderansicht in wahrer Breite.

Auch zur Darstellung der Sechsecksäule sind gewöhnlich nur zwei Ansichten erforderlich.

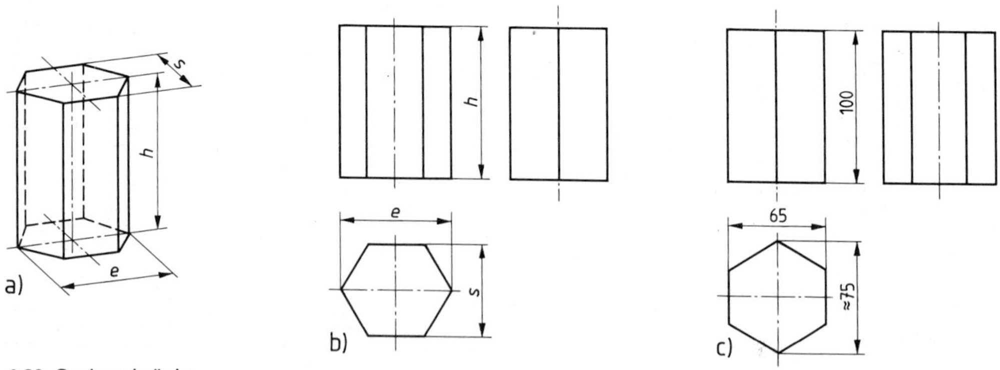

4.90 Sechsecksäule

Das Eckenmaß *e* läßt sich aus dem Seitenmaß *s* berechnen:

$$e = \frac{2}{\sqrt{3}} \cdot s \approx 1{,}155 \cdot s$$

Beispiel Bei einem Seitenmaß $s = 32$ mm beträgt das Eckenmaß $e \approx 1{,}155 \cdot s \approx 1{,}155 \cdot 32 \approx 37$ mm

Das Seitenmaß *s* läßt sich aus dem Eckenmaß *e* bestimmen: $s = 0{,}5 \cdot \sqrt{3} \cdot e \approx 0{,}866 \cdot e$

Beispiel Bei einem Eckenmaß $e = 75$ mm ist das Seitenmaß $s \approx 0{,}866 \cdot e \approx 0{,}866 \cdot 75 \approx$ **65 mm**

Zur Bemaßung der Sechsecksäule genügt außer der Körperhöhe entweder das Seitenmaß oder das Eckenmaß. Es können jedoch auch alle drei Maße nötig sein. Da gewöhnlich das Eckenmaß das errechnete abgerundete Maß ist, wird vor die Maßzahl das Zeichen ≈ gesetzt (**4**.90c).

Übungen

1. Zeichnen Sie ein Stück Sechskantstahl und tragen Sie die Maße ein. Das Seitenmaß *s* beträgt 50 und die Höhe 25.
2. Zeichnen Sie den Schraubenrohling (**4**.91) in drei Ansichten mit Bemaßung.

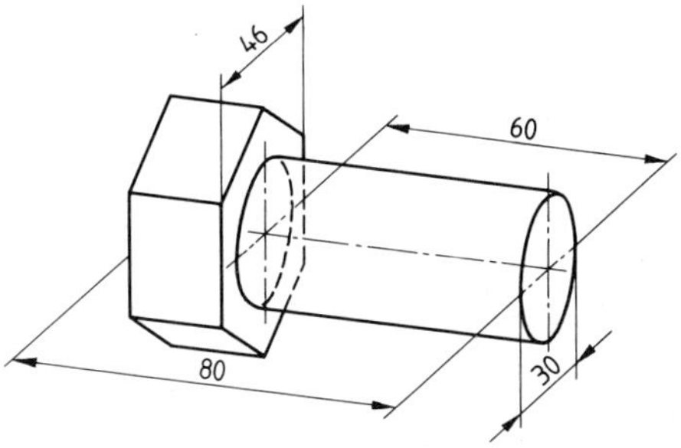

4.91 Rohling für Sechskantschraube

Dreikantige Werkstücke. In der Darstellung einer Dreiecksäule nach Bild **4**.92 sind in der Vorderansicht zwei und in der Seitenansicht eine Seitenfläche des Körpers verkürzt zu sehen. Die Umrißlinien der Vorderansicht zeigen die wahre Größe der hinteren Seitenfläche. Die Breite der Seitenansicht ist gleich der Höhe *h* des Dreiecks in der Draufsicht.

Höhe *h* und Seitenlänge *s* im gleichseitigen Dreieck sind voneinander abhängig. Eine Größe läßt sich aus der anderen berechnen:

$$h \approx 0{,}5\sqrt{3} \cdot s \approx 0{,}866 \cdot s \quad \text{und} \quad s \approx 1{,}155 \cdot h$$

Die Anzahl der Maße richtet sich nach der Gestalt des Dreiecks. Ist es gleichseitig, gleichschenkelig oder rechtwinklig, genügen drei Maße für den Körper. Für jede andere Dreieckfläche ist ein weiteres Maß zur Festlegung der Dreieckspitze erforderlich (**4**.93).

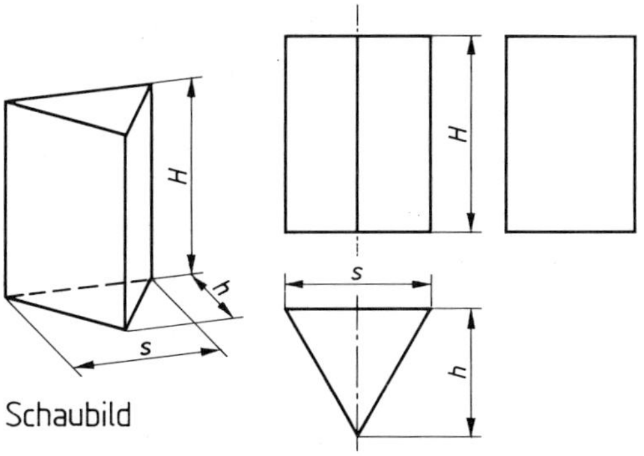

4.92 Dreiecksäule

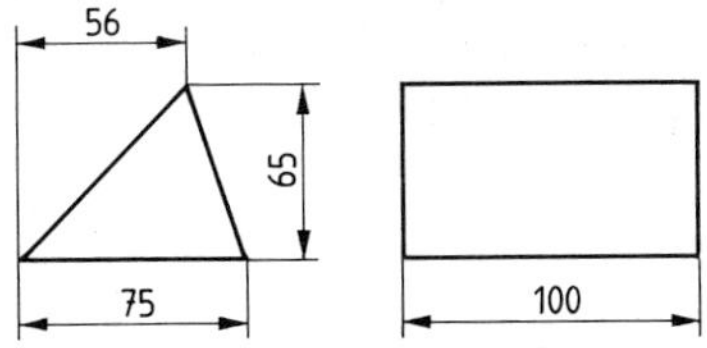

4.93 Dreiecksäule (4 Maße)

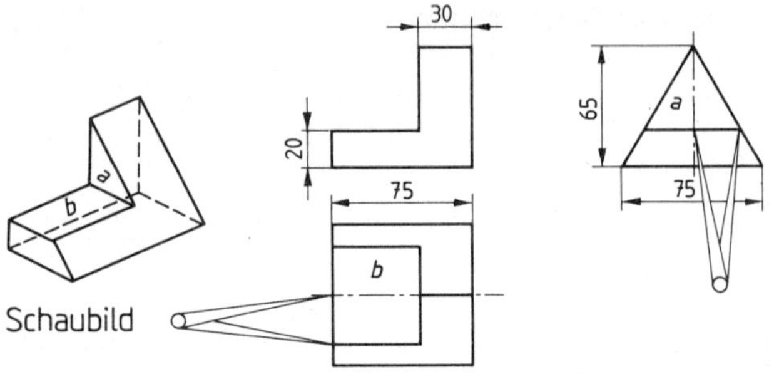

Ein Ausschnitt aus der Dreiecksäule erzeugt eine Dreieckfläche *a* und eine Rechteckfläche *b* (**4**.94). Sie werden wie die Flächen *a* und *b* in Bild **4**.87 in die Seitenansicht und die Draufsicht eingezeichnet.

4.94 Ausgeschnittene Dreiecksäule

Übungen

Zeichnen Sie die fehlenden Ansichten zum Unterlegestück **4**.95 (gleichseitiges Dreieck, Seitenlänge 70 mm) und zur Schwalbenschwanzführung **4**.96 und bemaßen Sie die Werkstücke.

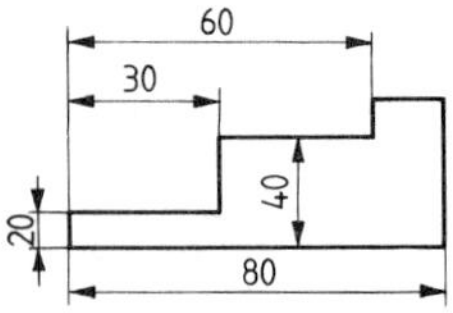

4.95 Unterlegestück

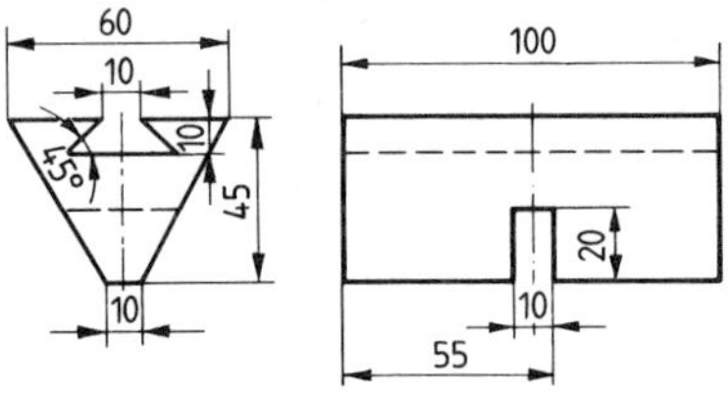

4.96 Schwalbenschwanzführung

4.5.4 Pyramidische Werkstücke

Gerade Pyramiden mit quadratischer Grundfläche (**4**.97) haben deckungsgleiche Seitenflächen, bei rechteckiger Grundfläche sind sie nur paarweise deckungsgleich (**4**.98). Die Grundfläche ist in der Draufsicht zu sehen, in der die Seitenkanten der Pyramide als Diagonalen erscheinen (**4**.97b). Vorderansicht und Seitenansicht sind deckungsgleiche gleichschenklige Dreiecke und zeigen die Seitenflächen verkürzt. Bei rechteckiger Grundfläche sind Vorderansicht und Seitenansicht verschieden breit (**4**.98b). Die Seitenansichten können wiederum fortfallen (**4**.97c und **4**.98c).

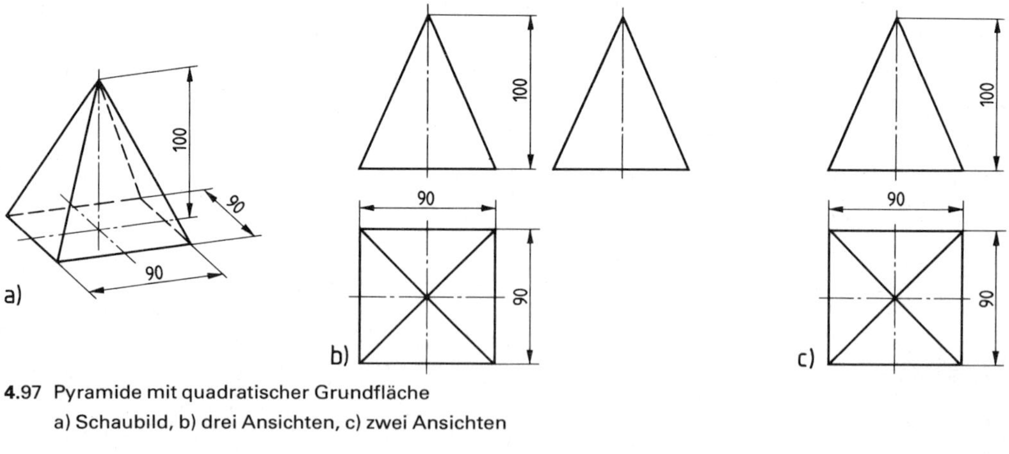

4.97 Pyramide mit quadratischer Grundfläche

a) Schaubild, b) drei Ansichten, c) zwei Ansichten

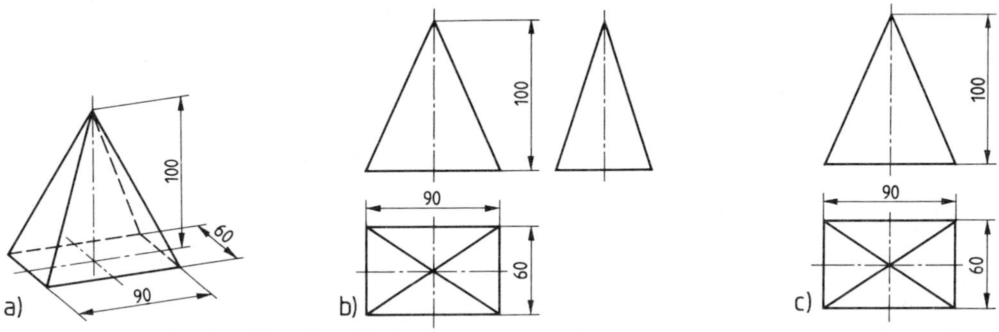

4.98 Pyramide mit rechteckiger Grundfläche
a) Schaubild, b) drei Ansichten, c) zwei Ansichten

Zu beiden Pyramiden gehören drei Maße. Die beiden Maße an der quadratischen Grundfläche können bei Bedarf zu einem Maß in der Vorderansicht vereinigt werden (**4.**97 c), das aber dann mit dem Quadratzeichen (**4.**43) versehen werden muß.

Pyramidenstümpfe mit quadratischen Grund- und Deckflächen haben deckungsgleiche Trapeze als Seitenflächen (**4.**99). Bei Pyramiden mit rechteckigen Grund- und Deckflächen sind die Seiten paarweise deckungsgleich (**4.**100). Der Pyramidenstumpf hat fünf Maße. Bei beiden Körpern kann ebenfalls die Seitenansicht fortfallen.

Über Verjüngung, Spitzenwinkel und Neigung s. Abschn. 4.12.

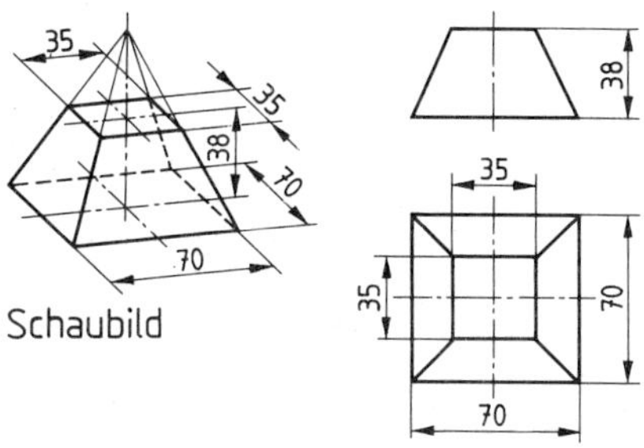

4.99 Pyramidenstumpf mit quadratischer Grundfläche

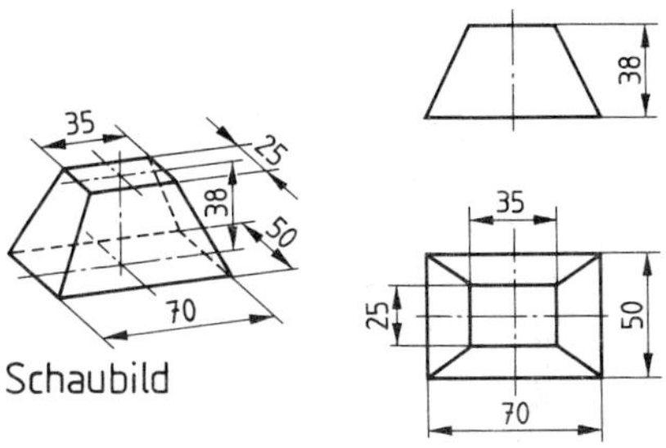

4.100 Pyramidenstumpf mit rechteckiger Grundfläche

Übungen

1. Zeichnen Sie die Werkstücke **4.**101 und **4.**102 in den erforderlichen Ansichten und tragen Sie die Maße ein.

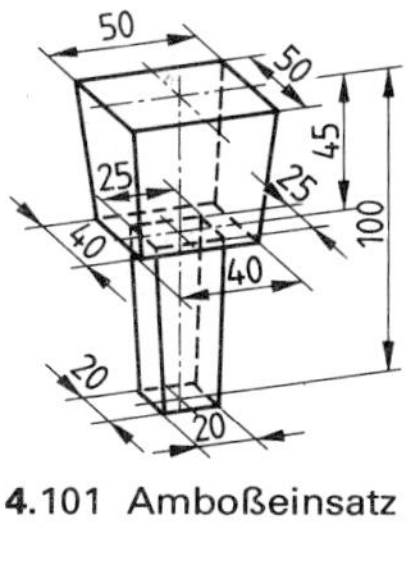

4.101 Amboßeinsatz

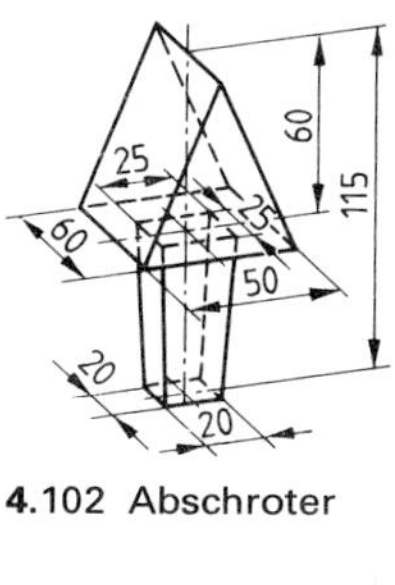

4.102 Abschroter

2. Die Werkstücke **4.**103 bis **4.**105 sind in drei Ansichten zu zeichnen und zu bemaßen. Fehlende Körperkanten sind zuvor zu ergänzen. Das Loch 30 × 15 in Bild **4.**105 ist ein Durchgangsloch.

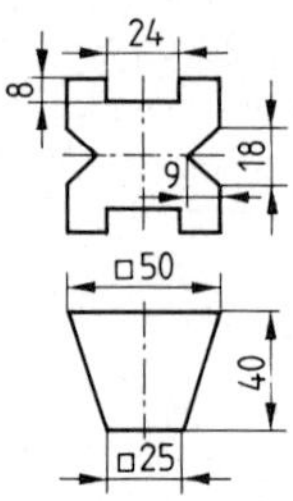

4.103 Genuteter Klotz

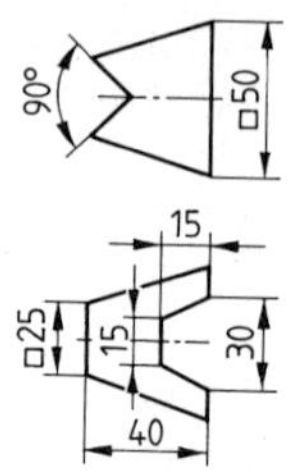

4.104 Genuteter Klotz

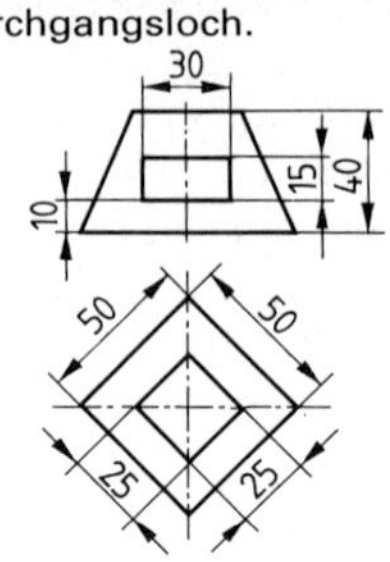

4.105 Klotz mit Durchbruch

4.5.5 Kegelige Werkstücke

Kegel. Die üblichen Ansichten eines geraden Kegels bestehen aus einem Kreis und zwei gleich großen gleichschenkligen Dreiecken. Es sind aber nur zwei Ansichten erforderlich (**4.**106b). Die Vorderansicht allein kann ausnahmsweise genügen (**4.**106c), wenn keine Zweifel darüber bestehen, daß es sich um einen geraden Kegel handelt. Mit zwei Maßen, dem Durchmesser *d* der Grundfläche und der Körperhöhe *h*, sind die Abmessungen des Kegels festgelegt.

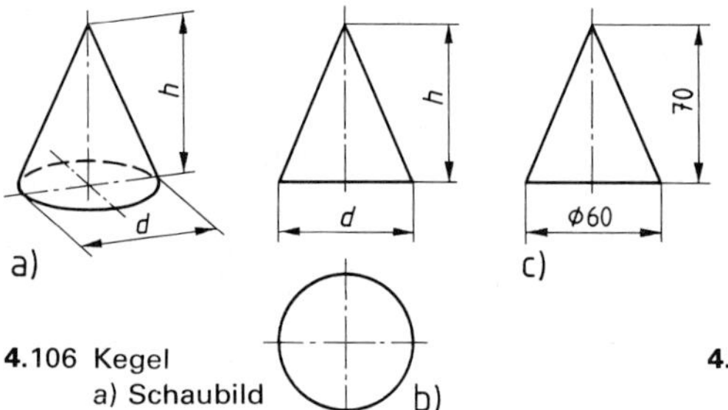

4.106 Kegel
a) Schaubild
b) zwei Ansichten
c) eine Ansicht

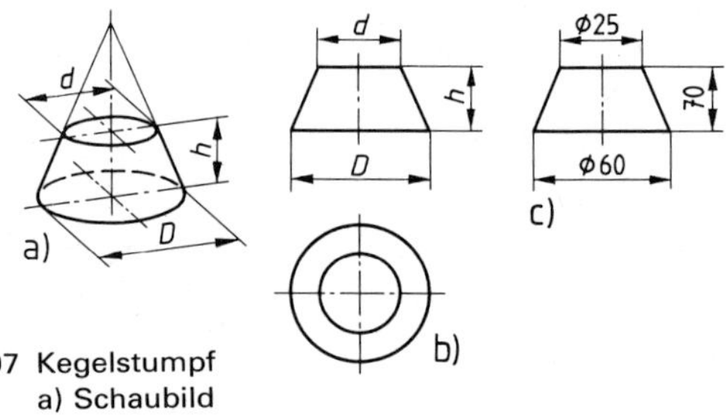

4.107 Kegelstumpf
a) Schaubild
b) zwei Ansichten
c) eine Ansicht

Der Kegelstumpf (**4.**107) wird durch zwei Kreise und ein Trapez oder (wenn die Eindeutigkeit der Zeichnung nicht fragwürdig wird) durch ein Trapez allein dargestellt.

Der Kegelstumpf hat drei Maße, und zwar die Durchmesser *D* und *d* und die Körperhöhe *h*. Ein Werkstück mit kegeliger Form zeigt Bild **4.**108. Kegelverjüngung, Kegelwinkel und Neigung s. Abschn. 4.11.

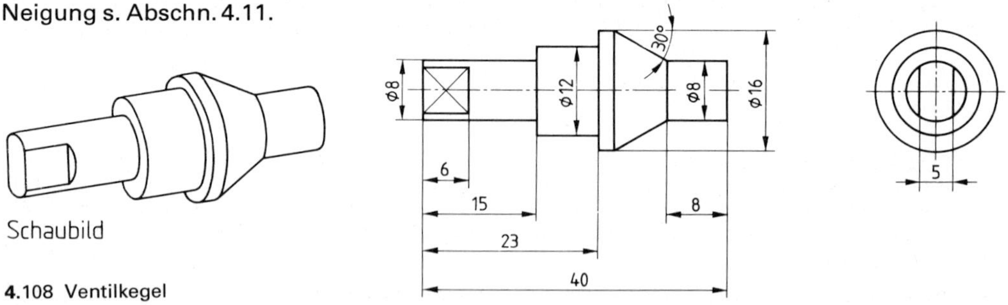

4.108 Ventilkegel

4.5.6 Kugelige Werkstücke

Kugel. Der Umriß einer Kugel ist ein Kreis, gleichgültig, von welcher Seite sie betrachtet wird. Die Größe wird durch den Durchmesser oder den Radius bestimmt. Für die Kugel sind, strenggenommen, drei Ansichten nötig. Es genügt jedoch eine Ansicht; die Maßzahl muß aber dann den Zusatz „Kugel" erhalten (**4**.109). Das Wort „Kugel" wird vor die Maßzahl in gleicher Größe geschrieben (**4**.110).

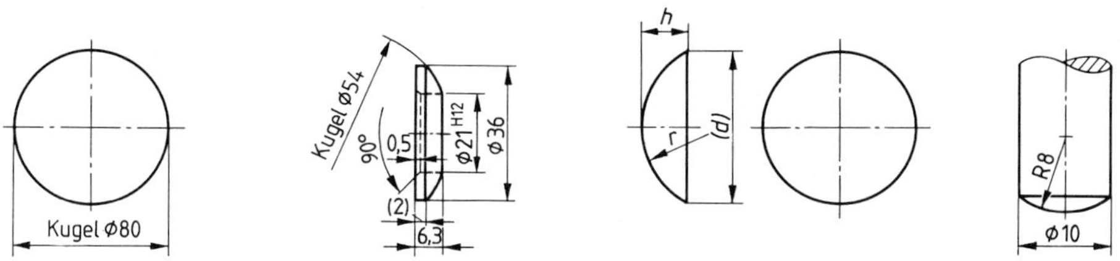

4.109 Kugel **4**.110 Kugelscheibe **4**.111 Kugelabschnitt **4**.112 Bolzenende

Der Kugelabschnitt wird meist in zwei Ansichten gezeichnet (**4**.111) und hat drei Abmessungen: Kugeldurchmesser bzw. -halbmesser *r*, Durchmesser *d* der Grundfläche und Höhe *h*. Je nach den Umständen kann man die Maßzahl für *d* oder die für *h* einklammern oder eins der beiden Maße fortlassen.

Bei Linsenkuppen an Bolzen- und Schraubenenden usw. entfällt das Wort „Kugel" (**4**.112). Ein Werkstück mit kugeliger Form zeigt Bild **4**.113.

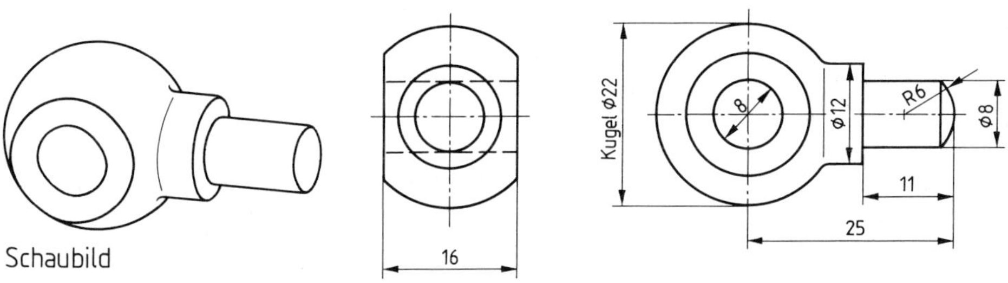

4.113 Kloben

Ein gerundeter Übergang mit kleinem Halbmesser, wie er zwischen dem kugeligen und dem zylindrischen Teil des Klobens auftritt, wird mit einer schmalen, nicht ganz durchgezogenen Vollinie angegeben, wenn das Bild dadurch anschaulicher ist (**4**.113).

Übung

Lagerschale. Zeichnen Sie eine hohle Rundsäule ⌀78/⌀36, 155 lang, in Vorderansicht (liegend) und Seitenansicht! Die Säule ist an beiden Enden kegelig auf ⌀55/⌀50 und 50 lang nach den Stirnflächen verjüngt. Der in der Mitte verbleibende Teil wird kugelig ≈ ⌀77,8 geformt. Er ist vorn und hinten geflacht. Die beiden Flächen sind parallel und haben einen Abstand von 55. Fertigen Sie die Zeichnung mit Bemaßung an.

4.6 Arbeitsfolge beim Aufzeichnen

Es ist für Anfänger sehr nützlich, eine geregelte Arbeitsfolge beim Aufbau einer Darstellung einzuhalten. Es gibt zwei Möglichkeiten:

1. Die Arbeitsfolge kann sich nach den Grundformen des Werkstücks richten. Dieses Verfahren soll an dem Halter (**4**.114) gezeigt werden. Er wird hierzu gedanklich zergliedert, und zwar in Nabe, Bohrung, Grundplatte, Steg, Leiste und Schraubenlöcher (**4**.115).

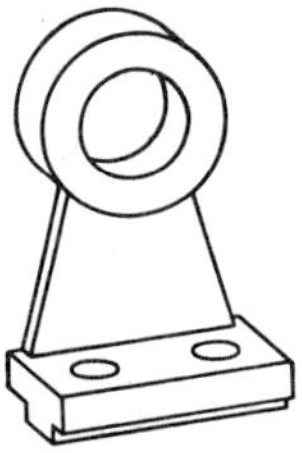

4.114 Halter

4.115 Zerlegen des Werkstücks in Grundkörperformen

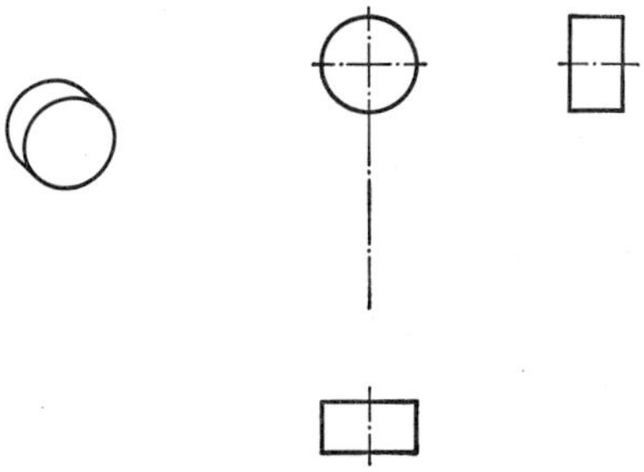

4.116 Die Bohrung ist eine Rundsäule

Diese Formen zeichnet man einzeln der Reihe nach (**4**.116 bis **4**.121) und vereinigt sie zur Darstellung. Erst wenn eine Grundform in allen drei Ansichten gezeichnet ist, folgt die nächste. So kommt System in die Zeichenarbeit.

Auch die Maße werden planmäßig eingetragen (**4**.122). Die Bohrung erhält zwei Maße: Durchmesser 36 und Länge 20. Für die Nabe wären ebenfalls zwei Maße nötig. Da aber die Länge gleich der Länge der Bohrung ist, wird nur der Nabendurchmesser 60 eingetragen.

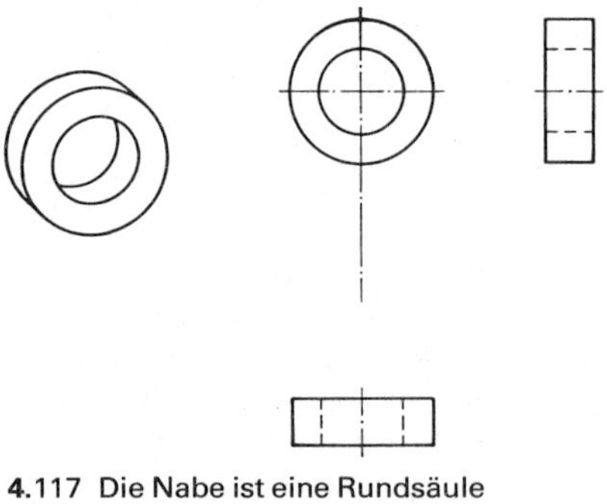

4.117 Die Nabe ist eine Rundsäule

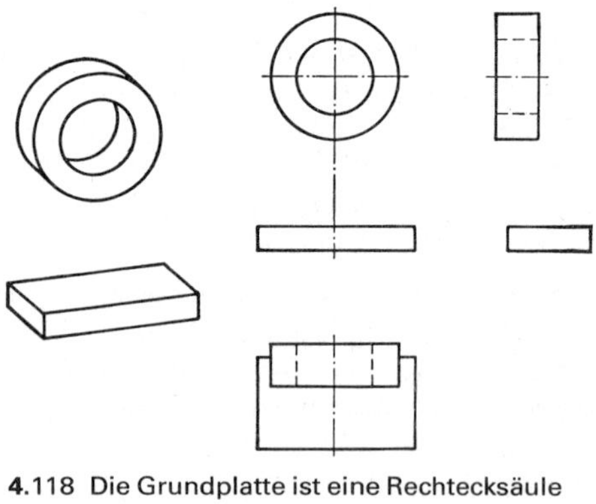

4.118 Die Grundplatte ist eine Rechtecksäule

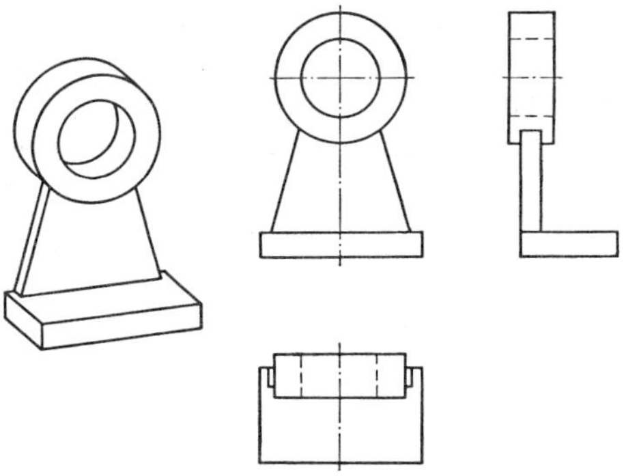

4.119 Die Grundform des Steges ist eine Trapezsäule

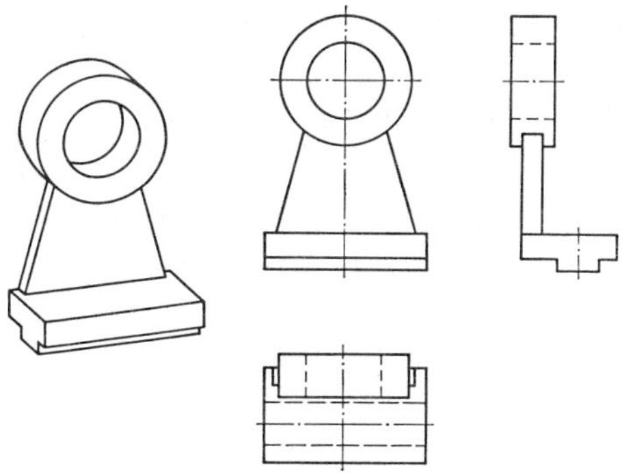

4.120 Die Leiste ist eine Rechtecksäule

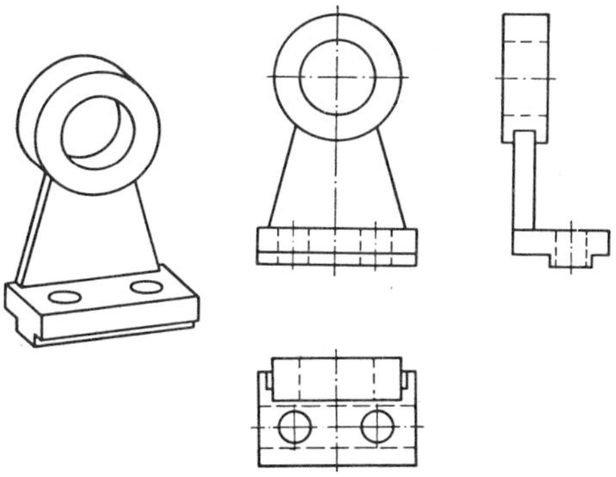

4.121 Die Schraubenlöcher sind Rundsäulen

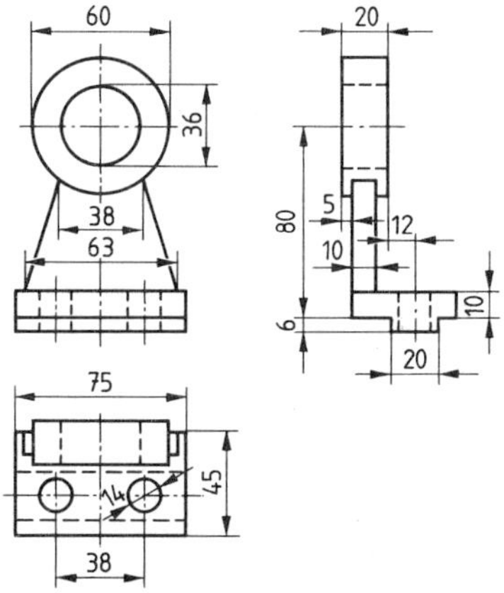

4.122 Bemaßte Darstellung

Von Bedeutung ist die Bauhöhe. Darunter ist der Abstand 80 von der Bohrungsmitte bis zur Unterfläche der Grundplatte, der Auflagefläche des Halters, zu verstehen. Die Grundplatte erhält die Maße: Länge 75, Breite 45 und Dicke 10. Außerdem muß angegeben sein, daß sie gegenüber der hinteren Nabenstirnfläche um 5 versetzt ist. Für die Höhe des Stegs ist ein Maß nicht erforderlich, weil sie durch die Bauhöhe festliegt. Ebenso erübrigt sich die Bemaßung der Stegausrundung, die durch die Nabe schon bestimmt ist. Bemaßt werden daher nur die untere und obere Breite 63 und 38 und die Stegdicke 10.

Die Führungsleiste ist so lang wie die Grundplatte, so daß nur Breite 20, Dicke 6 und die Lage der Leiste einzutragen sind. Mit dem Maß 12 ist nicht nur die Mitte der Leiste festgelegt, sondern auch die Entfernung der Schraubenlochmitte von der vorderen Nabenstirnfläche. Der Abstand von Mitte zu Mitte Schraubenloch wird mit 38 und der Durchmesser mit 14 angegeben.

Folgerichtige Bemaßung gibt Gewähr, daß kein Maß vergessen oder doppelt eingetragen wird.

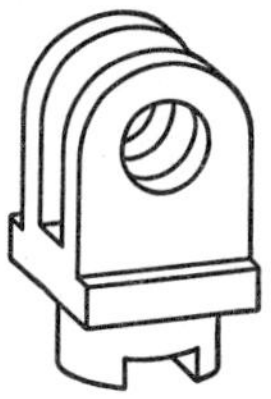

4.123 Gabelkopf

2. Die Arbeitsfolge kann dem Fertigungsablauf angeglichen werden. Das ist besonders bei Teilen möglich, die durch Spanabnahme aus vollem Werkstoff gefertigt werden. Ein Beispiel ist der Gabelkopf (**4.**123). Das Ausgangshalbzeug hat quadratischen Querschnitt 60 und ist 110 lang (**4.**124). Jeder Fertigungsgang wird in allen Ansichten ohne Eintragen der Maße gezeichnet.

Unten entsteht durch Drehen ein Zapfen ⌀ 50, 25 lang (**4**.125). In dessen Stirnfläche wird eine Nut, 25 breit und 10 tief, gefräst (**4**.126). Vorder- und Rückenfläche erhalten durch Fräsen einen Absatz, 70 lang und 5 tief (**4**.127). Die Dicke des Kopfes beträgt somit 50 und die Höhe der beiden Vorsprünge 15. Nun wird der Kopf halbkreisförmig gerundet (**4**.128). Dazu ist auch eine waagerechte Mittellinie zu ziehen. Der Mittelpunkt des Bogens liegt 55 vom Zapfenansatz entfernt. Dann erhält der Kopf eine durchgehende Bohrung ⌀ 30 (**4**.129) und schließlich einen Schlitz, 25 breit und 62 tief (**4**.130).

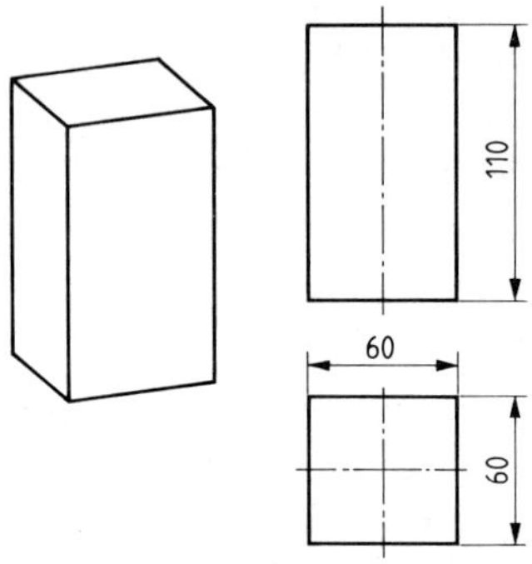

4.124 Ausgangshalbzeug

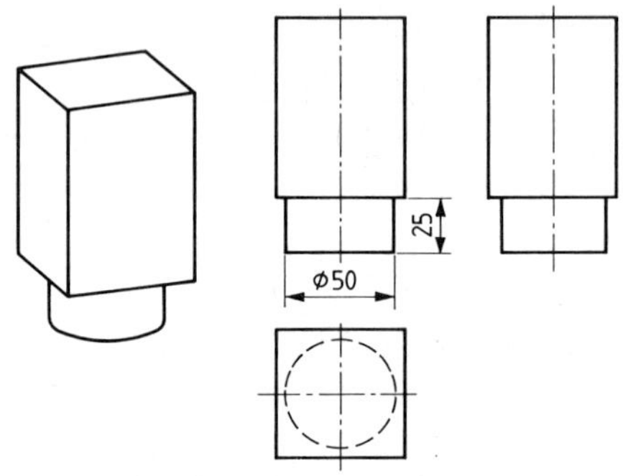

4.125 Zapfen gedreht

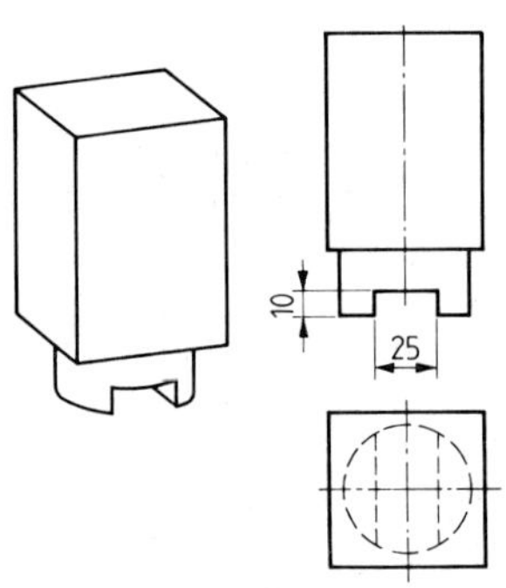

4.126 Nut gefräst

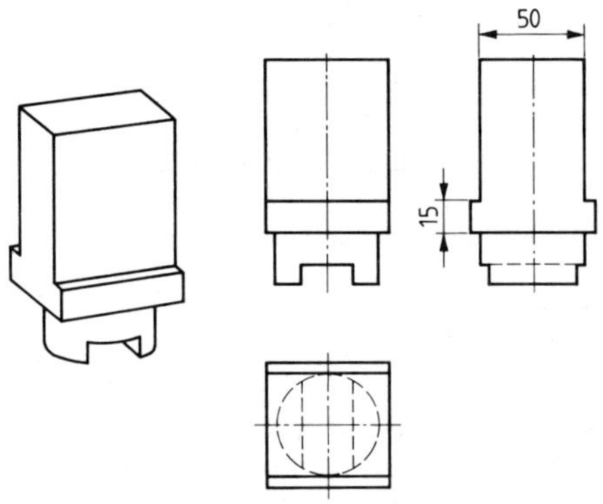

4.127 Absätze gefräst

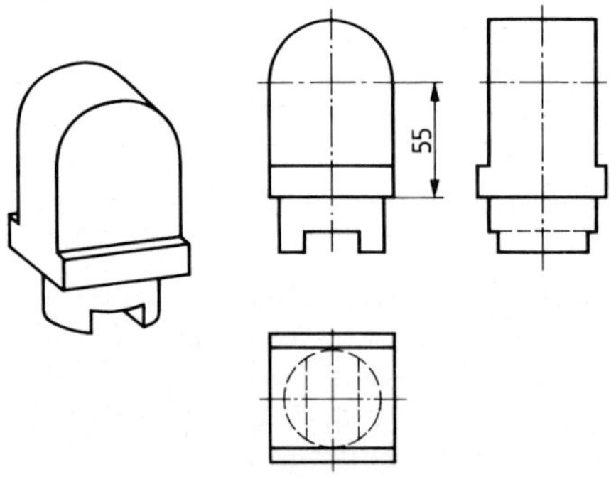

4.128 Kopf halbrund gefräst

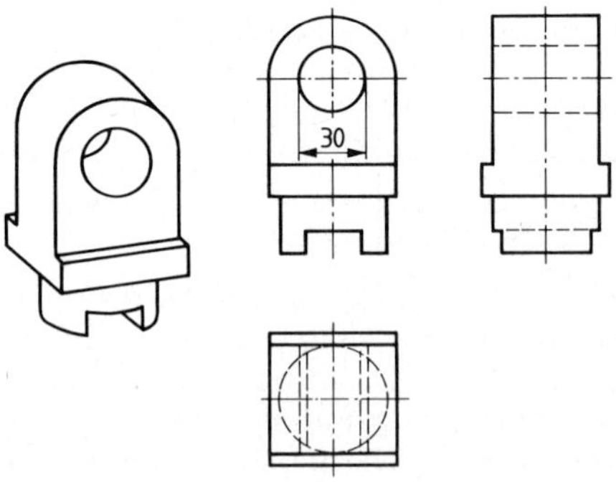

4.129 Loch gebohrt

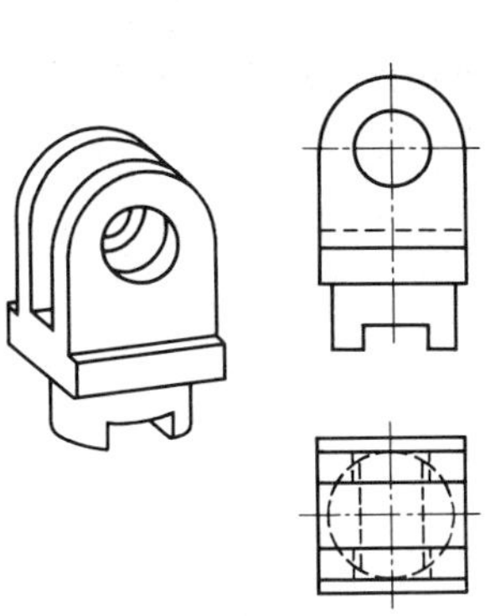

4.130 Schlitz gefräst

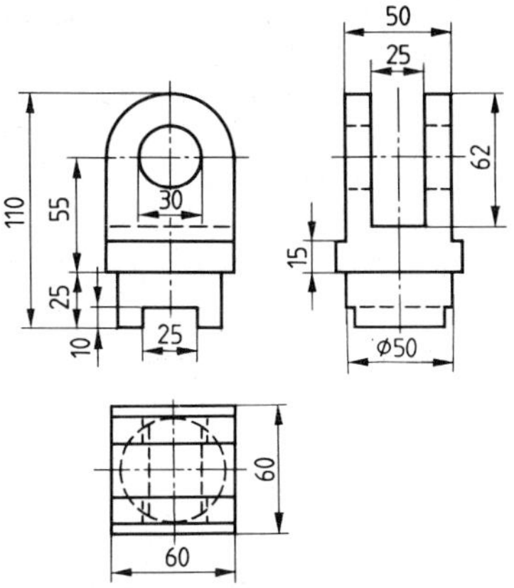

4.131 Bemaßte Darstellung

Nachdem alle Linien geprüft sind, wird nachgezogen und dann bemaßt (**4**.131). Die Auswahl der Maße und die Reihenfolge der Eintragung richten sich ebenfalls nach den Fertigungsgängen. (Arbeitsgänge bei der Herstellung einer Schnittzeichnung s. S. 66.)

Vom Einhalten der Arbeitsfolgen hat der Lernende erhebliche Nutzen. Der Konstrukteur wird aber zunächst von dem Zweck und der Funktion des Werkstücks unter Berücksichtigung wirtschaftlicher Fertigung ausgehen und dann ganz von selbst auf die geometrischen Formen kommen.

Übungen

Zeichnen Sie in geeignetem Maßstab die folgenden, zum Teil nur mit einigen Hauptmaßen versehenen Werkstücke in den üblichen drei, **4**.142 jedoch in zwei Ansichten, und tragen Sie alle zur Fertigung nötigen Maße ein.

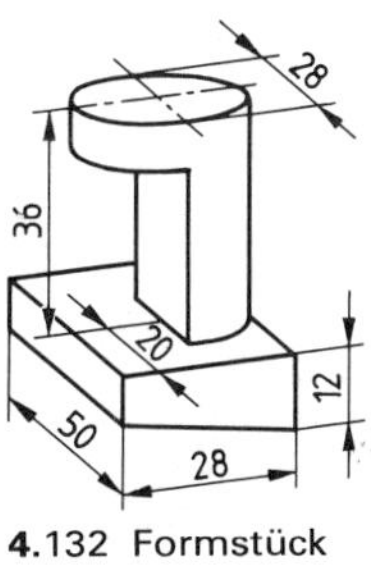

4.132 Formstück

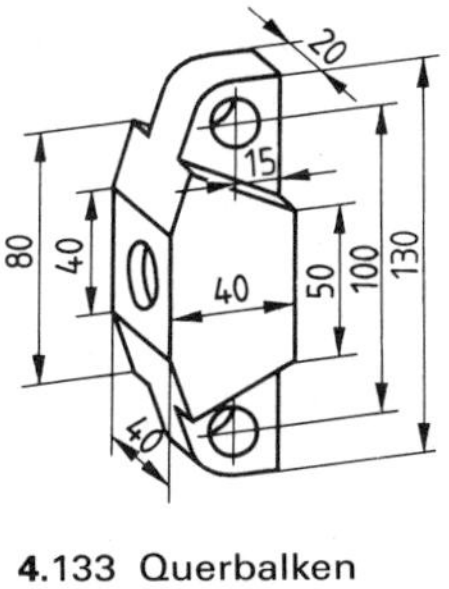

4.133 Querbalken

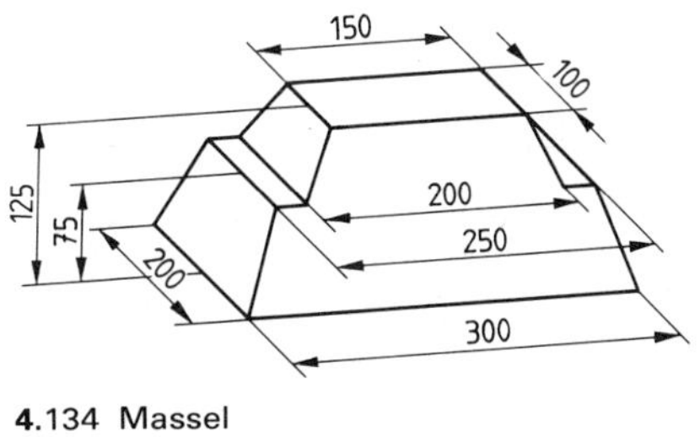

4.134 Massel

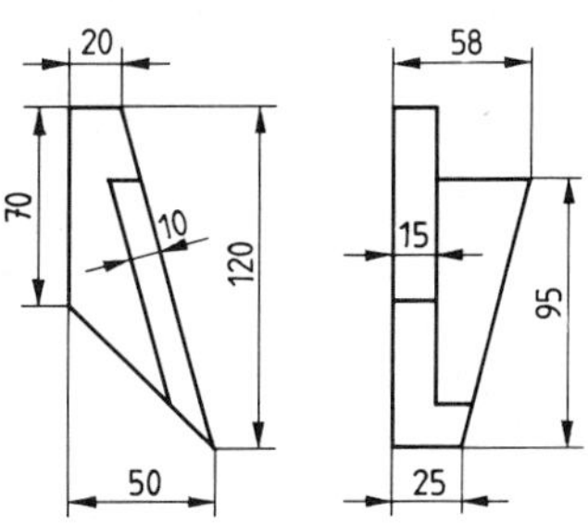

4.135 Winkel

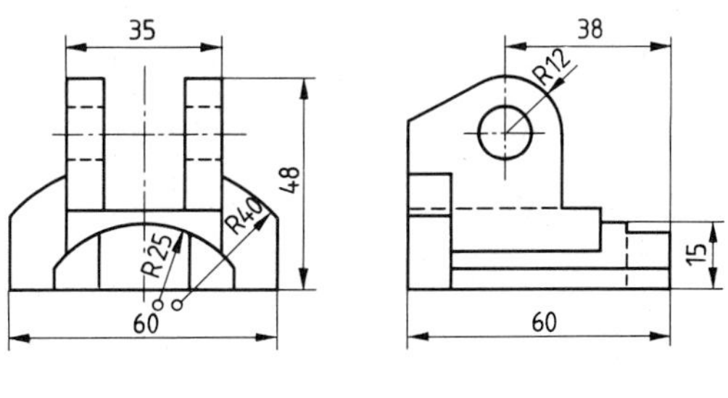

4.136 Gleiter

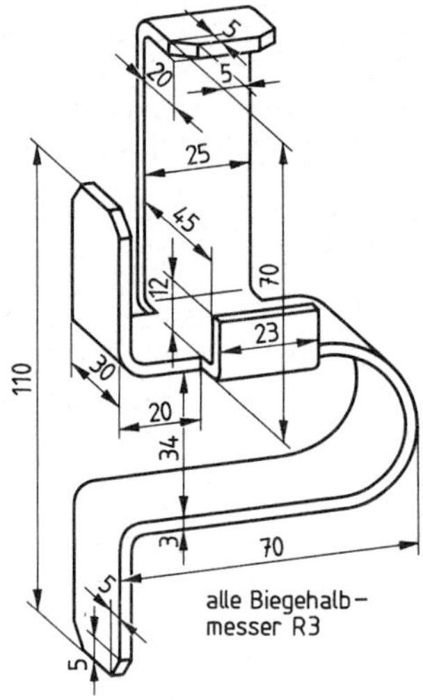

4.137 Ständer

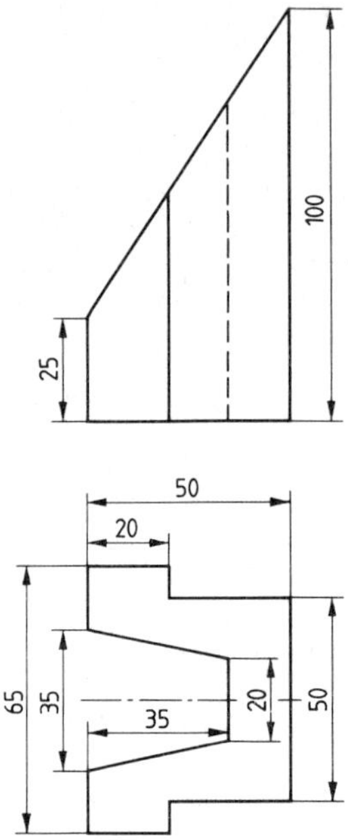

4.138 Schiene

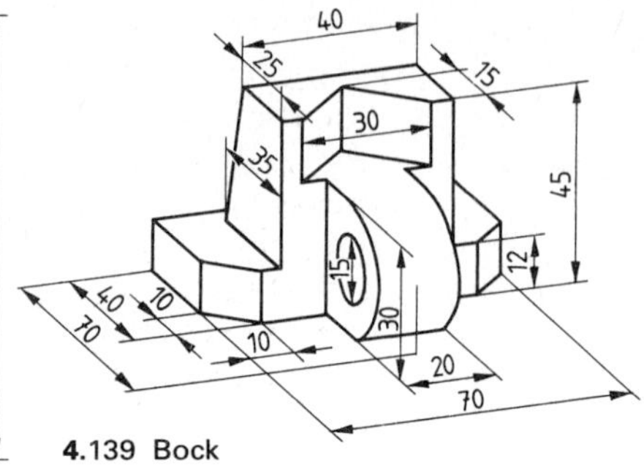

4.139 Bock

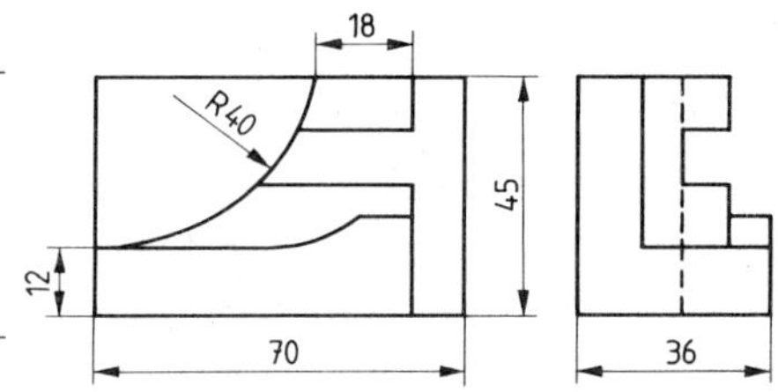

4.140 Auflagenbock

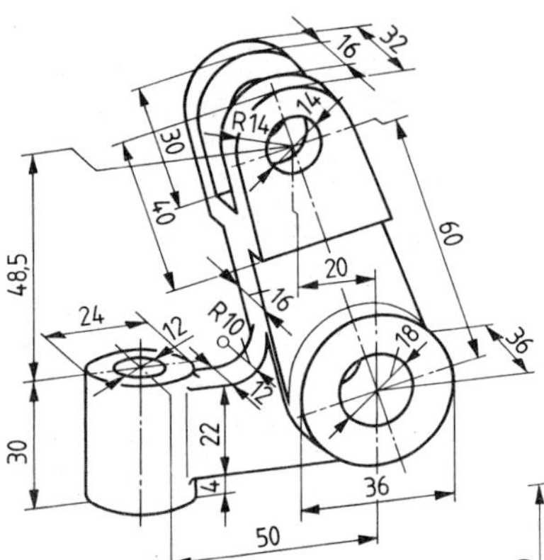

4.141 Winkelgelenk

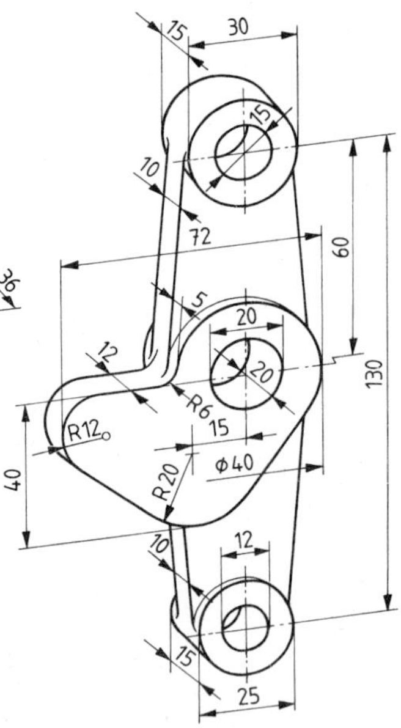

4.142 Schalthebel

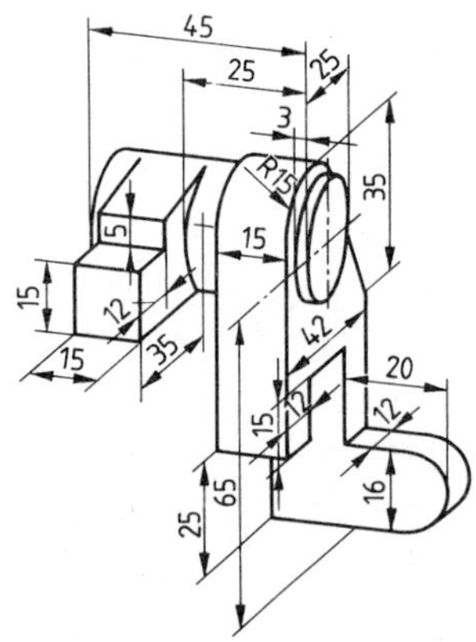

4.143 Hebel

4.7 Schnittdarstellungen (DIN 6)

Hohle Werkstücke werden im Schnitt dargestellt. Hierbei wird angenommen, das Werkstück sei in Längsrichtung der Körperachse in Hälften zerlegt und die vordere Hälfte fortgenommen (**4**.144), so daß das Innere des Werkstücks zu sehen ist (**4**.145). Der Hohlraum wird nun nicht mehr durch Strichlinien (**4**.146), sondern durch Vollinien dargestellt (**4**.147). Schnittflächen werden in der Zeichnung schraffiert. Ein solcher Schnitt heißt Vollschnitt. Beim Halbschnitt ist nur die Hälfte eines Zeichnungsbildes geschnitten dargestellt (s. S. 77).

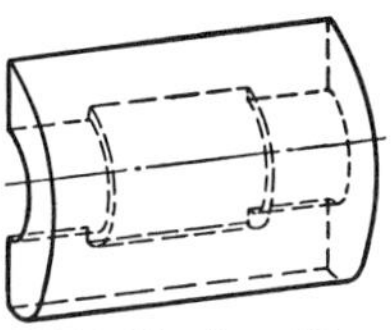

4.144 Vordere Körperhälfte

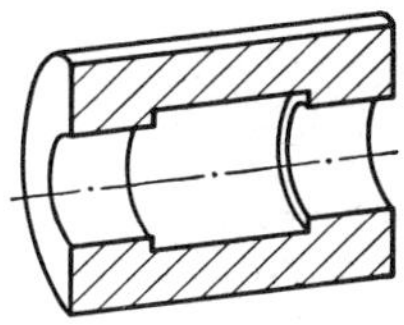

4.145 Hintere Körperhälfte

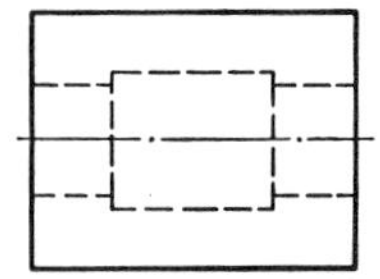

4.146 Ungeschnitten dargestelltes Werkstück

4.147 Schnittdarstellungen
a) Vollschnitt, b) Halbschnitt

Die Schnittzeichnung zeigt den Hohlraum des Werkstücks klarer als eine Ansichtszeichnung, erfordert aber etwas mehr Arbeit.

Schraffuren haben die Breite der schmalen Vollinien und liegen unter 45° zu den Hauptumrißlinien oder zur Symmetrieachse. Richtung und Abstand der Schraffurlinien desselben Werkstücks sind einheitlich. Der Abstand richtet sich nach der Größe der Schnittfläche und darf weder zu groß noch zu klein sein (**4**.148).

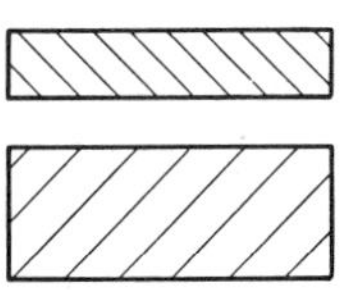

4.148 Schraffurweiten

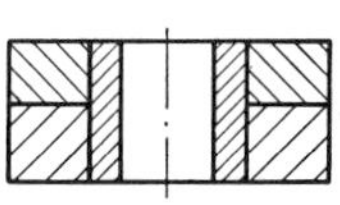

4.149 Verschiedene Schraffuren

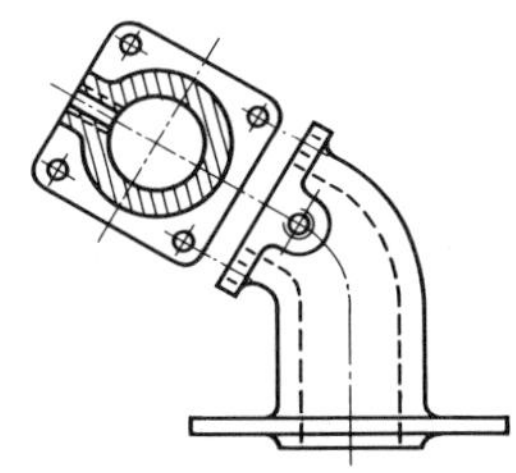

4.150 Angepaßte Schraffurrichtung

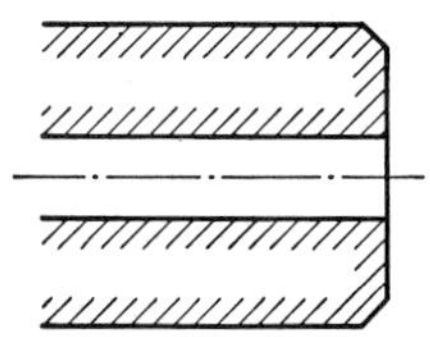

4.151 Randschraffur

Schnittflächen verschiedener Werkstücke erhalten unterschiedliche Schraffuren durch entgegengesetzte Richtungen oder verschiedene Abstände. Bei nebeneinanderliegenden Schnittflächen können auch beide Möglichkeiten angewendet werden (**4**.149). Von der üblichen Richtung der Schraffurlinien wird bei schrägliegenden Schnittflächen abgewichen und eine der Lage der Fläche angepaßte Richtung gewählt (**4**.150). In großen Schnittflächen kann die Schraffur auf die Randzonen beschränkt werden (**4**.151).

Strichlinien für verdeckte Körperkanten fallen in Schnittzeichnungen fort (**4**.152), es sei denn, daß sie zur eindeutigen Darstellung des Werkstücks unentbehrlich sind.

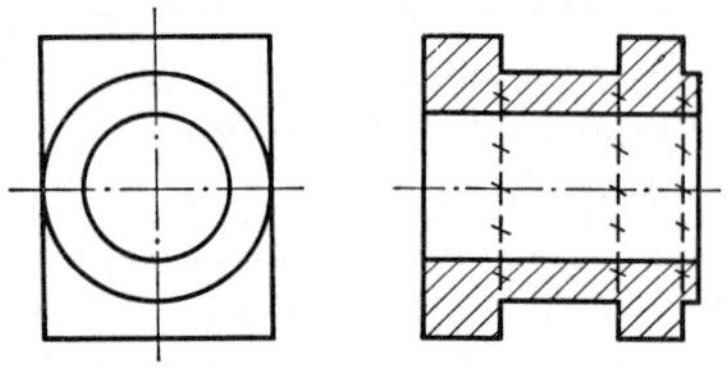

4.152 Strichlinien sind hier überflüssig

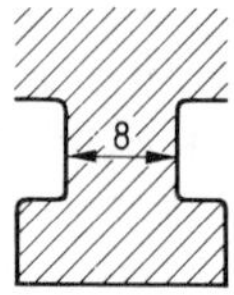

4.153 Unterbrochene Schraffur

Maßangaben sind in schraffierten Flächen zu vermeiden. Ist das nicht möglich, muß die Schraffur zum Einsetzen der Maßzahl unterbrochen werden (**4**.153). Tritt die Schraffur in schmalen Schnittflächen nicht deutlich hervor, sind sie zu schwärzen (**4**.154) und Innenfugen vorzusehen, wenn geschwärzte Schnittflächen aneinanderstoßen (**4**.155). Der Abstand zwischen zwei geschwärzten Flächen soll mindestens 0,5 mm betragen.

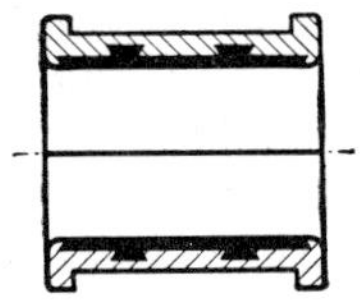

4.154 Schwärzung schmaler Schnittflächen

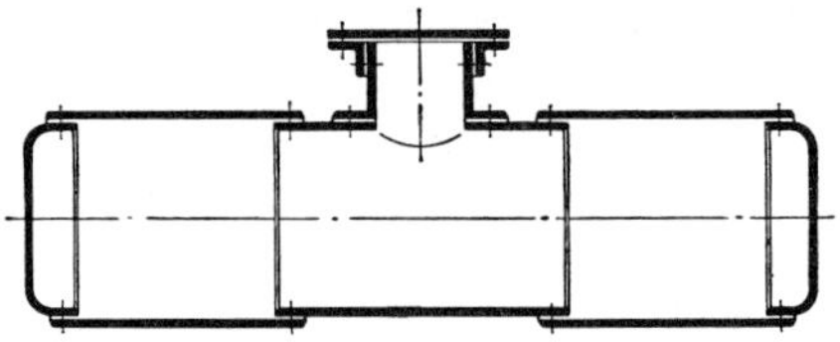

4.155 Kessel

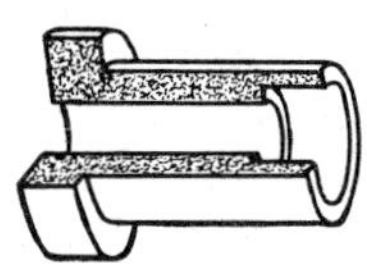

4.156 Werkstück (Buchse)

Die Arbeitsgänge bei der Herstellung einer Schnittzeichnung, wie sie anfangs zu empfehlen sind, sollen am Beispiel einer Buchse gezeigt werden (**4**.156). Zuerst sind die einzelnen Grundformen des Werkstücks der Reihe nach in schmalen Linien zu zeichnen, gleichgültig, ob es sich um sichtbare oder verdeckte Körperkanten handelt (**4**.157a). Dann werden die Umrisse der Schnittflächen (**4**.157b) und die restlichen des ganzen Schnittbilds (**4**.157c) nachgezogen. Die rechte der noch verbleibenden Linien ist eine sichtbare Kante des umlaufenden Absatzes im Hohlraum und muß breit gezogen werden (**4**.157d). Die letzte Linie dagegen stellt den verdeckten, außen umlaufenden Absatz dar. Sie wird aber nicht gestrichelt, sondern entfernt, da der Absatz aus den später einzuschreibenden Maßen ∅35 und ∅25 hervorgeht. Dann trägt man die Maße ein und schraffiert die Schnittflächen (**4**.157e).

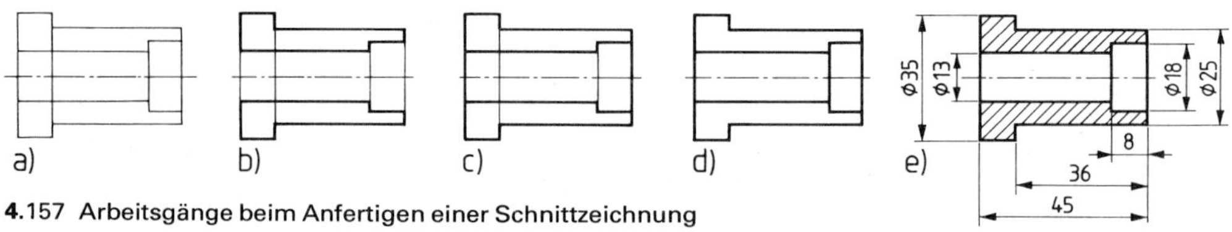

4.157 Arbeitsgänge beim Anfertigen einer Schnittzeichnung

a) aufgezeichnete Grundkörperformen, b) Nachziehen der Schnittflächen, c) Nachziehen des vollständigen Umrisses, d) Prüfen der restlichen Linien, e) bemaßte Schnittdarstellung

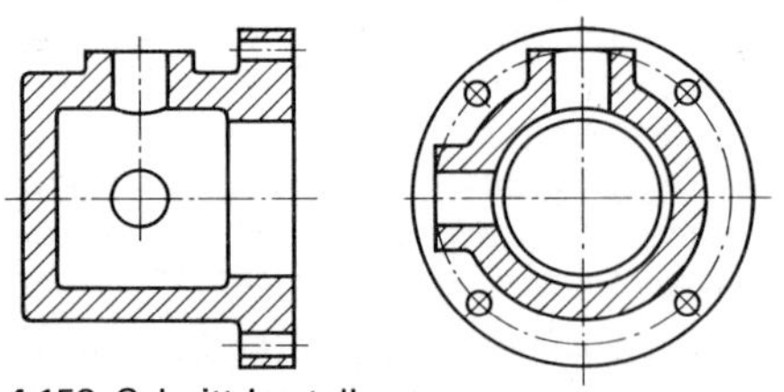

4.158 Schnittdarstellung

Liegen die Schraubenlöcher des Flansches nicht in der Schnittebene, werden sie in Gedanken in der Seitenansicht in die Achse (hier um 45°) gedreht, demnach mitgeschnitten und durch Vollinien dargestellt (**4**.158).

Es ist nicht möglich, daß eine Vollinie durch eine Schnittfläche läuft oder daß eine Schnittfläche von einer Strichlinie begrenzt wird. Körperkanten, die bei einem Halbschnitt auf die Mittellinie fallen, sind darzustellen.

Schnittlinien. Der Schnittverlauf wird kenntlich gemacht, wenn er aus der Darstellung nicht eindeutig hervorgeht. Das geschieht durch Schnittlinien. Diese Strichpunktlinien in der Breite der Vollinien haben kürzere Striche als Mittellinien und sollen das Zeichnungsbild anschneiden (**4**.159). Vor den Enden der Schnittlinien werden mit den Spitzen dagegen Pfeile angesetzt. Sie kennzeichnen die Sehrichtung und sind etwa 1,5mal so lang wie die Pfeile der Maßlinien. Bei mehreren Schnitten durch ein Werkstück oder bei nicht übersichtlichem Schnittverlauf werden die Schnittlinien mit hervortretenden Großbuchstaben in alphabetischer Reihenfolge versehen.

Sie stehen in Verlängerung der Strichpunktlinien und in Leserichtung zur Hauptlage des Zeichenbogens. Außerdem wird möglichst über die Schnittdarstellung ein entsprechender Vermerk gesetzt (z.B. „A-B", **4**.159). Die Bezeichnung eines Schnitts durch gleiche Großbuchstaben (z.B. „A-A") ist zulässig. Liegt der Schnitt in mehreren Ebenen, werden die Schnittlinien geknickt und möglichst nach den Beispielen in Bild **4**.160 ausgeführt.

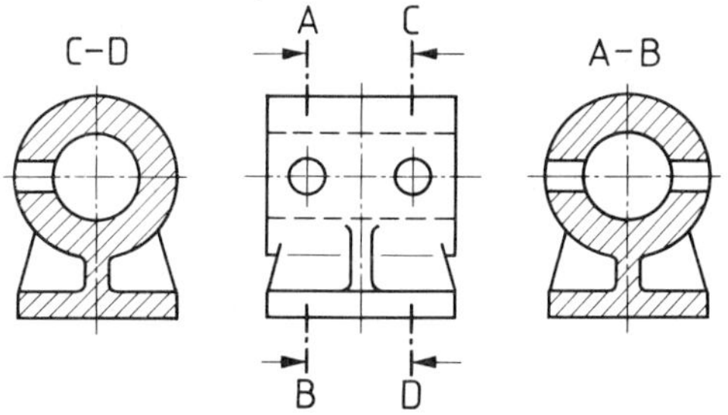

4.159 Kennzeichnung von Schnitten

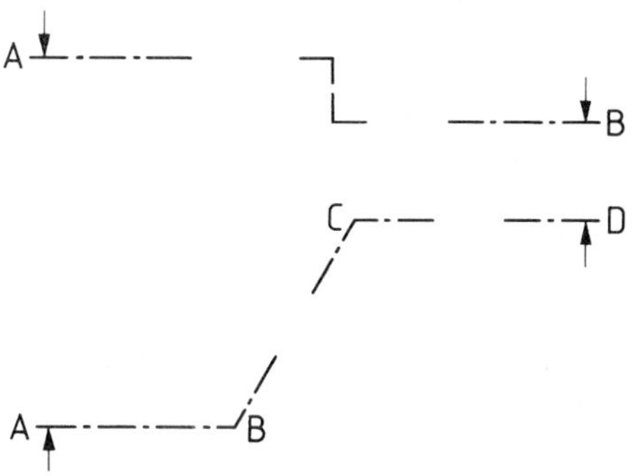

4.160 Geknickte Schnittlinien

Schnittlinien sind jedoch nicht erforderlich, wenn Zweifel über Lage und Verlauf des Schnittes nicht möglich sind (**4**.161 und **4**.162).

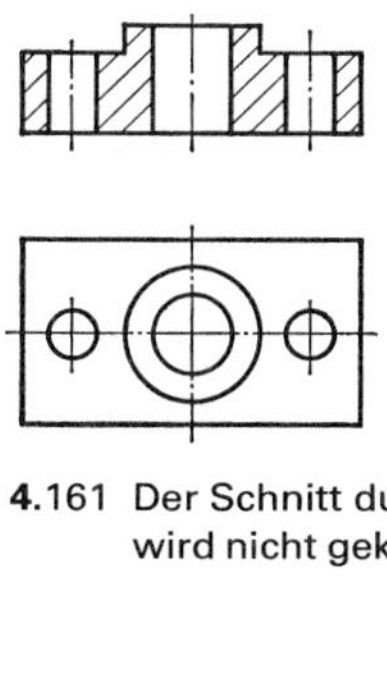

4.161 Der Schnitt durch die Mitte des Werkstücks wird nicht gekennzeichnet

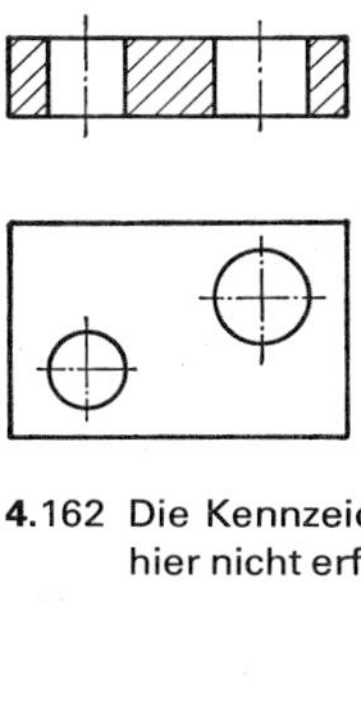

4.162 Die Kennzeichnung des Schnittverlaufs ist hier nicht erforderlich

Volle Werkstücke werden nicht im Schnitt dargestellt, z. B. Griffe, Stangen, Bolzen u. ä. (**4**.163). Verstärkende Rippen und Stege an Lagerböcken u. ä. (**4**.164) werden nicht im Längsschnitt dargestellt (**4**.165). Die Schnittführung wird so verändert, daß die wesentliche Form des Werkstücks erkennbar wird. Auch Kugeln in der Schnittzeichnung eines Lagers (**4**.166) und Zapfen an irgendwelchen Werkstücken (**4**.167) werden nicht geschnitten.

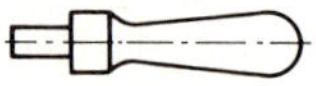

4.163 Kegelgriff

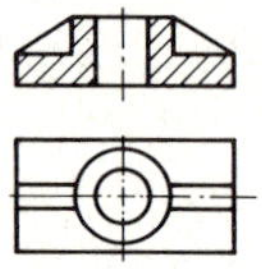

4.164 Lager

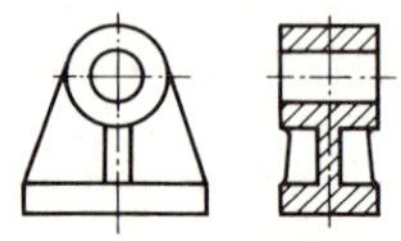

4.165 Lagerbock

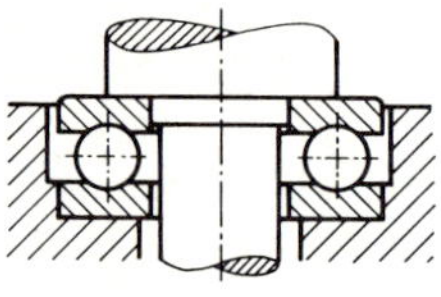

4.166 Kugellager

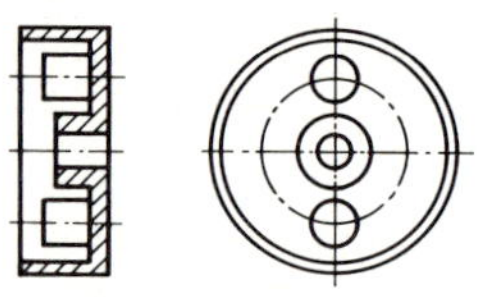

4.167 Kupplungshälfte

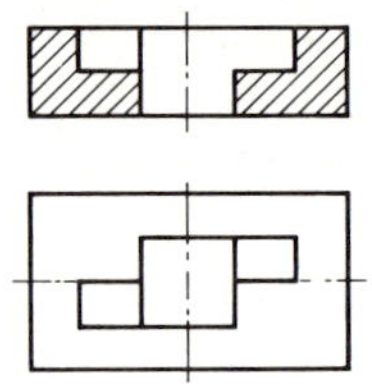

4.168 Platte

Liegen Oberflächen eines Werkstückes in der Schnittebene, zeichnet man am besten so, daß möglichst viel von dem Hohlraum sichtbar ist (**4**.168). Die Schraffur zweier in verschiedenen Ebenen getrennt liegenden Schnitte am gleichen Werkstück wird versetzt gezeichnet (**4**.169), wenn die Schnittflächen der Einfachheit halber einander angrenzend dargestellt sind. Liegen zwei Schnittebenen im Winkel zueinander, dann wird der Schnitt so dargestellt, als lägen die Schnittflächen in einer Ebene (**4**.170).

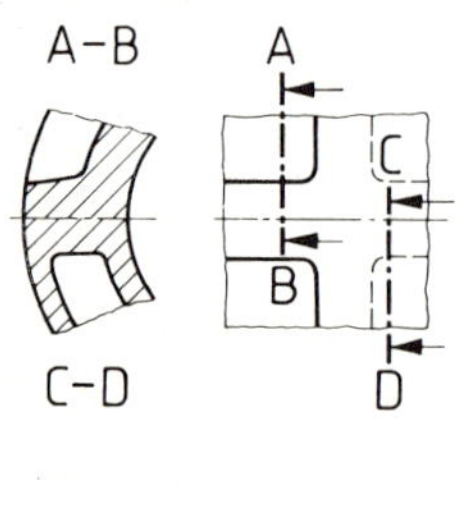

4.169 Versetzte Schraffur

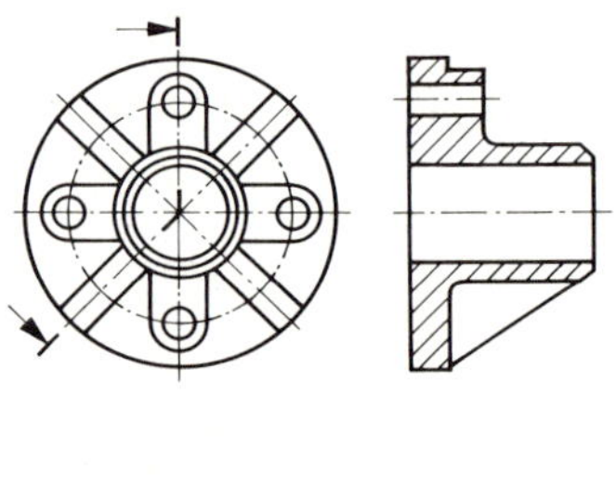

4.170 Buchse

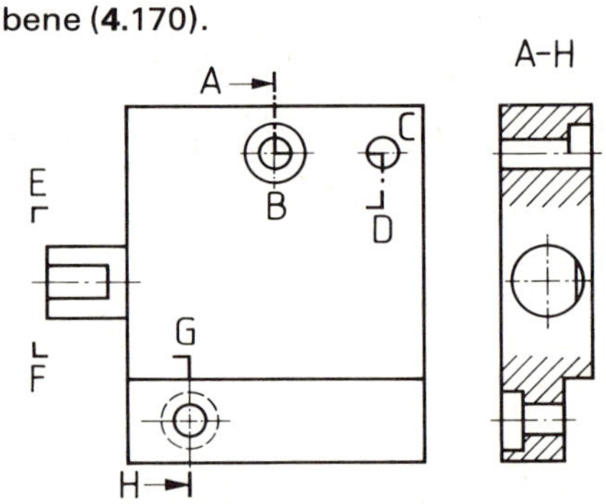

4.171 Grundplatte

Geht eine Schnittfläche in eine Ansicht über, ist die Grenze zwischen beiden nicht durch eine zusätzliche Linie darzustellen (s. Schnittverlauf D–E und F–G in Bild **4**.171).

Umrisse hinter Schnittebenen sind nur dann zu zeichnen, wenn sie Wesentliches aussagen (**4**.172). Sind mehrere Elemente in ihrer Form durch eine einzige Schnittdarstellung bestimmt, wird ihre Lage zueinander durch Mittellinien gekennzeichnet (**4**.173).

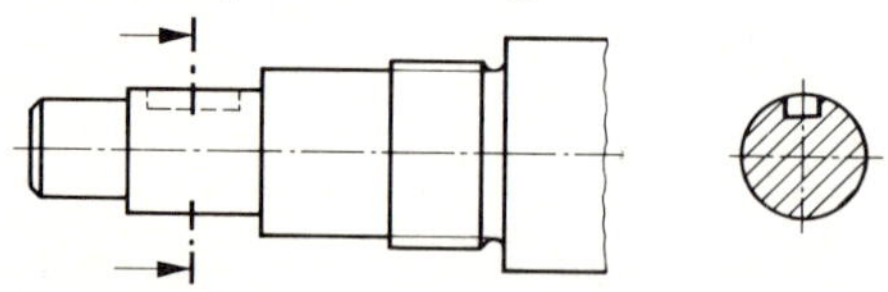

4.172 Welle

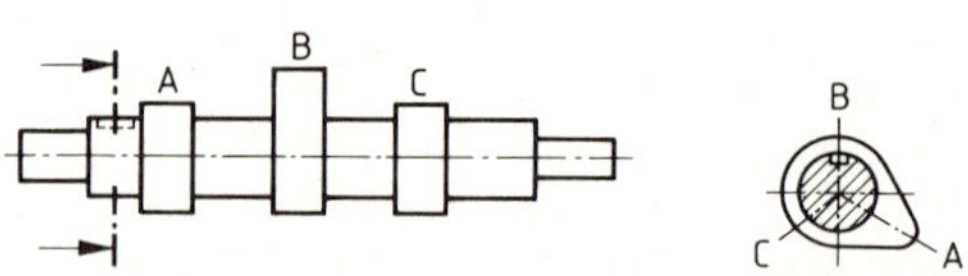

4.173 Nockenwelle

Beispiele im Schnitt dargestellter Werkstücke bringen die Bilder **4**.174 bis **4**.176

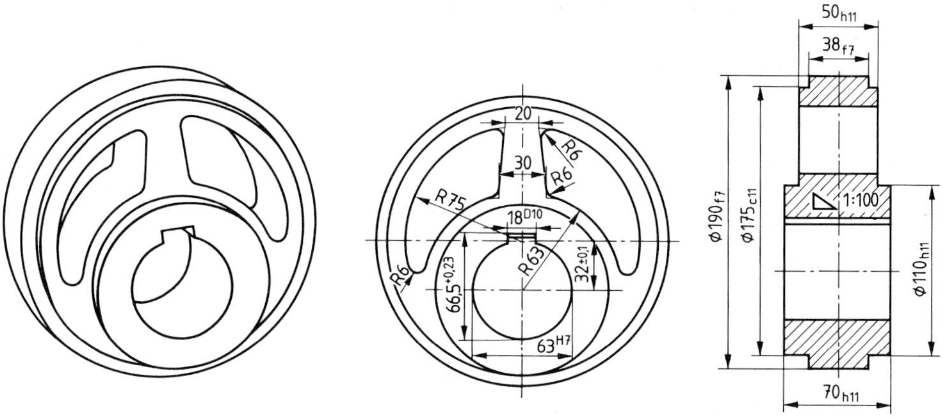

4.174 Exzenter

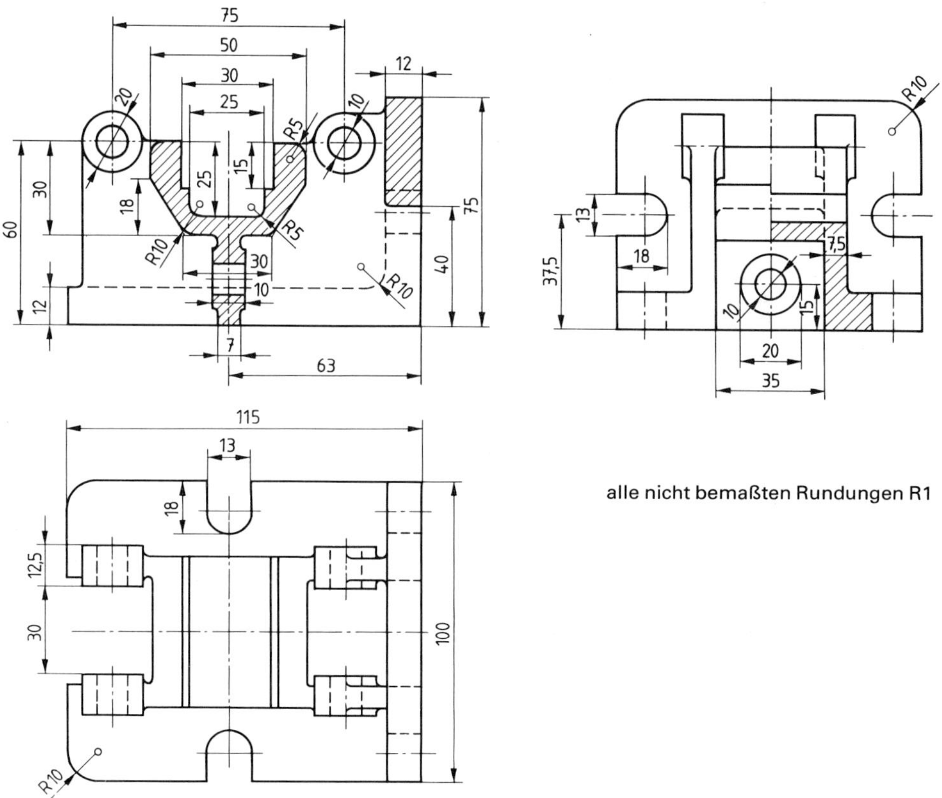

alle nicht bemaßten Rundungen R1

4.175 Unterteil eines Spannblocks (Rohteil)

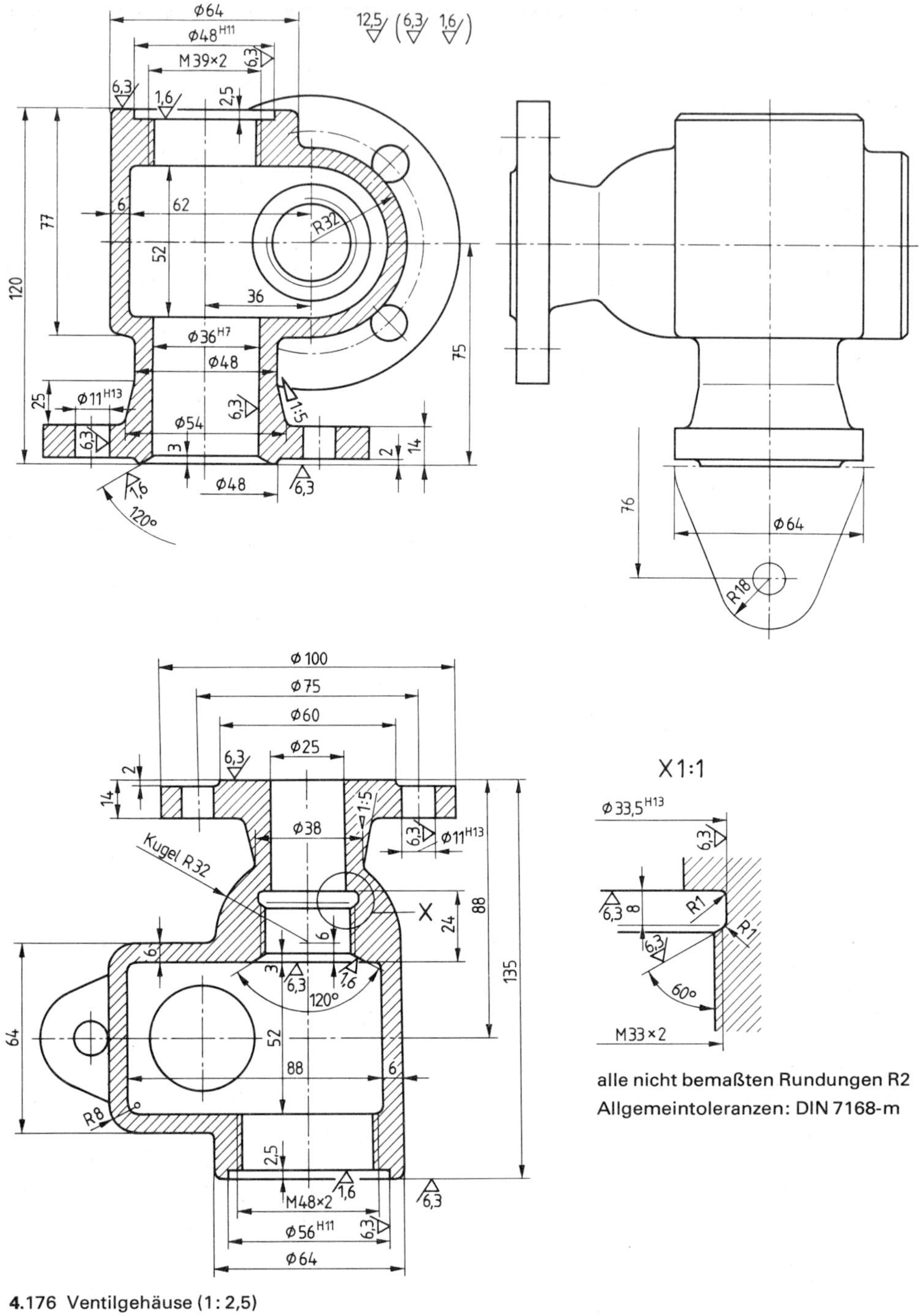

4.176 Ventilgehäuse (1: 2,5)

Anmerkung: Über die Darstellung der Einzelheit s. S. 88.

Übungen

1. Ergänzen Sie die Seitenansicht des Mitnehmers als Schnittdarstellung (**4**.177 a).
2. Die Draufsicht der Platte (**4**.177 b) ist als Vorderansicht zu wählen. Zeichnen Sie dazu die beiden anderen Ansichten im Schnitt.
3. Verwandeln Sie die Vorderansicht des Sockels (**4**.177 c) in eine Schnittdarstellung, zeichnen Sie dazu die Draufsicht und die Seitenansicht im Schnitt und tragen Sie die Maße ein.

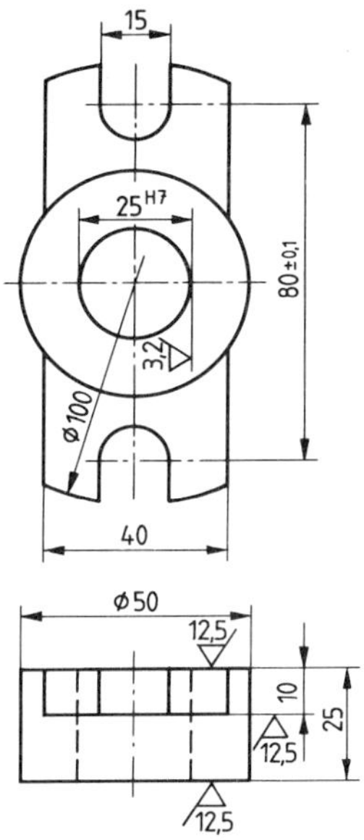

4.177 a Mitnehmer

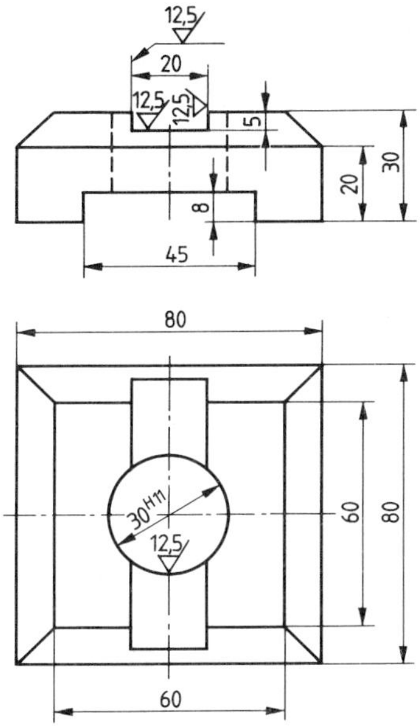

4.177 b Platte

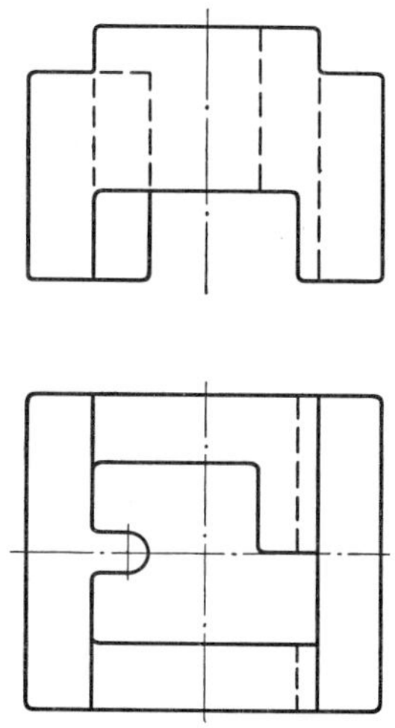

4.177 c Sockel

4. Zeichnen Sie das Seitenlager (**4**.178 a) und den Untersatz (**4**.178 b) in je drei Ansichten, die Seitenansichten im Schnitt, und tragen Sie die Maße ein. Löcher und Nut in Bild **4**.178 b sind durchgehend.

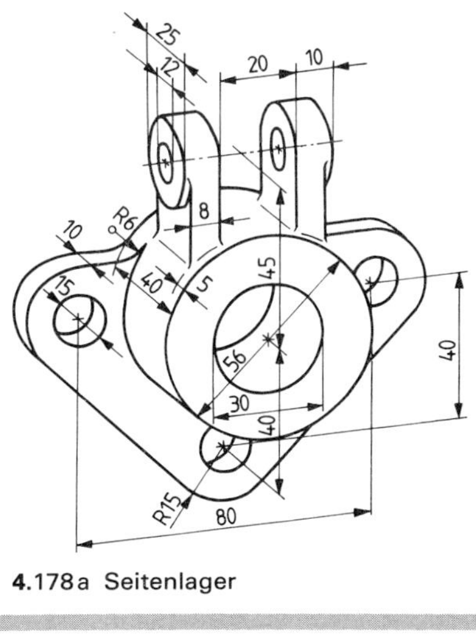

4.178 a Seitenlager

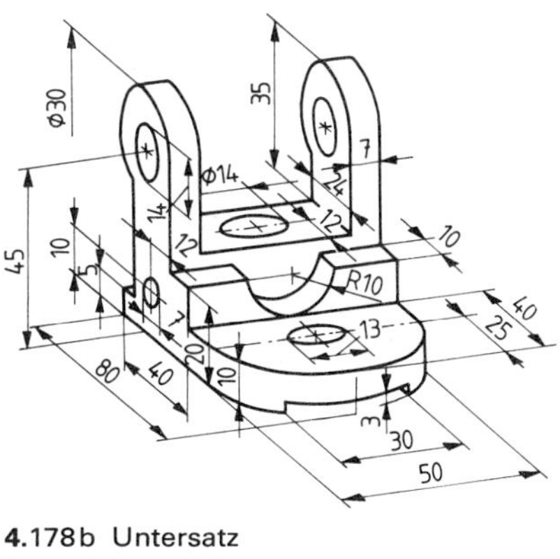

4.178 b Untersatz

4.8 Bruchdarstellungen (DIN 6)

Gleichförmig schlanke Werkstücke werden abgebrochen dargestellt und Bruchstellen durch Bruchlinien gekennzeichnet. Bruchlinien sind meist Freihandlinien, aber auch Zickzack- oder schmale Mittellinien. Der Bruch prismatischer (**4**.179), keilförmiger (**4**.180) und pyramidischer Werkstücke (**4**.181) wird durch einfache Freihandlinien angegeben, an runden Teilen sind Bruchlinien gewöhnlich Freihandlinien in Schleifenform (**4**.182). Ist die runde Form aber durch ein Durchmesserzeichen (**4**.183) oder aus einer weiteren Ansicht erkennbar, genügt eine einfache Freihandlinie. Die Neigung keilförmiger Werkstücke bleibt in Bruchdarstellungen unverändert (**4**.180).

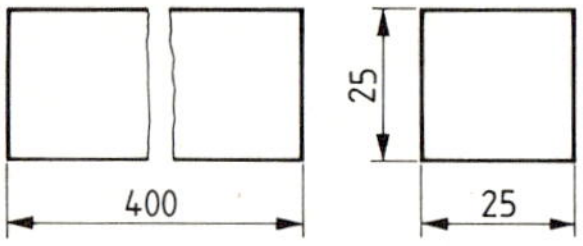

4.179 Stange

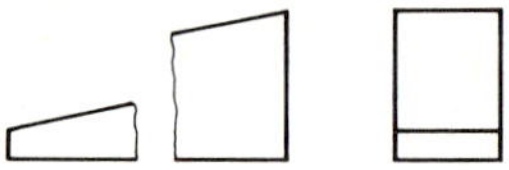

4.180 Keil

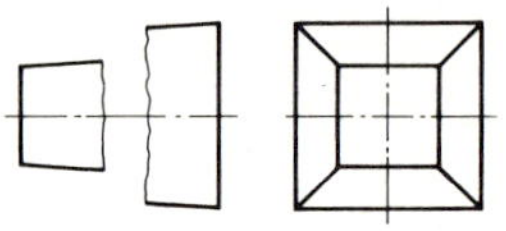

4.181 Pyramidisches Werkstück

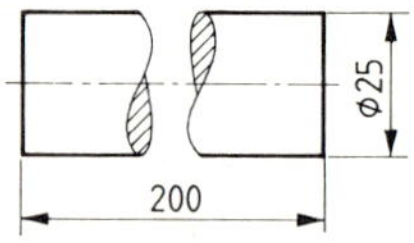

4.182 Stange runden Querschnitts

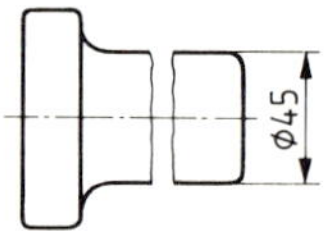

4.183 Einfache Bruchlinie

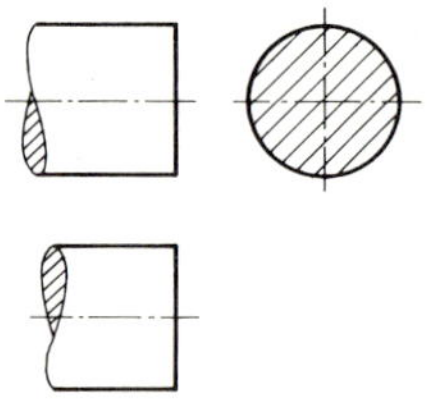

4.184 Bruchfläche in mehreren Ansichten

Die Bruchflächen runder Teile liegen auf entgegengesetzten Seiten der Mittellinie und erhalten gleiche Schraffur (**4**.182). Schleifenlinien in zwei Ansichten stehen auf verschiedenen Seiten der Mittellinien (**4**.184). Die in der Seitenansicht unverdeckte Bruchfläche erhält Schraffur.

Bei einem hohlen Werkstück mit rundem Querschnitt wird die Bruchfläche gewöhnlich durch zwei ineinander übergehende Schleifenlinien, in der Schnittdarstellung mit einer Freihandlinie gekennzeichnet (**4**.185). Ein Ausbruch zur Freilegung eines Hohlraumes muß durch eine Bruchlinie begrenzt werden (**4**.186), die aber mit einer benachbarten Körperkante nicht zusammenfallen soll. An unvollständig dargestellten Schnittflächen kann man Bruchlinien fortlassen (**4**.187). Verläuft aber ein Bruch sowohl durch eine schraffierte als auch durch eine unschraffierte Fläche, ist eine beiden gemeinsame Bruchlinie erforderlich (**4**.188). Bei abgebrochen oder unterbrochen dargestellten Profilschnitten dürfen die Bruchlinien entfallen (**4**.189).

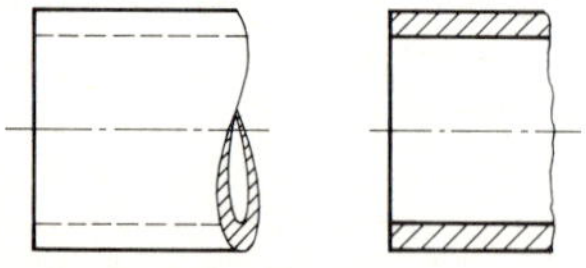

4.185 Abgebrochen dargestellte Rohrenden

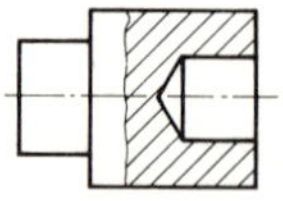

4.186 Ausbruch eines hohlen Teils

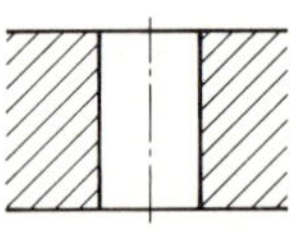

4.187 Abgebrochen dargestellte Schnittfläche

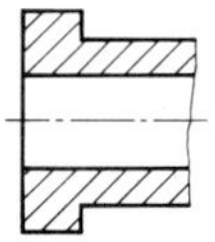

4.188 Bruchbegrenzung

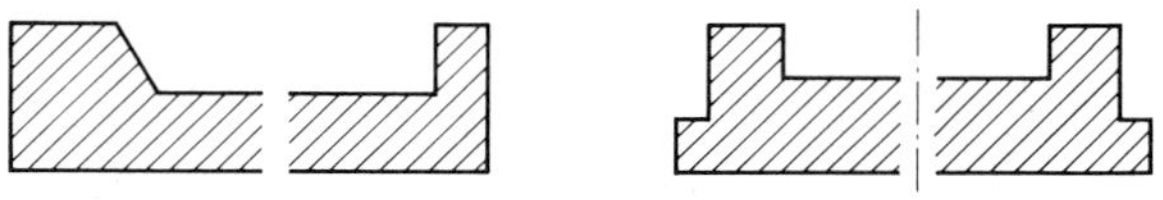

4.189 Profilschnitte

Übungen

1. Zeichnen Sie das Spindellager (**4**.190), die Kupplungsklaue (**4**.191) und den Schauglashalter (**4**.192) wie abgebildet, außerdem die Seitenansichten im Schnitt und tragen Sie die Maße ein. Fehlende Maße sind selbst zu wählen. Die Teile sind im Maßstab 1 : 2,5 dargestellt.

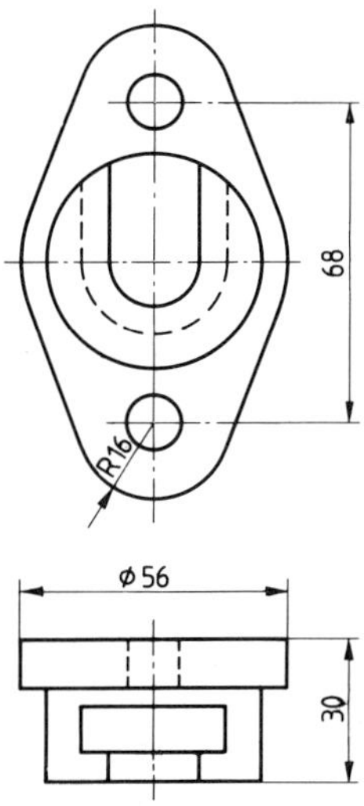

4.190 Spindellager

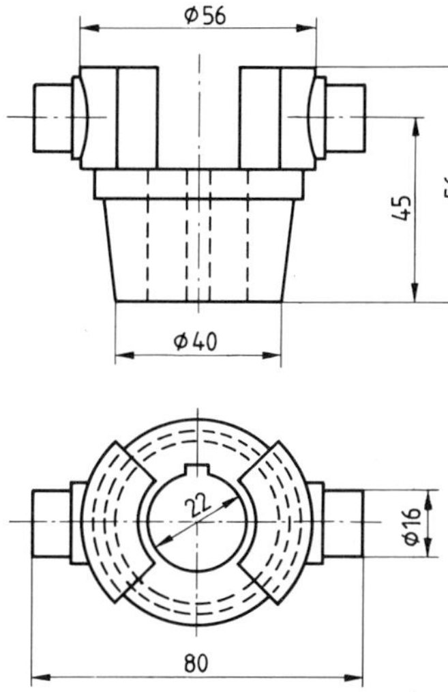

4.191 Kupplungsklaue

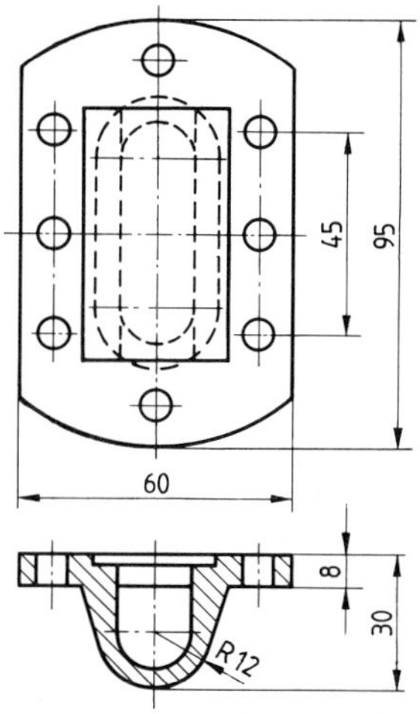

4.192 Schauglashalter

2. Zeichnen Sie den Untersatz (**4**.193) in Vorderansicht (Schnitt), Draufsicht und Seitenansicht und tragen Sie die Maße ein.
3. Der Führungssockel (**4**.194) ist in drei Ansichten (Vorderansicht, Seitenansicht und im Schnitt) zu zeichnen und zu bemaßen.

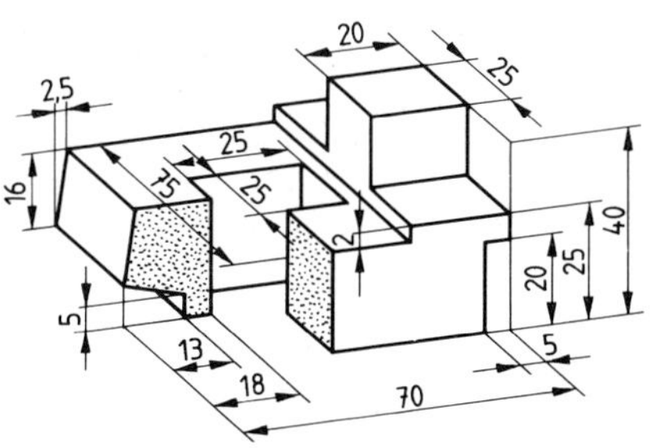

4.193 Untersatz

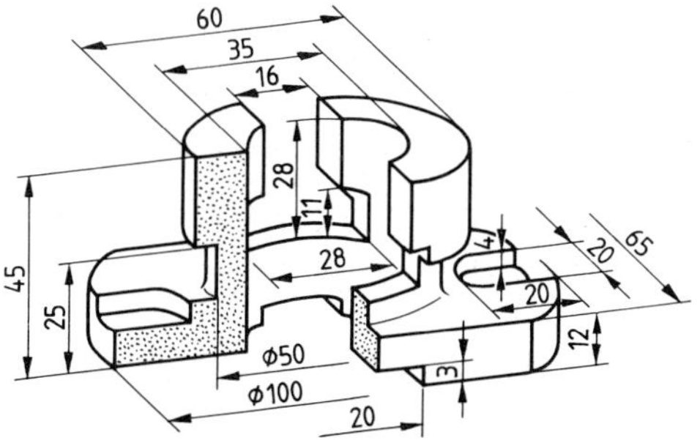

4.194 Führungssockel

4. Zeichnen Sie den Stützbock (**4**.195), das Gehäuse (**4**.196) und die Steuerhülse (**4**.197) in je drei Ansichten bzw. Schnitten und tragen Sie die Maße ein. Die Nuten im Stützbock und das Loch im Gehäuse sind durchgehend.

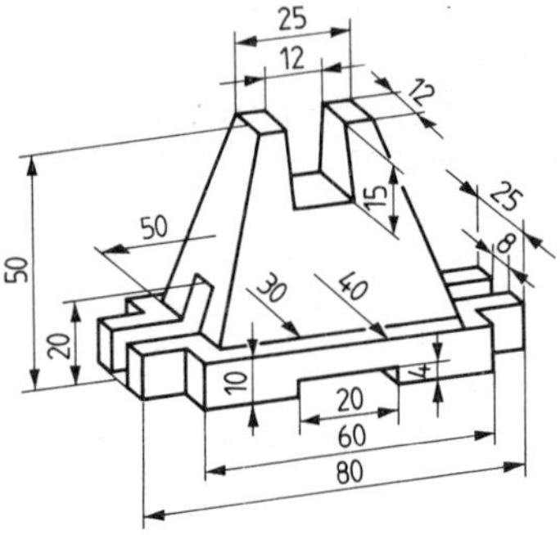

4.195 Stützbock

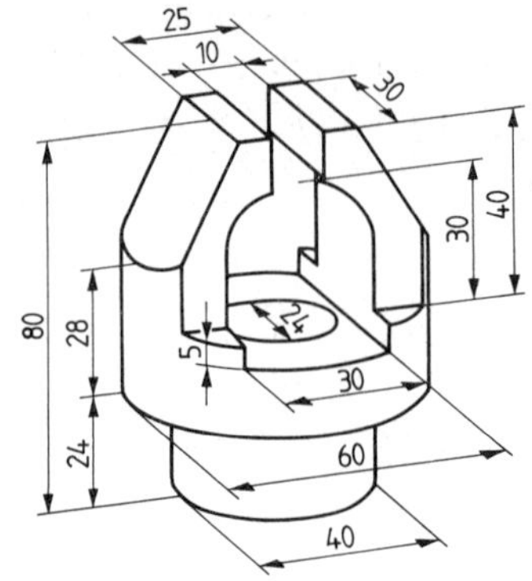

4.196 Gehäuse

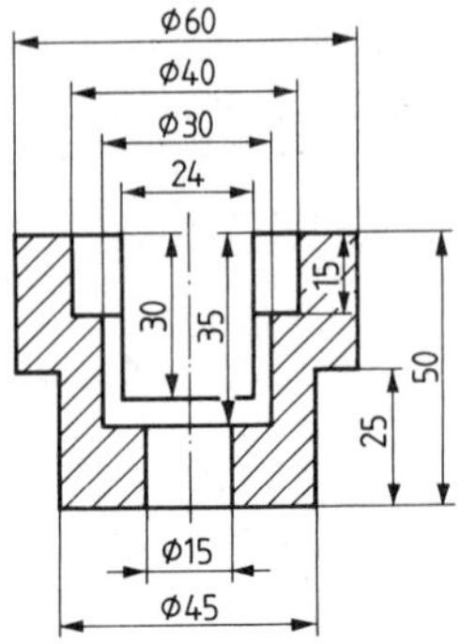

4.197 Steuerhülse

5. Zeichnen Sie in geeigneter Vergrößerung die Abbildungen des Rundschiebers (**4**.198) und des Drehschlittens (**4**.199, bei dem einige Kanten nachzutragen sind) und die Seitenansichten (die des Drehschlittens im Schnitt) und tragen Sie die Maße ein.

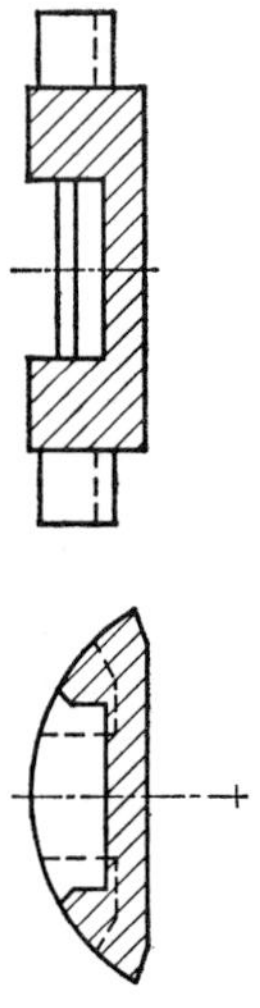

4.198 Rundschieber

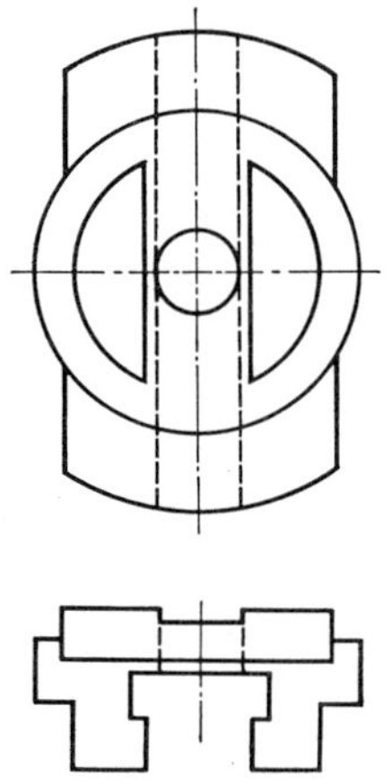

4.199 Drehschlitten

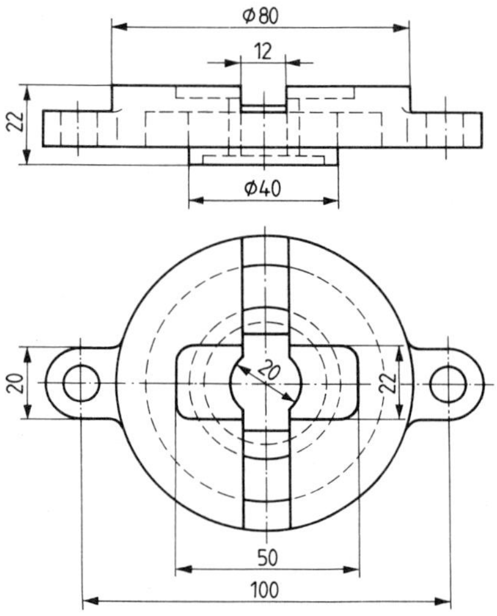

4.200 Gegenhalter

6. Vom Gegenhalter (**4**.200) sind Vorderansicht und Untersicht dargestellt. Die Vorderansicht (unteres Bild) ist um 90° im Sinn des Uhrzeigers zu drehen, und dazu sind im Schnitt die Draufsicht und die Seitenansicht zu zeichnen. Fehlende Maße sind zu ergänzen und nicht erforderliche Strichlinien fortzulassen.

4.9 Besonderheiten der Darstellung und Bemaßung

Darstellung. Komplizierte Werkstücke erfordern oft mehr als drei Ansichten (DIN 6). Zusätzlich zu Vorderansicht (V), Seitenansicht von links (SL) und Draufsicht (D) lassen sich Untersicht (U), Rückansicht (R) und Seitenansicht von rechts (SR) zeichnen. Für deren Anordnung gilt:

Die Seitenansicht von rechts steht links neben der Vorderansicht, die Untersicht über der Vorderansicht, die Rückansicht rechts neben der Seitenansicht von links. Diese Anordnung entspricht der Projektionsmethode im ersten Quadranten (früher Methode E genannt; **4**.201; s. dazu auch Abschn. 11.1.1).

Es sind soviel und diejenigen Ansichten zu wählen, die zum eindeutigen Festlegen der Werkstückgestalt nötig sind – nicht mehr.

Die andere, die Projektionsmethode im dritten Quadranten (früher Methode A genannt), erläutert Bild **4**.202.

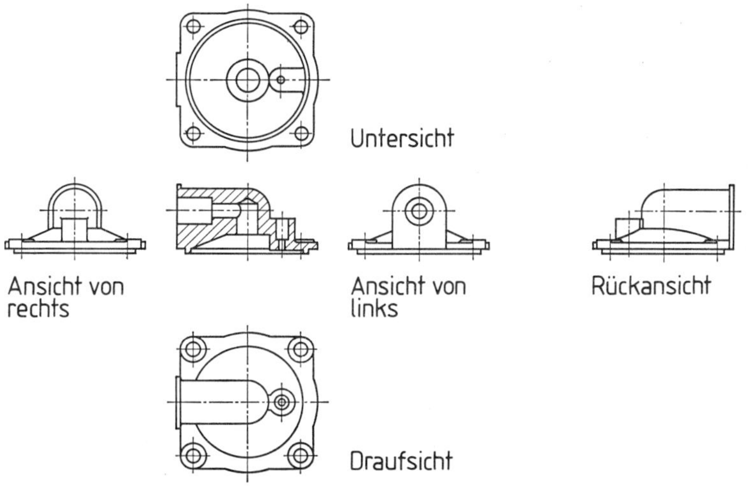

4.201 Anordnung der Zeichnungsbilder nach Projektionsmethode im ersten Quadranten (früher Methode E)

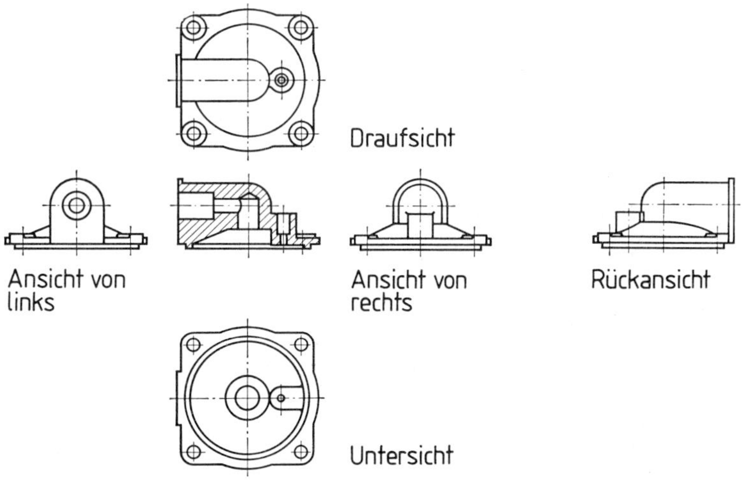

4.202 Anordnung der Zeichnungsbilder nach Projektionsmethode im dritten Quadranten (früher Methode A)

Soll das in einer Zeichnung angewendete Darstellungsverfahren erklärt werden, setzt man das jeweilige Symbol (**4**.203) in die Nähe des Schriftfelds.

Von festgelegten Änderungen (**4**.201 und **4**.202) darf abgewichen werden, z. B. bei nachträglichem Hinzufügen einer Ansicht, die wegen Platzmangels an eine andere als die übliche Stelle gesetzt wird. Es muß aber dann die Betrachtungsrichtung für jede weitere Ansicht durch einen auf die Hauptansicht bezogenen Pfeil festgelegt werden (**4**.204).

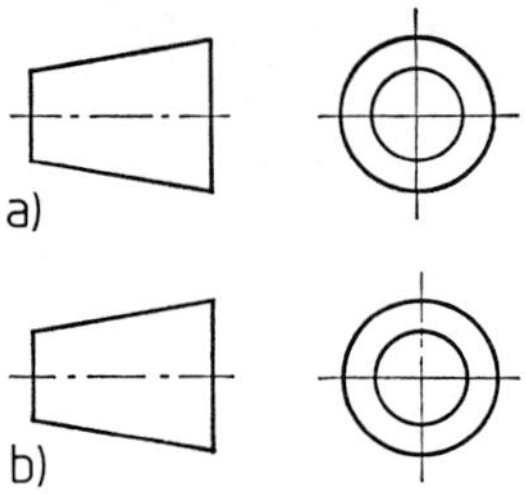

4.203 Symbole
a) Projektionsmethode im ersten Quadranten
b) Projektionsmethode im dritten Quadranten

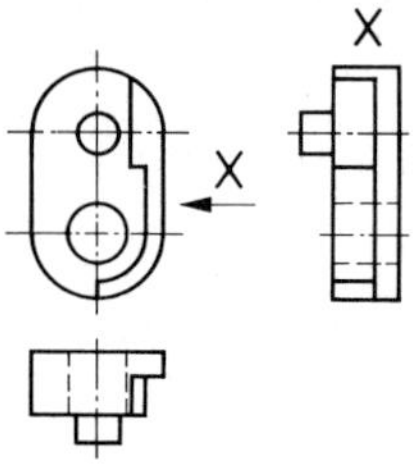

4.204 Abweichende Anordnung einer Ansicht

Grundregeln. Wie das Werkstück in der Zeichnung anzuordnen ist und welche Ansichten und Schnitte in Betracht kommen, regeln drei Grundsätze, die sich aber wegen der Verschiedenartigkeit der Verwendungszwecke, der Herstellung und des Aussehens der Teile nicht schematisch, sondern nur von Fall zu Fall anwenden lassen:

1. Die Zeichnung soll das Werkstück in der Gebrauchslage zeigen (**4**.205). Stehende Werkstücke dürfen mithin nicht liegend, liegende nicht stehend dargestellt werden.

2. Gewisse Werkstücke werden in der Fertigungslage gezeichnet (**4**.206). So sind Drehteile waagerecht und gewöhnlich mit dem dünnen Ende nach rechts darzustellen. Hat ein Werkstück mehrere Fertigungslagen, wählt man die bei der Fertigung überwiegende Lage.

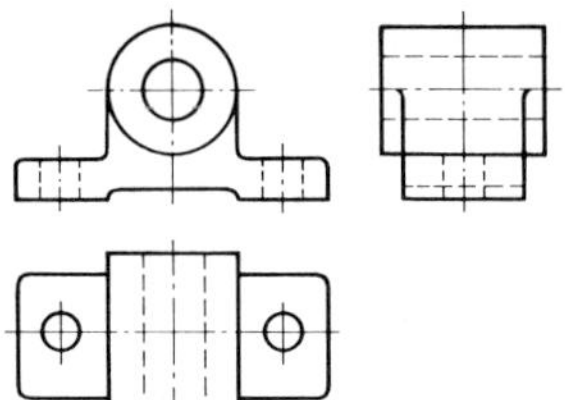

4.205 Stehlager

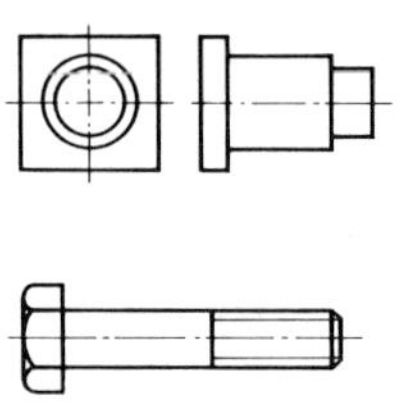

4.206 Bolzen und Schraube

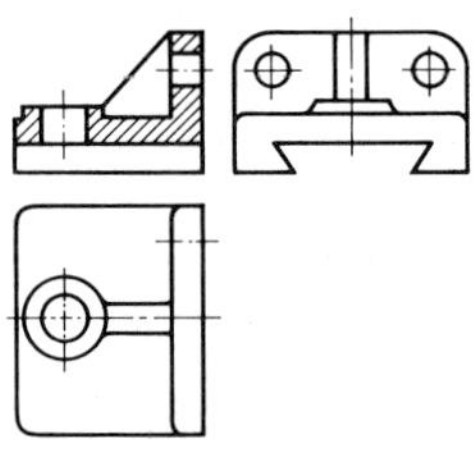

4.207 Schwalbenschwanzführung

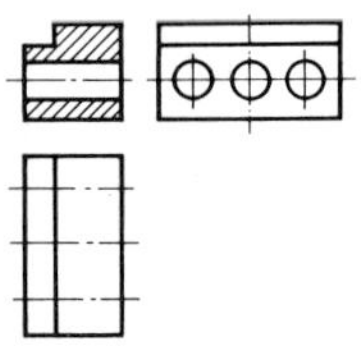

4.208 Spannkloben

3. Die Vorderansicht soll möglichst das Wesentliche der Werkstücksgestalt erkennen lassen, also Hauptansicht sein. Dabei ist das Werkstück so zu legen, daß verdeckte Kanten nicht oder nur in geringem Umfang auftreten (**4**.207).

Überflüssige Strichlinien fallen fort. So werden die in der Draufsicht verdeckten Bohrungen des Spannklobens (**4**.208) nicht eingestrichelt, da Durchmesser, Länge und Anzahl der Löcher in der Vorderansicht und Seitenansicht bereits festliegen.

Der Einwand, daß nicht alle Bohrungen in Bild **4**.208 Durchgangslöcher zu sein brauchen, weil die Vorderansicht nur den Schnitt durch das mittlere Loch zeigt, wird durch das Einzeichnen durchgehender Mittellinien für die Bohrungen in der Draufsicht entkräftet. Sonst müßten etwa vorhandene Sacklöcher in der Darstellung vollkommener angedeutet werden.

Ein Halbschnitt ist vorteilhaft, wenn jede Bildhälfte verschiedene Merkmale des Werkstücks ausdrückt, das Werkstück innen und außen einen gewissen Formenreichtum aufweist oder sich bei symmetrischen Teilen durch den Halbschnitt merkliche Einsparungen an Arbeit ergeben. Ohne diese Vereinfachung hätten von dem Vergaserkörper in Bild **4**.209 fünf Bilder gezeichnet werden müssen. Statt dessen sind in der Seitenansicht und in der Draufsicht je zwei Bilder zu einem vereinigt worden. Zwischen der geschnittenen und der ungeschnittenen Bildhälfte wird eine besondere Trennlinie nicht gezogen.

Stehen keine zwingende Gründe entgegen, werden bei waagerechter Mittellinie die untere Hälfte und bei senkrechter Mittellinie die rechte Hälfte geschnitten.

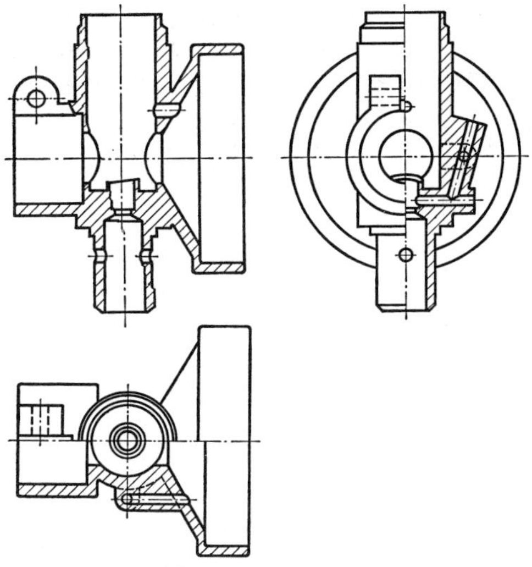

4.209 Vergaserkörper

Durch die Aufnahme von Teilausschnitten lassen sich zusätzliche Ansichten einsparen (**4**.210).

Damit der Blick in das Innere der Lagerbohrung frei wird, ist die linke Hälfte der Draufsicht ohne Deckel gezeichnet, während ein Teilschnitt (Ausbruch) in der Vorderansicht Schraubenloch, Schmierloch und Schmiernut freilegt.

Teilansichten. Symmetrische Gegenstände dürfen als Halbansicht (**4**.211a) oder als Viertelansicht (**4**.211b) dargestellt werden, wobei die Symmetrieachse (Mittellinie) an ihren Enden durch zwei rechtwinklig zu ihr angeordnete kurze, parallele, schmale Vollinien zu kennzeichnen sind. Symmetrische Gegenstände dürfen auch abgebrochen dargestellt werden (**4**.211c).

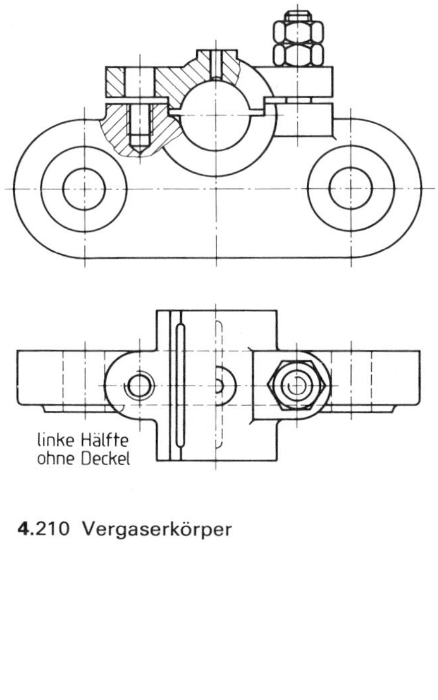

4.210 Vergaserkörper

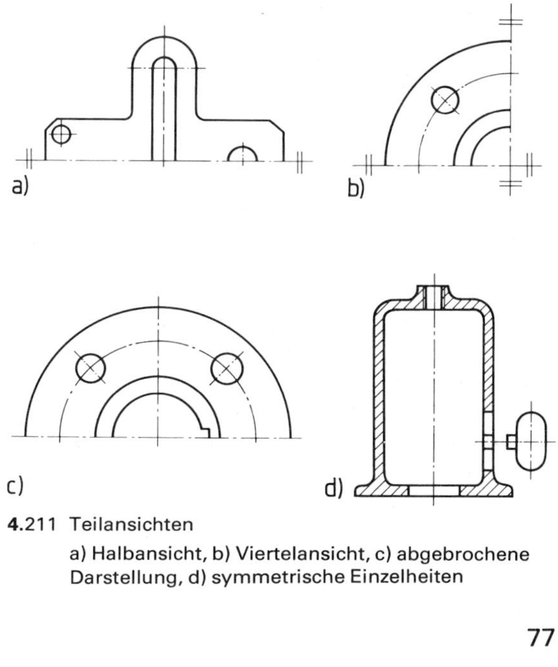

4.211 Teilansichten

a) Halbansicht, b) Viertelansicht, c) abgebrochene Darstellung, d) symmetrische Einzelheiten

Symmetrische Einzelheiten eines Gegenstands dürfen nach Bild **4**.211d dargestellt werden. Sie sind nach der Projektionsmethode im dritten Quadranten in die Zeichenebene zu drehen und durch eine Mittellinie mit der zugehörigen Ansicht zu verbinden.

Besondere Ansichten sind hinzuzufügen, wenn in den üblichen Zeichnungsbildern die Gestalt des Werkstücks nicht ganz erfaßt ist (**4**.212). Statt der ganzen Seitenansicht braucht nur der Querschnitt des zur Mitte führenden Kanals gezeichnet zu werden. Die Form des Vorsprungs am äußeren Umfang wird als Ansicht „X" im Ausbruch dargestellt. Soll die Besondere Ansicht in anderer Lage dargestellt werden, ist an den Buchstaben ein Symbol (evtl. mit Angabe des Drehwinkels) für die Drehung und deren Richtung anzufügen (**4**.213).

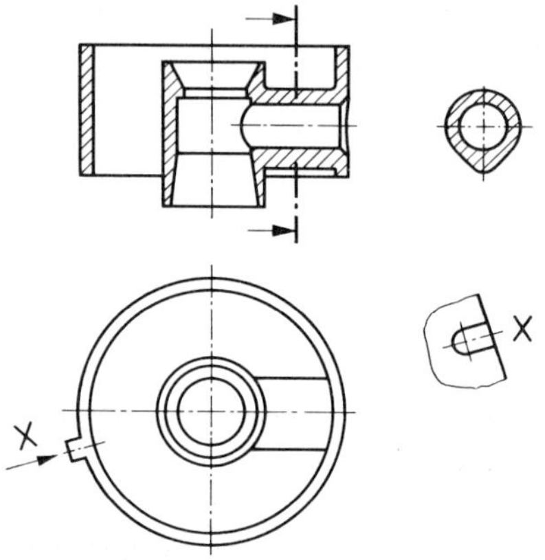

4.212 Lufttrichter

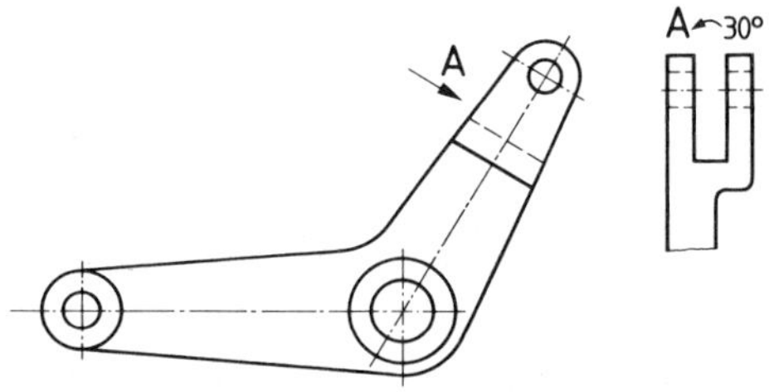

4.213 Winkelhebel

Für Rohrkrümmer, Flansche und ähnliche Teile ist nur eine Ansicht nötig. Diese muß aber das Fehlende der Körperform aus anderen Ansichten aufnehmen (**4**.214). Das geschieht mit Durchmessermaßen. Außerdem werden die Löcher auf einem halben, strichpunktierten Lochkreis mit schmalen Vollinien eingetragen.

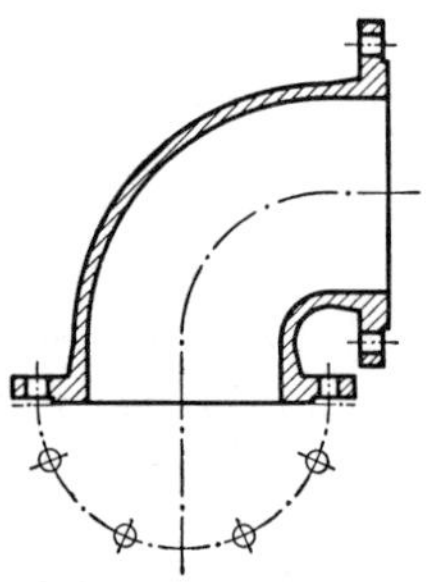

4.214 Rohrkrümmer

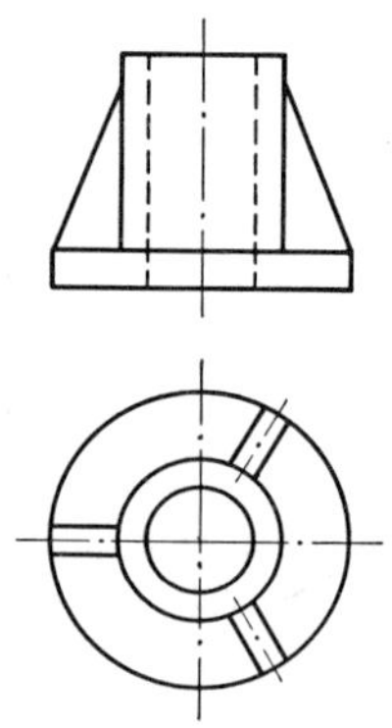

4.215 Halter

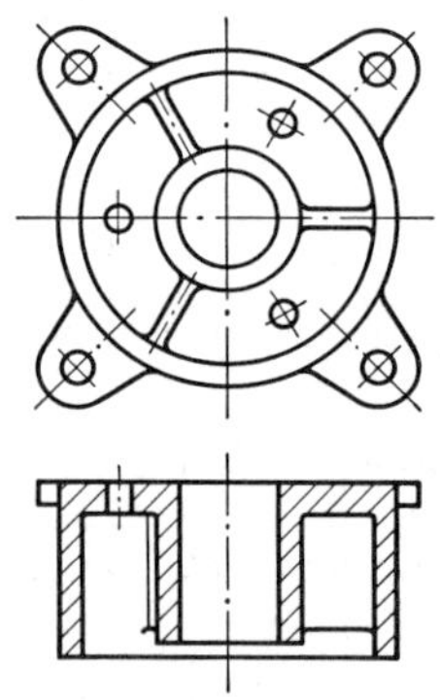

4.216 Gehäuse

Gegenstände aus durchsichtigen Werkstoffen, z. B. Glasgeräte für Laboratorien, werden so dargestellt wie undurchsichtige.

Ungünstige Verkürzungen ergeben sich durch schiefliegende Werkstückoberflächen. Es ist dann besser, die betreffenden Formen des Werkstücks in die Zeichen- oder in die Schnittebene zu drehen. So sind in Bild **4**.215 eine Rippe und in Bild **4**.216 ein Steg und eine Befestigungslasche in die Vorderansichten eingedreht worden. Außerdem könnte man in der linken Hälfte der Vorderansicht den sichtbaren Teil der Befestigungslasche fortlassen, da er nichts Wesentliches besagt.

Arme an Riemenscheiben und Zahnrädern, Rippen, Stege usw. sind wie volle Teile nicht im Längsschnitt, sondern ungeschnitten zu zeichnen (**4**.217). Ferner wird der nicht in der Schnittebene liegende Arm eingedreht dargestellt, wie die Seitenansicht zeigt.

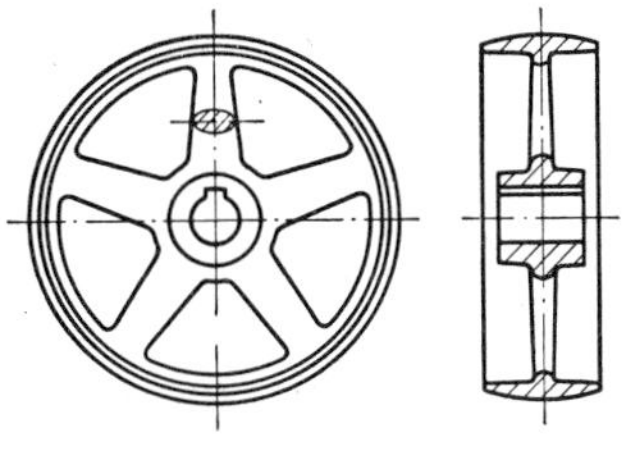

4.217 Riemenscheibe

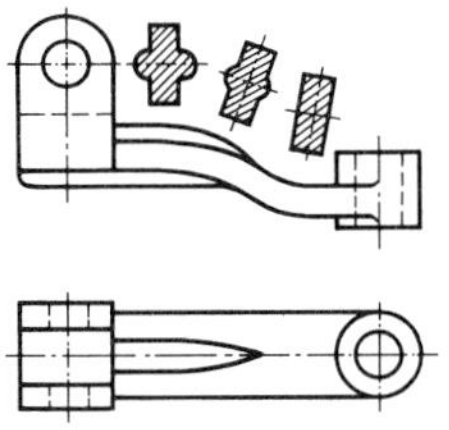

4.218 Hebel

Profilschnitte sind mit schmalen Vollinien in eine Ansicht (**4**.217) oder in normaler Linienbreite danebenzusetzen (**4**.218). Ändert sich der Armquerschnitt mit der Länge, sind mehrere Querschnitte erforderlich, deren Formen und Lage durch Maße festzulegen sind. Bei symmetrischen Profilschnitten darf die Zuordnung durch Verbinden der Schnittlinien mit den entsprechenden Mittellinien deutlich gemacht werden.

In abweichender Lage werden Ansichten gezeichnet, wenn sich infolge der Eigentümlichkeit des Werkstücks bei der normalen Darstellung unangenehme Verkürzungen ergeben. Entgegen der üblichen Regel liegt die neue Ansicht schief, als wäre das Werkstück um eine schräglaufende Kante gekippt worden (**4**.219). Unter Umständen ist der betreffende Teil des Werkstücks abgebrochen darzustellen.

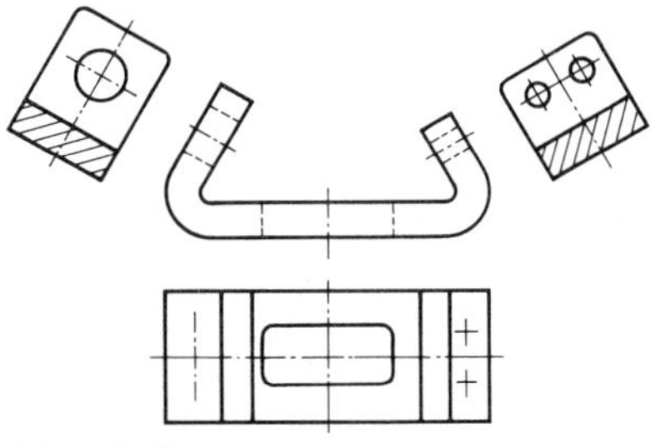

4.219 Halter

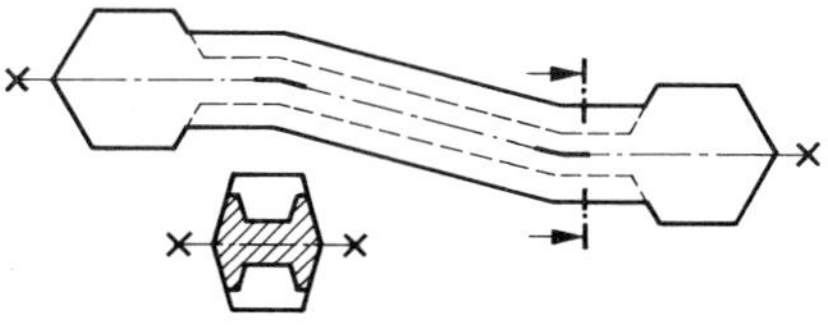

4.220 Gekröpfter Arm

Teilungsebenen für in Formen gefertigte Werkstücke werden durch schmale Strichpunktlinien dargestellt, die an ihren Enden durch Kreuze aus breiten Vollinien gekennzeichnet sind. An Knickstellen der Teilungsebenen sind die Strichpunktlinien breit zu zeichnen (**4**.220).

Lassen sich geringe Neigungen (an Schrägen, Kegeln, Pyramiden) in der zugehörigen Projektion nicht deutlich zeigen, dürfen sie durch eine Kante dargestellt werden, die der Projektion des kleineren Maßes entspricht (**4**.221 und **4**.222). Auf die Darstellung sehr flacher Durchdringungskurven bzw. sehr gering versetzter Schnittlinien kann verzichtet werden (**4**.223 und **4**.224).

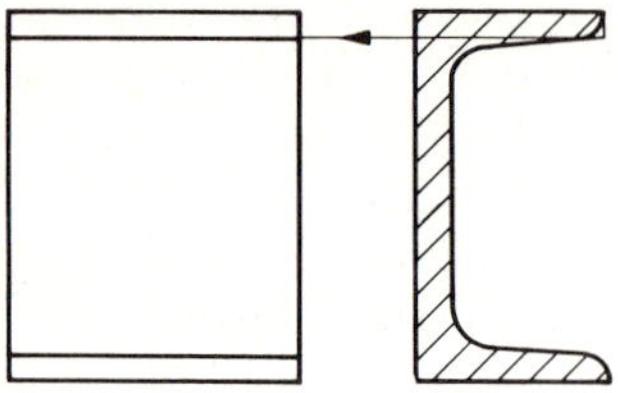

4.221 E-Profil

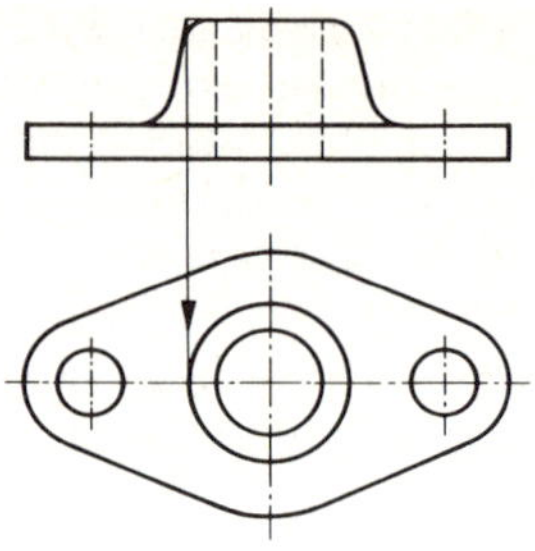

4.222 Flansch

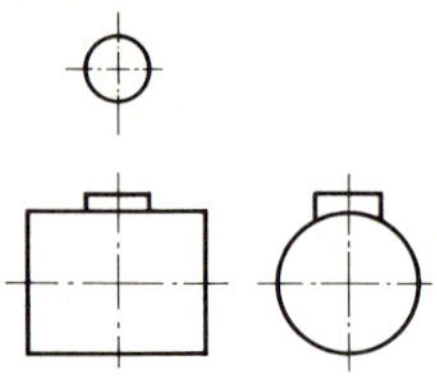

4.223

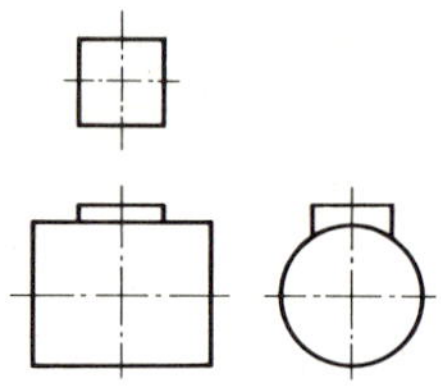

4.224

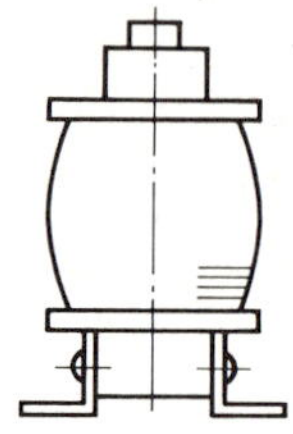

4.225

Gegenstände, die aus gleichen Elementen bestehen (z. B. Blechpakete, Wicklungen), dürfen wie aus einem Stück bestehend dargestellt werden. Dabei ist es zulässig, die Lagerichtung der Elemente durch kurze, schmale Vollinien zu kennzeichnen (**4.**225).

Übungen

1. Zeichnen Sie den Stützbock (**4.**226) in den erforderlichen Ansichten und tragen Sie die Maße ein. Grundplatte: Länge 100, Breite 60, Dicke 10, Rundungshalbmesser 12, Durchmesser der vier Durchgangslöcher 12, Neigung der Vorderfläche zur Grundplatte 30°, Neigung der Hauptbohrung zur Grundplatte 60°. Die Achse der Hauptbohrung tritt 20 über der Grundplattendicke aus. Durchmesser der Hauptbohrung 24, Bohrungstiefe 20 (flacher Grund), Wanddicke 8, Bunddurchmesser 50, Bundhöhe 8, Abstand von Mitte Hauptbohrung bis Mitte Laschenloch 35, Durchmesser des durchgehenden Laschenlochs 10, Laschenbreite 20, Halbmesser der Übergangsrundung am Bund 4, Stegdicke 10.

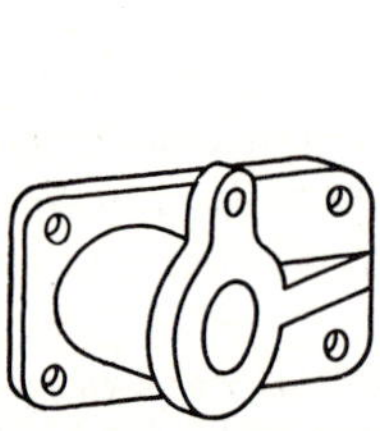

4.226 Stützbock

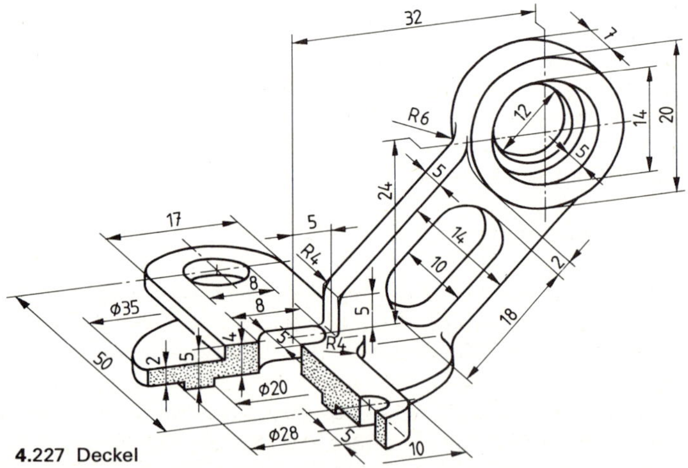

4.227 Deckel

2. Von dem Deckel (**4.**227) ist eine Zeichnung mit erforderlicher Bemaßung anzufertigen.

Mehrteilige Werkstücke erhalten eine Trennlinie und in Schnittzeichnungen zur Hervorhebung der Teile verschieden gerichtete Schraffuren (**4**.228).

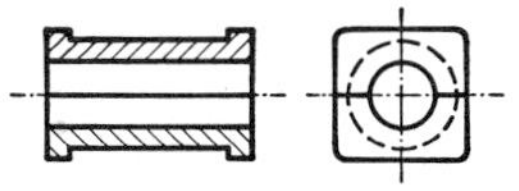

4.228 Zweiteilige Lagerschale

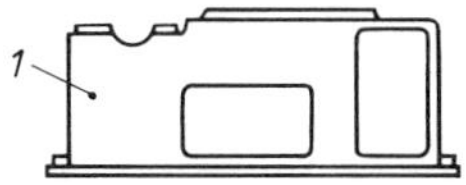

4.229 Rechts- und Linksausführung Teil 2 wie Teil 1, jedoch als Spiegelbild (entgegengesetzt wie gezeichnet)

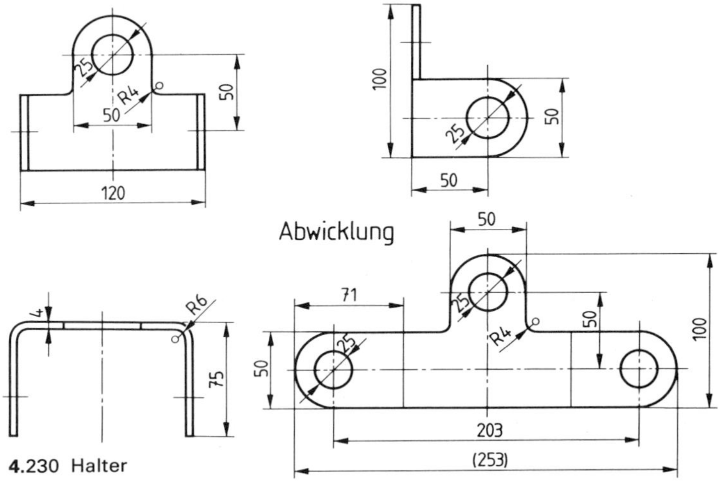

4.230 Halter

Zur Fertigung von spiegelbildgleichen Teilen genügt oft eine Zeichnung (**4**.229). In die Nähe des Schriftfelds wird dann eine unter Umständen verkleinerte Darstellung der anderen Ausführung mit erläuterndem Text gesetzt.

Abwicklungen gebogener Blechstücke lassen Form und Abmessungen des Blechzuschnittes eindeutig erkennen (**4**.230). Dadurch werden Ausschneiden, Herstellen der Schnitt- und Biegewerkzeuge, Berechnung des Blechbedarfs u.a. sehr erleichtert. Abwicklungen werden gewöhnlich neben die Darstellung des Werkstücks gesetzt. Für Kaltabkanten und Kaltbiegen von flach gewalztem Stahl ist DIN 6935 zur Errechnung der gestreckten Länge heranzuziehen.

Die Biegehalbmesser reichen bis zum inneren Rundungsbogen, sind abhängig von der Dicke und der Zugfestigkeit des Werkstoffes, nach DIN 250 (s. S. 50) auszuwählen und dürfen die in DIN 6935 festgelegten Mindestgrößen nicht unterschreiten.

Biegelinien kennzeichnen die Biegestelle und werden als schmale Vollinien in der Mitte und gewöhnlich auf der Innenseite der Rundung gezogen. Die Lage einer Biegelinie ist durch das Maß für die Länge des abgebogenen Schenkels unter Berücksichtigung eines nach DIN 6935 ermittelten Ausgleichswerts zu bestimmen (Maß 71). Dieser dient auch zum Errechnen der gestreckten Länge (Maß 253). Falls erforderlich, können an geeigneter Stelle die Vermerke „In Walzrichtung abgekantet", „Gratseite unten" oder „Gratseite oben" eingetragen werden.

Zentrierbohrungen nach DIN 332 T1 haben Senkwinkel von 60° (**4**.231) und bestehen in den Formen A, B, C und R. Die Formen B und C haben keglige Schutzsenkungen. Bei der Form R, die immer mehr Anklang findet, ist die Lauffläche gewölbt. Die Übergänge zwischen den zylindrischen Bohrungen und den geraden Laufflächen bei den Formen A, B und C sind gerundet.

Die Bohrungsdurchmesser (d_1) betragen bei den Formen A, B und C bis zu 50 mm, bei R bis zu 12,5 mm und sind, wie auch die übrigen Abmessungen, der Norm zu entnehmen. Teile mit unterschiedlichen Durchmessern können an beiden Enden die gleiche Zentrierbohrung, und zwar die des kleineren Durchmessers erhalten. Die Länge *a* ist abzustechen, wenn die Zentrierbohrung nicht stehenbleiben darf (**4**.231, Form A). Soll sie jedoch am Werkstück bleiben, wählt man zweckmäßig Form B oder C. Zentrierbohrungen müssen z.B. an Werkstücken stehenbleiben, die nach dem Härten zum Schleifen zwischen Spitzen gespannt werden.

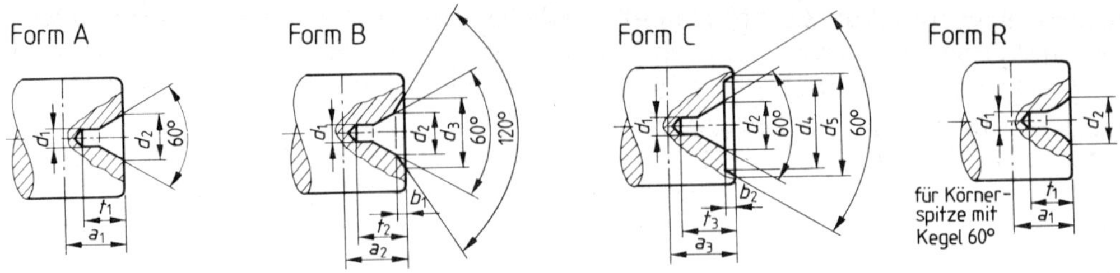

4.231 Zentrierbohrungen DIN 332 Teil 1

Tabelle **4.232** **Abmessungen für Zentrierbohrungen**

d_1	d_2	a_1	a_2	a_3	b_1	b_2	d_3	d_4	d_5	t_1	t_2	t_3
1	2,12	3	3,5	3,5	0,3	0,4	3,15	4,5	5	1,9	2,2	1,9
1,6	3,35	5	5,5	5,5	0,5	0,7	5	6,3	7,1	2,9	3,4	2,9
2,5	5,3	7	8,3	8,3	0,8	0,9	8	9	10	4,6	5,4	4,6
4	8,5	11	12,7	12,7	1,2	1,7	12,5	14	16	7,4	8,6	7,4
6	13,2	18	20	20	1,4	2,3	18	22,4	25	11,4	12,9	11,5
10	21,2	28	31	31	2	3,9	28	35,5	40	18,3	20,4	18,4

Zentrierbohrungen haben genormte Bezeichnungen. Bei der Bezeichnung genormter Gegenstände und Ausführungsmaße folgt nach DIN 820 der Benennung die Normnummer und dann nach einem Mittelstrich der Merkmaleblock. Für Form R mit d_1 = 4 mm Bohrungsdurchmesser und Durchmesser d_2 = 8,5 mm lautet die Bezeichnung „Zentrierung DIN 332 R4 × 8,5". Für die Angaben in Zeichnungen gelten die Beispiele in Tabelle **4**.233. Zentrierbohrungen mit Gewinde s. DIN 332 T 2, für Achswellen von Schienenfahrzeugen DIN 332 T 4.

Tabelle **4**.233 **Kennzeichnung der Zentrierbohrung am fertigen Werkstück**

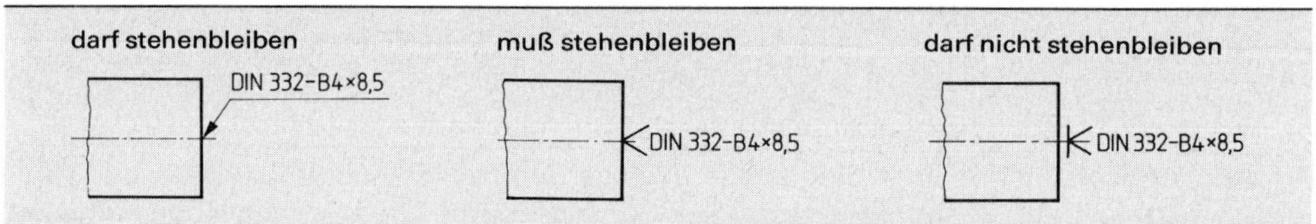

Freistiche (DIN 509) sind Außen- und Inneneinstiche an gedrehten Werkstücken zur Verhinderung der Kerbwirkung in sonst scharfkantigen Absätzen. Für Neukonstruktionen sind nur die Formen E (**4**.234) und F (**4**.235) zu verwenden. Beide sind als Innen- und als Außeneinstiche vorgesehen, und zwar Form E für Werkstücke mit e i n e r bearbeiteten Fläche und Form F für Teile mit z w e i rechtwinklig zueinanderstehenden Bearbei-

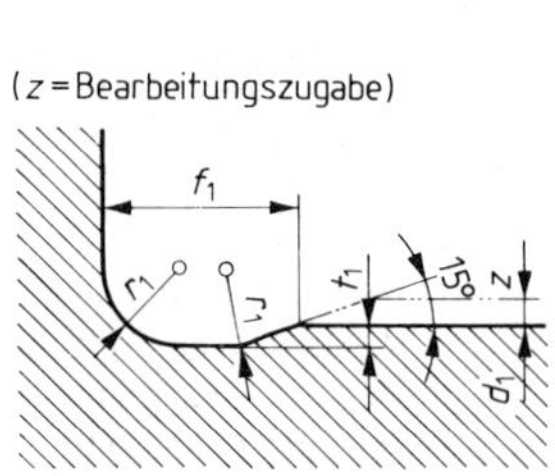

4.234 Freistich Form E

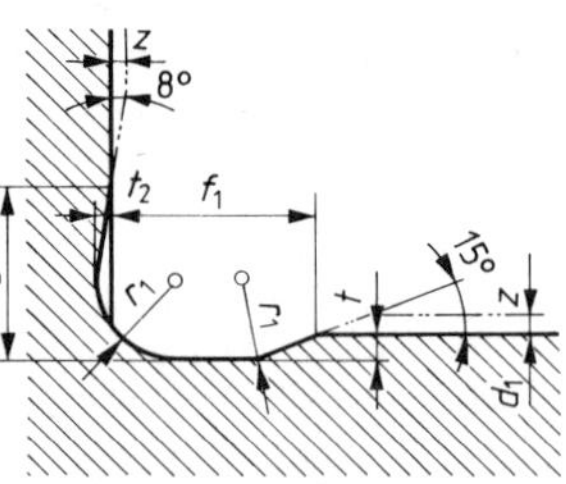

4.235 Freistich Form F

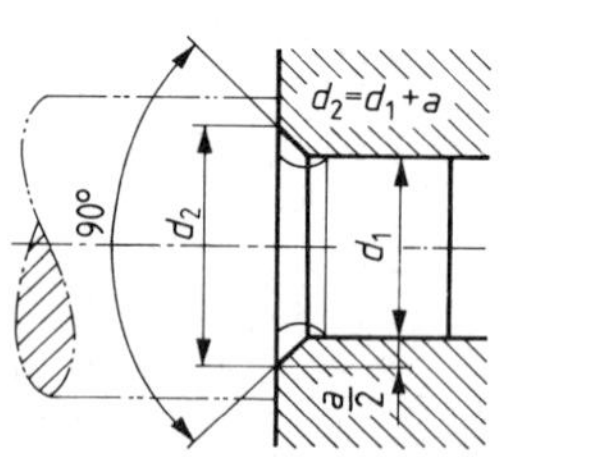

4.236 Senkung am Gegenstück

tungsflächen am Freistich. DIN 509 enthält die Abmessungen für beide Formen und für die Senkungen am Gegenstück (**4**.236). Die bisherigen Freistiche A bis D gelten noch für eine Übergangszeit, um vorhandene Zeichnungen nicht ändern zu müssen.

Freistiche haben genormte Bezeichnungen und gewöhnlich Oberflächen mit Rz $\leqq$ 25. Eine andere Oberflächenbeschaffenheit muß gekennzeichnet werden. Angabe für einen Freistich der Form F mit dem Halbmesser r_1 = 1 mm und einer Tiefe t_1 = $0{,}2^{+0{,}1}$ mm: „Freistich DIN 509-F1 × 0,2".

Freistiche werden entweder ausführlich (**4**.237 a und **4**.238 a) oder vereinfacht gezeichnet (**4**.237 b und **4**.238 b).

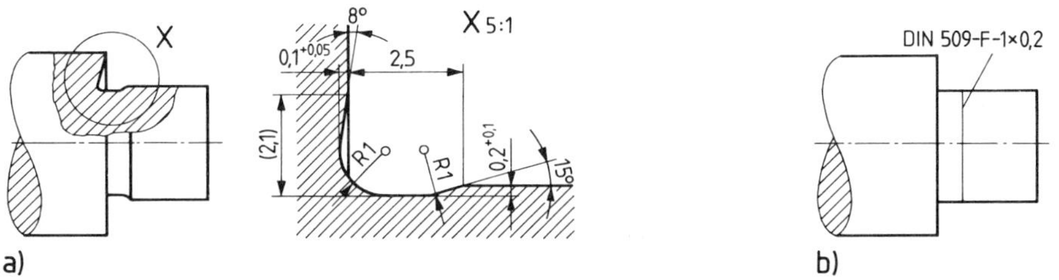

4.237 Außenfreistich Form F (Über die Darstellung einer „Einzelheit" s. S. 88.)
Bedeutung der eingeklammerten Maßzahl 2,1 s. S. 89.
a) ausführlich gezeichnet, b) vereinfacht

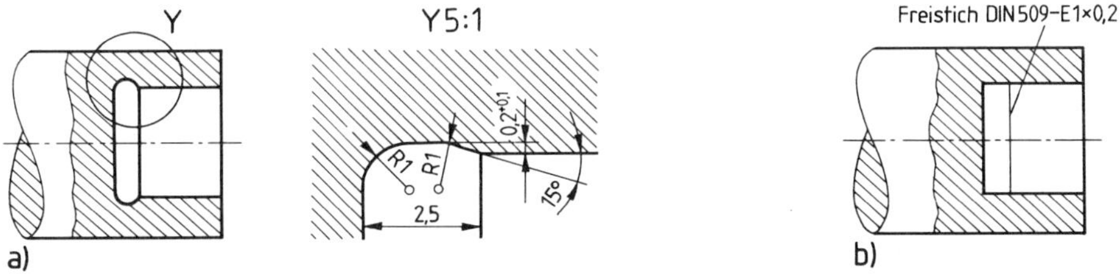

4.238 Innenfreistich Form E a) ausführlich gezeichnet, b) vereinfacht

Tabelle **4**.239 **Abmessungen der Freistiche**

Abmessungen der Freistichformen E und F								Senkung am Gegenstück		
Zuordnung zum Durchmesser d_1 für Werkstücke mit üblicher Beanspruchung	mit erhöhter Wechselfestigkeit	r_1	t_1 + 0,1	f_1	g ≈	t_2 + 0,05	nach-formbar	Freistich Größe $r_1 \times t_1$	a Kleinstmaß Form E	F
bis 1,6		0,1	0,1	0,5	0,8	0,1		0,01 × 0,1	0	0
über 1,6 bis 3	—	0,2	0,1	1	0,9	0,1	nein	0,2 × 0,1	0,2	0
über 3 bis 10		0,4	0,2	2	1,1	0,1		0,4 × 0,2	0,2	0
über 10 bis 18		0,6	0,2	2	1,4	0,1		0,6 × 0,2	0,8	0,2
über 18 bis 80	—	0,6	0,3	2,5	2,1	0,2	ja	0,6 × 0,3	0,6	0
über 80		1	0,4	4	3,2	0,3		1 × 0,4	1,6	0,8
	über 18 bis 50	1	0,2	2,5	1,8	0,1		1 × 0,2	1,2	0
—	über 50 bis 80	1,6	0,3	4	3,1	0,2	ja	1,6 × 0,3	2,6	1,1
	über 80 bis 125	2,5	0,4	5	4,8	0,3		2,5 × 0,4	4,2	1,9
	über 125	4	0,5	7	6,4	0,3		4 × 0,5	7	4,0

Besonderheiten der Bemaßung. Die Abmessungen an Werkstücken sollen den Normreihen nach DIN 323 T1 entsprechen (**4**.240). Mit der Normung für Maßzahlen sollen die Kosten für Beschaffung und Lagerhaltung der Werkstoffe (z. B. Flachstahl, Rundstahl, Bleche, Rohre), der Bearbeitungswerkzeuge (wie Bohrer, Senker, Reibahlen) und der Meßgeräte (wie Grenzrachenlehren, Grenzlehrdorne) auf ein tragbares Ausmaß beschränkt bleiben.

Tabelle **4**.240 **Normmaße** in mm (Vorzugsmaße sind fett gedruckt)

0,1	**1**	**10**	**100**	**0,2**	**2**	**20**	**200**	**0,4**	**4**	**40**	**400**	**0,6**	**6**	60	600
			105			21	210				410			62	
	1,1	**11**	**110**		**2,2**	**22**	**220**			42	420			**63**	**630**
			115			23	230				430			65	650
0,12	**1,2**	**12**	120			24	240			44	440			67	670
			125	**0,25**	**2,5**	**25**	**250**		**4,5**	**45**	**450**			68	
		13	130			26	260			46	460		**7**	70	700
			135				270				470			**71**	**710**
	1,4	**14**	**140**		**2,8**	**28**	**280**			48	480			72	
			145				290				490			75	750
	1,5	15	150	**0,3**	3	30	300	**0,5**	**5**	**50**	**500**			78	
			155				310			52	520	**0,8**	**8**	**80**	**800**
0,16	**1,6**	**16**	**160**				315			53	530			82	
			165		**3,2**	**32**	**320**		**5,5**	55	550			85	850
		17	170				330			**56**	**560**			88	
			175			34	340			58	580		**9**	**90**	**900**
	1,8	**18**	**180**		**3,5**	35	350							92	
			185				355							95	950
		19	190			**36**	**360**							98	
			195				370								
							375								
						38	380								
							390								

Es kann aber von den genormten Abmessungen abgewichen werden, wenn wichtige Gründe vorliegen.

Für einzelne Fachgebiete (z. B. Feinmechanik, Wälzlagerbau, Werkzeugbau, Lokomotiv- und Wagenbau) sind einige Sonderabmessungen vorgesehen.

Maßanordnung. In den innerhalb der 30°-Winkel durch Raster gekennzeichneten Flächen sollen Maßlinien in Richtung auf den Scheitelpunkt vermieden werden (**4**.241). Unumgängliche Ausnahmen sind jedoch statthaft (**4**.242). Die Maßzahlen müssen aber dann von links her lesbar sein.

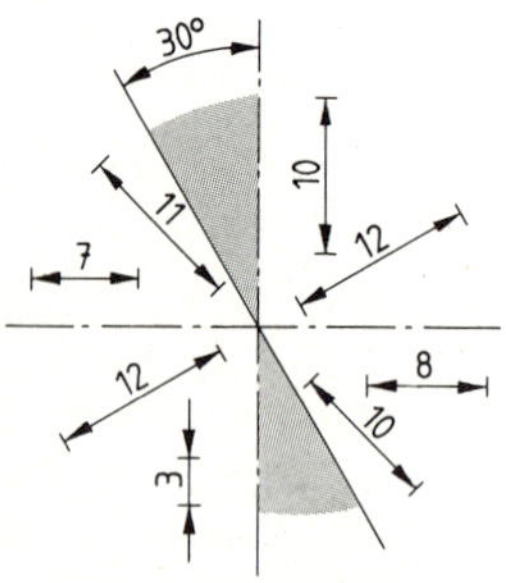

4.241 Radial gerichtete Maße in die gerasterten Flächen setzen

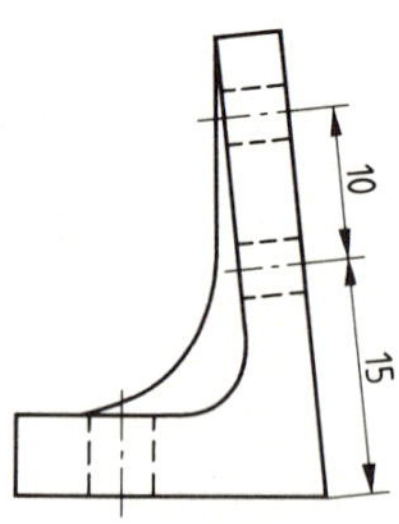

4.242 Ausnahme der Maßanordnung

Bei Sehnenlängen (**4**.243) und – sofern der Zentriwinkel gleich oder kleiner als 90° ist – auch bei Kreisbogenlängen (**4**.244) laufen die Maßhilfslinien parallel. Die Maßlinien für Sehnen sind gerade Linien. Bei Zentriwinkeln über 90° werden Bogenlängen nach Bild **4**.245 bemaßt. Die Maßzahlen erhalten stets einen Bogenstrich. Die Maßlinien für Bogen werden vom Zirkeleinsatzpunkt aus geschlagen.

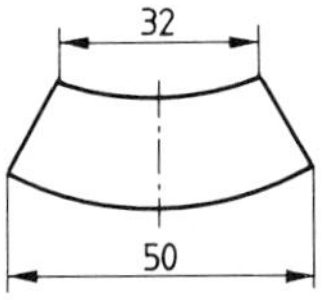

4.243 Sehnenlängen

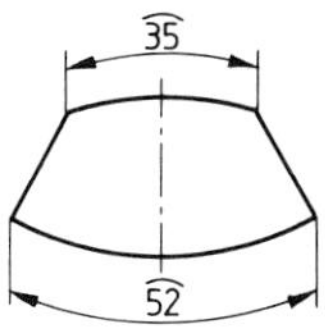

4.244 Bogenlängen

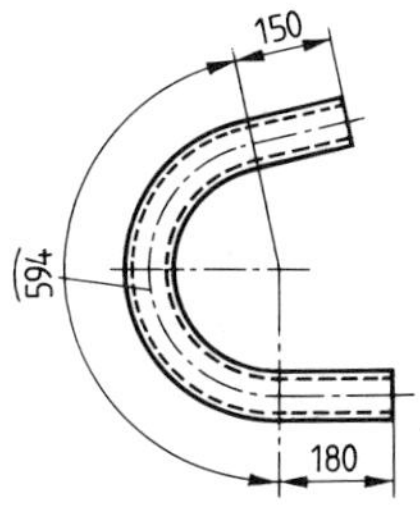

4.245 Bogenlänge

Winkelabmessungen werden in Graden, Minuten und Sekunden oder in Dezimalwerten (z. B. 30,4°) angegeben. Die Maßeinheiten stehen hinter der Maßzahl; sie sind so hoch zu setzen, daß sie mit der oberen Linie enden (**4**.246). Die Maßeinheit für Winkel müßte nach dem „Gesetz über Einheiten im Meßwesen" vom 2.7.1969 konsequent Radiant (rad) lauten. Im Hinblick auf die Gewöhnung in der Technik hat der Gesetzgeber jedoch weiterhin die Einheiten Grad, Minute und Sekunde zugelassen.

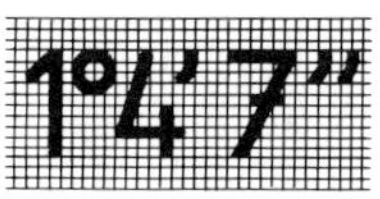

4.246 Maßeinheiten für Winkel

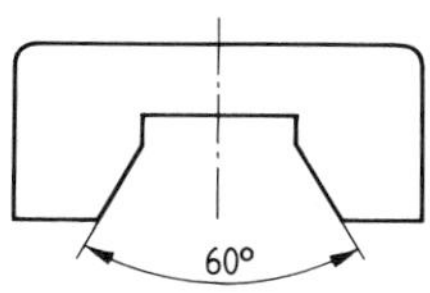

4.247 Bemaßter Winkel

Für Winkel sind die Maßlinien Kreisbögen; die Maßhilfslinien laufen in Verlängerung der Winkelschenkel (**4**.247). Der Zirkeleinsatzpunkt für die Maßlinien liegt stets im Scheitel des Winkels, wird aber nicht besonders gekennzeichnet.

Die Maße sind so anzuordnen, daß die Zahlen von unten und von rechts her lesbar sind (**4**.248). Sind Winkelmaße in den gerasterten Flächen innerhalb der 30°-Winkel nicht vermeidbar, muß man die Zahlen von links lesbar einschreiben. Bei Winkelangaben bis 90° dürfen die gebogenen Maßlinien vereinfacht durch gerade Maßlinien ersetzt werden.

Genormte Bohrkegelwinkel werden nicht bemaßt (**4**.249).

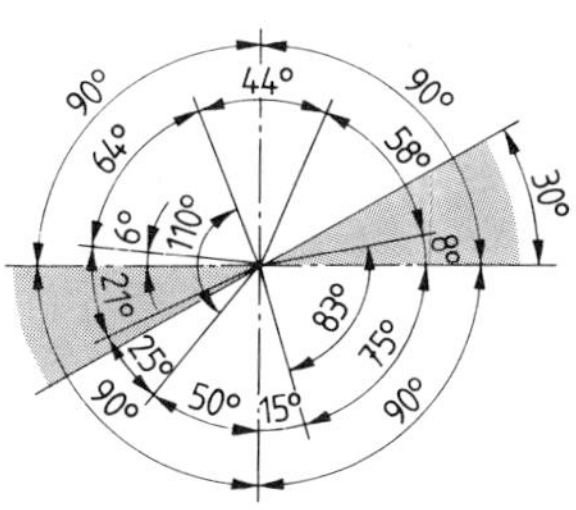

4.248 Anordnung der Winkelmaße

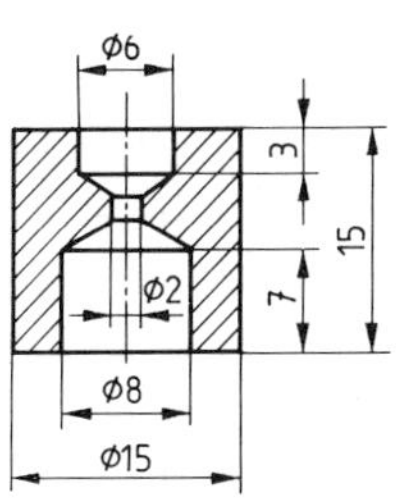

4.249 Unbemaßte Winkel

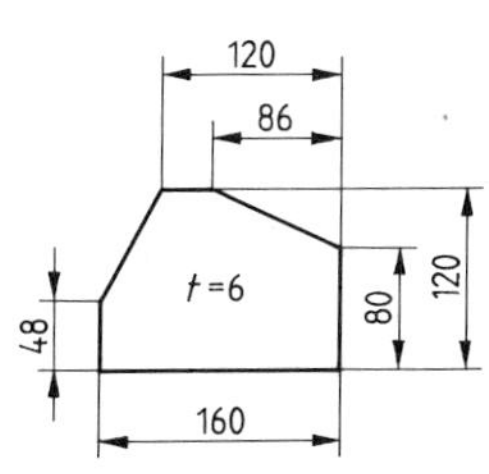

4.250 Knotenblech

Winkel in Zeichnungen für Bleche, Flachstahl, Formstahl usw. sollen nicht in Graden angegeben werden, wenn zum Anreißen des Werkstücks nur Lineal, Stabmaß, Anschlagwinkel und Zirkel bereitstehen (**4**.250 auf S. 85). Vielmehr sind diese Winkel durch Eintragen von Längenmaßen zu bestimmen.

Blechdicken werden in den Blechflächen angegeben (z.B. $t = 6$ in Bild **4**.250), wenn nötig, mit Bezugsstrich daneben. Eine zweite Ansicht ist dann überflüssig.

Regelmäßige Kreisteilungen brauchen Winkelangaben nicht zu haben, wenn Zweifel über die Winkelgröße ausgeschlossen und Toleranzangaben nicht erforderlich sind (**4**.251).

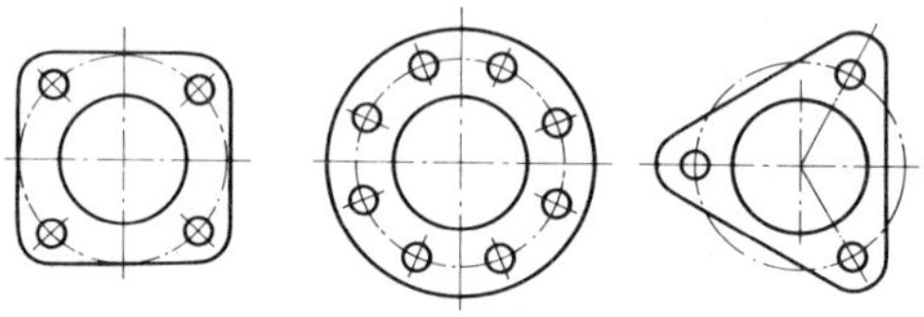

4.251 Unbemaßte Kreisteilungen

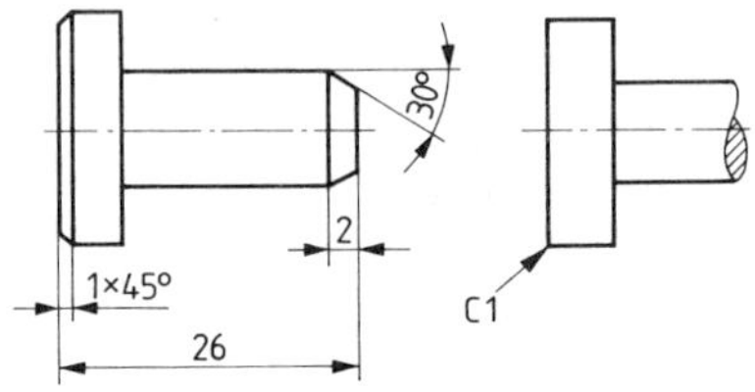

4.252 Bemaßung der Fasen

Bei Fasen von 45° können Fasenlänge und Winkelmaß in einem Maß zusammengefaßt werden. Eine weitere Vereinfachung ist möglich durch Weglassung der Fase in der Zeichnung und Kennzeichnung durch Kurzzeichen (**4**.252, C = Chamfer = Fase).

Darstellungen sind übersichtlicher, wenn gekürzte Maßlinien verwendet werden (**4**.253). Sie erhalten nur eine Maßlinienbegrenzung und werden nicht über die Maßzahl hinaus weitergeführt. Die Maßzahl soll möglichst in der Nähe des Pfeils stehen. Vereinfacht kann die Maßzahl möglichst nahe an die Kante oder Maßhilfslinie geschrieben werden, gleichgültig, ob die Maßlinienbegrenzung von innen oder außen angesetzt ist (**4**.254).

Unregelmäßige Körperformen werden nach Bild **4**.255 dargestellt und bemaßt.

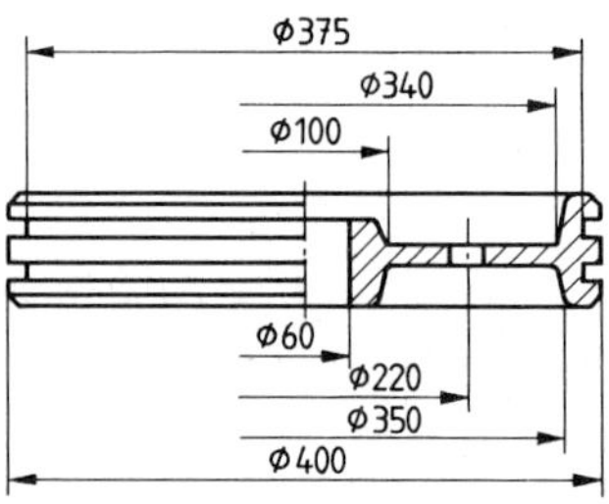

4.253 Gekürzte Maßlinien bei Durchmessermaßen

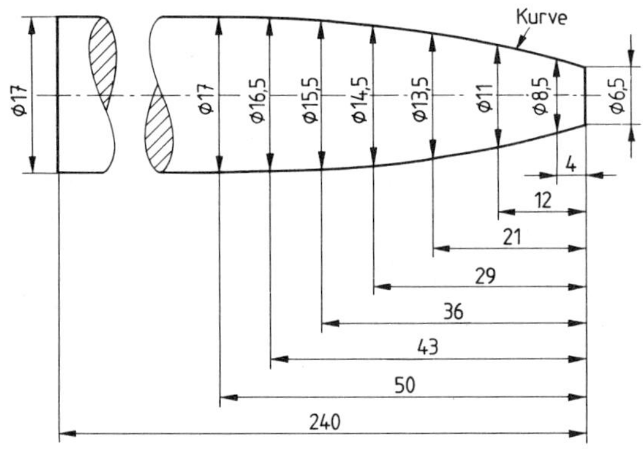

4.255 Bemaßung unregelmäßiger Formen

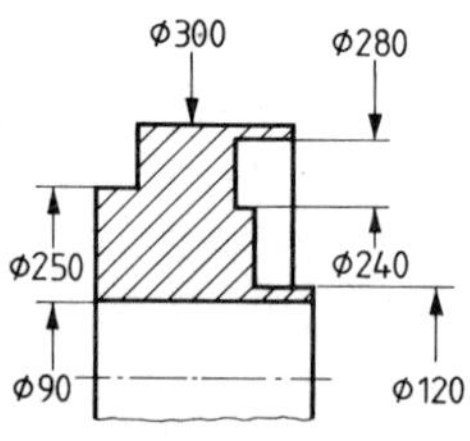

4.254 Vereinfachte Durchmesserbemaßung

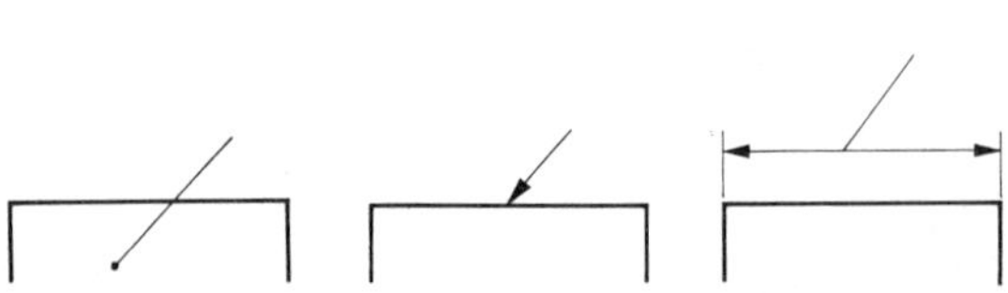

4.256 Bezugslinien

Bezugslinien sind sparsam anzuwenden, sollen so kurz wie möglich sein und sind schräg herauszuziehen. Sie werden zur Verdeutlichung mit einem Punkt versehen, wenn sie in Flächen und mit einem Pfeil, wenn sie an sichtbaren Körperkanten enden; sie erhalten weder Pfeil noch Punkt, wenn sie an einer Maßlinie oder Mittellinie enden (**4**.256).

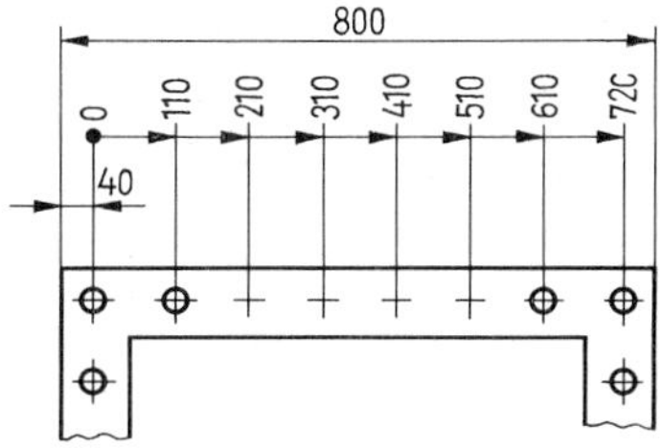

4.257 Zusammengefaßte Maße

Eine größere Anzahl von einer Bezugslinie ausgehende Maße kann man zusammenfassen, sofern sie, einzeln angeordnet, unübersichtlich sind oder es an Platz mangelt (**4**.257). Der allen Maßen gemeinsame Anfang an der Bezugsebene erhält an Stelle des Pfeils einen geschwärzten Kreis. Die Maßzahlen geben die Abmessungen von diesem Kreis bis zum zugehörigen Maßpfeil an; sie stehen in der Flucht der Maßhilfslinien.

Gleiche Teilungen können eine gemeinsame Maßangabe für Anzahl, Größe und Summe der Lochabstände erhalten (**4**.258). Das Maß der Summe ist in Klammern zu setzen (Maßkette s. S. 49). Diese Bemaßung kann auch bei eckigen Löchern sinngemäß angewendet werden. Sind auch die Lochdurchmesser gleich, können die Kreise der Löcher fortfallen und sogar die Mittellinienkreuze bis auf das Beispiel (Maß 26) für einen Abstand von Mitte zu Mitte Bohrung (**4**.259).

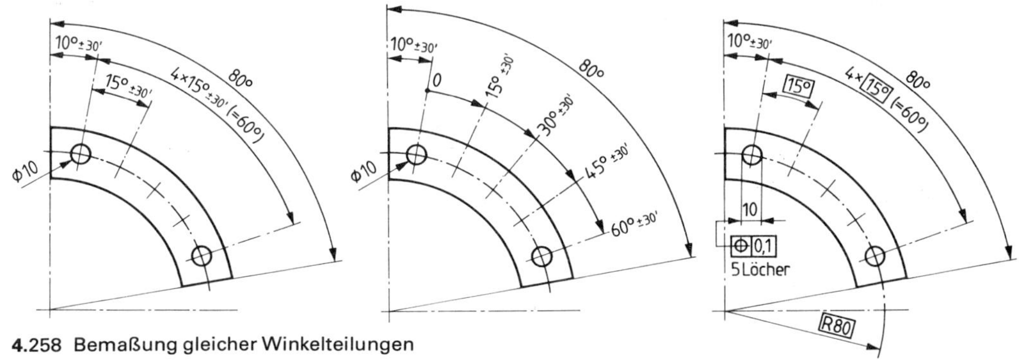

4.258 Bemaßung gleicher Winkelteilungen

Den Querschnitt der Stab- und der Profilstähle kann man in schmalen Vollinien in die Darstellung einzeichnen und dort mit Maßen versehen. Um ihn hervorzuheben, wird er schraffiert (**4**.259).

Profilmaße werden in Stabrichtung in oder neben die Darstellung geschrieben.

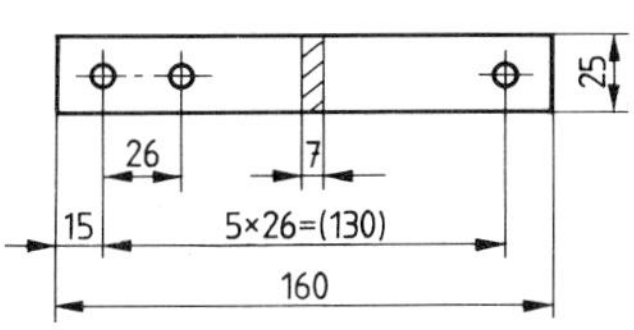

4.259 Längenmaß 130 für 5 gleiche Lochteilungen

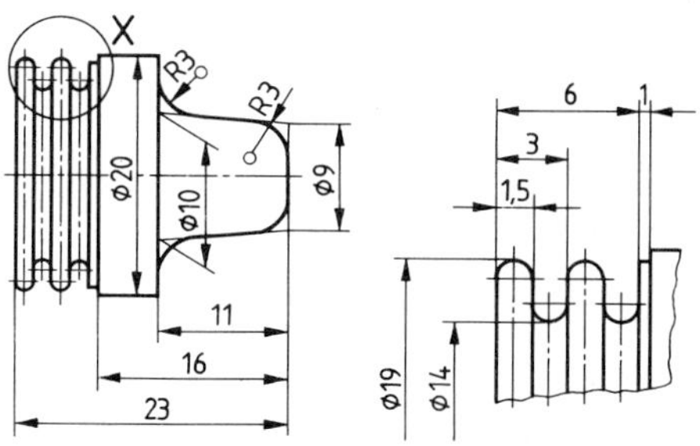

4.260 Ausbruch, gerundete Form, Maß- und Maßhilfslinien unter 60°/120°

Einzelheiten einer Werkstückgestalt werden vergrößert herausgezeichnet, wenn die Maße bei dem gewählten Maßstab nicht unterzubringen sind (**4**.260 auf S. 87). Um die Stelle des Ausbruchs wird eine Einrahmung (z. B. kreisförmig, ellipsenförmig, rechteckig) in schmaler Vollinie gezogen und mit einem Großbuchstaben in etwa 1½facher Höhe der Maßzahlen versehen. Die Vergrößerung erhält einen sinngemäßen Hinweis (z. B. „X") und die Angabe des Zeichnungsmaßstabs. Einzelheiten können wie folgt vereinfacht dargestellt werden: In der Hauptansicht wird die Form der Einzelheit nicht gezeichnet. Die Einzelheit wird ohne Schraffur und Bruchlinie dargestellt (**4**.261).

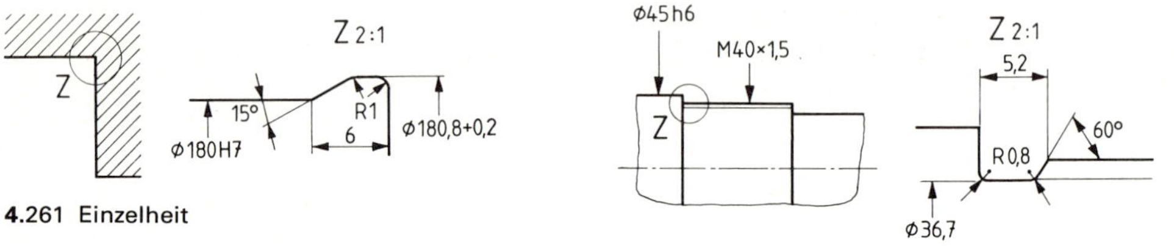

4.261 Einzelheit

Bei gerundeten Kehlen und Kanten wird die Grundform der Werkstücke durch Andeuten der Ecken näher bestimmt, und zwar mit schmalen Vollinien (Maße ⌀ 9 und ⌀ 10 in Bild **4**.260).

Maß- und Maßhilfslinien stehen gewöhnlich senkrecht zueinander. Ist aber die Bemaßung dadurch nicht deutlich, muß man von dieser Regel abweichen (Beispiel: Maß ⌀10 in Bild **4**.260).

Doppelbemaßung und andere maßliche Überbestimmungen sind grundsätzlich zu vermeiden, weil überflüssige Zeichenarbeit und Überladung der Zeichnung unangebracht sind. Gleiche Längen, Lochabstände, Durchmesser und andere werden somit nur einmal bemaßt; Maße für spiegelbildgleiche Formen sind nicht zu wiederholen, da ein Irrtum ausgeschlossen ist (**4**.262).

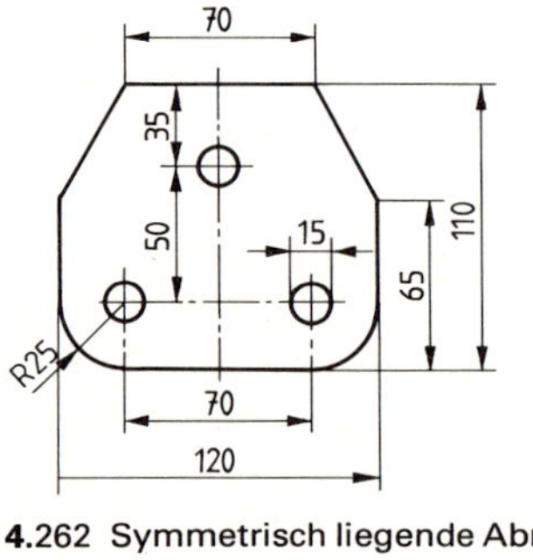

4.262 Symmetrisch liegende Abmessungen werden nur einmal bemaßt

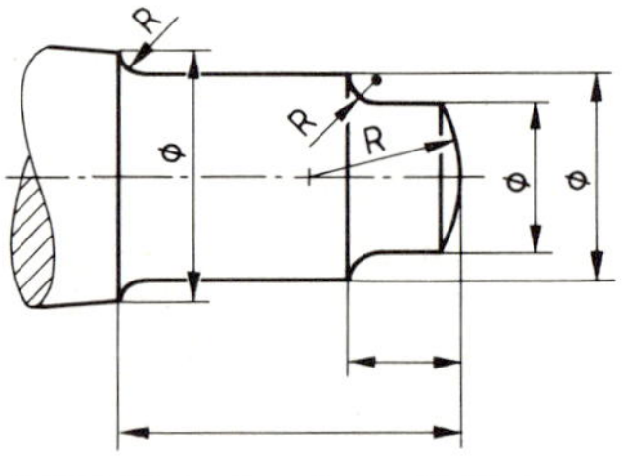

4.263 Unterbrochene Vollinien

Kreuzungen der Maßpfeile mit Vollinien sind unerwünscht und besonders störend, wenn die Pfeilspitzen verdeckt werden. Diesen Nachteil kann man durch Ansetzen der Pfeile von außen oder – wenn das nicht ratsam ist – durch Unterbrechen der Körperkanten vermeiden (**4**.263).

Zusammengehörige Maße (wie Lochdurchmesser und Lochtiefe, Nutenbreite und Nutentiefe usw.) werden, um zeitraubendes Suchen zu vermeiden, möglichst in die gleiche Ansicht gesetzt (**4**.264).

Maße, die der Besteller (Empfänger) gemäß besonderer Abmachung prüft, erhalten eine Einrahmung in Maßlinienbreite (**4**.265). Außerdem wird ein geeigneter Vermerk über dem Schriftfeld eingetragen, z.B.: „Die ⚬ Maße werden vom Besteller (Empfänger) besonders geprüft."

Die Mittigkeitslage kann bei grob tolerierten Breiten (z.B. im Stahlbau) durch Maßlinien mit Gleichheitszeichen (**4**.266) gesichert werden. Für größere Genauigkeit wird eine Symmetrietoleranz eingetragen (s. Abschn. 6.2.2).

Maßzahlen für Hilfsmaße (das sind Maße, die für die geometrische Bestimmung nicht erforderlich sind) müssen, damit sie nicht zu einer Überbestimmung führen, in Klam-

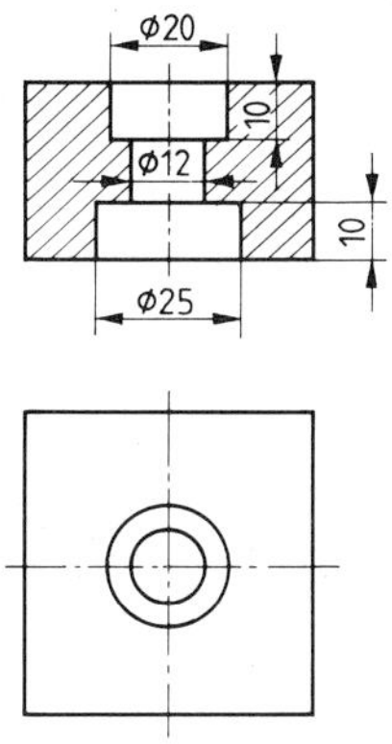

4.264 Zusammengehörige Maße

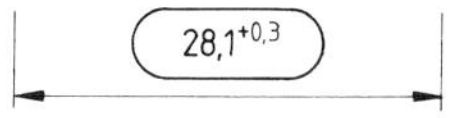

4.265 Prüfmaß

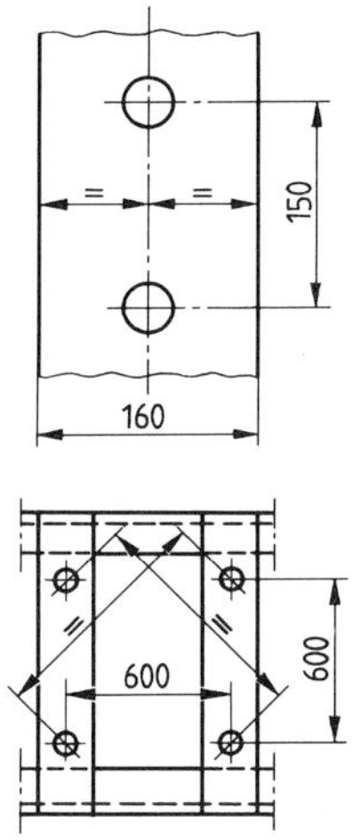

4.266 Gleichheitszeichen bei symmetrischen Körpern

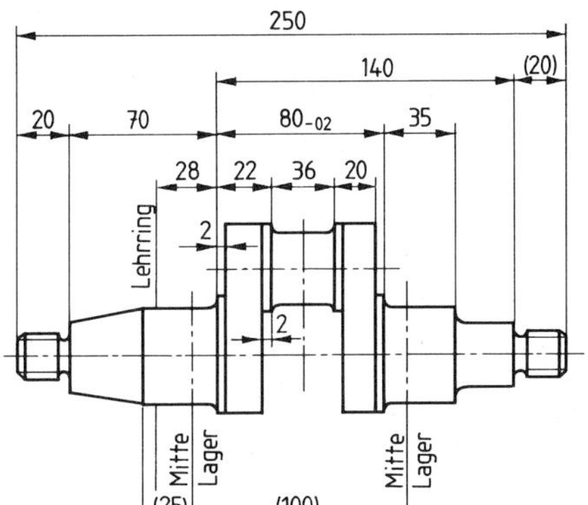

4.267 Maßzahlen in Klammern

mern gesetzt werden. Man unterscheidet (DIN 406 T1) Hilfsmaße für die Konstruktion (z.B. Abstände von Lagermitten, **4**.267) und Hilfsmaße für die Fertigung (z.B. Koordinatenmaße eines Achsabstands, halber Kegelwinkel s. S. 96). Über das Schriftfeld ist dann zu setzen: „Maßzahlen in ( ) gelten nicht für die Abnahme (Bearbeitung)."

Maßbuchstaben in Verbindung mit einer Zahlentafel werden für Teile mit einer geringen Anzahl veränderlicher Abmessungen verwendet (**4**.268). An die Stelle des Maßstabs wird dann ein waagerechter Strich ins Schriftfeld gesetzt. Dasselbe gilt für vorgedruckte Zeichnungen, in die mit den Abmessungen nicht übereinstimmende Maßzahlen eingeschrieben werden. Solche Maßzahlen werden nicht unterstrichen.

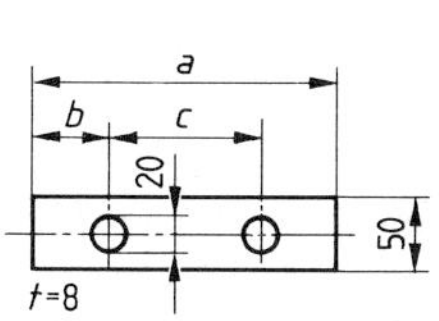

Lfd. Nr	a	b	c
1	100	25	50
2	200	50	100
3	300	75	150
4	400	100	200

4.268 Verwendung von Maßbuchstaben

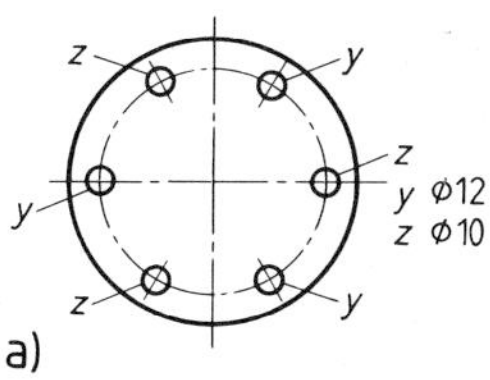

a)

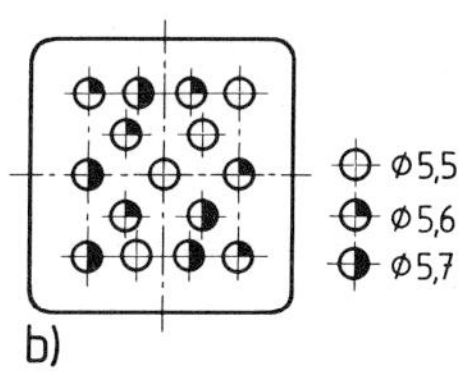

b)

4.269 Unterscheidung von Lochdurchmessern

Löcher, Zapfen u.a., die sich in der Zeichnung voneinander nur unwesentlich unterscheiden, werden nach Bild **4**.269a bemaßt. Wird bei einer Vielzahl von Bezugslinien das Bild durch die Pfeile überladen, kann man die Eintragung nach Bild **4**.269b wählen.

4.10 Koordinatenbemaßung (DIN 406 T3, T4)

Die Koordinatenbemaßung wendet man vor allem in Zeichnungen für Werkstücke an, die auf numerisch gesteuerten Werkzeugmaschinen gefertigt werden. Dies sind Werkzeugmaschinen, bei denen Vorschub, Geschwindigkeit der Werkzeuge usw. programmgesteuert werden.

Es werden kartesische (**4**.270) oder polare Koordinatensysteme (**4**.271) verwendet. Die Koordinatenachsen kennzeichnet man bei Bedarf mit Großbuchstaben (z.B. A, B, C), die für andere Angaben in der Zeichnung nicht noch einmal angewendet werden dürfen (**4**.270).

Im Polarkoordinatensystem werden die Polarkoordinaten mit Leitstrahl R und Polarwinkel φ definiert (**4**.271). Der Polarwinkel wird von der Polarachse entgegen dem Uhrzeigersinn angegeben; er ist positiv.

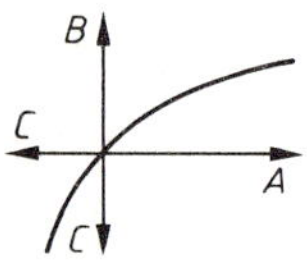

4.270 Kartesisches Koordinatensystem

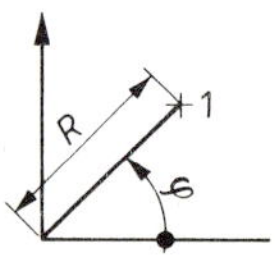

4.271 Eintragung der Polarkoordinaten

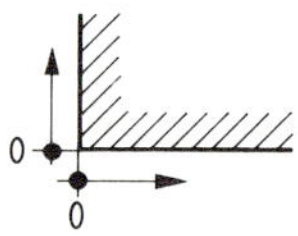

4.272 Kennzeichnung der Koordinatenachsen

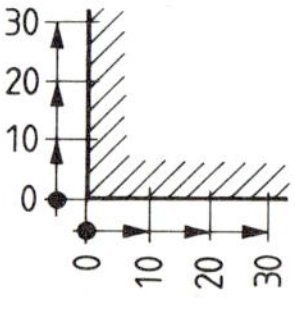

4.273 Kennzeichnung der Koordinatenachsen nach steigender Bemaßung

Die Koordinatenachsen sind durch Koordinaten-Nullpunkt und Richtung der Bemaßung festgelegt (**4**.272 und **4**.273). Der Koordinaten-Nullpunkt ist der Schnittpunkt der Koordinaten; er kann durch Symmetrieachsen (**4**.274), Flächen (**4**.275), Bohrungen (**4**.276) usw. festgelegt sein.

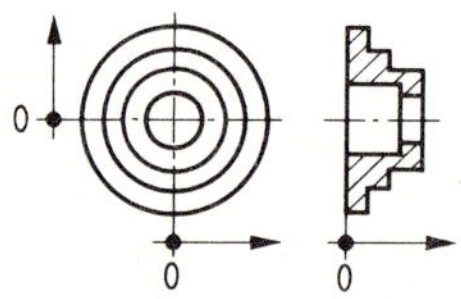

4.274 Symmetrieachsen und Fläche als Basis für den Koordinaten-Nullpunkt

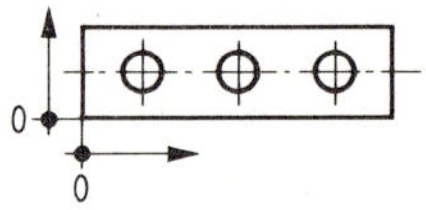

4.275 Fläche als Basis für den Koordinaten-Nullpunkt

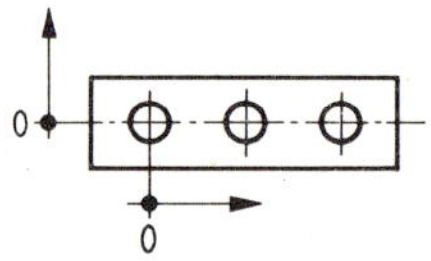

4.276 Bohrung als Basis für den Koordinaten-Nullpunkt

Sind besondere Bezugselemente zu berücksichtigen, die nicht mit dem Koordinatensystem zusammenfallen (z.B. Symmetrielinien, unbearbeitete oder vorgearbeitete Flächen), muß dies gekennzeichnet werden. Dazu dient das Bezugsdreieck nach DIN 7184 (**4**.278). Fallen Bezugselement und Koordinatenachse zusammen, kann dies noch durch einen Bezugshaken (linke Fläche in **4**.278) verdeutlicht werden.

Maßeintragung

Bei der Bezugsbemaßung (absolutes Maßsystem) mit einem Maßpfeil werden die Maße vom gleichen Bezugselement aus eingetragen (**4**.277). Zur Vereinfachung ist es gestattet, die Maßlinien von koordinatenbezogenen Maßen wie in Bild **4**.278 einzutragen, wenn die Koordinatenachsen eindeutig durch Pfeile und Buchstaben gekennzeichnet sind und in der Ansicht nur ein Koordinaten-Nullpunkt vorhanden ist.

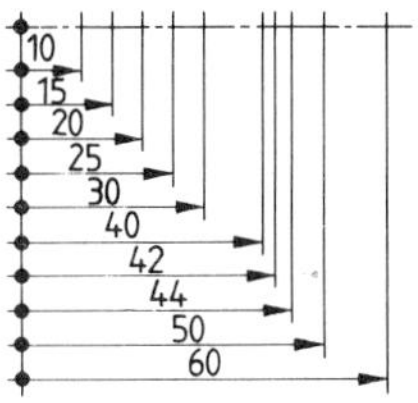

4.277 Bezugsbemaßung mit einem Pfeil

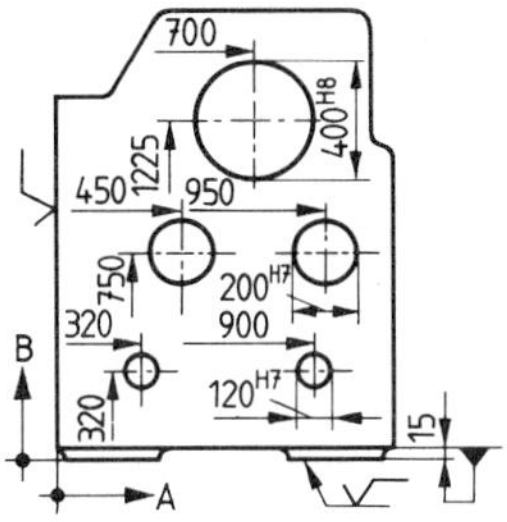

4.278 Vereinfachte Bemaßung in Bezugsbemaßung (Beispiel)

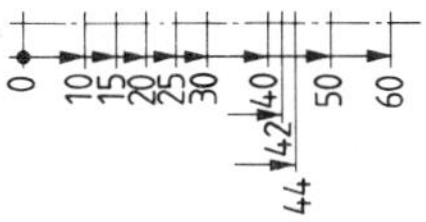

4.279 Bezugsbemaßung in steigender Bemaßung

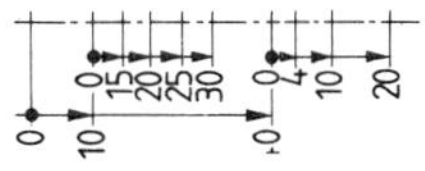

4.280 Steigende Bemaßung mit Koordinaten-Haupt- und -Nebensystem

Bei der Bezugsbemaßung in steigender Bemaßung (Punkt–Pfeil–Pfeil) werden die Maßpfeile und Maßzahlen entsprechend Bild **4**.279 und **4**.280 steigend vom Koordinaten-Nullpunkt aus eingetragen.

Bei der Zuwachsbemaßung – auch inkrementale Bemaßung oder Kettenbemaßung genannt – ergibt jedes Maß auf der gemeinsamen Maßlinie einen Zuwachs (**4**.281 a) und b). Sofern es die Bearbeitungsmethode erfordert, darf man die Maße im kartesischen Koordinatensystem nach Bild **4**.282 eintragen. Die Bemaßung mit Hilfe von Tabellen ist in DIN 406 T3 beschrieben.

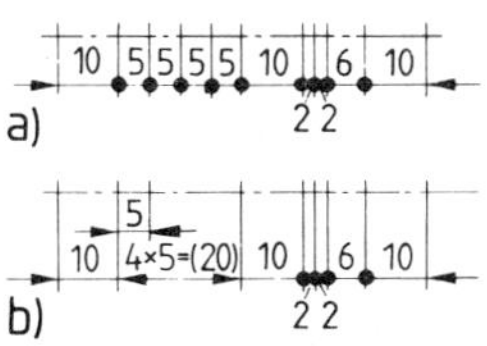

4.281 a) Zuwachsbemaßung mit Maßkette

b) Zuwachsbemaßung mit Maßkette, vereinfacht

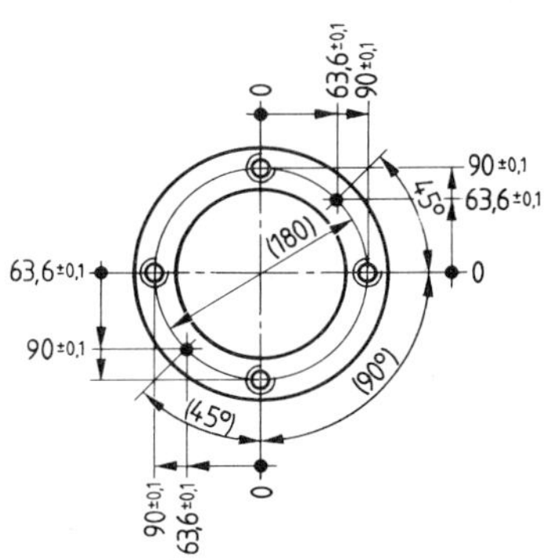

4.282 Angabe der kartesischen Koordinaten bei Kreisteilung

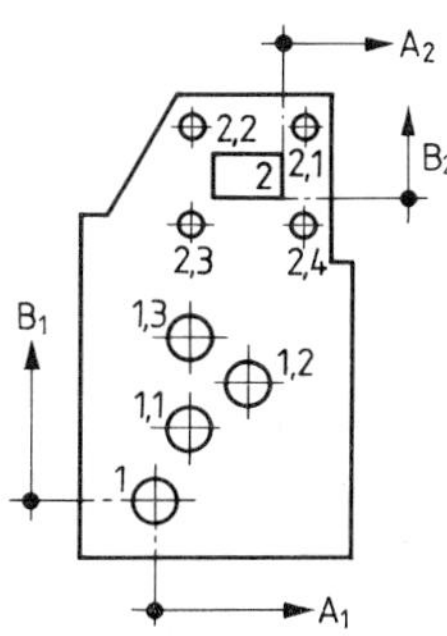

4.283 Koordinatensystem mit 2 Hauptsystemen

An einem Werkstück können mehrere Koordinatensysteme auftreten, wenn z.B. verschiedene Spannvorgänge des Werkstücks es erfordern. Man muß dann entscheiden, ob die Systeme voneinander abhängig sind, weil schließlich doch nur ein Koordinaten-Nullpunkt maßgebend ist (Hauptsystem mit Nebensystemen), oder ob die Systeme unabhängig nebeneinander bestehen (mehrere Hauptsysteme, **4**.283 auf S. 91).

Die Positionsnummer eines Koordinatenpunkts wird wie folgt gebildet (**4**.283):

Positionsnummer 1 . 2
Koordinaten-Nullpunkt —— 1
Zählnummer des Koordinatenpunkts —— 2

Die Nummer des Koordinaten-Nullpunkts darf auch durch andere Kennzeichnungsnummern, z.B. für die Bearbeitungsebenen, ersetzt werden.

Die Positionsnummer ist das Bindeglied zwischen Zeichnung und Tabelle. Die Tabelle für das Werkstück in Bild **4**.283 sieht so aus:

Tabelle **4**.284 **Werkstücktabelle**

Koordinaten-Nullpunkt	Pos.-Nr.	Koordinaten A	B	Bohrungsdurchmesser in mm	weitere Angaben
1	1	0	0	12	
1	1.1	16	24	12	
1	1.2	40	40	12	
1	1.3	16	56	12	
2	2	60	100		Ausschnitt – 30/20
2	2.1	10	30	8	
2	2.2	−40	30	8	
2	2.3	−40	−10	8	
2	2.4	10	−10	8	

Tabelle **4**.285 **Geometrische Elemente**

Benennung	Kurzzeichen	englische Benennung
Punkt	P	**P**oint
Punktmuster	PA	**PA**ttern
Gerade	L	**L**ine
Ebene Fläche	PL	**PL**ane
Vektor	V	**V**ector
Kreis	C	**C**ircle
Zylinder	CY	**CY**linder
Kugel	SH	**S**p**H**ere
Kegel	CN	**C**o**N**e
Ellipse	EL	**EL**lipse
Hyperbel	HY	**HY**perbola
angepaßter Kegelschnitt	LC	**L**ofted **C**onic
allgemeiner Kegelschnitt	GC	**G**eneral **C**onic
Fläche 2. Ordnung	Q	**Q**uadric
einfach gekrümmte Fläche	TA	**TA**bulated cylinder

In Zeichnungen, deren Einzelteile maschinell programmiert und auf numerisch gesteuerten Arbeitsmaschinen gefertigt werden sollen, ersetzt man Maßeintragungen durch Kennzeichen, die die geometrischen Elemente der Werkstücke beschreiben. Das Kennzeichen besteht aus dem Kurzzeichen für die Art des geometrischen Elementes und einer Zählnummer (**4**.285).

Kennzeichen P 4
Kurzzeichen —— P
Zählnummer —— 4

Jedes Kennzeichen darf nur einmal vergeben werden. Die Eintragung in die Zeichnung muß die eindeutige Zuordnung sicherstellen (**4**.286).

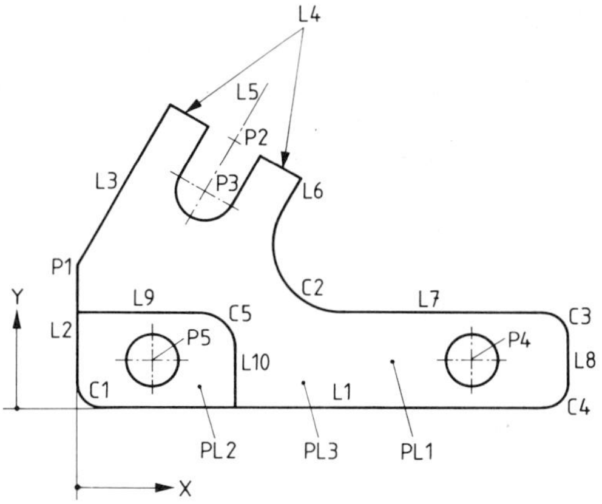

4.286 Eintragen von Kennzeichen für geometrische Elemente

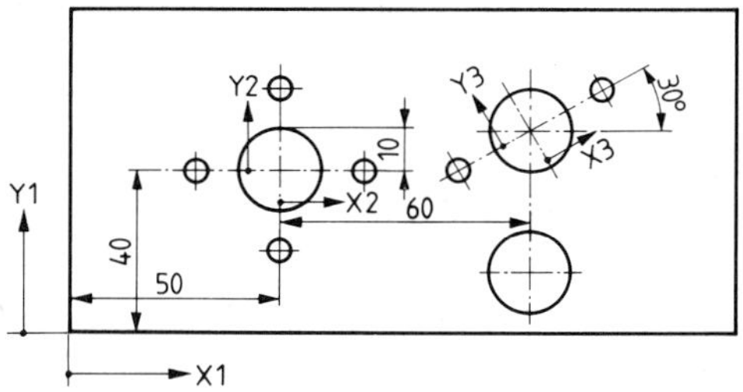

4.287 Zuordnung der Systeme durch direkte Maßeintragung

An einem Werkstück können mehrere Koordinatensysteme auftreten, die aufeinander zu beziehen sind. Die Kennzeichnung der Beziehung kann durch Bemaßung (**4.287**) oder durch Definition in der Tabelle geschehen.

4.11 Kegelbemaßung (DIN 406; DIN ISO 3040)

Die Angaben der Durchmessermaße und der Kegellänge reichen aus, wenn an Guß- und Schmiedeteilen kegelige Übergänge zu bemaßen sind bzw. wenn die Kegelform von untergeordneter Bedeutung ist (z. B. bei Reißnadeln, Durchschlägen).

Kommt es auf die Genauigkeit der Kegelform an, sind weitere Angaben in der Zeichnung nötig, und zwar je nach Erfordernissen:

- die Kegelverjüngung, die man entweder durch den eingeschlossenen Kegelwinkel α oder als Verhältniswert $1:x$ angibt, gekennzeichnet durch das Symbol ▷
- der Einstellwinkel $\frac{\alpha}{2}$ als Größe bei der maschinellen Fertigung.
- der Durchmesser an einem ausgewählten Querschnitt; dieser Querschnitt kann innerhalb oder außerhalb des Kreises liegen,
- das Maß, das die Lage des Querschnitts festlegt, an dem der Durchmesser angegeben wird.

Die Kegelverjüngung am geraden Kreiskegel ist der Verhältniswert vom Durchmesser D der Grundfläche zur Kegellänge L.

$$\text{Kegelverjüngung} = \frac{\text{Durchmesser}}{\text{Kegellänge}} = \frac{D}{L}$$

Das Ergebnis wird als Bruch mit dem Zähler 1 ausgedrückt

$$\frac{D}{L} = \frac{1}{x} \quad \text{bzw.} \quad D:L = 1:x$$

Der Verhältniswert gibt an, bei welcher Länge des Kegels der Durchmesser um 1 mm kleiner wird.

Beispiel Der Verhältniswert für einen geraden Kreiskegel von $D = 25$ mm und $L = 250$ mm ist

$$\frac{1}{x} = \frac{D}{L} = \frac{25\text{ mm}}{250\text{ mm}} = \frac{1}{10} = \mathbf{1:10}$$

Auf 10 mm Länge nimmt der Durchmesser des Kegels um 1 mm ab bzw. zu.

In der Zeichnung **4.288** wird die Kegelverjüngung mit dem Symbol über die Seitenlinie geschrieben. Das Symbol zeigt stets in die Richtung der Kegelverjüngung.

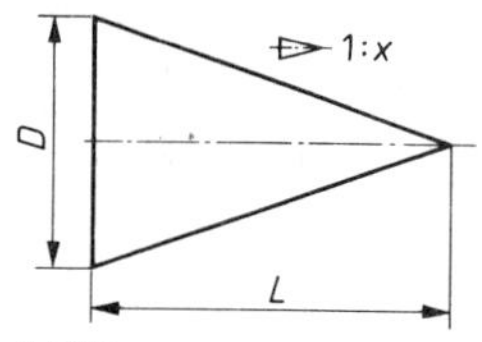

4.288

Der Kegelwinkel wird mit Hilfe der Tangensfunktion bestimmt. Er beträgt $2 \cdot \alpha/2$.

$$\text{Kegelwinkel: } 2 \cdot \tan\frac{\alpha}{2} = 2 \cdot \tan\frac{\text{halber Durchmesser}}{\text{Länge}} = 2 \cdot \tan\frac{\frac{D}{2}}{L}$$

Das Ergebnis wird als Dezimalzahl geschrieben. Mit Hilfe von Tabellen bzw. elektronischen Rechnern wird der Winkel in Grad (°) oder in Radiant (rad) bestimmt.

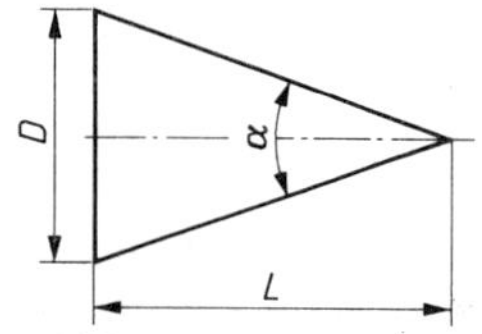

4.289

Beispiel Der Kegelwinkel für einen geraden Kreiskegel mit $\frac{D}{2} = 30$ mm und $L = 240$ mm (**4.289**) beträgt:

$$2 \cdot \tan\frac{30}{240} = 2 \cdot \tan 0{,}125$$
$$\alpha = 2 \cdot 7{,}125° = 14{,}25° = \mathbf{14°\,15'}$$
$$\text{oder} = 2 \cdot 0{,}124 \text{ rad} = \mathbf{0{,}148 \text{ rad}}$$

Zur Erklärung des Begriffs „Tangens", abgekürzt „tan", ist eine Betrachtung am rechtwinkligen Dreieck erforderlich (**4.290**).

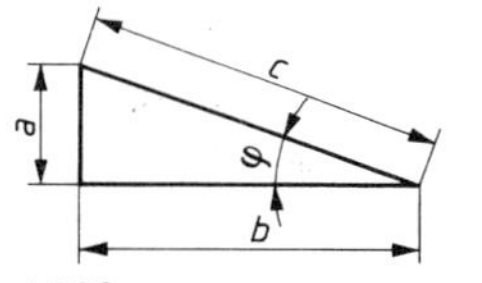

4.290

Die dem rechten Winkel gegenüberliegende Seite *c*, die längste im Dreieck, ist die Hypotenuse. Die beiden anderen heißen Katheten und schließen den rechten Winkel ein. Vom Winkel φ aus gesehen sind *a* die gegenüberliegende oder Gegenkathete und die Seite *b* die anliegende oder Ankathete. Der Tangens ist das Verhältnis der Gegenkathete zur Ankathete:

$$\tan\varphi = \frac{a}{b}$$

Er wird als Dezimalzahl ausgedrückt und hat für jede Winkelgröße einen bestimmten Wert, der mit Hilfe einer Zahlentafel oder eines elektronischen Rechners bestimmt werden kann.

Beispiel Die Gegenkathete eines Winkels φ ist $a = 55{,}5$ mm, die Ankathete $b = 75$ mm lang. Dann ist

$$\tan\varphi = \frac{a}{b} = \frac{55{,}5\text{ mm}}{75\text{ mm}} = \mathbf{0{,}74}$$

Der Winkel beträgt nach der Tangenstafel 36° 30′ = 36,5°.

Die Kegelverjüngung beim Stumpf des geraden Kreiskegels ist der Verhältniswert vom Unterschied der Durchmesser D und d zur Länge L (**4.**291a):

$$\frac{1}{x} = \frac{D-d}{L}$$

Zur Erläuterung wird ein Streifen in der Breite des Durchmessers d aus der Zeichnung herausgeschnitten (**4.**291b). Die übrigbleibenden Dreiecke werden zusammengeschoben, so daß ein gleichschenkliges Dreieck entsteht, ähnlich dem Zeichnungsbilde des geraden Kreiskegels (**4.**291c). An Stelle des Durchmessers steht jetzt der Unterschied beider Durchmesser $D-d$.

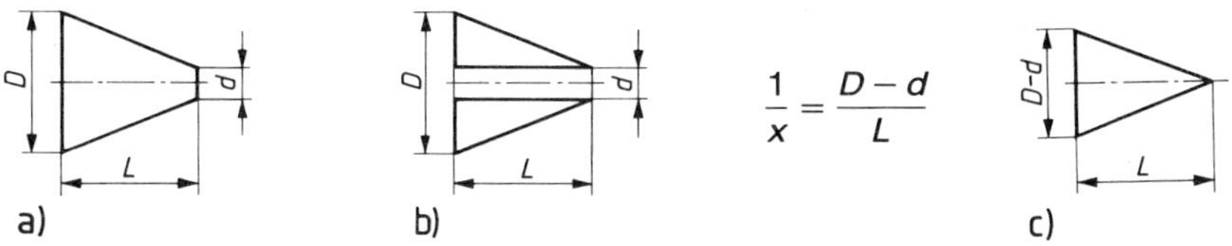

4.291 a) Kegelstumpf b) herausgeschnittener Streifen c) Bezugsdreieck

Beispiel Für einen 90 mm langen Kegelstumpf mit Durchmesser $D = 70$ mm und $d = 55$ mm ist der Kegel

$$\frac{1}{x} = \frac{D-d}{L} = \frac{70\text{ mm} - 55\text{ mm}}{90\text{ mm}} = \frac{15}{90} = \frac{1}{6} = \mathbf{1:6}$$

Der Kegelwinkel errechnet sich entsprechend zu:

$$2\tan\frac{\alpha}{2} = 2\cdot\tan\frac{\frac{D-d}{2}}{L} = 2\tan 0{,}083, \quad \alpha = 2\cdot 4{,}76° = 9{,}52° \quad \text{oder} \quad 0{,}165\text{ rad}$$

Einstellwinkel. Kegelige Teile lassen sich auf der Drehmaschine fertigen, indem man den Drehstahl winklig zur Werkstückachse führt (**4.**292). Der Oberschlitten auf dem Maschinensupport muß dabei, wie die Skizze **4.**293 zeigt, um den halben Winkel an der Kegelspitze verstellt werden. Dieser halbe Kegelwinkel heißt Einstellwinkel. Er muß in der Zeichnung als Information für den Dreher angegeben werden. Man berechnet ihn mit Hilfe der Tangensfunktion:

Kegel $\tan\frac{\alpha}{2} = \frac{D}{2L}$	Kegelstumpf $\tan\frac{\alpha}{2} = \frac{D-d}{2L}$

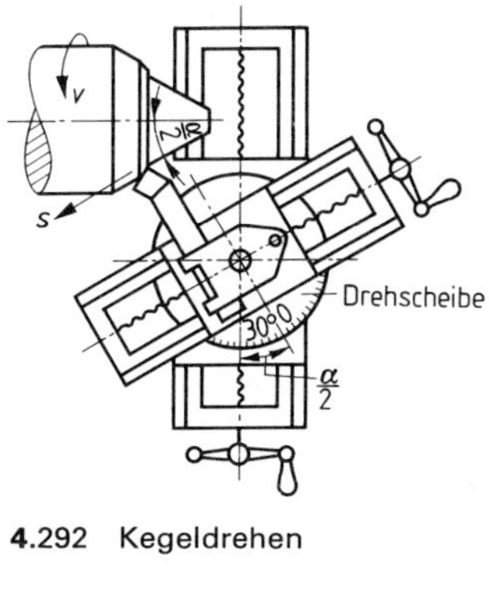

4.292 Kegeldrehen

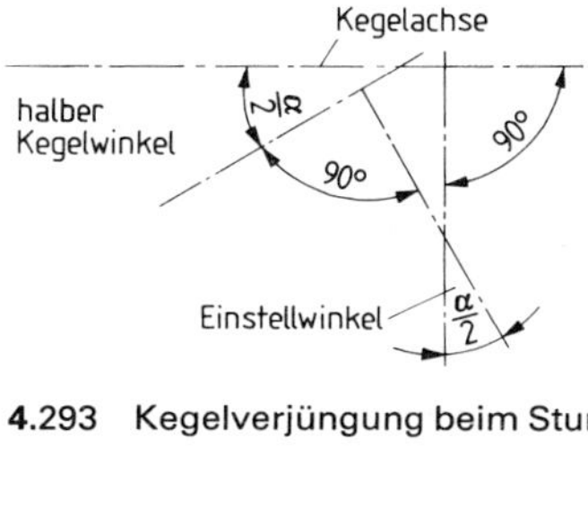

4.293 Kegelverjüngung beim Stumpf

Durch die zusätzlichen Angaben bei genau zu fertigenden Kegeln tritt eine Überbemaßung auf. Es sind deshalb der Einstellwinkel und gewöhnlich eines der Durchmessermaße in Klammern zu setzen (**4**.294).

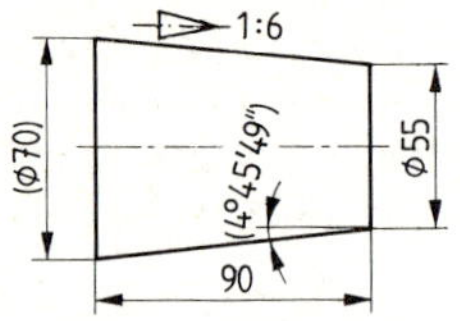

4.294 Außenkegelbemaßung

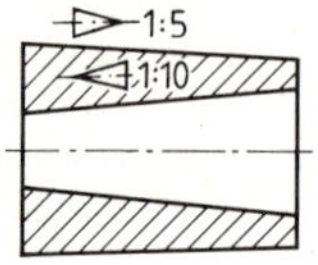

4.295 Doppelkegel

Die Kegelverjüngung wird mit dem Symbol über die Seitenlinie des Kegels geschrieben. Bei Doppelkegeln kann auch nach **4**.295 verfahren werden.

Die Angabe der Kegelverjüngung wird vor allem immer dann notwendig, wenn das Werkstück mit der Kegellehre geprüft wird, und wenn spezielle Werkzeuge (z. B. Reibahlen) für die Fertigung benutzt werden, da die Zahlen auf den Prüf- und Werkzeugen angegeben sind.

Einstellwinkel werden in Graden und Minuten oder als Dezimalzahlen eingeschrieben, je nach Teilungsangaben auf den Fertigungsmaschinen.

Kegel für bestimmte Anwendungsgebiete sind in DIN 254 genormt. Bei Werkzeugkegeln nach DIN 228 können statt der Kegelverjüngung auch Kennzeichnungen wie Metrischer Kegel 50 oder Morsekegel 2 (auch Morse 2) eingeschrieben werden.

Das Prüfen des Kegels kann bei der Bemaßung berücksichtigt werden. Die Größtdurchmesser der Lehren werden in schmaler Vollinie angedeutet und der Abstand zu einer gegebenen Bezugsebene mit einem tolerierten Maß angegeben (Maße $20_{-0,2}$ in Bild **4**.296 und $5_{-0,2}$ in Bild **4**.297).

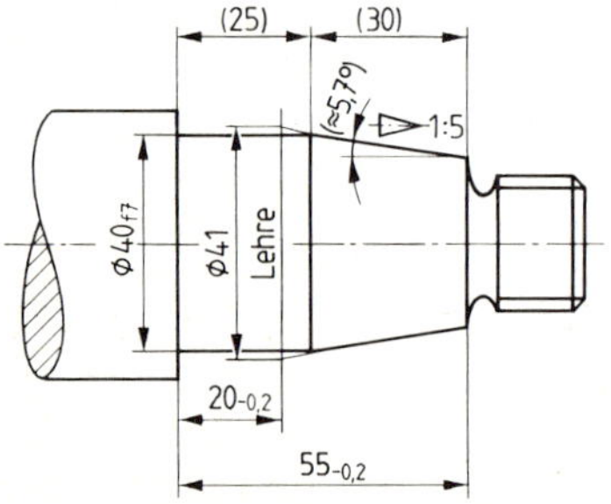

4.296 Eintragen des Kegels, der Neigung und des Einstellwinkels

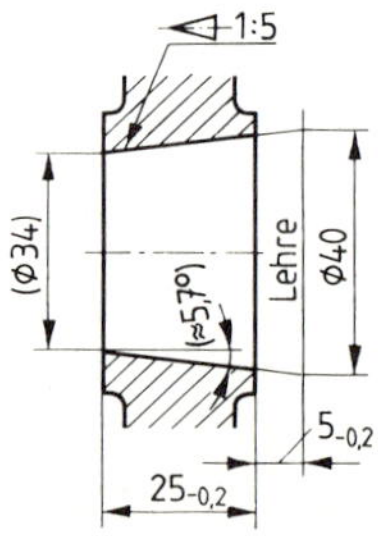

4.297 Innenkegel

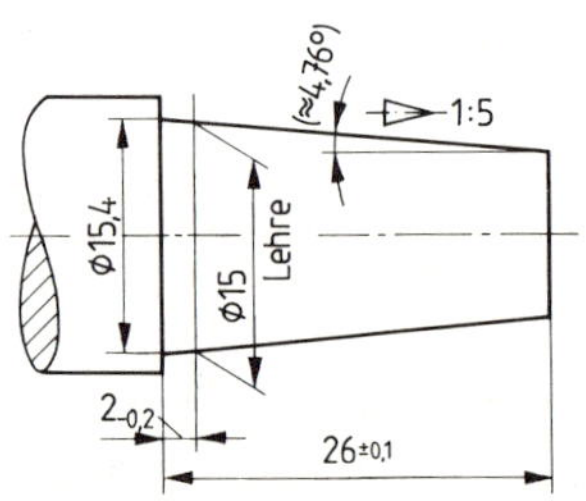

4.298 Außenkegel

Fällt der Nenndurchmesser eines Kegels nicht mit einer Kante am Werkstück zusammen, wird er als Lehrendurchmesser in schmaler Vollinie eingetragen, sein Maß angegeben und der Abstand von der Bezugsebene festgelegt (Maß $2_{-0,2}$ in Bild **4**.298).

Die Tolerierung von Kegeln wird bestimmt von den Forderungen, die an die Kegelfunktion gestellt werden.

Die Einheitskegel-Methode begrenzt die Abweichung des Kegels von der geometrisch idealen Form. Innerhalb von Grenzprofilen müssen die Toleranzen desselben Kegels eingehalten werden. Die Toleranzzone wird entweder durch eine Toleranz zum Durchmesser oder zur Lage eines Schnittes festgelegt. Zu dem tolerierten Maß treten theoretische Maße, die durch Umrahmungen gekennzeichnet sind (**4**.299). Die Methode des tolerierten Kegelwinkels gibt die Maßtoleranzen nur für einen Querschnitt an. Diese Querschnittslage wird bemaßt. Die Abweichung einer Kegelverjüngung wird direkt durch deren Toleranz festgelegt (**4**.300).

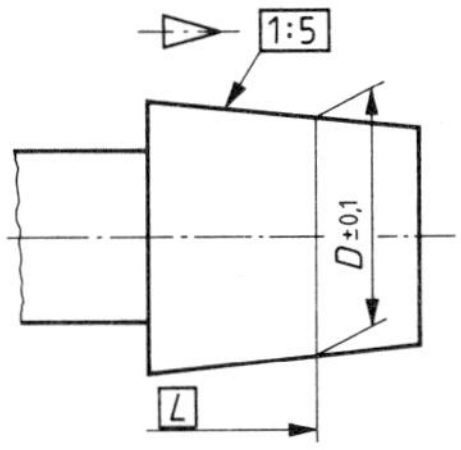

4.299 Einheitskegel-Methode

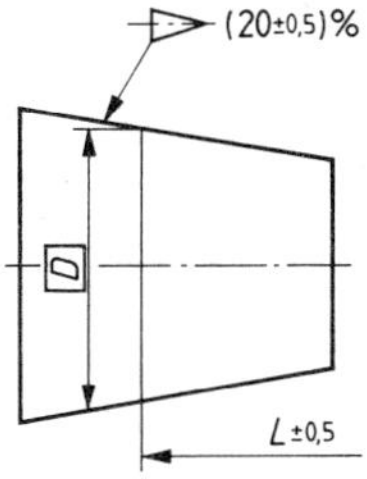

4.300 Methode des tolerierten Kegelwinkels

4.12 Verjüngung, Spitzenwinkel und Neigung (DIN 406 T2)

Die Verjüngung pyramidischer Werkstücke wird berechnet für

Pyramiden (**4**.301)

$$\frac{1}{x} = \frac{a}{L}$$

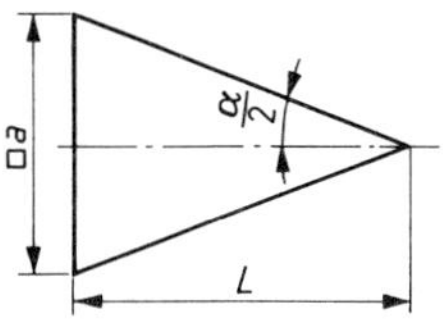

4.301 Pyramide

Pyramidenstümpfe (**4**.302)

$$\frac{1}{x} = \frac{a-b}{L}$$

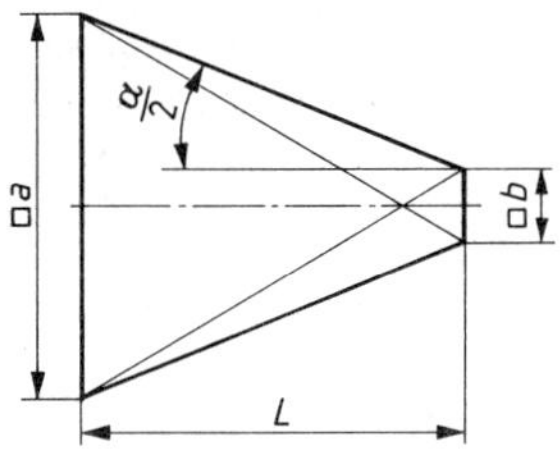

4.302 Pyramidenstumpf

Der halbe Spitzenwinkel $\alpha/2$ wird bestimmt für

Pyramiden

$$\tan\frac{\alpha}{2} = \frac{a}{2L}$$

und für Pyramidenstümpfe

$$\tan\frac{\alpha}{2} = \frac{a-b}{2L}$$

An Hand des errechneten Tangenswerts wird der Winkel $\alpha/2$ aus der Tangenstafel abgelesen.

Die Neigung beträgt die Hälfte der Verjüngung und wird nach den gleichen Regeln berechnet wie die Verjüngung. Sie ist für

Pyramiden

$$\frac{1}{2x} = \frac{a}{2L}$$

Pyramidenstümpfe

$$\frac{1}{2x} = \frac{a-b}{2L}$$

Beispiel Für einen 70 langen Pyramidenstumpf mit den Grundflächen □50 und □30 betragen die Verjüngung

$$\frac{1}{x} = \frac{a-b}{L} = \frac{50\text{ mm} - 30\text{ mm}}{70\text{ mm}} = \frac{20}{70} = \frac{1}{3{,}5} = \mathbf{1:3{,}5}$$

und die Neigung = die Hälfte der Verjüngung = 1 : 7 oder ≈14,3%

$$\tan\frac{\alpha}{2} \text{ ist } 1:7 \approx 0{,}1429, \text{ mithin } \frac{\alpha}{2} \approx \mathbf{8°\,10'}$$

In der **Zeichnung** werden die Verjüngung und die Neigung über die Seitenlinie gesetzt (**4**.303). Vor den Zahlenangaben steht das Symbol.

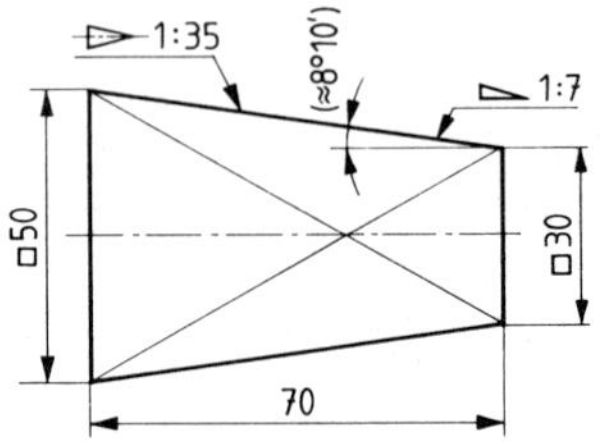

4.303 Eintragung der Verjüngung, der Neigung und des Neigungswinkels

Bei kegeligen und pyramidischen Werkstücken ist die Neigung nur selten anzugeben. Häufiger ist dies erforderlich für schräge Flächen anderer Werkstücke, wie für die Flanschen der Formstähle (**4**.304), Auflageflächen an Vierkantunterlegscheiben (**4**.305), Keilen (**4**.306), Keilnuten (**4**.307) usw. Ist aber zur Herstellung einer geneigten Fläche der Neigungswinkel an der Werkzeugmaschine einzustellen, muß dieser auch in der Zeichnung enthalten sein (**4**.306).

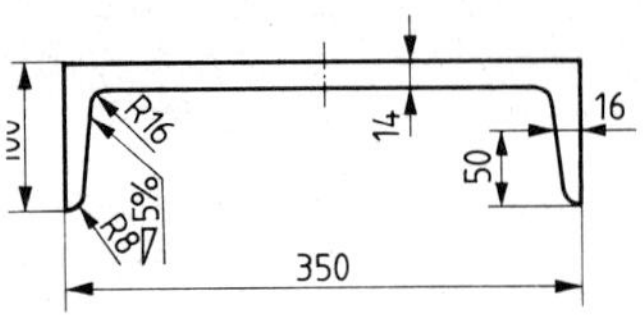

4.304 [-Stahl 350 DIN 1026

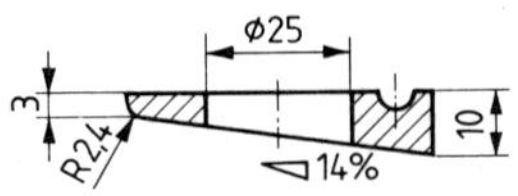

4.305 I-Scheibe 25 DIN 435

Übungen

1. Ergänzen Sie die zur vollständigen Bemaßung fehlenden Angaben in den Bildern **4**.306 a bis e.

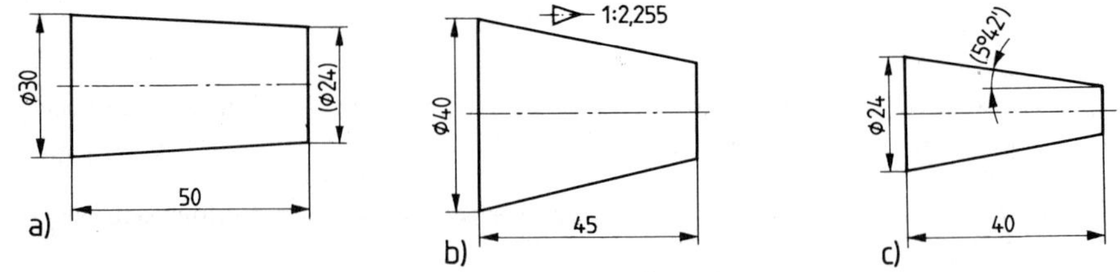

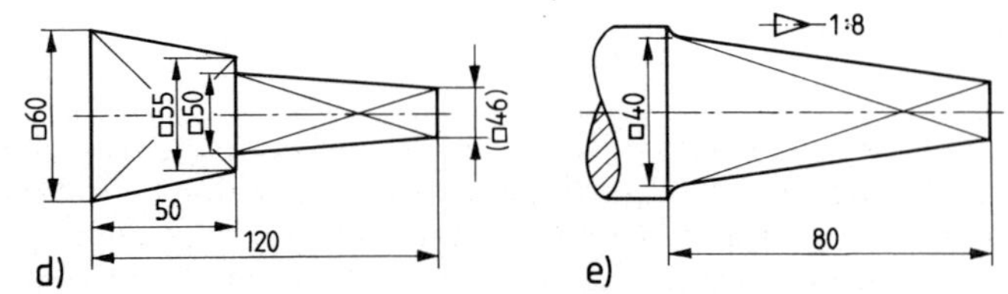

4.306
Bemaßung kegeliger und pyramidenförmiger Werkstücke

2. Der Dichtungskegel für einen Gashahn hat die Abmessungen D = 30 mm, d = 18 mm, L = 72 mm. Skizzieren Sie den Kegel und bemaßen Sie ihn vollständig.
3. Zeichnen Sie eine Kegelhülse (Kegelverjüngung 1:3) und bemaßen Sie sie vollständig. Die Länge der Hülse beträgt 100 mm, der Außenkegel hat einen großen Durchmesser von 90 mm. Die Hülse erhält eine zentrische Axialbohrung ⌀24, die auf der Seite des großen Durchmessers auf ⌀40, 20 mm tief aufgebohrt wird.
4. Zeichnen Sie eine Keilbeilage mit der Neigung 1:30 nach diesen Angaben: Länge 90 mm, Dicke 25 mm, größte Höhe 60 mm. Bemaßen Sie das Werkstück.
5. Zeichnen Sie die Verbindungshülse und das Zwischenstück (**4**.307) im Maßstab 1:1 und bemaßen Sie die Werkstücke vollständig.

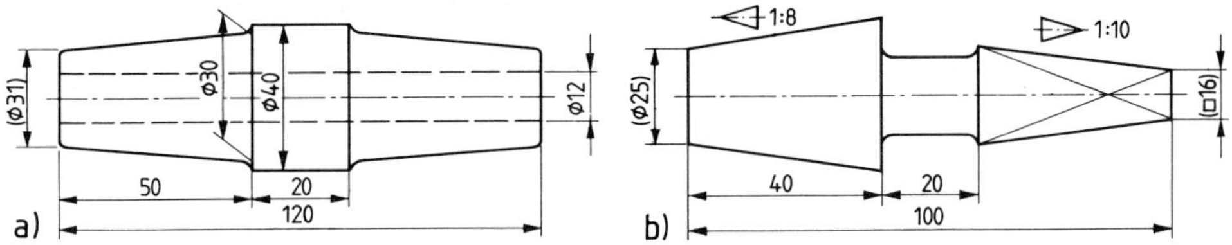

4.307 a) Verbindungshülse, b) Zwischenstück

4.13 Aufzeichnen von Winkeln und Neigungen

Winkel. Mit der Zeichenschiene und den üblichen Zeichendreiecken lassen sich Winkel zwischen 0° und 90° und darüber hinaus in den Abstufungen von 15° zu 15° zeichnen (**2**.7). Mit der Zeichenmaschine können Winkel zwischen diesen Größen und auch Bruchteile eines Winkelgrads gezeichnet werden. Das ermöglicht der über der drehbaren Gradteilung am Kopf der Zeichenmaschine befindliche Nonius (**4**.308).

Sind 3° in vier Noniusteile unterteilt (**4**.308a), ist ein Noniusteil $^3/_4°$ groß. Der Unterschied zwischen einem Noniusteil und 1° beträgt demnach $^1/_4°$. Zwischen zwei Noniusteilen und 2° besteht ein Unterschied von $^2/_4°$, zwischen drei Noniusteilen und 3° ein Unterschied von $^3/_4°$. Werden nun Nonius und Gradteilung gegeneinander um diese Differenz gedreht, ist ein Winkel von $^3/_4° = 45'$ zurückgelegt worden (**4**.308b). Mit einem solchen Nonius lassen sich also Winkel von $^1/_4°$ zu $^1/_4°$ abstufen.

Sind aber 5° in 6 Noniusteile unterteilt, lassen sich Winkel von $^1/_6°$ zu $^1/_6°$, also Winkel von 10′ zu 10′ einstellen. Da Zeichenköpfe in beiden Richtungen drehbar sind, haben sie einen Doppelnonius (**4**.308c).

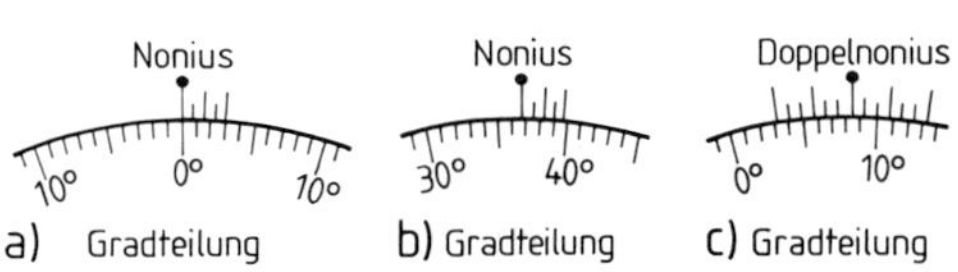

4.308 Nonius

a) 3° sind 4 Noniusteile
b) Einstellung 36° 45′
c) Einstellung 8° 20′

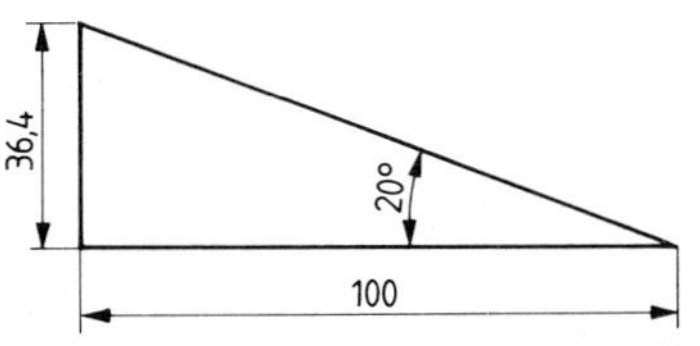

4.309 Aufzeichnen eines Winkels mit Hilfe des Tangens

Der Tangens (s. S. 94) kann auch zum Aufzeichnen von Winkeln herangezogen werden (**4**.309). Es wird zunächst eine Gerade von 100 mm Länge gezeichnet und in einem Endpunkt eine Senkrechte errichtet. Mit der Zahlentafel oder dem Rechner wird der Tangenswert für den gewünschten Winkel bestimmt (tan 20° = 0,364), mit 100 malgenommen und das Ergebnis in mm (= 36,4) auf der Senkrechten abgetragen. Die Schlußlinie (Hypotenuse) des entstandenen Dreiecks und die 100 mm lange Kathete schließen den 20°-Winkel ein.

Mit dem TZ-Dreieck – dem Dreieck für technisches Zeichnen (**4**.310), in dem Gradskala, 45/90°-Zeichendreieck, Millimeterteilung, Schraffurlinear u.a. vereint sind – lassen sich vorteilhaft Winkel und Strecken antragen und ablesen (**4**.311), Lote errichten und fällen, Parallelen und symmetrische Formen zeichnen (**4**.312) und anderes mehr.

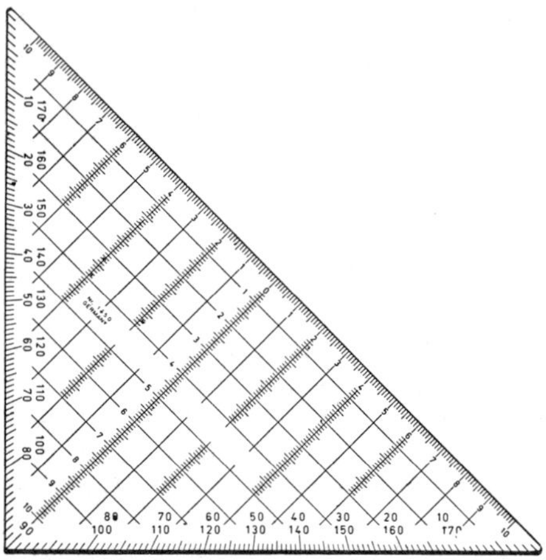

4.310 TZ-Dreieck

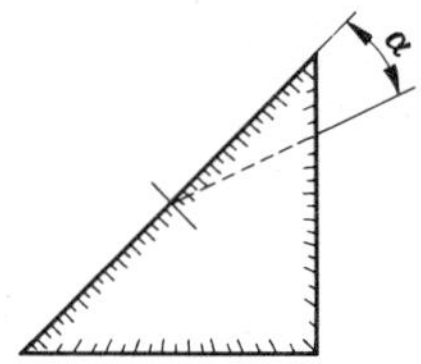

4.311 Winkel α zeichnen

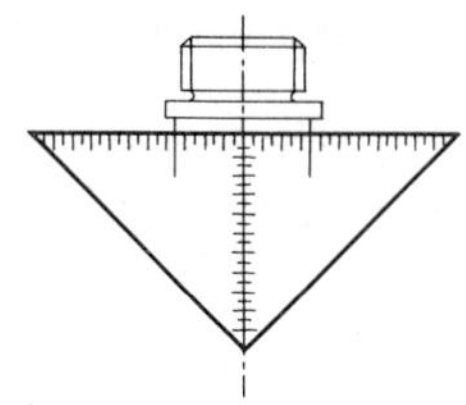

4.312 Symmetrische Formen zeichnen

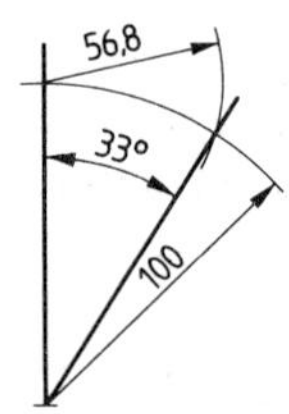

4.313 Mit Hilfe des Sehnenmaßes gezeichneter Winkel

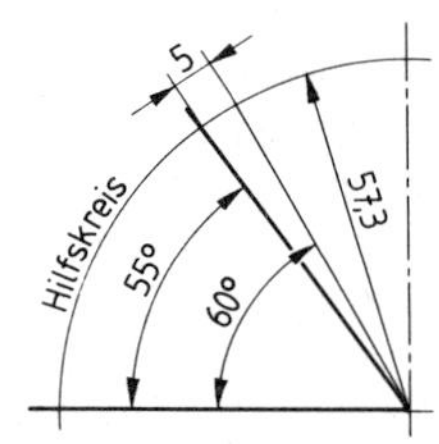

4.314 Mit Hilfe eines Hilfskreises gezeichneter Winkel

Auch mit Sehnenlängen können Winkel aufgezeichnet werden. Sie sind für 1 bis 90° und 100 mm Kreishalbmesser in Tafeln zusammengestellt und in technischen Tabellenbüchern enthalten.

Ein Winkel von z.B. $\alpha = 33°$ entsteht, indem man auf einem Kreisbogen mit dem Halbmesser 100 die aus der Tabelle entnommene Sehnenlänge $s = 56{,}8$ anträgt und von den Endpunkten der Sehne Gerade nach dem Zirkeleinsatzpunkt zieht (**4**.313). Wird an Stelle eines Kreises von 100 einer von 50 Halbmesser gewählt, sind die halben Sehnenlängen anzutragen.

Sind Zeichenmaschine, Winkelmesser und Zahlentafeln zum Zeichnen der Winkel nicht zur Hand, kann ein Kreis mit einem Umfang $U = 360$ mm aushelfen. Dann gehört zu 1 mm Bogenlänge ein Winkel von 1°. Der Halbmesser dieses Kreises ist $U : 2\pi = 360\,\text{mm} : 6{,}28 \approx 57{,}3\,\text{mm}$.

Soll z.B. ein Winkel von 55° aufgezeichnet werden, stellt man die Zirkelöffnung auf 57,3 mm ein und schlägt, nachdem man einen Schenkel des Winkels gezogen hat, einen Kreisbogen um den Scheitelpunkt (**4**.314). Dann werden mit dem Dreieck ein 60°-Winkel gezeichnet und auf dem Bogen des Hilfskreises in rückläufiger Richtung eine 5 mm lange Strecke ($\approx$5°) mit dem Teilzirkel abgetragen. Durch Ziehen des zweiten Schenkels von diesem Punkt aus entsteht der 55°-Winkel. Das Verfahren liefert nur annähernd genaue Winkel.

Neigungen. Zum Aufzeichnen einer Neigung 1:5 wird am Ende einer 50 mm langen Geraden eine Senkrechte von 10 mm Länge errichtet. Die das Dreieck schließende Linie hat dann die gewünschte Neigung. Soll eine Neigung von 8% gezeichnet werden, errichtet man im Endpunkt einer 100 (50) mm langen Geraden eine Senkrechte von 8 (4) mm.

Anmerkung Neigung und Steigung sind identisch, d.h., eine Neigung 1:10 ist auch eine Steigung 1:10. Die Steigung von 100% liegt unter 45°.

Übungen

1. Zeichnen Sie mit Hilfe der Tangenstabelle einen Winkel von 20° (0,349 rad) und von 53° 30′ (0,934 rad).
2. Ermitteln Sie aus der Tangenstabelle die Sehnenlängen ($r = 100$ mm) für die Winkel 28° (0,489 rad) und 48° (0,838 rad) und konstruieren Sie die Winkel mit diesen Werten.
3. Zeichnen Sie eine Schräge mit 12% Neigung gegen die Horizontale und einer Neigung von 1:10 zu einer frei wählbaren Geraden.

4.14 Eintragen von Werkstückkanten in Zeichnungen (DIN 6784)

Bei den verschiedenen Fertigungsverfahren entstehen gratige oder ähnlich geformte Kantenzustände, die aus sicherheitstechnischen oder funktionellen Gründen entfernt werden bzw. aus funktionellen Gründen bestehen bleiben müssen. Die Norm enthält Angaben über die Begriffe und Eintragung der gewünschten Kantenzustände in Zeichnungen.

Kanten mit bestimmten geometrischen Formen (Fasenwinkel, Fasenbreite usw.) siehe DIN 406 T2. Die Formen und Begriffe der Kantenzustände nach DIN 6784 sind aus den Bildern **4.**315 und **4.**316 zu ersehen.

Der Kantenzustand der Außenkante lautet (**4.**316):

Gratig	Werkstückkante mit Überhang (**4.**317 auf S. 102)
Scharfkantig	Werkstückkante, deren Überhang oder Abtragung angenähert Null ist
Gratfrei	Werkstückkante mit Abtragung (**4.**318 auf S. 102)

Der Kantenzustand der Innenkante lautet (**4.**316):

Übergang	Werkstückkante mit Fase bis Rundung (**4.**319 auf S. 102)
Scharfkantig	Werkstückkante, deren Übergang oder Abtragung angenähert Null ist
Abtragung	Werkstückkante mit Einstich oder Einzug (**4.**320 auf S. 102)

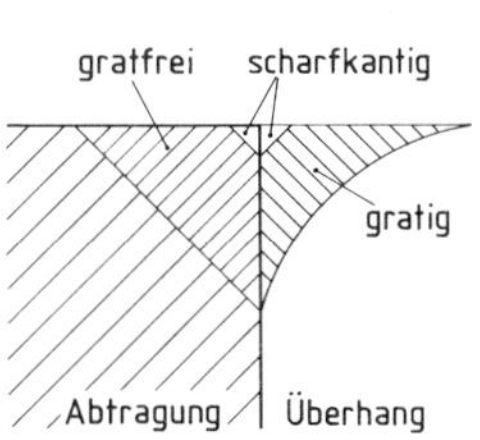

4.315 Kantenzustand Außenkante

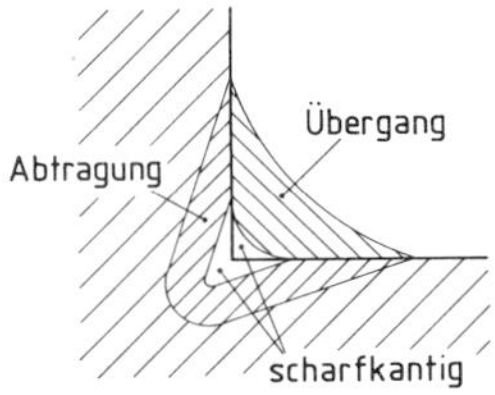

4.316 Kantenzustand Innenkante

Der Kantenbereich eines Werkstücks ist der Bereich, in dem die Istform der Kante von der ideal-geometrischen, scharfkantigen Form abweichen darf. Innerhalb dieses Bereichs ist die Kantenform beliebig. Die Größe des Kantenbereichs wird durch das Kantenmaß *„a"* bestimmt (**4.**317 bis **4.**320). Es darf in keiner Richtung überschritten werden.

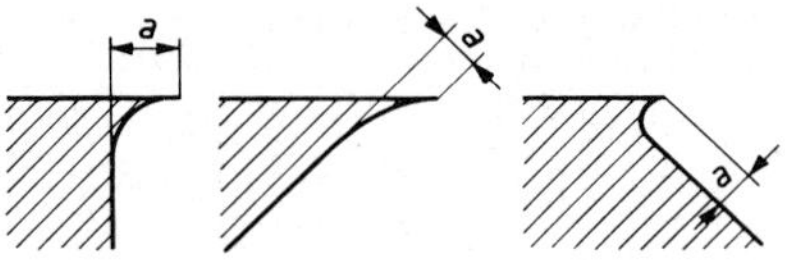

4.317 Kantenzustand gratig

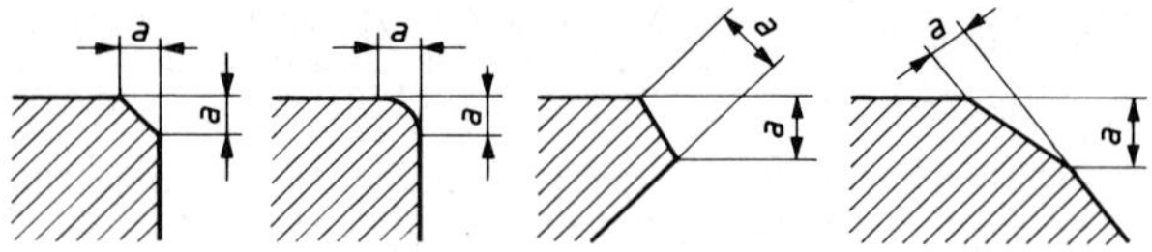

4.318 Kantenzustand gratfrei

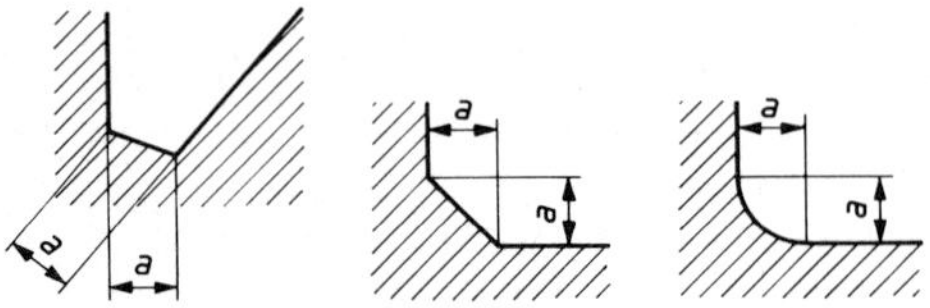

4.319 Kantenzustand Übergang

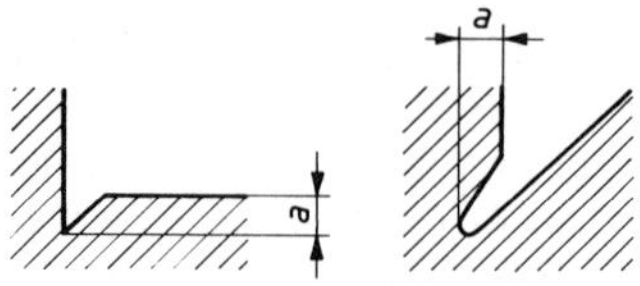

4.320 Kantenzustand Abtragung

Tabelle **4**.321 **Kantenmaße**

[1]	
+ 2,5	
+ 1	für gratige Kanten
+ 0,5	oder
+ 0,3	Übergang
+ 0,1	
+ 0,05	
+ 0,02	für
	scharfkantige
− 0,02	Kanten
− 0,05	
− 0,1	für gratfreie Kanten
− 0,3	oder
− 0,5	Abtragung
− 1	
− 2,5	
[1]	

[1]) Weitere Maße nach Erfordernis

Tabelle **4**.322

Symbol-element	Bedeutung Außenkante	Innenkante
+	gratig	Übergang
−	gratfrei	Abtragung
±	gratig oder gratfrei	Übergang oder Abtragung

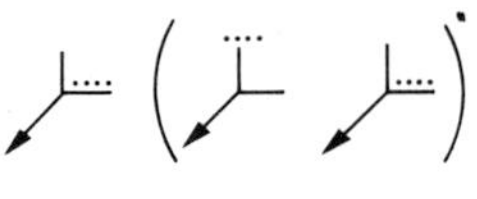

4.323

4.324

Werden für alle Kanten gleiche Zustände gefordert, genügt die Eintragung der Angaben in das Schriftfeld oder in der Nähe des Schriftfelds. Bei überwiegend gleichem Kantenzustand kann die Angabe des von diesem abweichenden Kantenzustands gesetzt werden (**4**.323). Die Kennzeichnung der Werkstückkanten besteht aus dem Grundsymbol, dem Kantenmaß *a* und dem Symbolelement +, −, ± (**4**.324).

Die Richtung des Grates oder der Abtragung wird nach Bild **4**.324 eingetragen.

Die Zeichnungsangabe kann sich auf folgende Kantenlängen beziehen:

- auf eine Kante senkrecht zur Projektionsebene,
- am Umfang eines Werkstücks oder eines Loches umlaufend (**4**.325).

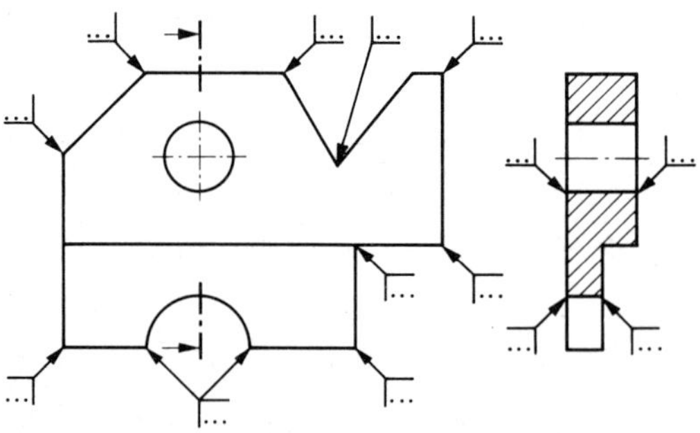

4.325

Tabelle **4**.326 **Beispiele**

Nr.	Beispiel	Bedeutung	Erklärung
1	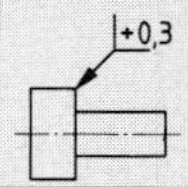	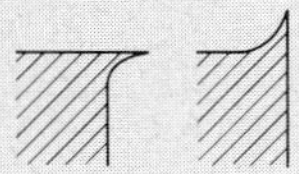	Außenkante gratig bis 0,3, Gratrichtung beliebig
2	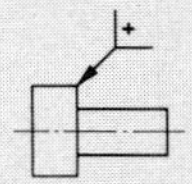		Außenkante gratig, Grathöhe und Gratrichtung beliebig
3	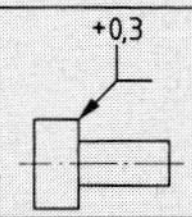	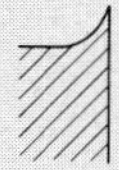	Außenkante gratfrei bis 0,3, Gratrichtung vorgegeben
4	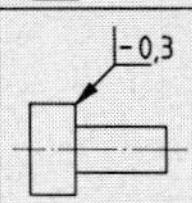	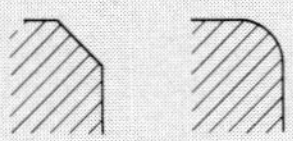	Außenkante gratfrei bis 0,3, Form der Abtragung beliebig
5	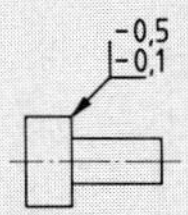		Außenkante gratfrei im Bereich von 0,1 bis 0,5, Form der Abtragung beliebig
6	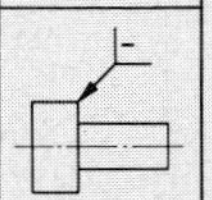		Außenkante gratfrei, Form der Abtragung beliebig
7	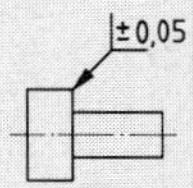	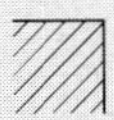	Außenkante wahlweise gratig bis 0,05 oder gratfrei bis 0,05 (scharfkantig) Gratrichtung beliebig
8	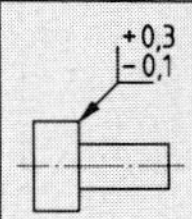	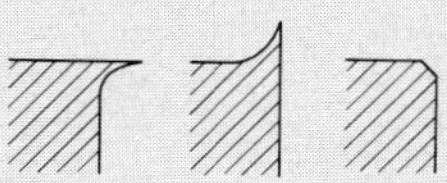	Außenkante wahlweise gratig bis 0,3 oder gratfrei bis 0,1 Gratrichtung beliebig
9	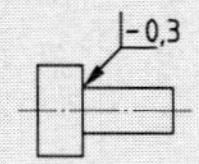	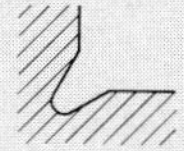	Innenkante mit Abtragung bis 0,3 Abtragungsrichtung beliebig
10	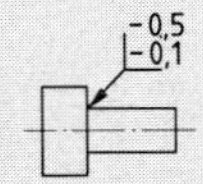		Innenkante mit Abtragung im Bereich von 0,1 bis 0,5 Abtragungsrichtung beliebig
11	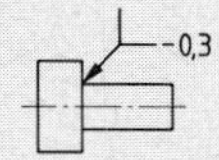	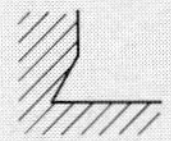	Innenkante mit Abtragung bis 0,3 Abtragungsrichtung vorgegeben
12	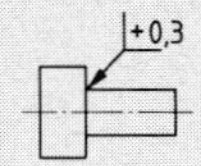	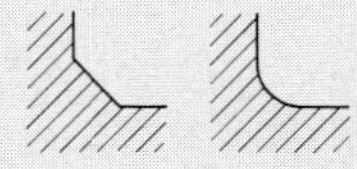	Innenkante mit Übergang bis 0,3 Form des Übergangs beliebig
13	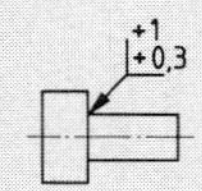		Innenkante mit Übergang im Bereich von 0,3 bis 1 Form des Übergangs beliebig
14	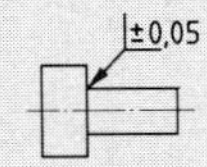	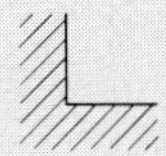	Innenkante wahlweise mit Abtragung bis 0,05 oder Übergang bis 0,05 (scharfkantig) Form der Abtragung des Übergangs beliebig
15	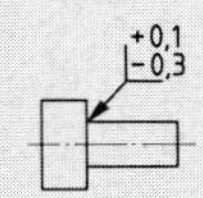	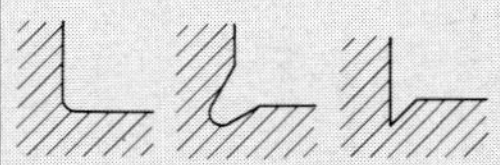	Innenkante wahlweise mit Übergang bis 0,1 oder Abtragung bis 0,3 Abtragungsrichtung beliebig

4.15 Übungen – Auswerten von Zeichnungen

Anhand der folgenden Übungen sollen die Informationen von Zeichnungen ausgewertet werden. (Beachten Sie: Die Schriftfelder entsprechen der für Schulungszwecke üblichen Form.)

- Federnde Feststellvorrichtung (**4**.327)
- Achslagerung (**4**.328)
- Zahnradpumpe (**4**.329)
- Maschinenschraubstock (**4**.330)
- Schwenkbarer Maschinenschraubstock (**4**.331)
- Reitstock (**4**.332)
- Bohrvorrichtung für Verschlußdeckel (**4**.333)
- Bohrvorrichtung für Gabelhebel (**4**.334)
- Schneckengetriebe 1 : 2,5 (**4**.335)
- Vorschubgetriebe (**4**.336)
- Einzelteile zum Reitstock (**4**.337)
- Einzelteile für eine Fräsvorrichtung (**4**.338).

Die Zeichnungen enthalten Informationen über die Funktion, die Fertigung, die Montage, die Prüfbedingungen der Einzelteile und Baugruppen. Sie geben Auskunft über die Größe, die Form, die Oberflächenbeschaffenheit sowie über zulässige Abweichungen der Maße, Formen und Lagen bei den Werkstücken. Einzelteilzeichnungen nennen jeweils auch die Werkstoffe, aus denen die Werkstücke zu fertigen sind.

Untersuchen Sie die Vorlagen **4**.327 bis **4**.336 (Gesamtzeichnungen) hinsichtlich folgender Fragen:

a) Welche Funktion hat die Baugruppe?
b) Wie ist das Funktionsproblem gelöst worden?
c) Welche alternativen Lösungen gibt es für das Problem?
d) Wie verläuft der Kraftfluß beim Einsatz der Baugruppe?
e) In welcher Reihenfolge werden die Einzelteile zur Baugruppe gefügt?

Fertigen Sie von ausgewählten Einzelteilen Zeichnungen an. Ergänzen Sie gegebenenfalls die Stücklisten der Gesamtzeichnungen (z. B. **4**.328, **4**.335).

a) Zeichnen von Form (entsprechend des Maßstabs) Größe des Werkstücks.
b) Bemaßung des Werkstücks.
c) Angaben der zulässigen Maßabweichungen (s. hierzu Abschn. 6.1).
d) Mindestanforderungen an die Oberflächen (s. hierzu Abschn. 5.2).
e) Angaben von Form- und Lagetoleranzen (s. hierzu Abschn. 6.2).
f) Wählen Sie sinnvoll (Funktion, Fertigung, Ersatz) die Werkstoffe aus (s. hierzu Abschn. 5.1).
g) Kennzeichnen Sie Stoffeigenschaftsänderungen (z. B. durch Härten) und eventuelle Oberflächenschutzmaßnahmen (s. hierzu Abschn. 5.3 und 5.4).

Fertigen Sie anhand der vorgegebenen Einzelteilzeichnungen (**4**.337 und **4**.338) Gesamtzeichnungen an.

a) Tragen Sie die Hauptmaße der Baugruppe ein.
b) Ordnen Sie die Teilenummern den Einzelteilen zu.
c) Fertigen Sie eine Stückliste der jeweiligen Baugruppe an, in die auch Normteile aufgenommen werden, die nicht als Einzelteile vorgegeben sind (s. Abschn. 7).

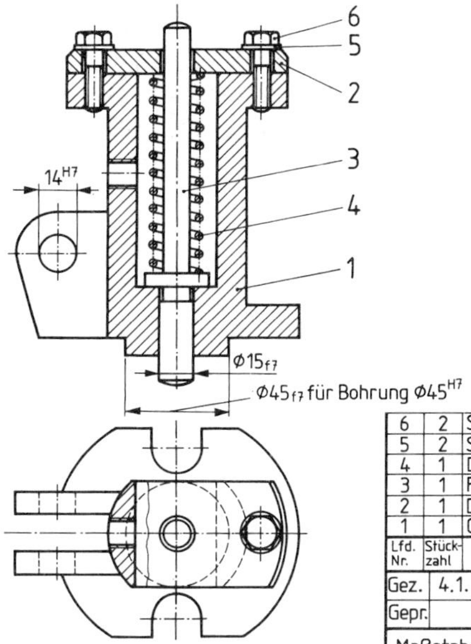

Lfd. Nr.	Stückzahl	Benennung	Sachnummer/Norm-Kurzbezeichnung	Werkstoff
6	2	Sechskantschraube	DIN 931-M8×28-5.6	
5	2	Scheibe	DIN 125-8.4	
4	1	Druckfeder Draht	DIN 17223-A 3.2-C	
3	1	Federbolzen		
2	1	Deckel		
1	1	Gehäuse		

Gez.	4.1.	
Gepr.		
Maßstab —	Federnde Feststelleinrichtung	

4.327 Federnde Feststellvorrichtung

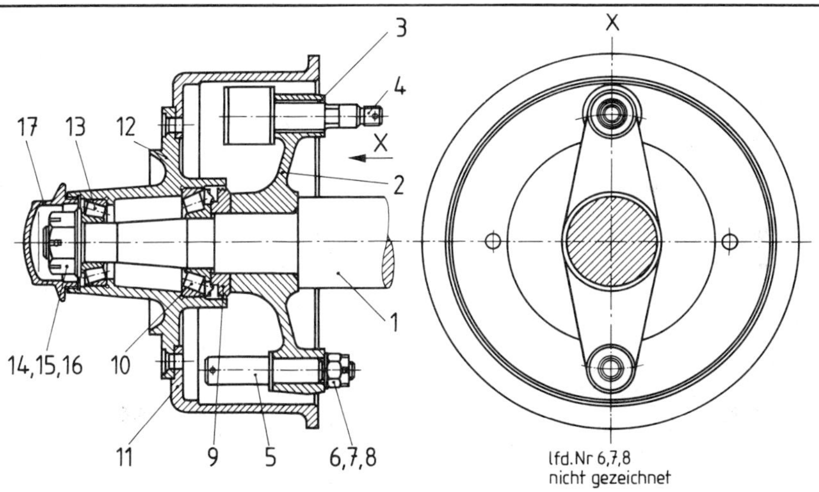

Lfd. Nr	Menge	Benennung	Sachnummer / Norm-Kurzbezeichnung	Werkstoff
2				
1				

Gez.		
Gepr.		
Maßstab —	Achslagerung	

4.328 Achslagerung

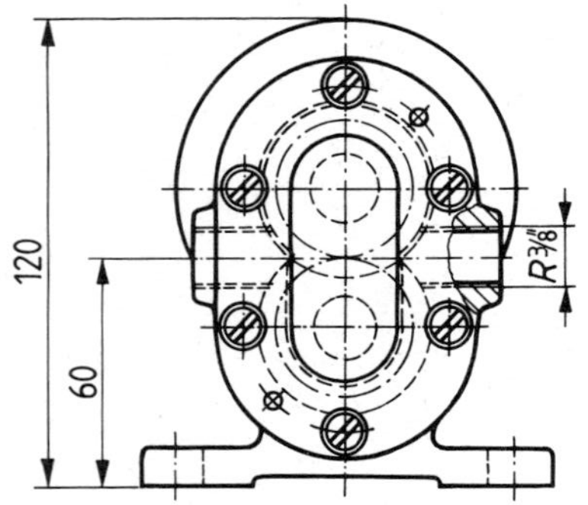

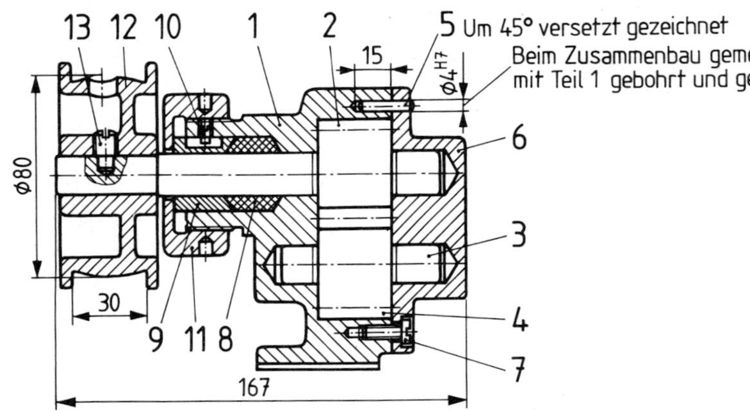

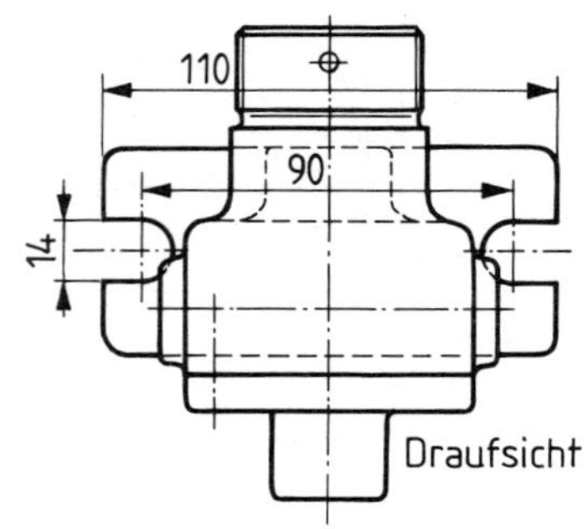

Draufsicht nur Teil 1 und 6

Lfd. Nr	Menge	Benennung	Sachnummer/ Norm-Kurzbezeichnung	Werkstoff
13	1	Gewindestift	DIN 417-M10×15	
12	1	Antriebsrad		
11	1	Stellmutter		
10	1	Gewindestift	DIN 417-M6×8	
9	1	Stopfbuchse		
8	1	Stopfpackung		
7	6	Zylinderschraube	DIN 84-M6×16-5.8	
6	1	Deckel		
5	2	Zylinderstift	DIN 7-4m6×20	
4	1	Zahnrad		
3	1	Welle		
2	1	Zahnradwelle		
1	1	Pumpengehäuse		

Gez.		
Gepr.		
Maßstab —	Zahnradpumpe	

4.329 Zahnradpumpe

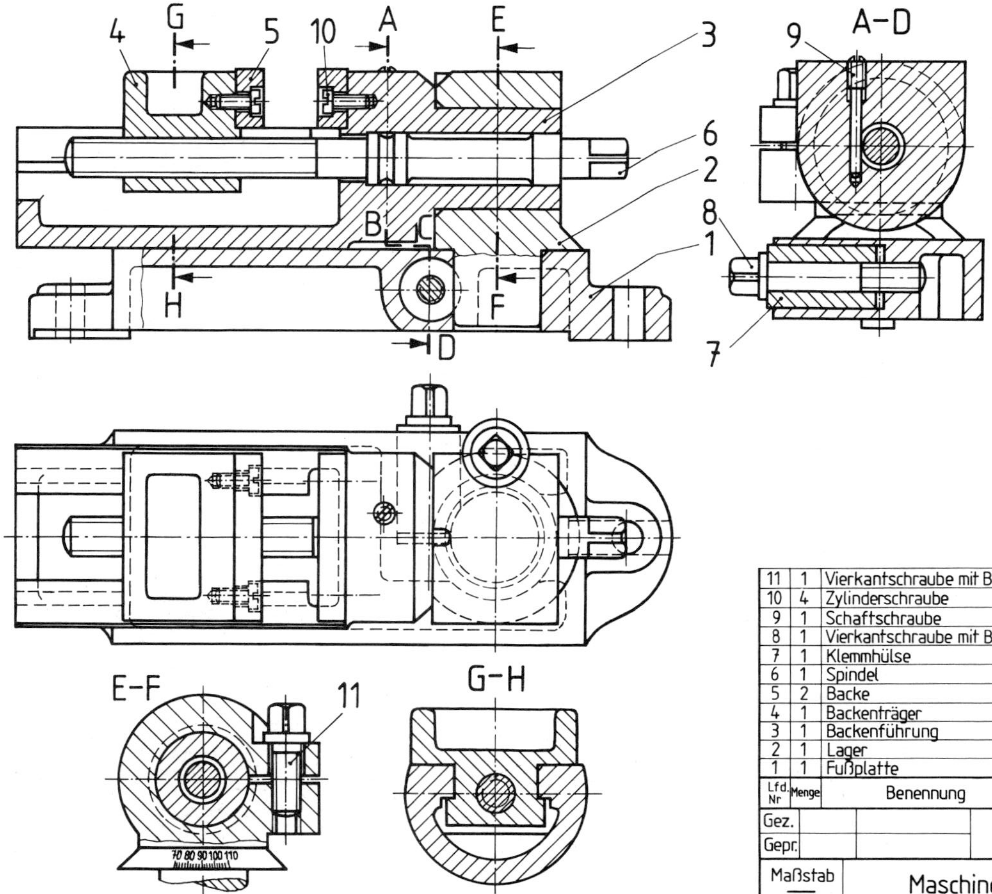

11	1	Vierkantschraube mit Bund	DIN 478–M10×25–5.8	
10	4	Zylinderschraube	DIN 84–M5×12–5.8	
9	1	Schaftschraube		
8	1	Vierkantschraube mit Bund	DIN 478–M10×55–5.8	
7	1	Klemmhülse		
6	1	Spindel		
5	2	Backe		
4	1	Backenträger		
3	1	Backenführung		
2	1	Lager		
1	1	Fußplatte		
Lfd. Nr	Menge	Benennung	Sachnummer / Norm-Kurzbezeichnung	Werkstoff

Gez.	
Gepr.	
Maßstab	Maschinenschraubstock

4.330 Maschinenschraubstock

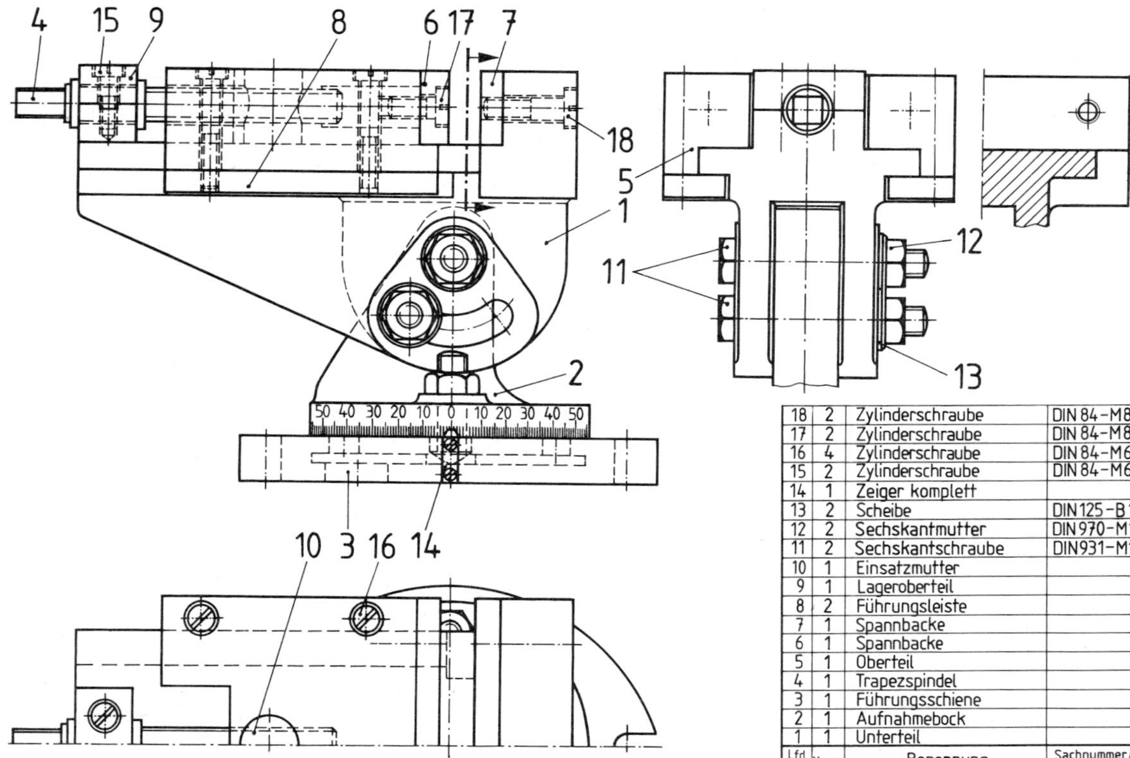

Lfd. Nr	Menge	Benennung	Sachnummer / Norm-Kurzbezeichnung	Werkstoff
18	2	Zylinderschraube	DIN 84-M8×28-5.8	
17	2	Zylinderschraube	DIN 84-M8×15-5.8	
16	4	Zylinderschraube	DIN 84-M6×38-5.8	
15	2	Zylinderschraube	DIN 84-M6×18-5.8	
14	1	Zeiger komplett		
13	2	Scheibe	DIN 125-B 10,5-St	
12	2	Sechskantmutter	DIN 970-M10-8	
11	2	Sechskantschraube	DIN 931-M10×65-5.6	
10	1	Einsatzmutter		
9	1	Lageroberteil		
8	2	Führungsleiste		
7	1	Spannbacke		
6	1	Spannbacke		
5	1	Oberteil		
4	1	Trapezspindel		
3	1	Führungsschiene		
2	1	Aufnahmebock		
1	1	Unterteil		

Gez.			
Gepr.			
Maßstab —	Schwenkb. Maschinenschraubstock		

4.331 Schwenkbarer Maschinenschraubstock

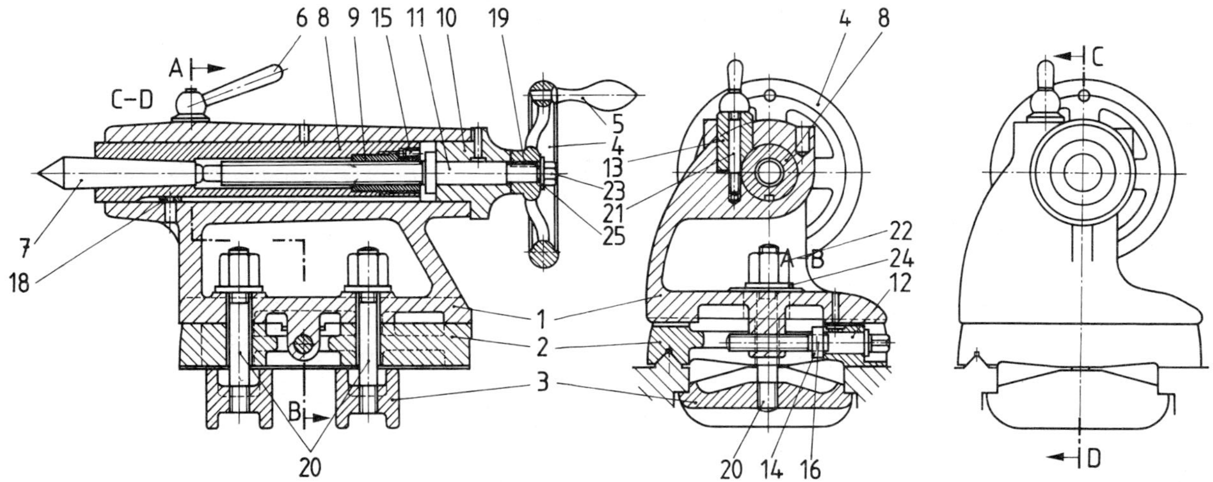

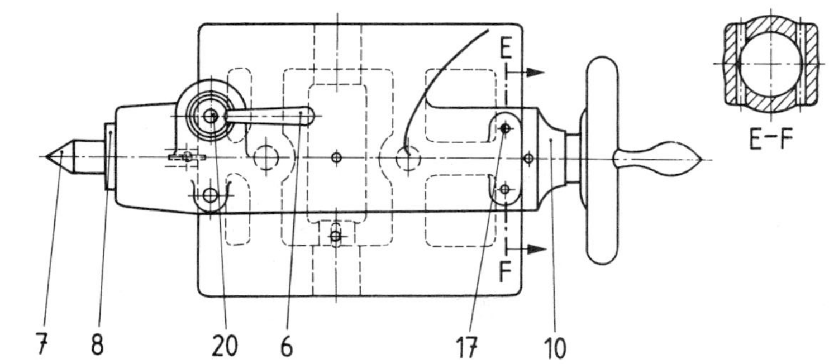

Lfd. Nr	Menge	Benennung	Sachnummer / Norm-Kurzbezeichnung	Werkstoff
25	1	Scheibe		
24	2	Scheibe		
23	1	Sechskantmutter		
22	2	Sechskantmutter		
21	1	Stiftschraube		
20	2	Stiftschraube		
19	1	Paßfeder		
18	1	Paßfeder		
17	2	Zylinderstift		
16	1	Zylinderstift		
15	1	Gewindestift		
14	1	Sicherungsring		
13	1	Spannpuppe		
12	1	Spindel		
11	1	Spindel		
10	1	Buchse		
9	1	Gewindebuchse		
8	1	Pinale		
7	1	Körnerspitze, Morse 1		
6	1	Kegelgriff		
5	1	Ballengriff, fest		
4	1	Handrad		
3	1	Spannbrücke		
2	1	Reitstock, Unterteil		
1	1	Reitstock, Oberteil		

Gez.		
Gepr.		
Maßstab —	Reitstock	

4.332 Reitstock

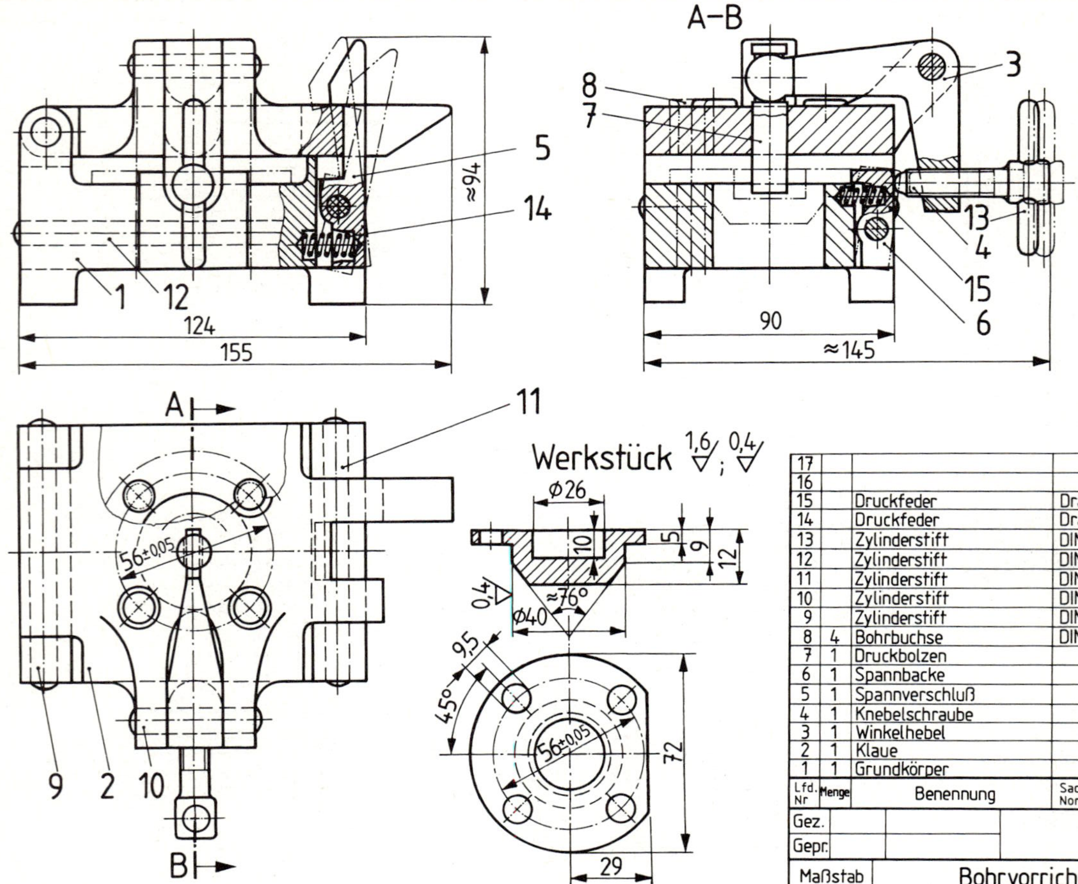

Lfd. Nr	Menge	Benennung	Sachnummer / Norm-Kurzbezeichnung	Werkstoff
17				
16				
15		Druckfeder	Draht DIN 2076–C–1	
14		Druckfeder	Draht DIN 2076–C–1	
13		Zylinderstift	DIN 7–8m6×60	
12		Zylinderstift	DIN 7–12h8×120	
11		Zylinderstift	DIN 7–10h8 × 90	
10		Zylinderstift	DIN 7–10m6×45	
9		Zylinderstift	DIN 7–10m6×90	
8	4	Bohrbuchse	DIN 179–A 10×20	
7	1	Druckbolzen		
6	1	Spannbacke		
5	1	Spannverschluß		
4	1	Knebelschraube		
3	1	Winkelhebel		
2	1	Klaue		
1	1	Grundkörper		

Gez.			
Gepr.			
Maßstab —	Bohrvorrichtung für Verschlußdeckel		

4.333 Bohrvorrichtung für Verschlußdeckel

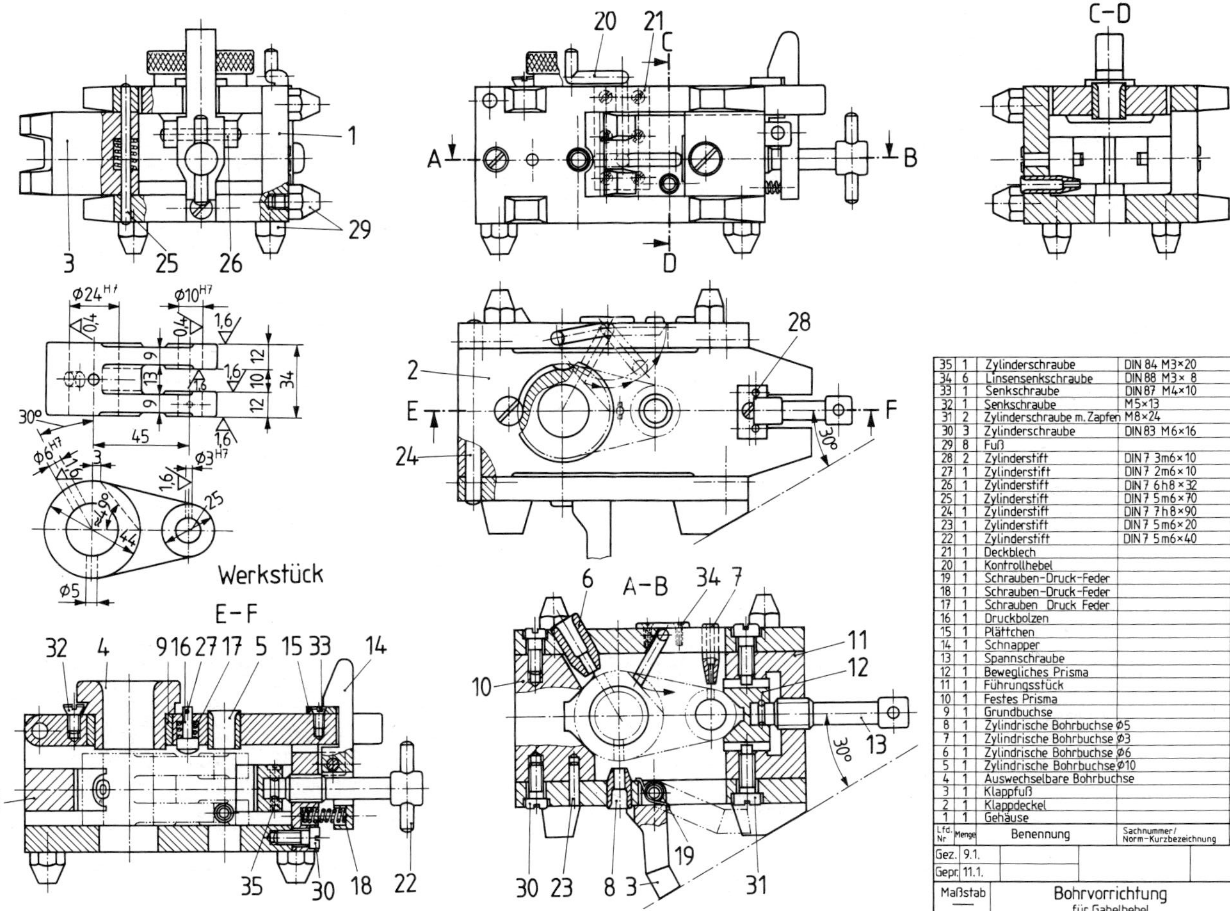

Lfd. Nr	Menge	Benennung	Sachnummer/ Norm-Kurzbezeichnung	Werkstoff
35	1	Zylinderschraube	DIN 84 M3×20	
34	6	Linsensenkschraube	DIN 88 M3× 8	
33	1	Senkschraube	DIN 87 M4×10	
32	1	Senkschraube	M5×13	
31	2	Zylinderschraube m. Zapfen	M8×24	
30	3	Zylinderschraube	DIN 83 M6×16	
29	8	Fuß		
28	2	Zylinderstift	DIN 7 3m6×10	
27	1	Zylinderstift	DIN 7 2m6×10	
26	1	Zylinderstift	DIN 7 6h8×32	
25	1	Zylinderstift	DIN 7 5m6×70	
24	1	Zylinderstift	DIN 7 7h8×90	
23	1	Zylinderstift	DIN 7 5m6×20	
22	1	Zylinderstift	DIN 7 5m6×40	
21	1	Deckblech		
20	1	Kontrollhebel		
19	1	Schrauben-Druck-Feder		
18	1	Schrauben-Druck-Feder		
17	1	Schrauben Druck Feder		
16	1	Druckbolzen		
15	1	Plättchen		
14	1	Schnapper		
13	1	Spannschraube		
12	1	Bewegliches Prisma		
11	1	Führungsstück		
10	1	Festes Prisma		
9	1	Grundbuchse		
8	1	Zylindrische Bohrbuchse Ø5		
7	1	Zylindrische Bohrbuchse Ø3		
6	1	Zylindrische Bohrbuchse Ø6		
5	1	Zylindrische Bohrbuchse Ø10		
4	1	Auswechselbare Bohrbuchse		
3	1	Klappfuß		
2	1	Klappdeckel		
1	1	Gehäuse		

Gez.	9.1.	
Gepr.	11.1.	
Maßstab	Bohrvorrichtung für Gabelhebel	

4.334 Bohrvorrichtung für Gabelhebel

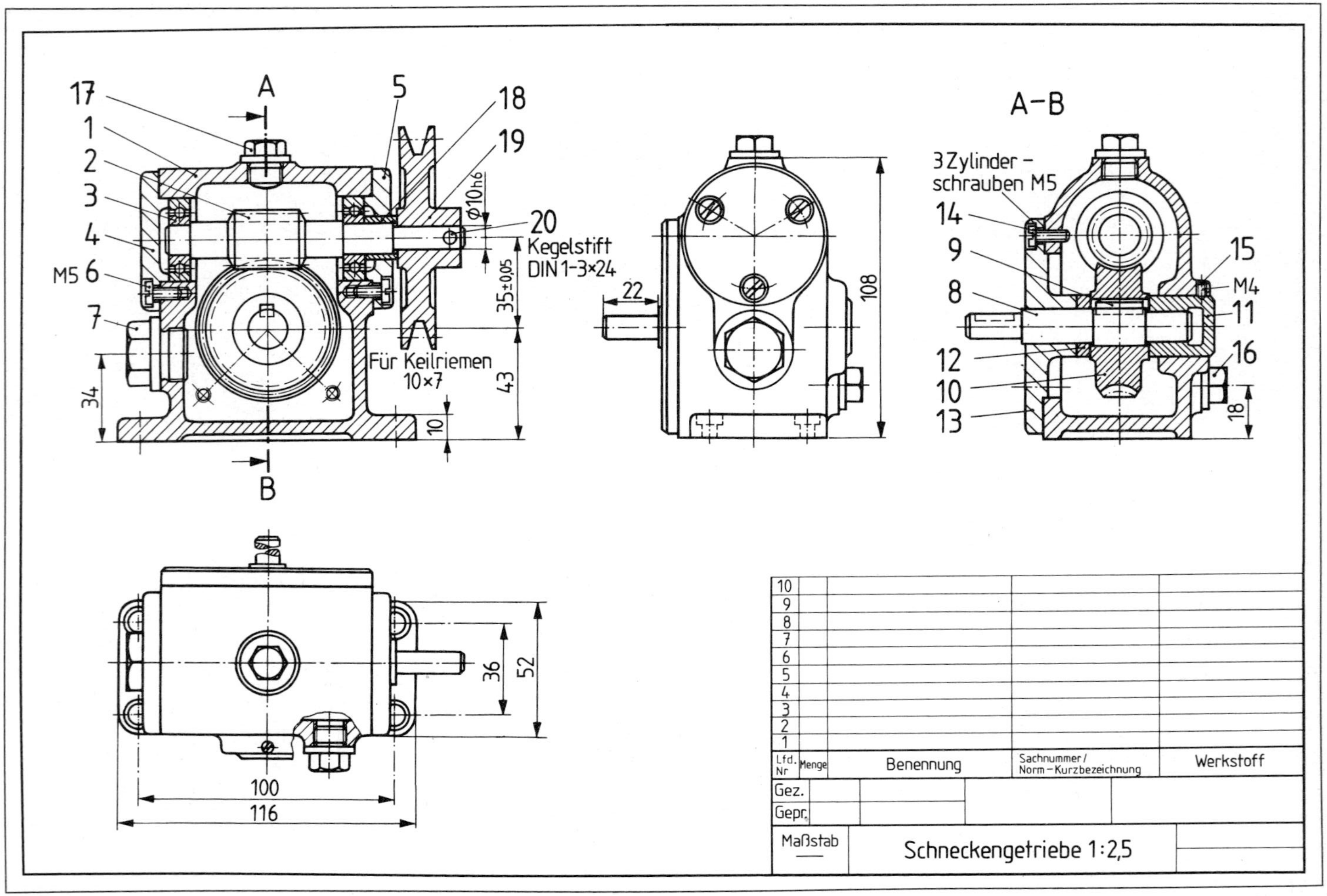

4.335 Schneckengetriebe 1:2,5

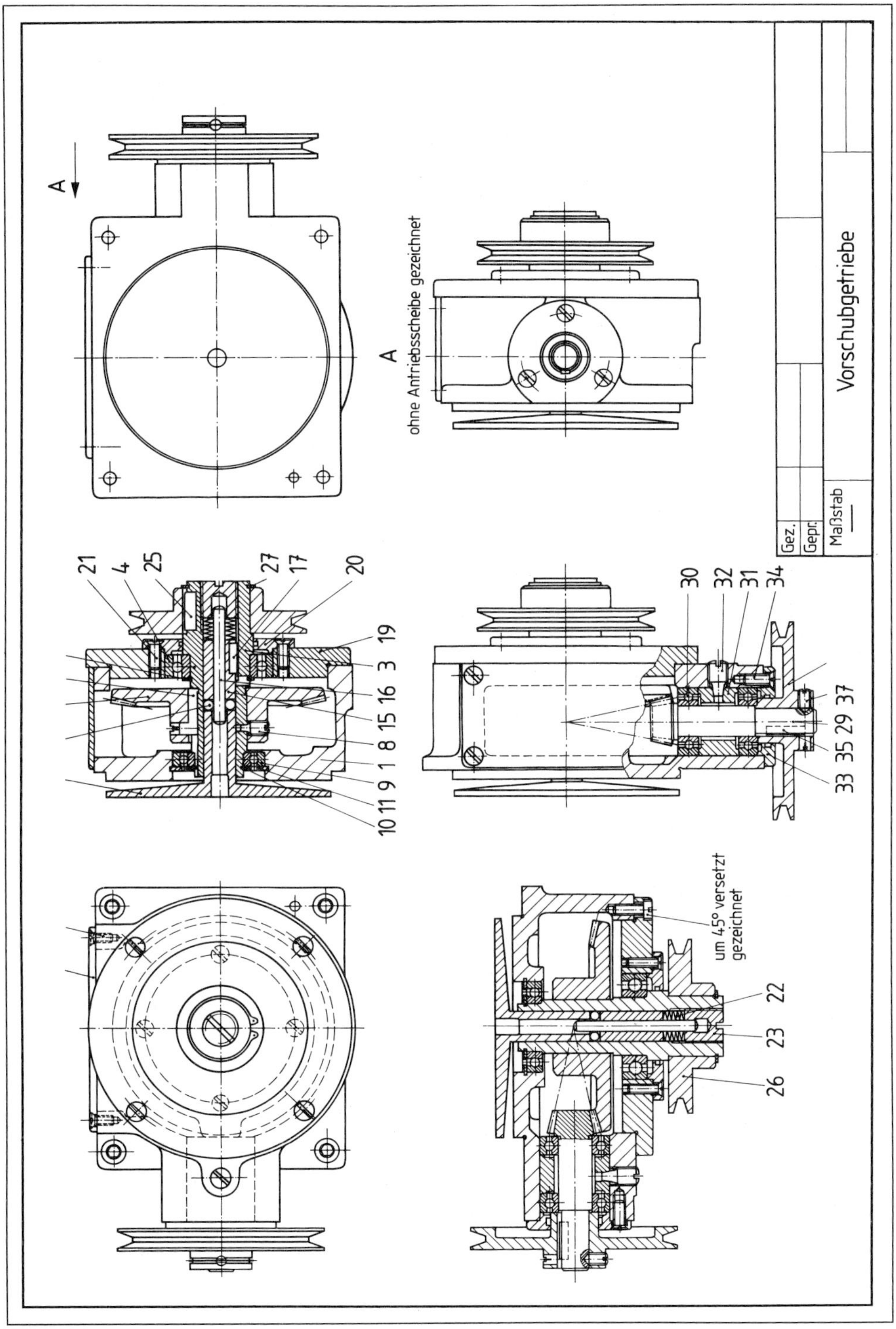

4.336 Vorschubgetriebe

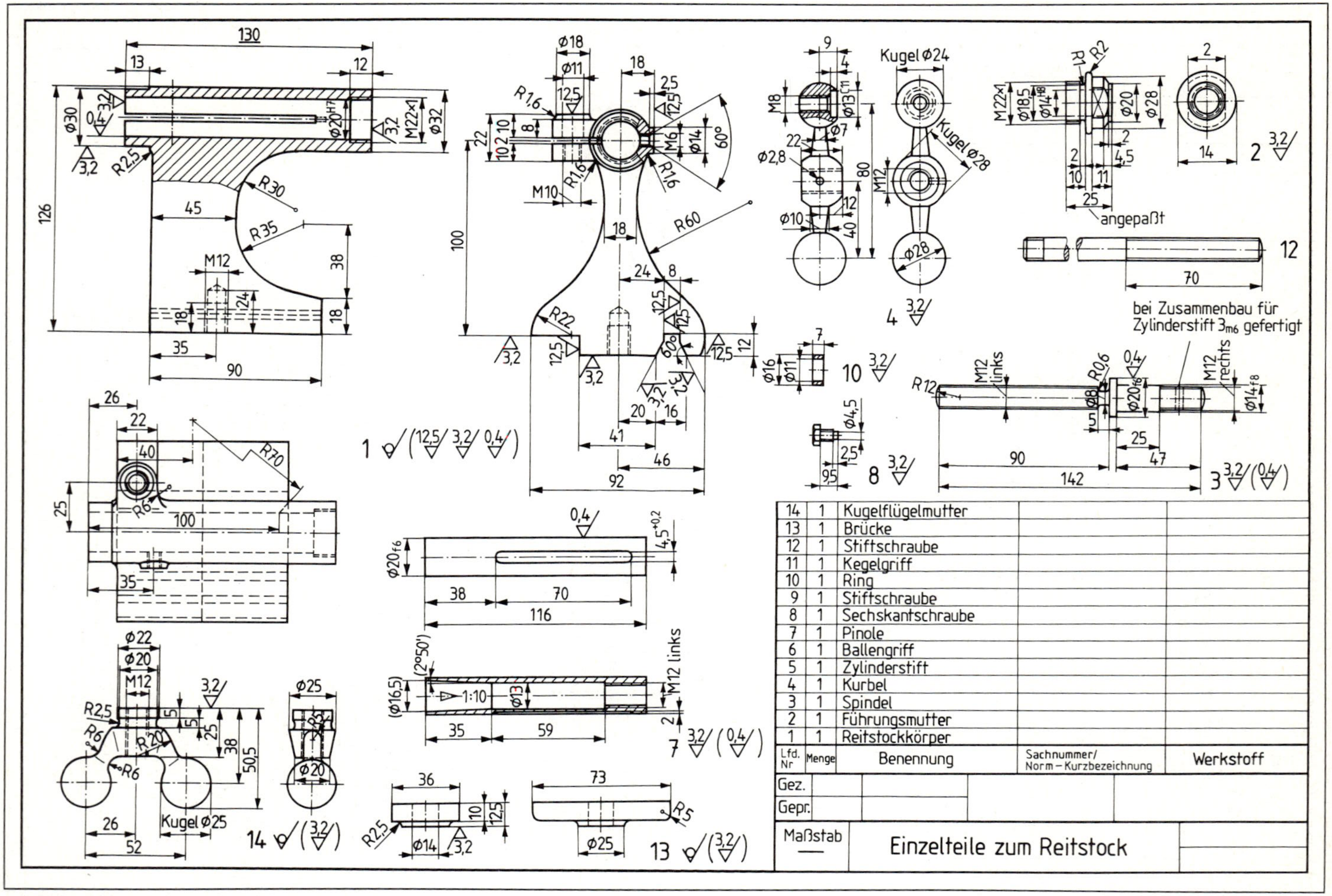

4.337 Einzelteile zum Reitstock

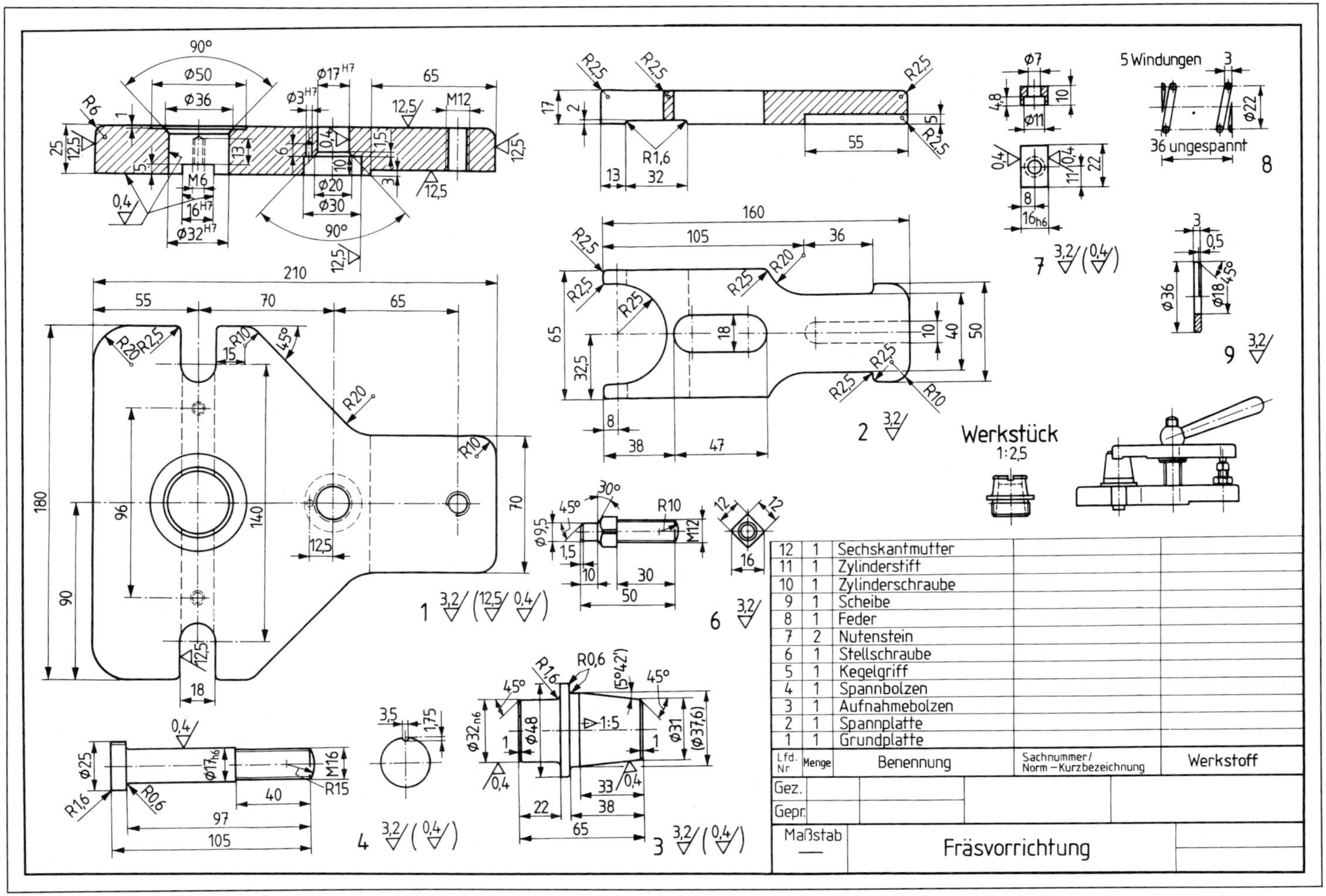

Lfd. Nr	Menge	Benennung	Sachnummer/ Norm – Kurzbezeichnung	Werkstoff
12	1	Sechskantmutter		
11	1	Zylinderstift		
10	1	Zylinderschraube		
9	1	Scheibe		
8	1	Feder		
7	2	Nutenstein		
6	1	Stellschraube		
5	1	Kegelgriff		
4	1	Spannbolzen		
3	1	Aufnahmebolzen		
2	1	Spannplatte		
1	1	Grundplatte		

Gez.		
Gepr.		
Maßstab —	Fräsvorrichtung	

4.338 Einzelteile für eine Fräsvorrichtung

5 Werkstoff-, Oberflächen-, Wärmebehandlungs- und Beschichtungsangaben

5.1 Werkstoffangaben

Die Werkstoffbenennung dient dazu, genormte und ungenormte Werkstoffe zu bezeichnen. Die Benennung soll so kurz und treffend wie möglich sein, daher auf unbedingt nötige Kennbuchstaben und -zahlen beschränkt bleiben. Statt der Benennungen kann man auch Werkstoffnummern verwenden.

DIN 17006 enthält die Benennungen der Eisen- und Stahlwerkstoffe, DIN 1700 die der Nichteisenmetallegierungen. DIN 17006, T1 bis 3 und T9 sind zurückgezogen worden, weil internationale Bestrebungen zur Vereinheitlichung im Gange sind. Die Benennungen sind in den speziellen DIN-Normen enthalten.

5.1.1 Eisen und Stahl

Tabelle **5.1** **Kennbuchstaben und -zeichen nach DIN 17006** (Auswahl)

Gußzeichen		Erschmelzungsart (Stahlart)		besondere Eigenschaften		Behandlungszustand	
G–	gegossen (allgemein)	B	Bessemerstahl	A	alterungsbeständig	A	angelassen
GG–	Grauguß	E	Elektrostahl (allgemein)	G	größerer P- und/oder S-Gehalt	B	beste spangebende Bearbeitbarkeit
GGG–	Gußeisen mit Kugelgraphit	J	Elektrostahl (Induktion)	H	halbberuhigt vergossen	E	einsatzgehärtet
GH–	Hartguß	LE	Elektrostahl (Lichtbogen)	K	kleiner P- und/oder S-Gehalt	G	weichgeglüht
GS–	Stahlguß	M	Siemens-Martin-Verfahren	L	laugenrißbeständig	H	gehärtet
GT–	Temperguß (allgemein)	T	Thomasstahl	P	preßschweißbar	HF	Oberfläche flammengehärtet
GTS–	Temperguß schwarz	W	Windfrischstahl	Q	kaltstauchbar (quetschbar)	HJ	Oberfläche induktionsgehärtet
GTW–	Temperguß weiß	Y	Sauerstoffaufblasstahl	R	ruhig vergossen	K	kaltverformt
Angehängte Zeichen		Angehängte Zeichen		RR	besonders ruhig vergossen	KBK	blankgezogen
K	Kokillenguß (z. B. GGK)	B	basisch	S	schmelzschweißbar	N	normalgeglüht
Z	Schleuderguß (Zentrifugalguß)	Y	sauer	U	unruhig vergossen	NT	nitriert
				Z	ziehbar	S	spannungsfrei geglüht
						U	unbehandelt
						V	vergütet

X kennzeichnet hochlegierte Stähle (Stähle mit charakteristischen Legierungselementen $>5\%$).

St bezeichnet Stähle, die nicht nach ihrer chemischen Zusammensetzung benannt werden (z. B. unlegierte Stähle mit dem Symbol C für Kohlenstoff).

Die Werkstoffnummern (WNr) sind siebenstellig: x. xxxx. xx

- Werkstoff-Hauptgruppe (x.)
- Sortennummer (xxxx.)
- Anhängezahl (xx)

Rahmenplan für die Hauptgruppen nach DIN 17007 T1:

0 und 1 Eisen und Stahl (für alle Werkstoffe, bei denen Eisen den größten Einzelgehalt bildet)

- 0 Roheisen und Ferrolegierungen
- 1 Stahl

2 und 3 Nichteisenmetalle

- 2 Schwermetalle (außer Eisen)
- 3 Leichtmetalle

4 bis 8 Nichtmetallische Werkstoffe

9 frei für interne Benutzung (z.B. Numerierung von Werkstoffen für Versuchszwecke, etwa Versuchslegierungen)

Systematik der Hauptgruppe 1 – Eisen und Stahl nach DIN 17007 T2. Als Stahl gilt ein Eisenwerkstoff, der in seinem Gefüge kein Eisen-Kohlenstoff-Eutektikum aufweist (Kohlenstoffgehalt <2%). Er läßt sich im allgemeinen bei hohen Temperaturen wie auch bei Raumtemperaturen bildsam umformen.

Die Sortenklassen werden durch die ersten beiden Stellen angegeben. Zu unterscheiden sind zwei Gruppen: Massen- und Qualitätsstähle sowie Edelstähle.

Massen- und Qualitätsstähle werden innerhalb der Gruppe nach Mengenanteil und chemischer Zusammensetzung unterteilt.

Edelstähle unterteilt man nach chemischer Zusammensetzung und Eigenschaftsmerkmalen, die sich aus den technischen Erzeugungs- und Verwendungsbedingungen ergeben.

Die beiden weiteren Stellen sind Zählnummern. Sie lassen keine Rückschlüsse (z.B. auf Kohlenstoff- oder Legierungsgehalt) zu.

Anhängezahlen sind nur einzusetzen, wenn es im Einzelfall zur eindeutigen Kennzeichnung des Werkstoffs erforderlich ist (**5**.2).

Tabelle **5**.2 **Anhängezahlen**

6. Stelle der WNr: Stahlgewinnungsverfahren (Erschmelzungs- und Vergießungsart)	7. Stelle der WNr: Behandlungszustand
0 unbestimmt oder ohne Bedeutung	0 keine oder beliebige Bedeutung[1])
1 unberuhigter Thomasstahl	1 normalgeglüht
2 beruhigter Thomasstahl	2
3 unberuhigter Stahl anderer Erschmelzungsart, z.B. Windfrisch-Sonderstahl	3 wärmebehandelt auf gute Zerspanbarkeit
4 beruhigter Stahl anderer Erschmelzungsart	4 zäh vergütet
5 unberuhigter Siemens-Martin-Stahl	5 vergütet
6 beruhigter Siemens-Martin-Stahl	6 hartvergütet
7 unberuhigter Sauerstoffaufblas-Stahl	7 kaltverformt
8 beruhigter Sauerstoffaufblas-Stahl	8 federhart kaltverformt
9 Elektrostahl	9 nach besonderen Angaben

[1]) Keine bestimmte Wärmebehandlung nach der Formgebung gewünscht oder gewährleistet; hierunter fallen auch die im üblichen warmgewalzten Zustand gelieferten Erzeugnisse.

Allgemeine Baustähle nach DIN 17100 sind unlegierte[2]) und niedriglegierte Stähle, die üblicherweise im warmgeformten Zustand, nach einem Normalglühen oder einer Kaltumformung verwendet werden (z.B. im Hoch-, Tief- und Brückenbau sowie im Maschinen-, Behälter- und Fahrzeugbau; **5.3**).

[2]) Gehalte in Masse-% < 0,5 Si, 0,8 Mn, 0,1 Al oder 0,1 Ti, 0,25 Cu oder wenn andere Legierungselemente nicht absichtlich enthalten sind.

Tabelle 5.3 **Stahlsorten nach DIN 17 100** (Auswahl)

Stahlsorte Kurzname	Werkstoff-nummer	Desoxi-dations art	Mechanische und technologische Eigenschaften Zugfestigkeit R_m für Erzeugnisdicken in mm		Obere Streckgrenze R_{eH} für Erzeugnisdicken in mm		Bruch-dehnung (Meßlänge $L_o = 5\ d_o$) f. Erzeugnisdicken in mm ≧ 3 ≦40	Kerbschlagarbeit ISO-Spitzkerbproben (längs)			Faltversuch (180°) f. Erzeugnisdicken in mm ≧ 3 ≦63 Dorn-∅
			<3 N/mm²	≧ 3 ≦100 N/mm²	≦16 N/mm²	>16 ≦40 N/mm²		Behand-lungs-zustand	Prüf-tempe-ratur °C	f. Erzeug-nisdicken in mm ≧10 ≦16	
St 33	1.0035	freigestellt	310 bis 540	290	185	175	18 (16)	U, N	–	–	3a (3,5 a)
St 37-2 USt 37-2	1.0037 1.0036	freigestellt U	360 bis 510	340 bis 470	235	225	26 (24)	U, N	+ 20	27	1 a (2a)
RSt 37-2 St 37-3	1.0038 1.0116	R RR			235	225		U N	± 0 − 20	27	1,5 a (2 a)
St 44-2 St 44-3	1.0044 1.0144	R RR	430 bis 580	410 bis 540	275	265	22 (20)	U, N	+ 20	27	3 a (3,5a)
								U N	± 0 − 20	27	
St 52-3	1.0570	RR	510 bis 680	490 bis 630	355	345	22 (20)	U N	± 0 − 20	27	3a (3,5 a)
St 50-2	1.0050	R	490 bis 660	470 bis 610	295	285	20 (18)	U, N	–	–	–
St 60-2	1.0060	R	590 bis 770	570 bis 710	335	325	16 (14)	U, N	–	–	–
St 70-2	1.0070	R	690 bis 900	670 bis 830	365	355	11 (10)	U, N	–	–	–

Werte der Bruchdehnung und Dorn-∅ für den Faltversuch gelten für Längsproben, Klammerwerte für Querproben.

Desoxidationsart s. besondere Eigenschaften in Tabelle **5.1**.

Zugversuch, Faltversuch. Die Werte des Zugversuchs und des Faltversuchs gelten für Längsproben außer bei Flachzeug ≧600 mm Breite, aus dem Querproben zu entnehmen sind.

Kerbschlagarbeit. Als Prüfergebnis gilt der Mittelwert aus drei Versuchen. Der Mindestmittelwert von 23 oder 27 J darf dabei nur von einem Einzelwert, und zwar höchstens um 30%, unterschritten werden.

5.1.2 Nichteisenmetalle

Systematik der Hauptgruppen 2 und 5 – Nichteisenmetalle nach DIN 17007 T4 (WNr der Legierungsgruppen s. Norm):

2.0000 bis 2.1799: Cu	2.1800 bis 2.1999: Reserve	2.2000 bis 2.2499: Zn, Cd	2.2500 bis 2.2999: Reserve
2.3000 bis 2.3499: Pb	2.3500 bis 2.3999: Sn	2.4000 bis 2.4999: Ni, Co	2.5000 bis 2.5999: Edelmetalle
2.6000 bis 2.6999: Hochschmelzende Metalle		2.7000 bis 2.9999: Reserve	3.0000 bis 3.4999: Al
3.5000 bis 3.5999: Mg	3.6000 bis 3.6999: Reserve	3.7000 bis 3.7999: Ti	3.8000 bis 3.9999: Reserve

Anhängezahlen sind einheitlich und geben den Zustand der NE-Metalle an. Die 6. Stelle der WNr betrifft die Zustandsgruppe (Dekade), die 7. den Zustand im einzelnen.

0 unbehandelt
1 weich
2 kaltverfestigt (Zwischenhärten)
3 kaltverfestigt („hart" und darüber)
4 lösungsgeglüht, ohne mech. Nacharbeit
5 lösungsgeglüht, kaltnachbearbeitet
6 warmausgehärtet, ohne mech. Nacharbeit
7 warmausgehärtet, kaltnachbearbeitet
8 entspannt, ohne vorherige Kaltverfestigung
9 Sonderbehandlungen (z. B. Stabilisierungsglüh.)

Beispiele

Dekade 0

.00: Masseln usw., unbehand.
.01: Sandguß, unbehandelt
.02: Kokillenguß, unbehandelt
.03: Schleuderguß, unbehand.
.04: Stranggguß, unbehandelt
.05: Druckguß, unbehandelt
.06: Sintermetall, unbehandelt (einschließlich eines Kalt-Kalibrierschlages)
.07: warmgewalzt (einschließlich des als verfestigt bezeichneten Zustandes)/warmgezogen
.08: (strang-)gepreßt/(warm-)geschmiedet (Freiform/Gesenk) (wie .06)

Dekade 2

.20: gewalzt/gezogen, ohne vorgeschriebene Festigkeitswerte
.21: gewalzt, entspannt/gezogen, entspannt
.22: achtelhart (einschließl. der Zwischenhärten, die als partielles Entfestigungsglühen – letzter Arbeitsgang – erzielt werden)
.23: achtelhart, entspannt
.24: viertelhart (wie .22)
.25: viertelhart, entspannt
.26: halbhart (wie .22)
.27: halbhart, entspannt
.28: dreiviertelhart (wie .22)

Dekade 3

.30: hart
.31: hart, entspannt
.32: federhart
.33: federhart, entspannt
.34: doppelfederhart
.35: doppelfederhart, entspannt
.36: überdoppelfederhart
.37: überdoppelfederhart, entspannt

Weiteres über die Unterteilung der Dekaden s. Norm.

5.1.3 Formnormen

Zur Weiterverarbeitung werden gewalzte, gepreßte und gezogene Werkstoffe in verschiedenen Formen und Größen gebraucht. Diese sind mit ihren Kurzzeichen in Maßnormen niedergelegt, z. B. DIN 1013 – ∅10.

Eine Zusammenfassung aller wichtigen Normblätter über Stahl, Eisen und Nichteisenmetalle bieten die vom DIN herausgegebenen Taschenbücher 4 „Werkstoffnormen Stahl und Eisen; Gütenormen", 28 „Werkstoffnormen Stahl und Eisen; Maßnormen", 26 „Werkstoffnormen Nichteisenmetalle; Normen über Kupfer- und Kupferknetlegierungen", 27 „Werkstoffnormen Nichteisenmetalle; Normen über Leichtmetalle" sowie 53 bis 59. Auch hier sei auf die „Einführung in die DIN-Normen" hingewiesen.

Kennzeichnung. Der Werkstoff für das herzustellende Teil muß aus der Zeichnung einwandfrei hervorgehen. Das geschieht durch Eintragen der Nr. der DIN-Norm, eines Trennstrichs und der Kurzzeichen für den Querschnitt und die Länge des Werkstücks, der Werkstoffbezeichnung in das Schriftfeld oder in die Stückliste.

Beispiele DIN 668 – ∅10 × 30 – 15 S 20 K besagt, daß kaltverformter (gezogener) Rundstahl ∅10, 30 lang, nach DIN 668 aus Automatenstahl 15 S 20 mit ≈ 0,15% Kohlenstoff- und ≈ 0,20% Schwefelgehalt nötig ist.

DIN 1769 – ▭ 10 × 4 × 90 – Al Mg 5 F 25 bedeutet: Gezogene Flachstange 10 breit, 4 dick, 90 lang, nach DIN 1769 aus Al Mg 5 (Aluminium-Knetlegierung mit ≈ 5% Magnesiumgehalt), Mindestzugfestigkeit 250 N/mm².

DIN 1028 – 2 ∟ 80 × 10 × 60 Lg – St 37-2[1]) bedeutet: 2 gleichschenklige Winkelstähle mit 80 Schenkellänge und 10 Schenkeldicke, je 60 lang, nach DIN 1028 aus warmgewalztem Flußstahl mit 370 N/mm² Mindestzugfestigkeit.

Abkürzungen von Benennungen (für Profile, Stangen, Bleche, Bänder u. a.) s. DIN 1353 T1 und 2.

5.1.4 Kennzeichnung der Werkstoffe durch Schraffuren und Farben

Metallische Werkstoffe sind durch die in die Zeichnung eingeschriebenen Werkstoffangaben eindeutig bestimmt und bedürfen im allgemeinen keiner weiteren Kennzeichnung. Sonst stehen nach DIN 201 Schraffuren und Farben zur Verfügung (**5.4**).

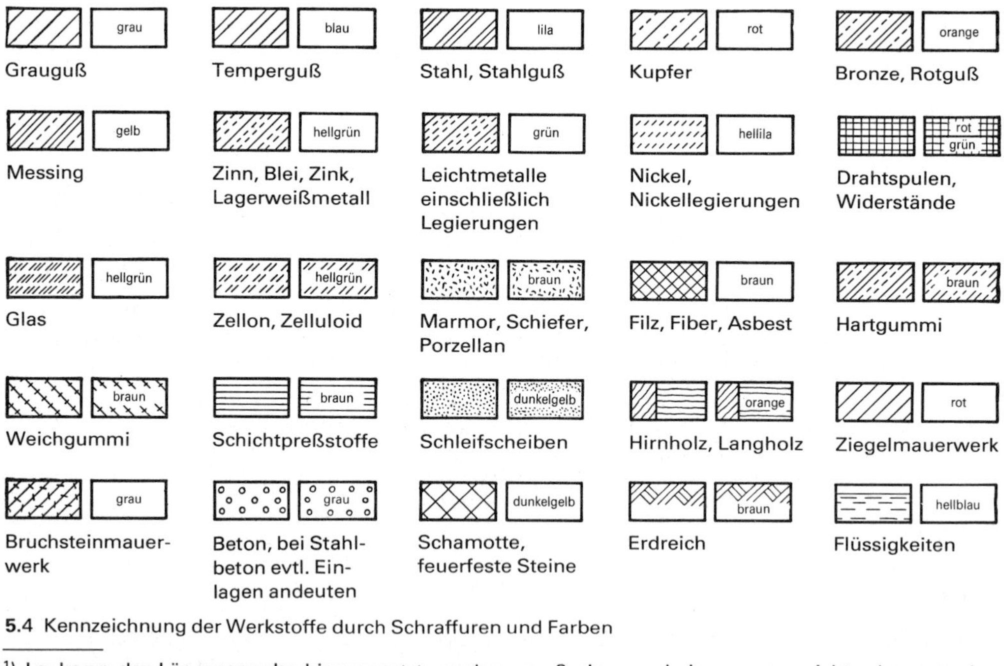

5.4 Kennzeichnung der Werkstoffe durch Schraffuren und Farben

[1]) Lg kann der Längenangabe hinzugesetzt werden, muß aber erscheinen, wenn nicht schon aus der Größe der Zahl erkennbar ist, daß es sich um eine Länge handelt.

Die Abstände der Schraffurlinien, Punkte, Kreise, Kreuze usw. sind der Größe der zu kennzeichnenden Fläche anzupassen.

Beispiele für Kennzeichnungen der Werkstoffe im Baugewerbe nach DIN 1356 zeigen die Bilder **5**.5 bis **5**.7. Schraffuren für Holz siehe DIN 919.

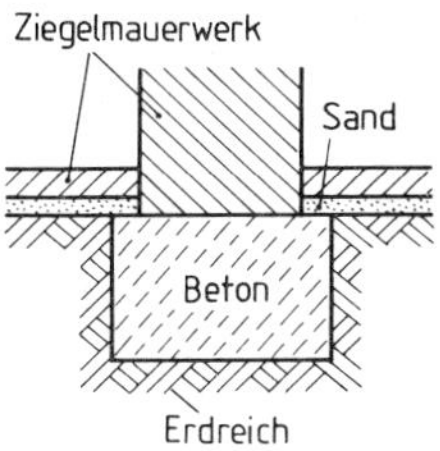

5.5 Grundmauerwerk

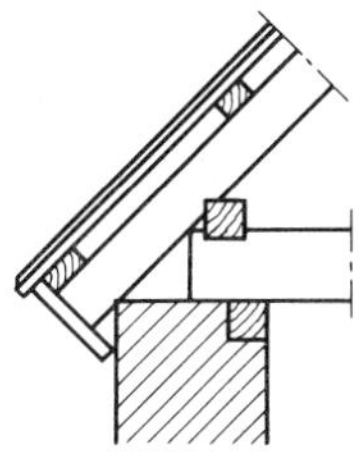

5.6 Dachtraufe

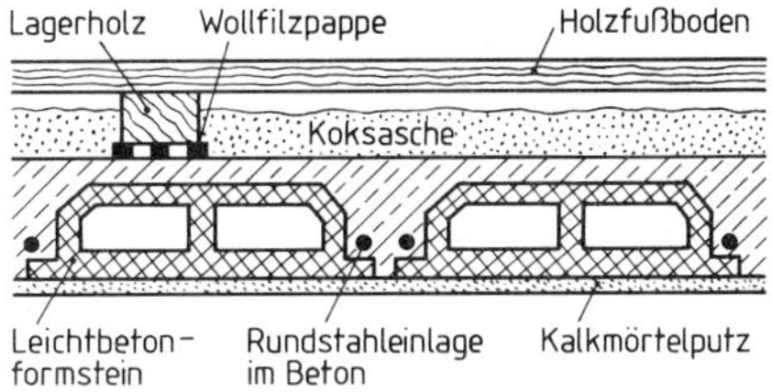

5.7 Stahlbeton-Rippendecke

5.2 Oberflächenangaben

Aus der Zeichnung eines Werkstücks muß auch die Beschaffenheit der Werkstückoberflächen hervorgehen. Die bisher übliche Kennzeichnung der Oberflächen nach DIN 140 wird nicht mehr angewendet, weil sie keine Aussage über die Qualität der Oberfläche enthält. Da diese Zeichen jedoch noch in vielen bestehenden technischen Unterlagen enthalten sind und eine gewisse Übergangszeit für die Umstellung erforderlich ist, sind die Oberflächenzeichen und ihre Bedeutung in Tabelle **5**.8 wiedergegeben.

Tabelle **5**.8 **Bedeutung der Oberflächenzeichen**

kein Oberflächenzeichen	Oberflächen, an deren Gleichförmigkeit und Glätte Ansprüche gestellt werden, wie sie durch die üblichen spanlosen Herstellungsverfahren erfüllt werden können (Walzen, Schmieden, Ziehen, Pressen, Brennschneiden, Gießen usw.).
Ungefährzeichen	Oberflächen, an deren Gleichförmigkeit und Glätte Ansprüche gestellt werden, wie sie durch sorgfältigere spanlose Herstellungsverfahren erreicht werden können (sauber schmieden, im Gesenk glätten, sauber gießen, sauber brennschneiden). Nur wenn diese Ansprüche nicht erfüllt sind, sind solche Flächen zu überarbeiten.
1 Dreieck	Oberflächen von einer Gleichförmigkeit und Glätte, wie sie z. B. durch ein- oder mehrmalige Schruppbearbeitung erzielt werden können. Vom Werkzeug herrührende Merkmale (Riefen, Rattermarken) dürfen fühlbar und mit bloßem Auge deutlich sichtbar sein.
2 Dreiecke	Oberflächen von einer Gleichförmigkeit und Glätte, wie sie z. B. durch ein- oder mehrmalige Schlichtbearbeitung erzielt werden können. Bearbeitungsmerkmale dürfen mit bloßem Auge noch sichtbar sein.
3 Dreiecke	Oberflächen von einer Gleichförmigkeit und Glätte, wie sie z. B. durch ein- oder mehrmalige Feinschlichtbearbeitung erzielt werden können. Bearbeitungsmerkmale dürfen mit bloßem Auge nicht mehr sichtbar sein.

Wortangaben ohne oder in Verbindung mit Oberflächenzeichen (z. B. ▽▽▽geschliffen) dienen zur Kennzeichnung sonderbearbeiteter und sonderbehandelter Oberflächen. Sonderbearbeitungen sind Schaben, Polieren, Einschleifen, Läppen, Honen u.a. Sonderbehandlungen erfolgen zur Änderung der Werkstoffeigenschaften durch Glühen, Härten usw. sowie zum Schutz und Verschönern der Oberflächen durch Vernickeln, Verkadmen, Anstreichen, Ätzen usw.

Es wird stets der Zustand der fertigen Oberfläche durch das Mittelwort der Vergangenheit ausgedrückt, also z. B. „geläppt" und nicht „läppen" (**5**.9). Für Rändel gelten Ausnahmen.

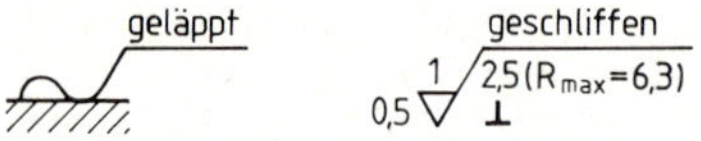

5.9 Gewählt wird das Mittelwort der Vergangenheit

Sonderbehandlungen und -bearbeitungen, die mit der Herstellung des durch die Wortangabe gewünschten Endzustands einer Oberfläche zwangsläufig zusammenhängen, werden nicht angegeben, z. B. das Säubern einer Fläche vor und das Abwaschen nach dem Vernickeln. Gehen aber erforderliche Nebenarbeiten nicht ohne weiteres aus der Wortangabe hervor, sind diese mit aufzunehmen (z. B. „gespachtelt und grau gestrichen").

5.2.1 Kennzeichnung der Oberflächen durch Zuordnen von Rauhtiefen

Auch diese Kennzeichnung nach der zurückgezogenen Norm DIN 3141 soll nicht mehr verwendet werden, sondern durch DIN ISO 1302 ersetzt werden. Die Angaben wurden aufgenommen, weil sie noch in vielen Zeichnungen enthalten sind und die Umstellung noch einige Zeit dauern wird (**5**.10). DIN 3141 unterschied 4 Reihen von Rauhtiefen.

Tabelle **5**.10 **Oberflächenzeichen und Zuordnung der Rauhtiefen**

Oberflächenzeichen	zulässige größte Rauhtiefe R_t in µm Reihe 1	2	3	4	Bedeutung
			beliebig		Oberflächen, an die keine bestimmten Anforderungen gestellt werden
			beliebig		Oberflächen, an die nur die Forderungen größerer Gleichmäßigkeit und besseren Aussehens gestellt werden
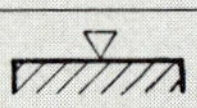	160[1])	100	63	25	
	40	25	16	10	Oberflächen mit einer Rauheit, die die größte zulässige Rauhtiefe nicht überschreiten darf
	16	6,3	4	2,5	
	–	1	1	0,4	

[1]) In Ausnahmefällen darf die Rauhtiefe bis 250 µm betragen.

Für die Umstellung bestehender Zeichnungen mit Oberflächenangaben nach DIN 3141 auf Angaben nach DIN ISO 1302 (Rauheitswerte R_z und R_a) können Tabelle **5**.11 und **5**.12 (Auszug aus Beiblatt 2 zu DIN ISO 1302) herangezogen werden. Die in den Unternehmen

Tabelle 5.11 **Umstellung von R_t auf R_z** (Auszug aus Beibl. 2 zu DIN ISO 1302)

Oberflächenzeichen nach DIN 3141	Angabe der Oberflächenbeschaffenheit nach DIN ISO 1302 Rauheitswerte R_z[1]) den Reihen nach DIN 3141 zugeordnet				
	Reihe 1	Reihe 2	Reihe 3	Reihe 4	Bedeutung
(Oberfläche ohne Zeichen)					Oberflächen, an die keine bestimmten Anforderungen gestellt werden.
	√ geputzt				Oberflächen frei von groben Unebenheiten, gegebenenfalls geglättet
∼	√ roh				Rohe Oberflächen, an denen eine spanende Nacharbeit nur zulässig ist, wenn das Maß nicht eingehalten worden ist.
					Oberfläche, die nicht materialabtrennend bearbeitet werden darf oder im Anlieferungszustand verbleiben muß.
	√ R_z 63				Saubere rohe Oberfläche mit höheren Anforderungen
▽	√ R_z 160	√ R_z 100	√ R_z 63	√ R_z 25	Oberflächen mit einer Rauheit, die die größte gemittelte Rautiefe nicht überschreiten darf. Das Fertigungsverfahren ist nicht festgelegt.
▽▽	√ R_z 40	√ R_z 25	√ R_z 16	√ R_z 10	
▽▽▽	√ R_z 16	√ R_z 6,3	√ R_z 4	√ R_z 2,5	
▽▽▽▽		√ R_z 1	√ R_z 1	√ R_z 0,4	
▽▽▽ geschliffen	√ geschliffen R_z 6,3				Oberfläche mit festgelegtem Fertigungsverfahren

[1]) Die Zahlenwerte der Rauheitsmeßgröße R_t wurden in gleicher Größe der Rauheitsmeßgröße R_z nach DIN 4768 T 1 zugeordnet (s. a. VDI/VDE 2601).

Bei dieser festgelegten Zuordnung von Oberflächenzeichen zu den Rauheitswerten ist zu beachten, daß die Rauhtiefe R_t nach unterschiedlichen Meßverfahren unter verschiedenen Meßbedingungen ermittelt werden kann. Hierdurch ergeben sich voneinander abweichende Meßergebnisse. Bei der Messung der Rauhtiefe R_t mit elektrischen Tastschnittgeräten wurden häufig die größten auf einer Oberfläche gefundenen Rauheitswerte (Ausreißer) nicht berücksichtigt. Bei dieser Meßpraxis entspricht der ermittelte R_t-Wert der gemittelten Rautiefe R_z nach DIN 4768 T 1.

Tabelle **5**.12 **Umstellung von R_t auf R_a** (Auszug aus Beibl. 2 zu DIN ISO 1302)

Hinweis Zwischen der Rauhtiefe R_t und dem arithmetischen Mittelrauhwert R_a besteht keine direkte Beziehung, da sich das Verhältnis von R_t zu R_a in Abhängigkeit vom Fertigungsverfahren ändern kann. Für die Gegenüberstellung wurden die Werte aus der Mitte des Streubereiches nach Beiblatt 1 zu DIN 4768 T1, Ausg. Okt. 1978, Tabelle 2, sowie solche aus handelsüblichen Oberflächenvergleichsmustern (s. DIN 4769 T2 bis T4) unter Beachtung von Fußnote 1 zu Tabelle **5**.11 zugrunde gelegt.

Oberflächenzeichen nach DIN 3141	Angabe der Oberflächenbeschaffenheit nach DIN ISO 1302 Rauheitswerte R_a den Reihen nach DIN 3141 zugeordnet				
	Reihe 1	Reihe 2	Reihe 3	Reihe 4	Bedeutung
	Zeilen 1 bis 4 stimmen überein mit den Angaben in Tabelle **5**.11				
∼	6,3				Saubere rohe Oberfläche mit höheren Anforderungen
▽	25	12,5	6,3	3,2	Oberfläche mit einer Rauheit, die den höchstzulässigen Mittenrauhwert nicht überschreiten darf
▽▽	6,3	3,2	1,6	1,6	
▽▽▽	1,6	0,8	0,4	0,2	
▽▽▽▽		0,1	0,1	0,025	
▽▽▽ geschliffen	0,8 geschliffen				Oberfläche mit festgelegtem Fertigungsverfahren

festgelegten Deutungen zu den Reihen 1 bis 4 nach DIN 3141 und die Fußnoten 1 und 2 sind zu beachten.

Bestehende Zeichnungen können z.B. durch Aufnahme einer Gegenüberstellung der Angaben (Symbole und Rauheitsmaße) in der Nähe des Zeichnungsschriftfelds umgestellt werden.

5.2.2 Kennzeichnung der Oberflächen durch Rauheitsmaße (DIN ISO 1302)

Die Oberflächengüte kann durch Rauheitsmaße noch genauer vorgeschrieben werden. Dazu gehören Rauhtiefe, Glättungstiefe, Mittenrauhwert, Profiltraganteil und Flächentraganteil. Diese Begriffe gehen auf Oberflächenprofile zurück, die in Bild **5**.13 erklärt werden. Näheres über diese Begriffe s. DIN 4762.

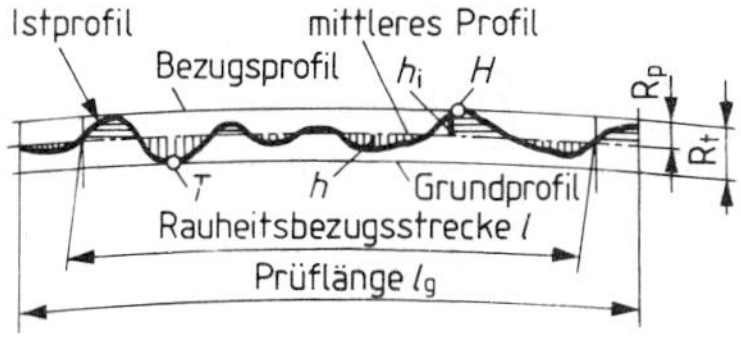

5.13 Lage der Profile

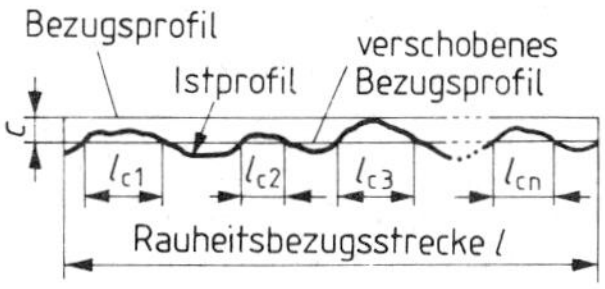

5.14 Tragende Längen

Istprofil ist die Gestalt der meßtechnisch erfaßbaren Oberfläche. Es hängt vom Meßverfahren ab und entspricht annähernd dem wirklichen Profil.

Bezugsprofil ist eine dem Istprofil angepaßte gerade oder krumme Linie, die das Istprofil im höchsten Punkt *H* berührt.

Grundprofil heißt die durch den tiefsten Punkt *T* laufende Parallele.

Das mittlere Profil liegt parallel und so zwischen Grundprofil und Bezugsprofil, daß die Summe der darüberliegenden Werkstoffflächen gleich der Summe der darunterliegenden ist, wie die waagrechten und senkrechten Schraffuren zeigen.

Maximale Rauhtiefe R_{max} ist die größte aller auf der Gesamtmeßstrecke L_m vorkommenden Einzelrauhtiefen.

Mittenrauhwert R_a (in µm) ist der mittlere Wert der absoluten Größen der Abstände h_i des Istprofils vom mittleren Profil.

Glättungstiefe R_p (in µm) ist der Abstand des mittleren Profils vom Bezugsprofil.

Tragende Länge l_t (in mm) ist die Summe der durch Verschiebung des Bezugsprofils um den Wert *c* (in µm) aus dem Istprofil herausgeschnittenen Strecken l_{c1}, l_{c2} usw. (**5**.14).

Rauheitsbezugsstrecke l (in mm) ist die Länge des Profilausschnitts, also der Teil der Prüflänge l_g (**5**.13), auf den sich der Profiltraganteil t_p bezieht.

Rauhtiefe R_t ist der in µm ausgedrückte Abstand des Grundprofils vom Bezugsprofil (**5**.13).

Gemittelte Rauhtiefe R_z ist das arithmetische Mittel aus den Einzelrauhtiefen von 5 aneinandergrenzenden Einzelmeßstrecken.

Profiltiefe P_t ist der Abstand zwischen zwei parallelen Begrenzungslinien, die das meßtechnisch erfaßte Oberflächenprofil innerhalb der Bezugsstrecke l kleinstmöglich einschließen (**5**.15).

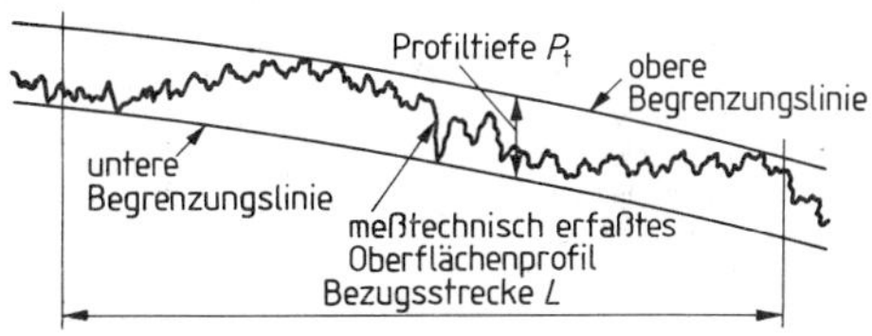

5.15 Lage der Profiltiefe

Der Profiltraganteil t_p wird in Prozenten der tragenden Länge l_t zur Rauheitsbezugsstrecke l ausgedrückt.

Beispiel Bei $l_t = 20$ mm und $l = 50$ mm ist der Profiltraganteil

$$t_p = \frac{100 \cdot l_t}{l} = \frac{100 \cdot 20\ \text{mm}}{50\ \text{mm}} = 40\%.$$

Der Wert *c* (in µm) wird hinter das Kennzeichen t_p gesetzt um anzugeben, in welchem Abstand der Profiltraganteil t_p ermittelt wurde (z. B. $t_{p\,0,25} = 40$).

In DIN 4761 sind Benennungen für den Oberflächencharakter und ihre zu den Rauheitsmaßen gehörenden Kurzzeichen bis ins einzelne genormt.

Tabelle 5.16 **Symbole der Oberflächenangaben**

Symbol	Bedeutung	Bemerkung	Beispiel[1])	Erläuterung
√ oder √‾‾	Grundsymbol	Symbol ohne Zusatzangaben nicht aussagefähig	√‾‾ glatt	unbearbeitete Fläche im Rohzustand oder geputzt
			6,3 √	spanend oder spanlos hergestellte Oberfläche mit Mittenrauhwert[2]) $R_a \leqq 6{,}3$ µm
			√‾‾ ($R_z = 16$) ($R_z = 4$) oder √‾‾ R_z 16 R_z 4	spanend oder spanlos hergestellte Oberfläche mit gemittelter Rauhtiefe[2]) $R_z = 4$ bis 16 µm
			y √ z √	Oberflächenzeichen, das an anderer Stelle auf der Zeichnung erklärt ist, z. B. y √ = √‾‾ lackiert, RAL 1073 z √ = √‾‾ $R_{max.}$ 4
▽√ oder ▽√‾‾	materialabtrennende Bearbeitung[3])	die Oberfläche muß materialabtrennend bearbeitet werden	0,4 0,8 ▽√	spanend hergestellte Oberfläche mit Mittenrauhwert[2]) $R_a = 0{,}4$ bis 0,8 µm
			▽√‾‾ $t_f > 40$	spanend hergestellte Oberfläche mit Flächentraganteil $t_{f\,min}$ 40%
			▽√‾‾ IA DIN 2310	durch Brennschneiden erzeugte Oberfläche, Güte I, Genauigkeitsgrad A nach DIN 2310 Teil 3
○√ oder ○√‾‾	ohne Zusatzangabe: Oberfläche bleibt im Anlieferungszustand	z. B. Rohguß, Halbzeug, geschmiedete Flächen	○√ (3,2 √)	Rohteil (z. B. gezogener Stahl), bei dem nur eine Oberfläche spanend bearbeitet wird, alle anderen Oberflächen bleiben unbehandelt
	mit Zusatzangaben: Oberfläche muß ohne materialabtrennende Bearbeitung hergestellt werden	z. B. durch Urformen, Umformen jedoch nicht durch spanen erzeugte Oberfläche	○√‾‾ $R_z = 3$ µm oder ○√‾‾ R_z 3	spanlos hergestellte Oberfläche mit gemittelter Rauhtiefe $R_z \leqq 3$ µm

[1]) Die Darstellung mit Klammern entspricht ISO 1302. Klammern und Gleichheitszeichen dürfen in deutschen Zeichnungen entfallen.

[2]) Erläuterung der Begriffe Mittenrauhwert, gemittelte Rauhtiefe und Flächentraganteil s. S. 109.

[3]) Hierzu gehören Spanen, Zerteilen oder Abtragen.

So bedeuten z. B.:

A1 muldiger Oberflächencharakter
B1 gerade, parallele Rillen
B9 krumme, unregelmäßige Rillen
P1 gleichmäßig dreieckige Rillen

Für die Eintragung der Oberflächenangaben in Zeichnungen verwendet man die in Tab. **5**.16 enthaltenen Symbole. Ihre Größe richtet sich nach den einzutragenden Oberflächenangaben (**5**.17).

Kennzeichnung der Rillenrichtung

- = parallel zur Projektionsebene verlaufend
- ⊥ senkrecht zur Projektionsebene verlaufend
- × in 2 Richtungen schräg zur Projektionsebene gekreuzt verlaufend
- M in mehreren Richtungen verlaufend
- C annähernd kreisförmig verlaufend
- R annähernd radial zum Mittelpunkt verlaufend

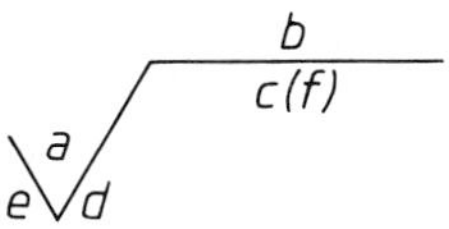

5.17 Größe des Symbols und Eintragung der Oberflächenangaben

a = Mittenrauhwert R_a in µm
b = Fertigungsverfahren, Behandlung oder Überzug, sonstige Wortangaben
c = Bezugsstrecke, Grenzwellenlänge
d = Rillenrichtung
e = Bearbeitungszugabe
f = andere Rauheitsmeßgrößen (z. B. R_z, R_p, R_{max})

Anordnung der Symbole. Symbole mit den Zusatzangaben *b, c, d, e* und *f* sind so anzuordnen, daß sie von unten oder von der rechten Seite zu lesen sind (**5**.18). Das Symbol mit der Zahlenangabe $\overset{a}{\surd}$ ($\overset{a}{\surd}$‾) kann man in beliebiger Lage zeichnen (**5**.34).

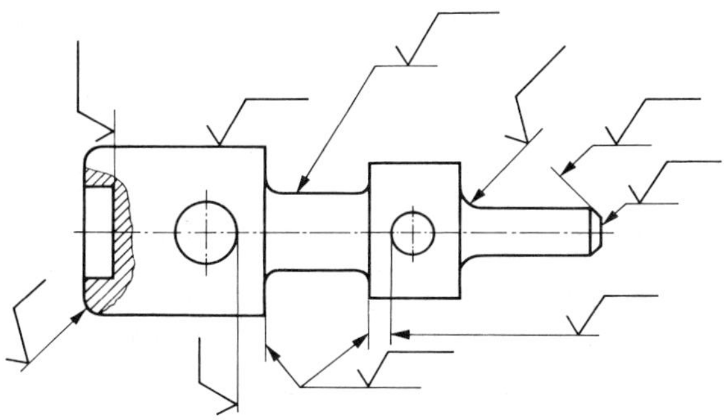

5.18 Symbole müssen von unten oder von der rechten Seite lesbar sein

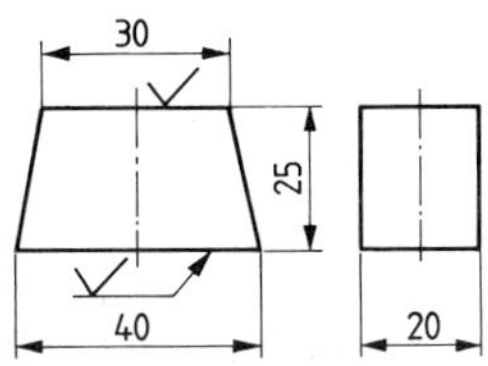

5.19 Oberflächenzeichen und Maße gehören zusammen

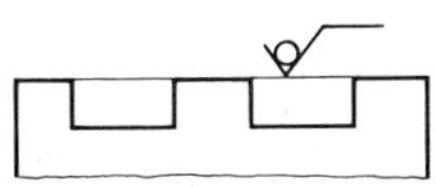

5.20 Gemeinsames Oberflächenzeichen

Beispiele für die Eintragung in Zeichnungen:

- **Oberflächenzeichen** sind in die Ansicht zu setzen, in der die betreffende Fläche bemaßt ist (**5**.19).
- **Mehrere in einer Ebene liegende Flächen** gleicher Oberflächenbeschaffenheit können mit einer schmalen Vollinie verbunden werden, damit das Oberflächenzeichen nur einmal nötig ist (**5**.20).
- **Jede der in den Hälften symmetrischer Darstellungen gleichliegenden Flächen** trägt auch bei gleicher Oberflächenbeschaffenheit ein Oberflächenzeichen (**5**.21 auf S. 128). An die Mantelfläche eines Rotationskörpers setzt man das Oberflächenzeichen nur einmal (**5**.22).
- **Bei zusammengehörenden Paß- und Gleitflächen** mit gleicher Oberflächenbeschaffenheit kann man Oberflächenangaben nach Bild **5**.23 eintragen.

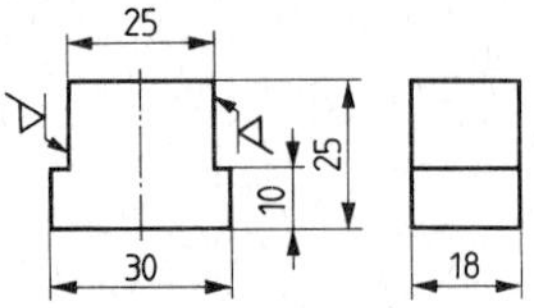

5.21 Oberflächenzeichen für symmetrisch liegende Flächen gleicher Beschaffenheit

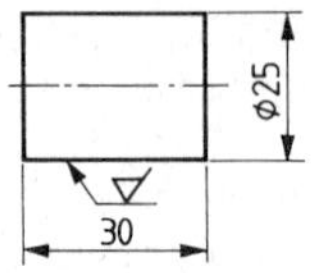

5.22 Oberflächenzeichen für eine Mantelfläche

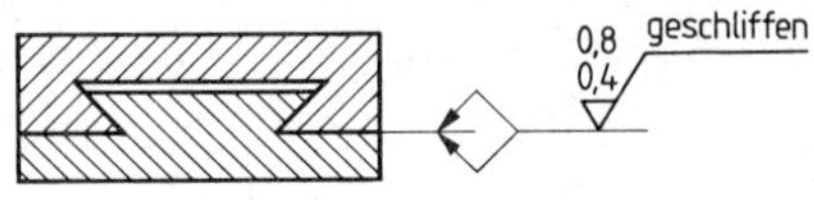

5.23 Zusammengesetzt gezeichnete Teile mit gleicher Oberflächenbeschaffenheit

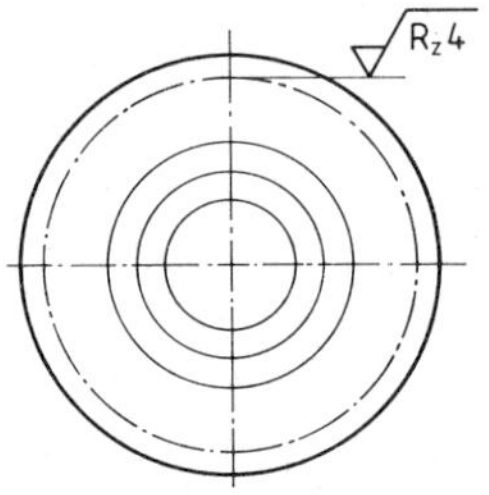

5.24 Oberflächenangaben von Zahnflanken (Draufsicht)

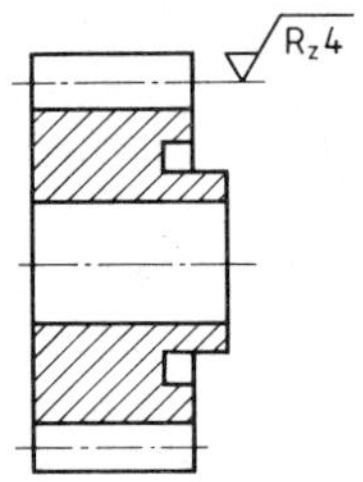

5.25 Oberflächenangaben von Zahnflanken (Seitenansicht)

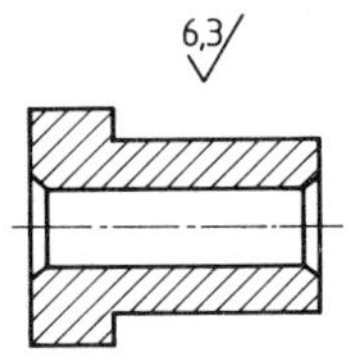

5.24 Gleiche Oberflächenbeschaffenheit

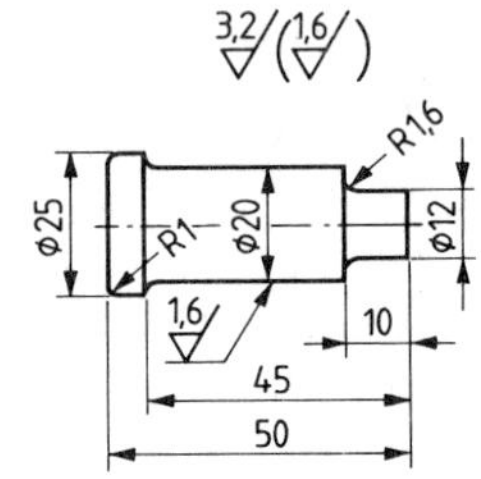

5.27 Teile mit verschiedener Oberflächenbeschaffenheit

- **Die Oberflächenangaben von Zahnflanken,** die in der Zeichnung nicht dargestellt sind, setzt man an die Teilkreise (**5**.24 und **5**.25).
- **Bei Teilen** mit gleicher Oberflächenbeschaffenheit genügt eine Oberflächenangabe in der Nähe des Teils oder über dem Zeichnungsschriftfeld (**5**.26).
- **Tritt eine Oberflächenbeschaffenheit überwiegend auf,** die andere dagegen seltener, wird das Hauptoberflächenzeichen in die Nähe der Darstellung oder des Schriftfelds, die seltenere Oberflächenbeschaffenheit in Klammern hinter das erste Zeichen und außerdem an die betreffende Fläche gesetzt (**5**.27).
- **Für Außen- und Innenrundungen** (Hohlkehlen) werden die Oberflächenangaben auf die Maßlinie des Radius (Halbmesser), für Schrägungen dagegen auf eine Hilfslinie gesetzt (**5**.28).
- **Bei Rundungen mit gleicher Oberflächenbeschaffenheit** kann man statt der Einzelangabe in der Nähe des Teils oder des Schriftfelds einen Hinweis mit entsprechendem Symbol aufnehmen (**5**.29). Tritt eine Oberflächenbeschaffenheit der Rundungen dagegen seltener auf, fügt man diese Ausnahme in Klammern an und gibt sie in der Darstellung an (**5**.30). Rundungen ohne Oberflächenangaben, die zwischen zwei Flächen liegen, sollen die gleiche Oberflächenbeschaffenheit aufweisen wie die feinere Oberfläche.
- **Die herausgezogenen Oberflächenzeichen** sind etwas größer und stehen mit einer etwa vorhandenen laufenden Nummer auf gleicher Zeile. Bezieht sich eine bestimmte Oberflächenbeschaffenheit nur auf einen Teil der Oberfläche, legt man den Geltungsbereich durch ein Maß fest (**5**.31).
- **Die Oberflächenbeschaffenheit wiederkehrender Formen** ist nur einmal an der bemaßten Form einzutragen (**5**.32).
- **Die Angabe von Abmaßen und/oder Toleranzfeldkurzzeichen** gewährleistet keine bestimmte Oberflächenbeschaffenheit. Diese ist, wenn gefordert, besonders anzugeben (**5**.33).

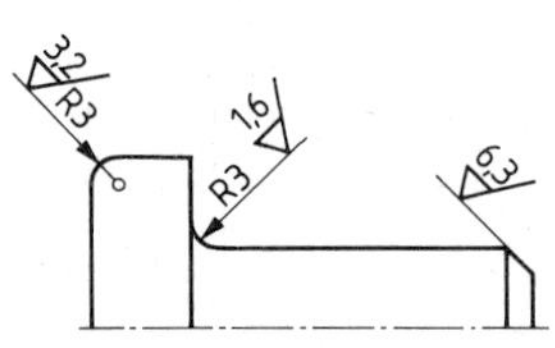

5.28 Oberflächenangaben von Innenrundungen und Schrägungen

5.29 Teile mit Rundungen mit gleicher Oberflächenbeschaffenheit

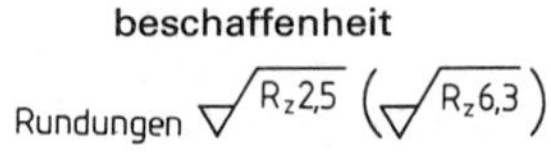

5.30 Teile mit verschiedener Oberflächenbeschaffenheit der Rundungen

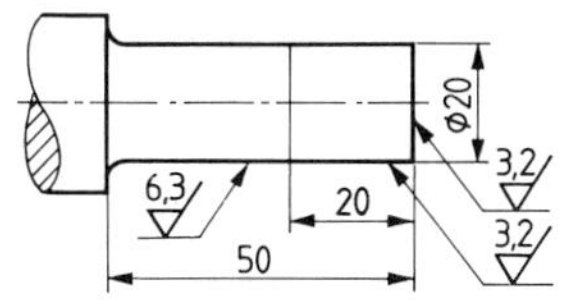

5.31 Bemaßter Bereich für eine Oberflächengüte

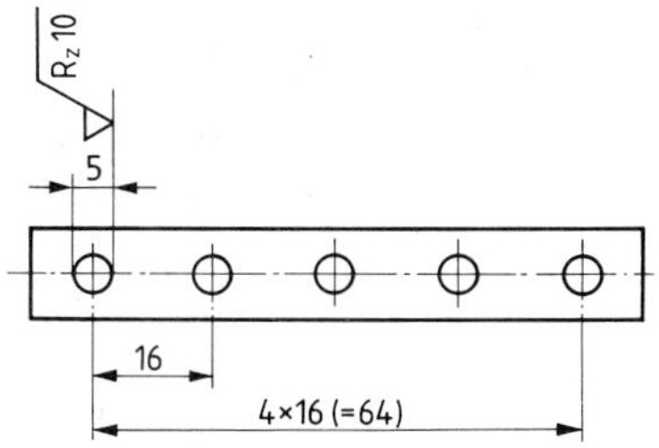

5.32 Oberflächenbeschaffenheit wiederkehrender Formen

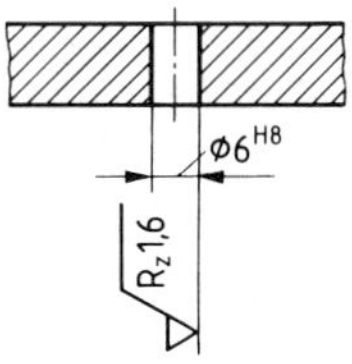

5.33 Toleranzfeldkurzzeichen und Oberflächenbeschaffenheit

An Gußstücken gilt für die Kennzeichnung der Oberflächenbeschaffenheit bei überwiegend r o h e n F l ä c h e n:

- Die Oberflächenangaben für die rohen Flächen entfallen, wenn das Herstellverfahren eine ausreichende Oberflächenbeschaffenheit gewährleistet (**5**.34). Oder
- das Symbol ∀⁄ wird als allgemeiner Hinweis angegeben.
- Die bearbeiteten Flächen sind in beiden Fällen mit einem Oberflächensymbol zu versehen (**5**.35).

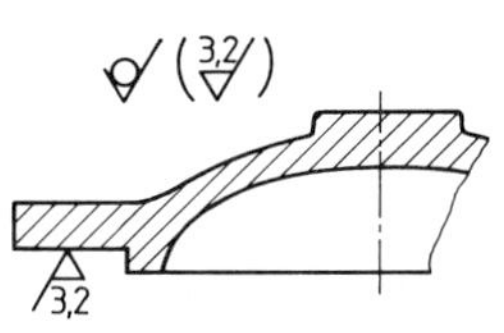

5.34 Roh bleibende Gußflächen erhalten kein Oberflächenzeichen

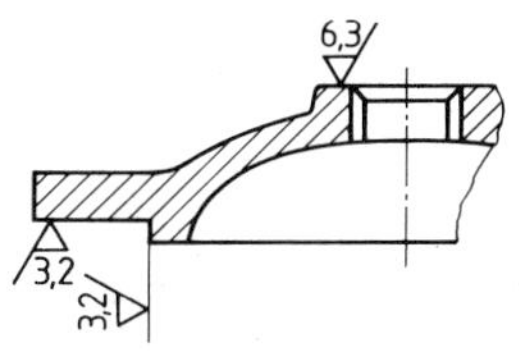

5.35 Zu bearbeitende Gußflächen erhalten Oberflächenzeichen

Bei überwiegend s p a n e n d b e a r b e i t e t e n F l ä c h e n:

- Die rohen Flächen bezeichnet man mit dem Symbol ∀⁄.
- Für die bearbeiteten Flächen wird ein allgemeiner Hinweis aufgenommen, z.B. (3,2∇⁄) (**5**.36).

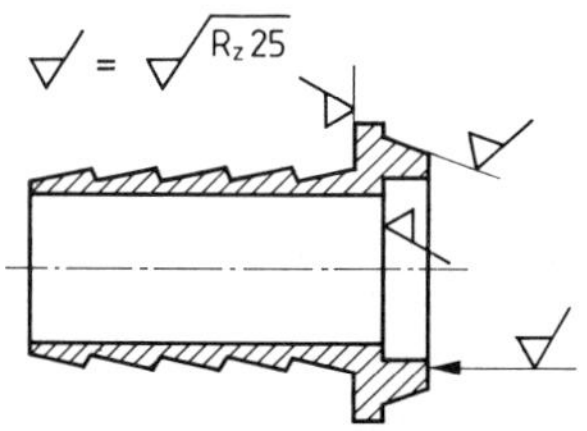

5.36 Vereinfachte einheitliche Angabe bei mehreren Oberflächen gleicher Beschaffenheit

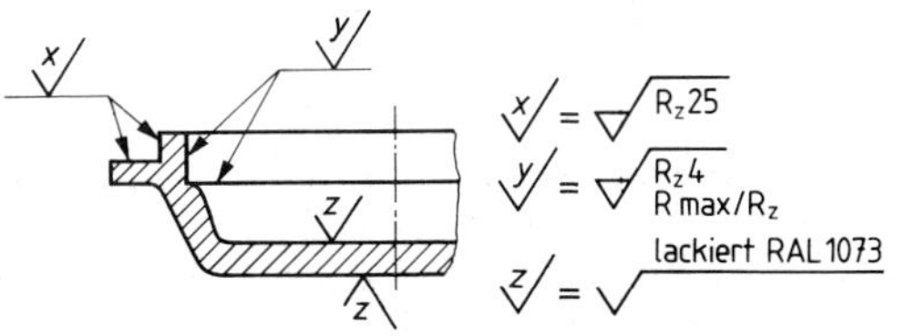

5.37 Vereinfachte Oberflächenangaben durch Grundsymbol und Buchstaben

Zur Vereinfachung zieht man das Grundsymbol mit Buchstaben an die Flächen des Werkstücks heran. Die Bedeutung wird in der Nähe des Teils oder des Schriftfelds erklärt (**5**.37). Bei einheitlicher Oberflächenbeschaffenheit mehrerer Flächen genügt die Eintragung des Symbols ∇⁄, dessen Bedeutung an anderer Stelle auf der Zeichnung erklärt wird (**5**.38). Muß – z.B. bei Dichtflächen – die Rillenrichtung (hier C = zentrisch zum Mittelpunkt) angegeben werden, verfährt man wie in Bild **5**.39 dargestellt.

Etwa erforderliche Anflächungen an Durchgangslöchern dürfen vereinfacht durch Angabe der Maße und Oberflächenangaben dargestellt werden (**5**.40).

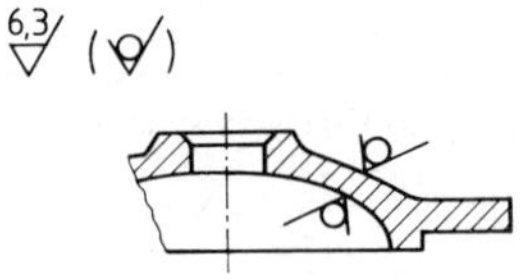

5.38 Allgemeiner Hinweis der roh bleibenden und der zu bearbeitenden Flächen

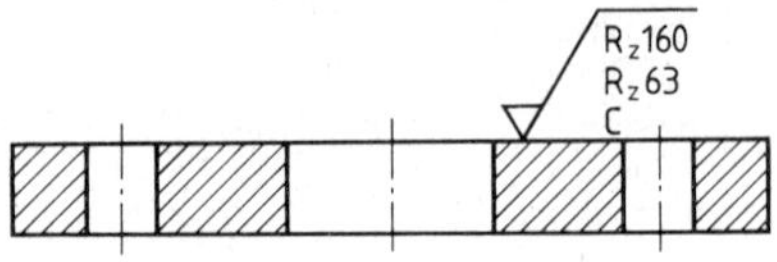

5.39 Oberfläche mit Angabe der Rillenrichtung

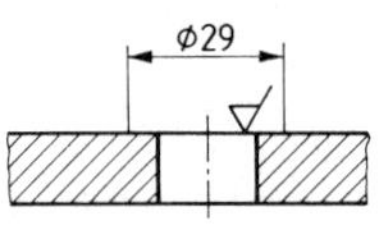

a)

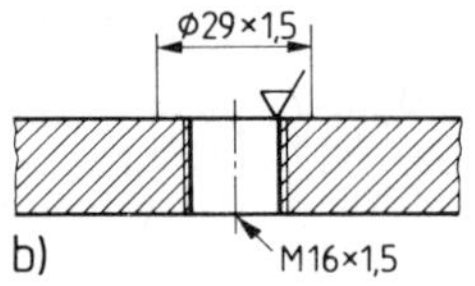

b)

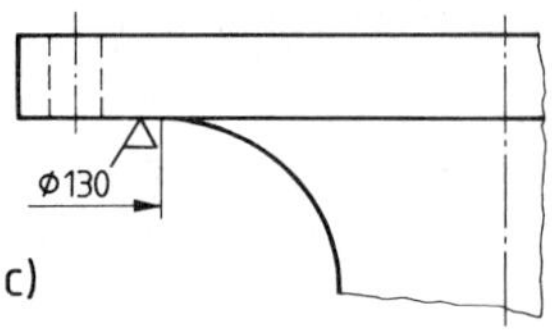

c)

5.40 Anflächungen an Durchgangslöchern

An Werkstücken aus vorgefertigten Halbzeugen (z. B. gewalzter gezogener Stahl), bei dem die weiteren Oberflächen zu bearbeiten sind, erhalten die im Anlieferungszustand bleibenden Flächen das Symbol (**5**.41). Sollen an einem vorwiegend spanend herzustellenden Werkstück einzelne Flächen spanlos bearbeitet werden, erhalten diese das gleiche Symbol mit den entsprechenden Zusatzangaben. Bei der Oberflächenbeschaffenheit genügt das in Klammern gesetzte Grundsymbol (**5**.42).

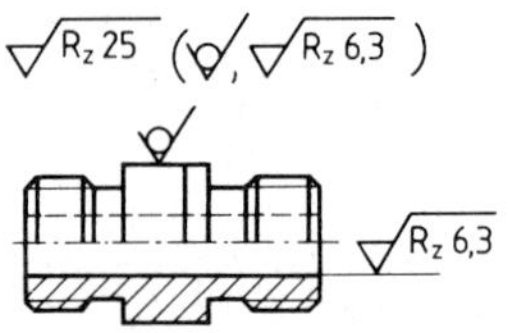

5.41 Kennzeichnung der Flächen, die im Anlieferungszustand bleiben sollen

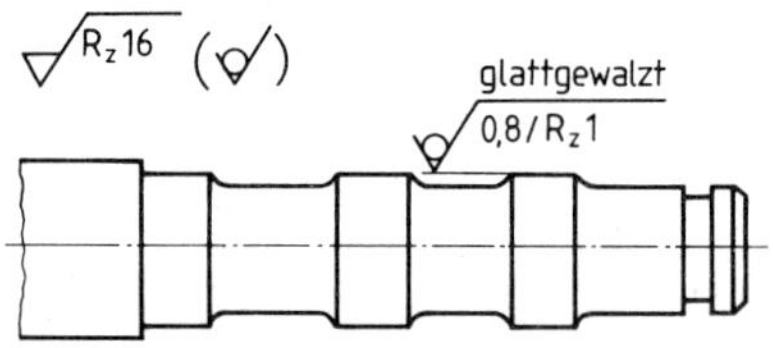

5.42 Überschneidungen zwischen spanlos und spanend hergestellten Flächen

5.3 Wärmebehandlungsangaben

5.3.1 Begriffe der Wärmebehandlung

Durch Wärmebehandlung kann man die Härte eines Stahls erhöhen. Härte heißt der Widerstand, den ein Körper dem Eindringen eines anderen Körpers entgegensetzt. DIN 17014 T1 definiert die Begriffe (**5**.43).

Tabelle **5**.43 **Begriffe der Wärmebehandlung nach DIN 17014 T1**

Anlassen (DIN 6773 T2)	Erwärmen eines gehärteten Werkstücks auf eine Temperatur zwischen Raumtemperatur und Umwandlungspunkt Ac_1, Halten dieser Temperatur bis zum zweckentsprechenden Abkühlen.
Aufkohlen	Anreichern der Randschicht mit Kohlenstoff (thermochemisch). Nach der Art des Aufkohlungsmittels unterscheidet man Gas-, Salzbad-, Pulver- und Pastenaufkohlen. (Der Begriff Einsetzen ist mehrdeutig und daher nicht mehr zu verwenden.)

Fortsetzung s. nächste Seite

Tabelle **5**.43, Fortsetzung

Aufstickungstiefe	Senkrechter Abstand von der Oberfläche eines nitrierten Werkstücks bis zum festgelegten Stickstoffgehalt. Kennzeichnung auch durch andere Eigenschaften, die vom Stickstoffgehalt abhängen, z. B. Härte (s. Nitrierhärtetiefe).
Carbonitrieren	Anreichern der Randschicht mit Kohlenstoff und Stickstoff (thermochemisch). Zum Härten folgt meist ein Abschrecken.
Diffusionsschicht	Bereich meist nur am Werkstückrand, in dem der Gehalt eines oder mehrerer Elemente geändert wurde.
Einhärtungstiefe (Rht) (DIN 6773 T4)	Senkrechter Abstand von der Oberfläche eines gehärteten Werkstücks bis zum festgelegten Härtegrenzwert. Ermitteln der Rht s. DIN 50190 T2.
Einsatzhärten (DIN 6773 T4)	Aufkohlen oder Carbonitrieren mit folgender Wärmebehandlung.
Einsatzhärtungstiefe (Eht)	Senkrechter Abstand von der Oberfläche eines gehärteten Werkstücks bis zum festgelegten Härtegrenzwert. Ermitteln der Eht s. DIN 50190 T1.
Härten (DIN 6773 T2)	So rasch austenitisieren und abkühlen, daß in Querschnittsbereichen des Werkstücks die Härte durch Martensitbildung erheblich steigt.
Nitrieren (DIN 6773 T5)	Anreichern der Randschicht mit Stickstoff (thermochemisch). Nach Art des Nitriermittels unterscheidet man Gas-, Salzbad-, Pulver- und Plasmanitrieren. (Die Begriffe Bad- und Glimmnitrieren sollen nicht mehr verwendet werden.)
Nitrierhärtetiefe	Senkrechter Abstand von der Oberfläche eines nitrierten Werkstücks bis zum festgelegten Härtegrenzwert. Ermitteln s. DIN 50190 T3.
Randschichthärten (DIN 6773 T3)	Auf die Randschicht beschränktes Härten. Je nach Austenitisierung unterscheidet man Flammhärten und Induktionshärten. (Randschichthärtungen durch Aufkohlen oder Carbonitrieren fallen nicht darunter.)
Verbindungsschicht	Äußerer Bereich der Diffusionsschicht, der sich große Mengen stickstoffhaltiger Verbindungen in der Struktur wesentlich vom restlichen Bereich unterscheidet.
Verbindungsschichtdicke	Senkrechter Abstand von der Oberfläche eines nitrierten Werkstücks bis zu dem Punkt der Diffusionsschicht, in dem der Gefügezustand deutlich sichtbar in einen anderen Aufbau übergeht. Mit den z. Z. bekannten Meßmethoden nur am Querschliff eines nitrierten Teils bei ausreichender Vergrößerung meßbar.
Vergüten (DIN 6773 T2)	Härten und danach Anlassen im oberen möglichen Temperaturbereich, um bei gegebener Zugfestigkeit eine gute Zähigkeit zu erzielen.

5.3.2 Prüfverfahren

Zur Prüfung der Härte dienen gewöhnlich die Verfahren von Brinell, Vickers oder Rockwell, und zwar nach festliegenden Vorschriften und mit besonderen Geräten.

Brinellhärte *HB* (DIN 50351). Eine gehärtete Stahlkugel wird in den Werkstoff gedrückt (**5**.44). Man erhält

$$HB = \frac{\text{Prüflast}}{\text{Oberfläche des Eindrucks}} = \frac{F}{A}$$

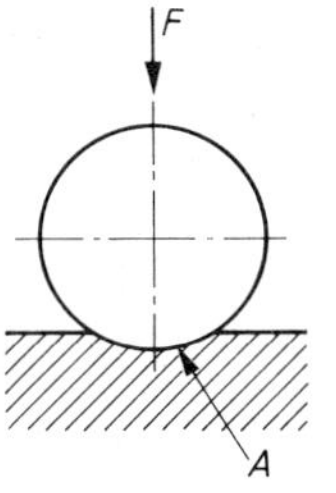

5.44 Prüfung der Brinellhärte

Beispiel für $F = 29420$ N und $A = 20$ mm^2 ist die **H**ärte nach **B**rinell

$$HB = \frac{F}{A} = \frac{29420\ \text{N}}{20\ \text{mm}^2} = 1471 = HB\,150$$

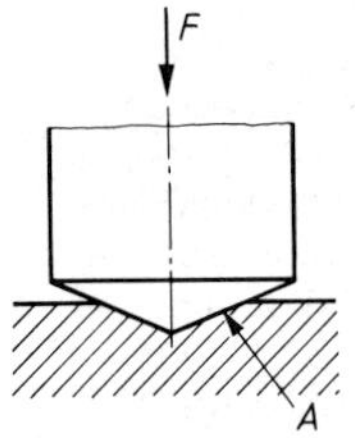

5.45 Prüfung der Vickershärte

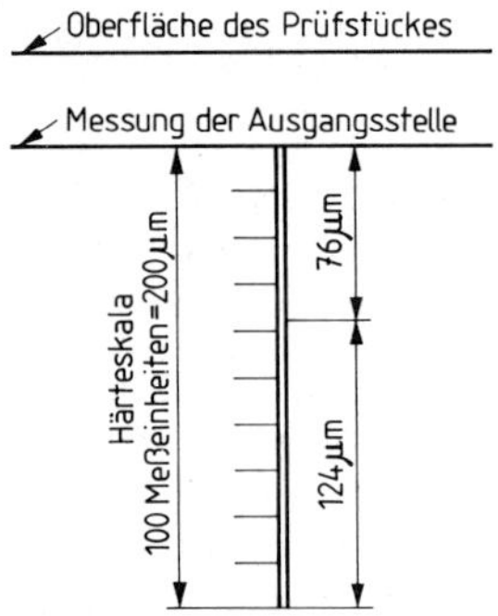

5.46 Meßskala nach Rockwell C

Vickershärte *HV* (DIN 50133) eignet sich auch für härtere Werkstoffe. Die Prüflast *F* wird über eine vierseitige Pyramide aus Diamant mit 136° Spitzenwinkel aufgebracht (**5**.45). Man erhält auch $HV = F/A$. Z. B. Bedeutet $HV10 = 6200 \pm 700$, daß bei $F = 98$ N Prüflast eine Vickershärte von 6900 bis 5500 N/mm² gegeben ist.

Rockwellhärte *HRC* und *HRB* (DIN 50103). Es gibt zwei voneinander unabhängige Verfahren *B* und *C*. Bei *C* wird die Spitze (120°) eines Diamantkegels und bei *B* (für weichere Werkstoffe) eine harte Stahlkugel (∅ 1/16″) zunächst mit Vorlast von je 98 N eingedrückt.

Anschließend werden Zusatzlasten von 1373 N bei *C* bzw. 883 N bei *B* aufgebracht[1]). Der durch die Zusatzlast hervorgerufene Teil der Eindrucktiefe wird bei *C* von einer 200 µm und bei *B* von einer 260 µm langen Tiefenskala abgezogen (**5**.46). Die Differenz ist dann durch 2 µm, der Maßeinheit für Rockwellhärten, zu teilen. Dadurch ergibt sich die Anzahl der Härteeinheiten. Sie beträgt z. B. bei 76 µm Eindrucktiefe durch die Zusatzlast 1373 N im Versuch *C*

$$(200\ \mu m - 76\ \mu m) : 2\ \mu m = \mathbf{62}$$

Sie wird mit *HRC* 62 bezeichnet und an der Meßuhr abgelesen.

5.3.3 Zeichnungsangaben

> Alle für den Endzustand erforderlichen Werkstoffangaben müssen in der Zeichnung stehen. Z. B. Kurzname und Kurzbezeichnung, Werkstoffnummer, Ausgangsform, Lieferzustand, Hinweise auf Liefer- oder Bestellunterlagen.

Den gewünschten Endzustand nach der Wärmebehandlung bestimmt man als „gehärtet", „gehärtet und angelassen", „gehärtet und *n*-mal angelassen", „vergütet", „randschichtgehärtet", „randschichtgehärtet und angelassen", „einsatzgehärtet", „nitriert" mit entsprechenden Einzelangaben. Die Wahl des Verfahrens bestimmt die Gebrauchseigenschaften. Deshalb sind ergänzende Fertigungsunterlagen nötig, z. B. eine Wärmebehandlungs-Anweisung (WBA, DIN 17023) oder ein Wärmebehandlungsplan (WBF). Allen Härtewerten ist eine größtmögliche Plus-Toleranz zuzuordnen. Die Oberflächen-Härteangaben für die verschiedenen Wärmebehandlungsverfahren zeigt Tabelle **5**.47.

Den Zusammenhang zwischen Oberflächenhärte, Prüfverfahren und Wärmebehandlung zeigen

DIN 6773 T3, Tab. 1 bis 3 für das Randschichthärten, DIN 6773 T4, Tab. 1 bis 3 für das Einsatzhärten, DIN 6773 T5, Tab. 1 für das Nitrieren.

---

[1]) Die krummen Zahlen bei den Vor- und Prüflasten ergaben sich durch die Umrechnung der Werte von kp in N.

Tabelle **5.47** **Oberflächenangaben**

Wärmebehandlungs-verfahren	DIN 6773	Oberflächen-Härteangaben in	DIN
Härten, Härten und Anlassen, Vergüten	T2	Rockwellhärte Vickershärte Brinellhärte	50103 T1 und 2 50133 T1 und 2 50351
Randschichthärten	T3	Vickershärte Rockwellhärte	50133 T1 und 2 50103 T1 und 2
Einsatzhärten	T4	Vickershärte Rockwellhärte	50133 T1 und 2 50103 T1 und 2
Nitrieren	T5	Vickershärte	50133 T1 und 2

Zu berücksichtigen ist, daß sich je nach Werkstoff, Dicke und Art der Verbindungsschicht unterschiedliche Härtewerte ergeben. Trotzdem ist die Angabe von Werten für die Oberflächenhärte in einigen Fällen erforderlich.

Sollen die Teile im Endzustand an der Oberfläche Bereiche mit unterschiedlicher Härte aufweisen (z. B. für stellenweise angelassene Bereiche), sind zusätzliche Härtewerte anzugeben.

Die Kernhärte trägt man in der Zeichnung nur ein, wenn ihre Prüfung im Endzustand vorgeschrieben ist. Sie wird angegeben als Vickershärte nach DIN 50133 T1, als Brinellhärte nach DIN 50351 oder als Rockwellhärte (Verfahren B und C) nach DIN 50103 T1. Muß die Meßstelle in der Zeichnung gekennzeichnet werden, trägt man ein grafisches Symbol ein (**5**.48). Man kann es direkt mit einer Kennzahl für die Meßstelle verbinden (**5**.49) und die Lage entsprechend bemaßen.

5.48 Meßstelle

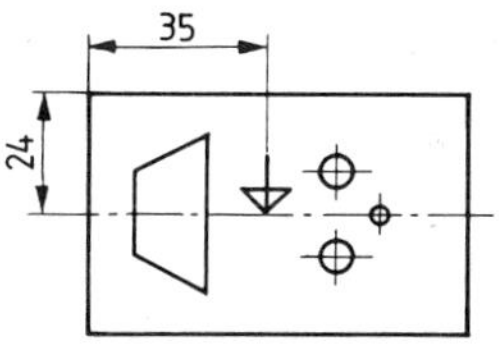

5.49 Bemaßte Meßstelle

Festigkeitswerte gibt man nur an, wenn Form und Abmessungen eines Teils die Festigkeitsprüfung zulassen. Dem Festigkeitswert ist eine Toleranz zuzuordnen. Sie ergibt sich für Härten, Härten und Anlassen, Vergüten aus DIN 17211, für Randschichthärten aus DIN 17212. Die Stelle, an der eine Probe entnommen werden muß, legt man erforderlichenfalls maßlich fest.

Sind Festigkeitsangaben vorgesehen, entfällt die Angabe der Kernhärte.

Die Angaben über die Wärmebehandlung trägt man zweckmäßig in der Nähe des Schriftfelds ein. Zu beachten ist der Unterschied zwischen der Wärmebehandlung des ganzen Teils und der örtlich begrenzten Wärmebehandlung.

Wärmebehandlung des ganzen Teils. Bei gleichen Härtewerten kennzeichnet man die erforderliche Wärmebehandlung durch Wortangaben (**5**.50). Bei unterschiedlichen Härtewerten versieht man die Bereiche jeweils mit Kennzahl und Maßangaben und wiederholt sie unter den Wortangaben mit den geforderten Härtewerten (**5**.51).

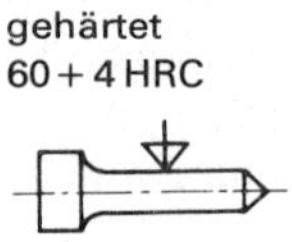

5.50 Teil mit gleichmäßiger Härte

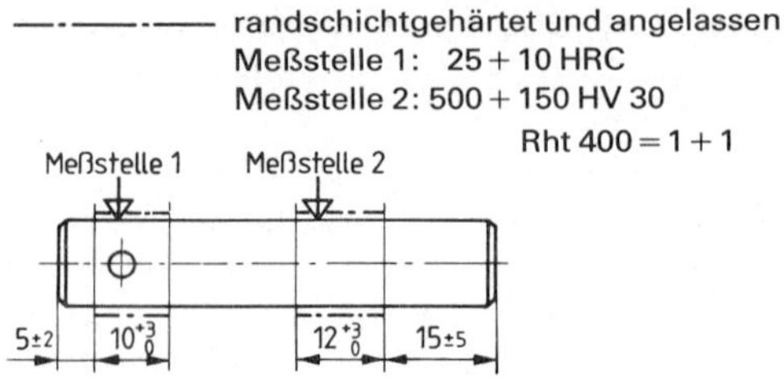

5.51 Teil mit unterschiedlichen Härtewerten

Die örtlich begrenzte Wärmebehandlung ist meist mit Mehraufwand verbunden und sollte daher sorgfältig geprüft werden. U.a. ist der Übergang vom wärmebehandelten zum nicht wärmebehandelten Bereich zu berücksichtigen. In der Zeichnung gibt man die zu behandelnden Teile durch eine breite Strichpunktlinie außerhalb der Körperkanten an (DIN 15 T1). Bei rotationssymmetrischen Teilen genügt es, eine Mantellinie (die „Erzeugende") zu kennzeichnen (**5**.51). Größe und Lage des Bereichs sind, soweit erforderlich, durch Maße und Toleranzen festzulegen.

Der Übergang zwischen wärmebehandeltem und nicht behandeltem Bereich liegt innerhalb der Toleranzen für die Länge des behandelten Bereichs. Bereiche, die wärmebehandelt sein dürfen, sind durch eine breite Strichlinie außerhalb der Körperkanten zu kennzeichnen (DIN 15 T1) und nötigenfalls zu bemaßen. Die Toleranzangabe für diese Bereiche ist nicht erforderlich (**5**.52).

Nicht gekennzeichnete Bereiche dürfen nicht wärmebehandelt werden.

Lage und Bereich von Schlupfzonen gibt das Symbol nach Bild **5**.53 mit Maßen an.

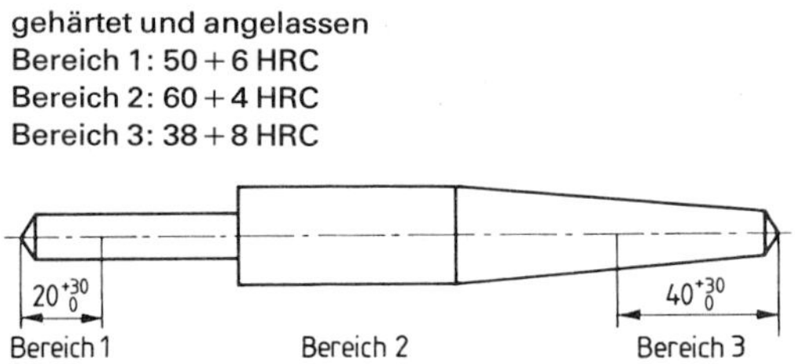

5.52 Bereiche, die wärmebehandelt sein dürfen

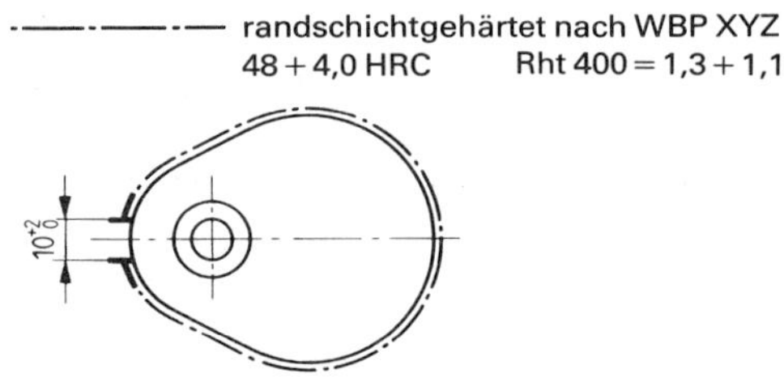

5.53 Angabe der Schlupfzone

Ein Wärmebehandlungsbild fügt man der Darstellung hinzu, wenn sie durch die Angaben unübersichtlich wird oder eine Verwechslung mit anderen Behandlungsverfahren möglich scheint. Es wird als „Wärmebehandlungsbild" gekennzeichnet und in der Nähe des Schriftfelds angeordnet, braucht nicht maßstabsgetreu zu sein und kann auch ein Teilbild sein. Die für die Wärmebehandlung nötigen Einzelheiten muß es enthalten, nicht unbedingt erforderliche Zeichnungseinzelheiten können wegbleiben (**5**.54). Man kann Wärmebehandlungsbilder auch als Einzelheit, d.h. mit einem Kreis in schmaler Vollinie und entsprechender Kennzeichnung, darstellen.

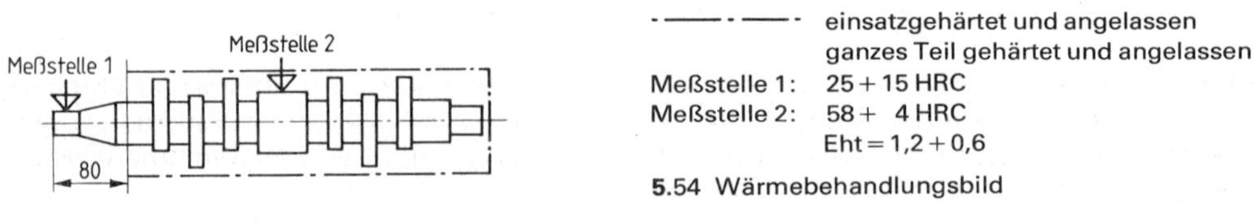

5.54 Wärmebehandlungsbild

5.4 Angaben für den Oberflächenschutz in Zeichnungen

Galvanische Überzüge werden durch Kurzzeichen gekennzeichnet, z. B. gal Cd 5 mt c. Hierin bedeuten: gal = galvanische Behandlung, Cd = Cadmium (Überzugswerkstoff), 5 = 0,005 mm (Schichtmindestdicke), mt = matt (Glanzgrad), c = chromatiert (durch Nachbehandlung aus Cadmium entstandene Cadmiumchromat-Schutzschicht gegen Korrosion). Weitere Kennbuchstaben sind:

- **für den Überzugswerkstoff:** Zn (Zink), Ni (Nickel), NiCr (Nickel-Chrom), CuNi (Kupfer-Nickel) und CuNiCr (Kupfer-Nickel-Chrom).
- **für den Glanzgrad:** bk (blank), gl (glänzend), hgl (hochglänzend) und sgl (spiegelglänzend).
- **für die Nachbehandlung:** phr (phosphatiert).

Nicht erforderliche Teile des Kurzzeichens läßt man fort. Wird ein Glanzgrad nicht angegeben, ist das Aussehen dem Hersteller überlassen. Bei mehreren Überzügen auf dem gleichen Teil werden die Überzugswerkstoffe in der Reihenfolge der Aufbringung eingetragen, z. B. Überzug mit 12 µm Nickel + 0,3 µm Chrom: gal Ni 12 Cr (1 µm = 1 Mikrometer = 0,001 mm).

Die Dicke der Chromschicht wird nicht angegeben, weil sie bei allen Nickel-Chrom-Überzügen einheitlich 0,3 µm beträgt; es sei denn, sie soll dicker sein.

In Teilzeichnungen wird das Kurzzeichen an die Darstellung gesetzt (**5**.55). In Gesamtzeichnungen wird es als Zusatz zu den lfd. Nr angegeben (**5**.56). Ist der Überzug nur teilweise nötig, umrandet man die betreffende Stelle strichpunktiert und setzt das Kurzzeichen auf einen Bezugsstrich (**5**.57).

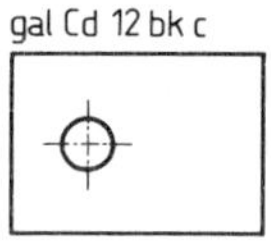

5.55 Teil mit allseitigem Überzug

5.56 2 allseitig überzogene Teile

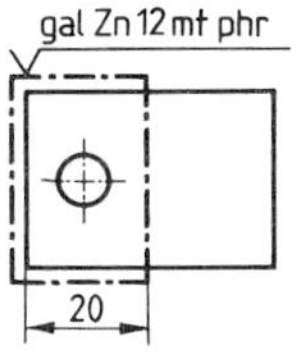

5.57 Teilweiser Überzug

Normen

DIN 50961	Galvanische Überzüge; Zinküberzüge auf Eisenwerkstoffen
DIN 50962	Galvanische Überzüge; Cadmiumüberzüge auf Eisenwerkstoffen
DIN 50975	Korrosionsschutz; Zinküberzüge durch Feuerverzinken, Richtlinien
DIN 50976	Korrosionsschutz; Anforderungen an Zinküberzüge auf Gegenständen aus Eisenwerkstoffen, die als Fertigteile feuerverzinkt werden
DIN 55928	Korrosionsschutz von Stahlbauten durch Beschichtungen und Überzüge
DIN 55928 T1	– Allgemeines
DIN 55928 T2	– Korrosionsschutzgerechte Gestaltung von Stahlbauten (z. Z. noch Entwurf)
DIN 55928 T4	– Oberflächenvorbereitung und -prüfung
DIN 55928 T5	– Beschichtungsstoffe und Schutzsysteme (z. Z. noch Entwurf)

Emaillierungen. Emails sind gläserne Überzüge auf Metallen, vor allem auf Stahlblech und Gußeisen. Sie werden aus korrosionstechnischen und hygienischen Gründen aufgebracht. Die Werkstoffe und die Konstruktion der Bauteile müssen für die Emaillierung geeignet sein.

Normen und Richtlinien

DIN ISO 2722	Emails, Bestimmung der Beständigkeit gegen Zitronensäure bei Raumtemperatur
DIN ISO 2723	Stahlblech-Emails, Herstellung von Proben
DIN ISO 2733	Emails, Gerät für die Prüfung mit sauren und neutralen Flüssigkeiten und ihren Dämpfen
DIN ISO 2744	Emails, Bestimmung der Beständigkeit gegen kochendes Wasser und Wasserdampf
Merkblatt 414	Emailgerechtes Konstruieren in Stahlblech (Deutsches Email-Zentrum).

Beschichtung. Als Beschichtungsstoffe verwendet man vorwiegend warmhärtende kunststoffgebundene Beschichtungsmassen. Sie schützen vor Korrosion. Die Konstruktion der Bauteile muß für die Beschichtung geeignet sein. Gestaltungsregeln enthält VDI 2532 „Gestaltung und Ausführung zu schützender metallischer Konstruktionen".

Auskleidung. Auskleidungen bestehen aus natürlichem oder synthetischem Kautschuk. Sie werden fest mit dem Stahl verbunden und dienen zum Oberflächenschutz. Auch hier sind die Festlegungen der VDI 2532 zu beachten.

6 Toleranzangaben in Zeichnungen

6.1 Abmaße in Zahlen

6.1.1 Grundbegriffe (DIN 7182)

Maße und Toleranz. Ein in der Zeichnung vorgeschriebenes Maß (z.B. 500 mm) kann bei der Herstellung nicht genau eingehalten werden. Stets wird die Abmessung am Werkstück, das Istmaß J, kleiner oder größer sein. Zum Begrenzen der Abweichung werden, wenn nötig, zwei Grenzmaße festgelegt, zwischen denen (beide einbegriffen) das Istmaß beliebig liegen darf. Das größere ist das Größtmaß, das kleinere das Kleinstmaß (**6**.1). Bei Durchmessern werden sie mit D_G (= Durchmessergrößtmaß) und D_k (= Durchmesserkleinstmaß), bei Längen sinngemäß mit L_g und L_k bezeichnet. Der Unterschied zwischen dem Größtmaß und dem Kleinstmaß heißt Maßtoleranz T_m oder kurz Toleranz T, wenn Irrtümer nicht möglich sind. Die kreuzschraffierten Flächen in der Zeichnung zwischen dem Größt- und dem Kleinstmaß heißen Toleranzfelder.

Beispiel Durchmessergrößtmaß $D_g = 50{,}05$ mm
Durchmesserkleinstmaß $D_k = 49{,}98$ mm

Maßtoleranz $T_m = 0{,}07$ mm

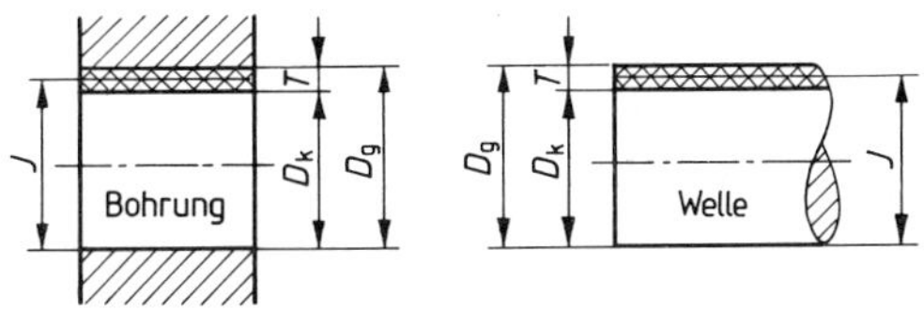

6.1 Istmaß, Größtmaß, Kleinstmaß, Maßtoleranz

Die Größe einer Toleranz wird durch die Feldhöhe ausgedrückt und richtet sich nach dem Verwendungszweck des Werkstücks. Sie soll nicht unnötig klein sein, damit sich die Herstellung durch übertriebene Maßgenauigkeit nicht verteuert.

Die Grenzmaße dürfen an keiner Stelle des Werkstücks über- bzw. unterschritten werden, doch sind, wenn keine Form- und Lageabweichungen angegeben sind, Abweichungen von der geometrischen Form zwischen dem Größt- und dem Kleinstmaß zulässig.

Eine vorgeschriebene zylindrische Form kann daher im Rahmen der Toleranz krumm, ballig, kegelig usw. sein. Beide Grenzmaße werden in der Zeichnung durch ein Paßmaß festgelegt (**6**.2). Es enthält das Nennmaß und die Abmaße.

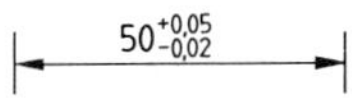

6.2 Paßmaß

Abmaß. Das Nennmaß N ist das Hauptmaß, auf das die Abmaße bezogen werden. Oberes Abmaß A_o ist der Unterschied zwischen dem Größtmaß D_g und dem Nennmaß N, unteres Abmaß A_u der zwischen dem Kleinstmaß D_k und dem Nennmaß N. Hieraus ergibt sich, daß die Abmaße Vorzeichen (+ oder −) haben.

Beispiel Nennmaß $N = 50$ mm
Größtmaß $D_g = 50{,}05$ mm
Kleinstmaß $D_k = 49{,}98$ mm

Dann ist das obere Abmaß $A_o = D_g - N = 50{,}05 \text{ mm} - 50 \text{ mm} = +0{,}05 \text{ mm}$
und das untere Abmaß $A_u = D_k - N = 49{,}98 \text{ mm} - 50 \text{ mm} = -0{,}02 \text{ mm}$

Istabmaß. Alle Abmaße werden von einer Linie, der Nullinie, aus aufgebaut. Sie wird durch das Nennmaß N festgelegt (**6**.3). Abmaße mit dem Vorzeichen + liegen über, Abmaße mit dem Vorzeichen – unter der Nullinie. Die Vorzeichen geben also die Lage der Toleranz zur Nullinie und die Zahlen die Größe der Toleranz an. Der Unterschied zwischen Istmaß J und Nennmaß N heißt Istabmaß A_i.

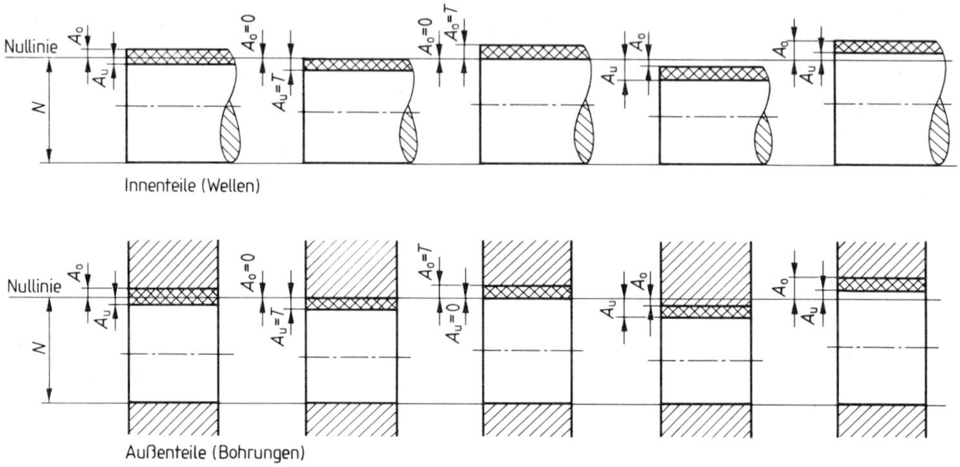

6.3 Aufbau der Abmaße

6.1.2 Eintragen der Abmaße (DIN 406 T2)

Abmaße werden in kleineren Zahlen, jedoch nicht unter 2,5 mm Höhe, hinter das Nennmaß geschrieben. Das obere Abmaß wird höher, das untere Abmaß tiefer als die Maßzahl gesetzt. Die Vorzeichen sind dabei ohne Belang (**6**.4).

Gleichgroße Abmaße sind zu einer Zahl mit beiden Vorzeichen zusammenzufassen (**6**.5).

Das Abmaß 0 (Null) wird eingetragen (**6**.6). Es kann jedoch fortfallen, wenn ein Irrtum ausgeschlossen ist.

Vereinfachend dürfen die Toleranzangaben in derselben Größe hinter das Nennmaß geschrieben werden (**6**.7 auf S. 139).

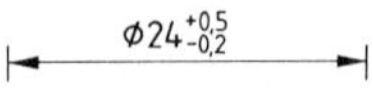

6.4 Das obere Abmaß steht über dem unteren

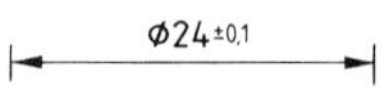

6.5 Gleich große Abmaße

6.6 Das Abmaß 0 entfällt in der Regel nicht

Innen- und Außenmaße. Ein Außenteil ist ein Werkstück, das ein Innenteil umschließt. Bohrungen sind somit Außenteile, Wellen Innenteile. Maße an Außenteilen (Bohrungsdurchmesser) sind Innenmaße und Maße an Innenteilen (Wellendurchmesser) sind Außenmaße. Bei ineinandergesteckt gezeichneten Werkstücken steht das Maß für das Außenteil über dem Maß für das Innenteil (**6**.8).

Die Zuordnung der Maße wird durch Wortangaben, z.B. Bohrung, Welle, Gabel, Kloben, lfd. Nr 10., lfd. Nr 11, gekennzeichnet.

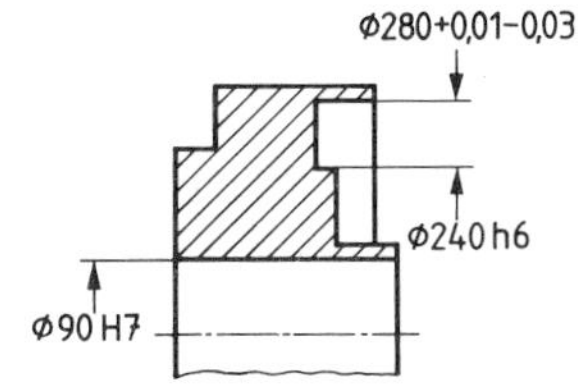

6.7 Toleranzangabe hinter dem Nennmaß

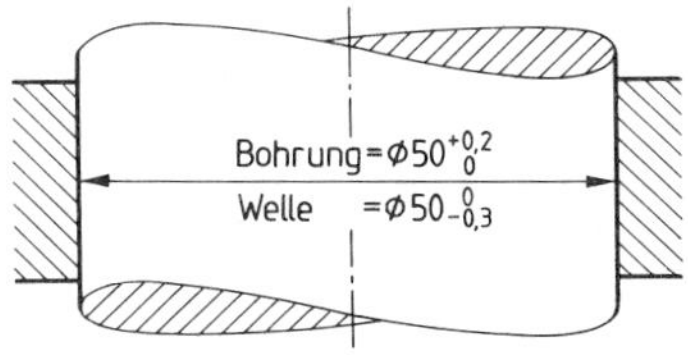

6.8 Zusammenfassung der Maße für Außenteil und Innenteil

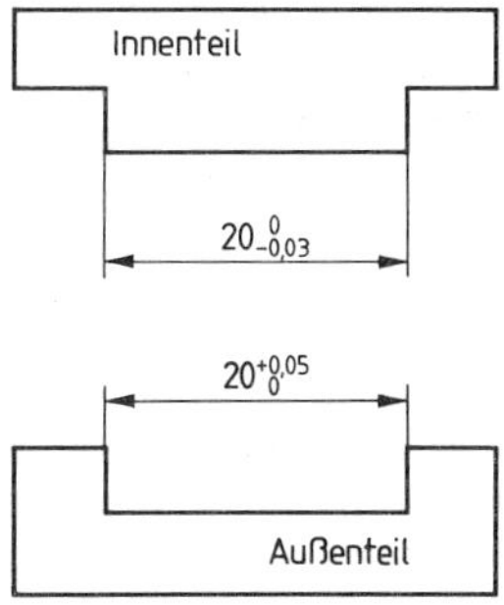

6.9 Ausschußmaße sind 20,05 und 19,97

Gutmaß und Ausschußmaß. Gutmaß ist das bei Fertigung zuerst erreichte Grenzmaß. Es läßt die Wegnahme von Werkstoff innerhalb der Toleranz noch zu und ist bei Außenteilen (Bohrungen) das Kleinstmaß, bei Innenteilen (Wellen) das Größtmaß. Es kann als Nennmaß gewählt werden und hat demgemäß das Abmaß 0 (**6**.9). Mithin ist für das Außenteil und für das Innenteil 20 das Gutmaß. Das jeweils andere Grenzmaß (für das Außenteil 20 + 0,05 = 20,05 und für das Innenteil 20 − 0,03 = 19,97) heißt Ausschußmaß, weil bei seiner Überschreitung am Außenteil oder Unterschreitung am Innenteil der Toleranzbereich verlassen wird und Ausschuß entsteht.

Wird das Gutmaß als Nennmaß eingesetzt, gehört zu einem Außenteil das obere Abmaß mit dem Vorzeichen + und zu einem Innenteil das untere Abmaß mit dem Vorzeichen −. Diese Eintragung ist vorteilhaft, weil das Gutmaß sofort erkennbar, nur ein Abmaß nötig und dies zugleich die Größe der Toleranz ist.

Absatzmaße gehen gewöhnlich von einer Maßbezugsebene aus und können je nach Wahl der Maßbezugsebene als Innen- oder als Außenmaße aufgefaßt werden. Die Maßbezugsebene ist in den Bildern **6**.10 mit „A" gekennzeichnet; sie wird in Zeichnungen nur angegeben, wenn sie für die Fertigung von Bedeutung ist (z. B. bei Koordinatenbemaßung).

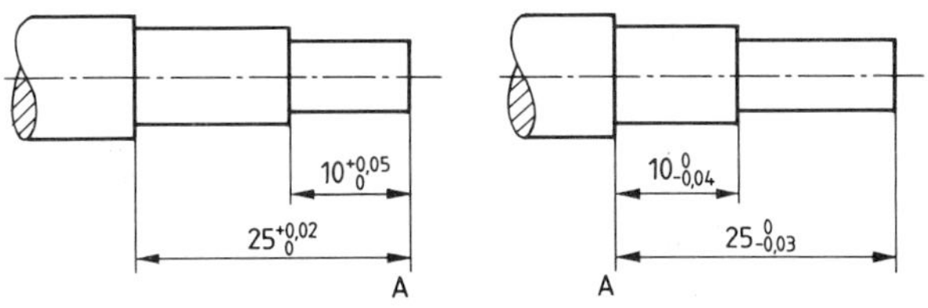

6.10 Die Vorzeichen richten sich nach Lage der Maßbezugsebene

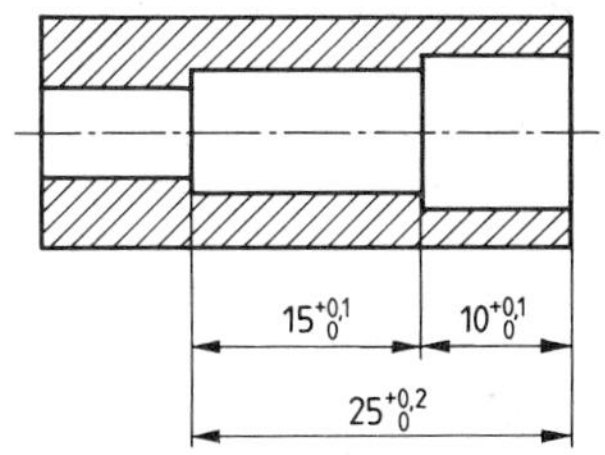

6.11 Falsche Bemaßung

Liegt die Maßbezugsebene der Bearbeitung gemäß in der Stirnfläche, haben die Absatzmaße die Bedeutung von Innenmaßen; die (oberen) Abmaße erhalten mithin das Vorzeichen +. Im rechten Beispiel sind die Absatzmaße gleichbedeutend mit Außenmaßen; die (unteren) Abmaße haben somit das Vorzeichen −.

Maßketten. Aneinandergereihte Maße bilden eine Maßkette. Die einzelnen Maße der Maßkette und das Gesamtmaß dürfen nicht toleriert werden, wenn dadurch die Gefahr des Ausschusses bei der Fertigung entsteht (**6**.11).

Brächte man z. B. das Maß $25^{+0,2}$ mit der Summentoleranz +0,2 auf das Kleinstmaß = 25 und eines der Kettenmaße (z. B. $10^{+0,1}$) auf das Größtmaß = 10,1, wären für das andere Maß nur 25 − 10,1 = 14,9 übrig. Die risikolose Herstellung des Teils ist also ausgeschlossen.

Mittenentfernungen werden gleichmäßig nach + und nach − toleriert (**6**.12). Auch für den Abstand einer Lochmitte von einer zuvor bearbeiteten Kante ist die Maßtoleranz gewöhnlich nach beiden Seiten gleich groß. Wird aber der Abstand einer Fläche von der Lochmitte aus bestimmt, ist die Lochmitte die Maßbezugsebene (**6**.13). Bei beiden Maßen ist mithin das bei der Bearbeitung zuerst erreichte Maß (Gutmaß) als Nennmaß einzutragen und das Ausschußmaß durch ein Abmaß mit richtigem Vorzeichen festzulegen.

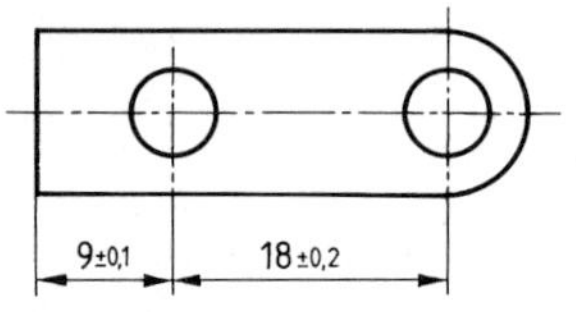

6.12 Tolerierte Lochabstände

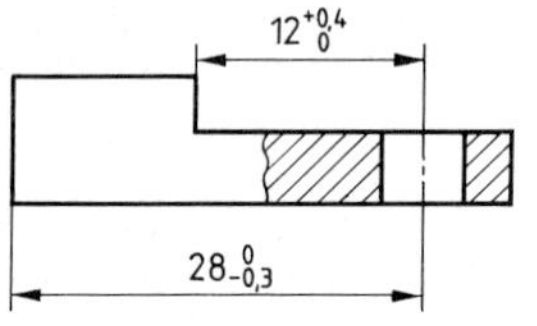

6.13 Lochmitte als Maßbezug

Tolerierte Abstände einzelner Löcher voneinander können von einer Lochmitte aus bemaßt werden (**6**.14). Bei gleichen Abmaßen ist dann die zulässige Abweichung des ersten Lochmittenabstands jedoch nur halb so groß (= 0,2) wie die jeder anderen Teilung (= 0,4). Legt man die Maßbezugsebene aber an eine geeignete Kante des Werkstücks (**6**.15) oder verfährt nach Bild **6**.16, so sind die Toleranzen aller Teilungen untereinander gleich.

Teilungen für eckige Löcher und Nuten werden von Kante zu Kante bemaßt (**6**.17). Bei Anordnung der Maße gemäß **6**.15 und **6**.16 sind die zulässigen Abweichungen der Abmessungen zwischen gleichliegenden Lochkanten wiederum gleich groß.

Gradzeichen stehen erhöht hinter dem Nennmaß; sie ragen jedoch nicht über die Maßzahlen hinaus (**6**.18).

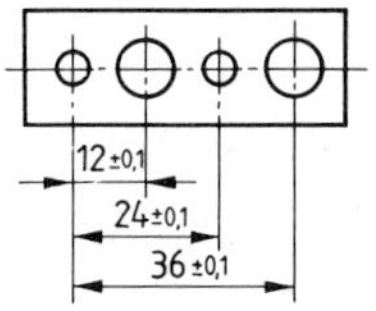

6.14 Von einer Lochmitte aus bemaßte Teilungen

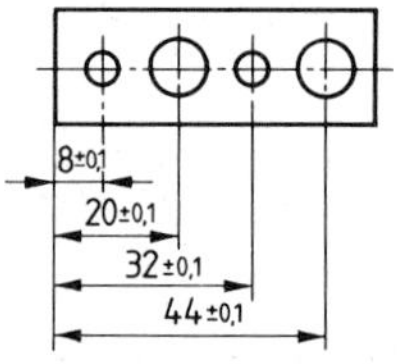

6.15 Werkstückkante als Maßbezugsebene

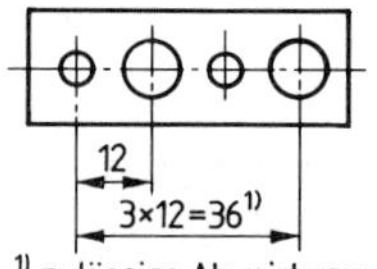

[1] zulässige Abweichung beliebiger Teilungen zueinander: ±0,1

6.16 Vereinfachte Bemaßung

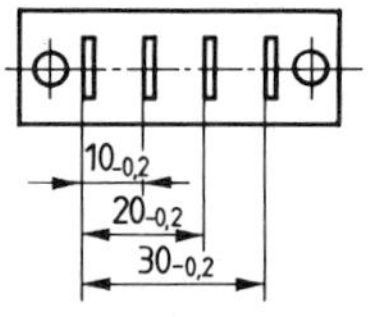

6.17 Abstände rechteckiger Löcher

Winkeltoleranzen werden nach Bild **6**.18 eingetragen. Damit ihre Auswirkung zwischen den Winkelschenkeln erkennbar wird, ist die Überprüfung in Längstoleranzen zu empfehlen.

Bei einseitigen Schwankungen des Istmaßes trägt man das betreffende Grenzmaß und den Zusatz Größtmaß oder max. bzw. Kleinstmaß oder min. etwas kleiner als die Maßzahl ein, aber nicht kleiner als 2,5 mm (**6**.19).

Allgemeintoleranzen für Längenmaße, Rundungshalbmesser und Fasenhöhen (Schrägungen), Winkelmaße, Geradheit und Ebenheit sowie Zylinderform (DIN 7168 T1 und 2) s. S. 157.

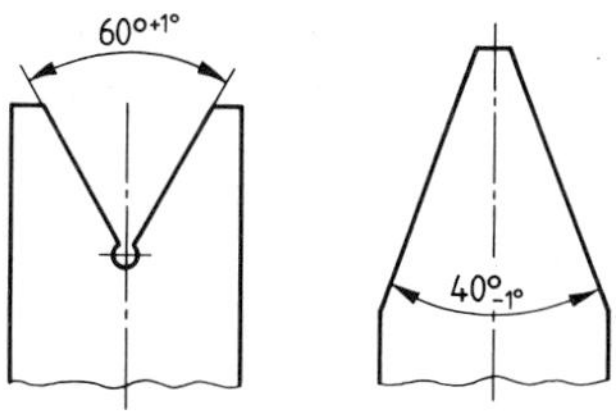

6.18 Eintragung der Winkeltoleranzen

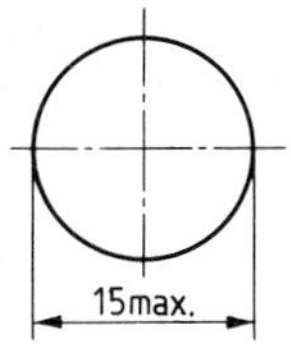

6.19 Einseitige Toleranzbegrenzung

6.2 Form- und Lagetoleranzen (DIN 7184)

Angaben über zulässige Form- und Lagetoleranzen dienen mit dazu, einwandfreie Bedingungen für die Funktion und Austauschbarkeit von Werkstücken und Baugruppen zu sichern. Sie sind aber nur dann erforderlich, wenn von ihnen die Funktion und/oder die wirtschaftliche Herstellung des betreffenden Teils abhängen. Andernfalls werden sie durch die festgelegten Maßtoleranzen zwangsläufig mit begrenzt. Eine Ausnahme bilden lediglich Symmetrie-, Koaxialitäts- und Laufabweichungen.

6.2.1 Grundbegriffe

Toleranzzone ist die Zone, innerhalb der alle Punkte eines geometrischen Elements (Punkt, Linie, Fläche, Mittelebene, Raum) liegen müssen, z. B.

- die Fläche innerhalb eines Kreises oder zwischen zwei konzentrischen Kreisen (Kreisen mit gemeinsamem Mittelpunkt),
- die Fläche zwischen zwei äquidistanten[1]) (gleichabständigen) Linien oder zwei parallelen Geraden,
- der Raum innerhalb einer Kugel,
- der Raum innerhalb eines Zylinders oder zwischen zwei koaxial liegenden Zylindern (Zylindern mit gemeinsamer Achse),
- der Raum zwischen zwei äquidistanten (gleichabständigen) Flächen oder zwei parallelen Ebenen,
- der Raum innerhalb eines Quaders.

Formtoleranzen grenzen die zulässigen Abweichungen eines Elements von seiner geometrisch idealen Form ein. Sie bestimmen die Toleranzzone, innerhalb der das Element beliebige Form haben darf.

Lagetoleranzen. Hierzu gehören Richtungs-, Orts- und Lauftoleranzen. Sie begrenzen die zulässigen Abweichungen von der idealen Lage zweier oder mehrerer Elemente zueinander. Ein Element, erforderlichenfalls auch zwei, werden als Bezugselement festgelegt. Die Lagetoleranzen bestimmen die Toleranzzone. Ist keine Formtoleranz angegeben, darf das Element innerhalb dieser Toleranzzone beliebige Form haben.

Bezugselement. Es dient bei der Lagetoleranz als Ausgangsbasis und sollte dies möglichst auch bei der Funktion des Werkstücks sein. Das Bezugselement muß genügend formgenau sein. Erforderlichenfalls sind Formtoleranzen vorzuschreiben.

Maximal-Material-Bedingung. Sie gestattet, eine eingetragene Toleranz, um die Differenz zwischen Paarungsmaß und Maximum-Material-Maß zu überschreiten. Das Maximum-

---

[1]) „äquidistant" = gleichabständig ist ein Oberbegriff, der auch die Sonderfälle „parallel" bei Geraden und Ebenen, „konzentrisch" bei Kreisen und „koaxial" bei Zylindern mit umfaßt.

Material-Maß ist das Grenzmaß, das das „Maximum an Stoff" des Werkstücks ergibt (s. DIN 7182 T1). Es ist z. B. das Größtmaß der Welle bzw. das Kleinstmaß der Bohrung.

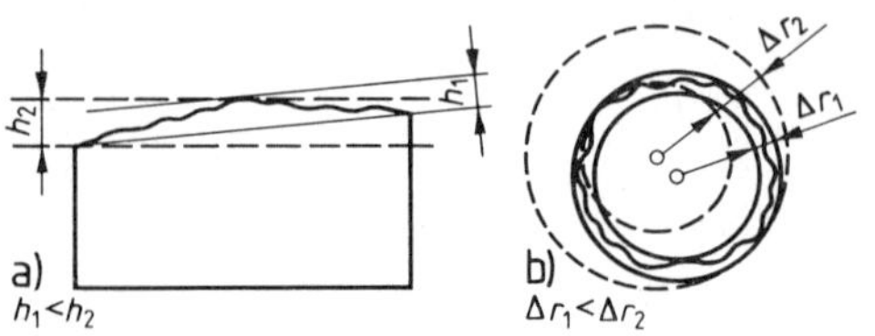

6.20 Minimum-Bedingung

Minimum-Bedingung. Beim Messen von Formabweichungen sind die Begrenzungslinien bzw. die Begrenzungsflächen so an die Ist-Form anzulegen, daß sich die geringste Formabweichung ergibt (s. h_1 und Δr_1 in Bild **6.**20a und b). Wird diese Minimum-Bedingung nicht beachtet, ergeben sich größere Abweichungen (s. h_2 und Δr_2 in Bild **6.**20a und b), die zu falschen Meßergebnissen führen.

6.2.2 Wechselbeziehung zwischen Maß-, Form- und Lagetoleranzen

Allgemein sind die eingetragenen Form- und Lagetoleranzen kleiner als die Maßtoleranzen. Dabei gilt für Form- und Richtungsabweichungen die geometrisch ideale Form mit dem Maximum-Material-Maß als Begrenzung des Werkstücks. Dieses Maß darf nicht überschritten werden, um bei Passungen die Paarung der Werkstücke zu gewährleisten.

Sind die Form- und Richtungstoleranzen größer als die Maßtoleranzen (z. B. Geradheitstoleranzen bei Stabmaterial, Ebenheitstoleranzen bei Blechen), dürfen sie unabhängig von den Istmaßen auftreten – also auch dann, wenn überall Maximum-Material-Maß vorliegt.

Koaxialitäts- und Symmetrietoleranzen gelten für Achsen bzw. Mittelebenen. Sie sind daher von den Istmaßen der betroffenen Elemente unabhängig und dürfen also auch dann auftreten, wenn überall Maximum-Material-Maß vorliegt.

Die Rundlauftoleranz ist eine Summentoleranz aus Rundheits- und Koaxialitätstoleranz. Dabei hängt die zulässige Koaxialitätsabweichung von der eingetragenen Rundlauftoleranz und der vorhandenen Rundheitsabweichung ab. Rundlauftoleranzen sind also von den Istmaßen unabhängig.

Aus dem Vorstehenden folgt, daß die Prüfung der Istmaße sowie die der Koaxialitäts-, Symmetrie- und/oder Laufabweichung unabhängig voneinander vorgenommen werden. Dies gilt auch für Form- und Richtungsabweichungen, die größer sind als die Maßtoleranzen.

6.2.3 Eintragen der Form- und Lagetoleranzen

Es werden verwendet:

- Toleranzrahmen mit Bezugspfeil, auf das tolerierte Element weisend (**6.**21),
- Toleranzrahmen wie oben mit zusätzlichem Feld für Hinweis auf das Bezugselement (**6.**22).
- Bezugsdreieck mit Rahmen für den Bezugsbuchstaben zum Kennzeichnen des Bezugselements (**6.**23),
- rechteckiger Rahmen zum Kennzeichnen von theoretischen Maßen für die Angabe der geometrisch idealen (theoretisch genauen) Lage der Toleranzzone (**6.**24),
- Symbol für Maximum-Material-Bedingung (**6.**25).

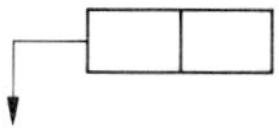

6.21

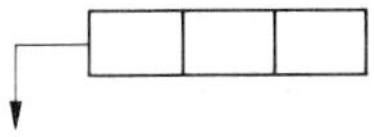

6.22

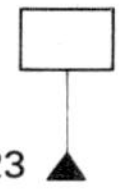

6.23

6.24

6.25

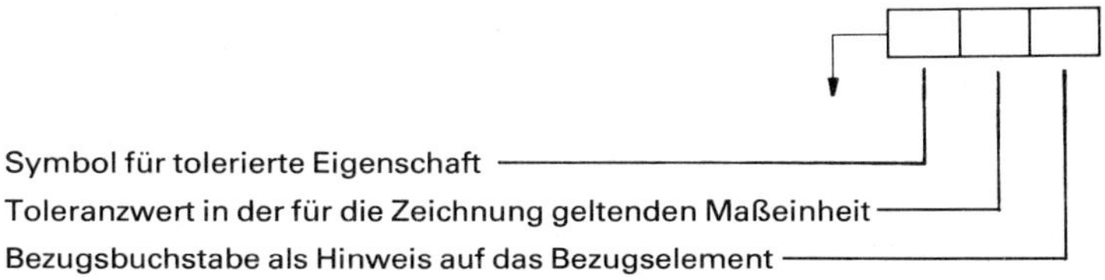

6.26

Das Symbol für die tolerierte Eigenschaft, der Toleranzwert und gegebenenfalls der Hinweis auf das Bezugselement werden im Toleranzrahmen mit Bezugspfeil wie in Bild **6**.26 angegeben.

Ist das tolerierte Element eine Fläche oder Linie (z. B. Mantellinie), aber keine Achse, wird der Bezugspfeil wie in Bild **6**.27 eingetragen. Um Verwechslungen zu vermeiden, müssen Maßlinien in ≧4 mm Abstand vom Bezugspfeil angeordnet sein.

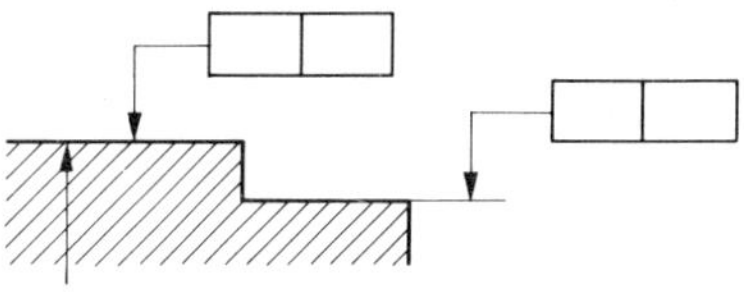

6.27

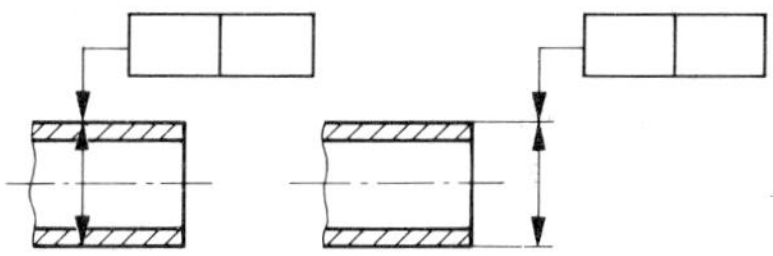

6.28

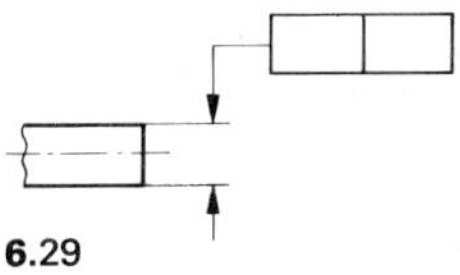

6.29

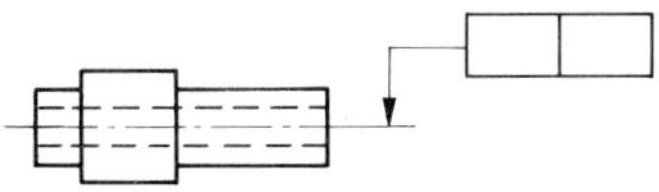

6.30

Ist das tolerierte Element eine Achse oder Mittellinie, setzt man den Bezugspfeil in Richtung der Maßlinie wie in Bild **6**.28.

Bezieht sich die Toleranzangabe auf alle durch die Mittellinie dargestellten Achsen oder Mittelebenen, steht der Bezugspfeil senkrecht auf dieser Mittellinie (**6**.30).

Bei Platzmangel darf ein Maßpfeil als Bezugspfeil verwendet werden (**6**.29).

Ist die Toleranzzone des tolerierten Elements ein Kreis oder ein Zylinder, setzt man vor den Toleranzwert das Durchmesserzeichen (z. B. ∅0,1). Andernfalls liegt die Breite der Toleranzzone am tolerierten Element in Richtung des Bezugspfeils.

Gilt der Toleranzwert für ein toleriertes Element nur für eine bestimmte Teillänge, die jedoch beliebig innerhalb der Gesamtlänge liegt, setzt man diese Länge in der für die Zeichnung geltenden Maßeinheit durch einen Schrägstrich getrennt rechts neben den Toleranzwert (**6**.31). Das gilt auch für Flächen.

Gilt die Toleranzangabe nur für einen vorgeschriebenen Bereich, ist dieser mit einer breiten Strichpunktlinie zu kennzeichnen und zu bemaßen (**6**.32).

//	001/120	B

6.31

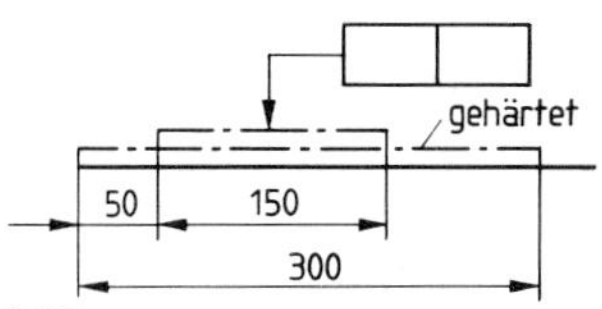

6.32

Gilt neben der Toleranz im Gesamten eine weitere gleichartige Toleranz für eine Teillänge beliebiger Lage, gibt man diese im unteren Teilfeld des waagerecht halbierten Feldes im Toleranzrahmen an (**6**.33).

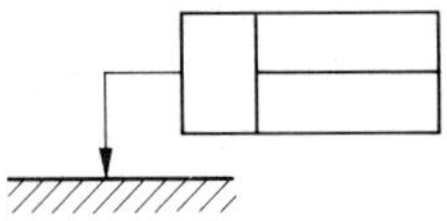

6.33

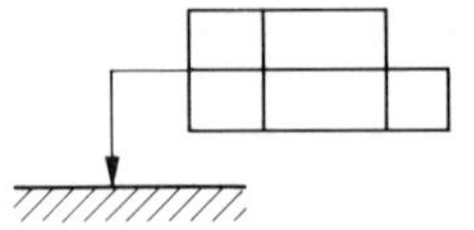

6.34

Sind zu einem tolerierten Element Toleranzen für zwei tolerierte Eigenschaften nötig, werden beide Toleranzangaben in besonderen Toleranzrahmen untereinander und mit nur einem Bezugspfeil an das tolerierte Element gesetzt (**6**.34).

Ein Bezugselement wird durch ein Bezugsdreieck gekennzeichnet, das entweder direkt mit dem Toleranzrahmen verbunden (**6**.35 a) oder mit einem Bezugsbuchstaben gekennzeichnet ist (**6**.35 b). Der Bezugsbuchstabe muß im Toleranzrahmen wiederholt werden (**6**.35 c).

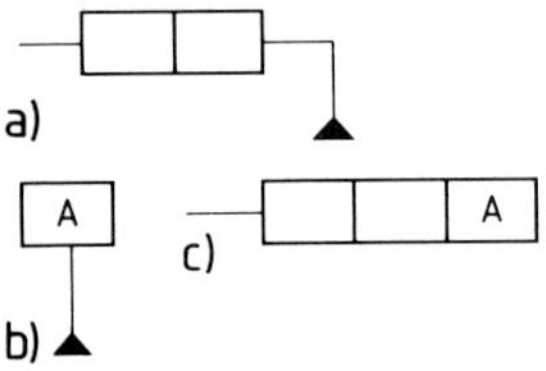

6.35

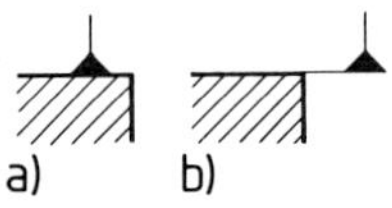

6.36

Das Bezugsdreieck steht entweder direkt auf dem Bezugselement (**6**.36 a) oder auf dessen Verlängerung bzw. Maßhilfslinie (**6**.36 b).

> Um Verwechslungen bei Angaben mit Bezugsdreiecken zu vermeiden, müssen Maßlinien mindestens 4 mm Abstand von ihnen haben.

Beispiele für eine ebene Fläche oder gerade Linie als Bezugselement zeigt Bild **6**.37 für eine Achse oder eine Mittelebene als Bezugselement Bild **6**.38.

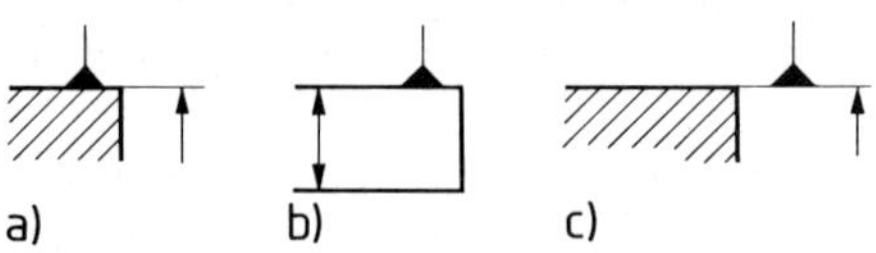

6.37

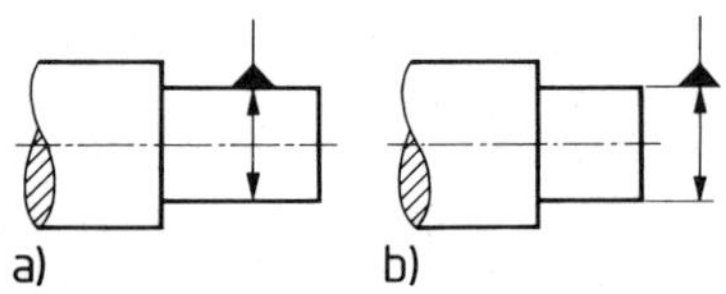

6.38

Bei Platzmangel darf das Bezugsdreieck an Stelle eines der beiden Maßpfeile eingetragen werden (**6**.39).

Hat das Bezugselement eine mehreren Formelementen gemeinsame Achse oder Mittelebene, wird das Bezugsdreieck wie in Bild **6**.40 eingetragen.

Theoretische Maße, die zur Angabe der geometrisch idealen (theoretisch genauen) Lage der Toleranzzone bei Neigungstoleranzen, Positionstoleranzen und oft auch bei Flächenform- und Linienformtoleranzen erforderlich sind, trägt man in rechteckige Rahmen ein. Für diese Maße gelten die zulässigen Abweichungen für Maße ohne Toleranzangabe nicht. Die zulässigen Abweichungen am Werkstück werden durch die eingetragene Form- bzw. Lagetoleranz begrenzt (**6**.41).

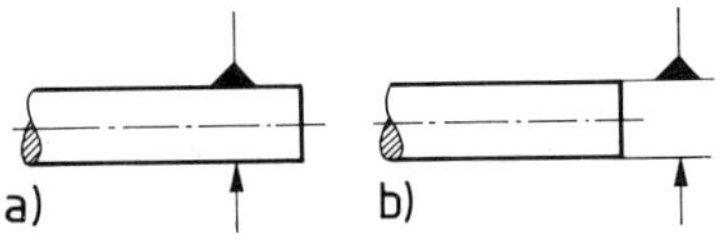

6.39

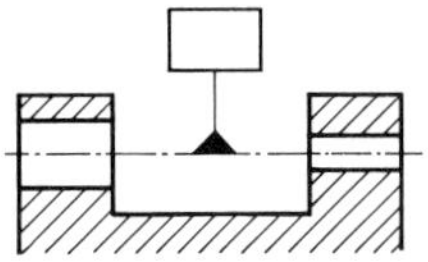

6.40

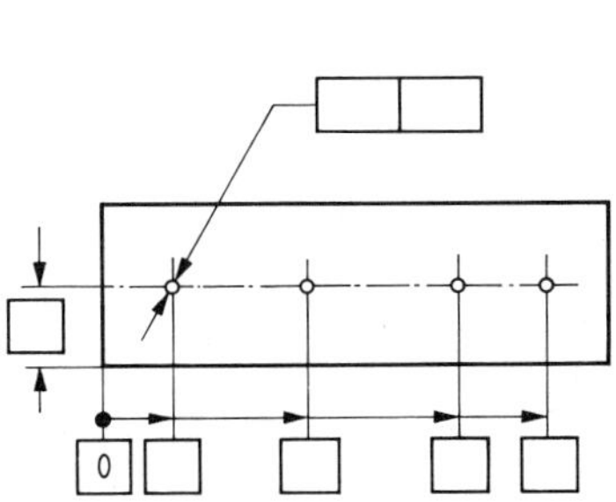

6.41

Das Symbol M für die Maximum-Material-Bedingung setzt man rechts neben den Toleranzwert, wenn dieser um den Absolutwert der Differenz zwischen Paarungsmaß und Maximum-Material-Maß des tolerierten Elements überschritten werden darf (**6**.42).

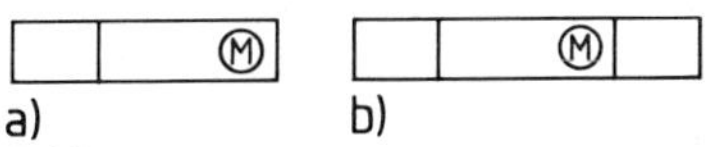

6.42

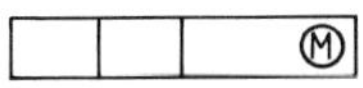

6.43

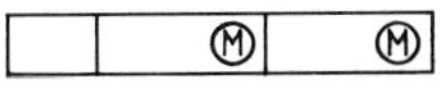

6.44

Das Symbol M steht rechts neben dem Bezugsbuchstaben, wenn der eingetragene Toleranzwert um den Absolutwert der Differenz zwischen Paarungsmaß und Maximum-Material-Maß des Bezugselements überschritten werden darf (**6**.43).

Das Symbol M setzt man rechts sowohl neben den Toleranzwert als auch neben den Bezugsbuchstaben, wenn der eingetragene Toleranzwert um die Summe aus dem Absolutwert der Differenz zwischen Paarungsmaß und Maximum-Material-Maß des Bezugselements überschritten werden darf (**6**.44).

6.2.4 Form- und Lagetoleranzen und Beispiele für die Zeichnungseintragung

Tabelle **6**.45 **Übersicht**

Art der Toleranz	tol. Eigenschaft	Symbol	Anwendungsbeispiele		
			Toleranzzone	Zeichnungseintragung	Erklärung
Formtoleranzen	Geradheit	—	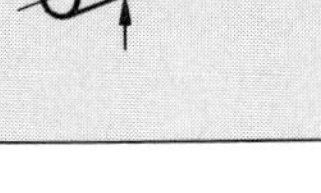	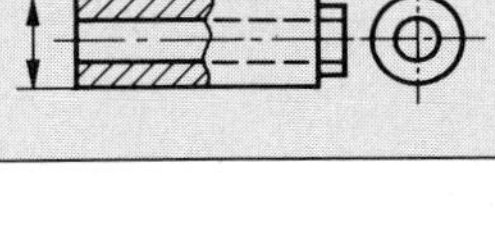	Die tolerierte Achse des (äußeren) Zylinders muß innerhalb eines Zylinders mit ∅0,03 mm liegen.

Fortsetzung s. nächste Seite

Tabelle **6**.45, Fortsetzung

Art der Toleranz	tol. Eigenschaft	Symbol	Anwendungsbeispiele: Toleranzzone	Zeichnungseintragung	Erklärung
Formtoleranzen	Geradheit	—	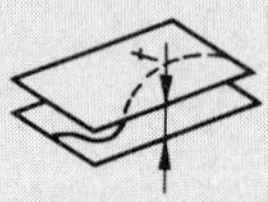	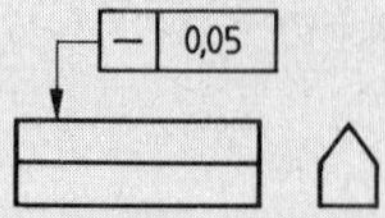	Die tolerierte Kante des Werkstücks muß zwischen zwei senkrecht zur tolerierten Richtung (Pfeilrichtung) liegenden parallelen Ebenen mit 0,05 mm Abstand liegen.
	Ebenheit	▱	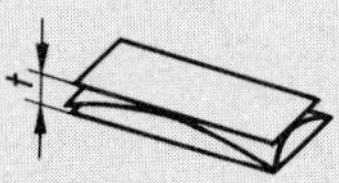	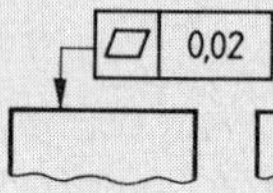	Die tolerierte Fläche muß zwischen zwei parallelen Ebenen mit 0,02 mm Abstand liegen.
	Rundheit (Kreisform)	○	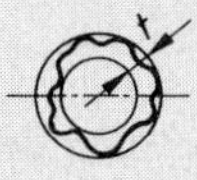	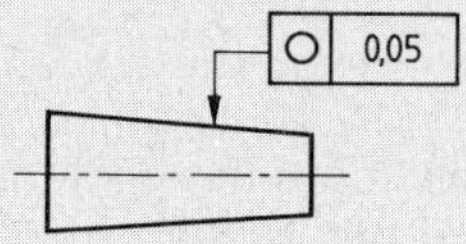	In jeder achssenkrechten Schnittebene muß die tolerierte Umfangslinie zwischen zwei konzentrischen Kreisen mit 0,05 mm Abstand liegen.
	Zylinderform	⌭	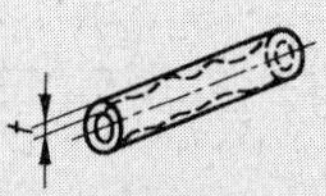	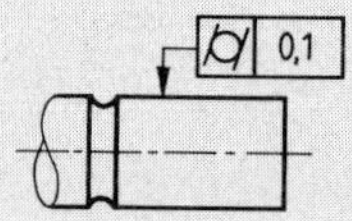	Die tolerierte Mantelfläche muß zwischen zwei koaxialen Zylindern liegen, die einen Abstand von 0,1 mm haben.
	Linienform	⌒	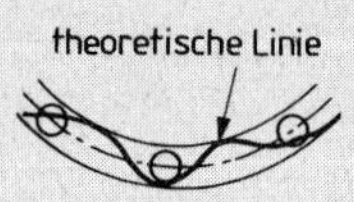	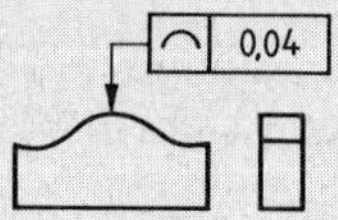	In jedem Schnitt parallel zur Zeichenebene muß das tolerierte Profil zwischen Hüllinien an Kreisen mit ∅ 0,04 mm liegen, deren Mittelpunkte auf der geometrisch idealen Linie liegen.
	Flächenform	⌓	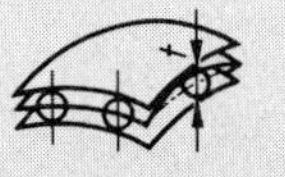	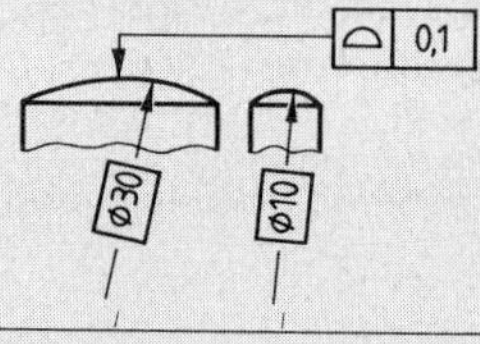	Die tolerierte Fläche muß zwischen zwei Hüllflächen an Kugeln mit ∅0,1 mm liegen, deren Mittelpunkte auf der geometrisch idealen Fläche liegen.
Lagetoleranzen – Richtungstoleranzen	Parallelität	//	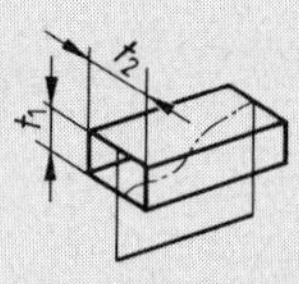	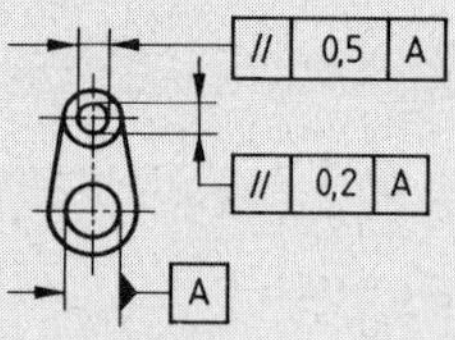	Die tolerierte Achse der oberen Bohrung muß innerhalb eines Quaders mit dem Querschnitt $t_1 \cdot t_2$ = 0,2 mm · 0,5 mm liegen, der parallel zur Bezugsachse *A* ist. t_1 und t_2 erstrecken sich in der zugehörigen Pfeilrichtung.

Fortsetzung s. nächste Seite

Tabelle **6**.45 Fortsetzung

Art der Toleranz		tol. Eigenschaft	Symbol	Anwendungsbeispiele Toleranzzone	Zeichnungseintragung	Erklärung
Lagetoleranzen	Richtungstoleranzen	Parallelität	//	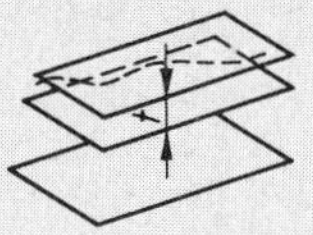	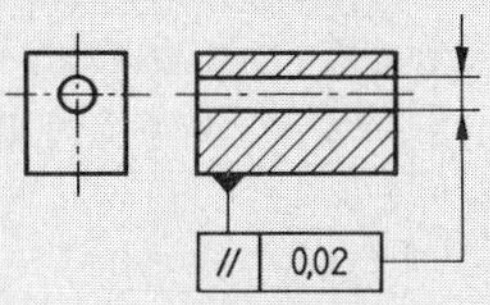	Die tolerierte Achse der Bohrung muß zwischen zwei zur Bezugsfläche parallelen Ebenen mit 0,02 mm Abstand liegen.
		Rechtwinkligkeit	⊥	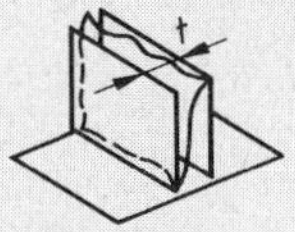	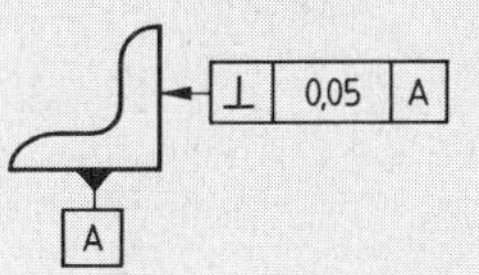	Die tolerierte Fläche muß zwischen zwei parallelen und zur Bezugsfläche *A* senkrechten Ebenen mit 0,05 mm Abstand liegen.
		Neigung (Winkligkeit)	∠	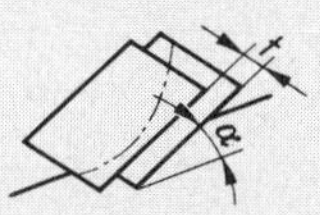	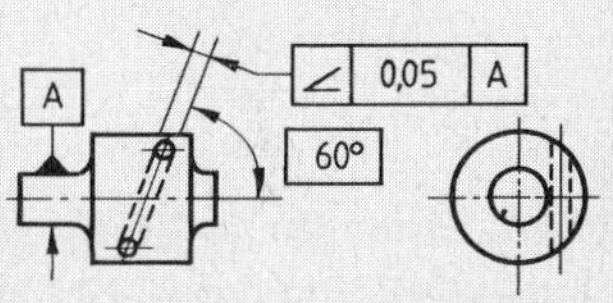	Die tolerierte Achse der Bohrung muß zwischen zwei parallelen und im geometrisch idealen Winkel 60° zur Bezugsachse geneigten Ebenen mit 0,05 mm Abstand liegen.
	Ortstoleranzen	Position	⌖	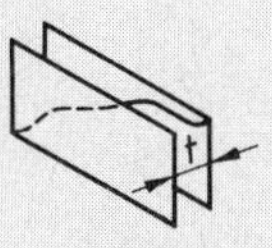	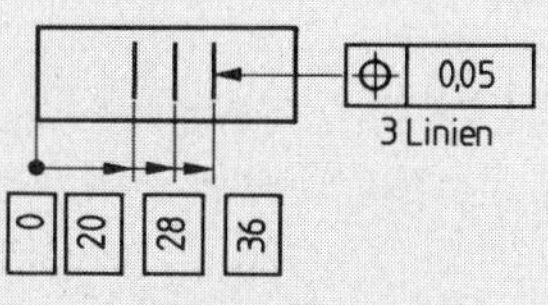	Jede der tolerierten Markierungslinien muß zwischen zwei parallelen und vom geometrisch idealen Ort gleich weit entfernten Ebenen mit 0,05 mm Abstand liegen.
		Konzentrizität und Koaxialität	◎	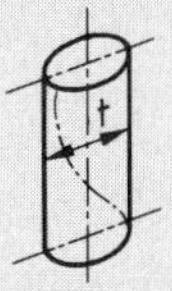	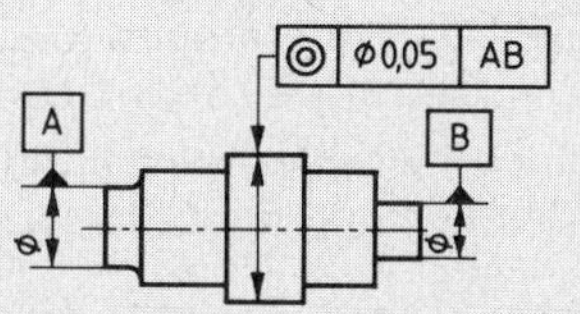	Die tolerierte Achse des mittleren Zylinders muß innerhalb eines zur Bezugsachse *AB* koaxialen Zylinders mit ∅0,05 mm liegen.
		Symmetrie	⌯	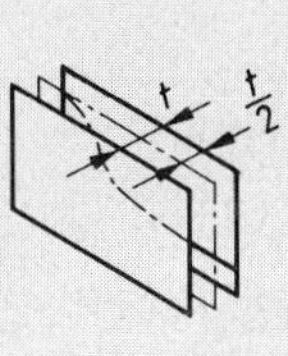	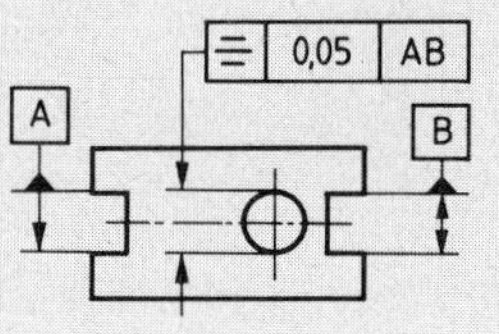	Die tolerierte Achse der Bohrung muß zwischen zwei parallelen Ebenen mit 0,05 mm Abstand liegen, die symmetrisch zur Mittelebene der Schlitze *A* und *B* angeordnet sind.

Fortsetzung s. nächste Seite

Tabelle **6**.45, Fortsetzung

Art der Toleranz	tol. Eigenschaft	Symbol	Anwendungsbeispiele Toleranzzone	Zeichnungseintragung	Erklärung
Lagetoleranzen, Lauftoleranzen	Rundlauf	↗	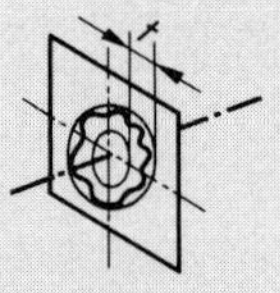	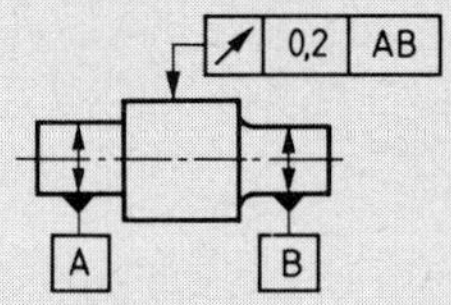	Bei Drehung um die Bezugsachse *AB* darf die Rundlaufabweichung in jeder achssenkrechten Meßebene 0,2 mm nicht überschreiten.
	Planlauf		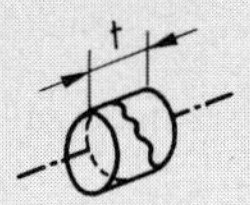	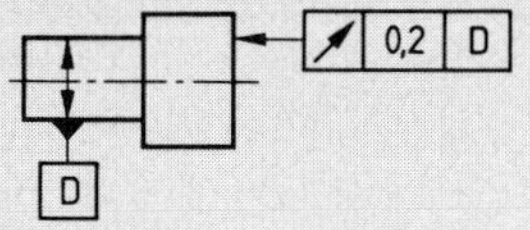	Bei Drehung um die Bezugsachse *D* darf die Planlaufabweichung in jedem Meßzylinder 0,2 mm nicht überschreiten.

6.3 Passungen

Bedeutung und Entstehen. Einheitliche Bauformen und Massenherstellung in Spezialbetrieben erleichtern die Bedarfsdeckung und wirken preisverbilligend. Die Einzelteile müssen aber einbaufertig und untereinander willkürlich austauschbar sein, sollen also ohne Nacharbeit so passen, wie es der Zweck erfordert. Hierzu dienen Passungen. Sie entstehen meist bei Bohrungen und Wellen, und zwar infolge verschiedener Durchmesser.

6.3.1 Grundbegriffe (DIN 7182)

Paßteile sind Werkstücke, für die eine Passung vorgesehen ist. Bohrungen und Wellen haben zylindrische Paßflächen und ergeben Rundpassungen. Flachpassungen werden von ebenen Paßflächenpaaren gebildet. Zusammengehörige Paßteile haben je nach Lage des Maßunterschieds Spiel oder Übermaß.

Spiel *S* ist der Unterschied zwischen dem Innenmaß des Außenteils und dem Außenmaß des Innenteils, wenn das Innenmaß größer ist (**6**.46).

Größtspiel S_g ist der Unterschied zwischen dem Größtmaß des Außenteils und dem Kleinstmaß des Innenteils (**6**.47).

Kleinstspiel S_k ist der Unterschied zwischen dem Kleinstmaß des Außenteils und dem Größtmaß des Innenteils. Der Unterschied zwischen den Istmaßen beider Teile heißt Istspiel S_i.

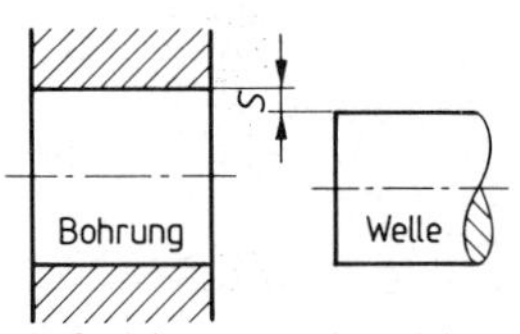

6.46 Spiel *S*

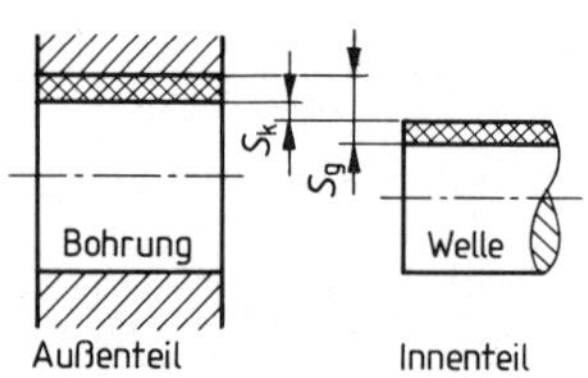

6.47 Größtspiel S_g und Kleinstspiel S_k

Übermaß U ist der Unterschied zwischen dem Innenmaß des Außenteils und dem Außenmaß des Innenteils, wenn das Innenmaß kleiner ist (**6**.48).

Größtübermaß U_g ist der Unterschied zwischen dem Größtmaß des Innenteils und dem Kleinstmaß des Außenteils.

Kleinstübermaß U_k ist der Unterschied zwischen dem Kleinstmaß des Innenteils und dem Größtmaß des Außenteils (**6**.49).

Istübermaß U_i ist der Unterschied zwischen den Istmaßen beider Teile.

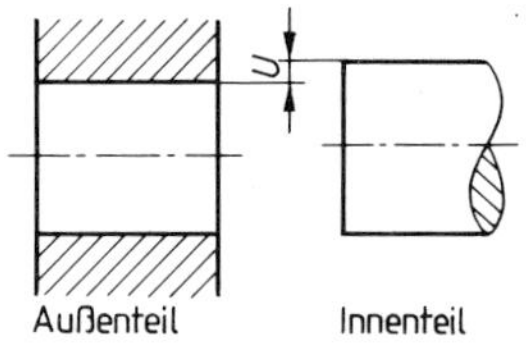

6.48 Übermaß U

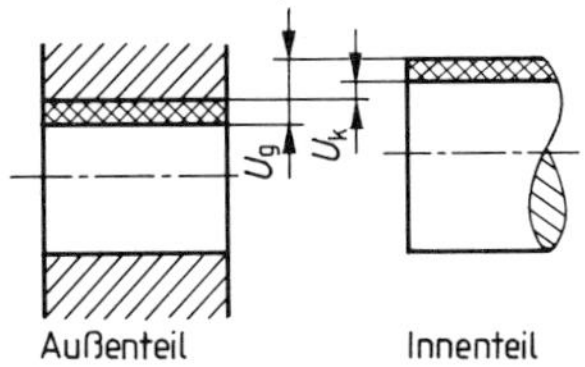

6.49 Größtübermaß U_g und Kleinstübermaß U_k

6.3.2 Paßsysteme

Unterschiede in den Größen der Spiele und Übermaße ergeben verschiedene Passungen. Eine sinnvoll aufgebaute Reihe Passungen heißt Paßsystem. Gleichberechtigt nebeneinander bestehen die Paßsysteme Einheitsbohrung und Einheitswelle; mit jedem ist der gleiche Zweck erreichbar.

Im System Einheitsbohrung ist für alle Bohrungen das untere Abmaß A_u gleich Null, d.h., das Kleinstmaß der Bohrung fällt mit der Nullinie zusammen (**6**.50). Die für die verschiedenen Passungen erforderlichen Spiele und Übermaße entstehen durch entsprechend gewählte Wellenmaße. Demgemäß sind deren unteres Abmaß A_u gleich Null und das obere Abmaß A_o gleich der Maßtoleranz T der Bohrung.

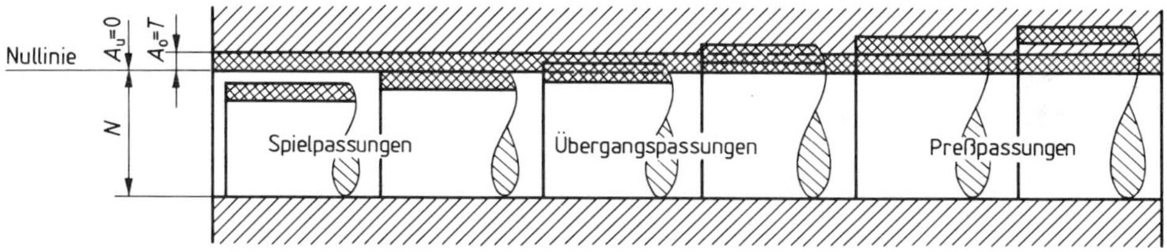

6.50 System Einheitsbohrung

Im System Einheitswelle ist die Welle für alle Passungen desselben Nenndurchmessers gleich groß (**6**.51). Die für die verschiedenen Passungen erforderlichen Spiele und

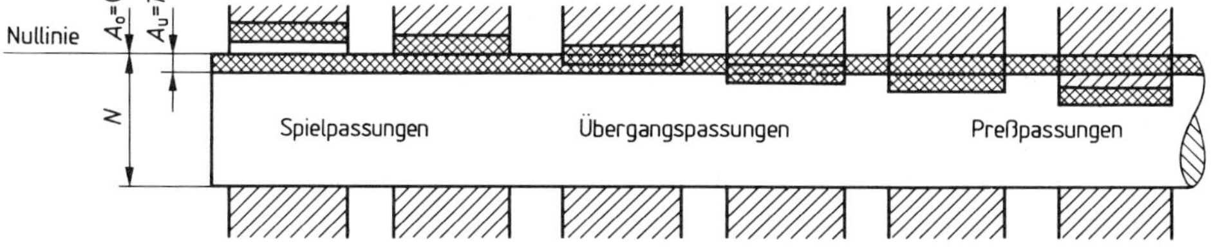

6.51 System Einheitswelle

Übermaße entstehen durch größere und kleinere Bohrungsdurchmesser. Bei der Einheitswelle liegt die Nullinie im Größtmaß der Welle. Mithin sind deren oberes Abmaß A_o gleich Null und das untere Abmaß A_u gleich der Maßtoleranz T_m der Welle.

Spiel- und Preßpassung. Passungen beider Systeme mit dem Kleinstspiel 0 oder größer werden Spielpassungen genannt, weil sie nach dem Zusammenbau der Teile Spiel haben. Dagegen sind alle Passungen mit dem Kleinstübermaß 0 oder größer Preßpassungen, weil beim Zusammenbau der Teile eine Pressung auftritt.

Übergangspassungen liegen zwischen Spielpassungen und Preßpassungen. Sie haben entweder Spiel oder Übermaß, je nachdem, wie die Istmaße der zusammengehörigen Teile in der Fertigung ausgefallen sind. Es entsteht entweder eine Spiel- oder eine Preßpassung.

Paßtoleranz T_p ist die Summe der Maßtoleranzen von Außenteil und Innenteil, damit der mögliche Schwankungsbereich des Spiels oder des Übermaßes. Sie ist bei Spielpassungen gleich dem Unterschied zwischen Größtspiel und Kleinstspiel, bei Preßpassungen gleich dem Unterschied zwischen Größtübermaß und Kleinstübermaß und bei Übergangspassungen gleich der Summe von Größtspiel und Größtübermaß.

6.3.3 Aufbau des ISO-Toleranzsystems (DIN 7150)

ISO-Toleranzen sind vorerst für die Abmessungen von 1 bis 500 mm festgelegt. Diese sind in 13 Nennmaßbereiche gegliedert, und zwar:

1 bis 3 mm	>18 bis 30 mm	> 80 bis 120 mm	>250 bis 315 mm
> 3 bis 6 mm	>30 bis 50 mm	>120 bis 180 mm	>315 bis 400 mm
> 6 bis 10 mm	>50 bis 80 mm	>180 bis 250 mm	>400 bis 500 mm
>10 bis 18 mm			

Einige Bereiche sind für große Spiele und große Übermaße unterteilt (s. S. 147 und 148).

Qualität. Für jeden Nennmaßbereich gibt es 20 verschieden große Toleranzen. Diese Toleranzstufen werden mit den Zahlen 01, 0, 1, 2 bis 18 benannt und heißen Qualitäten. Zur Qualität 01 gehören die kleinsten, zur Qualität 18 die größten Toleranzen. Qualität bezeichnet den Gütewert der Toleranz, die Größe des Unterschieds zwischen Größt- und Kleinstmaß, also die Maßgenauigkeit am Werkstück. Nun kann aber mit derselben Toleranzgröße für eine größere Abmessung am Werkstück nicht der gleiche Zweck erreicht werden wie bei einer kleineren. Für größere Werkstücke müssen also für gleiche Zwecke größere Toleranzen vorgesehen sein. Jeder einzelnen Qualität sind daher, mit der Stufung der Nennmaßbereiche steigend, größere Toleranzen zugeordnet. Die Gesamtheit der Toleranzen innerhalb einer Qualität heißt Grundtoleranzenreihe (DIN 7151).

Toleranzeinheit. Die Größen aller Toleranzen werden in µm ausgedrückt (1 µm = 1 Mikrometer = 0,001 mm) und sind aus der Internationalen Toleranzeinheit i entstanden. Sie wird berechnet nach der Gleichung:

$$i = 0{,}45 \cdot \sqrt[3]{D} + 0{,}001 \cdot D$$

i in µm D in mm

Der Wert D wird als geometrisches Mittel der beiden Grenzwerte eines Nennmaßbereichs eingesetzt. Liegen diese z. B. bei 80 mm und 120 mm, wird

$$D = \sqrt{80\ \text{mm} \cdot 120\ \text{mm}} = \sqrt{9600\ \text{mm}^2} \approx 98\ \text{mm}$$

Die den Toleranzen dieses Nennmaßbereichs zugrunde liegende Toleranzeinheit ist also

$$i = 0{,}45 \cdot \sqrt[3]{D} + 0{,}001\ D = 0{,}45 \cdot \sqrt[3]{98} + 0{,}001 \cdot 98 \approx 0{,}45 \cdot 4{,}61 + 0{,}098 \approx 2{,}173\ \mu m$$

Die Toleranzeinheit ist mithin eine veränderliche Größe und von den Grenzwerten eines Nennmaßbereichs abhängig.

Grundtoleranzreihe. In Anlehnung an die Qualitätszahlen tragen die Grundtoleranzreihen die Bezeichnung IT01 bis IT18 (**IT** = **I**SO-**T**oleranzreihe). Die Grundtoleranzenreihen sind ab IT5 ein Vielfaches der Toleranzeinheit i (**6**.52).

Tabelle **6**.52 **Grundtoleranzenreihe**

Grundtoleranzenreihe	IT5	IT6	IT7	IT8	IT9	IT10	IT11	IT12	IT13	IT14	IT15	IT16	IT17	IT18
Anzahl der Toleranzeinheiten	≈ 7	10	16	25	40	64	100	160	250	400	640	1000	1600	2500

Die Toleranz z. B. für die Qualität 9 und für den Nennmaßbereich 80 mm bis 120 mm wird durch Malnehmen der für diesen Bereich berechneten Toleranzeinheit $i \approx 2{,}173\ \mu m$ mit der für IT9 geltenden Anzahl Toleranzeinheiten (= 40) ermittelt: $2{,}173\ \mu m \cdot 40 \approx 87\ \mu m$. Nach diesem Beispiel sind die Toleranzen von IT6 bis IT18 aufgestellt worden; für die übrigen gelten andere Regeln.

Die Grundtoleranzenreihen IT01 bis IT7 sind überwiegend für die Lehrenherstellung vorgesehen. IT5 bis IT13 gelten besonders für Toleranzen an spanbearbeiteten Werkstücken, IT14 bis IT18 für die spanlose Formung (Walzen, Ziehen, Pressen, Schmieden, Stanzen u. a.).

6.3.4 Bezeichnung der ISO-Toleranzen (DIN 7150)

Die Lage der Toleranzfelder zur Nullinie wird durch Buchstaben angegeben.

Außen- und Innenteile. Für Außenteile (Bohrungen) werden die Großbuchstaben A bis Z (**6**.53), für Innenteile (Wellen) die Kleinbuchstaben a bis z (**6**.54) verwendet. Sie gelten für den kürzesten Abstand der Toleranzfelder von der Nullinie – gleichgültig, ob sie darüber oder darunter liegen. I, L, O, Q, W, i, l, o, q und w scheiden jedoch zur Kennzeichnung aus, weil sie anfangs nicht gebraucht wurden. Für später angefügte Toleranzen sind dann die Bezeichnungen ZA, ZB, ZC, za, zb und zc hinzugekommen.

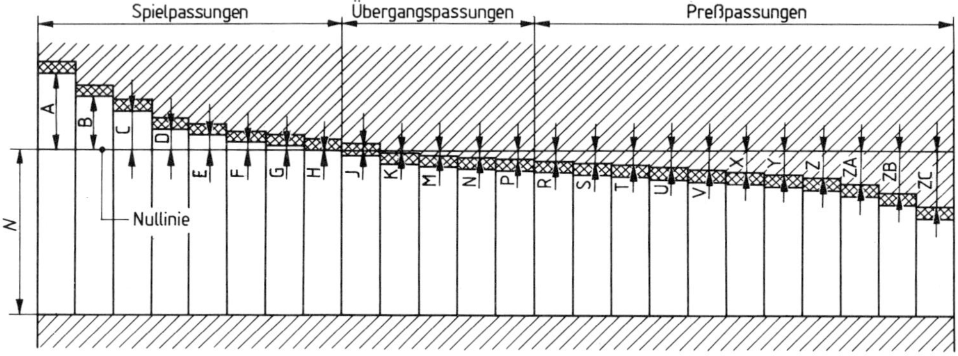

6.53 Toleranzfelder für Außenteile (Bohrungen)

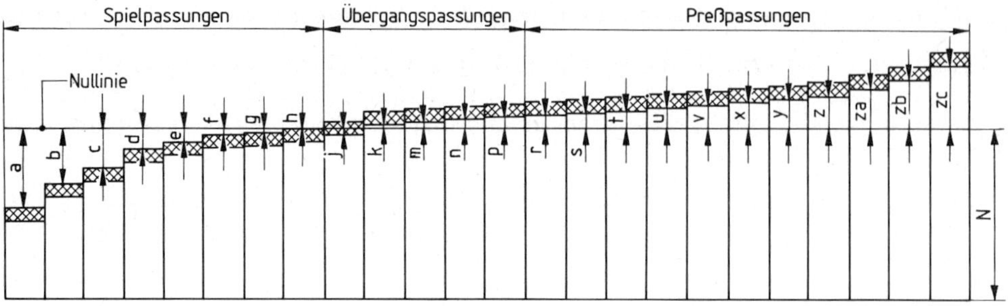

6.54 Toleranzfelder für Innenfelder (Wellen)

Die Größe eines Toleranzfelds wird entsprechend der Reihe, in die es gehört, mit einer der Qualitätszahlen von 01 bis 18 gekennzeichnet.

Der Buchstabe und die dahinterstehende Zahl bilden das ISO-Toleranz-Kurzzeichen, z. B. „H7" oder „m6". Es legt somit Lage und Größe des Toleranzfelds eindeutig fest.

Unter Voraussetzung bestimmter Qualitäten entstehen:

- **Spielpassungen** durch Bohrung H (**6**.53) mit den Wellen a bis h (**6**.54) und durch die Welle h (**6**.54) mit Bohrungen A bis H (**6**.53).
- **Übergangspassungen,** von kleinen Nennmaßen in Grenzfällen abgesehen, durch die Bohrung H mit den Wellen j bis p (**6**.54) und durch die Welle h mit den Bohrungen J bis P (**6**.53).
- **Preßpassungen** durch die Bohrung H mit den Wellen r bis zc (**6**.54) und durch die Welle h mit den Bohrungen R bis ZC (**6**.53).

6.3.5 Passungsauswahl nach DIN 7154 und 7155

Alle Toleranzfelder für Außen- und für Innenteile können beliebig miteinander gepaart werden. Damit ergeben sich zahlreiche unterschiedliche Passungen. Mit Rücksicht auf geringe Kosten für Werkzeuge und Meßgeräte muß jedoch eine Auswahl getroffen werden.

Für das Paßsystem Einheitsbohrung wurden die acht Bohrungen (Außenteile) H6 bis H13 ausgewählt (DIN 7154). Zu jeder Einheitsbohrung gehören mehrere Wellen (Innenteile) mit größeren und kleineren Durchmessern. Alle Passungen mit der gleichen Einheitsbohrung bilden eine Passungsfamilie.

Für das System Einheitswelle wurden entsprechend die acht Wellen (Innenteile) h5, h6 und h8 bis h13 ausgewählt (DIN 7155). Auch sie bilden mit je einer Reihe unterschiedlicher Bohrungen (Außenteile) Passungsfamilien.

6.3.6 Auswahlsystem nach DIN 7157

Zur weiteren Verbesserung der Wirtschaftlichkeit in Konstruktion und Fertigung wurde eine noch engere Auswahl von Passungen aus beiden Systemen (Einheitsbohrung und Einheitswelle) zusammengestellt (**6**.56). Sie reicht für die meisten Zwecke aus. Andere Passungen sollen nur in Ausnahmefällen benutzt werden.

Kurzzeichen / Nennmaßbereich mm	x8 u8[1]	s6	r6	n6	k6	j6	h6	h9	h11	g6	f7	e8	d9	c11	a11	H7	H8	H11	G7	F8	E9	D10	C11	A11
Reihe	1	2	1	1	2	2	1	1	2	2	1	2	2	2	2	1	1	2	2	1	1	1	1	2
1 bis 3	+34 +20	+20 +14	+16 +10	+10 +4	+6 0	+4 −2	0 −6	0 −25	0 −60	−2 −8	−6 −16	−14 −28	−20 −45	−60 −120	−270 −330	+10 0	+14 0	+60 0	+12 +2	+20 +6	+39 +14	+60 +20	+120 +60	+330 +270
> 3 bis 6	+46 +28	+27 +19	+23 +15	+16 +8	+9 +1	+6 −2	0 −8	0 −30	0 −75	−4 −12	−10 −22	−20 −38	−30 −60	−70 −145	−270 −345	+12 0	+18 0	+75 0	+16 +4	+28 +10	+50 +20	+78 +30	+145 +70	+345 +270
> 6 bis 10	+56 +34	+32 +23	+28 +19	+19 +10	+10 +1	+7 −2	0 −9	0 −36	0 −90	−5 −14	−13 −28	−25 −47	−40 −76	−80 −170	−280 −370	+15 0	+22 0	+90 0	+20 +5	+35 +13	+61 +25	+98 +40	+170 +80	+370 +280
> 10 bis 14	+67 +40	+39	+34	+23	+12	+8	0	0	0	−6	−16	−32	−50	−95	−290	+18	+27	+110	+24	+43	+75	+120	+205	+400
> 14 bis 18	+72 +45	+28	+23	+12	+1	−3	−11	−43	−110	−17	−34	−59	−93	−205	−400	0	0	0	+6	+16	+32	+50	+95	+290
> 18 bis 24	+87 +54	+48	+41	+28	+15	+9	0	0	0	−7	−20	−40	−65	−110	−300	+21	+33	+130	+28	+53	+92	+149	+240	+430
> 24 bis 30	+81 +48	+35	+28	+15	+2	−4	−13	−52	−130	−20	−41	−73	−117	−240	−430	0	0	0	+7	+20	+40	+65	+110	+300
> 30 bis 40	+99 +60	+59	+50	+33	+18	+11	0	0	0	−9	−25	−50	−80	−120 −280	−310 −470	+25	+39	+160	+34	+64	+112	+180	+280 +120	+470 +310
> 40 bis 50	+109 +70	+43	+34	+17	+2	−5	−16	−62	−160	−25	−50	−89	−142	−130 −290	−320 −480	0	0	0	+9	+25	+50	+80	+290 +130	+480 +320
> 50 bis 65	+133 +87	+72 +53	+60 +41	+39	+21	+12	0	0	0	−10	−30	−60	−100	−140 −330	−340 −530	+30	+46	+190	+40	+76	+134	+220	+330 +140	+530 +340
> 65 bis 80	+148 +102	+78 +59	+62 +43	+20	+2	−7	−19	−74	−190	−29	−60	−106	−174	−150 −340	−360 −550	0	0	0	+10	+30	+60	+100	+340 +150	+550 +360
> 80 bis 100	+178 +124	+93 +71	+73 +51	+45	+25	+13	0	0	0	−12	−36	−72	−120	−170 −390	−380 −600	+35	+54	+200	+47	+90	+159	+260	+390 +170	+600 +380
>100 bis 120	+198. +144	+101 +79	+76 +54	+23	+3	−9	−22	−87	−220	−34	−71	−126	−207	−180 −400	−410 −630	0	0	0	+12	+36	+72	+120	+400 +180	+630 +410
>120 bis 140	+233 +170	+117 +92	+88 +63											−200 −450	−460 −710								+450 +200	+710 +460
>140 bis 160	+253 +190	+125 +100	+90 +65	+52 +27	+28 +3	+14 −11	0 −25	0 −100	0 −250	−14 −39	−43 −83	−85 −148	−145 −245	−210 −460	−520 −770	+40 0	+63 0	+250 0	+54 +14	+106 +43	+185 +85	+305 +145	+460 +210	+770 +520
>160 bis 180	+273 +210	+133 +108	+93 +68											−230 −480	−580 −830								+480 +230	+830 +580
>180 bis 200	+308 +236	+151 +122	+106 +77											−240 −530	−660 −950								+530 +240	+950 +660
>200 bis 225	+330 +258	+159 +130	+109 +80	+60 +31	+33 +4	+16 −13	0 −29	0 −115	0 −290	−15 −44	−50 −96	−100 −172	−170 −285	−260 −550	−740 −1030	+46 0	+72 0	+290 0	+61 +15	+122 +50	+215 +100	+355 +170	+550 +260	+1030 +740
>225 bis 250	+356 +284	+169 +140	+113 +84											−280 −570	−820 −1110								+570 +280	+1110 +820
>250 bis 280	+396 +315	+190 +158	+126 +94	+66	+36	+16	0	0	0	−17	−56	−110	−190	−300 −620	−920 −1240	+52	+81	+320	+69	+137	+240	+400	+620 +300	+1240 +920
>280 bis 315	+431 +350	+202 +170	+130 +98	+34	+4	−16	−32	−130	−320	−49	−108	−191	−320	−330 −650	−1050 −1370	0	0	0	+17	+56	+110	+190	+650 +330	+1370 +1050
>315 bis 355	+479 +390	+226 +190	+144 +108	+73	+40	+18	0	0	0	−18	−62	−125	−210	−360 −720	−1200 −1560	+57	+89	+360	+75	+151	+265	+440	+720 +360	+1560 +1200
>355 bis 400	+524 +435	+244 +208	+150 +114	+37	+4	−18	−36	−140	−360	−54	−119	−214	−350	−400 −760	−1350 −1710	0	0	0	+18	+62	+125	+210	+760 +400	+1710 +1350
>400 bis 450	+587 +490	+272 +232	+166 +126	+80	+45	+20	0	0	0	−20	−68	−135	−230	−440 −840	−1500 −1900	+63	+97	+400	+83	+165	+290	+480	+840 +440	+1900 +1500
>450 bis 500	+637 +540	+292 +252	+172 +132	+40	+5	−20	−40	−155	−400	−60	−131	−232	−385	−480 −800	−1650 −2050	«	0	0	+20	+68	+135	+230	+850 +480	+2050 +1650

[1]) Toleranzfeld x8 für Nennmaße ≦ 24, u8 für Nennmaße > 24

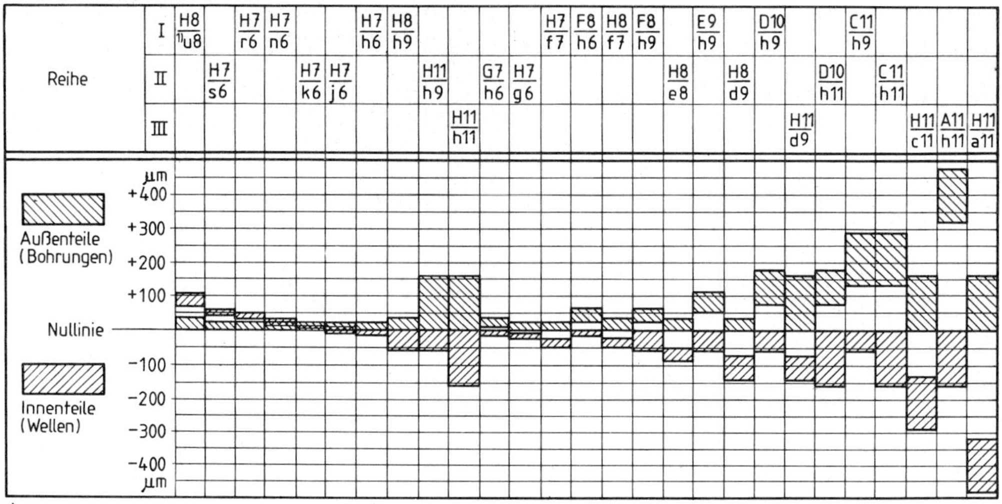

[1] x8 bis 24mm, u8 über 24mm Nennmaß

6.56 Ausgewählte Passungen nach DIN 7157, dargestellt für Nennmaß 50 mm

Die Passungen in Bild **6.**56 sind wie folgt zusammengestellt: Reihe I aus Toleranzfeldern der Reihe 1, Reihe II aus Toleranzfeldern der Reihen 1 und 2, Reihe III nur aus Toleranzfeldern der Reihe 2. Es ist aber auch jede beliebige Paarung innerhalb der Reihen möglich. Für besondere Zwecke können auch andere Toleranzfelder gebildet werden (DIN 7152). Das Istmaß einer mit dem Spiralbohrer hergestellten Bohrung liegt gewöhnlich innerhalb der Toleranz H11. Sie ist nur für Spielpassungen zu gebrauchen.

Tabelle **6.**55 auf S. 153 enthält Abmaße für Toleranzfelder zum Errechnen der Toleranzen und Passungsmaße.

Beispiel (**6.**57)

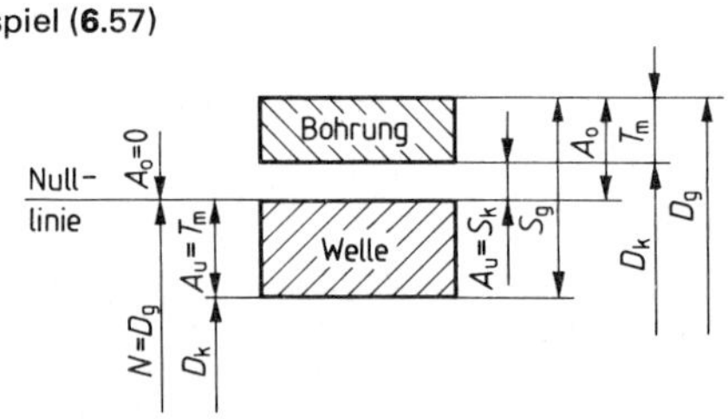

6.57 Toleranzfelder der Spielpassung $\varnothing\,60\,{}^{F8}_{h9}$ im Maßstab 100:1

Rundpassung $\varnothing 60\ \frac{F8}{h9}$		Bohrung ∅ 60 F8	Welle ∅ 60 h9
oberes Abmaß	A_o	(+ 76 µm =) + 0,076	(0 µm =) 0
unteres Abmaß	A_u	(+ 30 µm =) + 0,03	(− 74 µm =) − 0,074
Größtmaß	D_g	60 + 0,076 = 60,076	60 ± 0 = 60
Kleinstmaß	D_k	60 + 0,03 = 60,03	60 − 0,074 = 59,926
Maßtoleranz	T_m	60,076 − 60,03 = 0,046	60 − 59,926 = 0,074
		Passung	
Größtspiel	S_g	60,076 − 59,926 = 0,15	
Kleinstspiel	S_k	60,03 − 60 = 0,03	
Paßtoleranz	T_p	0,15 − 0,03 = 0,12	

6.3.7 Eintragen der Kurzzeichen für ISO-Toleranzfelder

Bei Absatzmaßen und Lochmittenabständen sind Kurzzeichen nicht anwendbar. Die Toleranzen hierfür werden durch Abmaße in Zahlen bestimmt.

Das Kurzzeichen wird stets hinter das Nennmaß geschrieben. Beide zusammen bilden das Paßmaß. Kurzzeichen sind etwa 0,7mal so hoch wie die Maßzahl, doch nicht kleiner als 2,5 mm, Kurzzeichen für I n n e n m a ß e (mit Großbuchstaben) stehen h ö h e r (**6.**58),

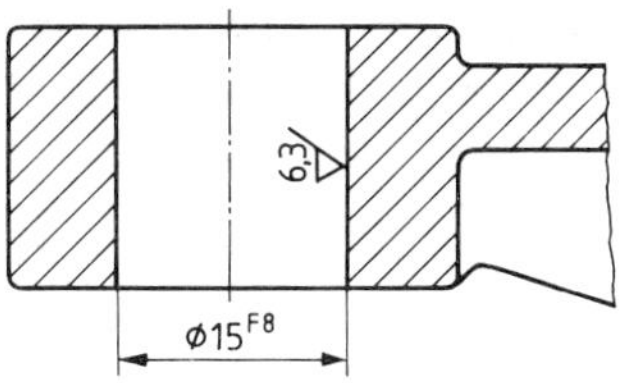

6.58 Paßmaß für Innenmaß

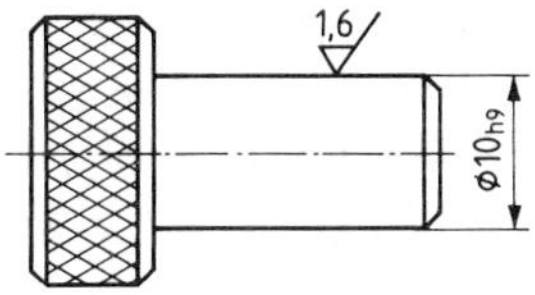

6.59 Paßmaß für Außenmaß

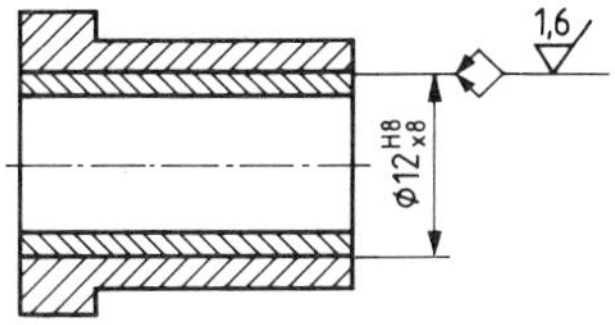

6.60 Kurzzeichen für Innenmaße stehen über denen für Außenmaße

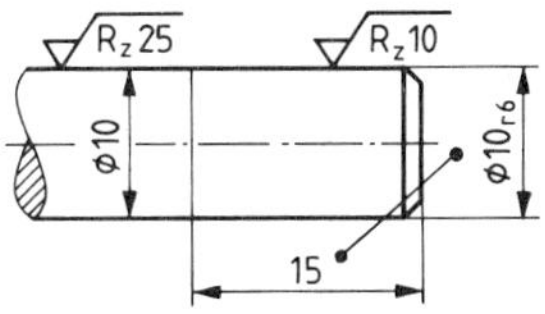

6.61 Bemaßter Toleranzbereich

für Außenmaße (mit Kleinbuchstaben) tiefer als die Maßzahl (**6**.59). Innenmaß und Außenmaß bei ineinandergesteckt gezeichneten Paßteilen haben eine gemeinsame Maßlinie (**6**.60). Hierbei werden Kurzzeichen für die Innenmaße über den Kurzzeichen für die Außenmaße angeordnet.

Erstreckt sich die Toleranzangabe nur auf einen Teil einer Oberfläche, ist dieser Teil nach Bild **6**.91 zu bemaßen.

Die Kurzzeichen beziehen sich nur auf die Maßgenauigkeit der Werkstücke, nicht aber auf die Oberflächenbeschaffenheit. Für diese sind zusätzliche Oberflächenangaben erforderlich.

Einer feinen Toleranz kann zwar eine grobe Oberfläche nicht zugeordnet werden, wohl aber einer groben Toleranz eine feine Oberfläche. Es kann daher sinnvoll sein, zu einer vorgesehenen Toleranz angemessene Rauheitsmaße festzulegen.

Sind Abmaße für die Toleranzen erwünscht, fügt man sie in mm in Klammern den Kurzzeichen bei (**6**.62). Die Abmaße für alle in der Zeichnung enthaltenen Paßmaße können auch in einer besondere Tabelle (**6**.63) neben oder über dem Schriftfeld oder an anderer Stelle als Stempeldruck oder auf Klebe- und Reibfolien eingetragen werden. Statt der Abmaße kann man Größtmaße und Kleinstmaße angeben.

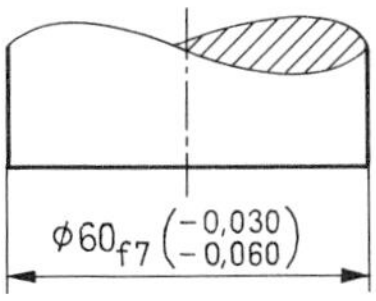

6.62 Zusätzliche Angabe der Abmaße

Tabelle **6**.63 **Passungen**

∅ 32_{h6}	0 −0,016
∅ 18^{D10}	+0,120 +0,050
Paßmaße	Abmaße

Da Paßmaße auch bei galvanisierten Teilen (s. S. 135) den Endzustand angeben, sind in der vorangehenden Fertigung bei Innenteilen Untermaße und bei Außenteilen Übermaße einzuhalten.

Allgemeintoleranzen (Freimaßtoleranzen) für Längen- und Winkelmaße sind nach DIN 7168 T1 gleichmäßig nach + und − im Rahmen der üblichen Fertigungsgenauigkeit festgelegt. Allgemeintoleranzen für Form und Lage sind in DIN 7168 T2 (Vornorm) enthalten. Sie sind wegen betrieblich bedingter Unterschiede jeweils in vier Grade unterteilt und einzuhalten, wenn ein Vermerk (z.B. „Maße ohne Toleranzangabe nach DIN 7168-mittel" oder „DIN 7168-mittel S") in die Zeichnung eingetragen oder in sonstigen Unterlagen (z.B. Lieferbedingungen) auf DIN 7168 verwiesen ist. Für die Eintragung in der Zeichnung ist im Schriftfeld ein Fach vorgesehen.

Die Allgemeintoleranzen gelten für Längen- und Winkelmaße an Teilen aus allen Werkstoffen, die durch Spanen oder spanlos durch Umformen (z.B. Ziehen, Treiben, Sicken, Stanzen) bzw. für Form und Lageabweichungen an Formelementen, die durch Spanen gefertigt sind.

Sie gelten:

- für Längenmaße (Außenmaße, Innenmaße, Absatzmaße, Durchmesser, Breiten, Höhen, Dicken, Lochmittenabstände; **6**.64),
- für Rundungshalbmesser und Fasenhöhen (Schrägungen; **6**.65),
- für Winkelmaße, sowohl eingetragene als auch üblicherweise nicht eingetragene (**6**.66),
- für Längen- und Winkelmaße, die durch Bearbeiten gefügter Teile entstehen, für Form und Lage (Geradheit und Ebenheit, **6**.67; Rundheit, **6**.68; Parallelität; Symmetrie, **6**.69; sowie Rundlauf und Planlauf, **6**.70).

Sie gelten nicht:

- für Maße, für die zulässige Abweichungen einzeln oder in anderen Normen festgelegt sind,
- für Winkelmaße einer Kreisteilung,
- für in Klammern stehende Hilfsmaße,
- für rechteckig eingerahmte theoretische Maße (Bezugsmaße s. Abschn. 6.2.3) für nicht eingetragene 90°-Winkel zwischen Linien, die Achsenkreuze bilden,
- für Maße, die sich beim Zusammenbau von Teilen ergeben,
- für Maße an Freiformschmiedestücken.

Hinweise auf besondere Allgemeintoleranzen (zulässige Abweichungen für Maße ohne Toleranzangabe z.B. für Feinmechanik, Schienenfahrzeuge, Gesenkschmiedestücke) sind im DIN-Katalog angegeben.

Die Tabellen **6**.64 bis **6**.68 kann man gegebenenfalls als Stempelabdruck oder Klebefolie auf den Zeichenbogen aufbringen. Ob und inwieweit die zulässigen Abweichungen zu prüfen und die Werkstücke, die dieser Norm nicht entsprechen, noch verwendbar sind, ist betriebsseitig zu bestimmen. Über die Verwendbarkeit dieser Teile entscheidet der Besteller (Auftraggeber).

Tabelle 6.64 **Obere und untere Abmaße in mm für Längenmaße (Auszug aus DIN 7168 T1)**

Genauigkeitsgrad	Abmaße in mm für Nennmaßbereich in mm								
	0,5 bis 3	> 3 bis 6	> 6 bis 30	> 30 bis 120	> 120 bis 400	> 400 bis 1000	> 1000 bis 2000	> 2000 bis 4000	> 4000 bis 8000
f (fein)	± 0,05	± 0,05	± 0,1	± 0,15	± 0,2	± 0,3	± 0,5	± 0,8	–
m (mittel)	± 0,1	± 0,1	± 0,2	± 0,3	± 0,5	± 0,8	± 1,2	± 2	± 3
g (grob)	± 0,15	± 0,2	± 0,5	± 0,8	± 1,2	± 2	± 3	± 4	± 5
sg (sehr grob)	–	± 0,5	± 1	± 1,5	± 2	± 3	± 4	± 6	± 8

Tabelle **6.65** **Obere und untere Abmaße für Rundungshalbmesser und Fasenhöhen (Schrägungen) nach DIN 7168 T1**

Genauigkeitsgrad	Abmaße in mm für Nennmaßbereich in mm 0,5 bis 3	> 3 bis 6	> 6 bis 30	> 30 bis 120	> 120 bis 400
f (fein) u. m (mittel)	± 0,2	± 0,5	± 1	± 2	± 4
g (grob) u. sg (sehr grob)	± 0,2	± 1	± 2	± 4	± 8

Tabelle **6.66** **Obere und untere Abmaße für Winkelmaße nach DIN 7168 T1**

Genauigkeitsgrad	Abmaße in Winkeleinheiten für Nennmaßbereich in mm (Länge des kürzeren Schenkels) ≦ 10 Grad	> 10 bis 50 Grad	> 50 bis 120 Grad	> 120 bis 400 Grad	> 400
f (fein) u. (mittel)	± 1°	± 30′	± 20′	± 10′	± 5′
g (grob)	± 1°30′	± 50′	± 25′	± 15′	± 10′
sg (sehr grob)	± 3°	± 2°	± 1°	± 30′	± 20′

Tabelle **6.67** **Allgemeintoleranzen für Geradheit und Ebenheit nach DIN 7168 T2**

Genauigkeitsgrad	Allgemeintoleranz in mm für Geradheit und Ebenheit für Nennmaßbereich in mm							
	bis 6	über 6 bis 30	über 30 bis 120	über 120 bis 400	über 400 bis 1000	über 1000 bis 2000	über 2000 bis 4000	über 4000 bis 8000	über 8000
R	0,004	0,01	0,02	0,04	0,07	0,1	–	–	–
S	0,008	0,02	0,04	0,08	0,15	0,2	0,3	0,4	–
T	0,025	0,06	0,12	0,25	0,4	0,6	0,9	1,2	1,8
U	0,1	0,25	0,5	1	1,5	2,5	3,5	5	7

Tabelle **6.68** **Allgemeintoleranz für Zylinderform nach DIN 7168 T2**

Außenmaße (z. B. Wellen)	Die Oberfläche des Werkstücks darf die geometrisch ideale Form mit Größtmaß nicht überschreiten (Hüllbedingung). Außerdem darf das Istmaß an keiner Stelle das Kleinstmaß unterschreiten	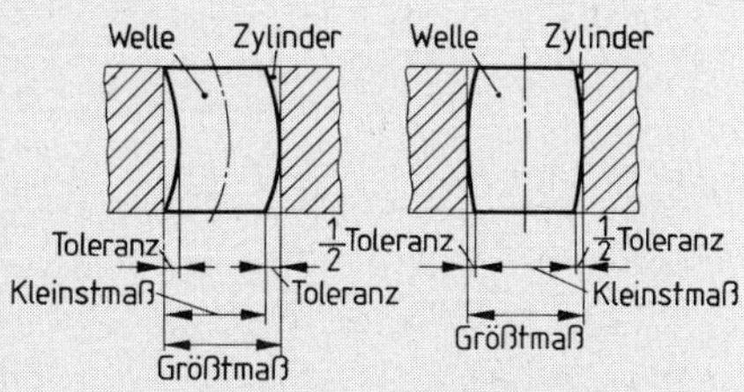
Innenmaße (z. B. Bohrungen)	Die Oberfläche des Formelements darf die geometrisch ideale Form (Zylinder) mit Kleinstmaß nicht unterschreiten (Hüllbedingung). Außerdem darf das Istmaß an keiner Stelle das Größtmaß überschreiten	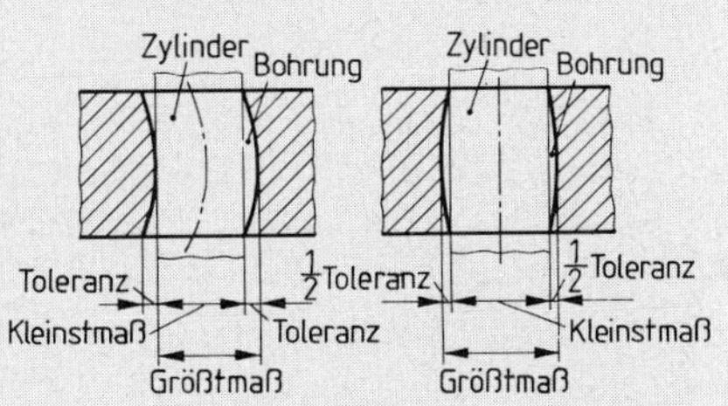

Tabelle **6.69** **Allgemeintoleranzen für Symmetrie nach DIN 7168 T2**

Genauigkeitsgrad	Symmetrietoleranz in mm
A	0,3
B	0,5
C	1
D	2

Tabelle **6.70** **Allgemeintoleranzen für Rundlauf und Planlauf nach DIN 7168 T2**

Genauigkeitsgrad	Rundlauf- und Planlauftoleranz in mm
A	0,1
B	0,2
C	0,5
D	1

Tabelle **6.71** **Kennzeichen und Anwendungsbeispiele wichtiger Passungen**

	ISA-Passungen nach				
	DIN 7154 Einheitsbohrung	DIN 7155 Einheitswelle	DIN 7157 Passungsauswahl	Kennzeichen	Anwendungsbeispiele
Preßpassungen	H7/s6 H7/r6	R7/h6 S7/h6	H8/x8 bis u8 H7/r6	Teile unter hohem Druck, durch Erwärmen oder Kühlen fügbar. Zusätzliche Sicherung gegen Verdrehung ist nicht erforderlich.	Kupplungen auf Wellenenden, Buchsen in Radnaben, festsitzende Zapfen und Bunde, Bronzekränze auf Schneckenradkörpern, Ankerkörper auf Wellen
Übergangspassungen	H7/n6	N7/h6	H7/n6	Festsitzteile unter hohem Druck fügbar. Hierbei ist eine zusätzliche Sicherung gegen Verdrehen erforderlich.	Zahn- und Schneckenräder, Lagerbuchsen, Winkelhebel, Radkränze auf Radkörpern, Antriebsräder
	H7/m6	M7/h6		Treibsitzteile unter erheblichem Kraftaufwand, z. B. mit Handhammer fügbar. Sichern gegen Verdrehen ist erforderlich.	Teile an Werkzeugmaschinen, die ausgewechselt werden müssen, z. B. Zahnräder, Riemenscheiben, Kupplungen, Zylinderstifte, Paßschrauben, Kugellagerinnenringe
	H7/k6	K7/h6	H7/k6	Haftsitzteile unter geringem Kraftaufwand fügbar. Ein Sichern gegen Verdrehen und Verschieben ist erforderlich.	Riemenscheiben, Zahnräder und Kupplungen sowie Wälzlagerinnenringe auf Wellen für mittlere Belastungen, Bremsscheiben
	H7/j6	J7/h6	H7/j6	Schiebesitzteile bei guter Schmierung von Hand fügbar und verschiebbar. Ein Sichern gegen Verschieben und Verdrehen ist notwendig.	Häufig auszubauende, aber durch Keile gesicherte Scheiben, Räder und Handräder; Buchsen, Lagerschalen, Kolben auf der Kolbenstange und Wechselräder
Spielpassungen	H7/h6	H7/h6	H7/h6	Gleitsitzteile bei guter Schmierung durch Handdruck verschiebbar.	Pinole im Reitstock, Fräser auf Fräsdornen, Wechselräder, Säulenführungen, Dichtungsringe
	H8/h9	H8/h9	H8/h9	Schlichtgleitsitzteile leicht fügbar und über längere Wellenteile verschiebbar.	Scheiben, Räder, Kupplungen, Stellringe, Handräder, Hebel, Keilsitz für Transmissionswellen
	H7/g6	G7/h6	H7/g6	Enge Laufsitzteile gestatten gegenseitige Bewegung ohne merkliches Spiel.	Schieberäder in Wechselgetrieben, verschiebbare Kupplungen, Spindellagerungen an Schleifmaschinen und Teilapparaten
	H7/f7	F7/h6	H7/f7	Laufsitze gewähren ein leichtes Verschieben der Paßteile und haben ein reichliches Spiel, das eine einwandfreie Schmierung erleichtert.	Meist angewandte Lagerpassung im Maschinenbau, bei Lagerung der Welle in zwei Lagern, z. B. Spindellagerung an Werkzeugmaschinen, Kurbel- und Nockenwellenlagerung, Gleitführungen

Fortsetzung s. nächste Seite

Tabelle **6**.71, Fortsetzung

	ISA-Passungen nach				
	DIN 7154 Einheits-bohrung	DIN 7155 Einheits-welle	DIN 7157 Passungs-auswahl	Kennzeichen	Anwendungsbeispiele
Spielpassungen	H8/f8	F8/h9	F8/h9	Schlichtlaufsitzteile haben merkliches bis reichliches Spiel, so daß sie gut ineinander beweglich sind.	Für mehrfach gelagerte Wellen; Kolben in Zylindern, Ventilspindeln in Führungsbuchsen, Lager für Zahnrad- und Kreiselpumpen, Kreuzkopfführungen
	H8/e8	E8/h6		Leichte Laufsitzteile haben reichliches Spiel.	Mehrfach gelagerte Wellen, bei denen ein einwandfreies Ausrichten und Fluchten nicht voll gewährleistet ist
	H8/d9	D9/h8		Paßteile für weiten Laufsitz haben sehr reichliches Spiel.	Für genaue Lagerungen von Transmissionswellen und für schnellaufende Maschinenteile
	H9/d10	D10/h9	D10/h9	Weite Schlichtlaufsitzteile haben sehr reichliches Spiel.	Achsbuchsen für Fuhrwerke und Landmaschinen, für Transmissionslager und Losscheiben
	H11/h11	H11/h11	H11/h11	Paßteile haben große Toleranzen bei geringem Spiel.	Teile, die verstiftet, verschraubt, zusammengesteckt und verschweißt werden, z. B. Griffe, Hebel, Kurbeln
	H11/d11	D11/h11		Paßteile haben große Toleranzen bei bestimmten Kleinstspiel.	Lager an Land- und Baumaschinen, Seilrollen und Teile aus gezogenem Werkstoff
	H11/c11	C11/h11	C11/h11	Paßteile haben große Toleranzen und große Spiele.	Lager an landwirtschaftlichen und Haushaltsmaschinen
	H11/a11	A11/h11	A11/h11	Paßteile haben sehr große Toleranzen und sehr lockeren Sitz.	Türangeln, Kuppelbolzen, Feder- und Bremsgehänge an Fahrzeugen

Im wesentlichen gehören die Preß- und Übergangspassungen zum System der Einheitsbohrung, die Spielpassungen (zwecks Verwendung gezogener Wellen) zum System der Einheitswelle. Für abgesetzte Wellen in Getrieben usw. können g6 f7 e8 d9 c11 und a11 mit H-Bohrungen (Einheitsbohrung) zu Spielpassungen gepaart werden. Bei den 3 Preßpassungen H8/x8 bzw. u8 H7/r6 und H7/s6 erübrigt sich im allgemeinen eine Berechnung nach DIN 7190. Großes Spiel ergeben: h11/H11 und A11/a11. H11 ist mit üblichen Spiralbohrern ohne Nacharbeit zu erreichen. Gleiche Paßtoleranzen haben: G7/h6 und H7/g6, C11/h11 und H11/c11, A11/h11 und H11/a11.

ISO-Toleranzen, Toleranzen für die Feinwerktechnik s. DIN 58700 T1 und 2.

7 Bauelemente

7.1 Schraubverbindungen

7.1.1 Gewinde

Abmessungen. Es gibt Außengewinde (Bolzengewinde, **7**.1) und Innengewinde (Muttergewinde, **7**.2). Beide werden miteinander verschraubt. Hierfür sind übereinstimmende Gewindeabmessungen notwendig.

Das Hauptmaß ist der Gewinde-Nenndurchmesser. Er wird beim Innengewinde mit D und beim Außengewinde mit d bezeichnet. Zieht man hiervon den Kerndurchmesser d_3 ab und halbiert das Ergebnis, ergibt sich die Gewindetiefe h_3. Das Maß P bezeichnet die Steigung des Gewindes. Ein Gewinde verläuft nach einer Schraubenlinie (s. Abschn. 10.4.7). Es ist eingängig, wenn die Windungen einer einzigen Schraubenlinie angehören. Sind mehrere Schraubenlinien vorhanden, wie an der zweigängigen Schnecke (**7**.3), handelt es sich um mehrgängiges Gewinde.

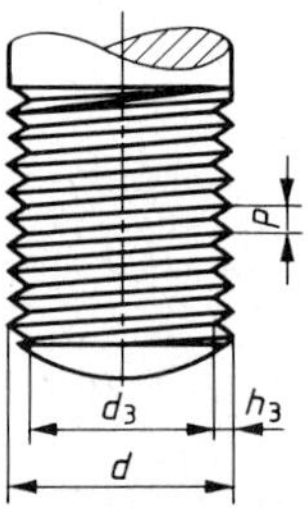

7.1 Hauptabmessungen

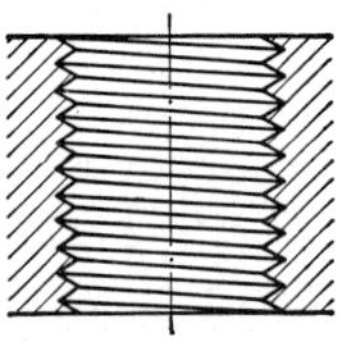
7.2 Innengewinde

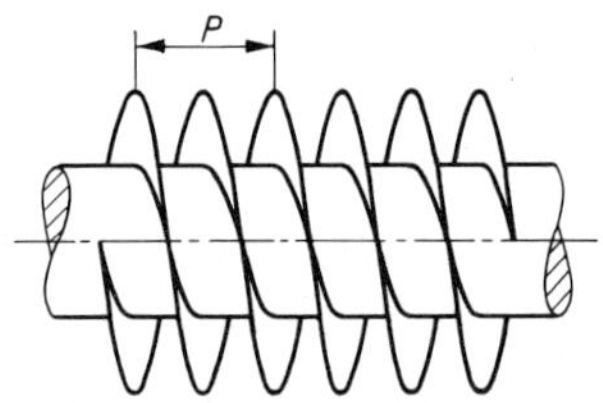

7.3 Zweigängige Schnecke

Die Steigung P ist das Maß, um das sich Außen- und Innengewinde in Richtung der Mittelachse gegeneinander verschieben, wenn eines davon eine ganze Umdrehung macht. Sie reicht bei eingängigem Gewinde von einer Windung bis zur nächsten, bei zweigängigem bis zur übernächsten usw.

Rechtsgewinde ist das übliche Gewinde. Hierbei steigen die Windungen am aufrechtstehenden Bolzen nach rechts an (**7**.1), im aufgeschnittenen Innengewinde dagegen nach links (**7**.2). Beim Linksgewinde laufen die Steigungen entgegengesetzt.

Gewindequerschnitte. Die Form des Gewindequerschnitts richtet sich nach dem Verwendungszweck des Schraubteils. Genormt sind Spitz-, Trapez-, Sägen- und Rundgewinde. Spitzgewinde (**7**.4) verwendet man überwiegend für Befestigungsschrauben und -muttern. Trapezgewinde (**7**.5) wird hauptsächlich auf Bewegungs- und Verstellspindeln geschnitten. Sägengewinde (**7**.6) kommt für Spindeln mit einseitig starker Druckbeanspruchung in Achsrichtung in Betracht. Rundgewinde (**7**.7) nimmt man für Spindeln, die merklicher Abnutzung durch Schmutz und der Gefahr der Beschädigung durch Stöße unterliegen, und für in Blech gedrückte Gewinde (Edison-Gewinde). Zum Spitzgewinde zählen die Metrischen Gewinde, alle Whitworth-Gewinde und andere. Die einzelnen Arten unterscheiden sich besonders in den Abmessungen für Gewindetiefen und Steigungen.

7.4 Spitzgewinde

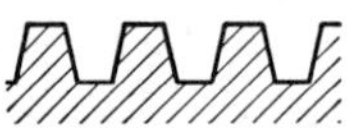
7.5 Trapezgewinde

7.6 Sägengewinde

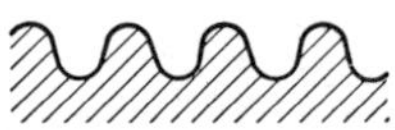
7.7 Rundgewinde

Tabelle 7.8 **Metrisches ISO-Gewinde; Regelgewinde**[1]**), Nennmaße DIN 13 T1**

Gewinde-Nenndurchmesser $d = D$ Reihe[2])		Steigung	Flankendurchmesser	Kerndurchmesser		Gewindetiefe		Rundung[3])	Spannungsquerschnitt A_s[4])
1	2	P	$d_2 = D_2$	d_3	D_1	h_3	H_1	r	in mm^2
1		0,25	0,838	0,693	0,729	0,153	0,135	0,036	0,456
	1,1	0,25	0,938	0,793	0,829	0,153	0,135	0,036	0,587
1,2		0,25	1,038	0,893	0,929	0,153	0,135	0,036	0,730
	1,4	0,3	1,205	1,032	1,075	0,184	0,162	0,043	0,980
1,6		0,35	1,373	1,170	1,221	0,215	0,189	0,051	1,27
	1,8	0,35	1,573	1,371	1,421	0,215	0,189	0,051	1,70
2		0,4	1,740	1,509	1,567	0,245	0,217	0,058	2,07
	2,2	0,45	1,908	1,648	1,713	0,276	0,244	0,065	2,48
2,5		0,45	2,208	1,948	2,013	0,276	0,244	0,065	3,39
3		0,5	2,675	2,387	2,459	0,307	0,271	0,072	5,03
	3,5	0,6	3,110	2,764	2,850	0,368	0,325	0,087	6,78
4		0,7	3,545	3,141	3,242	0,429	0,379	0,101	8,78
	4,5	0,75	4,013	3,580	3,688	0,460	0,406	0,108	11,3
5		0,8	4,480	4,019	4,134	0,491	0,433	0,115	14,2
6		1	5,350	4,773	4,917	0,613	0,541	0,144	20,1
8		1,25	7,188	6,466	6,647	0,767	0,677	0,180	36,6
10		1,5	9,026	8,160	8,376	0,920	0,812	0,217	58,0
12		1,75	10,863	9,853	10,106	1,074	0,947	0,253	84,3
	14	2	12,701	11,546	11,835	1,227	1,083	0,289	115
16		2	14,701	13,546	13,835	1,227	1,083	0,289	157
	18	2,5	16,376	14,933	15,294	1,534	1,353	0,361	192
20		2,5	18,376	16,933	17,294	1,534	1,353	0,361	245
	22	2,5	20,376	18,933	19,294	1,534	1,353	0,361	303
24		3	22,051	20,319	20,752	1,840	1,624	0,433	353
	27	3	25,051	23,319	23,752	1,840	1,624	0,433	459
30		3,5	27,727	25,706	26,211	2,147	1,894	0,505	561
	33	3,5	30,727	28,706	29,211	2,147	1,894	0,505	694
36		4	33,402	31,093	31,670	2,454	2,165	0,577	817
	39	4	36,402	34,093	34,670	2,454	2,165	0,577	976
42		4,5	39,077	36,479	37,129	2,760	2,436	0,650	1120
	45	4,5	42,077	39,479	40,129	2,760	2,436	0,650	1300
48		5	44,752	41,866	42,587	3,067	2,706	0,722	1470
	52	5	48,752	45,866	46,587	3,067	2,706	0,722	1760
56		5,5	52,428	49,252	50,046	3,374	2,977	0,794	2030
	60	5,5	56,428	43,252	54,046	3,374	2,977	0,794	2360
64		6	60,103	56,639	57,505	3,681	3,248	0,866	2680
	68	6	64,103	60,639	61,505	3,681	3,248	0,866	3060

[1]) Regelgewinde genannt, weil es in der Regel allgemein anwendbar ist; Gewinde-Nenndurchmesser D und Steigung P haben eine bestimmte Zuordnung.

[2]) Reihe 3 hat nur folgende Nenndurchmesser $d = D$: 7 mit $P = 1$ und $A_s = 28{,}9\ mm^2$; 9 mit $P = 1{,}25$ und $A_s = 48{,}1\ mm^2$ sowie 11 mit $P = 1{,}5$ und $A_s = 72{,}3\ mm^2$. Die Maße d_2 (D_2) bis D_1 sind 1 mm und h_3 sowie H_1 sind 0,1 mm größer als die des nächstkleineren Nenndurchmessers gleicher Steigung. Maß r siehe r der gleichen Steigung.

[3]) Errechnete Werte für kreisförmige Rundung $r = \frac{H}{6}$

[4]) Der Spannungsquerschnitt ist nicht in DIN 13 T1, sondern in DIN 13 T28 enthalten. Als grundlegender Faktor für das Berechnen der Prüflast einer Schraube steht der Spannungsquerschnitt in DIN 267 T3.

$A_s = \frac{\pi}{4}\left(\frac{d_2 + d_3}{2}\right)^2$: hierin sind d_2 und d_3 Nennmaße.

Metrische Gewinde von 1 bis 68 mm Gewindedurchmesser erhalten jetzt das ISO-Gewindeprofil (**7**.9). Damit sind das Profil der Mutter am Innendurchmesser D_1 stärker abgeflacht und das Profil des Bolzengewindes im Kern mit größerem Halbmesser mehr gerundet als bisher. Die Form des Gewindegrunds im Außendurchmesser der Mutter ist beliebig, doch muß die Flanke bis zum Durchmesser D gerade sein (**7**.9; s. DIN 13 T2).

Für Neukonstruktionen, ausgenommen Auslandsaufträge und Schiffmaschinen, kommt Whitworth-Gewinde nicht in Betracht. Das für Fittings und Rohrleitungsarmaturen international festgelegte Whitworth-Rohrgewinde macht jedoch eine Ausnahme.

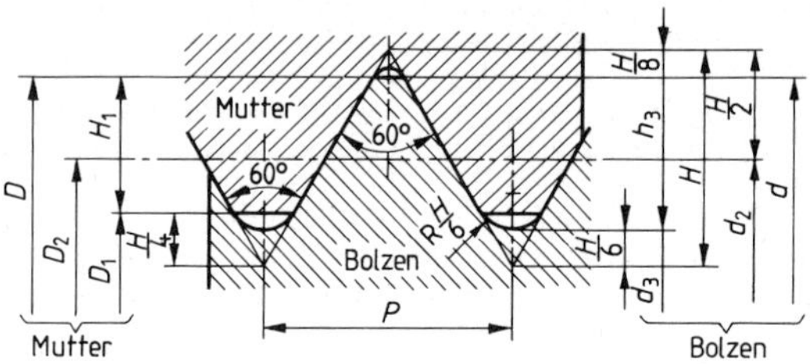

$D = d$ = Gewindedurchmesser
P = Steigung des eingängigen Gewindes
H = Höhe des Profildreiecks $= 0{,}86603\,P$
$D_2 = d_2$ = Flankendurchmesser $= d - 0{,}75\,H$
D_1 = Kerndurchmesser (Mutter) $= d_2 - 0{,}5\,H$
d_3 = Kerndurchmesser (Bolzen) $= d_2 - \frac{2}{3}\,H$
h_3 = Gewindetiefe am Bolzen $= 0{,}5\,(d - d_3)$
H_1 = Flankenüberdeckung $= 0{,}5\,(D - D_1)$

7.9 Nullprofile des Metrischen ISO-Gewindes (ohne Flankenspiel) nach DIN 13 T2

Gewindedarstellung (DIN ISO 6410)

Gewindelinien. Bei sichtbaren Gewinden sind die Gewindespitzen (Gewindedurchmesser D bzw. d nach Bild **7**.9) durch eine breite Vollinie und der Gewindegrund (D_1 bzw. d_3) durch eine schmale Vollinie darzustellen (**7**.10 bis **7**.13). Bei verdeckten Gewinden sind die Gewindespitzen und der Gewindegrund durch eine Strichlinie darzustellen (**7**.12 und **7**.13).

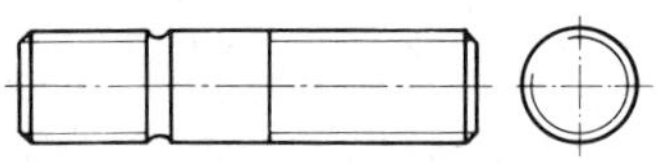

7.10

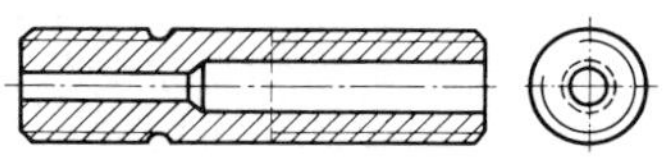

7.11

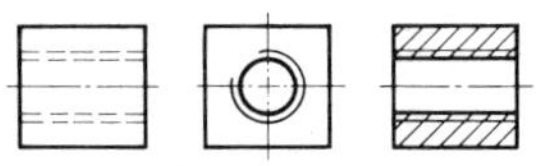

7.12

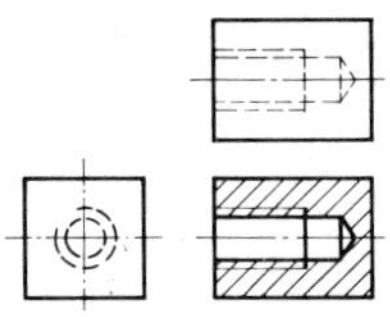

7.13

Der Abstand zwischen den Linien, die die Gewindespitzen bzw. den Gewindegrund darstellen, soll möglichst genau der Gewindetiefe t entsprechen, darf jedoch nicht geringer sein als

- die zweifache Breite der breiteren Linie oder
- 0,7 mm, je nachdem, welcher Wert der größere ist.

Bei den im Schnitt dargestellten Gewindeteilen ist die Schraffur bis an die Linie heranzuziehen, die die Gewindespitzen darstellt (**7**.11 bis **7**.13).

In der Ansicht in Achsrichtung auf ein sichtbar (nicht verdeckt) dargestelltes Gewinde ist der Gewindegrund durch einen beliebig liegenden $^3/_4$-Kreis darzustellen, der mit einer schmalen Vollinie zu zeichnen ist (**7**.10 bis **7**.12). Bei verdeckt gezeichneten Gewinden ist der beliebig liegende $^3/_4$-Kreis mit einer Strichlinie zu zeichnen (**7**.13). Günstiger ist aber die Darstellung im Schnitt oder im Ausbruch und in Achsrichtung gesehen durch ein Mittellinienkreuz.

Zugabe. Die Tiefe *t* bzw. t_1 eines Gewindegrundlochs (Sacklochs) ist größer als die nutzbare Gewindelänge *b* (**7**.14 und **7**.15), die wiederum größer sein muß als die Einschraublänge des Bolzengewindes (s. S. 171). Die Zugabe zur Länge *b* bis zur Gewindegrundlochtiefe *t* bzw. t_1 ist für den Gewindeauslauf und für etwa herunterfallende Späne beim Gewindeschneiden vorgesehen. Die Zugabe kann aus DIN 76 T1 entnommen werden und beträgt im Regelfall:

für Gewinde	M3	M4	M5	M6	M8	M10	M12	M14 M16	M18 M20 M22	M24 M27	M30 M33	M36 M39	M42 M45	M48 M52
e_1	2,8	3,8	4,2	5,1	6,2	7,3	8,3	9,3	11,2	13,1	15,2	16,8	18,4	20,8
g_2	2,7	3,8	4,2	5,2	6,7	7,8	9,1	10,3	13	15,2	17,7	20	23	26

Die übliche Aussenkung unter 120° bis auf den Außendurchmesser des Gewindes wird gewöhnlich nicht gezeichnet (**7**.13). Andere Senkungen hingegen müssen dargestellt und bemaßt werden.

Das Gewindekurzzeichen steht immer beim Maß *D* oder *d* für den Gewindeaußendurchmesser (**7**.9).

Die Grenze der nutzbaren Gewindelänge ist bei sichtbaren Gewinden durch eine breite Vollinie und bei verdeckten Gewinden durch eine Strichlinie darzustellen. Diese Linie endet an der Linie, die die Gewindespitzen darstellt (**7**.10, **7**.11, **7**.13, **7**.15).

Bei zusammengebauten Gewindeteilen sind Teile mit Außengewinde stets so darzustellen, daß sie die Teile mit Innengewinde überdecken und nicht von diesen verdeckt werden (**7**.16 und **7**.17).

In alten Zeichnungen ist noch die Darstellung der Gewinde durch Strichlinien nach der zurückgezogenen Norm DIN 27 zu finden (**7**.18 bis **7**.20). Sie soll wegen der internationalen Vereinheitlichung der Zeichenregeln nicht mehr angewendet werden.

Durchdringungskurven für Gewindelöcher sind nur für das Kernloch und nicht für die Gewindelinien zu zeichnen. Bei kleinen Bohrungen ergeben sich kleine Kurven; es ist daher zugelassen, die Körperkante geradlinig durchzuziehen (**7**.22).

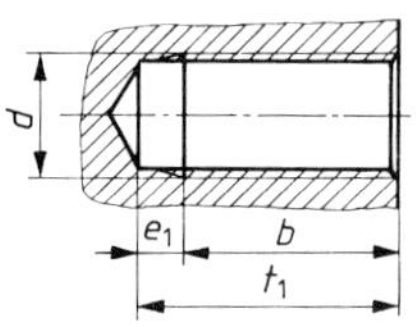

7.14 Gewindeauslauf

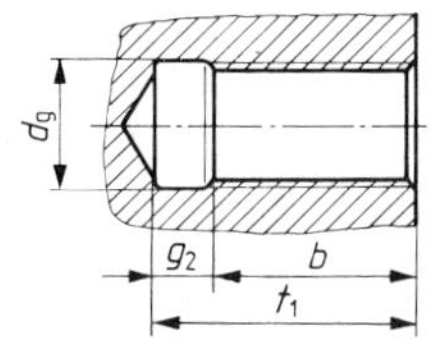

7.15 Gewindeflansch

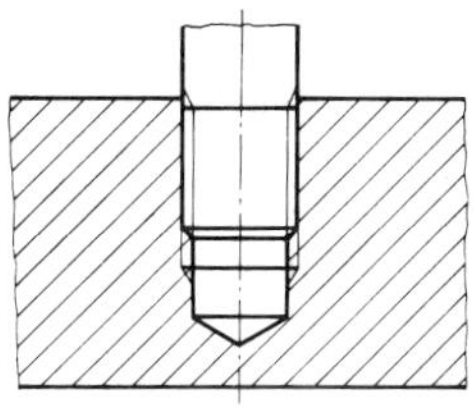

7.16

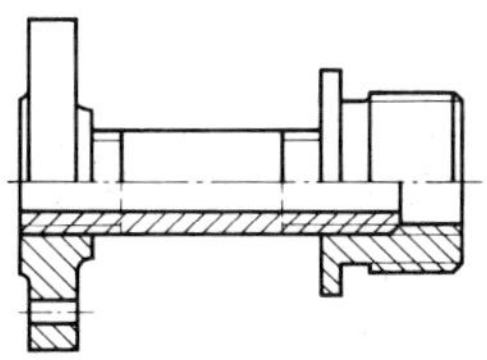

7.17

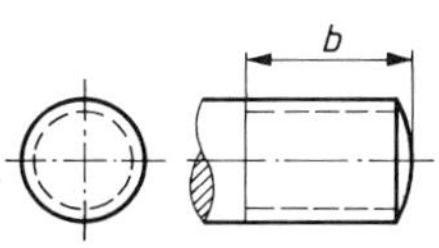

7.18

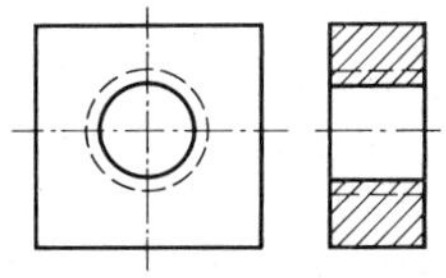

7.19

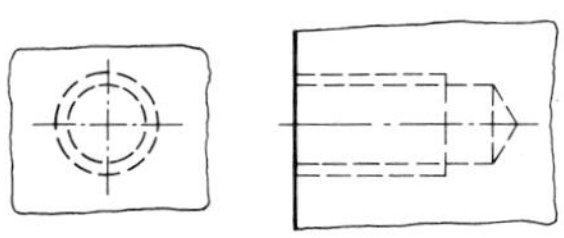

7.20

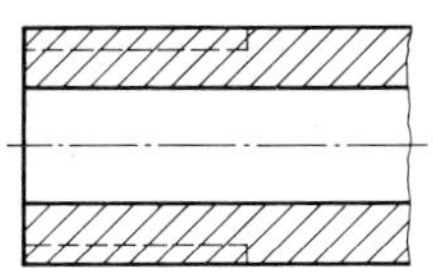

7.21

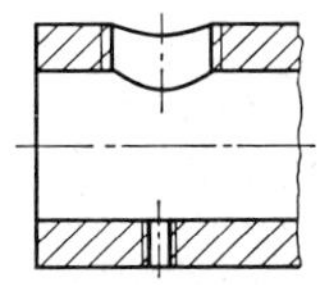

7.22 Durchdringungslinien

Gewindebezeichnungen. Ein Gewinde wird durch Kurzzeichen näher bezeichnet (**7.23**).

Tabelle **7.23** **Abgekürzte Gewindezeichnungen** (Auszug aus DIN 202)

	Gewindeart	nach DIN	Gewindebezeichnung		
			Zeichen vor Maß-angabe	Maßangabe	Eintragungs-beispiele
Eingängiges Rechtsgewinde					
Spitzgewinde	Metrisches ISO-Gewinde	13 Teil 1	M	Gewindeaußendurchmesser in mm	M20
Spitzgewinde	Metr. ISO-Feingewinde	13 Teil 2 bis 10	M	Gewindeaußendurchmesser in mm × Steigung in mm	M50×1,5
Spitzgewinde	Metr. kegeliges Außengewinde (Kegel 1 : 16)[1]	158	M	Gewindeaußendurchmesser in mm × Steigung in mm und Kegel	M10×1keg DIN 158
Spitzgewinde	Withworth-Rohrgewinde[2])	259	R	Nennweite (≈ Innendurchmesser) des Rohres in Zoll	$R\frac{1}{2}$
	Trapezgewinde	103	Tr	Gewindeaußendurchmesser in mm × Steigung in mm	Tr 50×8
	Sägengewinde	513	S	Gewindeaußendurchmesser in mm × Steigung in mm	S 100×12
	Rundgewinde	405	Rd	Gewindeaußendurchmesser in mm × Steigung in Zoll	Rd $20\times\frac{1}{8}$
Besondere Angaben (Gewindetoleranzen s. unten)					
Linksgewinde wird durch das Kurzzeichen „LH" (LH = Left-Hand) gekennzeichnet, das man hinter die Gewindebezeichnung setzt.					M50×1,5LH
Mehrgängiges Rechtsgewinde erhält hinter der Gewindebezeichnung einen Vermerk in Klammern, bestehend aus *P* und der Teilung[3]). Als Steigung P_h des *n*-gängigen Gewindes gilt stets das Maß der Verschiebung in Richtung der Achse bei einer Umdrehung des Gewindes (d. h. $P_h = n \cdot P$).					Tr 40×14 (P7)[3])
Bei mehrgängigem Linksgewinde hängt man das Kurzzeichen „LH" und einen Vermerk, bestehend aus *P* und der Teilung[3]) an. Als Steigung P_h des *n*-gängigen Gewindes gilt stets das Maß der Verschiebung in Richtung der Achse bei einer Umdrehung des Gewindes, d. h. $P_h = n \cdot P$.					Tr 40×14 (P7)LH
Bei Rechts- und Linksgewinde wird nicht nur das Links-, sondern auch das Rechtsgewinde mit dem Kurzzeichen „RH" (RH = Right-Hand) gekennzeichnet.					Rd $20\times\frac{1}{8}$ RH
Gas- und dampfdichtes Gewinde erhält den Zusatz „dicht".					M20 dicht
Für Sondergewinde und solche, an die bestimmte Anforderungen gestellt werden, ist die DIN-Nummer hinzuzufügen. DIN 2999 z. B. betrifft zylindrisches Innen- und kegeliges Außengewinde.					$R\frac{1}{2}$ DIN 2999

[1]) Bei kegeligem Gewinde darf in der Bezeichnung statt der Abkürzung „keg" das Kegelsymbol „▷" verwendet werden, z. B. M20×1,5 ▷ 16.

[2]) Für Neukonstruktionen wegen der Verwechslungsgefahr mit dem Kurzzeichen für Gewinde nach ISO nicht mehr zu verwenden.

[3]) **Beispiel** Gangzahl $= \frac{\text{Steigung } P_h}{\text{Teilung } P} = \frac{14}{7} =$ **2gängig.**

Bei Metrischem Gewinde (DIN 13 T1) ist der Kerndurchmesser mit ≈ 80% des Gewindedurchmessers zu zeichnen.

Für Metrische Feingewinde wird zum Einzeichnen der Gewindekernlinien die Gewindetiefe h_3 benutzt. Sie beträgt ≈ 65% der in der Gewindebezeichnung angegebenen Steigung P des eingängigen Gewindes.

Werden die Abmessungen für h_3 bei geringen Steigungen zu klein, sind sie des besseren Erkennens wegen etwas größer zu wählen. Zum Zeichnen anderer Gewinde müssen die Normtabellen zu Hilfe genommen werden.

Gewindetoleranzen (DIN ISO 4759 T1 und DIN 267 T2). Für den Außendurchmesser d des Bolzengewindes (**7**.24) und für den Kerndurchmesser D_1 des Muttergewindes sind Toleranzen (T_d und T_{D1}), abhängig von der Steigung P, vorgesehen. Ebenso für beide Flankendurchmesser d_2 und D_2 (T_{d2} und T_{D2}), hier aber abhängig von der Einschraublänge des Gewindes (DIN 13 T14).

Wie bisher können in der Bundesrepublik Deutschland hinter die Gewindebezeichnungen die Anfangsbuchstaben der Toleranzklassen „fein", „mittel" und „grob" eingetragen werden (DIN 13 T15; z.B. M12g, M12×1,5f), doch beziehen sie sich auf die in der Tabelle **7**.25 angegebenen Toleranzen.

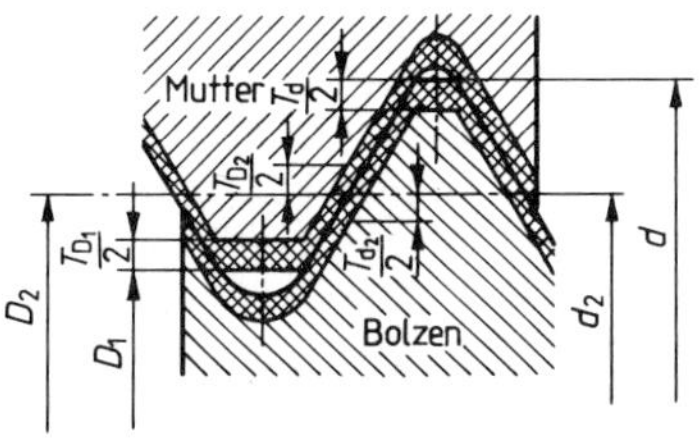

7.24 Gewindetoleranzen

Tabelle **7**.25 **Toleranzfelder für handelsübliche Schrauben und Muttern nach DIN 13 T14 (Einschraubgruppe N)**

Produktklasse	bisherige Ausführung	Toleranzfeld	
A und B	m und mg	Schraube 6g	6h für Schrauben bis M14
		Mutter 6H	
C	g	Schraube 8g	für Gewinde-Außendurchmesser auch Werte nach DIN 59130 zul.
		Mutter 7H	

Da Lage und Größe der Toleranzen für Gewinde von denen der Flach- und der Rundpassungen abweichen, stehen die Zahlen hier vor den Buchstaben. Obendrein sind die mit Kleinbuchstaben bezeichneten Toleranzfelder dem Bolzengewinde und die mit Großbuchstaben bezeichneten Toleranzfelder dem Muttergewinde zugeordnet.

Ferner gelten die Toleranzfelder für Gewinde ohne Oberflächenschutz und bei Oberflächenschutz vor dem Aufbringen der Schutzschicht. Im Endzustand jedoch darf das Nullprofil des Gewindes (**7**.8) nicht überschritten worden sein. Ist keine Toleranz angegeben, gilt die Toleranzklasse „mittel".

Toleranzkurzzeichen. Für andere als die in der Tabelle genannten Toleranzen aber müssen, wie das in ausländischen Zeichnungen der Fall ist, Toleranzkurzzeichen eingeschrieben werden (DIN 13 T14). Bei gleichen Toleranzen für den Flankendurchmesser d_2 und den Außendurchmesser d des Bolzengewindes bzw. für den Flankendurchmesser D_2 und den Kerndurchmesser D_1 des Muttergewindes wird das jeweils gemeinsame Kurzzeichen angegeben, (z.B. M10–4 g für das Bolzengewinde bzw. M10–6 G für das Muttergewinde).

Sind die Toleranzen des Gewindes aber verschieden, müssen beide Kurzzeichen eingesetzt werden, wobei das Kurzzeichen für den Flankendurchmesser dem anderen voransteht (z.B. M10–6 g 5 g für den Bolzen bzw. M10–4 G 5 G für die Mutter).

Eine Gewindepassung wird durch die Toleranzfelder des Mutter- und des Bolzengewindes, getrennt durch einen Schrägstrich, angegeben (z.B. M10–8 G/6e) oder – wenn ein Kurzzeichen unter dem anderen steht – ohne Strich dazwischen (z.B. M10 – $\frac{8\,G}{6\,e}$).

7.1.2 Schrauben und Muttern

Schlüsselweiten sind für alle zwei-, vier-, sechs- und achtkantigen Formen vorgesehen und für Schrauben, Armaturen und Fittings in DIN 475 T1 (die Bezeichnungen eingeschlossen) genormt (**7**.26).

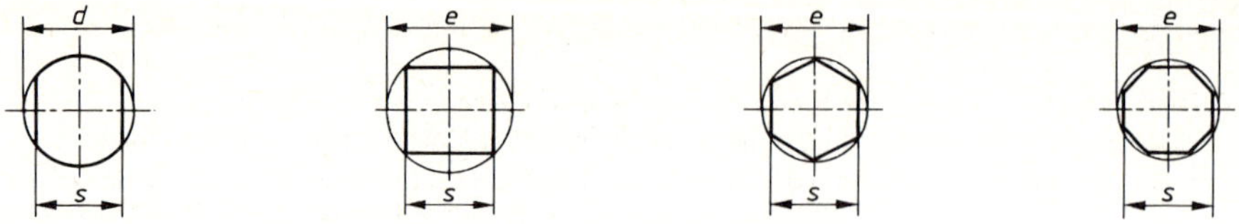

7.26 Schraubenkopf- und Mutterformen (DIN 475 T1; Auszug)

Vierkante und Vierkantlöcher für Spindeln und Bedienteile werden nach DIN 79, Vierkante für Werkzeuge nach DIN 10 T1 gewählt.

Schraubenenden werden verschieden ausgeführt (DIN 78). Sie erhalten gewöhnlich eine Linsenkuppe (**7**.27) oder eine Kegelkuppe (**7**.28), die stets in den Längenmaßen enthalten sind. Für Spann- und Druckschrauben werden Kernansatz (**7**.29), Zapfen (**7**.30), der auch zur Aufnahme eines Splintes durchbohrt sein kann, und Ansatzkuppe (**7**.31) vorgesehen. Sie schränken eine Beschädigung des Gewindes ein. Ringschneiden (**7**.32) kommen für Stellschrauben an Stellringen in Betracht. Die Spitze (**7**.33) und die Ansatzspitze (**7**.34) treten an Sicherungsschrauben auf und werden in kegelige Senkungen eingelassen.

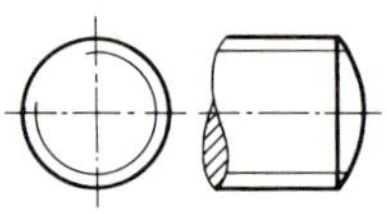

7.27 Linsenkuppe (L)

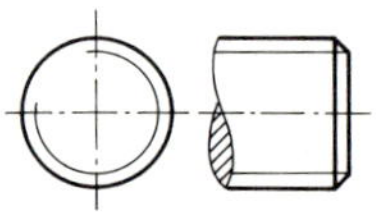

7.28 Kegelkuppe (K)

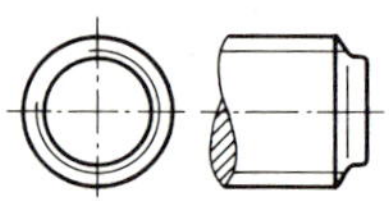

7.29 Kernansatz (Ka)

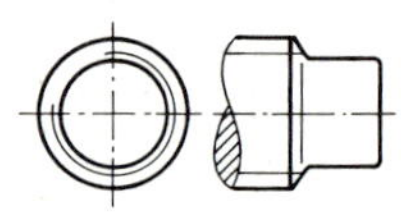

7.30 Zapfen (Za)

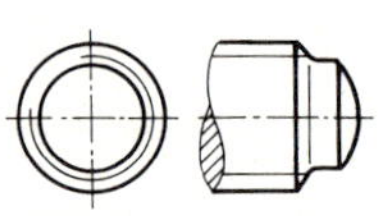

7.31 Ansatzkuppe (AK)

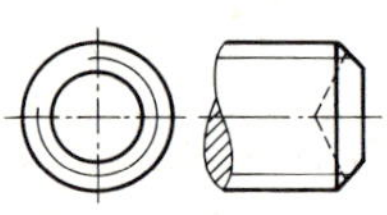

7.32 Ringschneide (Rs)

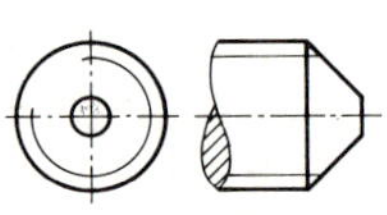

7.33 Spitze (Sp)

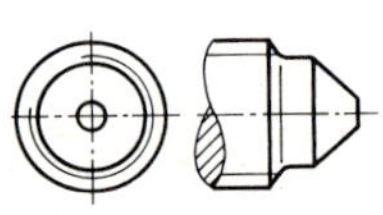

7.34 Ansatzspitze (Asp)

Der Gewindeauslauf (DIN 76 T1) kann je nach dem Herstellungsverfahren bei Außengewinden unterschiedlich sein. Er liegt meist außerhalb der bemaßten Gewindelänge (**7**.35) und wird gewöhnlich nicht gezeichnet. Bild a) zeigt den Regelfall am Außengewinde, b) am Innengewinde.

7.35 Gewindeauslauf (Regelfälle für M10).

Gewindefreistich (DIN 76 T1) sind in **7**.36 ausführlich dargestellt und bemaßt. Gewinderillen für Verschlußschrauben s. DIN 3852 T1.

Freistiche an Drehkörpern s. S. 82.

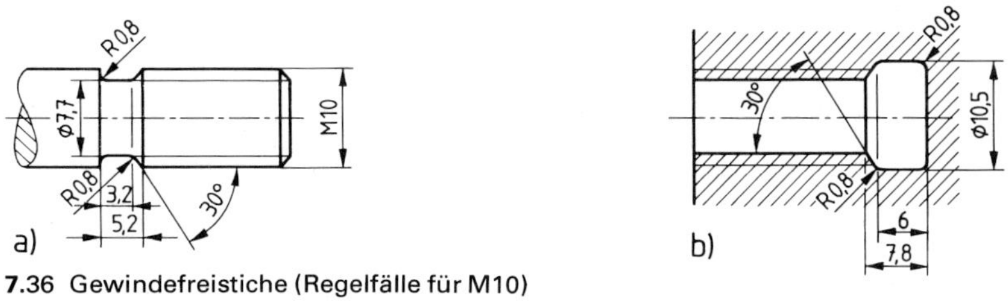

7.36 Gewindefreistiche (Regelfälle für M10)

Beispiel Aufzeichnen einer Sechskantmutter (DIN 27). Hierzu müssen der Norm entnommen werden: Gewindedurchmesser D (**7**.9), Seitenmaß s und Mutterhöhe m. Für eine Mutter M16 betragen die Zeichnungsmaße $D = 16$, $D_1 = 80\%$ von $16 = 12{,}8$, $s = 24$ und $m = 13$.

Nach dem Aufzeichnen der Mittellinien wird im Kreuzungspunkt der Draufsicht ein Kreis mit $s = 24$ Durchmesser geschlagen und außen mit einem regelmäßigen Sechseck versehen (**7**.37). Dann werden die Mutterhöhe $m = 13$ abgetragen und die Umrisse der Vorderansicht und der Seitenansicht in schmalen Linien gezeichnet.

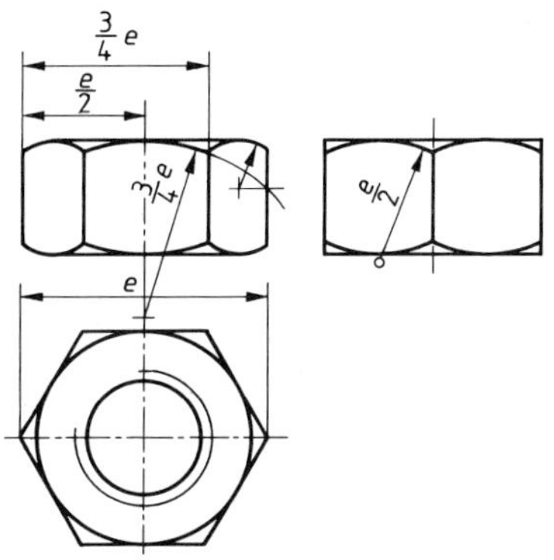

7.37 Konstruktion der Fasenbogen

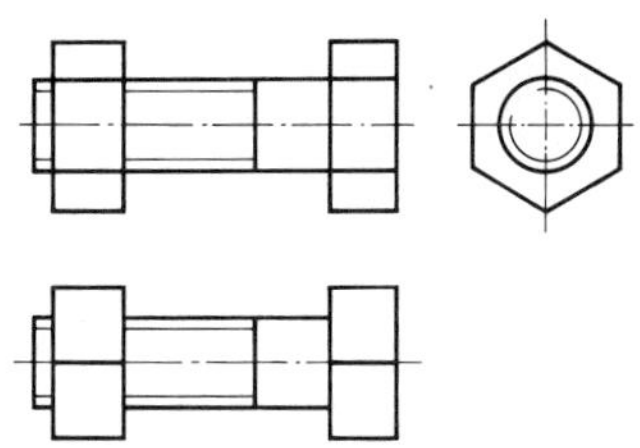

7.38 Vereinfachte Darstellung

Die Fasenkanten sind Hyperbelkurven, aber einfach als Kreisbogen zu schlagen. Für den großen Bogen der Vorderfläche ist der Halbmesser $^3/_4\, e$ aus der Vorderansicht abzugreifen. Der Zirkelschlag wird bis zum Schnitt mit einer senkrechten Außenkante geführt. In der Mitte der von hier durch das schmale Feld gezogenen Waagrechten befindet sich der Zirkeleinsatzpunkt für den kleinen Bogen. Die Mittelpunkte der Kreisbogen in der Seitenansicht liegen auf den senkrechten Halbierungslinien der Felder. Als Halbmesser dient $e/2$. Nun werden die Gewindekreise in der Draufsicht mit $D/2$ und $D_1/2$ als Zirkelöffnung geschlagen, die überflüssigen Linien abradiert und die verbleibenden nachgezogen. In der Ansicht, die drei Seitenflächen der Mutter zeigt, fallen die Ecken weg. In der Vorderansicht und in der Seitenansicht wird das Gewinde nicht gezeichnet.

Die Köpfe der Sechskantschrauben sind niedriger als die Muttern und nur an einer Stelle abgefast. Bei der vereinfachten Darstellung der Sechskantschrauben und -muttern werden die Fasenbogen weggelassen und die üblichen Formen des Schraubenendes nicht dargestellt (**7**.38).

Normung. Schrauben, Muttern und ähnliche Gewindeteile sind weitgehend genormt[1]). Nachstehend sind davon einige Teile dargestellt.

Der Kopf der Sechskantschraube gehört nicht zur Schraubenlänge. Sechskantschrauben nach DIN 931 u.a. haben in der Regel einen Telleransatz (**7**.39), der aber nicht immer mitgezeichnet zu werden braucht. Sie werden meist als Befestigungsschrauben verwendet und hierbei in Schaftrichtung auf Zug beansprucht (**7**.40 bis **7**.42). Ist das Schraubenende als Zapfen oder Spitze ausgeführt (**7**.43 und **7**.44), wird es als Stell-, Halte- oder Abdrückschraube auf Druck beansprucht.

[1]) Siehe DIN-Taschenbuch 10: Mechanische Verbindungselemente, Schrauben, Muttern und Zubehör, Beuth-Verlag, Berlin

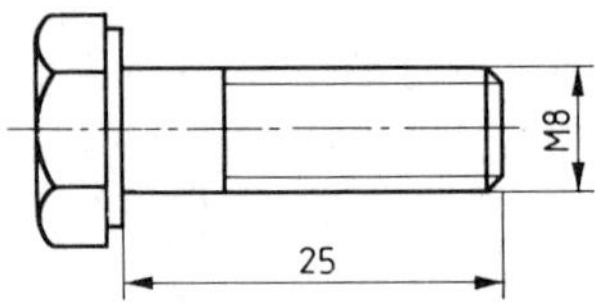

7.39 Sechskantschraube
DIN 931 – M8 × 25 – 8.8

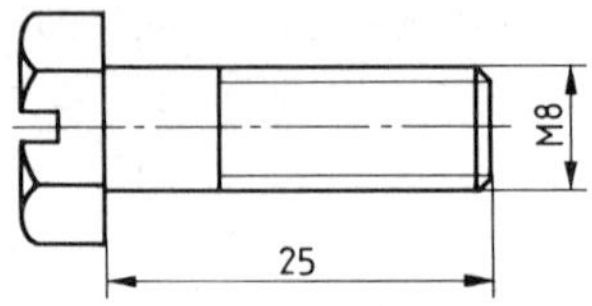

7.40 Sechskantschraube
DIN 931 – M8 × 25 Sz[1]) To[4]) – 8.8

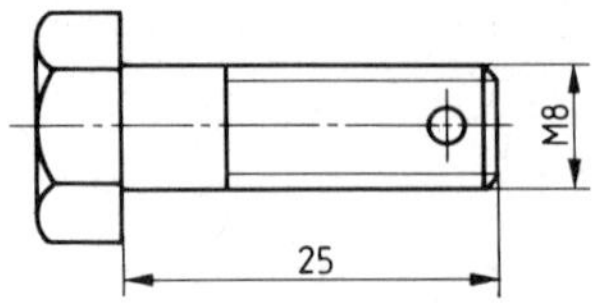

7.41 Sechskantschraube
DIN 931 – M8 × 25 S[2]) To[5]) 8.8

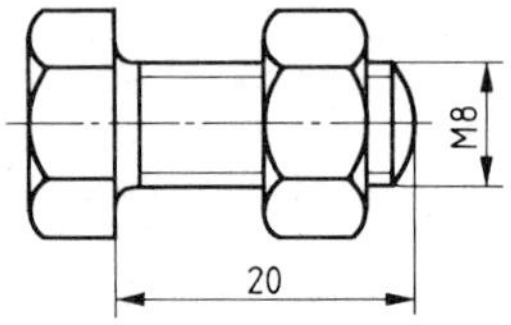

7.42 Sechskantschraube
DIN 601 – M8 × 20 Mu[3])

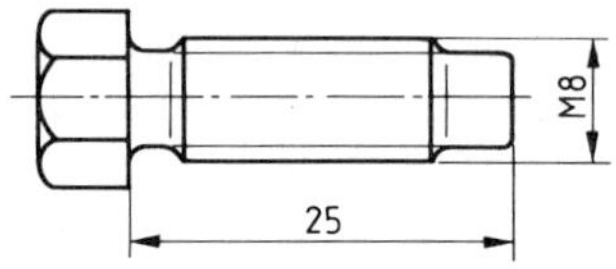

7.43 Sechskantschraube A[5])
DIN 561 8 M8 × 25 – 5.8

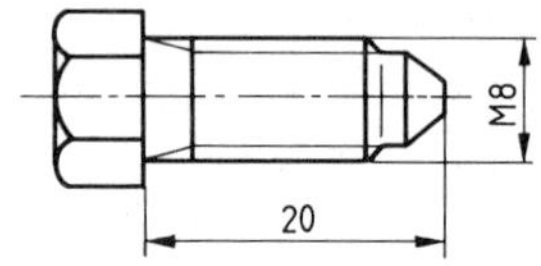

7.44 Sechskantschraube B[5])
DIN 564 – A8 × 20 – 5.6

Zylinderschrauben mit Innensechskant (7.45) werden vorwiegend im Werkzeugmaschinenbau verwendet und mit einem Sechskantstiftschlüssel bedient. Die Köpfe sind in zylindrische Senkungen einzulassen.

Paßschrauben (7.46) haben einen nach einer ISO-Toleranz, gewöhnlich k6, hergestellten Schaftteil, der mit einer Bohrung H7 eine Passung bildet.

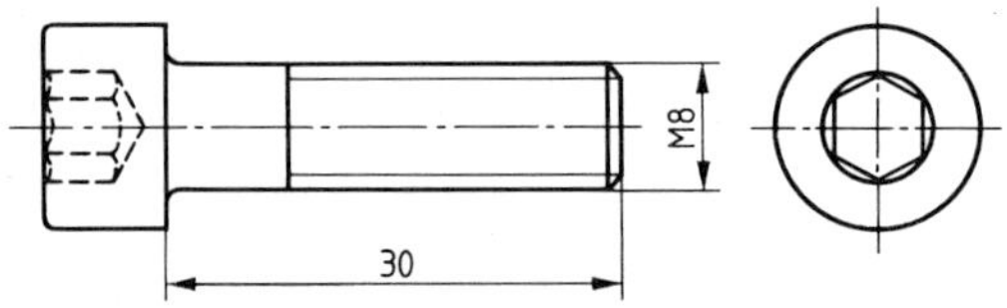

7.45 Zylinderschraube mit Innensechskant
DIN 912 – M8 × 30 – 8.8

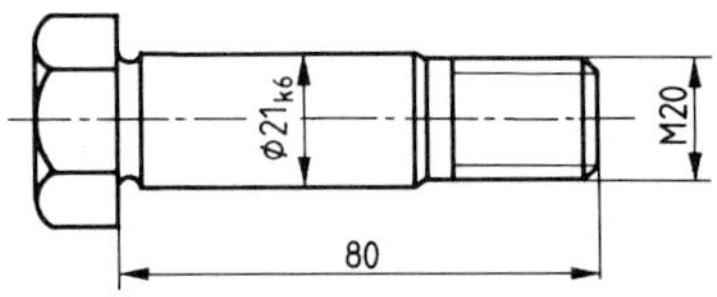

7.46 Sechskant-Paßschraube
DIN 610 – M20 × 80 – A 5.6

Die genormten Bezeichnungen für Schrauben, Muttern und ähnliche Gewindeteile legen alle Merkmale fest.

Beispiel Sechskantschraube DIN 960 M16 × 1,5 × 40 To – mg 6.8

Sechskantschraube	= Benennung des Werkstücks
DIN 960	= Bezeichnung der Norm, in der Schraubenform und -maße angegeben sind
M16 × 1,5	= Metrisches Feingewinde, Gewindedurchmesser 16 mm, Steigung 1,5
40	= Länge des Schafts in mm einschließlich des Kegelansatzes oder der Linsenkuppe
To	= ohne Telleransatz
B	= Kennzeichen für die Produktklasse der Schraube (B, bisher mg = mittelgrob)
6.8	= Kennzeichen der Festigkeitsklasse für Stahl

Die Produktklasse bezieht sich nach DIN ISO 4759 T1 bzw. DIN 267 T2 auf die Oberflächenbeschaffenheit, auf Maßgenauigkeit (Toleranzen), auf zulässige Gewindetoleranzen, Mittigkeitsabweichungen und Unwinkligkeiten, z. B. des Schraubenkopfes zum Schaft. Es sind drei Produktklassen vorgesehen: A (bisher Ausführung m), B (bisher Ausführung mg) und C (bisher Ausführung g). Was für die Produktklassen A und B gilt, zeigt Tabelle **7.47**.

[1]) Sz: mit Schlitz [2]) S: mit Splintloch [3]) Mu: mit Sechskantmutter [4]) To: ohne Telleransatz
[5]) Ausführung A mit Gewinderille, B mit Gewindeauslauf

Tabelle **7.47** **Oberflächenrauheiten für Produktklassen A und B** (Auszug aus DIN 267 T3)

Meßstelle			R_z [3]		
			$P < 25$ $l_m = 0{,}4$ $\lambda_c = 0{,}08$	$P \geqq 2{,}5$ $l_m = 1{,}25$ $\lambda_c = 0{,}25$	nach DIN 4768 T1
Gewindeflanken[1] [2]	Schrauben	gerollt	6,3	10	–
		geschnitten	16	25	–
	Muttern		25	40	–
Auflageflächen[2]	Kaltfertigung		16	25	–
	Warmfertigung		25	40	–
Schaft bei Schrauben[1]	Kaltfertigung		–	–	50
	Warmfertigung		–	–	100

[1]) Der Gewindegrund bei Außengewinde darf wegen der Kerbbeanspruchung keine größere Rauheit aufweisen als die Gewindeflanken.

[2]) Gilt nicht für Blechschrauben.

[3]) Die R_z-Werte für Gewindeflanken, Auflageflächen und Sichtflächen gelten für die hier festgelegten Meßbedingungen l_m und λ_c. Wegen der kleinen Flächen weichen sie von den Meßbedingungen nach DIN 4768 T1 ab.

P = Gewindesteigung, l_m = Gesamtmeßstrecke (s. DIN 4768 T1), λ_c = Grenzwellenlänge (s. DIN 4768 T1).

Die Kennzeichen der Festigkeitsklassen gelten nur für Schraubteile aus unlegiertem oder legiertem Stahl bis 39 mm Gewindedurchmesser und bestehen aus zwei durch einen Punkt getrennte Zahlen, z. B. 3.6 (**7.48**).

Tabelle **7.48** **Festigkeitsklassen für Schrauben aus unlegierten und legierten Stählen (DIN ISO 898 T1 und DIN 267 T1)**

Festigkeits-klasse	DIN 267 Teil 3	3.6	4.6	4.8	5.6	5.8	6.6	6.8	6.9	8.8	–	10.9	12.9	14.9
	DIN ISO 898 Teil 1	3.6	4.6	4.8	5.6	5.8	–	6.8	–	8.8	9.8	10.9	12.9	–
Mindest-zugfestigkeit in N/mm²	DIN 267 Teil 3	340	400	400	500	500	600	600	600	800	–	1000	1200	1400
	DIN ISO 898 Teil 1	330	400	420	500	520	–	600	–	800[1])	900	1040	1220	–
Mindest-streck- bzw. Dehngrenze in N/mm²	DIN 267 Teil 3	200	240	320	300	400	360	480	540	640	–	900	1080	1260
	DIN ISO 898 Teil 1	190	240	320	300	420	–	480	–	640[2])	720	940	1100	–
Festigkeitsklassen aus DIN 267, Ausgabe Dezember 1960		4A	4D	4S	5D	5S	6D	6S	6G	8G	–	10K	12K	–

[1]) Über M16: 830, [2]) Über M16: 660.

Bei Muttern entfällt die Angabe des Streckgrenzenverhältnisses.

Die erste Zahl gibt etwa 1/100 der Mindestzugfestigkeit: 340/100 ≈ 3, die zweite Zahl das ungefähr verzehnfachte Verhältnis der Mindeststreckgrenze zur Mindestzugfestigkeit an:

$$10 \frac{200}{340} \approx 6.$$

Die Festigkeitseigenschaften einer Klasse können durch mehrere Werkstoffe erreicht werden. Bei Teilen, die nicht aus Stahl bestehen, tritt das betreffende Werkstoffkurzzeichen an die Stelle des Werkstoffkennzeichens: Sechskantschraube DIN 960 M10 × 0,75 × 20 – A NiCr 15 Fe. Ein galvanischer Überzug wird am Schluß angegeben: Sechskantschraube DIN 931 M16 × 50 – A 8.8 gal Zn 5 bk. Oder dafür das in DIN 267 T9 festgelegte und nach einem Trennstrich zu setzende Kennzeichen –A 2 E.

Das Kennzeichen für die Ausführung wird weggelassen, wenn für das Schraubteil normgemäß nur eine Ausführung besteht oder sie dem Hersteller überlassen bleiben soll. Sind aber Schraubteile in nur einer Ausführung und in nur einer Festigkeitseigenschaft festgelegt oder der Wahl des Herstellers überlassen, sind weder Ausführung noch Festigkeitseigenschaften anzugeben (**7**.42).

Zusätzliche Bestellangaben für Formen und Ausführungen der Sechskant- und der Stiftschrauben sind in DIN 962 enthalten (s. a. **7**.40 bis **7**.44). So bedeutet z. B. **Sk** in der Bezeichnung „Sechskantschraube DIN 931 M16 × 50 Sk – 4.6", daß sich ein **S**plintloch im Schrauben**k**opf befinden soll.

Schraubensonderformen

Vierkantschrauben werden als Spannschraube im Werkzeugmaschinenbau verwendet, wobei der Bund das Abgleiten des Schraubenschlüssels verhindert (**7**.49).

Halbrundschrauben nach DIN 607 sind rohe Schrauben und haben eine Nase, die ein Mitdrehen beim Anziehen und Lösen der Mutter verhindert (**7**.50). Für die Nasen sind Nuten vorzusehen.

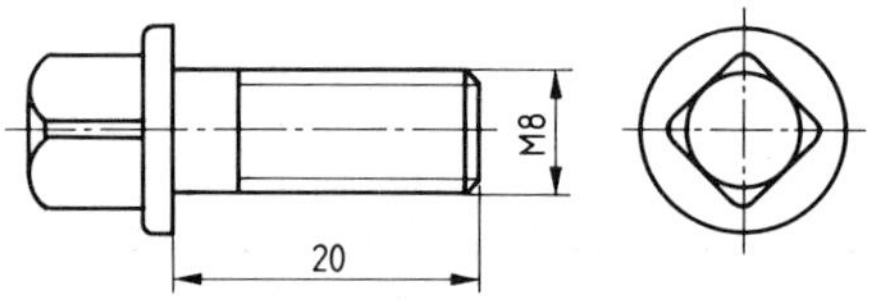

7.49 Vierkantschraube DIN 478 – M8 × 20 – 5.8

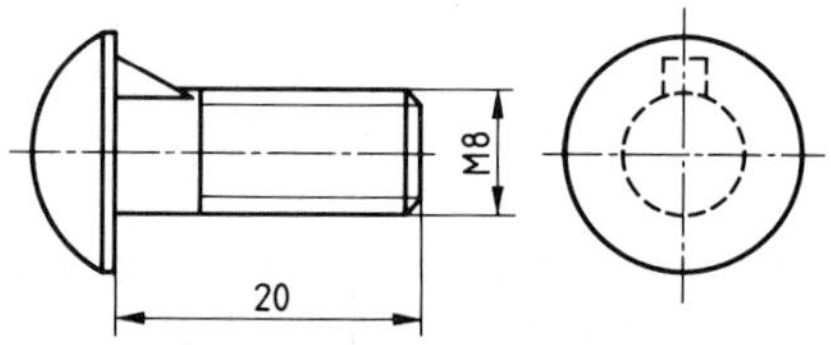

7.50 Halbrundschraube DIN 607 – M8 × 20

Hammerschrauben (**7**.51) haben schmale Köpfe, die seitlich in Vertiefungen anliegen (um Mitdrehen zu vermeiden) oder in Nuten eingelassen werden.

Kegelsenkschrauben (**7**.52) deren Kegelwinkel 30° beträgt, werden dort verwendet, wo für vorstehende Köpfe Raum nicht zur Verfügung steht.

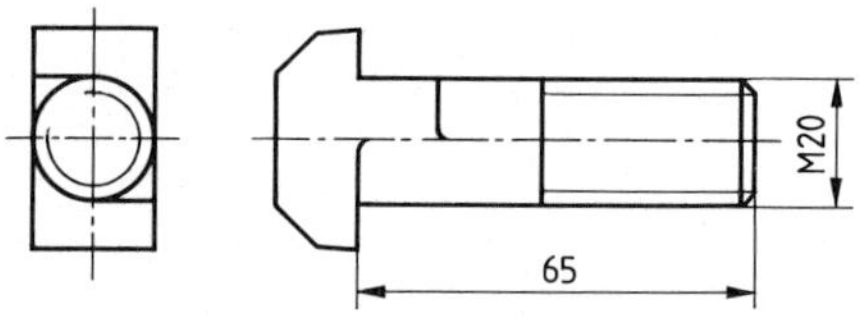

7.51 Hammerschraube DIN 188 – M20 × 65

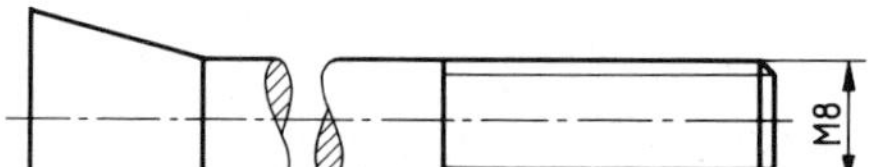

7.52 Kegelsenkschraube

Stiftschrauben haben am Einschraubende eine Kegelkuppe und zur Unterscheidung am anderen Ende eine Linsenkuppe (**7**.53). Als Nennlänge der Stiftschraube gilt die Länge des nach dem Einschrauben aus dem Werkstück herausragenden Teils. Die Einschraublänge schließt ausnahmsweise den Gewindeauslauf ein und richtet sich nach dem Werkstoff, in den die Schraube geschraubt wird. Sie ist bei

Stahl	1 × Gewindedurchmesser	Aluminiumlegierung	2 × Gewindedurchmesser
Grauguß	1,25 × Gewindedurchmesser	Weichmetall	2,5 × Gewindedurchmesser

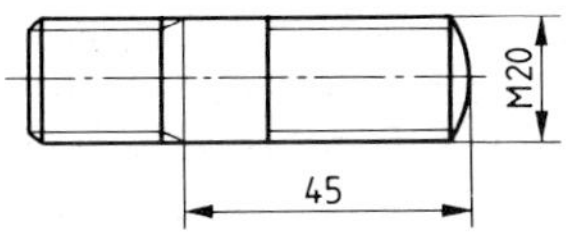

7.53 Stiftschraube
DIN 939 – M20 × 45 – 5.6

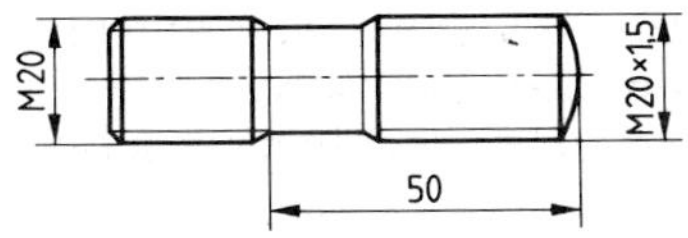

7.54 Stiftschraube B
DIN 962 – M20 × 1,5 × 50

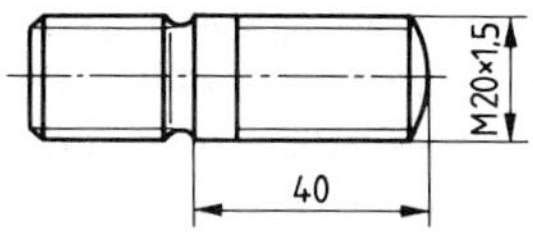

7.55 Stiftschraube
M20 × 1,5 × 40

Einschraubende und Schaftende haben nicht immer das gleiche Gewinde, wie Bild **7**.54 zeigt. Es stellt eine Stiftschraube dar, deren Schaftdurchmesser etwa gleich dem Gewindeflankendurchmesser ist; sie wird nach DIN 962 als Ausführung B bezeichnet. Sonst ist der Schaftdurchmesser gleich dem Gewindedurchmesser (**7**.53). Es gibt auch Stiftschrauben mit Gewinderille (**7**.55); die abgebildete hat beiderseits gleiches metrisches Feingewinde.

Toleranzen der Durchmesser am Gewinde des Einschraubendes und deren Bezeichnungen für nicht dichte Verbindungen s. DIN 13 T 14, für dichte Verbindungen s. T 15.

Gewindestifte mit Spitze (**7**.56) oder mit Zapfen (**7**.57) haben Gewinde über die ganze Länge, weil sie vollständig in den Werkstoff eingeschraubt werden, Schaftschrauben (**7**.58) nur über einen Teil der Länge.

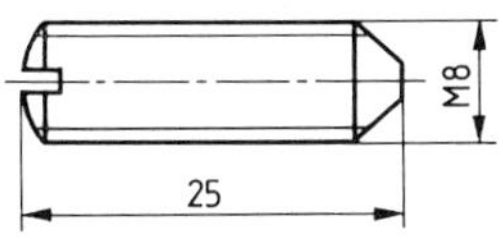

7.56 Gewindestift
DIN 553 – M8 × 25 – 4.6

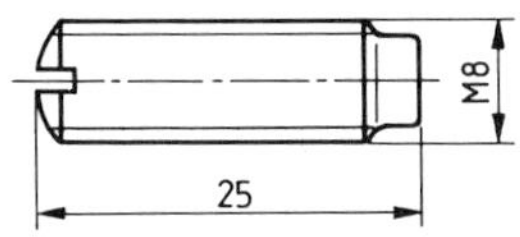

7.57 Gewindestift
DIN 417 – M8 × 25

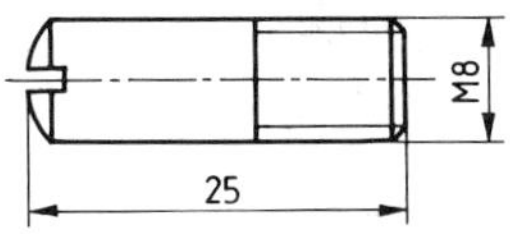

7.58 Schaftschraube
DIN 427 – M8 × 25

Schlitzschrauben. Die Köpfe der Zylinderschraube (**7**.59), der Linsenzylinderschraube (**7**.60) und der Rändelschraube (**7**.61) gehören nicht zur Schraubenlänge (Nennlänge), dagegen wird der Kopf der Senkschraube (**7**.62) einbezogen.

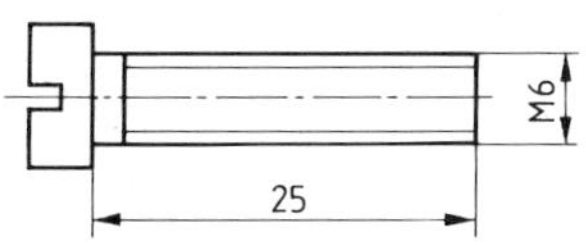

7.59 Zylinderschraube
DIN 84 – M6 × 25 – 4.8

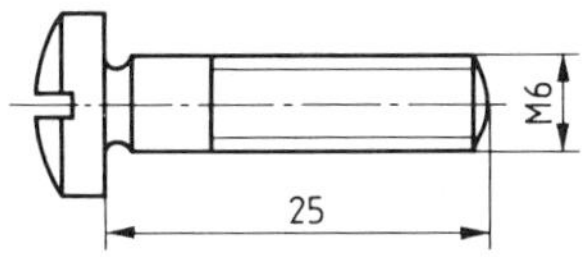

7.60 Linsenzylinderschraube Ri²)
DIN 85 – M6 × 25 L²) 4.8

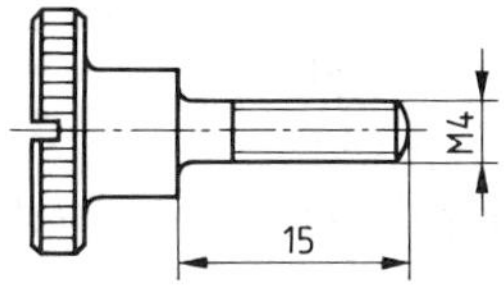

7.61 Rändelschraube
DIN 465 – M4 × 15 Ms 58

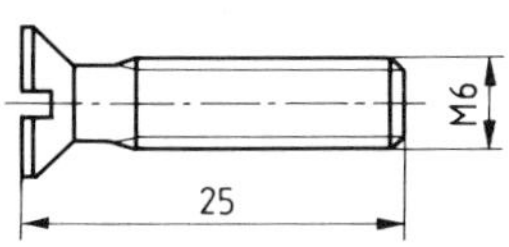

7.62 Senkschraube B¹)
DIN 87 – M6 × 25 K²) 5.8

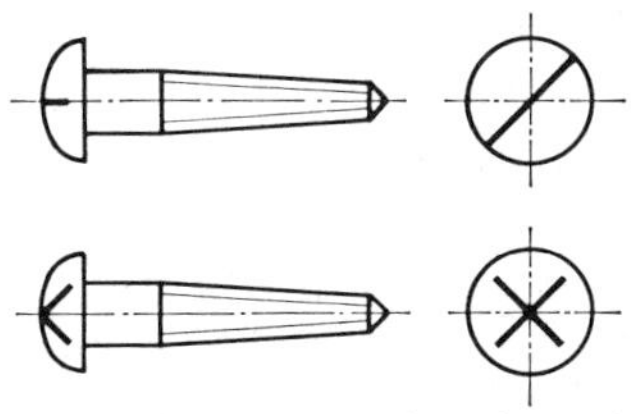

7.63 Halbrundholzschrauben mit
Längs- und Kreuzschlitz

---

¹) B: Schaftdurchmesser ≈ Flankendurchmesser

²) K: Kegelkuppe L: Linsenkuppe Ri: Rille

Die Schlitzkanten der Schrauben werden beim Blick auf den Kopf in Richtung der Schraubenachse unter 45°, bei Sechskantköpfen unter 60/30° gezogen (**7**.64). Ist eine dritte Ansicht erforderlich, zeichnet man auch dort den Schlitzquerschnitt. Bild **7**.63 zeigt vereinfacht dargestellte Schlitze.

7.64 Schlitzlage in Übersichtszeichnungen

Muttern und Scheiben. Das Kernloch der Muttern ist beiderseits unter 120° bis auf den Gewindedurchmesser ausgesenkt (**7**.65). Sechskantmuttern sind meist an beiden Stirnflächen abgefast. Kronenmuttern dienen zur Aufnahme eines Splints als Sicherung gegen Lockern (**7**.66). Vierkantmuttern haben nur eine oder keine Fase und werden seltener benutzt (**7**.67). Ist der Werkstoff der zu verbindenden Teile weicher als der der Mutter, oder ist die Auflagefläche nicht eben, sind Scheiben unterzulegen (**7**.68).

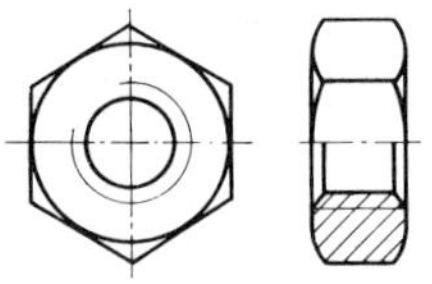

7.65 Sechskantmutter DIN 934 – M8 B 8

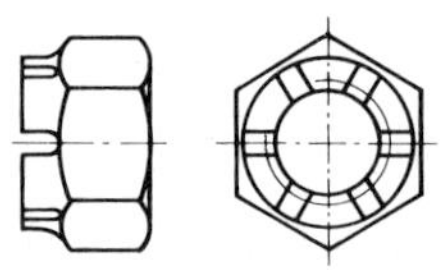

7.66 Kronenmutter DIN 935 – M20 8

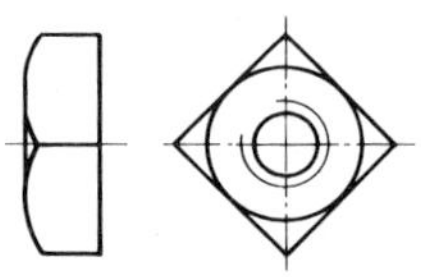

7.67 Vierkantmutter DIN 557 – M6

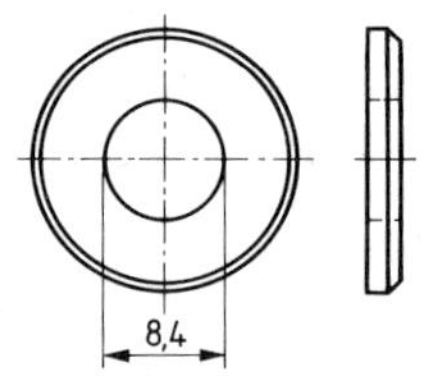

7.68 Scheibe B[1]) DIN 125 – 8,4 St 37

Vierkantunterlegscheiben (**4**.305) mit passender Neigung werden an den Flanschen der [- und I-Stähle gebraucht.

Eine Zusammenstellung von Maßen der gebräuchlichsten Schrauben, Muttern sowie der zugehörigen Konstruktions- und Einbaumaße bringt Tabelle **7**.69.

Rändel (DIN 82) erhöhen die Griffsicherheit und entstehen durch Eindrücken spitzgezahnter, gehärteter Rändelräder (DIN 403) in den Mantel des sich drehenden Teils. Durch Herausquetschen des Werkstoffs wird der Nenndurchmesser d_1 größer als der Ausgangsdurchmesser d_2 (**7**.70). Er läßt sich für Rändel mit Profilwinkel 90° (je nach Form des Rändels und Größe der Teilung) aus den in Tabelle **7**.74 angegebenen Formeln errechnen. Hierbei sind jedoch die beim Rändelvorgang entstehende Balligkeit der Riefen und die spezifischen Eigenschaften der zu rändelnden Werkstoffe nicht berücksichtigt. Rändel mit Profilwinkel 105° sind ebenfalls möglich. Folgende Teilungen t sind genormt: 0,5, 0,6, 0,8, 1, 1,2, 1,6 mm.

[1]) B bedeutet mit Fase

Tabelle **7.69** **Zusammenstellung der gebräuchlichsten Verschraubungsteile und ihrer Einbaumaße**

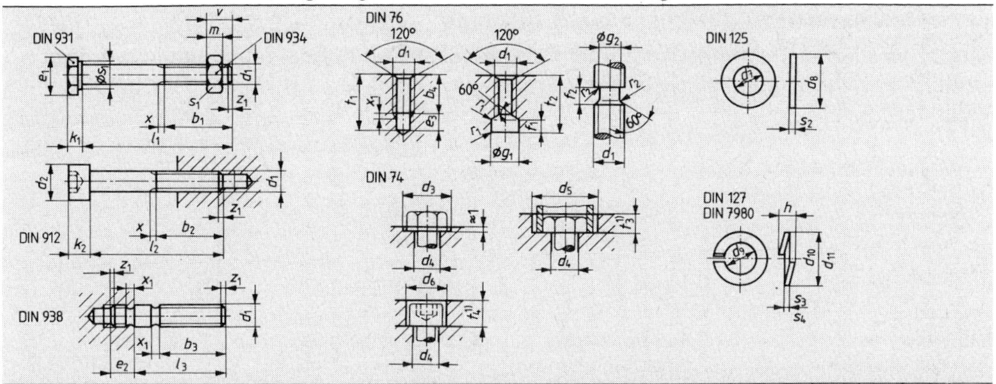

	Gewinde-Nenn-Ø	d_1	M4	M5	M6	M8	M10	M12	M16	M20	M24	M30	M36	M42	M48
Sechskantschraube DIN 931	Länge l_1 von	l_1 ²)	(22)	30	30	35	40	45	55	65	75	90	110	120	130
	bis		70	80	90	110	150	180	200	220	220	260	260	260	260
	Gewindelänge für: $l_1 \leq 125$	b_1	14	16	18	22	26	30	38	46	54	66	78	90	102
	$125 < l_1 \leq 200$		–	22	24	28	32	36	44	52	60	72	84	96	108
	$l_1 > 200$		–	–	–	–	45	49	57	65	73	85	97	109	121
	Kopfhöhe	k_1	2,8	3,5	4	5,5	7	8	10	13	15	19	23	26	30
	Eckenmaß	e_1	7,74	8,87	11,05	14,38	18,90	21,10	26,75	33,53	39,98	51,28	61,31	72,61	83,91
Sechskantmutter DIN 934	Schlüsselweite	s_1	7	8	10	13	17	19	24	30	36	46	55	65	75
	Mutternhöhe	m	3,2	4	5	6,5	8	10	13	16	19	24	29	34	38
	Schraubenüberstand min	v	4,2	5,2	6,5	8,3	10,2	12,5	16	19,5	23,5	29	35	41	46
Zylinderschraube mit Innensechskant DIN 912	Länge l_2	l_2 ²)	6	10	10	(14)	(14)	20	30	40	50	80	100	120	140
	Gewindelänge für: $l_1 \leq 125$	b_2	14	16	18	22	26	30	38	46	54	66	78	90	102
	$125 < l_1 \leq 200$		–	–	24	28	32	36	44	52	60	72	84	96	108
	Kopfhöhe für DIN 912	k_2	4	5	6	8	10	12	16	20	24	30	36	42	48
	Kopf-Ø	d_2	7	8,5	10	13	16	18	24	30	36	45	54	63	72
Stiftschraube DIN 938	Länge von	l_3 ³)	20	(22)	25	30	35	40	50	60	70	80	(95)	110	120
	bis		40	50	60	80	100	120	160	200	200	300	360	400	400
	Gewindelänge für: $l_1 \leq 125$	b_3	14	16	18	22	26	30	38	46	54	66	78	90	102
	$125 < l_1 \leq 200$		20	22	24	28	32	36	44	52	60	72	84	96	108
für Stahl	Einschraubende ≈ 1 d	e_2	4	5	6	8	10	12	16	20	24	30	36	42	48
	Gewindeauslauf (≈ 2,5 P)	x_1	1,75	2	2,5	3,2	3,8	4,3	5	6,3	7,5	9	10	11	12,5
Gewindefreistich DIN 76	Kernlochüberstand	e_3	3,8	4,2	5,1	6,2	7,3	8,3	9,3	11,2	13,1	15,2	16,8	18,4	20,8
	Rillen-Ø	g_1	4,3	5,3	6,5	8,5	10,5	12,5	16,5	20,5	24,5	30,5	36,5	42,5	48,5
	Rillenbreite (4 P)	f_1	2,8	3,2	4	5	6	7	8	10	12	14	16	18	20
	Abrundungen	r_1	0,35	0,4	0,5	0,6	0,75	0,9	1	1,25	1,5	1,75	2	2,25	2,5
	Rillen-Ø	g_2	2,9	3,7	4,4	6	7,7	9,4	13	16,4	19,6	25	30,3	35,6	41
	Rillenbreite (3,5 P)	f_2	2,45	2,8	3,5	4,4	5,2	6,1	7	8,7	10,5	12,5	14	16	17,5
	Abrundungen (≈ 0,5 P)	r_2	0,35	0,4	0,5	0,6	0,75	10,9	1	1,25	1,5	1,75	2	2,25	2,5
Senkung für Sechskant- und Zylinderschraube DIN 74	Durchgangsloch³)	d_4	4,5	5,5	6,6	9	11	13,5	17,5	22	26	33	39	45	52
	Senkungs-Ø, Form R	d_3	10	11	13	18	22	26	33	40	48	61	71	82	98
	Senkungs-Ø, Form SA, TA	d_5	13	15	18	24	28	33	40	46	50	71	82	98	112
	Senktiefe Form SA, SB	t_3	3,5	4,2	4,8	6,5	8	9	11,5	14,5	16,5	21	25	28	32
	Senkungs-Ø, Form J, K	d_6	8	10	11	15	18	20	26	33	40	48	57	66	76
	Senktiefe für DIN 912¹)	t_4	4,6	5,7	6,8	9	11	13	17,5	21,4	25,5	32	38	44	50
Scheibe DIN 125	Außen-Ø	d_8	9	10	12,5	17	21	24	30	37	44	56	66	78	92
	Dicke	s_2	0,8	1	1,6	1,6	2	2,5	3	3	4	4	5	7	8
Federring für Sechskantschraube DIN 127	Außen-Ø	d_{10}	7,6	9,2	11,8	14,8	18,1	21,1	27,4	33,6	40	48,2	58,2	68,2	75
	Dicke	s_3	0,9	1,2	1,6	2	2,2	2,5	3,5	4	5	6	6	7	7
Federring für Zylinderschraube DIN 7980	Außen-Ø	d_{11}	7	8,8	9,9	12,7	16	18	24,4	30,6	35,9	44,1	52,2	60,2	67
	Dicke	s_4	1,2	1,6	1,6	2	2,5	2,5	3,5	4,5	5	6	7	8	8
	²) Stufung der Längen l_1, l_2 u. l_3		12	14	16	18	20	(22)	25	(28)	30	35	40	45	50
			55	60	65	70	75	80	(85)	90	(95)	100	110	...	260

¹) Verwendet man Federringe, ändert sich die Senktiefe *t* um die Dicke der Federringe. ²) Gewindeabmessungen nach DIN 13 T1, s. Tab. **7**.8. ³) Nach DIN ISO 273, Ausführung mittel.

Ein Kreuzrändel, Spitzen erhöht (RKE) mit einer Teilung t = 0,8 mm, wird bezeichnet: Rändel DIN 82 RKE 08 (**7**.71).

Rändel werden mit schmalen Vollinien angedeutet und haben keine seitlichen Begrenzungslinien, wenn sie auf einer Wölbung auslaufen oder auf einem Teil des Mantels liegen (**7**.72).

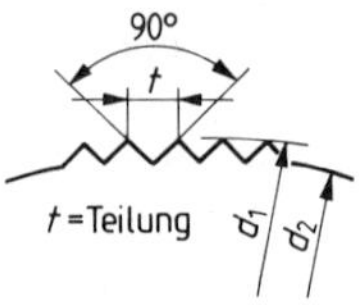

7.70 Aufwerfen des Werkstoffs

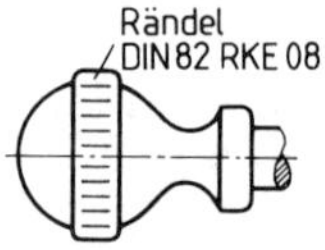

7.71 Kennzeichnung einer Rändelung

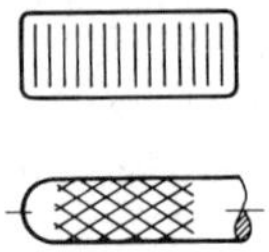

7.72 Fortfall der Begrenzungslinien

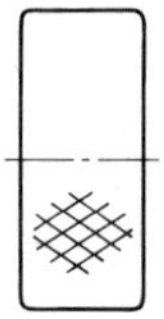

7.73 Andeutung eines Rändels

Tabelle **7**.74 **Formen und Benennungen der Rändel**

Form	RAA	RBL	RBR	RGE	RGV	RKE	RKV
Benennung	Rändel mit achsparallelen Riefen	Linksrändel	Rechtsrändel	Links-Rechtsrändel, Spitzen erhöht[1])	Links-Rechtsrändel, Spitzen vertieft[2])	Kreuzrändel, Spitzen erhöht	Kreuzrändel, Spitzen vertieft
Darstellung	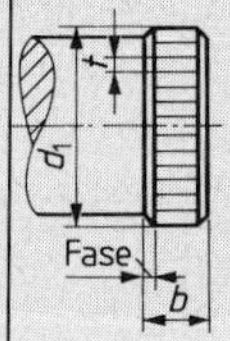	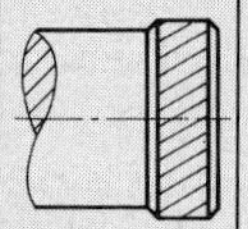	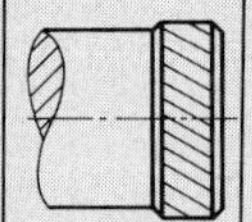	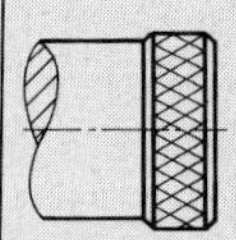	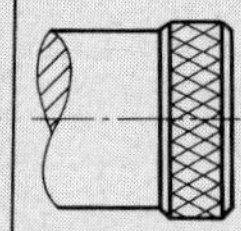	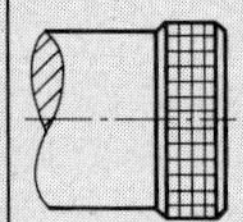	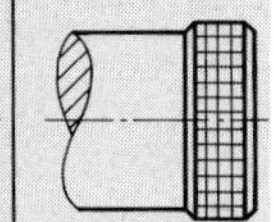
Ausgangs-Ø d_2	d_1 −0,5 t			d_1 −0,67 t	d_1 −0,33 t	d_1 −0,67 t	d_1 − 0,33 t

[1]) Alte Benennung „Kordel"
[2]) Alte Benennung „Negativ Kordel"

An Stelle der Fase kann eine Rundung treten, Kreuzrändel wird bisweilen nur angedeutet (**7**.73).

7.1.3 Verbindungen mit Schrauben und Muttern

Sie lassen sich beliebig oft auseinandernehmen und zusammensetzen, heißen lösbare Verbindungen und sind hier mit verschieden dargestelltem Gewinde abgebildet.

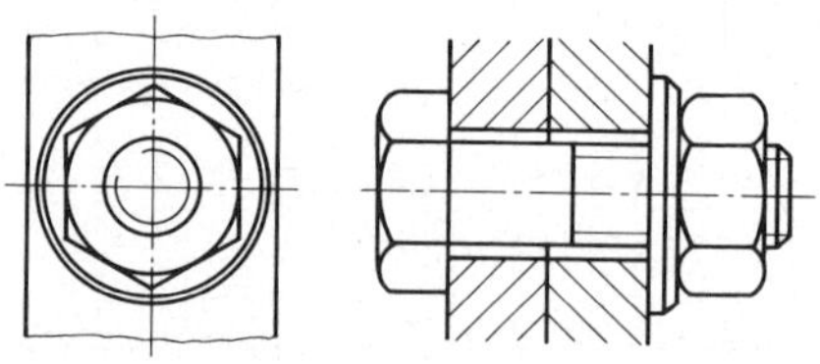

7.75 Maschinenschraubverbindung

Maschinenschraubverbindung (**7**.75). Die zu verbindenden Teile haben durchgehende Löcher; Muttern und Unterlegscheiben werden nicht im Schnitt dargestellt. Die Schraubenlänge wählt man so, daß das Schaftende aus der Mutter nur wenig herausragt.

Abmessungen hierüber sind in DIN 78 enthalten. Die Trennlinie der zusammengeschraubten Werkstücke wird bis an den Schraubenschaft herangeführt.

Durchgangslöcher sind etwas größer als die Schraubendurchmesser und in DIN ISO 273 festgelegt. Sinnbilder für Durchgangs- und Gewindelöcher vorzugsweise für Maschinen- und Lokomotivbau s. DIN ISO 5261.

Kopfschraubenverbindung (7.76). Ein Werkstück hat ein Gewindegrundloch, das andere ein Durchgangsloch. Von dem Gewindegrundloch ist nur der Teil zu zeichnen, der vom Schraubenschaft nicht verdeckt ist. In Grauguß, Weich- und Leichtmetall können die ersten Gewindegänge durch häufiges Ein- und Ausschrauben beschädigt werden. Bei Verwendung von Stiftschrauben besteht diese Gefahr nicht.

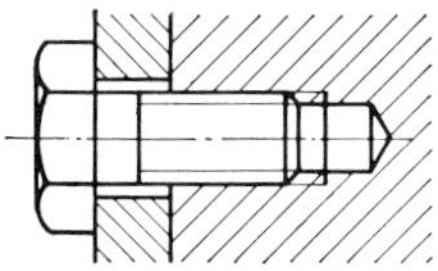

7.76 Kopfschraubenverbindung

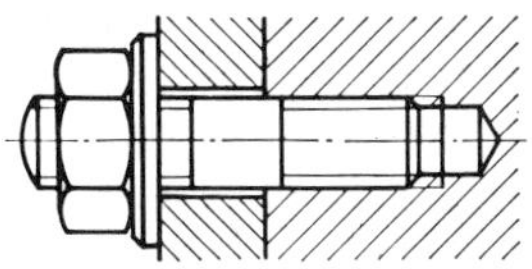

7.77 Stiftschraubenverbindung

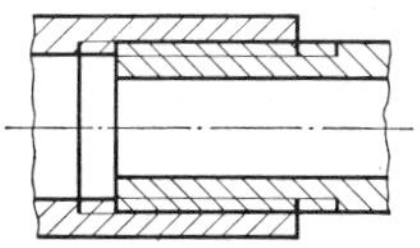

7.78 Rohrverschraubung

Stiftschraubenverbindung (7.77). Stiftschrauben werden in der ganzen Länge des Einschraubgewindes einschließlich des Gewindeauslaufs fest eingedreht. Die breite Gewindebegrenzungslinie gemäß ISO-Darstellung kennzeichnet stets das Ende der vollausgeschnittenen Gewindegänge. Sie wird daher am Einschraubende gegenüber der Oberkante des Gewindelochs um die Größe des Gewindeauslaufs versetzt, die DIN 76 T1 entnommen werden kann.

Für Stiftschrauben ohne Gewinderille am Einschraubende sind Aussenkungen der Gewindelöcher unter einem Senkwinkel von 60° empfehlenswert, für Stiftschrauben in Leichtmetall zylindrische Aussenkungen, die man allerdings zeichnen und bemaßen muß.

Rohrverschraubung. (7.78). Bei der im Schnitt dargestellten Rohrverschraubung wird das Innengewinde des äußeren Rohrs durch das Außengewinde des inneren Rohrs verdeckt.

Senkungen (DIN 74 und 75)

Senkungen für kegelige Schraubenköpfe nach DIN 75 T1 (**7.79** und **7.80** auf Seite 176) bestehen infolge unterschiedlicher Größen in den Formen A, B, B1, C und D. Für A, B und B1 gibt es zwei Ausführungen, nämlich mittel (m) und fein (f). Die Senkungen „fein" haben zylindrische Vertiefungen, kleinere Bohrungen und kleinere Toleranzen und liegen daher enger an (**7.80**). Man verwendet:

A vorwiegend für Senkschrauben nach DIN 63 und Linsensenkschrauben nach DIN 91,

B vorwiegend für Senkschrauben nach DIN 87, DIN 7987, DIN 7991 und Linsensenkschrauben nach DIN 88 und DIN 7988,

B 1 für die unter B genannten Schrauben bei Verwendung von Zahn- und von Fächerscheiben,

C für Senkblechschrauben nach DIN 7972 und DIN 7982 und Linsensenkblechschrauben nach DIN 7973 und DIN 7983,

D für Senkholzschrauben nach DIN 97 und DIN 7997 und für Linsensenkholzschrauben nach DIN 95 und DIN 7995.

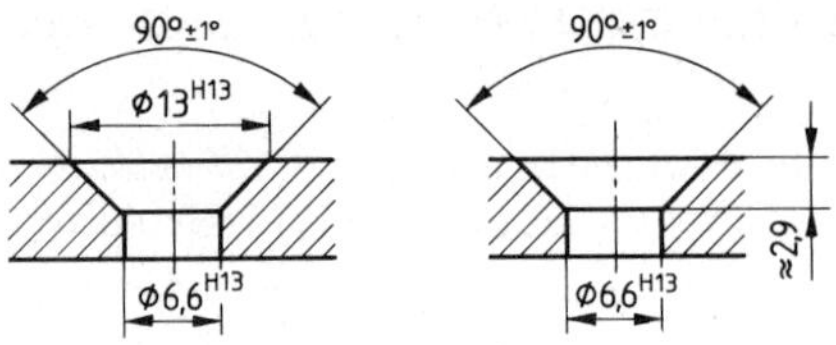

So oder so!

7.79 Senkung B „mittel"

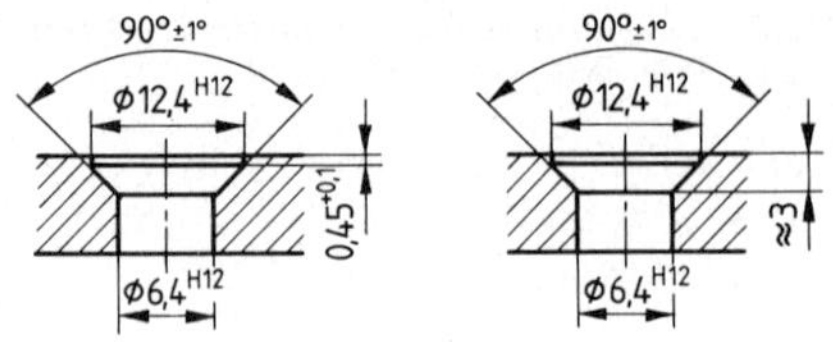

So oder so!

7.80 Senkung B „fein"

Senkungen können verschieden bemaßt werden. Der Mittelpunkt für das Winkelmaß liegt im Schnittpunkt der verlängerten Kegelseiten. Ist die Senktiefe größer als die Dicke des Werkstoffs, wird auch das Anschlußteil ausgesenkt, und zwar etwas weiter, da die Schraube sonst nicht anzieht (7.81). Besonders in Kleindarstellungen können an Stelle der Maße Kurzzeichen treten (7.82).

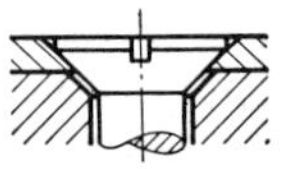

7.81 Angesenktes Anschlußteil

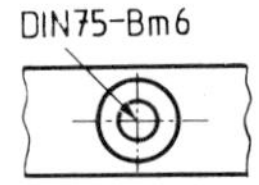

7.82 Kurzzeichen für Senkung

Beispiel DIN 75 Bm 6 bedeutet Senkung B mittel, für 6 mm Gewindedurchmesser, nach DIN 75.

Senkungen für Zylinderschrauben werden nach DIN 74 T2 ebenfalls in den Ausführungen fein (f) und mittel (m) hergestellt. Kennbuchstaben der Senkungen:

H für Zylinderschrauben nach DIN 84 und DIN 7984 und Zylinderschneidschrauben nach DIN 7513,

J für Zylinderschrauben mit Innensechskant nach DIN 6912,

K für solche nach DIN 912.

Für Schrauben von 24 mm Gewindedurchmesser und größer werden die Durchgangslöcher mit einer 90°-Senkung versehen (7.83) oder gerundet, sonst nur entgratet (7.84).

Die Senkung der Ausführung mittel wird für eine Zylinderschraube M24 nach DIN 84 bezeichnet: DIN 74–Hm 24. Senkungen sind nach 7.83 und 7.84 zu bemaßen oder vereinfacht mit Kurzzeichen zu versehen (7.82). Ist eine andere als die genormte Senktiefe einzuhalten, wird das Kurzzeichen erweitert (z.B. DIN 74–Hm 24 × 16). Werte s. Tabelle 7.85 und 7.86.

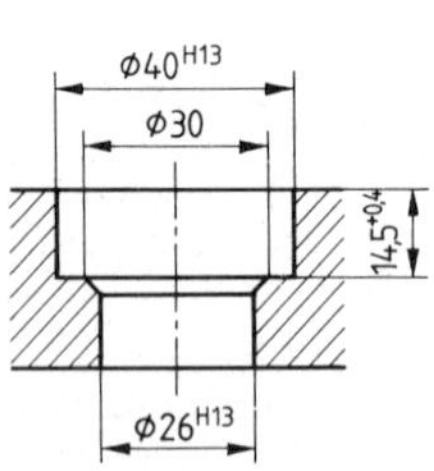

7.83 Senkung DIN 74 – Hm 24

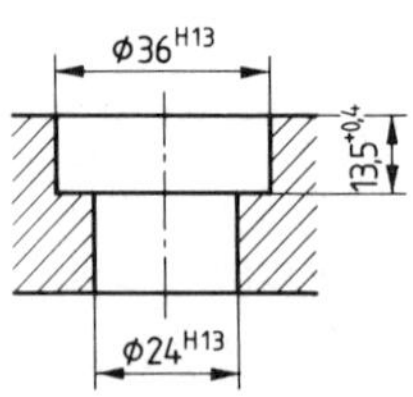

7.84 Senkung DIN 74 – Hm 22

Tabelle 7.85 **Senkung H nach DIN 74 T2 für Zylinderschrauben von Gewindedurchmesser 1 bis 1,6**

Gewinde-⌀		1	1,2	1,4	1,6
d_1 mittel (m)	H13	1,2	1,4	1,6	1,8
fein (f)	H12	1,1	1,3	1,5	1,7
d_2	H13	2,2	2,5	2,8	3,3
t_1 für Senkung	H	0,8	0,9	1,1	1,2

Tabelle 7.86 **Senkungen H, J, K sowie H1 bis K2 nach DIN 74 T2 für Zylinderschrauben von Gewindedurchmesser 2 bis 48**

Gewinde-∅			2		2,5		3	3,5	4	5	6	8	10	12
d_1	mittel (m)	H13	2,4		2,9		3,4	3,9	4,5	5,5	6,6	9	11	14
	fein (f)	H12	2,2		2,7		3,2	3,7	4,3	5,3	6,4	8,4	10,5	13
d_2		H13	4,3		5		6	6,5	8	10	11	15	18	20
t_1	für Senkung	H	1,6		2		2,4	2,9	3,2	4,1	4,8	6	7,3	8,3
		J	–		–		–	–	–	4,1	4,8	6	7,3	8,3
		K	2,3		2,9		3,4	–	4,6	5,7	6,8	9	11	13
d_4	für Senkung	H1, J1, K1	5,5		6,5		7	8	9	11	13	18	20	24
H13		H2, J2, K2	6		8		8	9	10	13	13	20	24	26
t_2	für Senkung	H1, H2	2,2		2,7		3,3	3,8	4,5	5,5	6,5	8	9,5	11
		J1, J2	–	–	–	–	–	–	–	5,5	6,5	8	9,5	11
		K1, K2	–	–	–	–	4,3	–	5,5	7	8,5	11	13,5	16
Gewinde-∅			14	16	18	20	22	24	27	30	33	36	42	48
d_1	mittel (m)	H13	16	18	20	22	24	26	30	33	36	39	45	52
	fein (f)	H12	15	17	19	21	23	25	–	–	–	–	–	–
d_2		H13	24	26	30	33	36	40	43	48	53	57	66	76
t_1	für Senkung	H	9,3	10,5	11,5	12,5	13,5	14,5	–	–	–	–	–	–
		J	9,3	11,5	12,5	13,5	14,5	15,5	17,5	19,5	21,5	23,5	–	–
		K	15	17,5	19,5	21,5	23,5	25,5	28,5	32	35	38	44	50
d_4	für Senkung	H1, J1, K1	26	30	33	36	40	43	46	53	57	61	71	78
		H2, J2, K2	30	33	36	40	43	46	53	61	63	71	82	98
t_2	für Senkung	H1, H2	12,5	14	15	16,5	17,5	19,5	–	–	–	–	–	–
		J1, J2	12,5	15	16	17,5	18,5	20,5	22,5	25,5	27,5	29,5	–	–
		K1, K2	18,5	21	23	25,5	27,5	30,5	33,5	38	41	44	52	59

DIN 74 T2 enthält Senkungen für Sechskantschrauben und -muttern (Kennbuchstaben R, S, T) mit normalen Schlüsselweiten, und zwar als Ansenkungen zur besseren Anlage der Schraubteile (**7**.87), ferner als Aussenkungen zum Einlassen der Teile einschließlich Scheiben und Schraubensicherungen und mit Raum zum Aufstecken und Betätigen der Werkzeuge (**7**.88). Werte für R s. Tabelle **7**.89.

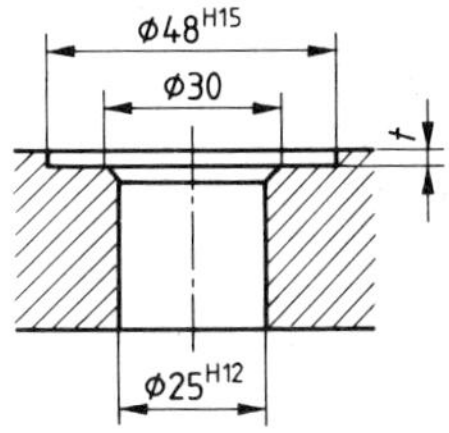

7.87 Senkung DIN 74 – Rf 24 (t so klein wie möglich)

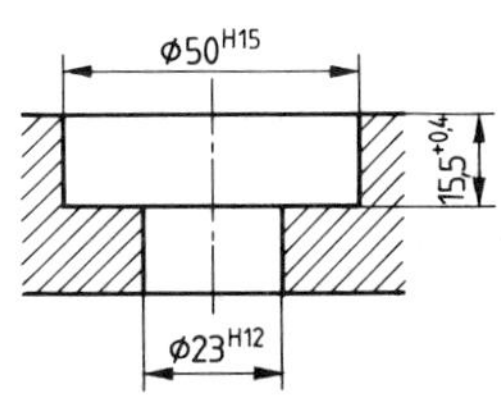

7.88 Senkung DIN 74 – SAf 22

Tabelle 7.89 **Senkung R nach DIN 74 T3 für Sechskantschrauben und -muttern von Gewindedurchmesser 2 bis 52 (56 bis 120 s. Norm)**

Gewinde-∅			2	2,5	3	3,5	4	5	6	8	10	12	14	16	18	20	22	24
d_1	mittel (m)	H13	2,4	2,9	3,4	3,9	4,5	5,5	6,6	9	11	14	16	18	20	22	24	26
	fein (f)	H12	2,2	2,7	3,2	3,7	4,3	5,3	6,4	8,4	10,5	13	15	17	19	21	23	25
d_5		H15	6	8	9	9	10	11	13	18	22	26	30	33	36	40	43	48
Gewinde-∅			27	30	33	36	39	42	45	48	52							
d_1 1)	mittel (m)	H13	30	33	36	39	42	45	48	52	56							
d_5		H15	53	61	66	71	76	82	89	98	107							

1) d_1 fein (f) nur für Gewindedurchmesser ≦ 24

Senkungen S und T s. Norm

In DIN 974 sind Senkdurchmesser für zylindrische Senkungen, besonders für Senkungen nach DIN 74, enthalten, die zwecks wirtschaftlicher Beschränkung der Senkwerkzeuge in jedem geeigneten Fall angewendet werden sollten (**7**.90).

Tabelle **7**.90 **Senkdurchmesser *d* für zylindrische Senkungen (DIN 974)**

2,2	2,5	2,8	3,3	3,8	4,3	5	5,5	6	6,5	7	8	9	10	11	13	15	18	(19)
20	22	(23)	24	26	(27)	28	30	(32)	33	36	(37)	40	43	(45)	46	(47)		
48	50	(52)	53	(56)	57	61	63	(65)	66	(69)	71	(73)	76	78	82	89	92	
98	107	112	118	125	132	140	150	162	170	180	190	200	224					

Werte in Klammern sind nur für Einschraubzapfen DIN 3852 vorgesehen

Schraubensicherungen

Schraubenverbindungen an beweglichen Teilen und solche, die Erschütterungen ausgesetzt sind, müssen gegen Lockern gesichert werden. Das geschieht unter anderem durch:

Doppelmuttern (7.91). Die zuerst aufgeschraubte Mutter kann niedriger als die andere sein. Flache Sechskantmuttern s. DIN 439.

Kronenmuttern mit Splint (**7**.92). Die Nachstellmöglichkeit ist durch mehrere Schlitze in der Krone gewährleistet. Splinte s. Abschn. 7.3.3.

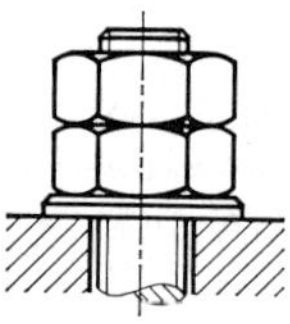

7.91 Doppelmutter

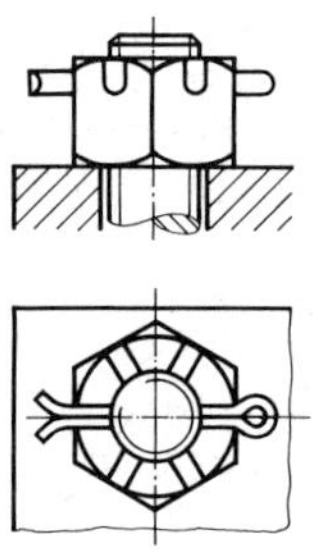

7.92 Kronenmutter mit Splint

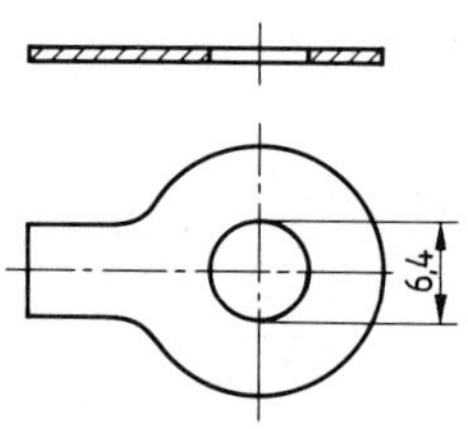

7.93 Sicherungsblech DIN 93 – 6,4

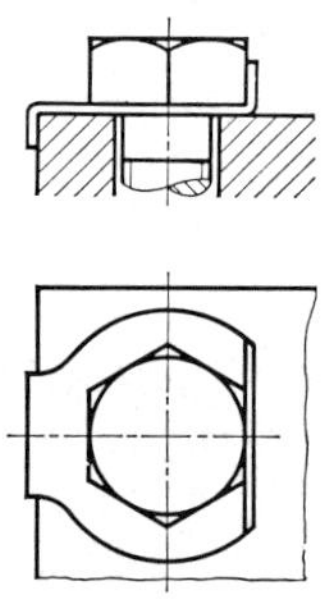

7.94 Gesicherte Schraube

Sicherungsbleche mit Lappen (**7**.93). Der Lappen wird nach dem Festziehen der Mutter umgebogen (**7**.94). Es müssen immer beide Teile – Schraube und Mutter – gesichert sein.

Sicherungsbleche mit Nase (**7**.95). Die Nase wird vor dem Festziehen und Umbiegen in eine Bohrung eingelassen (**7**.96). Auch hier sind beide Teile (Schraube und Mutter) zu sichern.

7.95 Sicherungsblech DIN 432 – 6,4

7.96 Gesicherte Mutter

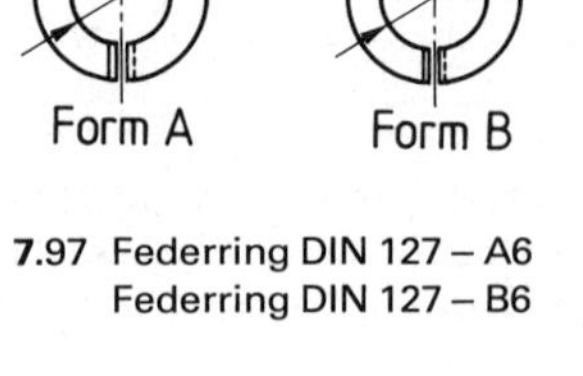

7.97 Federring DIN 127 – A6
Federring DIN 127 – B6

Federringe nach DIN 127 (**7**.97) haben meißelförmig angeschärfte Enden, die als Form A aufgebogen und als Form B glatt sind. Sie dringen beim Festschrauben in den Werkstoff ein (**7**.98). Federringe für Zylinderschrauben s. DIN 7980 (**7**.99).

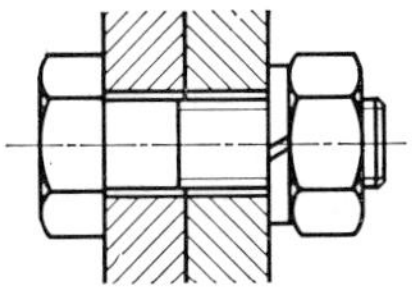

7.98 Sicherung durch Federring

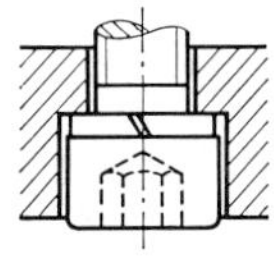

7.99 Sicherung durch Federring

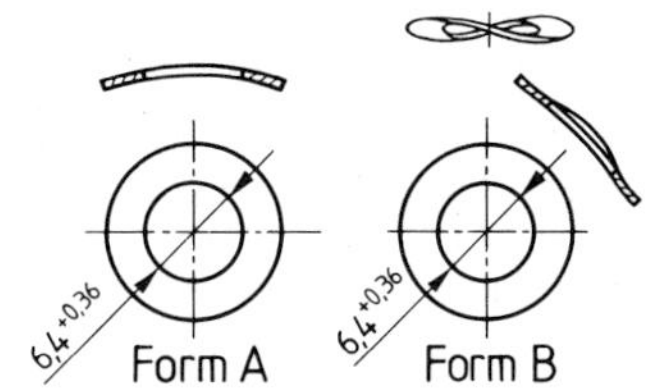

7.100 Federscheibe DIN 137 – A6
Federscheibe DIN 137 – B6

Federscheiben nach DIN 137 sind als Form A gewölbt oder als Form B gewellt (**7**.100). Die gewölbten Scheiben werden meist für Verbindungen durch Zylinder- und Halbrundschrauben, die gewellten Scheiben für Verbindungen durch Sechskantschrauben verwendet.

Sicherungsnäpfe nach DIN 526 für versenkte Zylinderschrauben nach DIN 84 (**7**.101). Die Sicherung erfolgt durch in eine Nut gelegte Lasche und den in den Schraubenschlitz eingedrückten Rand (**7**.102).

Sicherungsmuttern aus Blech (**7**.103) werden nach dem Aufschrauben von Hand mit einem Schraubenschlüssel angezogen (**7**.104). Vor dem Lösen wird die gesicherte Sechskantmutter kräftig angezogen, damit die Federwirkung der Sperrzähne aufgehoben wird.

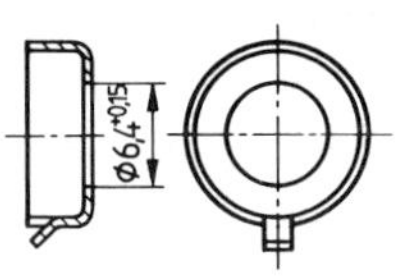

7.101 Sicherungsnapf DIN 526 – 6

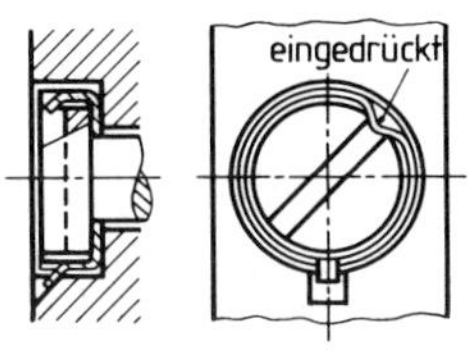

7.102 Sicherung der Zylinderschraube

7.103 Sicherungsmutter DIN 7967 – M6

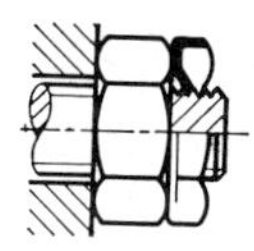

7.104 Sicherung der Sechskantmutter

Fächerscheiben (**7**.105) und federnde Zahnscheiben (**7**.106) gibt es in je 3 Ausführungen, und zwar mit Außenverzahnung als Form A, mit Innenverzahnung als Form J und für kegelige Senkungen als Form V.

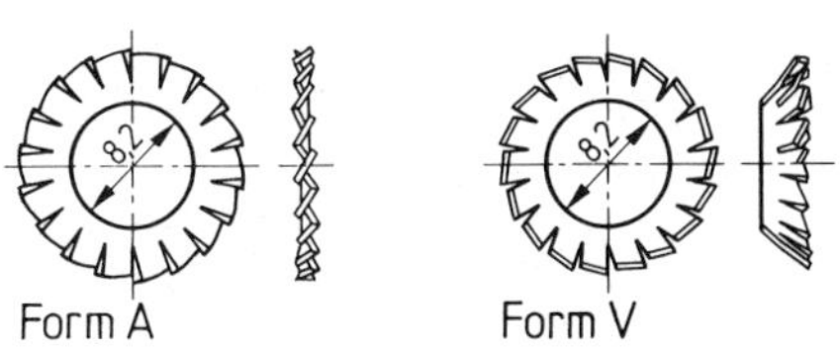

7.105 Fächerscheibe DIN 6798 – A 8,2
Fächerscheibe DIN 6798 – V 8,2

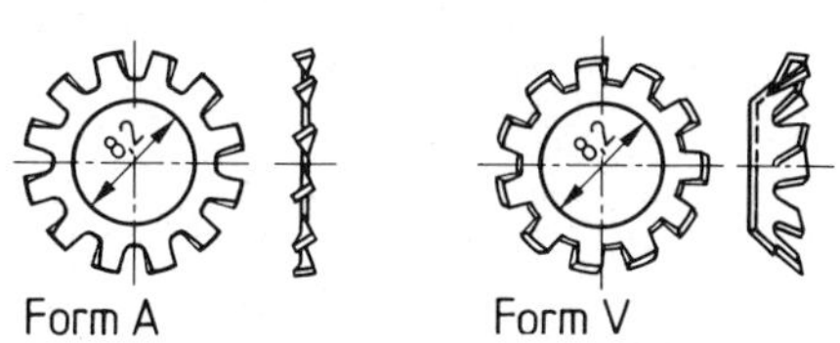

7.106 Zahnscheibe DIN 6797 – A 8,2
Zahnscheibe DIN 6797 – V 8,2

Selbstsichernde Muttern nach DIN 985 (**7**.107) haben einen Sicherungsring aus Polyamid, Hutmuttern nach DIN 986 (**7**.108) einen solchen aus Polyamid oder aus Vulkanfieber, in den sich das Bolzengewinde beim Aufschrauben eindrückt.

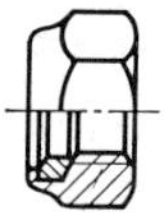

7.107 Sicherheitssechskantmutter DIN 985

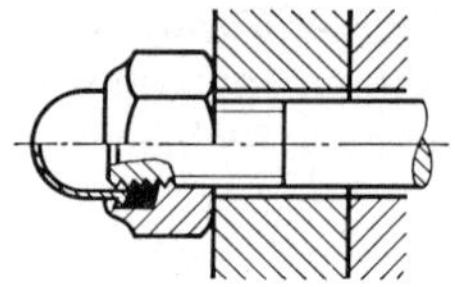

7.108 Hutmutter mit Vulkanfiberring DIN 986

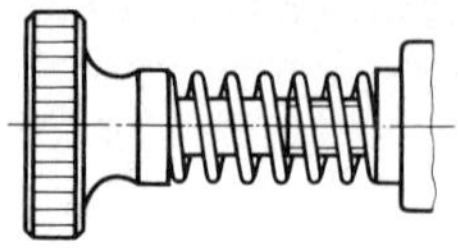

7.109 Hemmfeder

Hemmfedern (**7**.109) erschweren das Verdrehen nicht festgezogener Stellschrauben.

7.1.4 Vereinfachte Darstellungen von Bohrungen, Gewinden und Gewindeteilen

Bohrungen, Senkungen, Gewinde und Schrauben können vereinfacht gezeichnet werden. Maß- und Maßhilfslinien werden hierbei durch Bezugslinien ersetzt, die von den Darstellungen zu den Maßbezeichnungen führen.

Tabelle **7**.110 **Beispiele von Kleindarstellungen (DIN 30)**

	Vorderansichten		Draufsichten	
	vereinfacht	weiter vereinfacht	vereinfacht	weiter vereinfacht
Bohrungen	⌀2 5 ⌀2	⌀2 ⌀2-5	⌀3 R-⌀3,5-6[1]	⌀3 R-⌀3,5-6[1]
Senkungen	DIN 75-Af3 DIN 74-Hm 2,6	DIN 75-Af3 DIN 74-Hm 2,6	DIN 75-Af3 R-DIN 74-Hm 2,6	DIN 75-Af3 R-DIN 74-Hm 2,6
Gewinde	M3 5 M3	M3 M3-5	M5 R-M4-10/14[2]	M5 R-M4-10/14[2]
Schraubverbindungen	DIN 63-M3×8-Ms DIN 933-M3×12-4,6 DIN 433-3,2-Ms DIN 934-M3-Ms	DIN 63-M3×8-Ms DIN 933-M3×12-4,6 DIN 433-3,2-Ms DIN 934-M3-Ms	DIN 63-M5×10-Ms DIN 933-M3×12-4,6 R-DIN 433-3,2-Ms R-DIN 934-M3-Ms	DIN 63-M5×10-Ms DIN 933-M3×12-4,6 R-DIN 433-3,2-Ms R-DIN 934-M3-Ms
kegelige Bohrungen	⌀5▽1:50 ⌀5△1:50	⌀5▽1:50 ⌀5△1:50	⌀5▽1:50 ⌀5△1:50	

[1]) R = Rückseite

[2]) Die Kernlochtiefe darf, soweit erforderlich, durch eine zusätzliche Maßzahl angegeben werden, die nach einem Schrägstrich angefügt wird.

Kleinste Darstellungen werden allein durch Mittellinien angedeutet. Die Bezugslinien liegen hierbei stets auf der Seite, auf der die Bohrungen, Senkungen und Gewinde beginnen oder die Schrauben eingesteckt werden. Sind diese verdeckt, wird eine sinngemäße Bezeichnung hinzugefügt (z. B. „untenliegend", „von unten einführen") und die Bezugslinie teilweise gestrichelt.

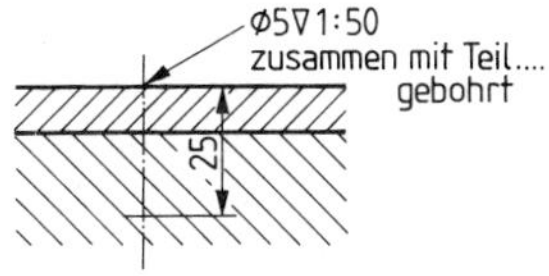

7.111 Kegelverbindung

Bei kegeligen Bohrungen werden an der Maßlinie hinter der Durchmesserangabe das Kegelzeichen und das Kegelverhältnis angegeben, wobei das Kegelsymbol die Richtung der Verjüngung kennzeichnet. Eine Kegelverbindung zeigt Bild **7.111**.

Sinnbilder für Schrauben in Stahlbauzeichnungen S. 229.

Besonderheiten. Bei gedrückten Gewinden muß hinter dem Gewindekurzzeichen die Angabe „gedrückt" stehen (**7.112**). Blechdurchzüge mit Innengewinde (s. DIN 7952) sind nach Bild **7.113** zu bemaßen; dabei bedeuten: V = vertieft, A = aufwärts. Wird Gewinde in eine Buchse erst nach dem Einnieten geschnitten, sind in der Darstellung der Buchse nur das Kernloch vorzusehen (**7.114**) und das Gewinde in der Gesamtzeichnung anzugeben (**7.115**).

7.112 Gedrücktes Gewinde

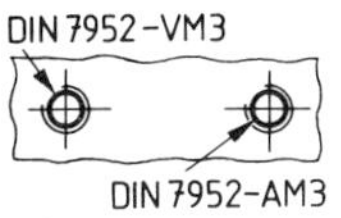

7.113 Blechdurchzüge

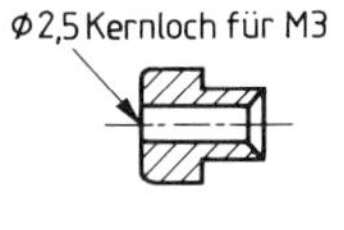

7.114 Buchse ohne Gewinde

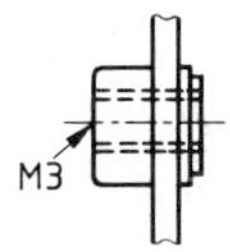

7.115 Eingebaute Buchse mit Gewinde

7.2 Nietverbindungen

Nietverbindungen sind unlösbar, ein Auseinandernehmen ohne Zerstörung der Niete oder der verbundenen Teile ist nicht möglich. Der geschlagene Niet besteht aus Setzkopf, Schaft und Schließkopf (**7.116**). Nietstähle sind in DIN 17111 genormt. Der Setzkopf befindet sich am Schaft des Rohniets, während der Schließkopf erst bei der Nietarbeit am anderen Schaftende entsteht. Die Gesamtdicke der zu verbindenden Teile heißt Klemmlänge. Zum bequemen Einstecken der Niete führt man die Nietlöcher etwas größer aus als die Rohnietdurchmesser. Durch Hämmern oder Pressen staucht man den Nietschaft auf den Nietlochdurchmesser und bildet zugleich den Schließkopf.

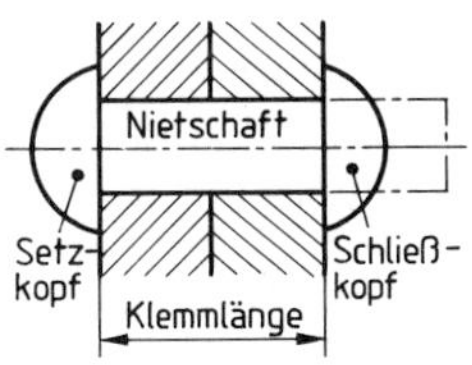

7.116 Nietverbindung

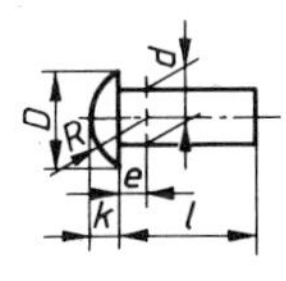

7.117 Halbrundniet DIN 660

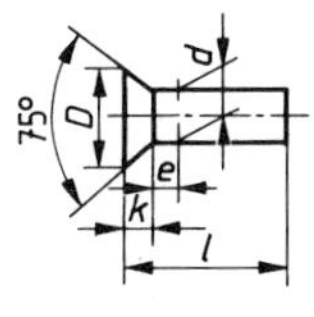

7.118 Senkniet DIN 661

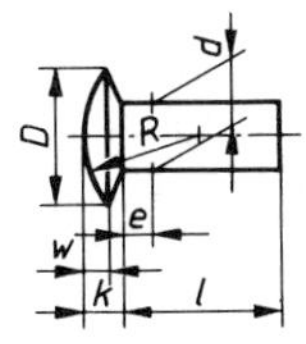

7.119 Linsenniet DIN 662

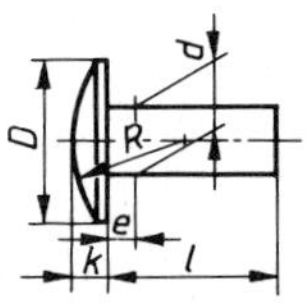

7.120 Flachrundniet DIN 674

Es gibt Halbrundniete (**7.117**), Senkniete (**7.118**), Linsenniete (**7.119**), Flachrundniete (**7.120**) und andere. Der Schließkopf kann eine vom Setzkopf abweichende Form haben.

Der Durchmesser des geschlagenen Niets, der Nietlochdurchmesser d_1, richtet sich nach der kleinsten zur Verbindung gehörenden Plattendicke und ist für die Berechnung ausschlaggebend.

7.2.1 Arten

Es gibt feste, feste und dichte sowie dichte Nietverbindungen. Feste Nietverbindungen sollen vornehmlich Kräfte übertragen. Hierzu gehören die Nietverbindungen des Stahlbaus, für Stützen, Brücken, Krane, Dachkonstruktionen, Blechträger u.a. Feste und dichte Nietverbindungen haben Bedeutung im Kesselbau. Hier sollen die Nähte nicht nur fest, sondern auch dicht sein, um das Entweichen des unter Druck stehenden Kesselinhalts zu verhüten. Sie unterscheiden sich äußerlich von den Nietverbindungen im Stahlbau durch größere Nietköpfe und kleinere Nietabstände. Dichte Nietverbindungen sind im Behälterbau erforderlich.

Übereinandergeschobene und vernietete Bleche ergeben eine Überlappungsnietung (**7**.121). Wird über stumpf aneinanderstoßende Bleche eine Lasche gelegt, handelt es sich um eine Laschennietung (**7**.122). Bei der Doppellaschennietung (**7**.123) liegen auf beiden Seiten der Bleche Laschen. Es gibt ferner einschnittige (**7**.121 und **7**.122) und mehrschnittige (**7**.123) Vernietungen, je nachdem, ob die Klemmlänge aus

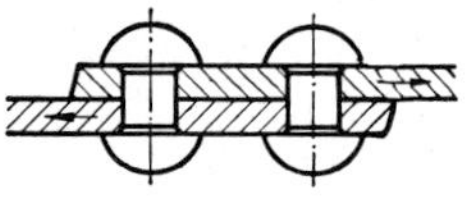

7.121 Zweireihige Überlappungsnietung

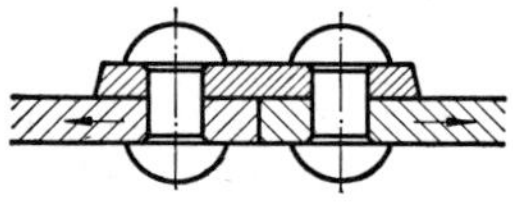

7.122 Einreihige Laschennietung

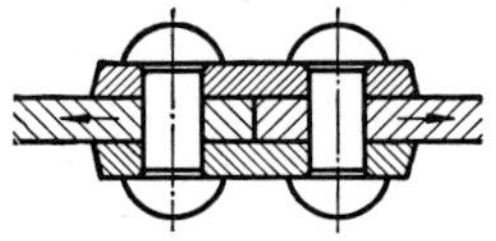

7.123 Einreihige Doppellaschennietung

den Dicken zweier oder mehrerer Bleche besteht, der Nietschaft also ein- oder mehrmals auf Abscheren beansprucht wird. Überlappungsnietungen und einfache Laschennietungen sind demnach einschnittig, Doppellaschennietungen hingegen zweischnittig und demgemäß haltbarer.

Die Abmessungen für Nietverbindungen ergeben sich aus Festigkeitsberechnungen und Erfahrungswerten. Man kann sie den Zahlentafeln in technischen Handbüchern entnehmen. Nietverbindungen verlieren jedoch an Bedeutung; sie werden mehr und mehr durch Schweißverbindungen ersetzt.

7.2.2 Niete unter 10 mm Durchmesser

Sie werden kalt genietet (**7**.117 bis **7**.120 und **7**.123). Solche Verbindungen sind nicht sehr dicht und halten nur geringen Kräften stand. Der Schaftdurchmesser *d* wird im Abstand *e* vom Kopf gemessen. Der Nietbezeichnung werden DIN-Nummer, Durchmesser und Länge des Rohrniets und Werkstoffangabe beigefügt, z. B. „Halbrundniet DIN 660-5 × 20 – Ms". Als Nietlänge gilt bei Halbrund-, Flachrund- und Linsennieten die Schaftlänge allein, bei Senknieten die Schaftlänge mit Setzkopf.

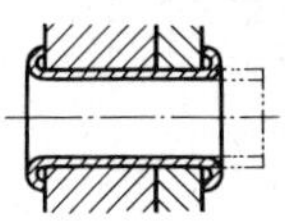

7.124 Geschlagener Rohrniet DIN 7340 (Form B)

Weitere Niete sind: Riemenniete DIN 675, Nietstifte DIN 7341, ferner Hohlniete DIN 7331 und 7339, Niete für Brems- und Kupplungsbeläge DIN 7338 u.a. Sinnbilder für Niete, Schrauben und Durchgangslöcher s. DIN ISO 5261.

7.2.3 Stahlbau- und Kesselbauniete

Sie haben Durchmesser von 10 bis 36 mm, werden vor dem Einführen in die Nietlöcher am Schaftende hochgradig erhitzt und dann warm genietet (**7**.125 bis **7**.127).

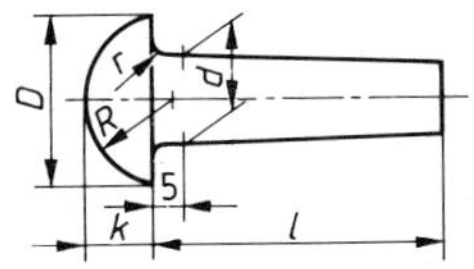

7.125 Halbrundniet (für Kesselbau)

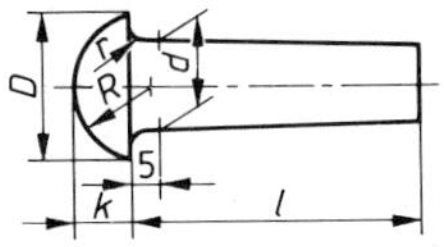

7.126 Halbrundniet DIN 124 (für Stahlbau)

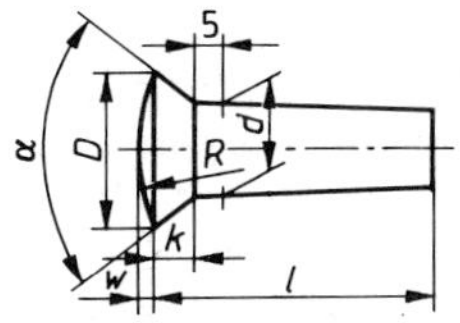

7.127 Senkniet DIN 302 (für Stahlbau und Kesselbau)

Rohnietdurchmesser in mm	**10**	**12**	14	**16**	18	**20**	**22**	**24**	**27**	**30**	33	**36**
Nietlochdurchmesser in mm	**11**	**13**	15	**17**	19	**21**	**23**	**25**	**28**	**31**	34	**37**

Die fettgedruckten Größen werden bevorzugt.

Der Durchmesser d_1 des geschlagenen Niets ist gleich dem Lochdurchmesser und 1 mm größer als der Rohnietdurchmesser d, der in 5 mm Abstand vom Kopf gemessen wird. Auf $\approx$ 50 mm Länge darf der Schaft kegelig auf den Durchmesser des Ausgangswerkstoffs abfallen.

Die Klemmlänge soll nicht größer sein als der 4- bis 5fache Nietlochdurchmesser, da sonst das Stauchen über die ganze Schaftlänge und das Ausfüllen des Nietlochs nicht mehr möglich sind. Bei Senknieten soll die Klemmlänge 6,5 d_1 nicht überschreiten. Für die Wahl der Nietlängen sind die Normen nach folgender Übersicht heranzuziehen:

Nietlängen in Abhängigkeit von den Klemmlängen für	Stahlbauniete	Kesselbauniete
Halbrundsetzkopf und Halbrundschließkopf	DIN 124	—
Halbrundsetzkopf und Senkschließkopf	DIN 124	—
Senksetzkopf und Senkschließkopf	DIN 302	DIN 302
Senksetzkopf und Halbrundschließkopf	DIN 302	DIN 302

Die vollständige Bezeichnung eines Senkniets von $d = 16$ mm und $l = 30$ mm lautet „Senkniet DIN 302 – 16 × 30 – MUSt 34".

MUSt 34 ist **u**nberuhigter Siemens-**M**artin-**St**ahl mit einer Zugfestigkeit von **340** bis 420 N/mm² nach DIN 17111.

Kesselniete sind zwischen Nietschaft und Setzkopf mit $r = 0{,}1\ d$ gerundet (**7**.125). Hierfür wird das Nietloch unter 90° ausgesenkt (**7**.128). Die Senktiefe a ist gleich dem Halbmesser r.

Stahlbauniete haben eine wesentlich kleinere Ausrundung, so daß die Nietlöcher nur zu entgraten sind (**7**.129).

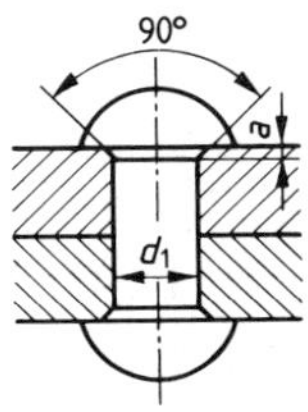

7.128 Kesselnietung

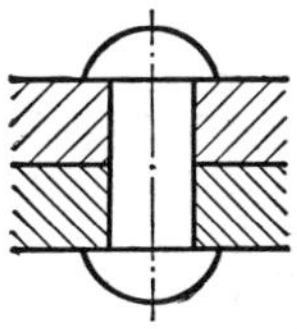

7.129 Stahlbaunietung

7.2.4 Nietdarstellungen

Niete werden in der Längsachse nicht geschnitten gezeichnet (**7**.130). Beim Blick auf die Nietung in Richtung der Nietachsen (Seitenansicht) werden die Niete meist so dargestellt, als seien die Köpfe abgebrochen. Ein Niet wird somit durch einen schraffierten Lochkreis dargestellt, auch wenn es sich um einen Senkniet handelt. Sind die Kreise bei kleinen Zeichnungsmaßstäben jedoch so klein, daß das Zeichnen Schwierigkeiten bereitet, zeichnet man die Kreise der Köpfe. Die Schraffur fällt dann fort.

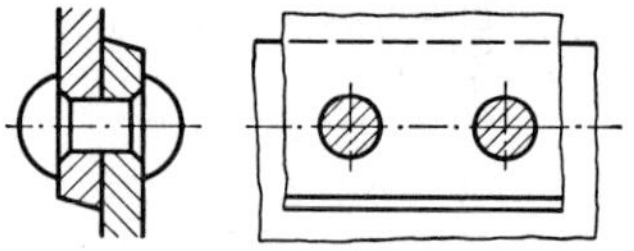

so

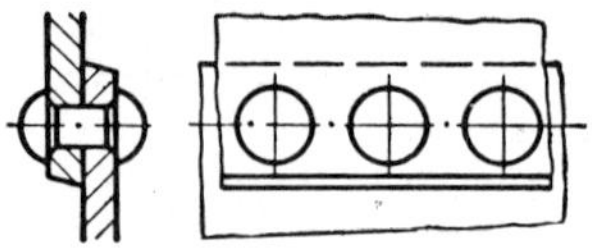

oder so

7.130 Darstellung einer Kesselnietverbindung

Nietverbindungen können v e r e i n f a c h t dargestellt werden:

Tabelle **7**.131 **Kleindarstellungen**

Vorderansicht vereinfacht	weiter vereinfacht	Draufsicht vereinfacht	weiter vereinfacht
DIN 660-2×5-MUSt 34 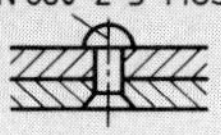	DIN 660-2×5-MUSt 34 mit Senk-Schließkopf 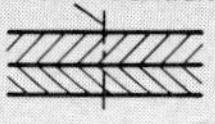	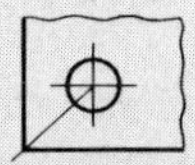 DIN 660-2×5-MUSt 34 mit Senk-Schließkopf	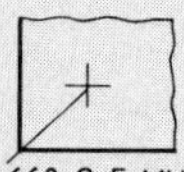 DIN 660-2×5-MUSt 34 mit Senk-Schließkopf

Sinnbilder für Niete in Zeichnungen des Stahlbaus S. 229.

7.3 Keile, Federn, Bolzen und Stifte

7.3.1 Keile

Nach der Richtung des Eintreibens zur Achse unterscheidet man Querkeile und Längskeile, nach dem Verwendungszweck Befestigungs-, Spann- und Nachstellkeile. Keile bestehen gewöhnlich aus gezogenem Stahl St 50–1 K oder für Dicken > 25 mm St 60–2 K nach DIN 1652. Die Abmessungen am Querschnitt des Keilstahls sind toleriert.

Keile erzeugen durch ihren Anzug Pressungen. Keilverbindungen sind mithin S p a n n u n g s v e r b i n d u n g e n und halten die Werkstücke meist durch Selbsthemmung zusammen. Die Keilneigung ist 1 : 15 bis 1 : 25, wenn die Verbindung oft gelöst werden muß, sonst 1 : 30 oder 1 : 40 und für Dauerverbindungen bis 1 : 100.

Querkeile dienen gewöhnlich zur Verbindung von Stangen (**7**.132) und werden rechtwinklig zu den Achsen der Werkstücke eingeschlagen, eingedrückt oder eingezogen.

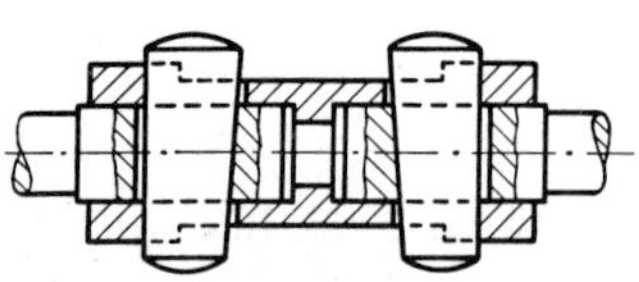

7.132 Stangenverbindung durch Querkeile

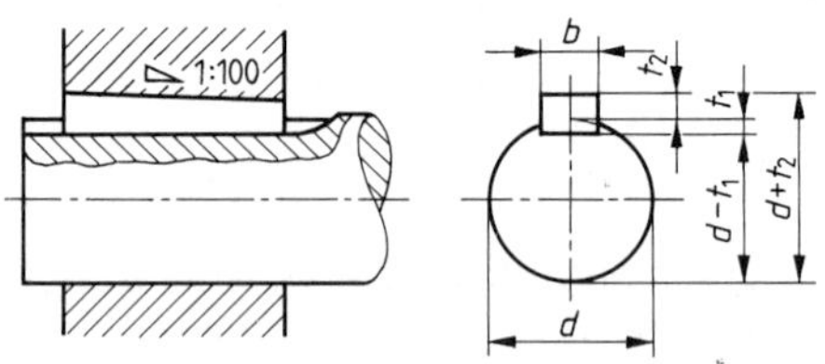

7.133 Verbindung durch Längskeil

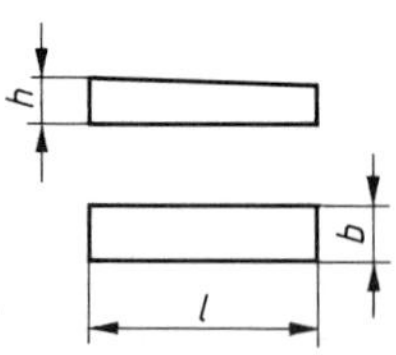

7.134 Treibkeil (Keil DIN 6886 – B)

Längskeile dienen vorwiegend zur Befestigung von Zahnrädern und Riemenscheiben auf Wellen, damit Drehbewegungen übertragen werden können. Sie erfordern einen strammen Sitz der zu verbindenden Teile und liegen meist in der Wellen- und der Nabennut (**7**.133). Die Neigung der Längskeile und Nabennuten ist 1:100. Durch die Neigung entstehen beim Eintreiben Pressungen zwischen den Rückenflächen des Keils und den Nutgründen in Nabe und Welle. Das festgekeilte Rad kann dadurch Schlag bekommen.

Treibkeile haben gerade Stirnflächen (**7**.134).

Nasenkeile sind wegen der Unfallgefahr lediglich an geschützten Stellen zu verwenden, wenn nur von einer Seite ein- und ausgetrieben werden kann (**7**.135). Treibkeile und Nasenkeile können große Kräfte übertragen.

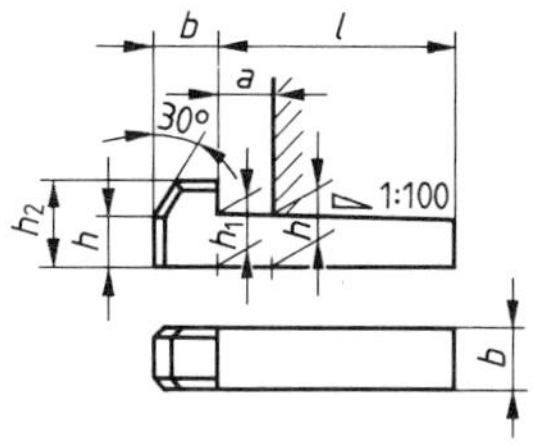

7.135 Nasenkeil DIN 6887

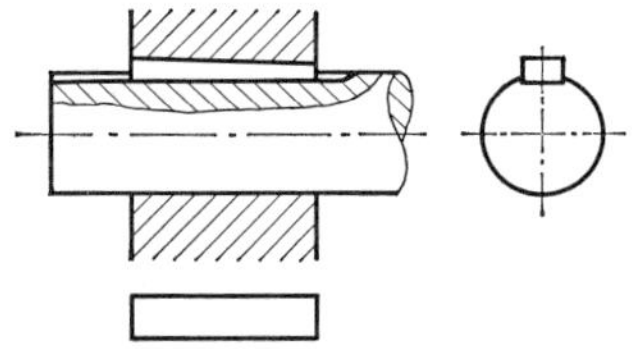

7.136 Flachkeil DIN 6883

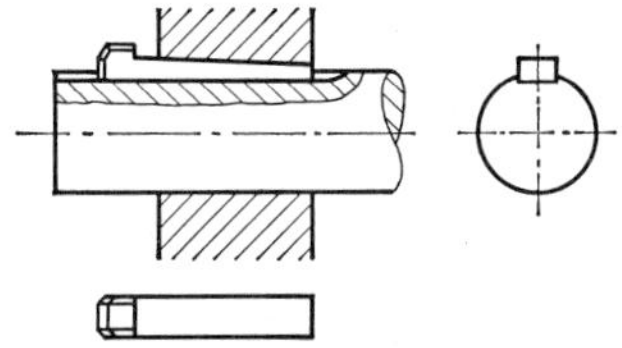

7.137 Nasenflachkeil DIN 6884

Flachkeile sind nicht so tief in die Nut eingelassen (**7**.136 und **7**.137) und können auch auf einer Abflachung der Welle liegen.

Hohlkeile (**7**.138 und **7**.139) sitzen lediglich durch Reibung auf der Welle fest und übertragen nur geringe Kräfte.

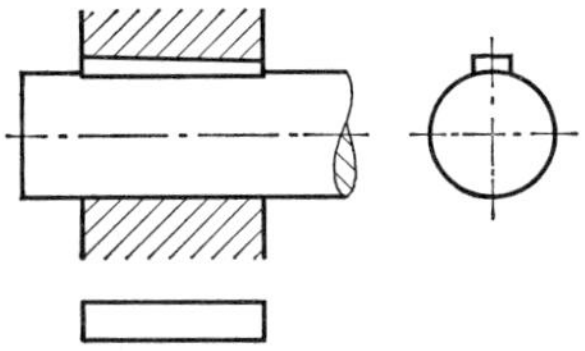

7.138 Hohlkeil DIN 6881

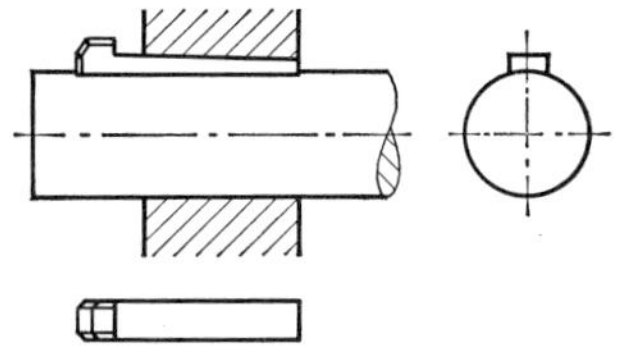

7.139 Nasenhohlkeil DIN 6889

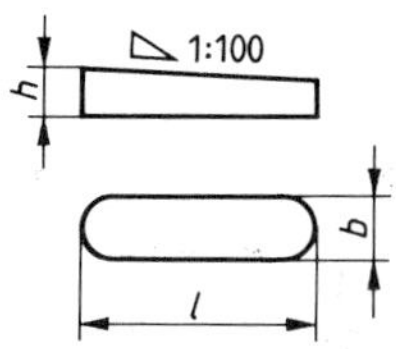

7.140 Einlegekeil (Keil A) DIN 6886

Einlegekeile (**7**.140) haben runde Stirnflächen und werden an Stelle der Treibkeile und Nasenkeile gebraucht, wenn der Platz zum Aus- und zum Eintreiben fehlt. Der Einlegekeil wird vor dem Aufschieben des Nabenteils in die Wellennut eingelegt.

Beim Treib-, Flach- und Einlegekeil wird die Keilhöhe *h* am dicken Ende, beim Nasenkeil in der Entfernung *a* von der Nase gemessen.

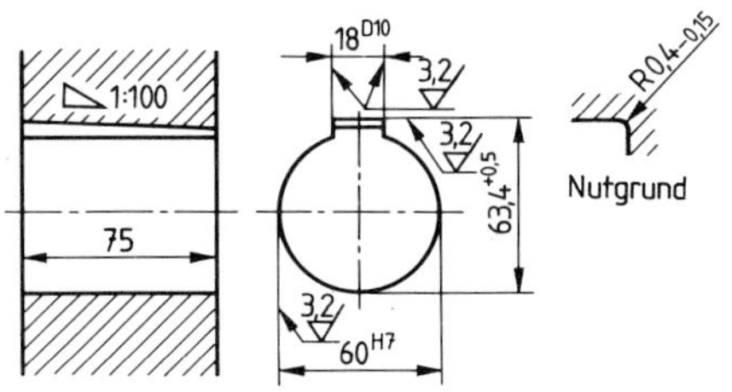

7.141 Keilnut in der Nabe

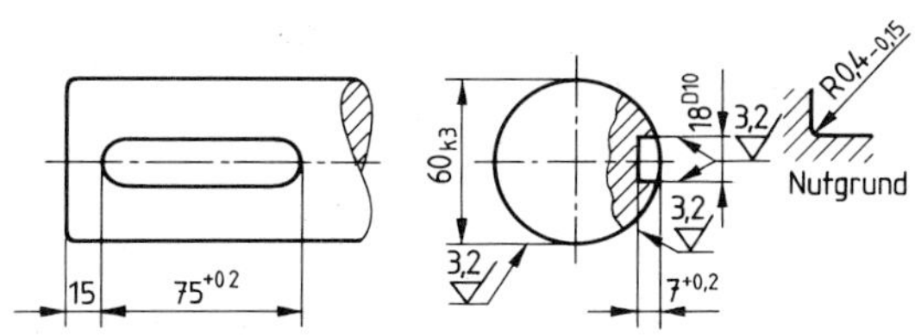

7.142 Keilnut in der Welle

Keile haben genormte Bezeichnungen. Ein Treibkeil von 12 mm Breite, 8 mm Höhe und 70 mm Länge aus St 50–1 K wird bezeichnet: Keil DIN 6886 – B 12 × 8 × 70 – St 50–1 K. Zweckmäßige B e m a ß u n g einer Naben- und einer Wellennut zeigen die Bilder **7**.141 und **7**.142 auf S. 185.

Die Richtung der Neigung wird durch ein Symbol (**7**.140) angegeben. Sie ist (abgesehen von Einlegekeilen) zugleich die Richtung, in der die Keile eingetrieben werden. Abmessungen für Keile und Nuten enthalten die Normen. Für Nutbreiten ist die Toleranz D 10 vorgesehen, für Keile nach DIN 6886 hingegen D 11, für Keilbreiten h 9. Somit entsteht eine Spielpassung. An die Anzugsfläche der Keile wird ein Bezugshaken mit der Bemerkung „eingepaßt in lfd. Nr. ..." gesetzt. Meist werden Bohrungsdurchmesser und Nuttiefe zu einem Maß zusammengefaßt ($63{,}4^{+0{,}5}$ in Bild **7**.141). Als Tiefe der Nabennut gilt stets die größte Tiefe; vereinfacht einer Hinweislinie angegeben werden, wobei die Toleranzangaben direkt dem zutreffenden Nennmaß zugeordnet werden (**7**.143).

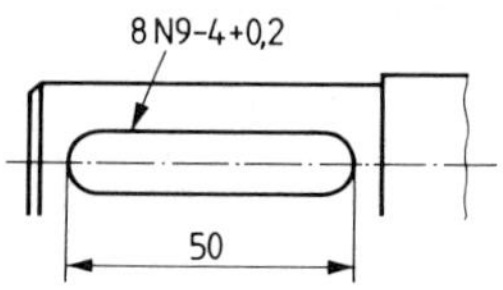

7.143 Paßfedernut

Die Tiefe eines parallel zur Kegelachse liegenden Nutgrunds wird unter Berücksichtigung der Toleranzen möglichst von der Mantelfläche einer benachbarten Zylinderform aus bemaßt (**7**.144 a), sonst von der Kegelachse aus (**7**.144 b).

Bleibt an einer kegeligen Nabenbohrung ein Teil der zylindrisch vorgedrehten Bohrung erhalten, wird der Nutgrund vom gegenüberliegenden Scheitel der Bohrung aus angegeben (**7**.144 c), andernfalls von der Mittelachse aus (**7**.144 d).

Die Bemaßung der Tiefe einer parallel zur Kegelseitenlinie laufenden Nut geschieht nach Bild **7**.144 e und f.

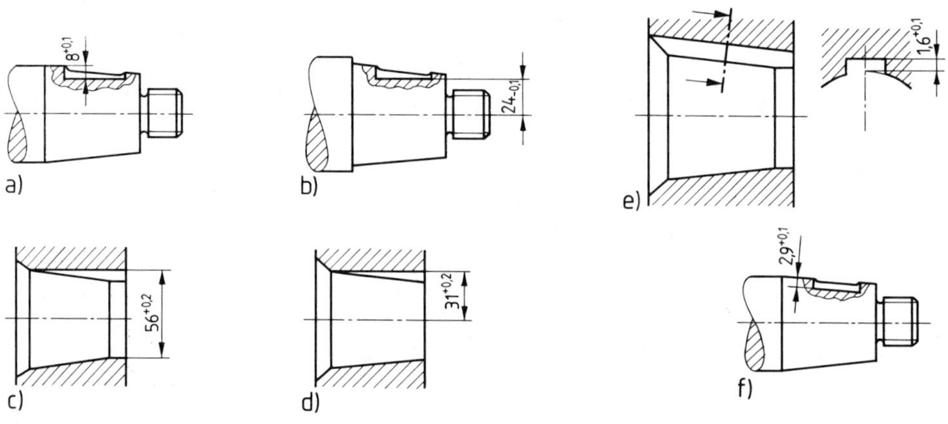

7.144 Besondere Bemaßung der Nuttiefen

Tangentkeile (DIN 271) übertragen sehr große Kräfte, z. B. von Kurbelwellen auf Schwungräder, und werden paarweise verwendet (**7**.145). Tritt wie in Walzwerken stoßartiger Wechseldruck auf, werden Tangentkeile mit größeren Abmessungen gewählt (DIN 268).

Spann- und Nachstellkeile haben größere Neigungen (1:10 oder 1:5) und damit keine Selbsthemmung (**7**.146). Der Keil wird durch eine Schraube angezogen und kann durch eine Gegenschraube gelöst werden; beide sind gegen Lockern zu sichern.

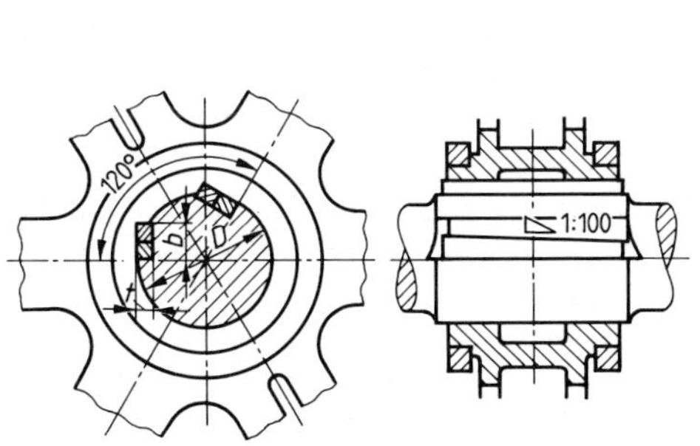

7.145 Tangentkeilnuten DIN 271

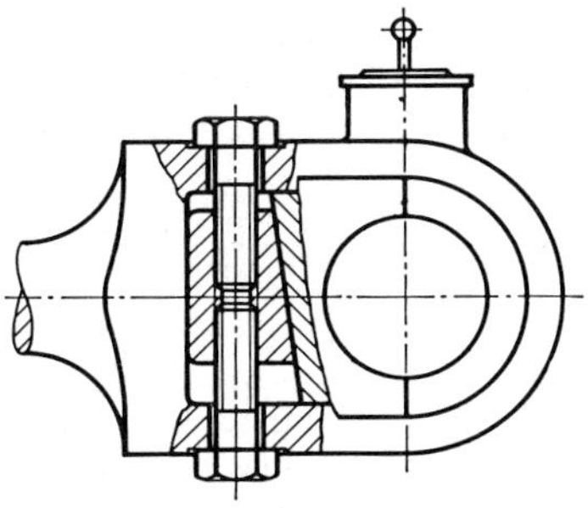

7.146 Stangenkopflager mit Spann- und Nachstellkeil

7.3.2 Paßfedern, Scheibenfedern, Keilwellenverbindungen und Kerbverzahnungen

Paßfedern haben keine Neigung, also keinen Anzug, und tragen nur mit den schmalen Längsseitenflächen, den Flanken (**7**.147). Sie übertragen Drehbewegungen und erlauben die Verschiebung von Bohrung oder Welle in Achsrichtung. Diese Verbindungen sind spannungsfrei und heißen Mitnehmerverbindungen. Es gibt drei Ausführungen:

- hohe Paßfedern, DIN 6885 T1 (**7**.150),
- hohe Paßfedern für Werkzeugmaschinen, DIN 6885 T2,
- niedrige Paßfedern, DIN 6885 T3.

Paßfedern sind rund- oder geradstirnig, je nachdem, ob sie in eine mit dem Schaft- oder mit dem Scheibenfräser gefertigte Nut gelegt werden (**7**.150 Form A und B). Alle geradstirnigen Federn und die rundstirnigen, sofern sie zur Führung hin- und hergleitender Teile dienen, sind mit Zylinderschrauben (DIN 84) zu befestigen (**7**.148). Federn unter 8 × 7 Querschnitt werden verstiftet, verstemmt oder fest eingepaßt. Zum bequemen Lösen aus der Nut dienen Abdrückschrauben (Form E und F) oder Schrägungen (Form G und H). Die Befestigungsschrauben sollen so bemessen sein, daß sie auch als Abdrückschrauben benutzt werden können (**7**.149).

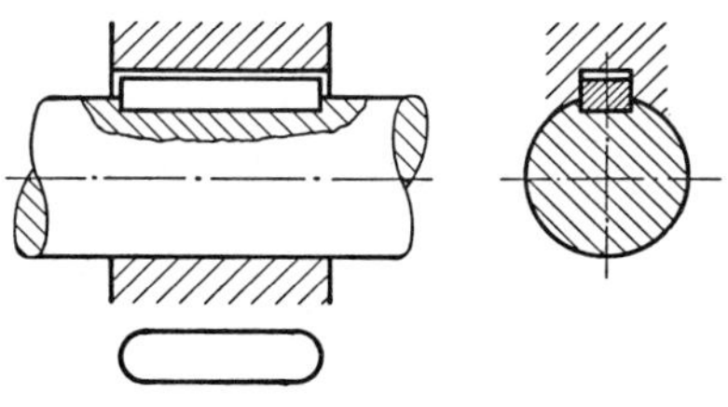

7.147 Paßfeder DIN 6885 – A

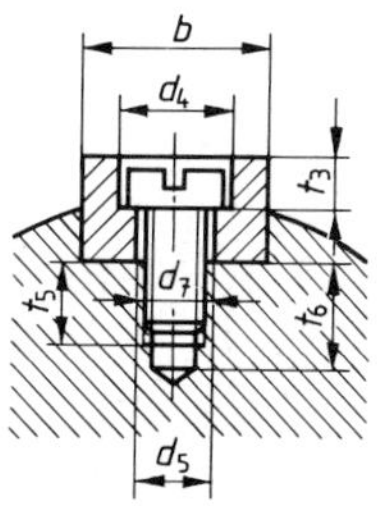

7.148 Festgeschraubte Paßfeder

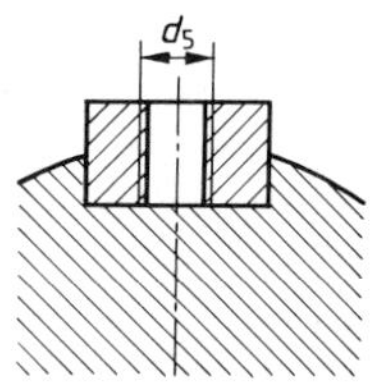

7.149 Gewindeloch für Abdrückschraube

Auch Paßfedern haben genormte Bezeichnungen. für eine Feder der Form A von 20 mm Breite, 12 mm Höhe und 100 mm Länge aus St 50–1 K lautet die Benennung: Paßfeder DIN 6885 – A 20 × 12 × 100 – DIN 1652 St 50–1 K. Paßfedernuten werden wie Keilnuten bemaßt (**7**.141 und **7**.142), jedoch ohne Angabe der Neigung (▷ 1:100), da sie keine Neigungen haben. Für die Nutbreiten in Bohrung und Welle sind geeignete Toleranzen aus den Normen für Paßfedern zu entnehmen.

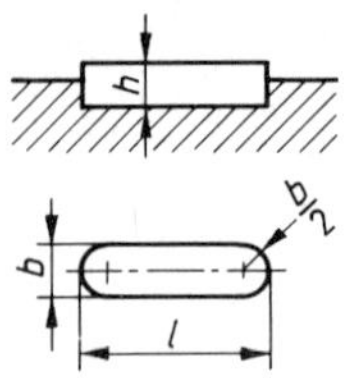

A rundstirnig
ohne Halteschraube

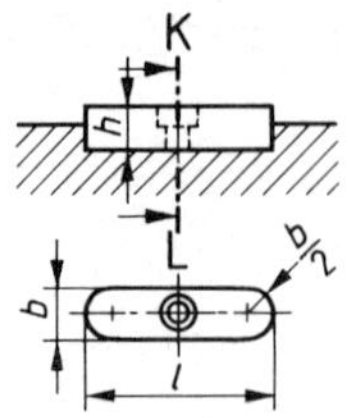

C rundstirnig
für 1 Halteschraube
Schnitt K – L
s. Bild **7**.148

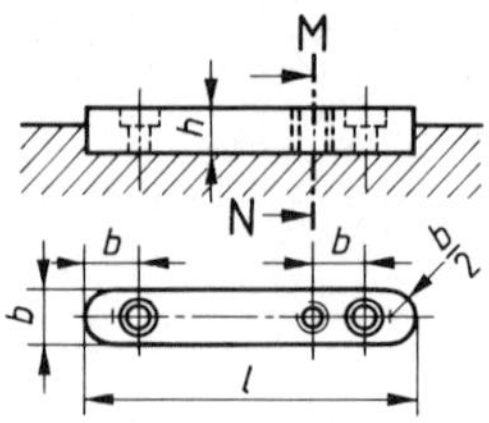

E rundstirnig
für 2 Halteschrauben und
1 oder 2 Abdrückschrauben
Schnitt M – N s. Bild **7**.149

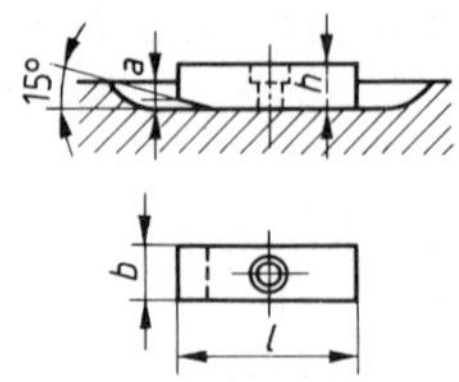

G geradstirnig
für 1 Halteschraube
und Schrägung

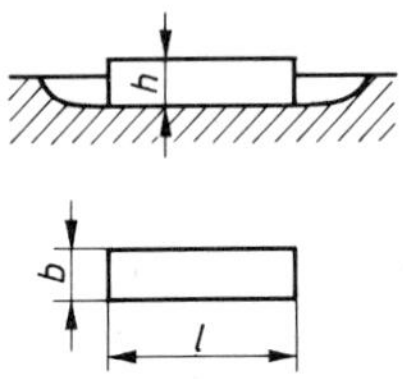

B geradstirnig
ohne Halteschraube

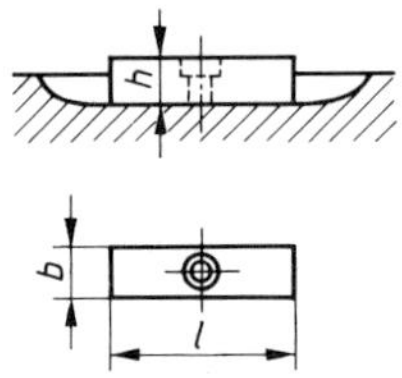

D geradstirnig
mit Halteschraube

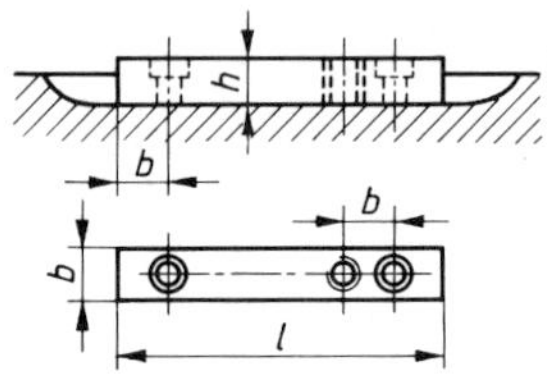

F geradstirnig
für 2 Halteschrauben und
1 oder 2 Abdrückschrauben

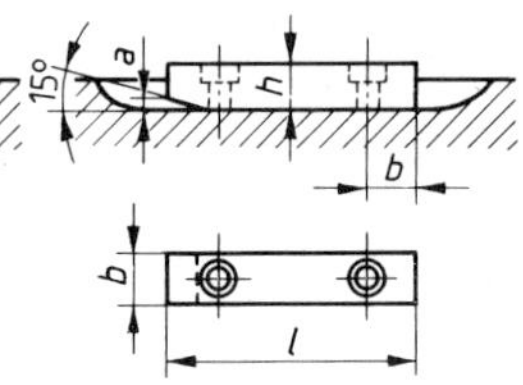

H geradstirnig
für 2 Halteschrauben
und Schrägung

7.150 Paßfedern DIN 6885 Teil 1 (Auszug)

Die Paßfeder der Form J ist geradstirnig, mit Schrägung und Bohrung für eine Spannhülse.

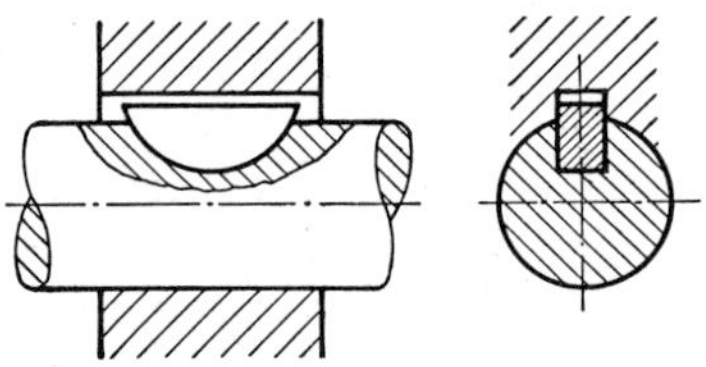

7.151 Scheibenfeder DIN 6888

Scheibenfedern haben Seitenflächen in Form von Kreisabschnitten und sind besonders an Werkzeugmaschinen üblich (**7**.151). Die Herstellung ist verhältnismäßig billig, doch wird die Welle durch die tiefere Nut merklich geschwächt. (S. auch DIN 748 Zylindrische Wellenenden.)

Keilwellenverbindungen übertragen große Kräfte. Keilwellenverbindungen mit geraden Flanken (**7**.152) eignen sich besonders für Verschieberäder in Hochleistungsschaltgetrieben und sind in DIN 5461 bis 5465, 5471 und 5472 genormt. Die vorstehenden Rippen haben überall gleiche Höhe, also keinen Anzug, und sind als einzelne Längsfedern anzusehen. Zahnnaben- und Zahnwellenprofile mit Evolventenflanken s. DIN 5482 T1 und 3.

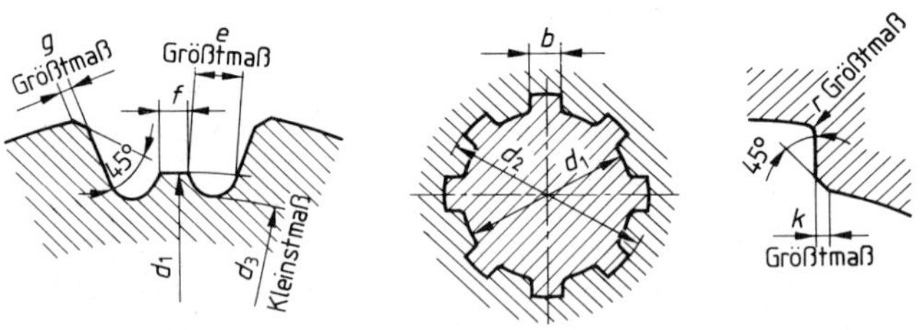

Keilwellenprofil

Keilnabenprofil

7.152 Keilwelle und Keilnabe mit geraden Flanken DIN 5463

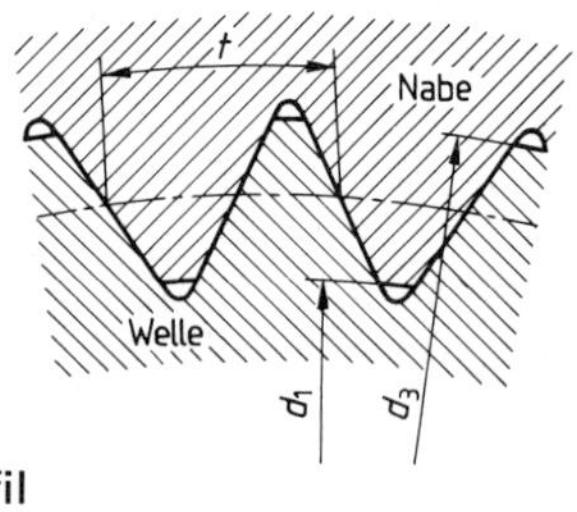

7.153 Kerbverzahnung DIN 5481

Kerbverzahnungen schwächen die Welle in nur geringem Maße, zentrieren die Nabe zwangsläufig und übertragen große Kräfte (**7**.153). Voraussetzungen sind genaue Zahnteilungen und Zahnflankenwinkel.

7.3.3 Bolzen

Sie sind Verbindungselemente für Gelenke, werden gewöhnlich mit Spielpassung gelagert und durch Scheiben und Splinte gesichert. Es sind mehrere Arten genormt: Bolzen ohne Kopf (**7**.154), blanke (**7**.155) und halbblanke Bolzen mit kleinem (**7**.156) und großem Kopf (**7**.157). Jede Ausführung kann ohne oder mit Splintloch versehen sein. Für Bolzen können blanke (**7**.158) oder rohe Scheiben (**7**.159) genommen werden.

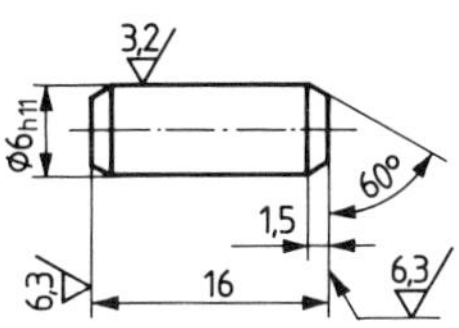

7.154 Bolzen DIN 1433 – 6 h 11 × 16

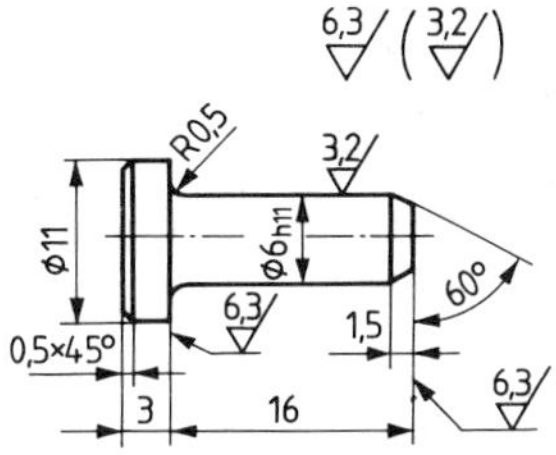

7.155 Bolzen DIN 1434 – 6 h 11 × 16

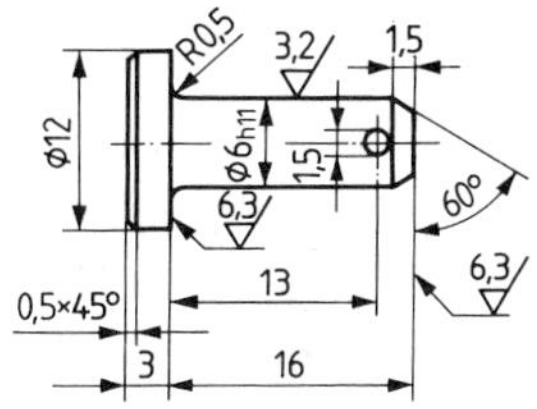

7.156 Bolzen DIN 1435 – 6 h 11 × 16

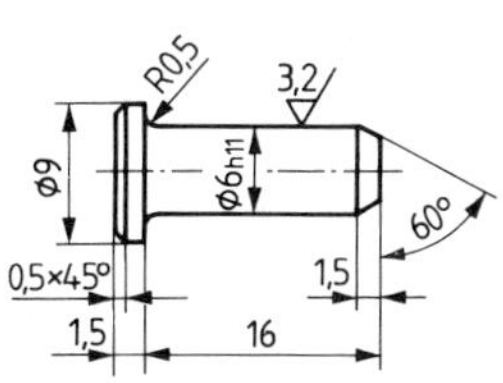

7.157 Bolzen DIN 1436 – 6 h 11 × 16

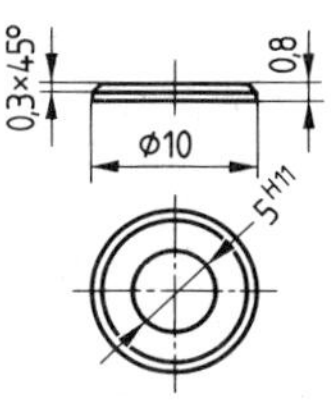

7.158 Blanke Scheibe DIN 1440 – 5

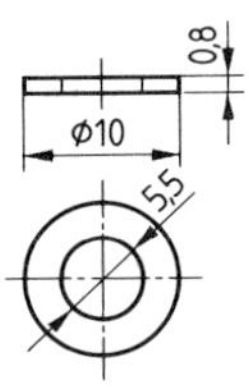

7.159 Rohe Scheibe DIN 1441 – 5,5

Baumaße für Schmierlöcher in Bolzen s. DIN 1442.

Der Splint (**7**.160) hat einen kleineren Durchmesser als das Splintloch. Er ist abhängig von dem Bolzen- bzw. Schraubendurchmesser. Angaben hierüber und über die Verteilung der Splinte an Bolzen- und Schraubenenden (**7**.161) enthält DIN 94.

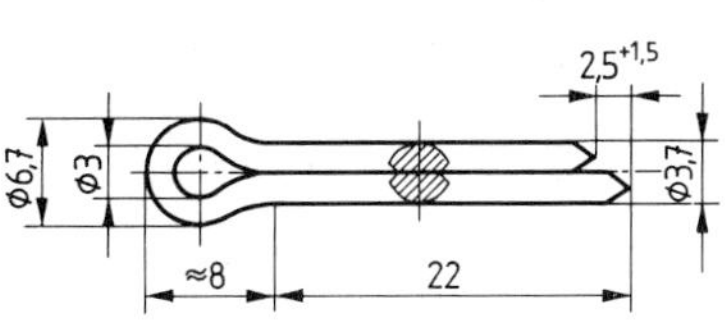

7.160 Splint DIN 94 – 4 × 22

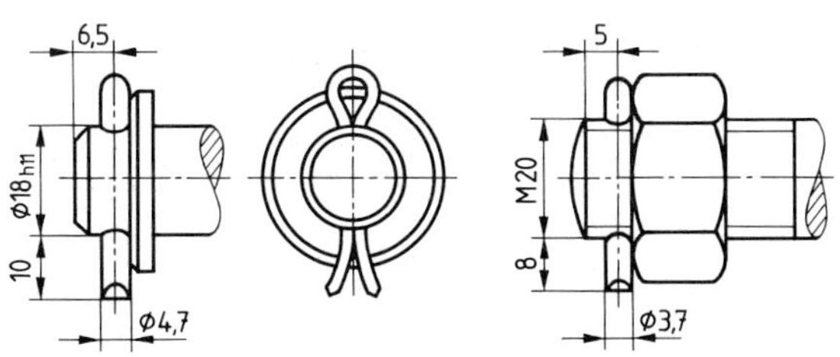

7.161 Splinte an Bolzen und Schraubenenden

7.3.4 Sicherungsringe

Sicherungsringe sind Verbindungselemente zur Arretierung von Bauelementen auf Wellen bzw. in Bohrungen (z. B. Zahnräder, Federn, Wälzlager). Sie sind zur Aufnahme von Längskräften geeignet. Sicherungsringe für Wellen sind in DIN 471 T1 und solche für Bohrungen in DIN 472 T1 genormt (**7**.162 und **7**.163).

Tabelle **7**.162 **Sicherungsringe DIN 471 T1 für Wellen und DIN 472 T1 für Bohrungen d_1 < 10 mm**

Wellen- bzw. Bohrungs-∅ d_1	s h 11	a ≦	b ≈	d_2	d_3	zul. Abw.	d_4 gespannt	d_5 ≧	n ≧
für Wellen DIN 471 T1									
3	0,4	1,9	0,8	2,8	2,7	+0,06 −0,12	7,2	0,8	0,3
4		2,2	0,9	3,8	3,7	+0,075 0,15	8,8	1	
5	0,6	2,5	1,1	4,8	4,7		10,7		
6	0,7	2,7	1,3	5,7	5,6		12,2	1,15	0,45
7	0,8	3,1	1,4	6,7	6,5	+0,09 −0,18	13,8	1,2	
8		3,2	1,5	7,6	7,4		15,2		0,6
9	1	3,3	1,7	8,6	8,4		16,4		
für Bohrungen DIN 472 T1									
8	0,8	2,4	1,1	8,4	8,7	+0,36	2,8	1	0,6
9		2,5	1,3	9,4	9,8	−0,18	3,5		

Tabelle **7**.163 **Sicherungsringe DIN 471 T1 für Wellen und DIN 472 T1 für Bohrungen d_1 ≧ 10 mm**

Wellen-∅ d_1	s h 11	a ≦	b ≈	d_2	d_3	zul. Abw.	d_4 gespannt	d_5 ≧	n ≧
10		3,3	1,8	9,6	9,3	+0,15 −0,30	17,6	1,5	0,6
12	1			11,5	11		19,6		0,75
14		3,5	2,1	13,4	12,9	+0,18	22	1,7	0,9
16		3,7	2,2	15,2	14,7	−0,36	24,4		1,2
18		3,9	2,4	17	16,5		26,8		
20		4	2,6	19	18,5		29		1,5
22		4,2	2,8	21	20,5		31,4		
24	1,2	4,4	3	22,9	22,2		33,8	2	
25				23,9	23,2	+0,21	34,8		1,7
26		4,5	3,1	24,9	24,2	−0,42	36		
28		4,7	3,2	26,6	25,9		38,4		2,1
30	1,5	5	3,5	28,6	27,9		41		
32		5,2	3,6	30,3	29,6		43,4		2,6
35		5,6	3,9	33	32,2		47,2		
36			4	34	33,2	+0,25	48,2	2,5	3
38	1,75	5,8	4,2	36	35,2	−0,50	50,6		
40		6	4,4	37,5	36,5	+0,39	53		3,8
42		6,5	4,5	39,5	38,5	−0,78	56		

DIN 471
Form für D_1 = 10 bis 165
ungespannt

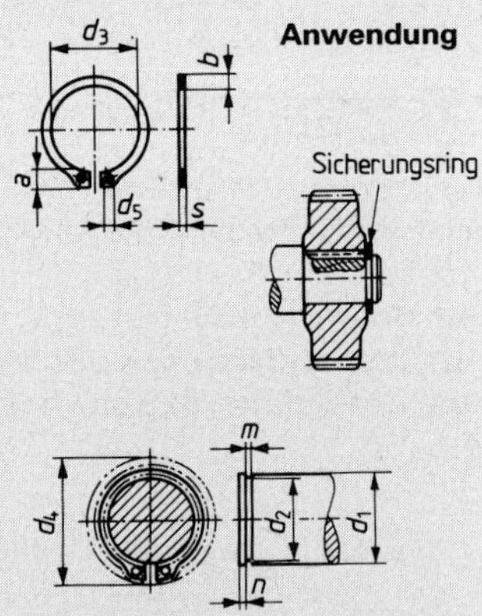

Nutgrund scharfkantig
m (Regelausführung) = s + 0,1
für s ≦ 1,75

Fortsetzung s. nächste Seite

Tabelle **7**.163 Fortsetzung

Rundungs-Ø d_1	s h 11	a ≦	b ≈	d_2	d_3	d_3 zul. Abw.	d_4 gespannt	d_5 ≧
10		3,2	1,4	10,4	10,8		3,1	1,2
12		3,4	1,7	12,5	13	+0,36	4,7	1,5
14		3,7	1,9	14,6	15,1	−0,18	6	
16	1	3,8	2	16,8	17,3		7,7	1,7
18		4,1	2,2	19	19,5		8,9	
20		4,2	2,3	21	21,5		10,6	
22			2,5	23	23,5	+0,42	12,6	
24		4,4	2,6	25,2	25,9	−0,21	14,2	
25		4,5	2,7	26,2	26,9		15	2
26		4,7	2,8	27,2	27,9		15,6	
28	1,2	4,8	2,9	29,4	30,1		17,4	
30			3	31,4	32,1		19,4	
32			3,2	33,7	34,4	+0,50	20,2	
35		5,4	3,4	37	37,8	−0,25	23,2	
36	1,5		3,5	38	38,8		24,2	2,5
38		5,5	3,7	40	40,8		26	
40	1,75	5,8	3,9	42,5	43,5	+0,78	27,4	
42		5,9	4,1	44,5	45,5	−0,39	29,2	

DIN 472 ungespannt

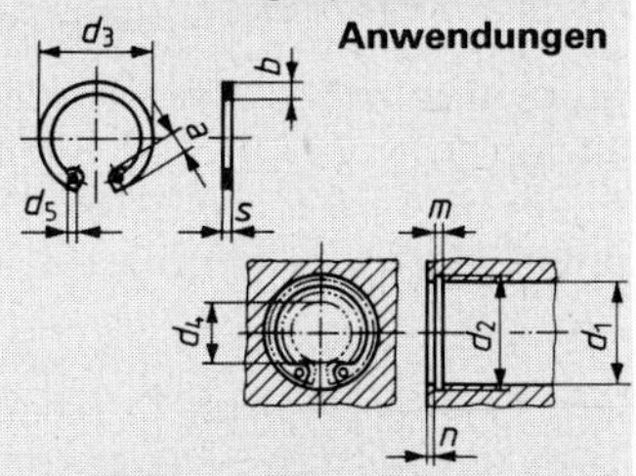

Nutgrund scharfkantig
m (Regelausführung) = s + 0,1 für s ≦ 1,75
n wie für die gleichen Wellen-d_1 (s. vorst.), jedoch ≧1,8 für d_1 = 24, 25, 26

Anwendungen

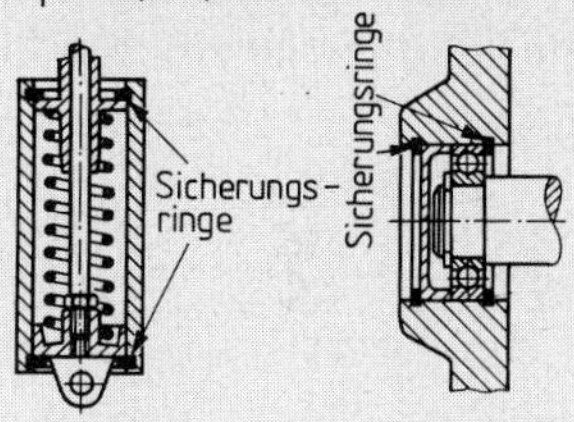

Einstiche für Sicherungsringe dürfen vereinfacht nach Bild **7**.164 bemaßt werden.

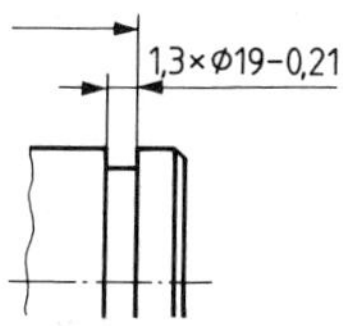

7.164 Einstich für Sicherungsring

7.3.5 Stifte

Kegelstifte haben Durchmesser von 0,6 bis 50 mm, den Kegel 1:50 und eine feingeschlichtete (geschliffene) Mantelfläche (**7**.165) oder als Form B eine geschlichtete (gedrehte). Sie dienen als Haltestifte zur Befestigung von Werkstücken (wie Ringe auf Wellen **7**.166) oder als Paßstifte zur Sicherung der gegenseitigen Lage der Teile und stellen bei wiederholtem Zusammenbau infolge zentrierender Wirkung die alte Lage wieder her. Der Durchmesser d wird am dünnen Ende gemessen; l ist die tragende Länge.

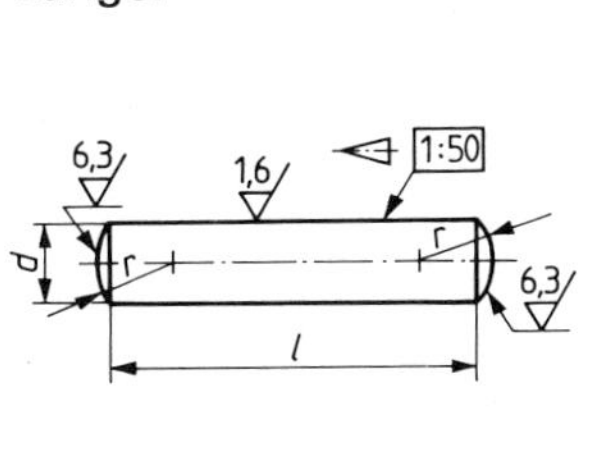

7.165 Kegelstift DIN 1

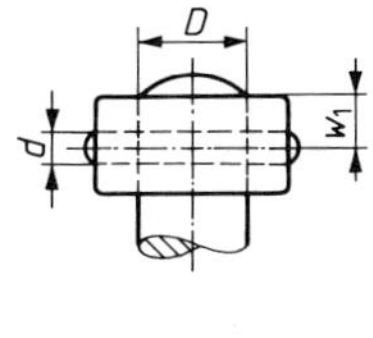

7.166 Befestigung mit Kegelstift DIN 1

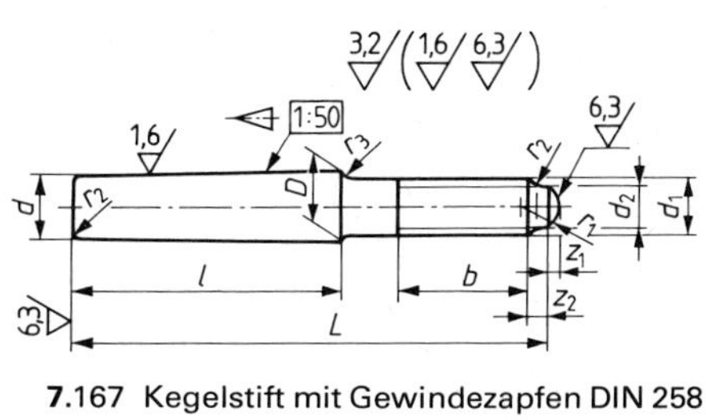

7.167 Kegelstift mit Gewindezapfen DIN 258

Die Bezeichnung eines Kegelstifts, Form B, von $d = 4$ mm Durchmesser und $l = 26$ mm Länge aus gezogenem Stahl mit 500 N/mm² Mindestzugfestigkeit lautet:

Kegelstift DIN 1 – B 4 × 26 – St 50 K.

Kegelstifte mit Gewindezapfen (**7**.167 auf S. 191) haben entweder konstante Zapfenlängen (DIN 7977) oder konstante Kegellängen (DIN 258). Es gibt auch Kegelstifte mit Innengewinde (DIN 7978). Die Befestigungslöcher für alle Kegelstifte müssen kegelig aufgerieben werden.

Zylinderstifte haben Durchmesser von 0,8 bis 50 mm und unterscheiden sich in der Form und in den Toleranzen. Werkstoff ist St 50 K oder 9 S Mn Pb 28 K. Stifte mit der Toleranz m6 (**7**.168) haben Rundkuppen und sind hauptsächlich Paßstifte. Stifte mit der Toleranz h8 (**7**.169) haben Kegelansätze und werden meist als Verbindungs- und Befestigungsstifte gebraucht. Stifte mit der Toleranz h11 (**7**.170) haben ebene Stirnflächen und werden vorwiegend als Nietstifte verwendet. Bild **7**.171 zeigt eine Zylinderstiftverbindung. Gehärtete Zylinderstifte, Toleranzfeld m6 s. DIN 6325, Zylinderstifte mit Innengewinde s. DIN 7979.

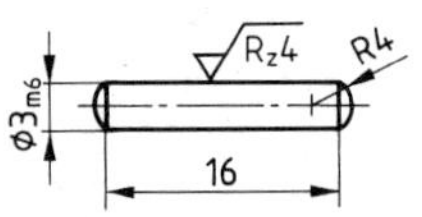

7.168 Zylinderstift DIN 7 – 3 m6 × 16

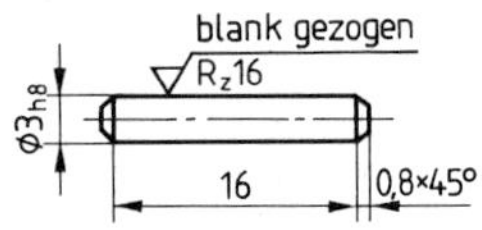

7.169 Zylinderstift DIN 7 – 3 h8 × 16

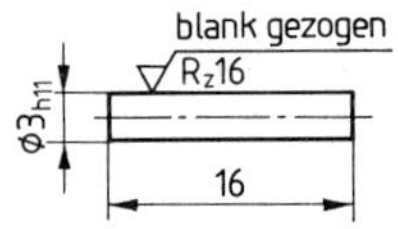

7.170 Zylinderstift DIN 7 – 3 h11 × 16

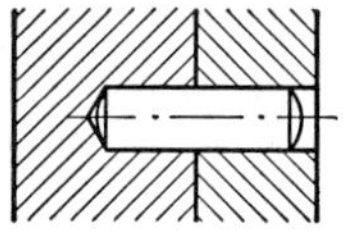

7.171 Zylinderstiftverbindung

Kerbstifte haben Durchmesser bis 25 mm (**7**.172 bis **7**.176) und sind durch eingedrückte Schlitze so weit aufgekeilt, daß gegenüber dem Loch Übermaß vorhanden ist. Sie werden in ungeriebene Bohrungen eingetrieben, sitzen sehr fest und sind vielseitig verwendbar. Ein Beispiel zeigt Bild **7**.177. In Leichtmetall sind sie jedoch nur für untergeordnete Zwecke zulässig. Zylinderkerbstifte mit Einführende s. DIN 1470, Paßkerbstifte mit Hals s. DIN 1469.

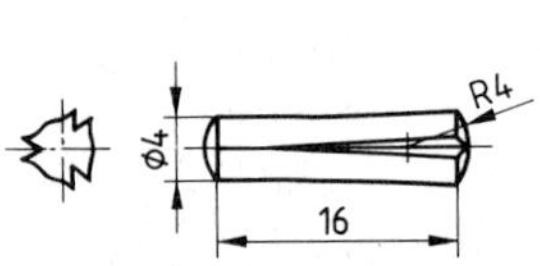

7.172 Kegelkerbstift DIN 1471 – 4 × 16

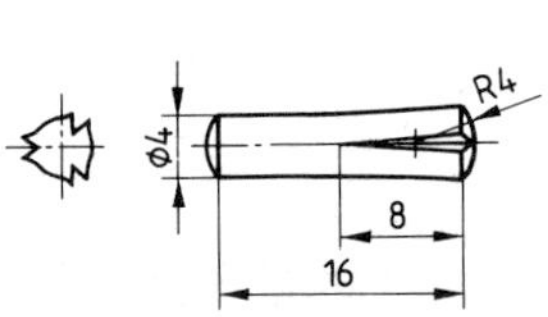

7.173 Paßkerbstift DIN 1472 – 4 × 16

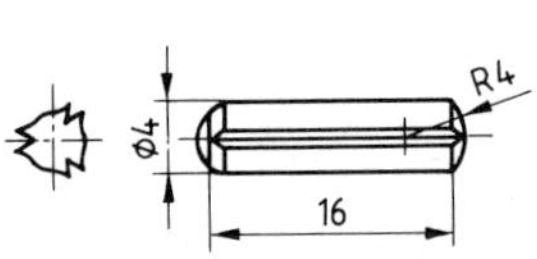

7.174 Zylinderkerbstift DIN 1473 – 4 × 16

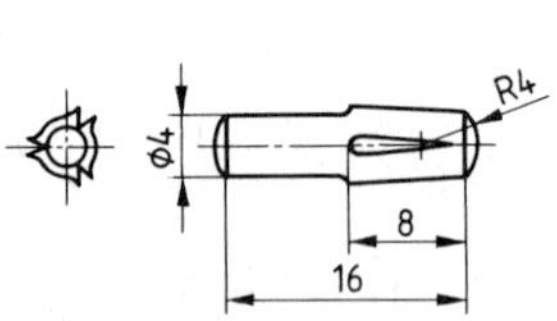

7.175 Steckkerbstift DIN 1474 – 4 × 16

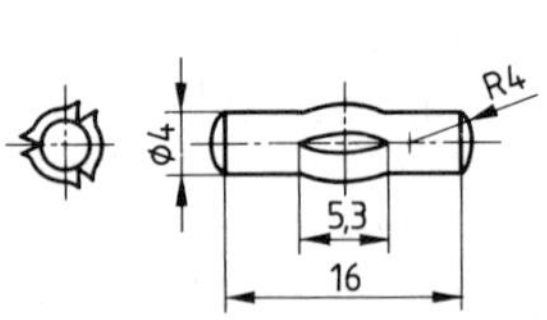

7.176 Knebelkerbstift DIN 1475 – 4 × 16

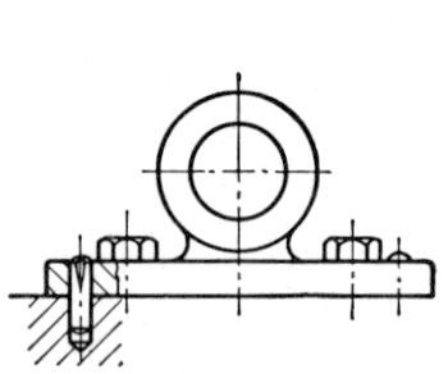

7.177 Sicherung der Lage durch Paßkerbstift

Kerbnägel (7.178 und 7.179) verwendet man nur zu solchen Verbindungen, die nicht belastet und nicht gelöst werden, z. B. zur Befestigung von Schildern.

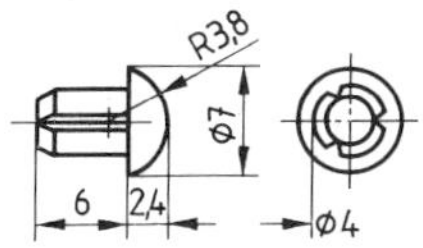

7.178 Halbrundkerbnagel
DIN 1476 – 4 × 6

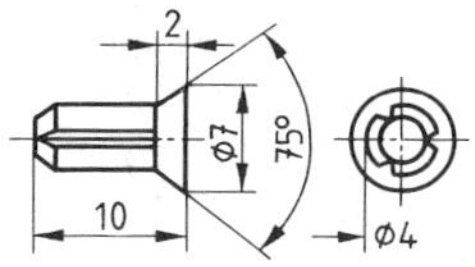

7.179 Senkkerbnagel
DIN 1477 – 4 × 10

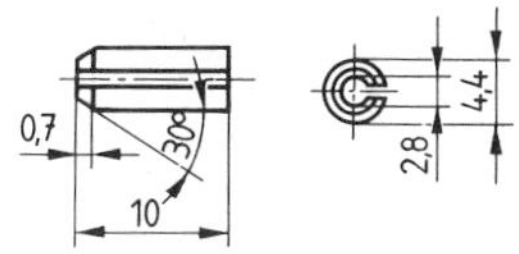

7.180 Spannhülse
DIN 1481 – 4 × 10

Spannhülsen (7.180) sind durchgehend geschlitzte Hohlzylinder, bestehend aus Federstahl und sind in schwerer und in leichter Ausführung in DIN 1481 bzw. 7346 genormt.

7.4 Schweißverbindungen

Durch Schweißen werden Werkstoffe unter Aufwand von Wärme und/oder Druck unlösbar miteinander verbunden. Das geschieht mit oder ohne Beigabe von Zusatzwerkstoffen. Die Schweißverfahren werden unterschieden (DIN 1910 1 bis 5, 10 und 11):

- **nach der Art der Grundwerkstoffe** in Schweißen von Metallen, Kunststoffen, anderen Werkstoffen und von Werkstoffkombinationen,
- **nach dem Zweck des Schweißens** in Verbindungsschweißen, bei dem die Teile zusammengefügt werden, und Auftragsschweißen, das im stellenweisen Beschichten der Werkstücke besteht,
- **nach dem Ablauf des Schweißens** in Preßschweißen, wenn die hoch zu erhitzenden Verbindungsstellen unter Druck vereinigt werden, und Schmelzschweißen, bei dem die Verbindung der bis zum flüssigen Zustand erhitzten Stellen meist unter gleichzeitigem Schmelzen des Zusatzwerkstoffes geschieht,
- **nach der Art der Fertigung** in Schweißen von Hand, in teilmechanisiertem, vollmechanisiertem und automatischem Schweißen.

Zum Preßschweißen zählen Feuer-, Widerstandsschweißen und andere. Beim Feuerschweißen werden die Teile im Schmiedefeuer, im Glühofen oder mit einer Brennerflamme bis zum teigigen Zustand erhitzt, dann durch Hämmern, Walzen oder Pressen verbunden. Beim Widerstandsschweißen erhitzt man die Berührungsstellen durch elektrischen Strom (infolge des Übergangswiderstands und des Ohmschen Widerstands der Teile). Hierzu zählen das Preßstumpfschweißen, bei dem die Stücke mit den Stirnflächen verbunden werden, das Punkt- und das Rollennahtschweißen.

Zum Schmelzschweißen gehören das Gasschweißen, bei dem die Werkstücke an den Schweißstellen und ggf. der Schweißstab als Zusatzwerkstoff durch eine Acetylen-Sauerstoff- oder eine Wasserstoff-Sauerstoffflamme bis zum Schmelzfluß erhitzt werden, und das Lichtbogenschweißen. Die Hitze wird hier durch einen elektrischen Lichtbogen zwischen Schweißstab und Werkstück oder zwischen zwei Elektroden erzeugt.

Kunststoffe werden durch warme Luft, durch Heizelemente, durch Reiben, durch hochfrequente Ströme oder durch Ultraschall erwärmt.

7.4.1 Darstellung (DIN 1912 T1, 3 und 5)

Zu schweißende Teile werden am Schweißstoß durch Schweißnähte zu einem Schweißteil vereinigt. Eine Schweißgruppe entsteht durch Schweißen von Schweißteilen. Das fertige Bauteil kann aus einer oder mehreren Schweißgruppen bestehen.

Schweißstoß ist der Bereich, in dem die Teile durch Schweißen vereinigt werden. Die Stoßart wird durch die konstruktive Anordnung der Teile zueinander bestimmt (Verlängerung, Verstärkung, Abzweigung, **7**.181). Die Stoßform dagegen wird durch die Vorbereitung der Teile und durch Maße und Lageangaben am Stoß festgelegt (z. B. Fuge).

Schweißnaht. Sie vereinigt die Teile am Schweißstoß. Die Nahtart wird bestimmt z. B. durch die Art des Schweißstoßes, Art und Umfang einer Vorbereitung, den Werkstoff oder das Schweißverfahren. Man unterscheidet:

- **Stumpfnaht.** Die Teile liegen in einer Ebene und sind durch Schweißen vereinigt (z. B. I-Naht).
- **Kehlnaht.** Hier bilden die Teile eine Kehlfuge zur Aufnahme der Schweißnaht. Es gibt die Kehl- und die Doppelkehlnaht.
- **Sonstige Nähte,** bei denen gleichzeitig verschiedene Fugen- und Kehlformen angewendet werden (z. B. HV-Naht mit Kehlnaht, HY-Naht mit Kehlnähten am Schrägstoß, Quetschnaht am Stumpfstoß, Liniennaht am Überlappstoß). – Nahtvorbereitung s. DIN 1912 T1.

Tabelle **7**.181 **Schweißstoßarten**

Art	Kennzeichen	Merkmale
Stumpfstoß		Die Teile liegen in einer Ebene und stoßen stumpf gegeneinander.
Parallelstoß	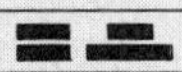	Die Teile liegen parallel aufeinander.
Überlappstoß		Die Teile liegen parallel aufeinander und überlappen sich.
T-Stoß		Die Teile stoßen rechtwinklig (T-förmig) aufeinander.
Doppel-T-Stoß (Kreuzstoß)		Zwei in einer Ebene liegende Teile stoßen rechtwinklig (kreuzend, Doppel-T) gegen ein dazwischenliegendes drittes.
Schrägstoß		Ein Teil stößt schräg gegen ein anderes.
Eckstoß		Zwei Teile stoßen unter beliebigem Winkel aneinander (Ecke).
Mehrfachstoß		Drei oder mehr Teile stoßen unter beliebigem Winkel aneinander.
Kreuzungsstoß		Zwei Teile liegen kreuzend übereinander.

Kennzeichnung. Schweiß- und Lötverbindungen müssen eindeutig gekennzeichnet sein. Zur Vereinfachung verwendet man Symbole und Kennzeichen (z. B. für die Bewertungsgruppen). Wenn sie nicht eindeutig sind, muß man die Nähte gesondert zeichnen und vollständig bemaßen (bildliche Darstellung, **7**.182). Symbole kennzeichnen die Form, Vorbereitung und Ausführung der Naht. Sie sind nicht an bestimmte Schweiß- und Lötverfahren gebunden.

Das allgemeine Schweißzeichen darf eingetragen werden, wenn die Art und Ausführung der Schweißnaht freigestellt ist (**7**.183).

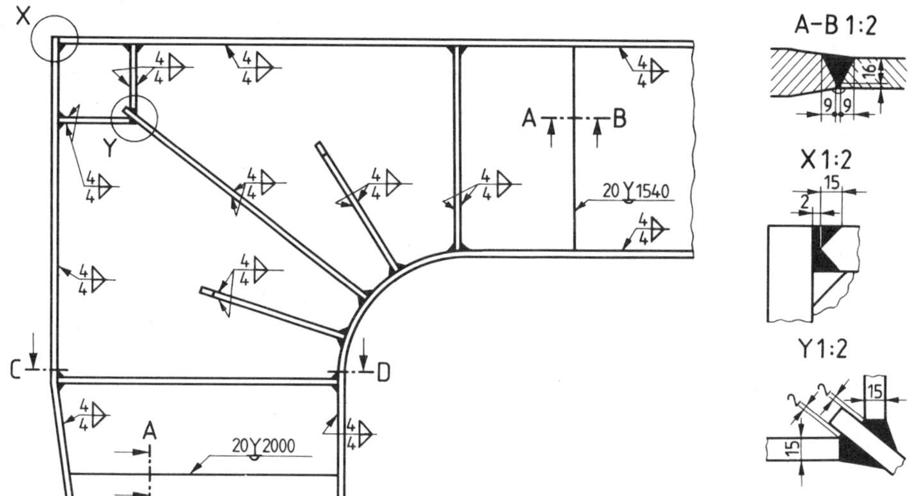

7.182 Rahmenecke (bildliche und sinnbildliche Darstellung)

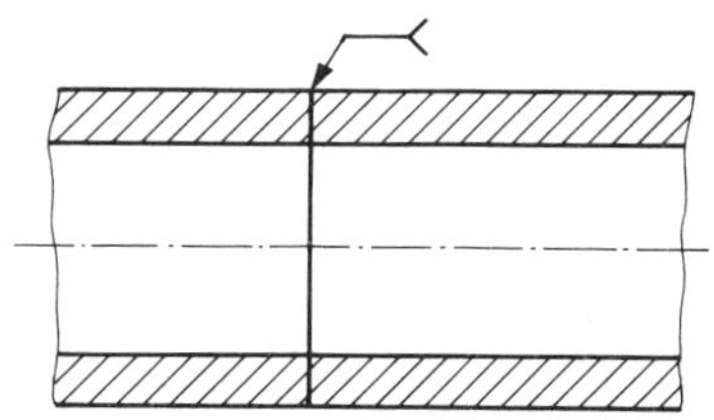

7.183 Allgemeines Schweißzeichen

Tabelle **7**.184 zeigt die Grundsymbole. Zusatzsymbole können die Ausführung der Oberflächenform angeben, die auch durch Nacharbeit zu erzielen ist (**7**.185). Ergänzungssymbole weisen auf den Nahtverlauf (z. B. „ringsum"-verlaufend) und die Montagenähte hin (**7**.186). Zusammengesetzte Symbole bestehen aus Grund- und Zusatzsymbol (**7**.187).

Tabelle **7**.184 **Grundsymbole** (Auszug aus DIN 1912 T5, Tabelle 10 Gegenlage s. Tabelle **7**.187)

Benennung und Symbolnummer	Darstellung Methode E		Bennung und Symbolnummer	Darstellung Methode E	
	erläuternd	symbolhaft		erläuternd	symbolhaft
Bördelnaht ⌒⌒ 1			V-Naht ∨ 3		
I-Naht ‖ 2	Obere Werkstückfläche		HV-Naht ⁄ 4		

Fortsetzung s. nächste Seite

Tabelle **7**.184, Fortsetzung

Benennung und Symbolnummer	Darstellung Methode E: erläuternd / symbolhaft
Y-Naht Y 5	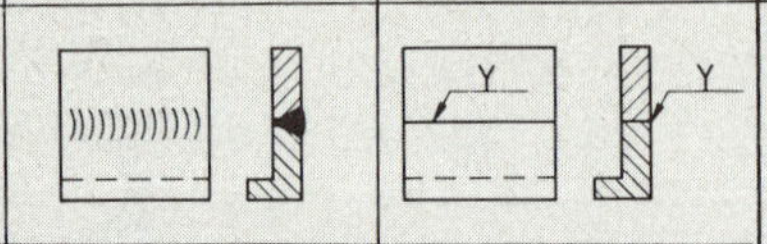
HY-Naht 6	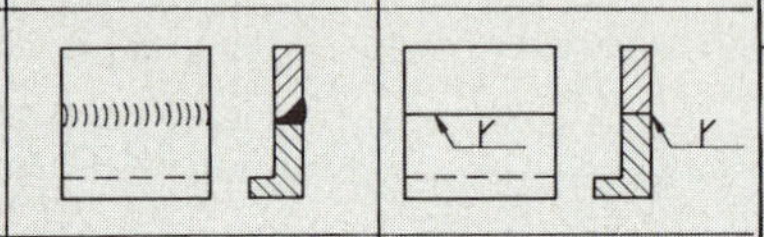
U-Naht 7	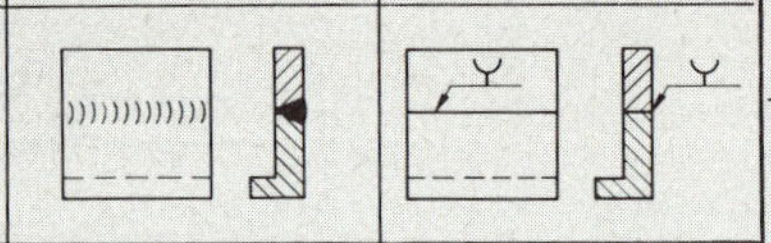
HU-Naht 8	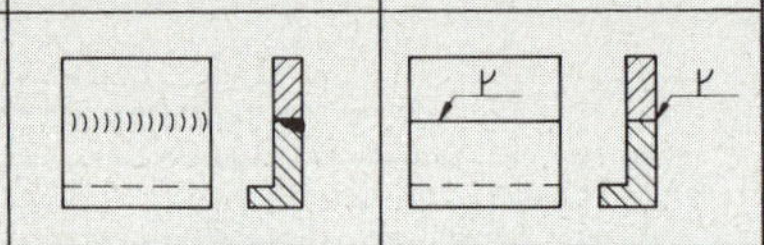
HU-Naht 8	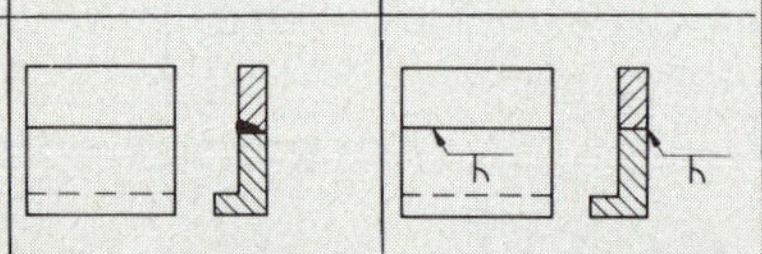
Kehlnaht 10	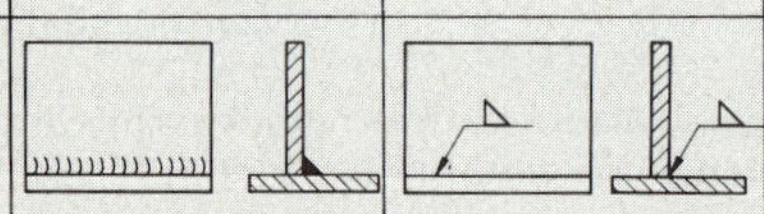
	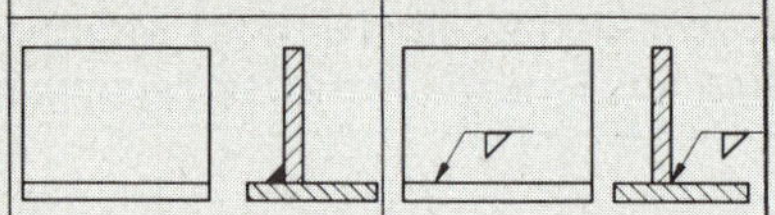
	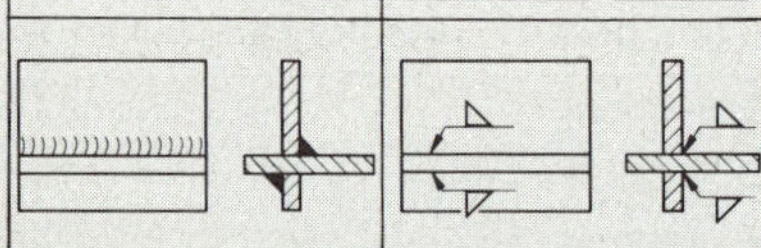
	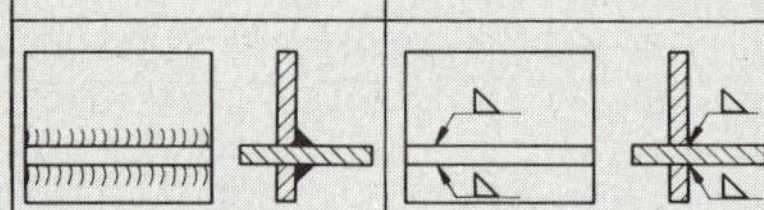
Lochnaht 11	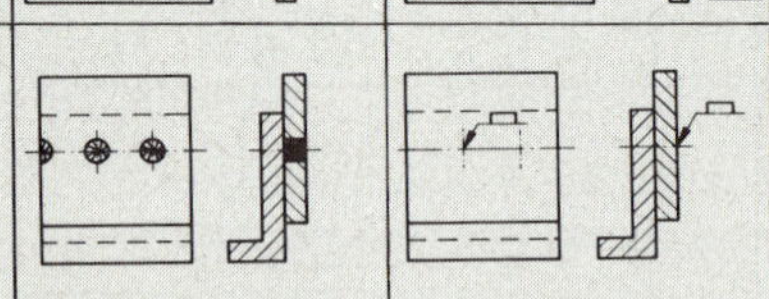
	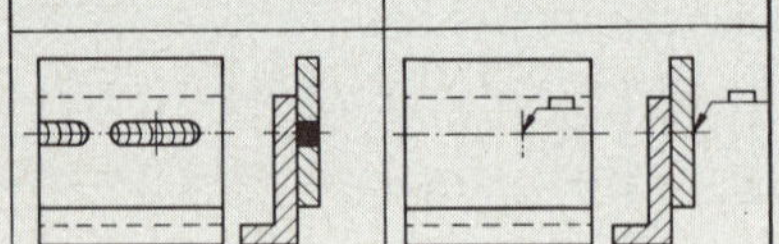

Bennung und Symbolnummer	Darstellung Methode E: erläuternd / symbolhaft
Punktnaht ○ 12	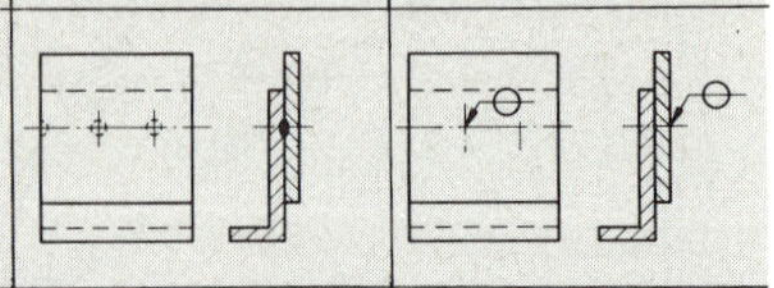
Liniennaht 13	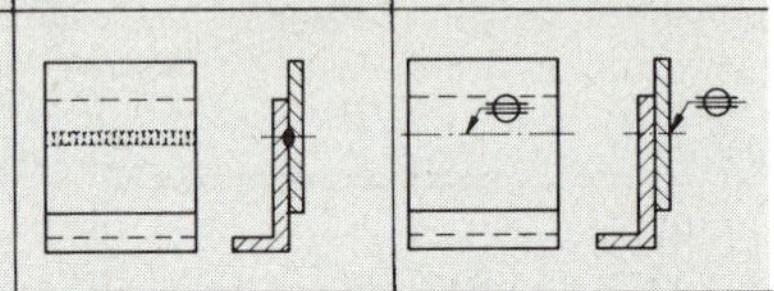
Steilflankennaht 14	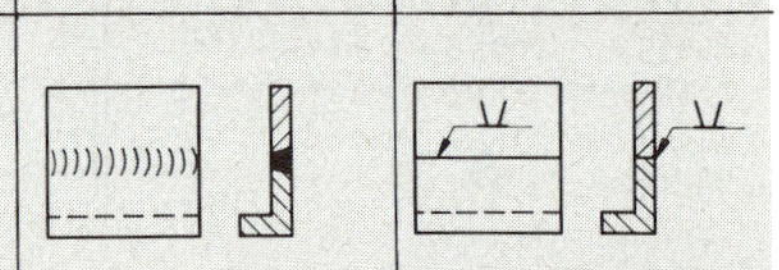
Halb-Steilflankennaht 15	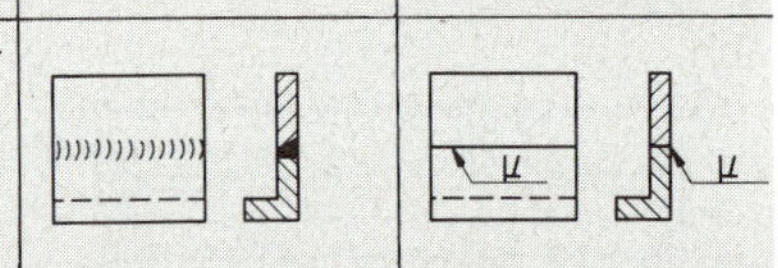
Stirnflachnaht ||| 16	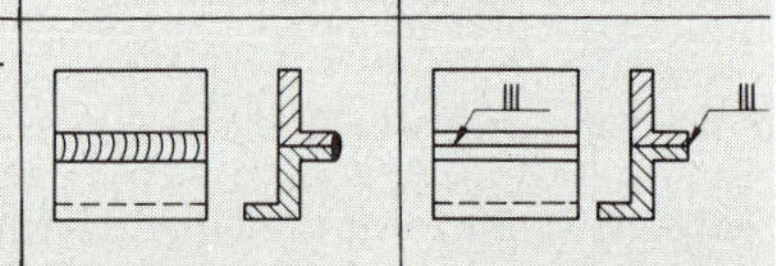
Flächennaht = 17	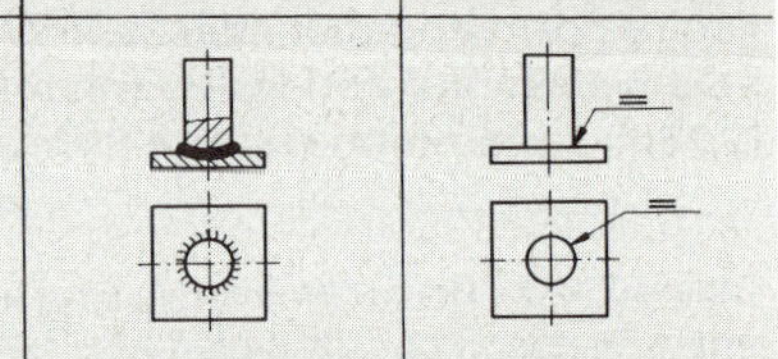
Flächennaht = 17	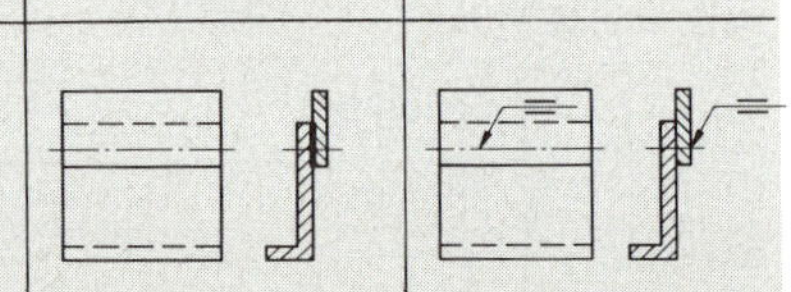
Schrägnaht // 18	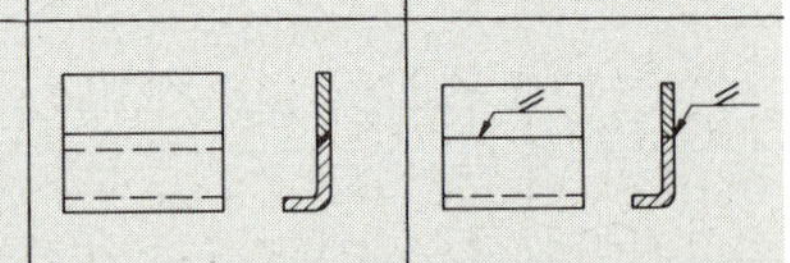
Falznaht 19	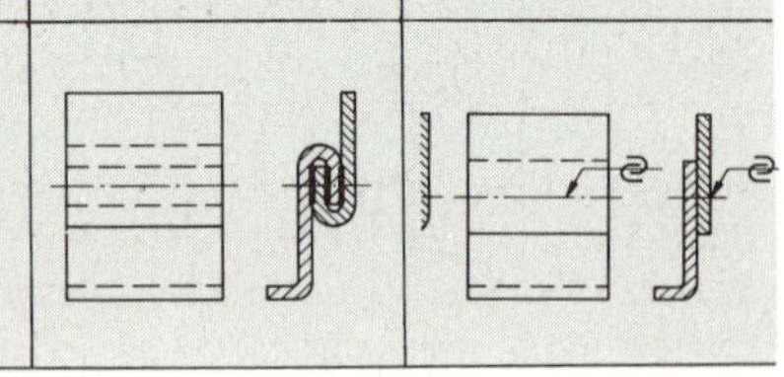

Tabelle **7**.185 **Zusatzsymbole**

Oberfächenform	Zusatzsymbol
hohl (konkav)	◡
flach (eben)	—
gewölbt (konvex)	◠

Tabelle **7**.186 **Ergänzungssymbole**

Verlauf und Art der Naht	Ergänzungssymbol
ringsum-verlaufende Nähte, z. B. Kehlnähte	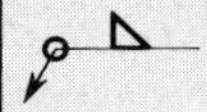
Montagenähte	

Tabelle **7**.187 **Zusammengesetzte Symbole** (Auszug aus DIN 1912 T5, Tabelle 11 und 12)

Benennung und Symbol-nummer	Darstellung Methode E 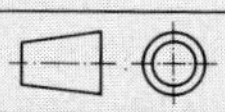 erläuternd	symbolhaft	Bennung und Symbol-nummer	Darstellung Methode E 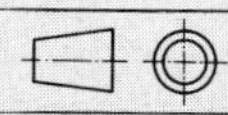 erläuternd	symbolhaft
V-Naht ⋁ 3 mit Gegenlage 9 3-9	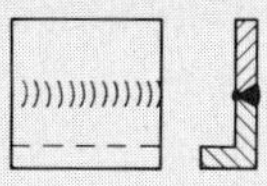	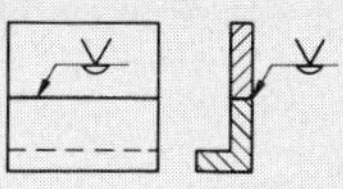	Doppel-HY-Naht (K-Stegnaht) 6 6-6	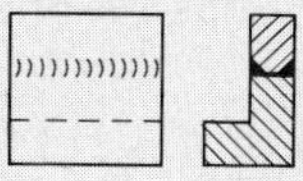	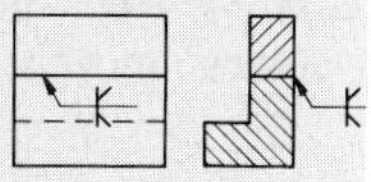
Doppel-V-Naht ⋁ 3 (X-Naht) 3-3	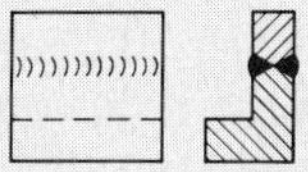	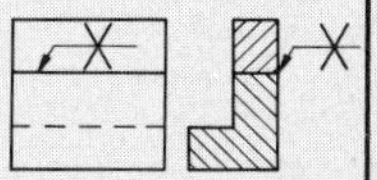	V-U-Naht ⋁ 3 Y 7 3-7	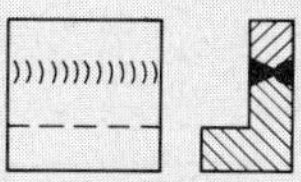	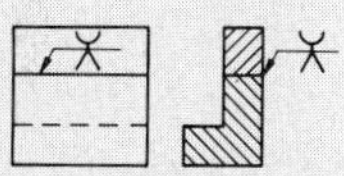
Doppel-HV-Naht 4 (K-Naht) 4-4	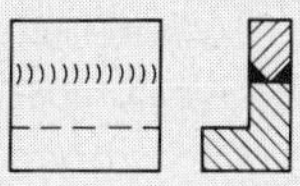	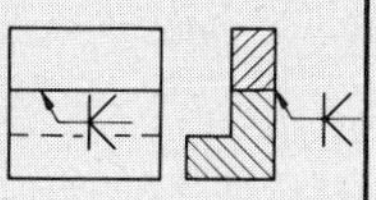	Doppel-Kehlnaht und Kehlnaht 10 10-10	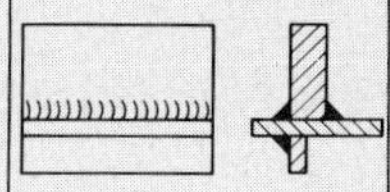	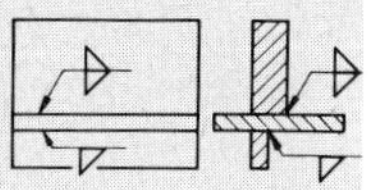
Doppel-Y-Naht Y 5 5-5	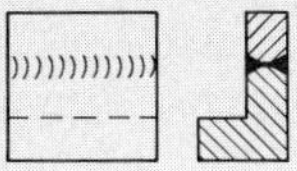	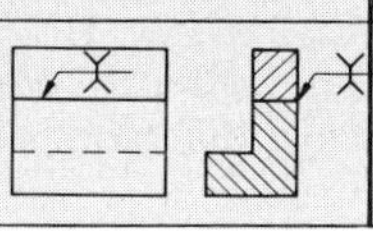		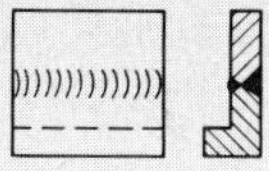	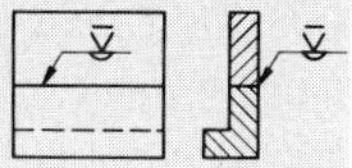

Schweißposition. Sie wird bestimmt durch die Lage der Schweißnaht im Raum und durch die Schweißrichtung.

Die Schnittflächen in Schweißteilzeichnungen haben unterschiedliche Schraffur. Sind sie aber geschwärzt, stellt man sie symbolhaft dar. Eine Kennzeichnung soll sich in der Zeichnung nicht wiederholen. In den Tafeln sind jedoch die Schweißstellen sowohl im Schnitt als auch in der Ansicht gekennzeichnet, um beide Verfahren zu zeigen.

Das Bezugszeichen besteht aus der Bezugslinie und der Pfeillinie (**7**.188). Die Bezugslinie soll waagerecht zur Zeichnungshauptlage oder (wenn dies nicht möglich ist) senkrecht dazu verlaufen. Die Gabel ist nur erforderlich bei Angaben über Verfahren, Bewertungsgruppe, Schweißposition, Zusatzwerkstoffe und Hilfsstoffe.

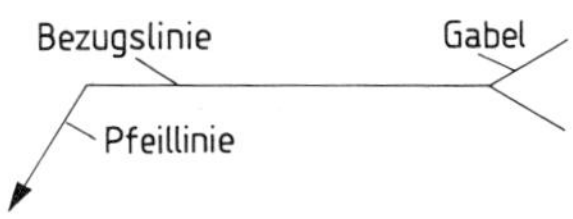

7.188 Bezugszeichen

Das Symbol steht senkrecht zur Bezugslinie. Die Lage der Naht am Stoß wird durch die Stellung des Symbols zur Bezugslinie gekennzeichnet. Die Seite des Stoßes, auf die die Pfeillinie weist, ist die Bezugsseite, die andere die Gegenseite (**7**.189 und **7**.190). Die Pfeillinie soll bevorzugt auf die „Obere Werkstückfläche" weisen.

Tabelle **7**.189 **Stellung des Symbols**

Illustration	Symbolhafte Darstellung	Stellung des Symbols
	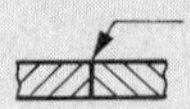	Das Symbol steht oberhalb der Bezugslinie, wenn die Pfeillinie auf die „Obere Werkstückfläche" zeigt.
	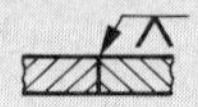	Das Symbol steht unterhalb der Bezugslinie, wenn die Pfeillinie auf die Werkstück-Gegenfläche zeigt.
	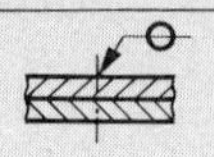	Das Symbol kreuzt die Bezugslinie, wenn sich beim Parallel- oder Überlappstoß die Naht innerhalb der Verbindung befindet bzw. sie von beiden Seiten hergestellt wird.

Bei einseitigen Kehlnähten wird unterschieden zwischen Bezugs- und Gegenseite. Die Bezugsseite ist die Seite, auf die die Pfeillinie weist (**7**.189). Das Symbol steht oberhalb der Bezugslinie, wenn die Kehlnaht auf der Bezugsseite liegt, und unterhalb, wenn sie sich auf der Gegenseite befindet. Dabei zeigt die Spitze des Symbols für die Kehlnaht nach rechts (**7**.190).

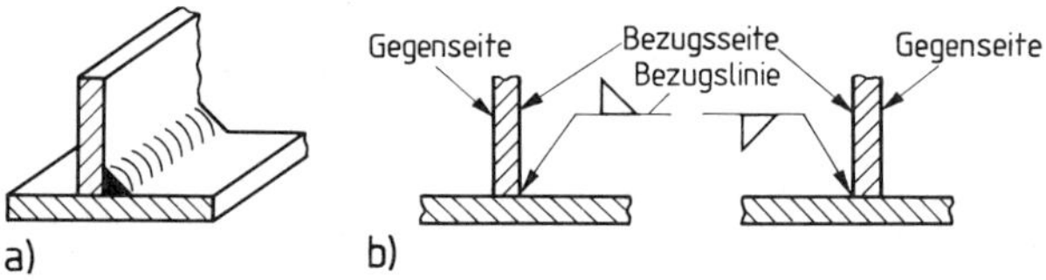

7.190 Stellung des Symbols für Kehlnähte
a) Illustration, b) Symbolhafte Darstellung

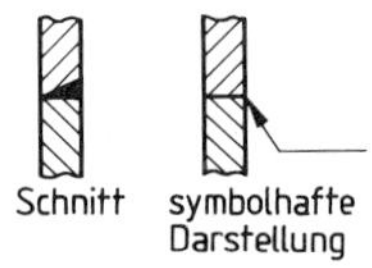

7.191 Richtung der Pfeillinie bei einer HV-Naht

Bei unsymmetrischer Nahtfuge mit einer zur „oberen Werkstückfläche" senkrechten Fugenflanke weist die Pfeillinie in Richtung auf die nicht senkrechte Fugenflanke, z. B. HV- und HU-Naht (**7**.191).

7.4.2 Bemaßung (DIN 1912 T6)

Die symbolhafte Darstellung von Schweiß- und Lötnähten und die Maßeintragung in Zeichnungen sind unabhängig vom Schweiß- bzw. Lötverfahren. Sie müssen klar und unmißverständlich sein. Reichen die Schweißzeichen zum Kennzeichnen der Vorbereitung und des Endzustands nicht aus, muß man Einzelheiten gesondert, ggf. vergrößert darstellen (z. B. die vorzubereitende Fugenform).

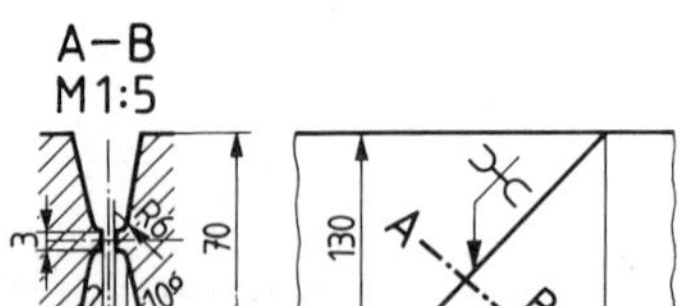

7.192 U-Naht mit vorbereiteter Fuge

Die Form der Schweißfugen hängt ab vom Werkstoff, der Dicke des Werkstücks, der Stoßart, dem Schweißverfahren, der Schweißposition und der Fertigungsmöglichkeit (**7**.193). Fugenformen an Stählen für:

- Offenes Lichtbogenschweißen von Hand s. DIN 8551 T1
- Unterpulverschweißen s. DIN 8551 T4

Fugenformen für Stumpfstoßverbindungen an Stahlrohren s. DIN 2559 (**7**.192).

Tabelle 7.193 **Schweißnähte**

Benennung	Illustration	Symbolhafte Darstellung Vorderansicht	Draufsicht
Nahtdicke *s* von Stumpfnähten, durchgeschweißte V-Naht	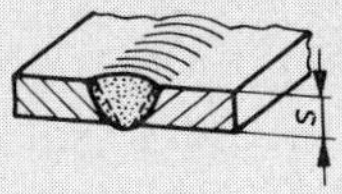		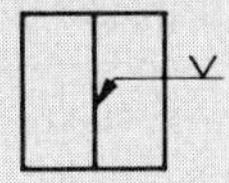
Nahtdicke *s* von Stumpfnähten, nicht durchgeschweißte Y-Naht		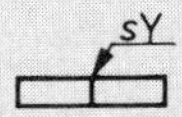	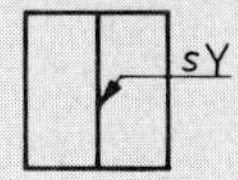
Nahtdicke *s* von Stumpfnähten, durchgehende Naht mit Vormaß	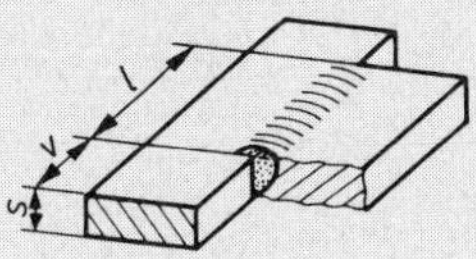		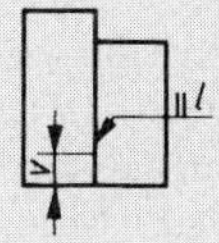
Nahtdicke *s* von Stumpfnähten, unterbrochene Stumpfnaht (nicht durchgeschweißt) mit Vormaß	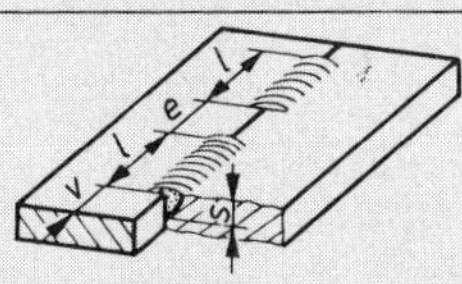		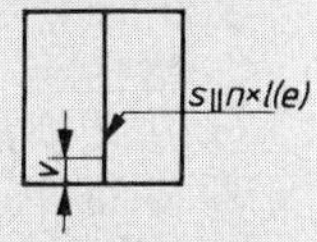
Bördelnaht, Bördel vollständig niedergeschmolzen		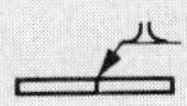	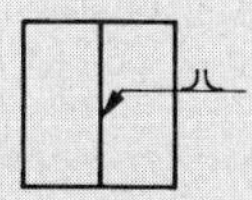
Bördelnaht, Bördel nicht vollständig niedergeschmolzen	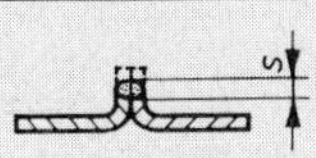	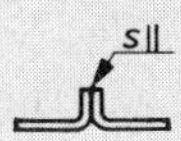	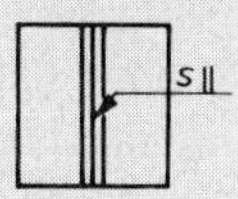
Durchgehende Kehlnaht	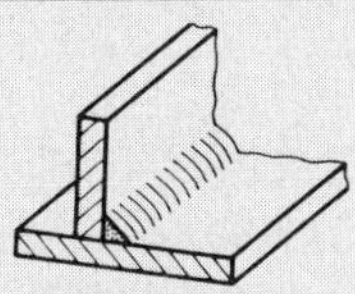	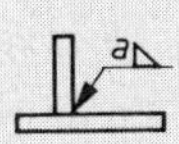	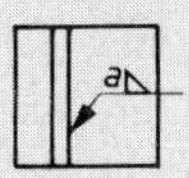
Doppelkehlnaht unterbrochen, gegenüberliegend ohne Vormaß (gegenüberliegende Kehlnahtmaße können verschieden sein)	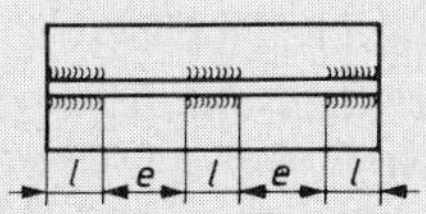		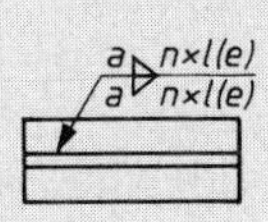
Doppelkehlnaht unterbrochen, versetzt mit Vormaß Das Zeichen für unterbrochene, versetzte Doppelkehlnähte bei einem Vormaß ist *Z*	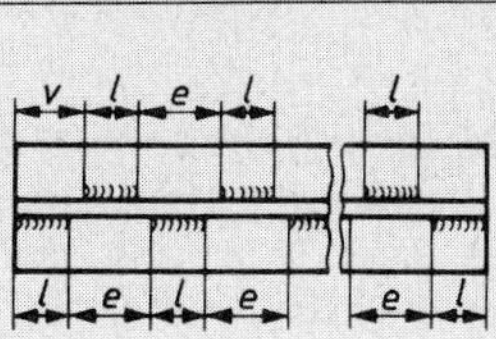		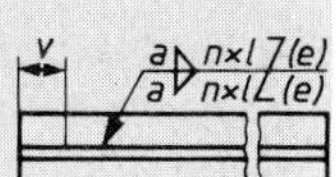

Fortsetzung s. nächste Seite

Tabelle **7**.193, Fortsetzung

Benennung	Illustration	Symbolhafte Darstellung Vorderansicht	Draufsicht
Lochnaht *d* = Lochdurchmesser *e* = Lochabstand	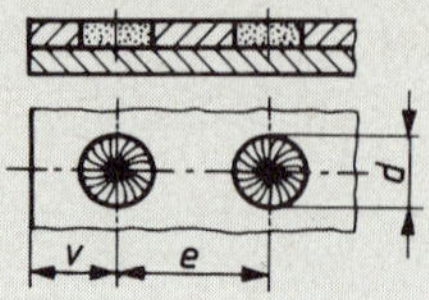	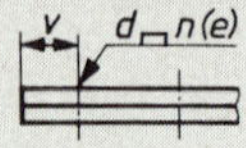	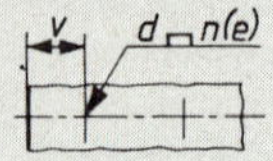
Langlochnaht *c* = Lochbreite *l* = Lochlänge	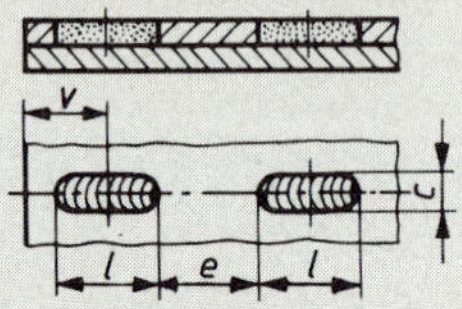	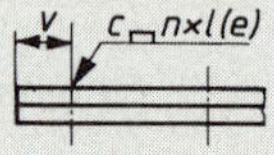	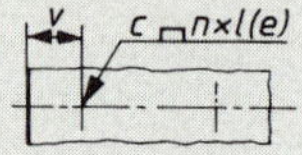
Widerstands-geschweißte Punktnaht *d* = Punktdurch-messer	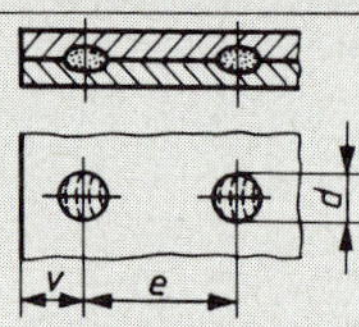	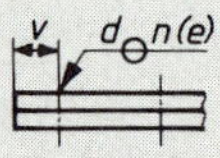	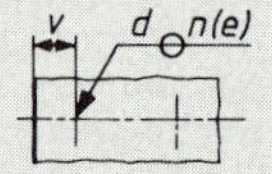
Widerstands-geschweißte Liniennaht, unterbrochen *c* = Liniennaht-Breite *l* = Liniennaht-Länge *e* = Nahtabstand	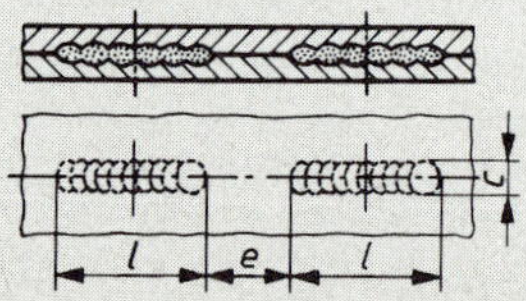	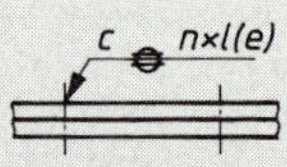	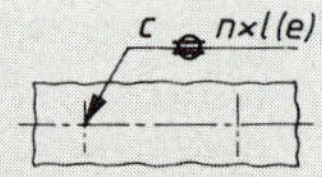
Durchgeschweißte V-Naht mit Gegenlage	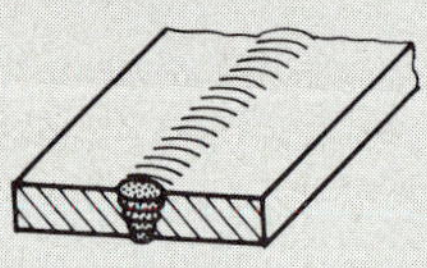	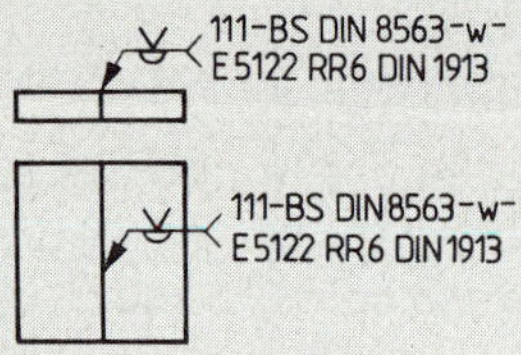	

Stumpfnähte. Hier wird die Nahtdicke *s* nur angegeben, wenn der Querschnitt nicht voll durchgeschweißt werden soll. Sie steht dann vor dem Symbol für die Nahtart. Die Nahtlänge *l* in mm gibt man nur bei Nähten an, die nicht über die ganze Stoßlänge verbunden sind. Das Maß steht hinter dem Nahtartsymbol.

Bei durchgehenden Nähten, die nicht am Stoßanfang beginnen, ist das Vormaß *v* in mm des Nahtanfangs gesondert anzugeben. Bei unterbrochenen Nähten (z. B. Heftnähten) stehen nach dem Symbol die Anzahl *n* und die Länge *l* der jeweiligen Einzelnähte, die Länge der Zwischenräume *e*[1]) sowie (wenn vorhanden) das Vormaß *v* für die erste Einzelnaht.

Bei Bördelnähten wird die Nahtdicke s nicht angegeben, wenn der Bördel vollständig niedergeschmolzen ist. Soll er dies nicht, verwendet man das Symbol für die I-Naht und – wenn erforderlich – zusätzlich die Nahtdicke s. Wird der Bördel nicht niedergeschmolzen, setzt man für die Naht das Symbol der Stirnflachnaht.

[1]) *e* ist bei symbolhafter Darstellung stets in Klammern zu setzen, um Verwechslungen mit den früheren Bemaßungsangaben zu vermeiden.

Bei Kehlnähten gibt man die Nahtdicke a in mm als Höhe des größten im Nahtquerschnitt eingeschriebenen gleichschenkeligen Dreiecks (d.h. ohne Wurzeleinbrand) immer vor dem Symbol für die Nahtart an. Den Wurzeleinbrand gibt man ggf. in den Fertigungsunterlagen gesondert an (**7**.194 bis **7**.196). Kehlnähte können je nach dem Nahtquerschnitt eine hohle (konkave), flache (ebene) oder gewölbte (konvexe) Oberflächenform haben (**7**.197). Für die N a h t l ä n g e n gelten die gleichen Bemaßungsgrundsätze wie für Stumpfnähte, wobei jedoch Krater, Nahtanfänge und -enden nicht zur Nahtlänge zählen.

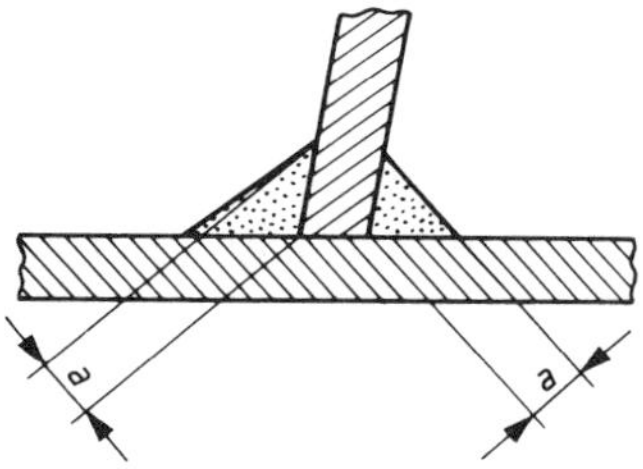

7.194

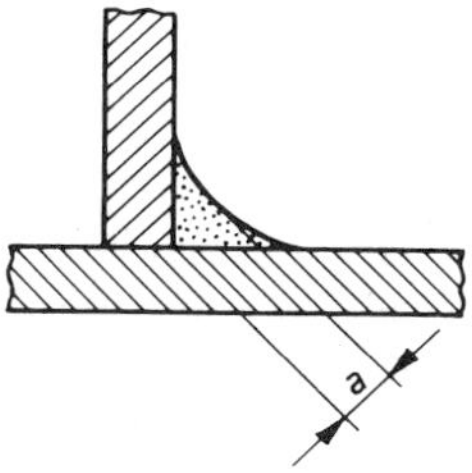

7.195

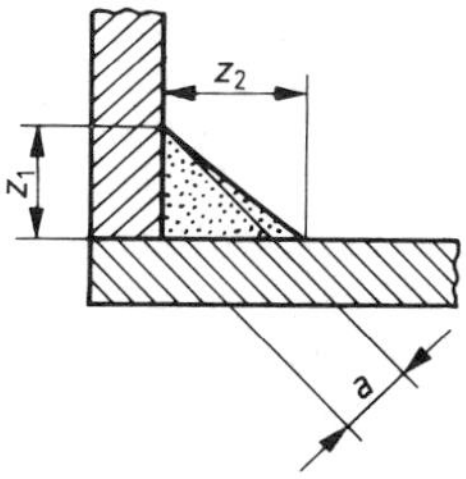

7.196 Kehlnaht
z = Nahtschenkel
a = Nahtdicke = $0{,}5\,\sqrt{2}\cdot z_1$, wobei z_1 die kürzere Schenkellänge ist

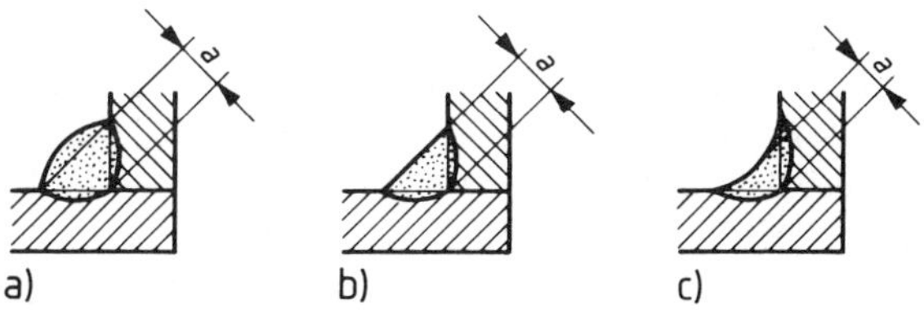

7.197
Kehlnaht a) mit hohler, b) mit flacher, c) mit gewölbter Oberflächenform

Lochnähte. Das kreisförmige oder längliche Loch ist mit Schweiß- oder Lötgut ausgefüllt. Schweißt man bei größeren Löchern nur Kehlnähte am Lochumfang, handelt es sich um Kehlnähte.

Punkt- und Liniennaht. Die Bemaßung geht aus Tabelle **7**.193 hervor.

Schweiß-Zusatzwerkstoffe

Umhüllte Stabelektroden für das Verbindungsschweißen von unlegiertem und niedriglegiertem Stahl[1]) sind in DIN 1913 T1 genormt. Aus der Bezeichnung der Stabelektroden kann der Verbraucher die Auswahl und Anwendung der Elektroden ersehen; sie umfaßt nach der Benennung Stabelektrode das Kurzzeichen E für Lichtbogenschweißen, die Kennzahl für Zugfestigkeit und Streckgrenze (z.B. 43 für Zugfestigkeit 430 bis 550 N/mm^2 und für Streckgrenze $\geqq$360 N/mm^2), die Kennziffern für Dehnung und Kerbschlagarbeit, das Typ-Kurzzeichen für die Umhüllung (hinsichtlich Umhüllungsdicke wird unterschieden zwischen dünnumhüllt, mitteldickumhüllt und dickumhüllt). Die Typkurzzeichen bestehen aus Buchstaben bzw. Buchstabengruppen (z.B. A = sauerumhüllt, C = zelluloseumhüllt, B = basischumhüllt, R = rutilumhüllt), der Kennziffer für die Klasseneinteilung (es gibt z.B. 12 Klassen, die sich hinsichtlich Schweißposition, Stromneigung und Umhüllung unterscheiden), gegebenenfalls der Kennzahl für das Anbringen des Schweißguts und der DIN-Nummer.

[1]) Hierzu gehören z.B. Stähle nach DIN 17100, DIN 17155, DIN 17175.

Beispiel Stabelektrode E 51 32 RR 11 160 DIN 1913

- Benennung
- Kurzzeichen für das Lichtbogenhandschweißen
- Kurzzeichen für Zugfestigkeit und Streckgrenze
- Erste Kennziffer für Dehnung und Kerbschlagarbeit mind. 28 J
- Zweite Kenniffer für erhöhte Kerbschlagarbeit mind. 47 J
- Typ-Kurzzeichen für die Umhüllung
- Kennziffer der Klasse
- Kennzahl für das Ausbringen
- DIN-Nummer

Gasschweißstäbe für das Verbindungsschweißen von unlegiertem und niedriglegiertem Stahl[1]) sind in DIN 8554 T1 und 2 festgelegt. Es bestehen je nach Zusammensetzung und Verwendbarkeit 7 Klassen, die mit den römischen Ziffern I bis VII bezeichnet werden. Für das Verbindungsschweißen der üblichen Baustähle sind Gasschweißstäbe der Klassen I bis IV geeignet.

Die Bezeichnung setzt sich aus dem Wort Schweißstab, dem Buchstaben G für Gasschweißen, dem Klassenkurzzeichen (III), einer Kennzahl für die Kerbschlagarbeit (21) und der DIN-Nummer zusammen.

Beispiel Schweißstab G III 21 DIN 8554.

Schweiß-Zusatzwerkstoffe für Aluminium-Werkstoffe s. DIN 1732 T1, für Kupfer und Kupferlegierungen s. DIN 1733 T1, für Nickel und Nickellegierungen s. DIN 1736 T1, für Verbindungsschweißen von Stählen s. DIN 8554 T1, für Auftragsschweißen s. DIN 8555 T1 und 2 und für das Schweißen nicht rostender und hitzebeständiger Stähle s. DIN 8556 (Vornorm), für das Schweißen von Gußeisen s. DIN 8573 T1, Zusatzwerkstoffe und Schweißpulver für das Unterpulverschweißen s. DIN 8557, Schweißzusatzwerkstoffe, Schutzgase für das Schutzgas-Lichtbogenschweißen s. DIN 8559 und Zusatzwerkstoffe zum Schmelzschweißen s. DIN 8571.

Nachbehandlung und Prüfung werden durch Angaben, wie „spannungsfrei geglüht", „Dichtheitsprüfung mit 10 bar", „Durchschallung" u.a. sowie durch besondere Abnahmevorschriften unter Hinweis darauf z.B. „DIN 18800 T1 und 7 sowie DIN 18801", „Germanischer Lloyd" usw.) festgelegt. Sind Wortangaben zu umfangreich oder gelten sie ebenso wie manche Kurzzeichen für einen größeren Bereich, sind solche Fertigungshinweise zusammenzufassen und an eine geeignete Stelle, etwa über das Schriftfeld des Zeichenbogens, zu setzen.

Zur eindeutigen symbolhaften Darstellung sind folgende Angaben auf dem Bezugszeichen erforderlich (**7**.198):

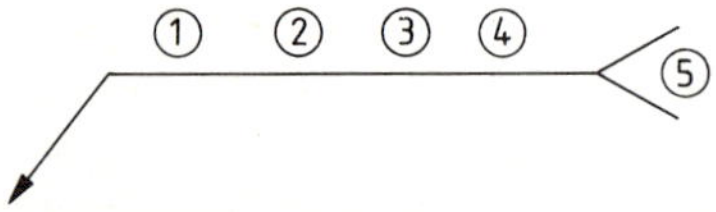

7.198 Angaben auf dem Bezugszeichen

① bei Schweißnähten: Nahtdicke *s* in mm, wenn der Querschnitt nicht voll durchgeschweißt wird; bei Kehlnähten: Nahtdicke *a* in mm; bei Loch-, Punkt- und Liniennähten: Lochbreite *c*, Lochlänge *l*, Punktdurchmesser *d* bzw. Breite der Liniennaht *c*;

② Symbol für die Naht;

③ Anzahl der Nahtlängen × Nahtlänge bei unterbrochenen Nähten;

④ Nahtabstand bei unterbrochenen Nähten;

⑤ Zusätzliche Angaben in dieser Reihenfolge und durch Bindestriche voneinander abgegrenzt: Verfahren – Bewertungsgruppe (z.B. nach DIN 8563 T3) – Schweißposition nach DIN 1912 T2 – Schweißzusatzwerkstoff (z.B. nach DIN 1732, 1913, 8556).

[1]) s. S. 201

Die Schweißposition wird bestimmt durch die Lage einer Schweißnaht im Raum und die Schweißrichtung. Die Schweißpositionen und ihre Toleranzen von geraden und gekrümmten Schweißnähten werden beschrieben durch den Nahtneigungswinkel ν und den Nahtdrehwinkel ϱ (Einzelheiten s. DIN 1912 T2, Auftragschweißen s. DIN 1912 T3.)

7.5 Schraubenfedern

Schraubenfedern sind schraubenlinig, gewöhnlich rechtsgewundene federnde Metalldrähte mit rundem, seltener viereckigem Querschnitt. Sie werden als elastische Werkstücke zwischen andere Teile eingebaut und auf Druck, Zug oder Drehung beansprucht.

7.5.1 Zylindrische kaltgeformte Druckfedern (DIN 2095)

Druckfedern mit Drahtdurchmessern bis 10 mm werden kalt, solche mit Durchmessern zwischen 10 und 17 mm je nach Werkstoff, Verwendung und Beanspruchung der Feder kalt oder warm geformt.

Zum Vermeiden einseitiger Beanspruchung wird an jedem Ende eine ganze nichtfedernde Windung angebogen. Die Drahtenden liegen auf entgegengesetzten Seiten der Federachse und werden bis auf den vierten Teil des Drahtdurchmessers heruntergeschliffen (**7**.199).

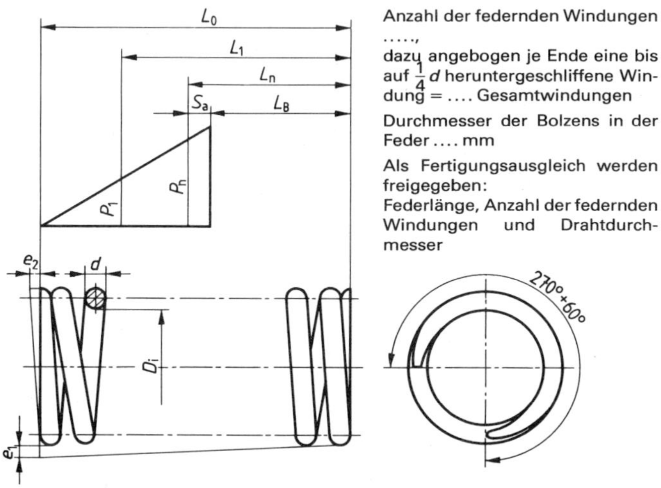

7.199 Zylindrische Druckfeder (DIN 2095)

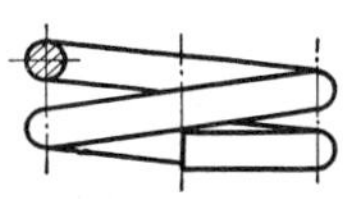

7.200 Angelegte Endwindung

Bei Federn unter 0,5 mm Drahtdurchmesser ist meist kein Planschliff erforderlich (**7**.200). Es wird der äußere Windungsdurchmesser bemaßt, wenn die Feder in einer Bohrung arbeitet, oder der innere (D_i), wenn sie über einem Dorn sitzt. Der Durchmesser der Bohrung oder des Bolzens sollte im Text angegeben sein. Der mittlere Windungsdurchmesser dient zur Berechnung der Drahtlänge. Die Federlänge (L_0) bezieht sich stets auf den ungespannten Zustand. Linksgewundene Federn erhalten zum Durchmesser den

Zusatz „linksgewickelt“ – auch dann, wenn dieser Windungssinn aus der Darstellung bereits hervorgeht. Eine zulässige Abweichung (e_1) der Mantellinie von der Senkrechten an der unbelasteten Feder kann eingetragen werden, wenn sie für die Wirksamkeit bedeutungsvoll ist. Dasselbe gilt für eine auf den Außendurchmesser bezogene zulässige Abweichung (e_2) in der Parallelität der geschliffenen Auflageflächen.

Belastungsprüfung. Wird die Belastung der Feder geprüft, ist ein Kraft-Weg-Diagramm zu zeichnen (**7**.199). Darin gibt man in der Regel an: die im Gebrauch auftretende größte Federkraft (P_1) und die Prüfkraft (P_n) mit den dazugehörigen Längen (L_1 und L_n), die Blocklänge (L_B), bei der alle Windungen aneinanderliegen, und die Summe (S_a) der Mindestabstände zwischen den Windungen.

Als Fertigungsausgleich der Feder müssen zur Herstellung einige Angaben freigegeben und gekennzeichnet werden, und zwar:

- bei einer vorgeschriebenen Federkraft und vorgeschriebener Länge (L_0) die Zahl der federnden Windungen und entweder der Drahtdurchmesser (d) oder der innere (D_i) oder äußere Windungsdurchmesser,
- bei zwei vorgeschriebenen Federkräften dieselben Werte, außerdem die Federlänge (L_2).

Normen. Runder Federdraht ist in DIN 2076 (Maßnorm) und in DIN 17223 T1 und 2 (Gütevorschriften) genormt. Die Bezeichnung eines 360 mm langen Drahts von 2,5 mm Durchmesser der Maßgenauigkeitsklasse C nach DIN 2076 aus vergütetem Federdraht nach DIN 17223 Teil 2 (Stahlsorte FD) lautet: DIN 2076 – Dr 2,5 × 360 G – FD. Federn werden auch aus Kupferknetlegierungen u.a. hergestellt. In DIN ISO 2162 sind die bildliche und die sinnbildliche Darstellung der bekanntesten Federn genormt (**7**.201).

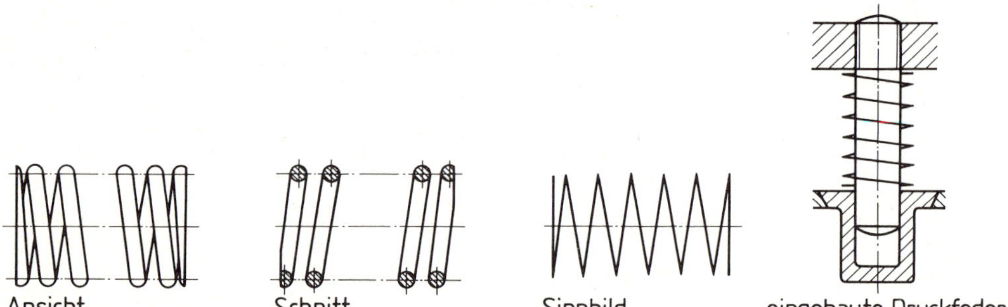

7.201 Darstellungen einer Druckfeder

Die Windungen im Mittelteil fallen sowohl in Ansichts- als auch in Schnittzeichnungen weg. Häufig reicht die Darstellung einer Feder durch eine breite Zickzacklinie aus.

Berechnung und Konstruktion der zylindrischen Druckfedern aus rundem Werkstoff s. DIN 2089 T1 (Vornorm), aus Vierkantstahl s. DIN 2090; Angaben und Vordruck für Druckfedern s. DIN 2099 T1. In DIN 2098 T1 sind kaltgeformte zylindrische Druckfedern verschiedener Größen angegeben. Eine Druckfeder mit dem Drahtdurchmesser 2,5 mittlerem Windungsdurchmesser 20 (**7**.202) und der Baulänge 54 wird bezeichnet:

Druckfeder DIN 2098 – 2,5 × 20 × 54.

Tabelle 7.202 **Federn nach DIN 2098 T1 und T2**

d	D	F_n	Dorn D_d max.	Hülse D_h min.	$\eta = 3{,}5$ L_0 ≈	L_n	S_n ≈	R	$\eta = 5{,}5$ L_0 ≈	L_c	S_n ≈	R	$\eta = 8{,}5$ L_0 ≈	L_n	S_n ≈	RL	$\eta = 12{,}5$ L_0 ≈	L_n	S_n ≈	R
	2,5	1,02	2,0	3,1	**5,4**	1,6	3,8	0,27	**8,2**	2,2	6,0	0,17	**12,4**	3,1	9,3	0,11	**17,9**	4,2	13,7	0,07
	2	1,26	1,5	2,6	**4**	1,5	2,4	0,52	**5,9**	2,1	3,8	0,33	**8,7**	2,9	5,9	0,21	**12,6**	4,0	8,6	0,15
0,2	**1,6**	1,53	1,1	2,1	**3**	1,5	1,5	1,02	**4,4**	2,0	2,4	0,65	**6,4**	2,8	3,6	0,42	**9,2**	3,8	5,4	0,29
	1,2	1,93	0,8	1,7	**2,3**	1,5	0,8	2,41	**3,2**	1,9	1,3	1,54	**4,6**	2,7	1,9	0,99	**6,5**	3,7	2,8	0,68
	1	2,18	0,6	1,4	**2**	1,4	0,5	4,17	**2,7**	1,9	0,8	2,65	**3,9**	2,6	1,3	1,72	**5,5**	3,6	1,9	1,17
	3,2	1,56	2,5	4,0	**7,1**	2,0	5,0	0,31	**10,7**	2,8	7,9	0,20	**16,1**	3,8	12,2	0,13	**23,3**	5,3	18,0	0,09
	2,5	1,96	1,9	3,1	**4,9**	1,9	3,0	0,65	**7,3**	2,6	4,7	0,42	**10,9**	3,6	7,3	0,27	**15,7**	5,0	10,8	0,18
0,25	**2**	2,39	1,5	2,6	**3,7**	1,9	1,9	1,27	**5,5**	2,5	2,9	0,81	**8**	3,5	4,6	0,52	**11,4**	4,7	6,7	0,36
	1,6	2,87	1,1	2,1	**3**	1,8	1,2	2,49	**4,3**	2,4	1,8	1,58	**6,2**	3,4	2,8	1,02	**8,7**	4,6	4,1	0,70
	1,2	3,49	0,7	1,7	**2,4**	1,8	0,6	5,90	**3,3**	2,4	0,9	3,75	**4,7**	3,3	1,4	2,43	**6,6**	4,5	2,1	1,65
	4	2,62	3,2	4,8	**8,7**	2,6	6,1	0,43	**13,1**	3,5	9,6	0,27	**19,8**	4,9	14,9	0,18	**28,6**	6,7	21,9	0,12
	3,2	3,22	2,4	4,0	**6,3**	2,5	3,9	0,83	**9,4**	3,3	6,1	0,53	**14**	4,6	9,4	0,34	**20,1**	6,3	13,8	0,23
0,32	**2,5**	3,99	1,9	3,1	**4,7**	2,4	2,3	1,75	**6,8**	3,2	3,6	1,11	**10**	4,4	5,5	0,72	**14,2**	6,1	8,2	0,49
	2	4,78	1,4	2,6	**3,7**	2,3	1,4	3,42	**5,3**	3,1	2,2	2,18	**7,7**	4,3	3,4	1,41	**10,9**	5,9	5,0	0,96
	1,6	5,58	1,0	2,2	**3,1**	2,3	0,8	6,68	**4,4**	3,1	1,3	4,25	**6,3**	4,2	2,0	2,75	**8,7**	5,8	3,0	1,87
	5	4,09	4,1	6,0	**10,9**	3,2	7,7	0,53	**16,4**	4,4	12,0	0,34	**24,7**	6,1	18,6	0,22	**35,8**	8,4	27,4	0,15
	4	5,03	3,2	5,0	**7,9**	3,1	4,8	1,04	**11,7**	4,2	7,6	0,66	**17,5**	5,8	11,7	0,43	**25,1**	7,9	17,2	0,29
0,4	**3,2**	6,12	2,5	4,0	**6**	3,0	3,0	2,04	**8,7**	4,0	4,7	1,30	**12,8**	5,5	7,3	0,84	**18,3**	7,6	10,7	0,57
	2,5	7,47	1,8	3,3	**4,7**	2,9	1,7	4,27	**6,7**	3,9	2,7	2,72	**9,6**	5,4	4,2	1,76	**13,6**	7,3	6,2	1,20
	2	8,72	1,3	2,8	**3,9**	2,9	1,0	8,34	**5,5**	3,8	1,6	5,31	**7,8**	5,3	2,5	3,44	**10,9**	7,2	3,7	2,34
	6,3	6,70	5,3	7,5	**13,5**	4,3	9,2	0,74	**20**	6,0	14,0	0,47	**30**	8,7	21,3	0,31	**44**	12,2	31,8	0,21
	5	8,20	4,0	6,2	**9,4**	3,9	5,5	1,49	**14**	5,4	8,6	0,95	**20,5**	7,6	12,9	0,62	**30**	10,6	19,4	0,42
0,5	**4**	9,50	3,1	5,0	**7**	3,7	3,3	2,89	**10**	5,1	4,9	1,85	**15**	7,1	7,9	1,19	**21,5**	9,8	11,7	0,81
	3,2	10,2	2,4	4,1	**5,5**	3,7	1,8	5,68	**7,9**	5,1	2,8	3,60	**11,5**	7,1	4,4	2,33	**16**	9,8	6,2	1,59
	2,5	10,6	1,7	3,4	**4,4**	3,5	0,9	11,8	**6,1**	4,7	1,4	7,57	**8,7**	6,5	2,2	4,89	**12**	9,0	3,0	3,33
	8	10,2	6,8	9,4	**16**	5,1	10,9	0,91	**24,5**	7,1	17,4	0,58	**37**	10,2	26,8	0,38	**55**	14,3	40,7	0,25
	6,3	12,7	5,1	7,6	**11,5**	4,6	6,9	1,87	**17**	6,2	10,8	1,19	**25,5**	8,9	16,6	0,77	**36,5**	12,3	24,2	0,52
0,63	**5**	15,8	3,9	6,1	**8,5**	4,3	4,2	3,76	**12,5**	5,8	6,7	2,40	**18,5**	8,2	10,3	1,55	**26**	11,3	14,7	1,05
	4	17,5	3,0	5,0	**6,7**	4,3	2,4	7,30	**9,6**	5,8	3,8	4,64	**14**	8,2	5,8	3,00	**20**	11,3	8,7	2,04
	3,2	21,4	2,3	4,2	**5,5**	4,0	1,5	14,3	**7,8**	5,4	2,4	9,08	**11**	7,5	3,5	5,88	**15,5**	10,3	5,2	4,01
	10	15,7	8,6	11,6	**20**	6,9	13,1	1,22	**30**	9,8	20,2	0,77	**45,5**	14,3	31,2	0,50	**66**	19,9	46,1	0,34
	8	19,9	6,6	9,6	**14,5**	6,1	8,4	2,37	**21,5**	8,4	13,1	1,51	**32**	12,0	20,0	0,98	**47**	16,7	30,3	0,66
0,8	**6,3**	24,5	5,0	7,7	**10,5**	5,6	4,9	4,86	**15,5**	7,7	7,8	3,09	**23**	10,9	12,1	2,00	**33**	15,1	17,9	1,36
	5	26,5	3,8	6,3	**8,3**	5,6	2,7	9,72	**12**	7,7	4,3	6,19	**17,5**	10,9	6,6	4,00	**24,5**	15,1	9,4	2,72
	4	32,5	2,8	5,3	**6,9**	5,2	1,7	18,9	**9,7**	7,0	2,7	12,1	**14**	9,8	4,2	7,82	**19,5**	13,5	6,0	5,32

Fortsetzung s. nächste Seite

Tabelle 7.202, Fortsetzung

d	D	F_n	Dorn D_d max.	Hülse D_h min.	$\eta = 3{,}5$ L_0 ≈	L_n	S_n ≈	R	$\eta = 5{,}5$ L_0 ≈	L_c	S_n ≈	R	$\eta = 8{,}5$ L_0 ≈	L_n	S_n ≈	RL	$\eta = 12{,}5$ L_0 ≈	L_n	S_n ≈	R
1	12,5	22,4	10,8	14,4	24	9,4	14,6	1,52	36,5	13,4	23,1	0,97	55,5	19,4	36,1	0,62	80,5	27,4	53,1	0,42
	10	27,9	8,4	11,8	17,5	8,0	9,5	2,96	26	11,2	14,8	1,89	39	16,0	23,0	1,22	56	22,4	33,6	0,83
	8	33,8	6,5	9,6	13	7,3	5,7	5,79	19	10,1	8,9	3,68	28,5	14,3	14,2	2,38	40,5	19,9	20,6	1,62
	6,3	34,8	4,9	7,8	10	7,3	2,7	1,8	14,5	10,1	4,4	7,54	21,5	14,3	7,2	4,88	30,5	19,9	10,6	3,32
	5	44,6	3,6	6,5	8,5	6,6	1,9	23,7	12	9,0	3,0	15,1	17	12,6	4,4	9,76	24	17,4	6,6	6,64
1,25	16	55,3	14,1	18,2	40,5	9,1	31,4	1,76	62	12,9	49,1	1,12	94	18,5	75,5	0,73	140	26,0	114	0,49
	12,5	70,4	10,6	14,6	27	8,2	18,8	3,70	41,5	11,6	29,9	2,36	62,5	16,5	46,0	1,52	90,5	23,1	67,4	1,04
	10	87,1	8,2	11,9	20	7,7	12,3	7,23	29,5	10,8	18,7	4,60	44,5	15,2	29,3	2,98	64	21,1	42,9	2,03
	8	107	6,1	9,9	15	7,4	7,6	14,6	22	10,5	11,5	9,10	33	14,9	18,1	5,95	47,5	21,0	26,5	4,04
	6,3	136	4,7	8,1	12	7,2	4,8	29,6	17	9,8	7,2	18,4	25	13,8	11,2	12,0	35,5	19,2	16,3	8,25
1,6	20	86,5	17,5	22,6	48	12,4	35,6	2,43	73,5	17,6	55,9	1,55	110	25,5	84,5	1,01	165	36,0	129	0,68
	16	108	13,7	18,5	34	11,0	23,0	4,74	51,5	15,5	36,0	3.02	77,5	22,2	55,3	1,96	110	31,2	78,8	1,33
	12,5	138	10,3	14,7	24	10,0	14,0	9,95	36	14,1	21,9	6,35	53,5	20,1	33,4	4,12	78	28,0	50,0	2,78
	10	173	7,9	12,1	18,5	9,4	9,1	19,5	27	13,2	13,8	12,4	40,5	18,9	21,6	8,03	58,5	26,5	32,0	5,44
	8	216	5,9	10,1	14,5	9,0	5,5	38,0	21,5	12,6	8,9	24,2	31,5	17,9	13,6	15,7	45	24,8	20,2	10,6
2	25	130	22,0	28,0	58	15,0	43,0	3,04	88,5	21,4	67,1	1,94	135	31,0	104	1,25	195	43,8	151	0,85
	20	162	17,1	22,9	41	13,6	27,4	5,94	62	19,2	42,8	3,78	94	27,6	66,4	2,44	135	38,8	96,2	1,66
	16	202	13,4	18,6	30	12,5	17,5	11,6	45	17,7	27,3	7,38	68	25,5	42,5	4,78	98	35,9	62,1	3,25
	12,5	259	9,9	15,1	22,5	11,7	10,8	24,4	33	16,4	16,6	15,5	49,5	23,5	26,0	10,0	71	33,0	38,0	6,82
	10	324	7,5	12,5	18	11,2	6,8	47,5	26,5	15,6	10,9	30,3	38,5	22,0	16,5	19,6	55	30,6	24,2	13,3
2,5	32	186	28,3	36,0	71,5	19,3	52,2	3,55	110	27,9	82,1	2,26	170	40,7	129	1,46	245	58,1	187	0,99
	25	238	21,6	28,4	49	16,8	32,2	7,43	74,5	24,0	50,5	4,73	115	34,8	80,2	3,06	165	49,2	116	2,08
	20	298	16,8	23,2	36	15,5	20,5	14,5	54	21,9	32,1	9,23	81,5	31,5	50,0	5,97	120	44,3	75,7	4,06
	16	372	12,9	19,1	27,5	14,6	12,9	28,3	41	20,5	20,5	18,0	61	29,3	31,7	11,7	88	41,1	46,9	7,93
	12,5	477	9,4	15,6	22	14,0	8,0	59,5	32	19,5	12,5	37,9	47,5	27,8	19,7	24,5	67,5	38,7	28,8	16,6
3,2	40	294	35,6	44,6	82	21,2	60,8	4,85	125	29,7	95,3	3,09	190	42,3	148	2,00	275	59,2	216	1,36
	32	368	27,6	36,5	58,5	19,8	38,7	9,49	88,5	27,4	61,1	6,04	135	38,8	96,2	3,90	190	54,1	136	2,66
	25	470	21,1	28,9	42,5	19,1	23,4	19,8	63,5	26,3	37,2	12,6	94,5	37,1	57,4	8,18	135	51,6	83,4	5,56
	20	588	16,1	23,9	33,5	18,5	15,0	38,9	49,5	25,9	23,6	24,7	74	37,1	36,9	16,0	105	51,6	53,4	10,9
	16	735	12,2	19,8	27,5	17,8	9,7	75,8	40	24,9	15,1	48,3	59	35,4	23,6	31,3	83,5	49,0	34,5	21,2
4	50	435	44,0	56,0	99	27,4	71,6	6,07	150	38,6	111	3,86	230	55,4	175	2,50	335	77,8	257	1,70
	40	534	34,8	45,2	71	25,2	45,8	11,9	105	35,1	69,9	7,55	160	50,0	110	4,88	235	69,8	165	3,32
	32	679	27,0	37,0	53,5	24,0	29,5	23,2	79,5	33,3	46,2	14,7	120	47,2	72,8	9,53	170	65,8	104	6,48
	25	869	20,3	29,7	41	22,9	18,1	48,6	60,5	32,2	28,3	30,9	89,5	46,0	43,5	20,0	130	64,5	65,5	13,6
	20	1090	15,3	24,7	33,5	22,2	11,3	94,9	49	31,0	18,0	60,4	72	44,2	27,8	39,1	105	61,7	43,3	26,6

Federn mit Drahtdurchmessern $d = 0{,}1$, 0,12, 0,16 bzw. 5, 6,3, 8 und 10 mm und Anzahl der Federwindungen $\eta = 18{,}5$ s. Normen.

7.5.2 Zylindrische warmgeformte Druckfedern (DIN 2096)

Federn über 17 mm Drahtdurchmesser werden warmgeformt, unter bestimmten Voraussetzungen auch solche zwischen 10 und 17 mm Durchmesser. Die Enden der Federn haben je 3/4 angebogene Windung und sind bei Werkstoffdurchmessern über 12,5 mm vor dem Abschleifen vierkantig ausgeschmiedet (**7**.203).

Als Fertigungsausgleich müssen freigegeben werden:

a) bei einer vorgeschriebenen Federkraft und vorgeschriebener Federlänge (L_0) die Zahl der federnden Windungen und entweder der Drahtdurchmesser (d) oder der mittlere Windungsdurchmesser.

b) bei zwei vorgeschriebenen Federkräften die Federlänge (L_0), die Windungszahl und entweder der Drahtdurchmesser (d) oder der mittlere Windungsdurchmesser.

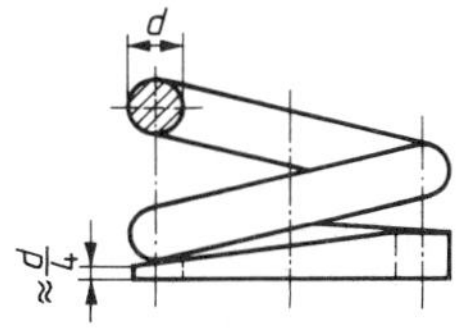

7.203 Ausgeschmiedetes und geschliffenes Federende

7.5.3 Zylindrische Zugfedern (DIN 2097)

Zugfedern bis 17 mm Werkstoffdurchmesser werden gewöhnlich aus federhartem Werkstoff und mit Vorspannung kaltgeformt. Federn mit größeren Werkstoffdurchmessern und für hohe Beanspruchung schon ab 10 mm Durchmesser werden schlußvergütet. Sie haben dann keine Vorspannung; aneinanderliegende Windungen sind mithin nicht nötig.

Statt des äußeren Windungsdurchmessers (D_a) kann der innere bemaßt werden (**7**.204). Die Länge (L_0) der unbelasteten Feder reicht von Innenkante zu Innenkante der Ösen und setzt sich aus der Länge (L_K) des Federkörpers und den zwei Abständen (L_H) bis zu den Öseninnenkanten zusammen. Ferner ist die Weite (m) der Ösenöffnung anzugeben. Im Prüfdiagramm sind gewöhnlich erforderlich: die Vorspannkraft (P_0), die größere Betriebskraft (P_1), die Prüfkraft (P_n) und die dazugehörigen Längen (L_0, L_1 und L_n).

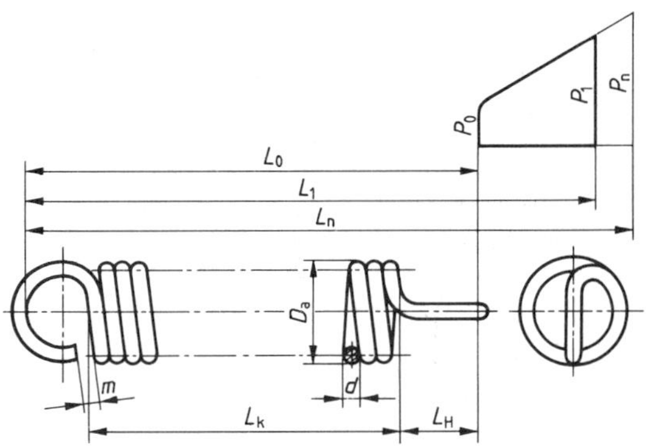

7.204 Zylindrische Zugfeder mit einer ganzen deutschen Öse (DIN 2097)

Anzahl der federnden Windungen ..., dazu angebogen je Ende eine ganze deutsche Öse. Als Fertigungsausgleich werden freigegeben: Anzahl der federnden Windungen, Werkstoffdurchmesser (d) und Vorspannkraft (P_0)

Die Ausführung der Ösen ist sehr verschieden; Näheres darüber s. DIN 2097. Zu bevorzugen ist die ganze deutsche Öse (**7**.204), bei der L_H = 80% des inneren Durchmessers ist. Die Ösen einer Feder stehen in der Regel parallel zueinander oder um 90° gegenseitig versetzt.

Als Fertigungsausgleich müssen freigegeben und gekennzeichnet werden:

- wenn eine Federkraft, Länge (L_0) und Vorspannkraft (P_0) vorgeschrieben sind: Die Anzahl der federnden Windungen und entweder der Werkstoffdurchmesser (d) oder der äußere oder innere Windungsdurchmesser.
- bei zwei vorgeschriebenen Federkräften die gleichen Größen, außerdem die Vorspannkraft (P_0).

Ansicht, Schnitt und Sinnbild einer Zugfeder mit einer ganzen deutschen Öse zeigt Bild **7**.205.

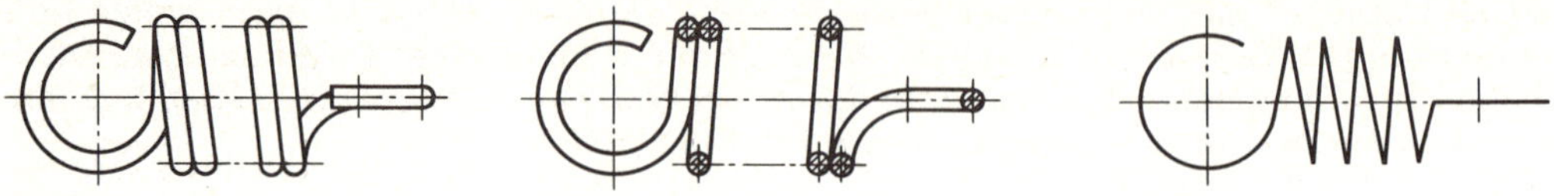

7.205 Darstellungen einer Zugfeder nach DIN ISO 2162

Die Berechnung und Konstruktion zylindrischer Zugfedern aus rundem Werkstoff erfolgt nach DIN 2089 T2 (Vornorm). Angaben und Vordruck für zylindrische Zugfedern s. DIN 2099 T2.

Tellerfedern sind in DIN 2093 angegeben; ihre Berechnung erfolgt nach DIN 2092. Ansichten, Schnitte und Sinnbilder zeigt Tabelle **7**.206.

Tabelle **7**.206 **Darstellung von Tellerfedern nach DIN ISO 2162**

	Ansicht / Schnitt / Sinnbild
Tellerfeder	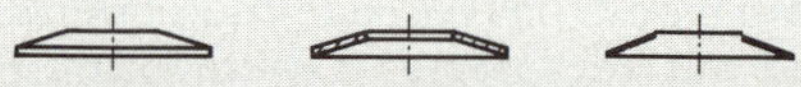
Teilfederpaket (Teller in gleicher Richtung angeordnet)	
Teilfederpaket (Teller der Reihe nach abwechselnd angeordnet)	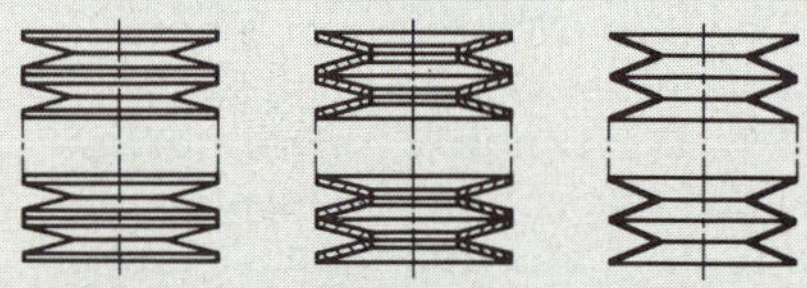

Darstellung anderer Federn nach DIN ISO 2162 s. Bild **7**.207 und **7**.208.

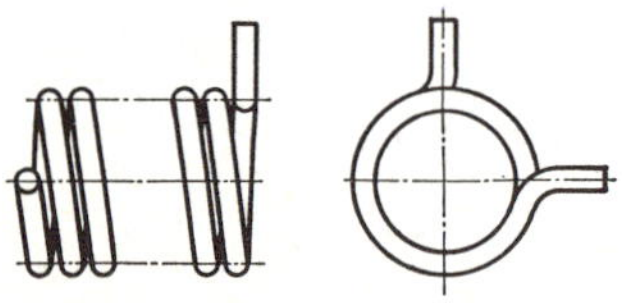

7.207 Zylindrische Schraubendrehfeder (DIN 2088)

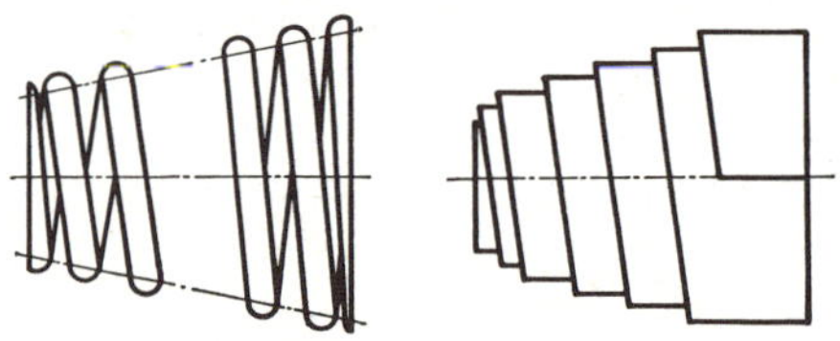

7.208 Kegelige Druckfedern mit rundem und mit rechteckigem Querschnitt

7.6 Zahnräder

Zahnräder dienen zur Übertragung von Kräften von Welle auf Welle und vielfach zur Änderung von Drehzahlen, Drehsinn und Drehrichtungen.

7.6.1 Abmessungen

Modul. Zur Einteilung der Zähne dient der T e i l k r e i s (**7**.209). Die T e i l u n g p_t ist der Abstand von Mitte zu Mitte Zahn, als Bogenmaß in mm am Teilkreis gemessen. Wird sie durch π geteilt, ergibt sich der Modul m in mm als Kenngröße der betreffenden Verzahnung. Er wird auch Durchmesserteilung genannt. Die Moduln sind in einer Reihe (Modulreihe) nach DIN 780 genormt (**7**.210).

Der Modul ist also $m = \frac{p_t}{\pi}$ und die Teilung $p_t = \pi \cdot m$.

Beispiel 1 Bei einer Teilung $p_t = 15{,}7$ mm ist der Modul

$$m = \frac{p_t}{\pi} = \frac{15{,}7\ \text{mm}}{3{,}14} = \mathbf{5\ mm}$$

Beispiel 2 Bei einem Modul $m = 4$ mm ist die Teilung

$$p_t = \pi \cdot m = 3{,}14 \cdot 4\ \text{mm} = \mathbf{12{,}56\ mm}$$

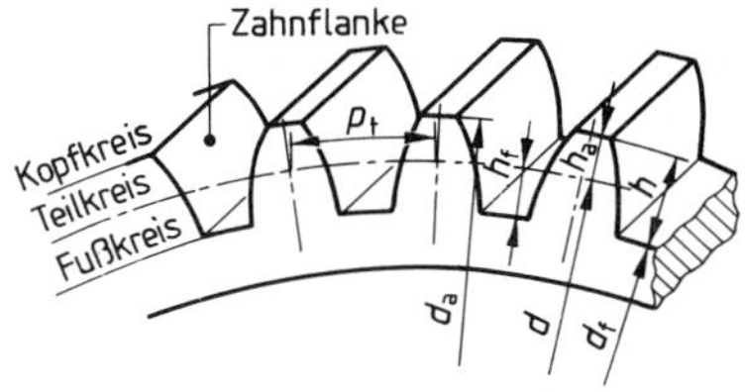

7.209 Bezeichnungen am Zahnrad

Tabelle **7**.210 **Moduln für Stirnräder (DIN 780 T1) in mm**

Die Moduln gelten für die Normalschnitte von Stirnrädern nach DIN 3960 und von entsprechenden Schraubrädern (s. DIN 868). Reihe I soll gegenüber Reihe II bevorzugt angewendet werden.

Reihe								Reihe							
I	II	I	II	I	II	I	II	I	II	I	II	I	II	I	II
0,05		0,5		3		32		0,16		1		10			
	0,055		0,55		3,5		36		0,18		1,125		11		
0,06		0,6		4		40		0,20		1,25		12			
	0,07		0,65		4,5		45		0,22		1,375		14		
0,08		0,7		5		50		0,25		1,5		16			
	0,09		0,75		5,5		55		0,28		1,75		18		
0,1		0,8		6		60		0,3		2		20			
	0,11		0,85		7		70		0,35		2,25		22		
0,12		0,9		8				0,4		2,5		25			
	0,14		0,95		9				0,45		2,75		28		

Moduln für Zylinderschneckengetriebe (DIN 780 T2) gelten für Axialschnitte der Zylinderschnecken nach DIN 3975 und für die Teilkreise der zugehörigen Schneckenräder (s. Norm).

Der Umfang des Teilkreises wird durch Malnehmen des Teilkreisdurchmessers d mit π oder durch Malnehmen der Zähnezahl z mit der Teilung p_t berechnet:

$$U = \pi \cdot d = z \cdot p_t$$

Mit $\pi \cdot m$ für p_t wird $\pi \cdot d = z \cdot \pi \cdot m$ und daraus $d = z \cdot m$ und $m = \frac{d}{z}$

Beispiel 1 Der Teilkreisdurchmesser eines Zahnrads mit $z = 48$ Zähnen und dem Modul $m = 3$ mm ist

$$d = z \cdot m = 48 \cdot 3\ \text{mm} = \mathbf{144\ mm}$$

Beispiel 2 Der Modul eines Zahnrads mit $z = 25$ Zähnen und einem Teilkreisdurchmesser $d = 87{,}5$ mm ist

$$m = \frac{d_0}{z} = \frac{87{,}5\ \text{mm}}{25} = \mathbf{3{,}5\ mm}$$

Es sind allgemein die Höhe h_a des Zahnkopfs $= \frac{6}{6} \cdot$ Modul $h_a = m$

Höhe h_f des Zahnfußes $= \frac{7}{6} \cdot$ Modul $h_f \approx 1{,}167 \cdot m$

Zahnhöhe h $= \frac{13}{6} \cdot$ Modul $h \approx 2{,}167 \cdot m$

Beispiel 3 Für Modul $m = 12$ mm sind die

Zahnkopfhöhe	$h_a = m$	$=$ **12 mm**
Zahnfußhöhe	$h_f \approx 1{,}167 \cdot m \approx 1{,}167 \cdot 12$ mm	$=$ **14 mm**
Zahnhöhe	$h = h_a + h_f = 12$ mm $+ 14$ mm	$=$ **26 mm**

Der Kopfkreisdurchmesser d_a ergibt sich durch Hinzuzählen der doppelten Kopfhöhe ($2h_a = 2m$) zum Teilkreisdurchmesser d:

$$d_a = d + 2m$$

Eine Ausnahme hiervon besteht bei korrigierten Zahnrädern (s. DIN 3992).

Der Fußkreisdurchmesser d_f wird gefunden, indem die doppelte Fußhöhe h_f vom Teilkreisdurchmesser d abgezogen wird:

Beispiel An einem Zahnrad mit dem Teilkreisdurchmesser $d = 600$ mm sind die Kopfhöhe $h_a = 12$ mm und die Fußhöhe $h_f = 14$ mm. Es sind dann der

Kopfkreisdurchmesser $d_a = d + 2\,m = 600\text{ mm} + 2 \cdot 12\text{ mm} = \mathbf{624\ mm}$

Fußkreisdurchmesser $d_f = d - 2\,h_f = 600\text{ mm} - 2 \cdot 14\text{ mm} = \mathbf{572\ mm}$

Berechnung des Moduls aus Kopfkreisdurchmesser und Zähnezahl

Aus $d_a = d + 2\,m$ ist

$$d = d_a - 2\,m$$

Es ist aber auch

$$d = z \cdot m$$

$$z \cdot m = d_a - 2\,m$$
$$z \cdot m + 2\,m = d_a$$
$$m\,(z + 2) = d_a$$
$$m = \frac{d_a}{z + 2}$$

Der Modul wird also gefunden, indem der Kopfkreisdurchmesser durch die um 2 vermehrte Zähnezahl geteilt wird. Diese Berechnung des Moduls ist sehr wichtig, da sich Kopfkreisdurchmesser und Zähnezahl an einem vorhandenen Zahnrad leicht feststellen lassen.

Beispiel Für ein Zahnrad mit $d_a = 75$ mm und $z = 23$ ist

$$m = \frac{d_a}{z+2} = \frac{75\text{ mm}}{23+2} = \frac{75\text{ mm}}{25} = \mathbf{3\ mm}$$

Nun können Teilung, Teilkreisdurchmesser usw. berechnet werden.

Zahnradpaar. Zwei miteinander arbeitende Zahnräder bilden ein Zahnradpaar (**7**.211). Ein einwandfreies Arbeiten der Zahnräder miteinander (Kämmen) ist nur dann möglich, wenn sie gleiche Teilung, also gleichen Modul haben. Die zu übertragende Kraft geht von dem treibenden Zahnrad auf das getriebene über. Wird ein größeres Zahnrad angetrieben, ist das eine Übersetzung in die kleinere, umgekehrt in die größere Drehzahl.

Den Bezeichnungen für das treibende Rad wird eine ungerade Zahl (hier 1) und denen für das getriebene Rad eine gerade Zahl (hier 2) angehängt, z. B. d_1 und d_2. Der Abstand von Mitte zu Mitte Zahnrad ist so zu bemessen, daß sich die Teilkreise beider Zahnräder berühren. Demgemäß ist der Abstand a = der halben Summe der beiden Teilkreisdurchmesser d_1 und d_2:

$$a = \frac{d_1 + d_2}{2}$$

Maße für Achsenabstände s. DIN 3964.

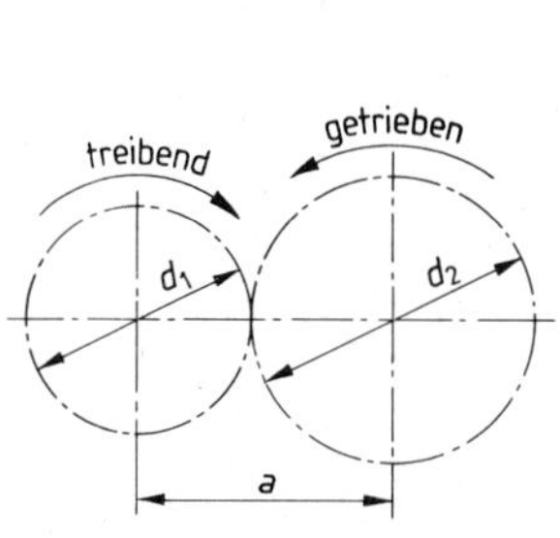

7.211 Zahnradpaar

Übungen

1. Ein Zahnrad mit dem Kopfkreisdurchmesser d_a = 162 mm und 25 Zähnen treibt ein anderes mit 48 Zähnen. Bestimmen Sie den Modul, die Teilung, die Teilkreisdurchmesser, die Kopfhöhe, die Fußhöhe, den zweiten Kopfkreisdurchmesser, beide Fußkreisdurchmesser und den Mittenabstand der Räder.
2. Für einen Motorantrieb ist ein Getriebe zu berechnen. Die 3 Übersetzungen sind $i_1 = 3{,}3$, $i_2 = 3{,}1$, $i_3 = 2{,}9$ (**7**.212).

   $i_{ges} = i_1 \cdot i_2 \cdot i_3 = 3{,}3 \cdot 3{,}1 \cdot 2{,}9 = 29{,}66 \approx 30$

   $n_1 = 3600 \dfrac{1}{\text{min}}$ $\quad n_2 = 1091 \dfrac{1}{\text{min}}$

   $n_4 = 120 \dfrac{1}{\text{min}}$ $\quad n_3 = 352 \dfrac{1}{\text{min}}$

   Zähnezahl für z_1 = 22 Zähne, z_3 = 20 Zähne, z_5 = 18 Zähne

   Modul (nach DIN 780) m = 4,0 mm

   Bestimmen Sie die Zahnradmaße und fertigen Sie die Zeichnung dafür an.

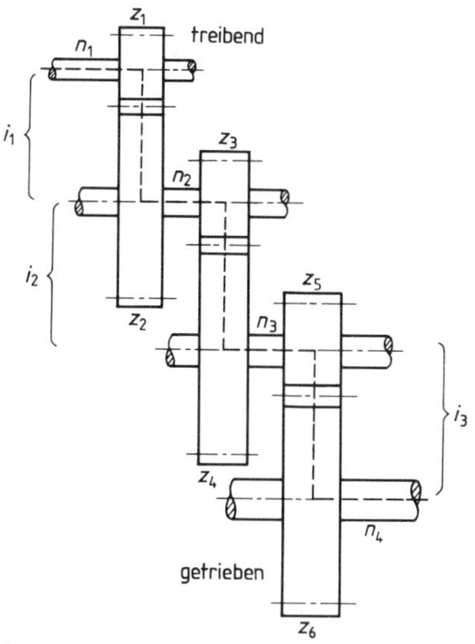

7.212

7.6.2 Zahnformen

Die Zahnflanken sollen sich mit möglichst geringer Reibung aufeinander abwälzen. Sie haben deshalb meist Evolventenform (**7**.213). Zahnflanken an Zahnstangen sind gerade (**7**.214).

7.213 Evolventenform

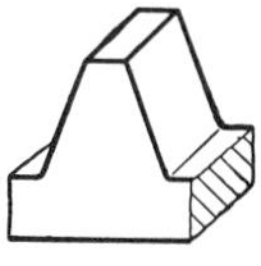
7.214 Gerade Zahnflanken

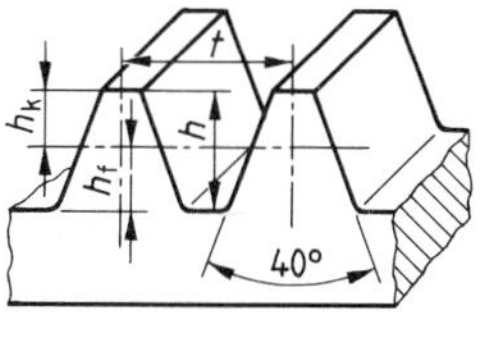

7.215 Zahnstange

Bei der Evolventenverzahnung (DIN 867) ist die Zahnflanke ein Teil der Evolvente. Zwei in Eingriff stehende Zahnflanken berühren sich an einer Stelle, die sich durch die Drehung beider Zahnräder geradlinig fortbewegt und die Eingriffslinie bildet (**7**.216). Sie ist die die Evolvente erzeugende Gerade und wird vom Punkt P auf dem Teilkreis unter einem Winkel von 20° (Eingriffswinkel) gezogen. Der kürzeste Abstand der Geraden vom Mittelpunkt des Teilkreises ist der Halbmesser des Grundkreises. Das Bogenstück von 0 bis zur senkrechten Mittellinie wird gleichmäßig unterteilt, ebenso der Bogen nach der anderen Seite. Durch eine vom Teilpunkt *1* auf der Tangente T_1 angetragene Strecke wird der Evolventenpunkt P_1 gefunden. Sie setzt sich aus der von *0* bis *1* reichenden Bogenlänge und dem Stück von *0* bis P zusammen.

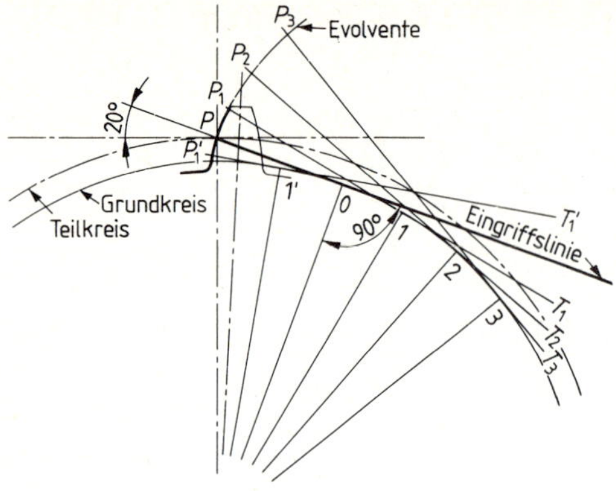

7.216 Enstehung der Evolventenform

Für den Punkt P_1' ist die Strecke von *0* bis *P*, vermindert um die Bogenlänge *0* bis *1'*, auf T_1 von *1'* aus abzutragen. Evolventenpunkt P_2 wird durch Abtragen der Bogenlänge von *2* bis *0* und der Strecke *0* bis *P* auf T_2 von *2* aus ermittelt usw. Der zwischen dem Grundkreis und dem Fußkreis liegende Teil der Zahnflanke wird von P_1' aus als Tangente weitergeführt und mit einer Rundung versehen. Die Punkte *1', 0, 1, 2, 3* ... auf dem Grundkreis können als Mittelpunkte für Kreisbögen mit den Halbmessern *1' P', 0 P, 1* P_1 ... dienen. Die Bogen gehen ineinander über und sind Teile der gesuchten Evolvente.

Zahnflanken an Zahnstangen bilden miteinander einen Winkel von 40° (**7**.215, S. 211).

7.6.3 Zahngetriebe

Teilkreise sind als Mittellinien und Kopfkreise als breite Vollinien in richtigem Abstand voneinander zu zeichnen (**7**.217 und **7**.218). Wenn erforderlich, ist der Zahnfußkreis durch eine schmale Vollinie zu kennzeichnen (**7**.217). Die Zähne werden nicht mitgeschnitten. Die Zahnform legt man entweder durch Hinweis auf eine Norm oder durch eine Zeichnung fest. Bei Kettenrädern ist die Zahnform stets anzudeuten oder als Einzelheit zu zeichnen.

Sind aus irgendeinem Grund einige Zähne des Rads darzustellen, wird empfohlen, die Flankenlinien unter Einhaltung der Zahnabmessungen freihändig zu entwerfen und dann einfach als Kreisbogen mit angenommenem Halbmesser nachzuziehen (**7**.217). Es empfiehlt sich, die Flankenlinien nach der Werkstoffseite zu versetzen (**7**.218), weil sonst die Zahnlücken zu klein erscheinen.

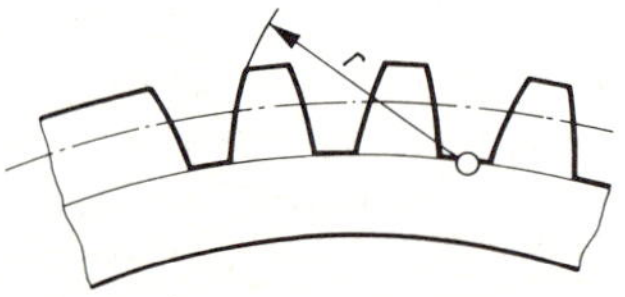

7.217 Angenäherte Evolventenform

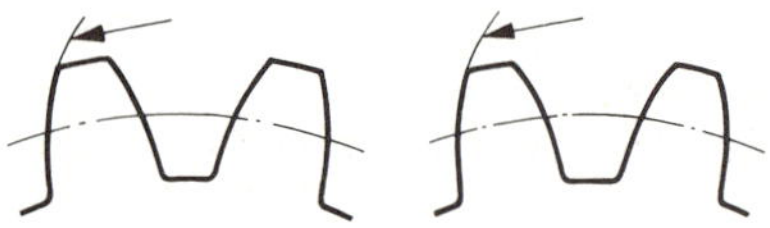

7.218 Lage der ausgezogenen Flankenlinie

Vereinfachte Darstellungen von Zahnrädern und Räderpaarungen sind in DIN ISO 2203 genormt; sie kommen in Betracht, wenn die ausführliche Wiedergabe des Zahnrads nicht nötig ist (**7**.227 und **7**.228). Die Vereinfachung kann so weit gehen, daß die Räder nur durch Mittellinien und Teilkreise angedeutet werden. Erforderlichenfalls ist in der Draufsicht auf die verzahnte Fläche in einer Darstellung parallel zu den Radachsen die Flankenrichtung am Zahnrad oder an der Zahnstange durch Kennzeichen nach Bild **7**.219 in schmalen Vollinien anzugeben. Bei Radpaaren sollte man die Flankenrichtung nur an einem Zahnrad zeigen.

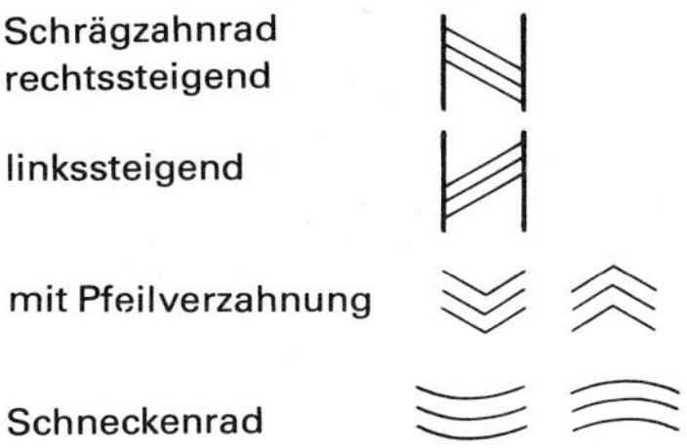

7.219 Kennzeichen für Flankenrichtung

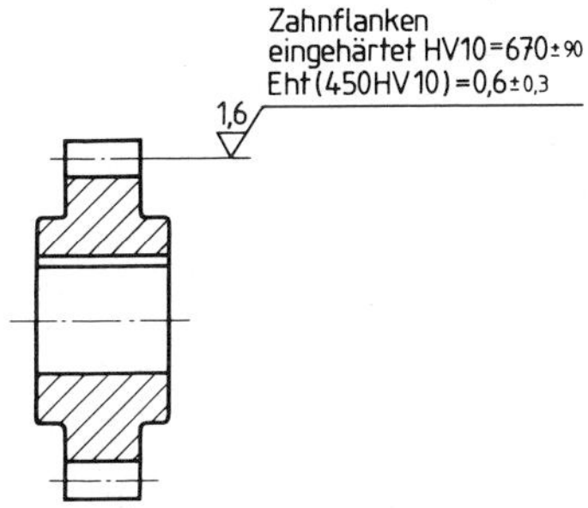

7.220 Härtungsangabe

Ein allgemeiner Härtevermerk (wie „einsatzgehärtet"), der sich in Bild **7**.221 nur auf die Zahnflanken bezieht, genügt, wenn kein Härtewert eingetragen zu werden braucht. Sonst verfährt man wie in Bild **7**.220 oder Abschnitt 5.3.3.

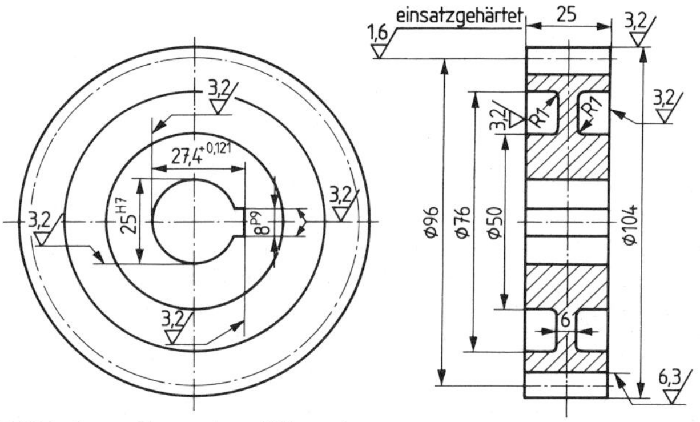

7.221 Darstellung eines Stirnrads

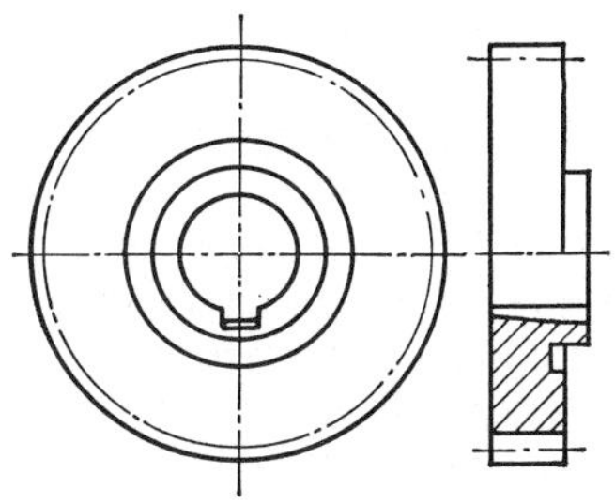

7.222 Stirnrad, Seitenansicht im Halbschnitt gezeichnet

Toleranz. Zum Aufspannen des Rads für die Bearbeitung, zum Ansetzen von Meß- und Prüfgeräten und aus anderen Gründen kann eine Tolerierung von Maßen des Radkörpers nötig sein. So kann z. B. die zulässige Rundlauf- und Planlauf-Abweichung des Außenzylinders zur Bohrung durch Form- und Lagetoleranzen eingeengt werden.

Bei einem Radpaar werden die ineinandergreifenden Teile beider Räder nicht sichtbar gezeichnet, wenn das vorn liegende Rad einen beträchtlichen Teil des anderen Rads verdeckt (**7**.230). Sind beide Räder im Axialschnitt dargestellt, wobei ein Zahnrad Teile eines anderen verdeckt, ist freigestellt, welches der beiden Räder sichtbar dargestellt wird. In beiden Fällen sind verdeckte Kanten nur dann darzustellen, wenn sie zur Klarheit der Zeichnung erforderlich sind (**7**.229).

Stirnräder übertragen Kräfte zwischen parallelen Wellen, haben zylindrische Grundform und sind meist außenverzahnt (**7**.221 bis **7**.223).

Hinweis. Bei Bedarf kann man einzelne Zähne auf einer Radseite (dadurch als Vorderseite erklärt) als Zähne 1 und 2 kennzeichnen. Dadurch wird gleichzeitig die Zählrichtung festgelegt (möglichst im Drehsinn des Uhrzeigers). Die Vorderseite ist maßgebend für die Bestimmung der Rechts- und Linksflanken, s. DIN 868.

Bild **7**.224 zeigt ein Stirnräderpaar, **7**.225 die ungeschnittene Seitenansicht. Ein Stirnradpaar mit Innenverzahnung ist in Bild **7**.226 dargestellt. Vereinfachte Darstellungen zeigen die Bilder **7**.227 und **7**.228.

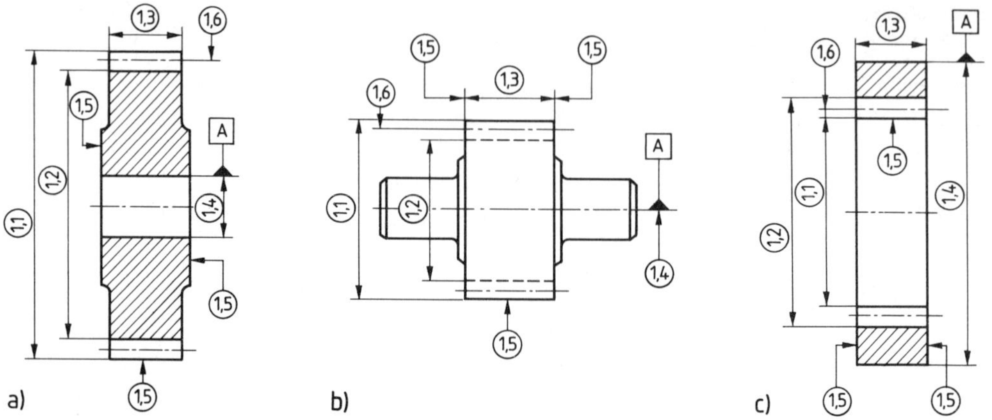

	Lfd. Nr.	Benennung	Maß	Bemerkungen
Maße und Kennzeichen in der Zeichnung	1.1	Kopfkreisdurchmesser	d_a	bei Bedarf mit Angabe der Abmaße
	1.2	Fußkreisdurchmesser	d_f	bei Bedarf, wenn keine Zahnhöhe *h* angegeben wird / bei Bedarf mit Angabe der Abmaße
	1.3	Zahnbreite	b	
	1.4	Kennzeichen der Bezugs-elemente	–	Bezugselement für die Rund- und Planlauftolerierung ist die Radachse (Eintrag. nach DIN 7184 T1)
	1.5	Rundlauf- und Planlauftoleranz sowie Parallelität der Stirnflächen des Radkörpers	–	wenn die Anforderungen über DIN 7168 T2 hinausgehen, sind Rundlauf- und Planlauftoleranzen nach DIN 7184 T1 festzulegen
	1.6	Oberflächen-Kennzeichen für die Zahnflanken nach DIN ISO 1302		erforderlichenfalls sind auch Oberflächen-Kennzeichen für die Zahnfuß- und Fußrundungsflächen anzugeben
	1.7	Kennzeichnung der Arbeits-flanken		bei Bedarf, z. B. durch den Hinweis „Arbeitsflanke" in einem Stirnschnitt (siehe DIN 868)
Angaben in besonderer Tabelle	2.1	Modul	m	es ist das Normalmodul m_n anzugeben
	2.2	Zähnezahl	z	
	2.3	Bezugsprofil der Verzahnung		bei Schrägstirnrädern gilt das Bezugsprofil für den Normalschnitt
	2.4	Werkzeug-Bezugsprofil		DIN 3972 oder DIN 58412 bzw. bes. Zeichnung
	2.5	Schrägungswinkel	β	DIN 3960
	2.6	Flankenrichtung		bei Schrägstirnrädern
	2.7	Teilkreisdurchmesser	d	ergibt sich aus den voranstehenden Verzahnungsdaten, wird für Erzeugung und Prüfung nicht gebraucht; Angabe daher nicht nötig
	2.8	Grundkreisdurchmesser	d_b	kann weggelassen werden, wenn nicht für die Erzeugung oder Prüfung der Verzahnung nötig
	2.9	Profilverschiebungsfaktor	x	ist mit den Vorzeichen „+" oder „–" anzugeben
	2.10	Zahnhöhe	h	angegeben wird das Nennmaß der Zahnhöhe *h*, das auch die Kopfhöhenänderung k, m_n enthält, so daß aus dem Kopfkreisdurchmesser in der Zeichnung und der Zahnhöhe *h* das Nennmaß des Fußkreisdurchmessers zu berechnen ist

7.223 Maße und Kennzeichen in der Zeichnung
a) Außenverzahnung mit Lagerbohrung, b) Außenverzahnung mit Lagerzapfen, c) Innenverzahnung

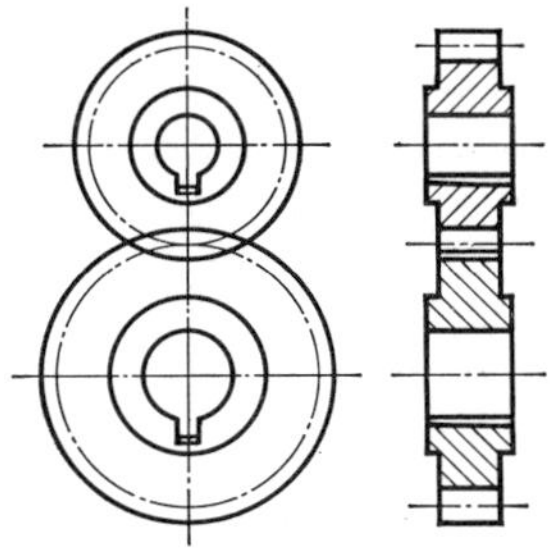

7.224 Stirnräderpaar

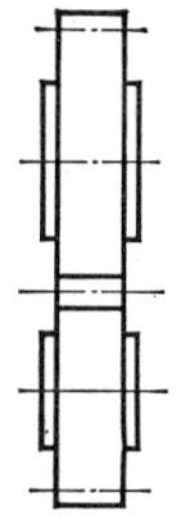

7.225 Ungeschnittene Seitenansicht

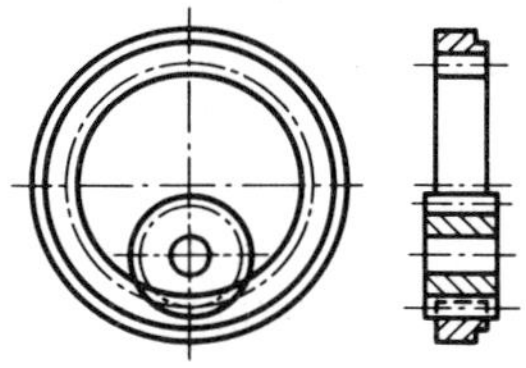

7.226 Stirnradpaar mit Innenverzahnung

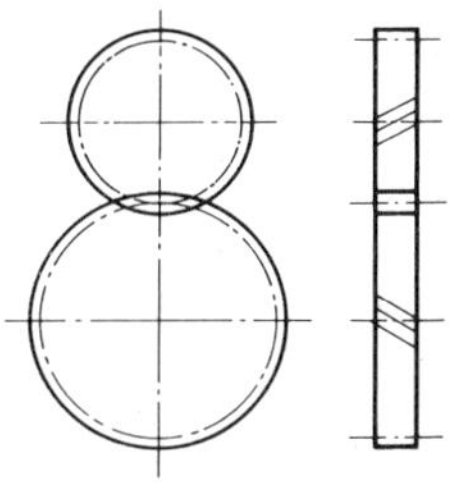

7.227 Vereinfachte Darstellung eines Stirnrädergetriebes

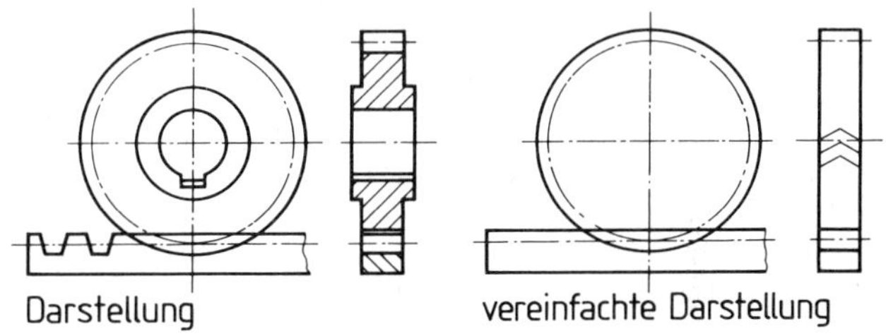

7.228 Stirnrad mit Zahnstange

Kegelräder übertragen Kräfte zwischen sich in einer Ebene schneidenden Wellen (**7**.229). Für die Herstellung eines Kegelrades sind neben den Maßen für den Radkörper (**7**.231) von Wichtigkeit.

Auch Kegelräder können vereinfacht dargestellt werden (**7**.230).

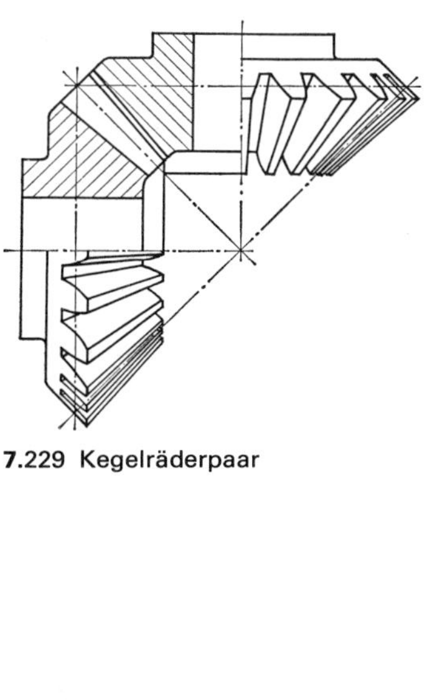

7.229 Kegelräderpaar

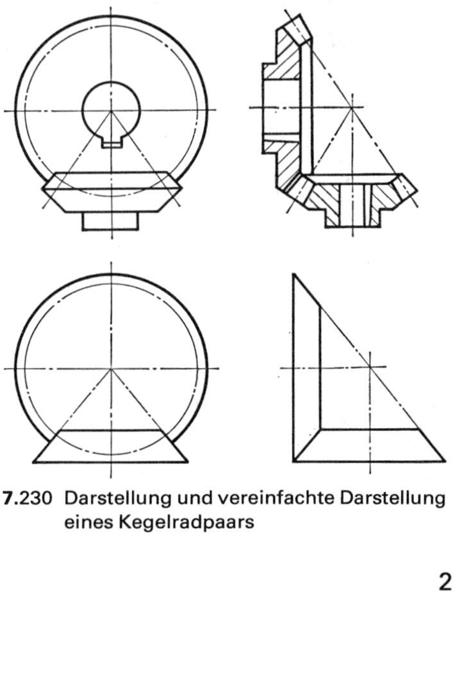

7.230 Darstellung und vereinfachte Darstellung eines Kegelradpaars

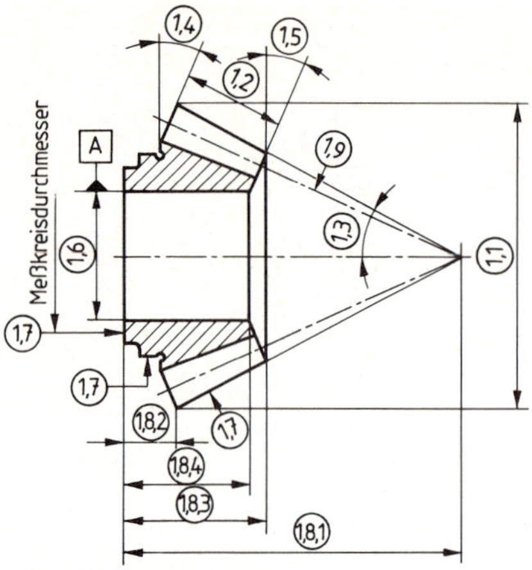

7.231 Maße und Kennzeichen in der Zeichnung

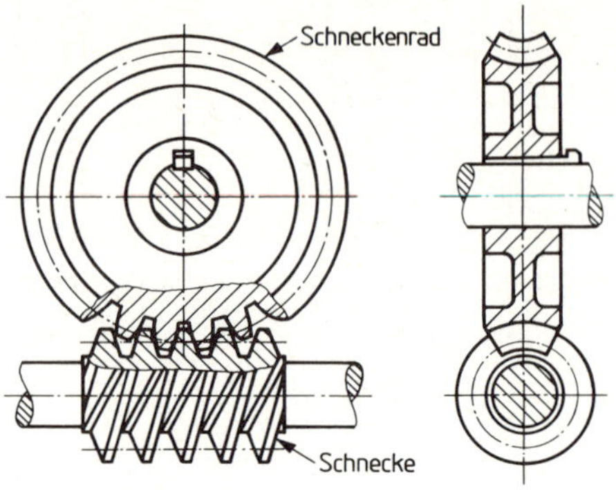

7.232 Zylinderschneckentrieb

Schneckengetriebe bestehen aus Schnecke und Schneckenrad. Sie liegen zwischen sich in verschiedenen Ebenen kreuzenden Wellen (7.232 bis 7.235). Die Schnecke ist eine ein- oder mehrgängige Schraube mit trapezförmigem Gewindequerschnitt und greift in die ihm angepaßte Evolventenverzahnung des Schneckenrads ein.

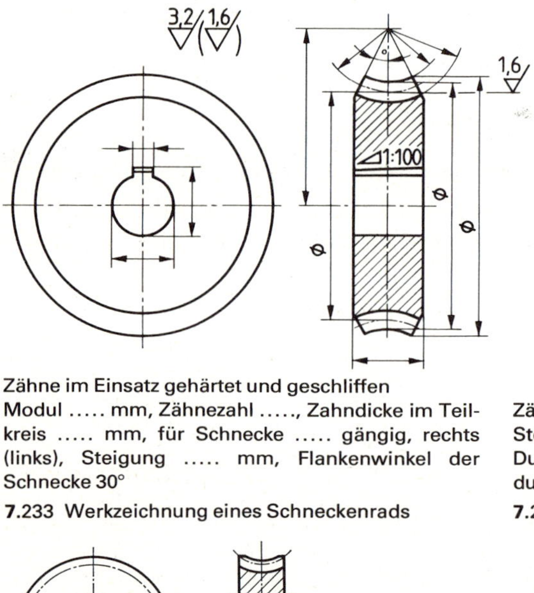

Zähne im Einsatz gehärtet und geschliffen
Modul ..... mm, Zähnezahl ....., Zahndicke im Teilkreis ..... mm, für Schnecke ..... gängig, rechts (links), Steigung ..... mm, Flankenwinkel der Schnecke 30°

7.233 Werkzeichnung eines Schneckenrads

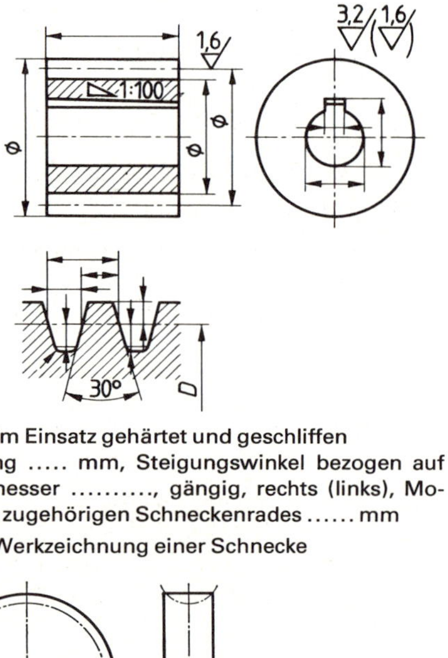

Zähne im Einsatz gehärtet und geschliffen
Steigung ..... mm, Steigungswinkel bezogen auf Durchmesser ...., gängig, rechts (links), Modul des zugehörigen Schneckenrades ...... mm

7.234 Werkzeichnung einer Schnecke

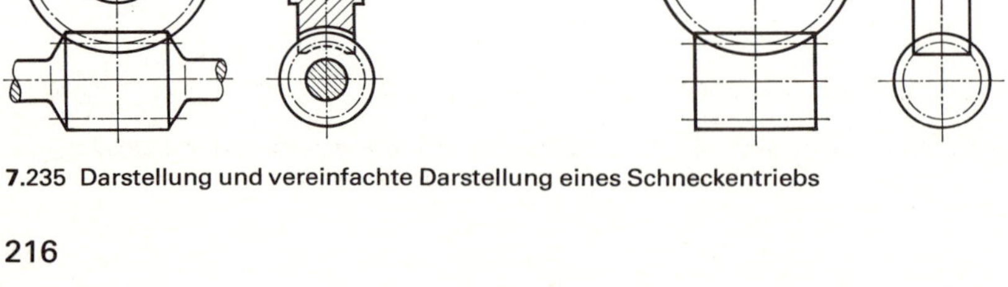

7.235 Darstellung und vereinfachte Darstellung eines Schneckentriebs

Angaben zu Bild **7**.231

	Lfd. Nr.	Benennung	Maß-buch-stabe	Bemerkungen
Maße und Kennzeichen in der Zeichnung	1.1	Kopfkreisdurchmesser	d_a	mit Abmaßen
	1.2	Zahnbreite	b	
	1.3	Kopfkegelwinkel	δ_a	
	1.4	Komplementwinkel des Rückenkegelwinkels	δ	
	1.5	Komplementwinkel des inneren Ergänzungskegelwinkels		bei Bedarf
	1.6	Kennzeichen des Bezugs-elementes		Bezugselemente für die Rundlauf- und Planlauftolerierung ist die Radachse (Eintragung nach DIN 7184 T1)
	1.7	Rundlauf- und Planlauftoleranz des Radkörpers		wenn die Anforderungen über DIN 7168 T2 hinausgehen, sind Rundlauf- und Planlauftoleranzen nach DIN 7184 T1 festzulegen
	1.8	Axiale Abstände von der Bezugs-stirnfläche 1.8.1 Einbaumaß 1.8.2 Äußerer Kopfkreisabstand 1.8.3 Innerer Kopfkreisabstand 1.8.4 Hilfsebenenabstand		gegebenenfalls tolerieren
	1.9	Oberflächen-Kennzeichen für die Zahnflanken nach DIN ISO 1302		erforderlichenfalls auch für die Zahnfuß- und Fußrundungsflächen
	1.10	Kennzeichnung der Arbeitsflanke in einem Stirnabschnitt		bei Bedarf, z. B. durch den Hinweis „Arbeitsflanke" (s. DIN 868)
Angaben in besonderer Tabelle	2.1	Modul	m	
	2.2	Zähnezahl	z	
	2.3	Teilkegelwinkel	δ	
	2.4	Äußerer Teilkreisdurchmesser	d_e	
	2.5	Äußere Teilkegellänge	R_e	
	2.6	Planradzähnezahl	z_p	
	2.7	Zahndicken-Halbwinkel	ψ_p	
	2.8	Fußwinkel oder Fußkegelwinkel	ϑ_f δ_f	
	2.9	Profilwinkel	α_p	
	2.10	Verzahntoleranzen und deren Prüfmaße		
	2.11	Verzahnungsqualität		Angaben nach DIN 3965
	2.12	Zahndicke und Zahndicken-abmaße		wenn kein anderes Prüfmaß vorgeschrieben ist, Nennmaß der Zahndickensehne im Rücken mit Abmaßen und die zugehörige Höhe über der Sehne

Hinweis. Bei Bedarf kann man einzelne Zähne auf einer Radseite (dadurch als Vorderseite erklärt) als Zähne 1 und 2 kennzeichnen. Dadurch wird gleichzeitig die Zählrichtung festgelegt (möglichst im Drehsinn des Uhrzeigers). Die Vorderseite ist maßgebend für die Bestimmung der Rechts- und Linksflanken, s. DIN 868.

In den meisten Fällen treibt die Schnecke das Schneckenrad an, und zwar mit großer Übersetzung ins Langsame. Soll aber das Schneckenrad die Schnecke antreiben, muß sie eine sehr große Steigung haben. Dies erreicht man durch die Wahl mehrerer Gänge. Schneckengetriebe sind „selbsthemmend", wenn sie sich vom Schneckenrad aus nicht in Drehbewegung versetzen lassen.

Schraubenräder sitzen auf sich kreuzenden Wellen und haben gewindeähnliche Verzahnung (**7**.236). In Schnittzeichnungen wird der verdeckte Teil eines Zahnes gestrichelt wiedergegeben (**7**.235 und **7**.236). Die Drehrichtung der Räder kann in allen Darstellungen durch Pfeile gekennzeichnet werden (**7**.236), Kettenräder werden wie in Bild **7**.237 dargestellt.

Weitere Normenhinweise sind im DIN-Katalog enthalten.

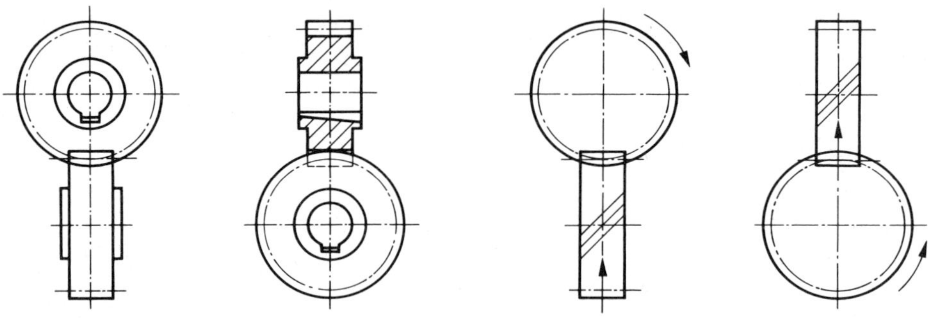

7.236 Darstellung und vereinfachte Darstellung eines Schraubenradtriebs

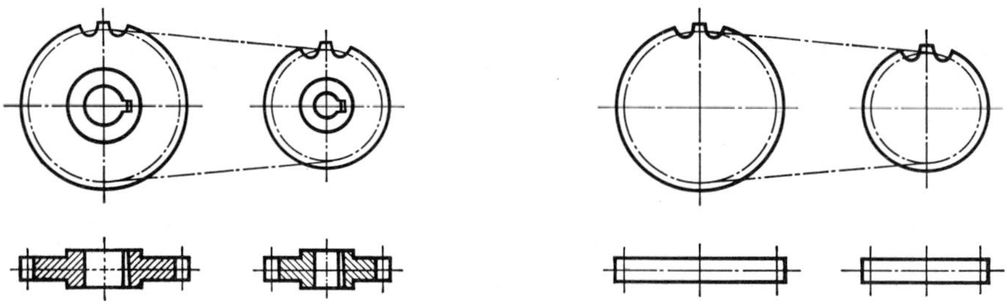

7.237 Darstellung und vereinfachte Darstellung eines Kettenrädertriebs

7.7 Wälzlager

Wälzlager sind einbaufertige Maschinenteile, die aus Rollkörpern (Kugeln, Walzen usw.) und Rollbahnen (dem auf der Welle sitzenden Innenring und dem im Gehäuse angeordneten Außenring) bestehen. Sie dienen zur Lagerung von Wellen in Gehäusen. Ihr Aufbau richtet sich nach den zu übertragenen Radial- und/oder Axialkräften.

Genormt sind u.a. die folgenden Wälzlager: Einreihige Radial-Schulterkugellager (DIN 615, Tabelle **7**.238), einreihige Radial-Rillenkugellager ohne Füllnuten (DIN 625 Teil 1, Tabelle **7**.239 und DIN 625 T2, Tabelle **7**.240), ein- und zweireihige Radial-Schrägkugellager (DIN 628 T1, Tabelle **7**.241), Radial-Pendelkugellager mit zylindrischer und kegeliger Bohrung (DIN 630 T1, Tabelle **7**.242 und **7**.243), einseitig wirkende Axial-Rillenkugellager mit ebener Gehäusescheibe und Unterlegscheibe (DIN 711 T1, Tabelle **7**.244) und einreihige Radial-Zylinderrollenlager mit Außenborden (DIN 5412 T1, Tabelle **7**.245).

Außer den genannten sind für die Anwendung der Wälzlager hauptsächlich folgende Normen zu beachten: DIN 611, in der die Systematik der Wälzlager enthalten ist, und DIN 5418, die Anschlußmaße für Wälzlager enthält.

Tabelle **7**.238 **(Radial-)Schulterkugellager, einreihig (DIN 615)**

Kurzzeichen	d	D[1])	B	r	r_1	Kurzzeichen	d	D[1])	B	r	r_1
* E 3	3	16	5	0,3	0,2	* E 13	13	30	7	0,5	0,3
* E 4	4	16	5	0,3	0,2	* E 15	15	35	8	0,5	0,3
* E 5	5	16	5	0,3	0,2	*BO 15	15	40	10	1	0,6
* E 6	6	21	7	0,5	0,3	* L 17a	17	40	10	1	0,5
* E 7	7	22	7	0,5	0,3	*BO 17	17	44	11	1	0,6
* E 8	8	24	7	0,5	0,3	* E 19	19	40	9	0,7	0,4
* E 9	9	28	8	0,5	0,3	* E 20	20	47	12	1,5	1
* E 10	10	28	8	0,5	0,3	L 20	20	47	14	1,5	0,7
* E 11	11	32	7	0,5	0,3	M 20	20	52	15	2	1
* E 12	12	32	7	0,5	0,3	L 25	25	52	15	1,5	1
						L 30	30	62	16	1,5	1

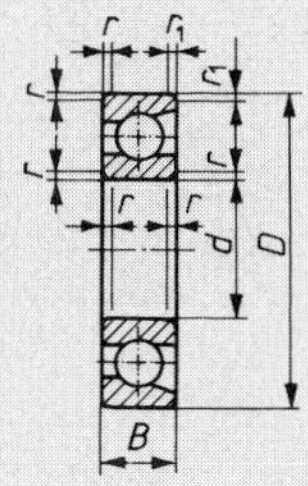

[1]) oberes Abmaß +0,010, unteres Abmaß 0

Bezeichnung z.B. Schulterkugellager DIN 615 – E 10

Tabelle **7**.239 **(Radial-)Rillenkugellager ohne Füllnuten (DIN 625 T1)** $d<10$ mm

Kurzzeichen neu	Kurzzeichen alt	Maßreihe	d	D	B	r
623	EL 3	02	3	10	4	0,3
624	EL 4	02	4	13	5	0,4
625	EL 5	02	5	16	5	0,5
626	EL 6	02	6	19	6	0,5
607	EL 7	10	7	19	6	0,5
608	EL 8	10	8	22	7	0,5
609	EL 9	10	9	24	7	0,5
634	R 4	03	4	16	5	0,5
635	R 5	03	5	19	6	0,5
627	R 7	02	7	22	7	0,5
629	R 9	02	9	26	8	1

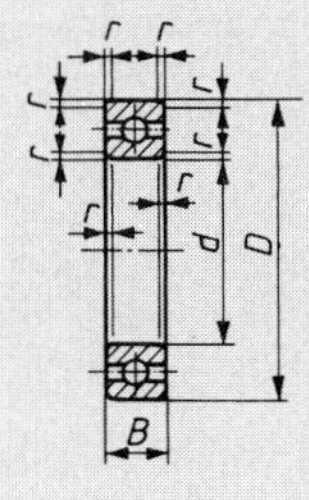

Tabelle **7.240** **(Radial-)Rillenkugellager ohne Füllnuten (DIN 625 T2)** $d \geqq 10$ mm

Lagerreihe 60 Maßreihe 10					Lagerreihe 160 Maßreihe 00[1])		
Kurzzeichen	*d*	*D*	*B*	*r*	Kurzzeichen	*B*	*r*
6000	10	26	8	0,5	–	–	–
6001	12	28	8	0,5	–	–	–
6002	15	32	9	0,5	16002	8	0,5
6003	17	35	10	0,5	16003	8	0,5
6004	20	42	12	1	16004	8	0,5
6005	25	47	12	1	16005	8	0,5
6006	30	55	13	1,5	16006	9	0,5
6007	35	62	14	1,5	16007	9	0,5
6008	40	68	15	1,5	16008	9	0,5
6009	45	75	16	1,5	16009	10	1
6010	50	80	16	1,5	16010	10	1

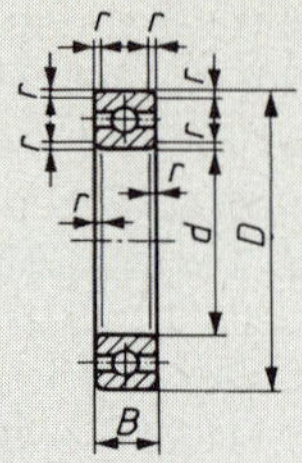

[1]) *d* und *D* wie Lagerreihe 60, Maßreihe 10

Tabelle **7.241** **Ein- und zweireihige Radial-Schrägkugellager, selbsthaltend (DIN 625 T1)**

einreihig						zweireihig	
Lagerreihe 72 Maßreihe 02						Lagerreihe 32 Maßreihe 32	
Kurzzeichen	*d*	*D*	*B*	*r*	r_1	Kurzzeichen	*B*
7200	10	30	9	1	0,5	3200	14,0
7201	12	32	10	1	0,5	3201	15,9
7202	15	35	11	1	0,5	3202	15,9
7203	17	40	12	1	0,8	3203	17,9
7204	20	47	14	1,5	0,8	3204	20,6
7205	25	52	15	1,5	0,8	3205	20,6
7206	30	62	16	1,5	0,8	3206	23,8
7207	35	72	17	2	1	3207	27,0
7208	40	80	18	2	1	3208	30,2
7209	45	85	19	2	1	3209	30,2
7210	50	90	20	2	1	3210	30,2

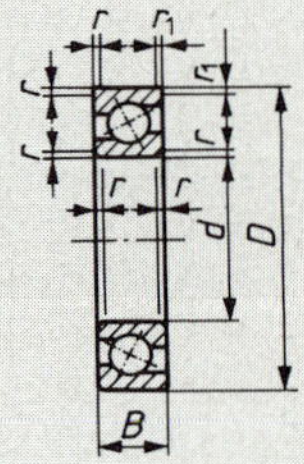

Tabelle **7.242** **(Radial-)Pendelkugellager; zylindrische und kegelige Bohrung (DIN 630 T1)** $d < 10$ mm

Kurzzeichen		Maßreihe	*d*	*D*	*B*	*r*
neu	alt					
135	13300	03	5	19	6	0,5
126	13301	02	6	19	6	0,5
127	13302	02	7	22	7	0,5
108	13303	10	8	22	7	0,5
129	13304	02	9	26	8	1

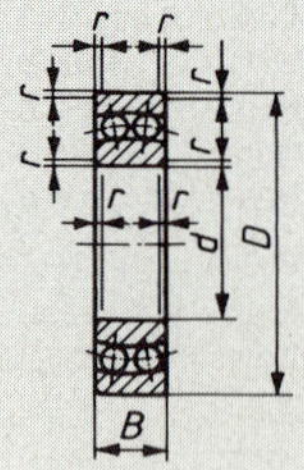

Tabelle 7.243 **(Radial-)Pendelkugellager; zylindrische und kegelige Bohrung (DIN 630 T1)** $d = 10$ mm

Lagerreihe 12 Maßreihe 02					Lagerreihe 22[2] Maßreihe 22	
Kurzzeichen[1]	d	D	B	r	Kurzzeichen[1]	B
1200	10	30	9	1	2200	14
1201	12	32	10	1	2201	14
1202	15	35	11	1	2202	14
1203	17	40	12	1	2203	16
1204	20	47	14	1,5	2204	18
1205	25	52	15	1,5	2205	18
1206	30	62	16	1,5	2206	20
1207	35	72	17	2	2207	23
1208	40	80	18	2	2208	23
1209	45	85	19	2	2209	23
1210	50	90	20	2	2210	23

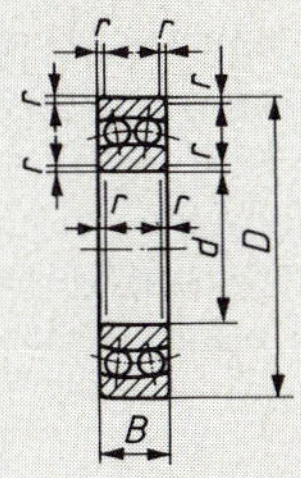

Tabelle 7.244 **Axial-Rillenkugellager, einseitig wirkend, mit ebener Gehäusescheibe, mit kugeliger Gehäusescheibe und Unterlagscheibe (DIN 711 T1),** Lagerreihe 512, Maßreihe 12

Kurzzeichen	d_w	d_g	D_g	H	r
512/8	8	8,2	22	9	0,5
51200	10	12	26	11	1
51201	12	14	28	11	1
51202	15	17	32	12	1
51203	17	19	35	12	1
51204	20	22	40	14	1
51205	25	27	47	15	1
51206x	30	32	52	16	1
51207	35	37	62	18	1,5
51208	40	42	68	19	1,5
51209	45	47	73	20	1,5
51210	50	52	78	22	1,5

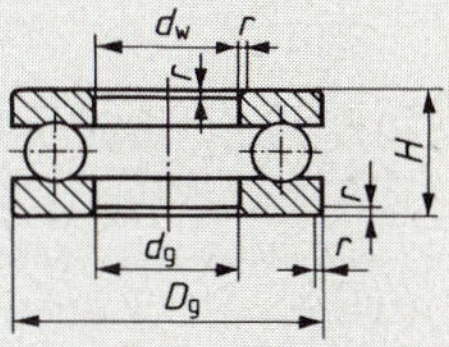

Tabelle 7.245 **(Radial-)Zylinderrollenlager mit Außenborden, einreihig (DIN 5412 T1)**

Zylinderrollenlager NU DIN 5412 Lagerreihe NU 49 Maßreihe 491)					Nadellager DIN 617 Maßreihe 49[1])	
Kurzzeichen	d	D	B	r	Kurzzeichen	F
NU 4900	10	22	13	0,5	NA 4900	14
NU 4901	12	24	13	0,5	NA 4901	16
NU 4902	15	28	13	0,5	NA 4902	20
NU 4903	17	30	13	0,5	NA 4903	22
NU 4904	20	37	17	0,5	NA 4904	25
NU 49/22	22	39	17	0,5	NA 49/22	28
NU 4905	25	42	17	0,5	NA 4905	30
NU 49/28	28	45	17	0,5	NA 49/29	32
NU 4906	30	47	17	0,5	NA 4906	35
NU 49/32	32	52	20	1	NA 49/32	40
NU 4907	35	55	20	1	NA 4907	42
NU 4908	40	62	22	1	NA 4908	48
NU 4909	45	68	22	1	NA 4909	52
NU 4910	50	72	22	1	NA 4910	58

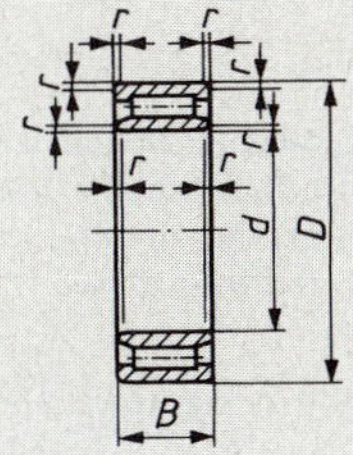

7.8 Rohrleitungen, Rohrverbindungen und Armaturen

Hierzu gehören Rohre, Formstücke, Rohrverbindungen, Armaturen und andere innendruckbeanspruchte Ausrüstungsteile von Rohrleitungen, Kesseln, Maschinen u.a. Sie dienen zur Regelung, zur Absperrung, zum Messen und Ablesen der Durchflußmedien (Wasser, Dampf, Gas usw.).

Solche Bauteile aus metallischen Werkstoffen wählt man nach Druckstufen (DIN 2401 T1, **7**.246) und Nennweiten aus (DIN 2402, **7**.247). Die Nenndruckstufen von Rohrleitungsteilen aus anderen Werkstoffen und Armaturen aus Stahl- oder Spannbeton in Rohrleitungen werden nach DIN 2401 T3 bestimmt.

Tabelle **7**.246 **Druckstufen der Nenndrücke (DIN 2401 T1)**

	1	10	100	1000
		(12,5)	(125)	
	1,6	16	160	1600
	(2)	(20)	(200)	
	2,5	25	250	2500
	(3,2)	(32)	320	
	4	40	400	4000
(0,5)	(5)	(50)	(500)	
	6	63	630	6300
	(8)	(80)	(800)	

Druckstufe = nach Normzahl gestufter Nenndruck

Nenndruck = ausgewählte Druck-Temperatur-Abhängigkeit zur Normung von Bauteilen

Nennweite = kennzeichnendes Merkmal zueinander passender Teile (DN). Sie hat keine Einheit und darf nicht als Maßeintragung im Sinne von DIN 406 benutzt werden. Sie entspricht annähernd dem lichten Durchmesser in mm der Rohrleitungsteile.

Tabelle **7**.247 **Nennweiten der Rohrleitungen (DIN 2402)**

10	100	1000	3	32	300 350	3000 3200 3400 3600 3800	5	50	500
12[1])	125	1200 1400	4	40	400 (450)	4000	6	65	600 700
15[2]) 16[1])	150 (175)	1600 1800					8	80	800 900
20	200	2000 2200 2400							
25	250	2600 2800							

[1]) Diese Nennweite anwenden, wenn die enge Stufung 10 12 16 20 notwendig ist (z.B. bei Rohrverschraubungen, Lötfittings)

[2]) Diese Nennweite anwenden, wenn die grobe Stufung 10 15 20 ausreicht (z.B. bei Flanschen, Gewindefittings usw.)

Zusammengehörende Bauteile (Rohrleitungen, Absperrteile, Armaturen usw.) mit derselben Nenndruckbezeichnung haben bei gleicher Nennweite gleiche Anschlußmaße.

Die für Rohrleitungsteile aus Eisenwerkstoffen zulässigen Betriebsdrücke zeigt DIN 2401 T2 (Vornorm). Sie enthält Angaben über Stahl- und Gußeisensorten, die für Rohrleitungsteile in Betracht kommen.

Der zulässige Betriebsüberdruck ist der höchste Innen- oder Außendruck, der für ein Bauteil aufgrund des Werkstoffs und der Berechnungsgrundlagen bei der zulässigen Betriebstemperatur gestattet ist. Werkstoff, Betriebstemperatur und Berechnungsgrundlagen müssen dabei genannt werden.

Der Prüfdruck ist der Überdruck, dem ein Bauteil zur Prüfung ausgesetzt wird.

Die zulässige Betriebstemperatur ist die höchste Temperatur, die für ein Bauteil aufgrund des Werkstoffs und der Berechnungsgrundlagen beim zulässigen Betriebsüberdruck gestattet ist. Werkstoff, Betriebsüberdruck und Berechnungsgrundlagen sind dabei zu nennen.
Für die Dichtheitsprüfung des Abschlusses von Armaturen gelten die einschlägigen Vorschriften. Normen siehe DIN-Katalog der Normen und Norm-Entwürfe DK 621.643 Rohrleitungen, Rohrverbindungen und DK 621.646 Armaturen.

7.9 Zusammenfassende Übungen

Gesamtzeichnung. Bild **7**.248 ist eine Zeichnung der Einzelteile eines Geräts (aus Übungsgründen auch Normteile). Die Unterbringung aller Teile eines Ganzen auf demselben Zeichenbogen kommt nur selten vor, auch wenn er nach dem Zerschneideverfahren in selbständige Kleinformate aufgeteilt wird. Gehören aber viele Werkstücke zu einem Ganzen, wird für jedes Werkstück eine besondere Zeichnung mit Schriftfeld angefertigt. Eine Stückliste auf besonderem Blatt ist aufzustellen, wenn sie in der Gesamtzeichnung nicht untergebracht werden kann. Lose Stücklisten haben sich in letzter Zeit immer mehr durchgesetzt.

Gruppenzeichnungen. Die Aufteilung einer Gesamtzeichnung in Gruppenzeichnungen hat die Reihenfolge der Arbeiten beim Zusammenbau zu berücksichtigen. Eine Gruppenzeichnung stellt eine in sich abgeschlossene Montageeinheit dar und kann daher schon notwendig sein, wenn zwei Teile miteinander zu vernieten sind. Die Gruppe erhält eine eigene laufende Nummer, die mit der Benennung und der Zeichnungsnummer in die Stückliste der Gesamtzeichnung aufzunehmen ist.

Hervorhebungen. Soll sich in einer Gesamtzeichnung ein Werkstück hervorheben, wird es mit breiten Vollinien gezeichnet. Teile, die nicht zu der Darstellung unmittelbar gehören (wie der [-Stahl in der Seitenansicht der Lochvorrichtung **1**.12 auf S. 18), werden mit schmalen Strich-Zweipunkt-Linien gezeichnet.

Übungen

1. Stellen Sie die Gesamtzeichnung des Dämpfers aus den Einzelteilen (**7**.248) auf DIN A4 (Hochlage) in Vorderansicht (Schnitt) und Draufsicht im Maßstab 1:1 her.

   Der Bolzen (*4*) wird mit dem Federteller (*3*) genietet und von oben in das Unterteil (*1*) gesteckt. Dann setzt man die Schraubenfeder (*5*) auf den Federteller. Nachdem die Rändelschraube (*6*) von oben in das Gehäuse (*2*) geschraubt und mit dem anderen Federteller genietet worden ist, verbindet man Unterteil und Gehäuse mit den Sechskantschrauben (*7*).
2. Es ist die Gesamtzeichnung einer Spannvorrichtung aus den Einzelteilen (**7**.249) im Maßstab 1:1 auf DIN A3 (Hochlage) in Vorderansicht (Schnitt) und Draufsicht anzufertigen.

   Nachdem die Führungsbacke (*2*) mit Stiften (*3*) und Schrauben (*4*) auf der Grundplatte (*1*) befestigt und der Stift (*7*) von oben in die Gleitbacke (*5*) getrieben worden sind, schiebt man diese in die Führungsbacke (*2*). Dann wird der Hebel (*6*) auf die Gleitbacke (*5*) so gelegt, daß der noch vorstehende Stift (*7*) im Schlitz des Hebels (*6*) liegt. Schließlich steckt man die Schraube (*8*) durch das Loch des Hebels (*6*) und durch das Langloch der Gleitbacke (*5*) und schraubt sie in der Grundplatte (*1*) fest.
3. Für die zum Bohrwerkzeug (**7**.250) und dem Lehrenhalter (**7**.251) gehörenden Werkstücke (Normteile ausgenommen) sind Fertigteilzeichnungen herzustellen. Außerdem für alle Teile jeder Gesamtzeichnung eine Stückliste aufzustellen.
4. Für die zum Bohrwerkzeug (**7**.252) gehörenden Werkstücke (Normteile ausgenommen) sind Fertigteilzeichnungen herzustellen. Für alle Teile ist die Stückliste aufzustellen.

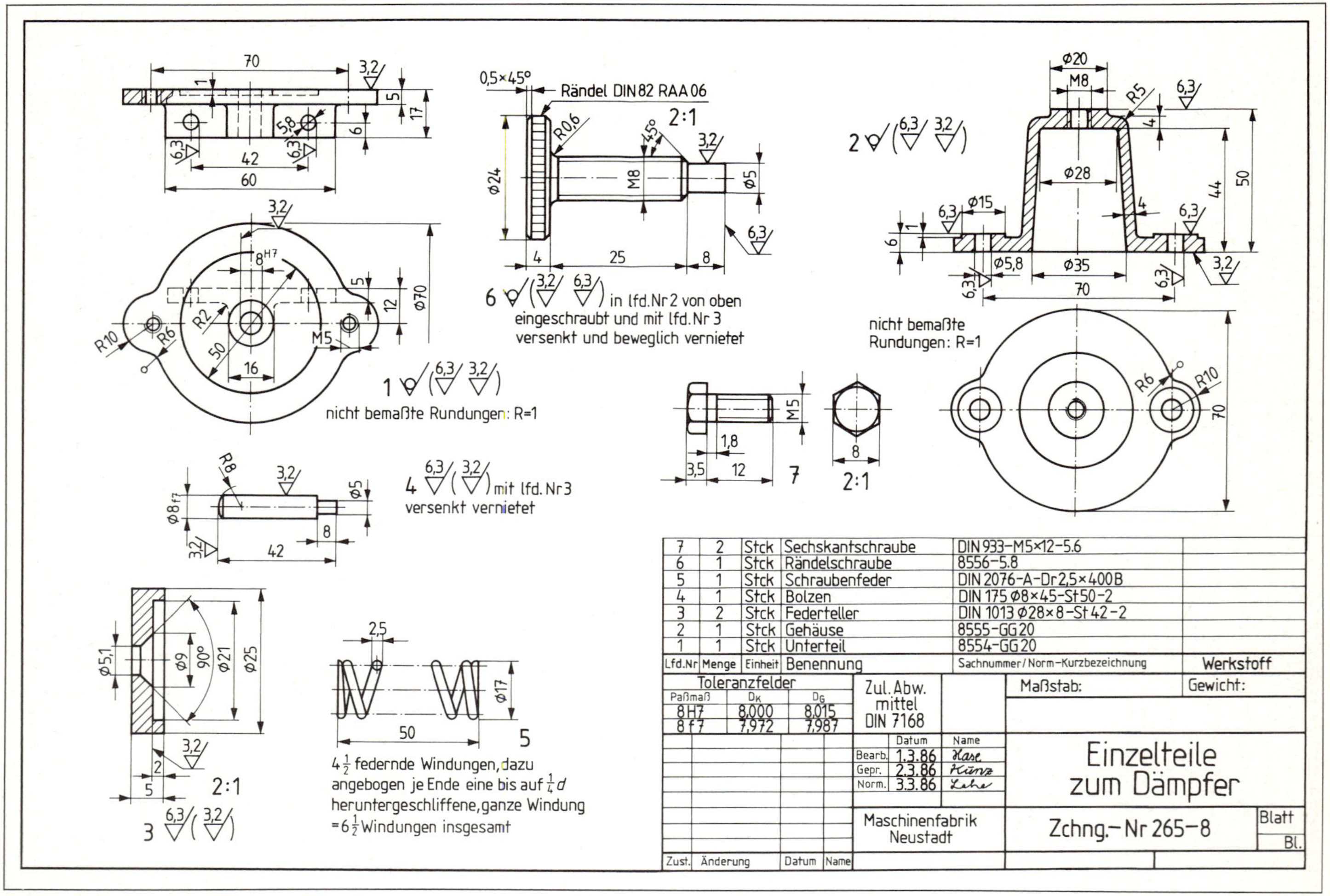

7.248 Teilzeichnung

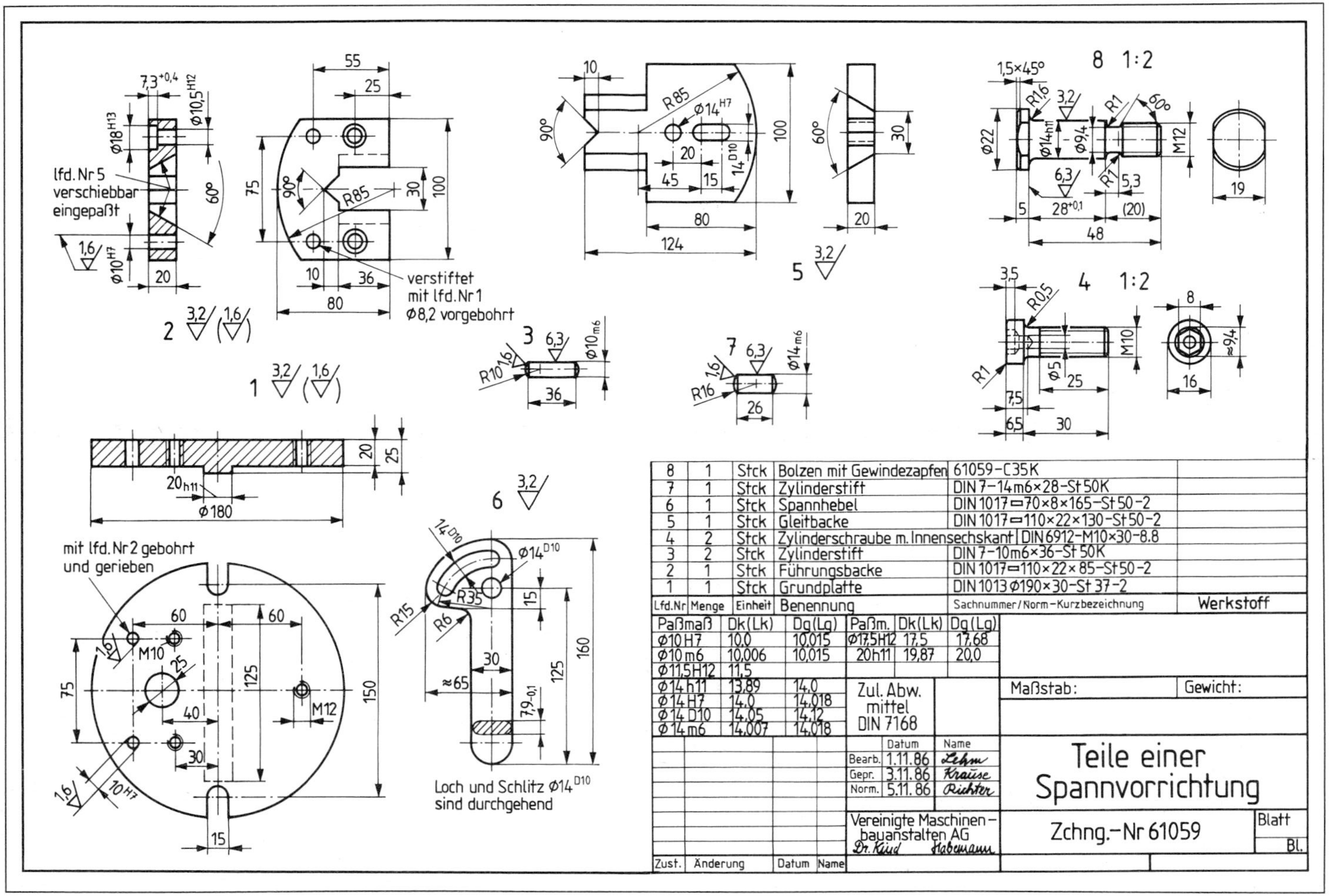

Lfd.Nr	Menge	Einheit	Benennung	Sachnummer/Norm-Kurzbezeichnung	Werkstoff
8	1	Stck	Bolzen mit Gewindezapfen	61059-C35K	
7	1	Stck	Zylinderstift	DIN 7-14m6×28-St 50K	
6	1	Stck	Spannhebel	DIN 1017 ▭ 70×8×165-St 50-2	
5	1	Stck	Gleitbacke	DIN 1017 ▭ 110×22×130-St 50-2	
4	2	Stck	Zylinderschraube m. Innensechskant	DIN 6912-M10×30-8.8	
3	2	Stck	Zylinderstift	DIN 7-10m6×36-St 50K	
2	1	Stck	Führungsbacke	DIN 1017 ▭ 110×22×85-St 50-2	
1	1	Stck	Grundplatte	DIN 1013 Ø190×30-St 37-2	

Paßmaß	Dk(Lk)	Dg(Lg)	Paßm.	Dk(Lk)	Dg(Lg)
Ø10H7	10,0	10,015	Ø17,5H12	17,5	17,68
Ø10m6	10,006	10,015	20h11	19,87	20,0
Ø11,5H12	11,5				
Ø14h11	13,89	14,0			
Ø14H7	14,0	14,018			
Ø14D10	14,05	14,12			
Ø14m6	14,007	14,018			

	Datum	Name
Bearb.	1.11.86	Lehm
Gepr.	3.11.86	Krause
Norm.	5.11.86	Richter

7.249 Einzelteile zur Herstellung einer Gesamtzeichnung

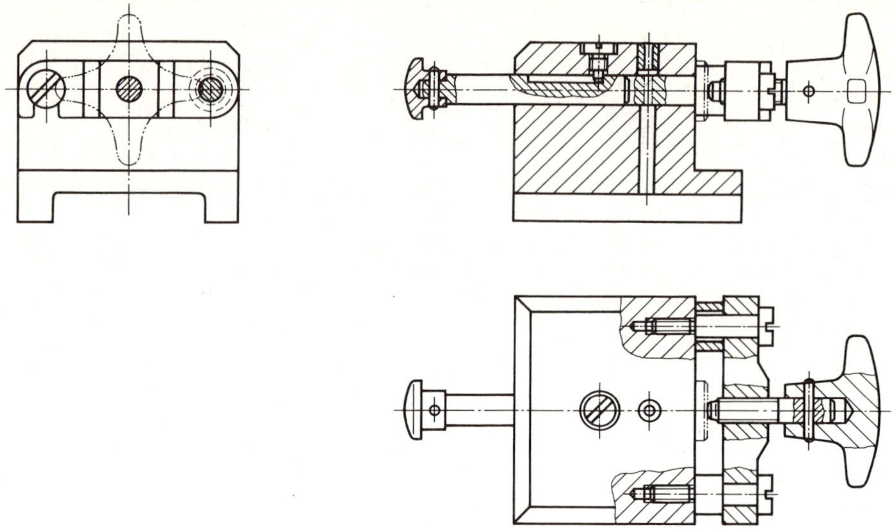

7.250 Bohrwerkzeug für Bolzen DIN 1436

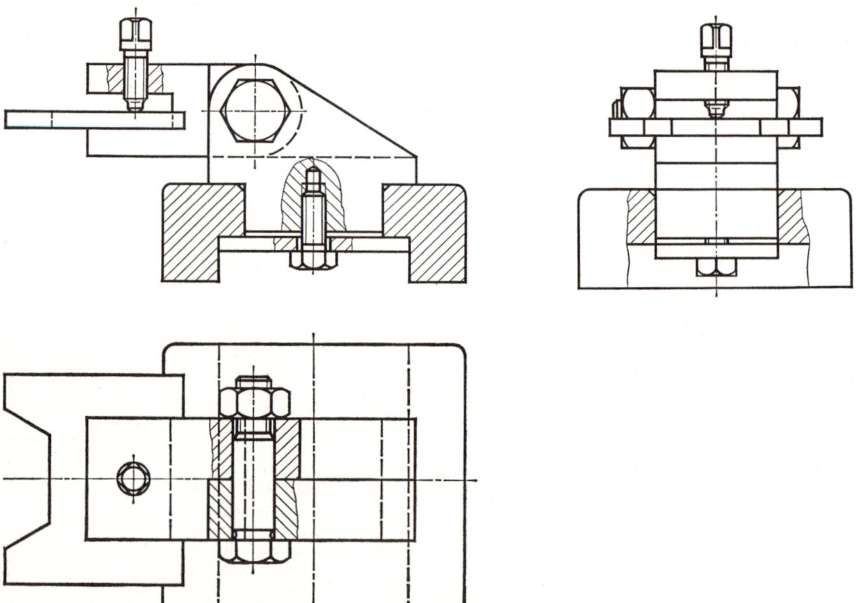

7.251 Lehrenhalter

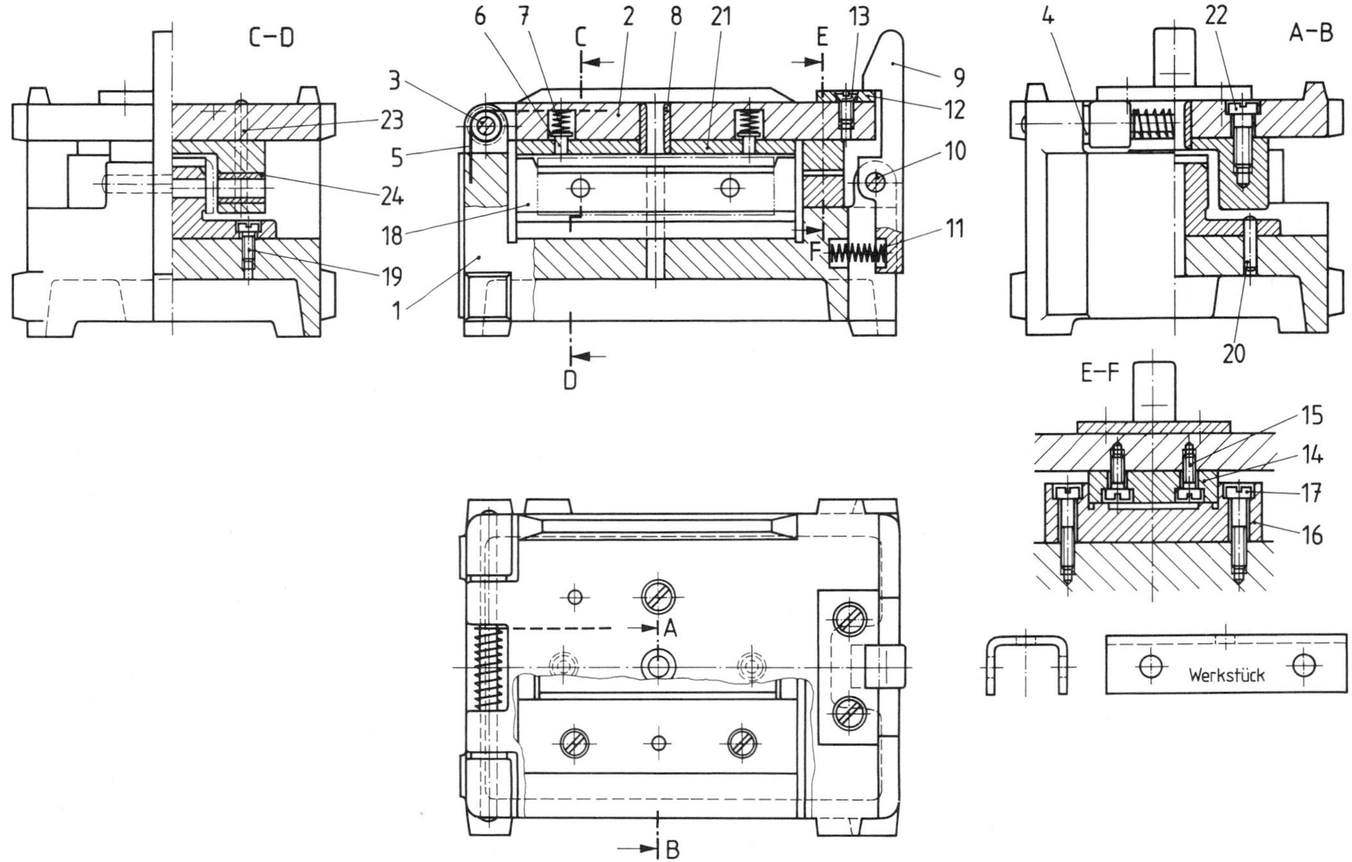

7.252 Bohrwerkzeug

8 Zeichnungen für den Metallbau (DIN ISO 5261)

Metallbaukonstruktionen werden im allgemeinen aus genormten Form- und Stabstählen (z.B. Winkel-, U-, T-, Doppel-T- und Flach-Profilen) sowie aus Blechen gefertigt. Es werden keine Einzelteilzeichnungen ausgeführt. Jede Zeichnung enthält einen komplexen Teil des Gesamtbauwerks, das meist nur einmal erstellt wird. Für die Darstellung sind mehr Ansichten und Schnitte nötig als für Maschinenbauzeichnungen. Für die Bemaßung wird die Kettenbemaßung bevorzugt, da sie platzsparend und wegen der relativ großen zulässigen Maßabweichungen möglich ist.

Die einzelnen Bauteile, wie auch die Gesamtkonstruktion, werden durch Schweißen, Nieten oder Schrauben gefügt.

Für die Kennzeichnung der Fügeverfahren benutzt man Sinnbilder und Normbezeichnungen (**8**.2 und **8**.3. Schweißverbindungen s. Abschn. 7.4.1).

8.1 Darstellung

Für die Auswahl, Anordnung und Bezeichnung der Ansichten und Schnitte ist die Zeichnung **8**.1 beispielgebend. Sie ist übersichtlich und gut verständlich.

Die Schnittflächen der Profile, Stäbe und Bleche sind schmal und gewöhnlich nicht zu schraffieren, sondern voll zu schwärzen. Zur Unterscheidung geschwärzter Schnittflächen bei zusammengezeichneten Teilen werden aber Lichtkanten vorgesehen.

Bruchlinien an Bauteilen sind als schmale Strichpunktlinien zu zeichnen (vgl. hierzu Bruchdarstellungen Abschn. 4.8).

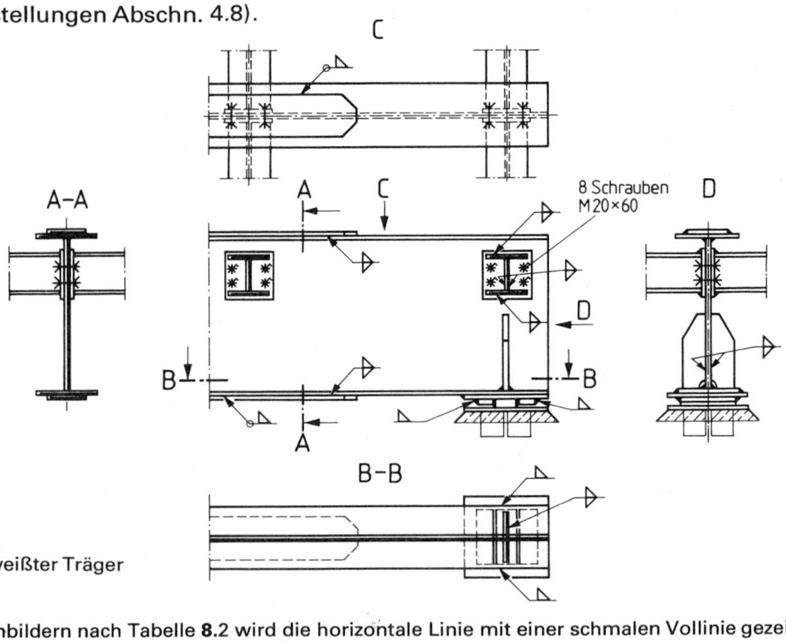

8.1 Geschweißter Träger

Bei den Sinnbildern nach Tabelle **8**.2 wird die horizontale Linie mit einer schmalen Vollinie gezeichnet, die anderen Elemente zeichnen wir mit einer breiten Vollinie.

Die Sinnbilder nach Tabelle **8**.3 sind in breiten Vollinien zu zeichnen.

Tabelle **8.2** **Sinnbilder für Löcher, Schrauben und Niete (Darstellung parallel zur Achse)**

Loch	Symbol für ein Loch nicht gesenkt	Senkung auf einer Seite	Senkung auf beiden Seiten
in der Werkstatt gebohrt	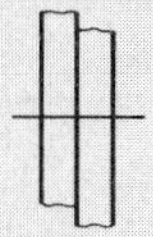	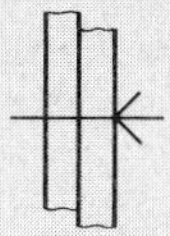	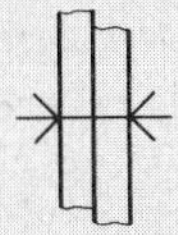
auf der Baustelle gebohrt	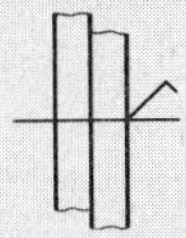	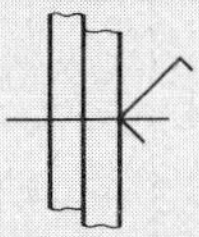	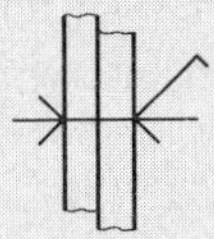

Schraube oder Niet	Symbol für eingebaute Schraube oder Niet nicht gesenkt	Senkung auf einer Seite	Symbol für Senkniet, Senkung auf beiden Seiten	Symbol für Schraube mit Lageangabe der Mutter
in der Werkstatt eingebaut	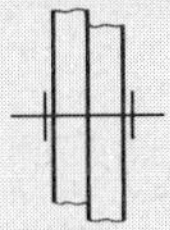	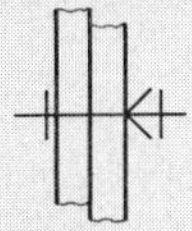	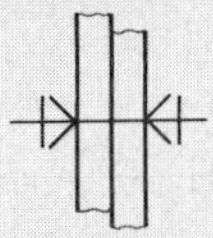	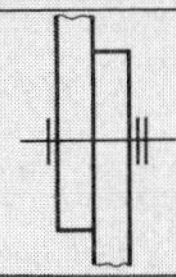
auf der Baustelle eingebaut	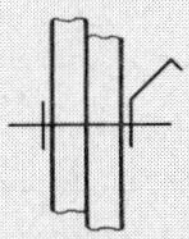	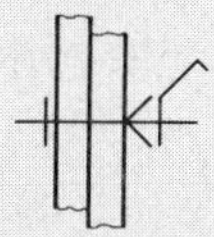	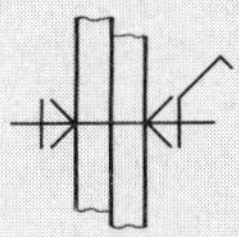	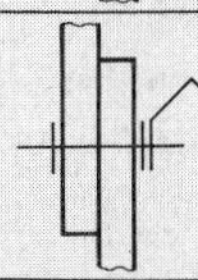
auf der Baustelle gebohrt und eingebaut	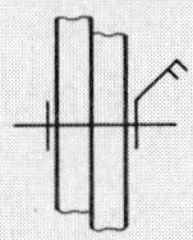	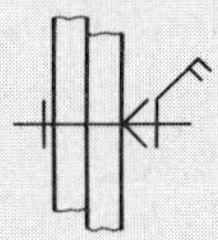	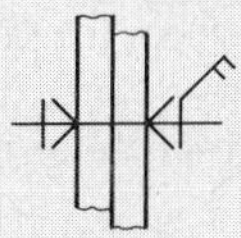	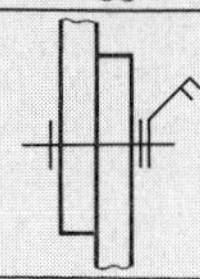

Tabelle **8.3** **Sinnbilder für Löcher, Schrauben und Niete (Darstellung senkrecht zur Achse)**

Loch	Symbol für ein Loch nicht gesenkt	Senkung auf der Vorderseite	Senkung auf der Rückseite	Senkung auf beiden Seiten
in der Werkstatt gebohrt			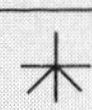	
auf der Baustelle gebohrt	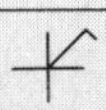	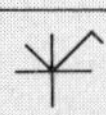	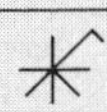	

Schraube oder Niet	Symbol für eingebaute Schraube oder Niet nicht gesenkt	Senkung auf der Vorderseite	Senkung auf der Rückseite	Symbol für Senkniet Senkung auf beiden Seiten
in der Werkstatt eingebaut				
auf der Baustelle eingebaut	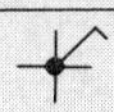			
auf der Baustelle gebohrt und eingebaut	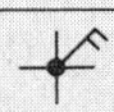	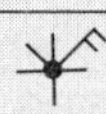		

Zur Unterscheidung von Schrauben und Niete wird die entsprechende Bezeichnung dazugesetzt, z. B.: für eine Schraube M 16 × 60, für einen Niet ∅ 20 × 60.

Die Abstände der Bohrungen für Niet- und Schraubenverbindungen sind durch die Norm vorgeschrieben. Die Maße berücksichtigen die Ausreißgefahr an den Rändern, die Ausbeulgefahr zwischen den Verbindungsmitteln und die Montagemöglichkeit.

Tabelle **8.4** **Rand- und Lochabstände von Nieten und Schrauben nach DIN 18800**
Es bedeuten d = Lochdurchmesser und t = Dicke des dünnsten außenliegenden Teils.

Randabstände			Lochabstände		
kleinster Randabstand	in Kraftrichtung	2 d	kleinster Lochabstand	bei allen Bauwerksteilen	3 d
	senkrecht zur Kraftrichtung	1,5 d			
größter Randabstand	in beiden Richtungen[1])	3 d oder 6 t[1])	Größter Lochabstand, soweit die Bemessung keine engere Teilung erfordert	im Druckbereich und für Beulsteifen	6 d o. 12 t
				im Zugbereich und für Heftung auch im Druckbereich	10 d oder 20 t

[1]) Bei Stab- und Formstählen darf am versteiften Rand 8 t statt 6 t genommen werden, wie die Bilder zeigen.

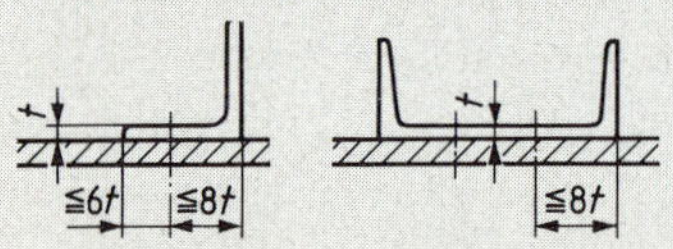

Größere Rand- und Lochabstände sind zulässig, wenn geeignete Maßnahmen einen ausreichenden Korrosionsschutz gewährleisten, wie z. B. erforderlich für Stirnplatten biegesteifer Stirnplattenverbindungen mit hochfesten Schrauben.

Im allgemeinen werden im Metallbau die einzelnen Profile keinen besonderen An- und Einpassungen unterworfen. Sind jedoch konstruktiv Einpassungen gefordert, muß dies besonders gekennzeichnet werden (**8**.5).

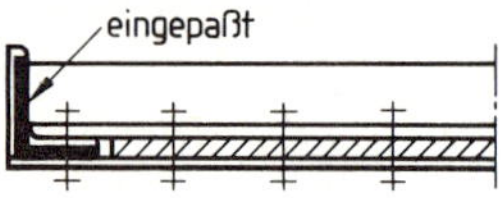

8.5 Eingepaßtes Profil

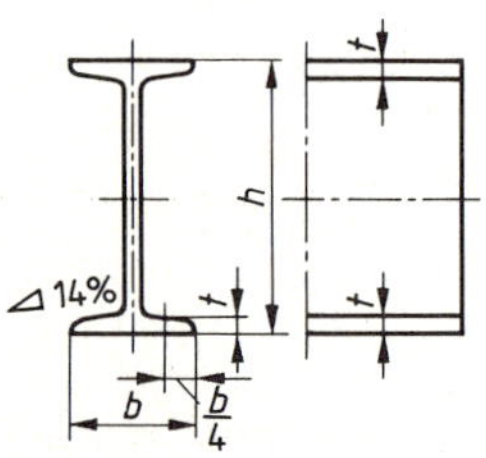

8.6 I-Stahl

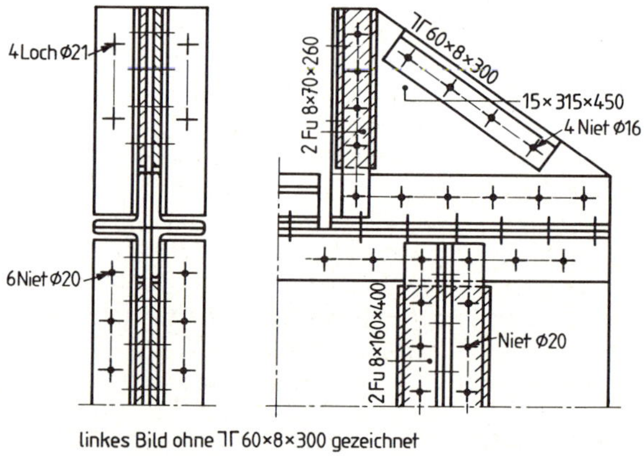

8.7 Eingebaute Futterbleche

Futter sind Bleche zum Ausfüllen von Räumen zwischen Profilen und Blechen. Sie werden durch ein „Fu" und Maßangaben kenntlich gemacht. „2 Fu 8 × 70 × 260" bedeutet 2 Futter aus je 8 dickem, 70 breitem und 260 langem Blech (**8**.7). Der Querschnitt eines Futters wird durch Schraffur hervorgehoben, selbst wenn es ungeschnitten dargestellt ist. Verdeckte Futterflächen erhalten auch Schraffur, bei großen Flächen nur am Rand.

Die Darstellung von Flanschen mit Neigungen (z.B. an I- und [-Profilen, von der Seite gesehen) ist nicht genormt. Eine im Abstand der mittleren Flanschdicke *t*, die aus der Normtafel zu entnehmen ist, gezogene breite Vollinie bietet eine durchaus brauchbare Lösung (**8**.6).

Trägerbearbeitungen wie Schnitte, Ab- und Ausflanschungen und Ausklinkungen an Trägern zeigen die Bilder **8**.8 bis **8**.15.

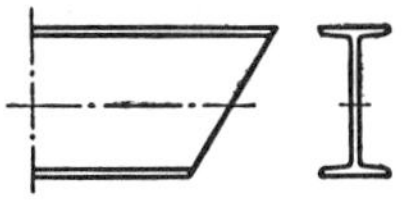

8.8 Schrägschnitt

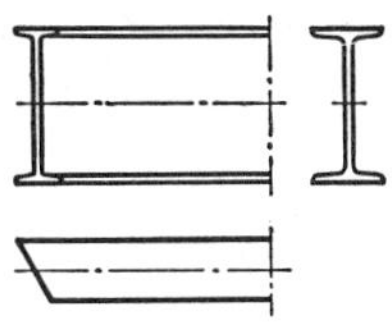

8.9 Gehrungsschnitt

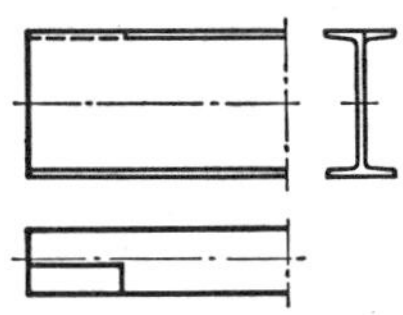

8.10 Einseitige Trägerabflanschung

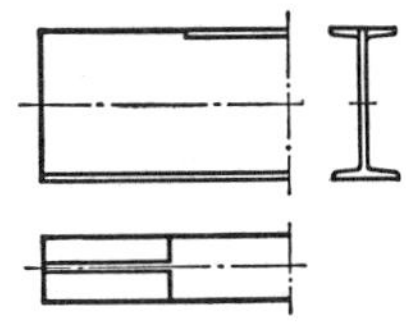

8.11 Beiderseitige Trägerabflanschung

8.12 Ausflanschung

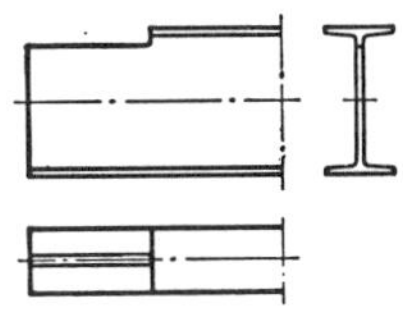

8.13 Einseitige Ausklinkung

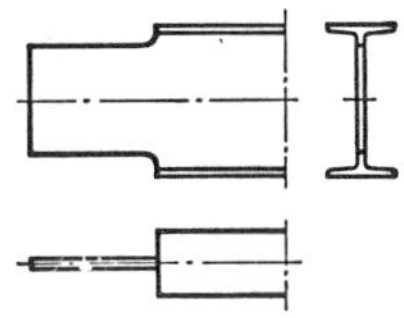

8.14 Doppelte Ausklinkung

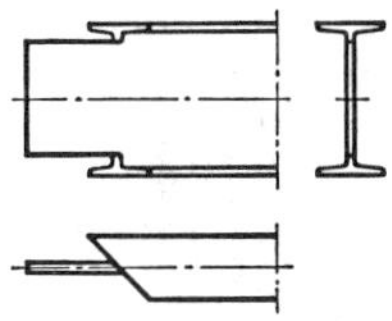

8.15 Doppelte Schrägklinkung

Rißlinien für Niete und Schrauben werden als schmale Vollinien gezeichnet (**8**.16). Die Schwerachsen der Stäbe und Profile sollen sich mit den Systemlinien und mit den Rißlinien – bei zwei Reihen mit deren Mitte – decken. Bei Winkelstählen ist allerdings nur die Deckung der Schwerachsen mit den Systemlinien möglich (**8**.16). Treten in Winkelstählen nur unbedeutende Kräfte auf, werden Schwerachsen nicht gezeichnet, und die Nietrißlinien decken sich mit den Systemlinien. Die Bezeichnungen Systemlinie (Schwerachse), Systempunkt und Nietlinie werden in die Zeichnung nicht eingeschrieben.

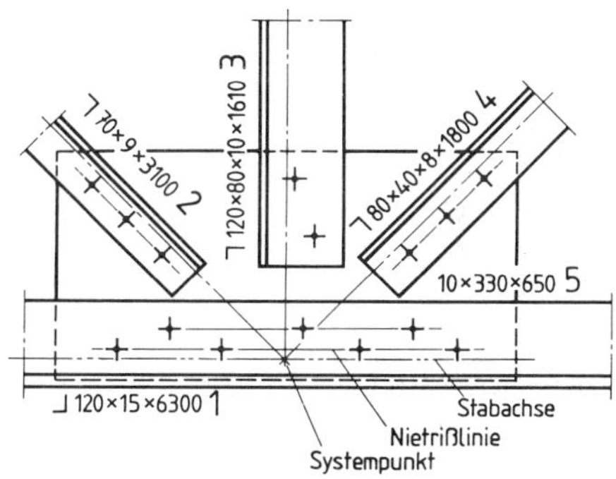

8.16 Knotenpunkt

Naturgrößen heißen Zeichnungen im Maßstab 1:1 zum Bestimmen von Einzelmaßen und zum Übertragen auf das Werkstück. Sie werden vorwiegend für Bleche und Abwinkelungen meist auf gelbem Zeichenkarton hergestellt, wie eine Schablone auf den Werkstoff gelegt und die Maße für den Zuschnitt und die Löcher übertragen.

Es werden besondere Sinnbilder für Lochdurchmesser auf Naturgrößen verwendet, z.B. □ für ∅ 13; △ für ∅ 17; ○ für ∅ 21; ⊗ für ∅ 25.

8.2 Bemaßung

Maßlinien werden ohne Lücke gezogen und an den Enden durch Schrägstriche und bei Platzmangel durch Punkte begrenzt. Statt der Schrägstriche sind Maßpfeile zugelassen, nicht aber beide gemeinsam in der gleichen Zeichnung (Ausnahme: Radienbemaßung, s. **8**.23).

Maßzahlen sind in senkrechter bzw. schräger Normschrift nach DIN 6776 in Tusche unmittelbar über die Maßlinie zu schreiben, notfalls auch darunter oder abwechselnd über und unter die Maßlinien (wenn sie in Reihe liegen) oder auch daneben (**8**.17). Die Stellung der Maßzahlen und die Lage der Schrägstriche für Maße verschiedener Richtungen zeigt Bild **8**.18.

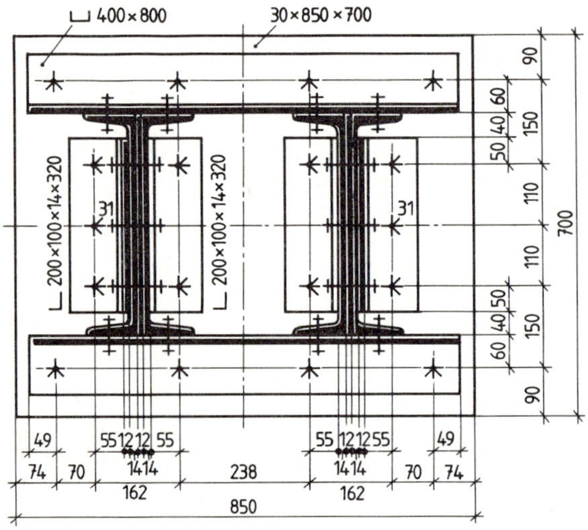

8.17 Säulenfuß

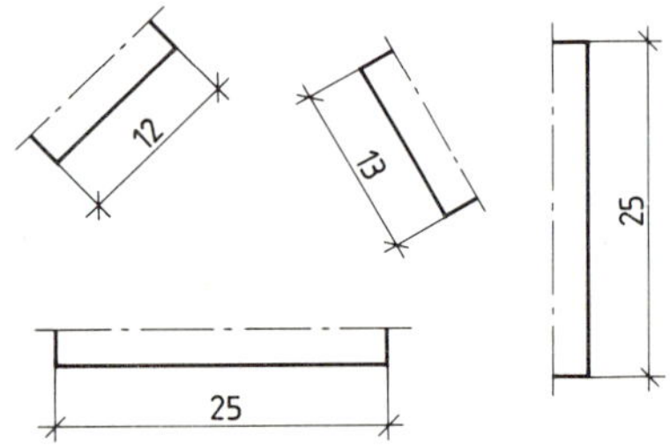

8.18 Anordnung der Maßzahlen und der Schrägstriche

Kurzzeichen für Profile, Stäbe, Bleche u.a. sind in DIN 1353 T2 und DIN ISO 5261 genormt und stehen in Richtung der Teile dicht darüber, dicht darunter oder gleich daneben (**8**.16). Blechdicken kann man auch in die Blechflächen setzen.

Die Anreißmaße sind genormt (**8**.19). Es enthalten außer Angaben über größte Durchmesser für Niete und Schrauben

- DIN 997 Wurzelmaße für T-Stähle, I-Stähle, [-Stähle und Z-Stähle,
- DIN 998 Lochabstände für ungleichschenkelige Winkelstähle,
- DIN 999 Lochabstände für gleichschenklige Winkelstähle.

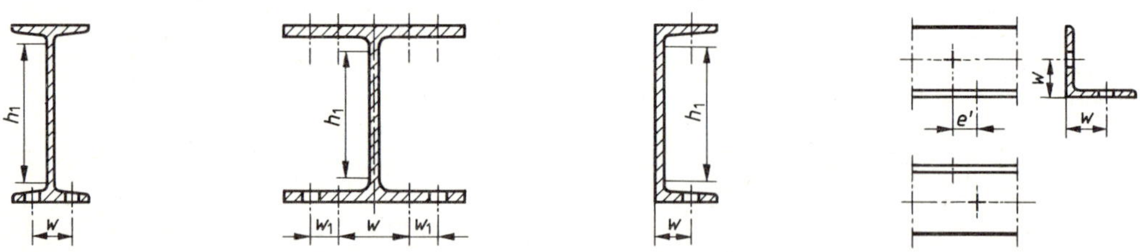

8.19 Beispiele von Anreißmaßen

Laufende Nummern (Teile- oder Positionsnummern) sind möglichst in Richtung der Uhrzeigerbewegung fortschreitend anzuordnen. Sie stehen in größerer Schrift, in mindestens 5 mm Höhe hinter den Werkstoffbezeichnungen in gleicher Richtung (**8**.16).

Die Maße für Knotenbleche, Profile und Stäbe gehen vom Systempunkt aus. Das ist der Punkt, in dem die verlängerten Schwerachsen der Werkstücke zusammenlaufen **8**.16 und **8**.20).

Die Maße für Abschnitte eines vieleckigen Knotenblechs und für Schrägschnitte an anderen Bauteilen werden, sofern die Fertigungsgenauigkeit dadurch nicht beeinträchtigt wird, auf das umschließende Rechteck bezogen (**8**.21).

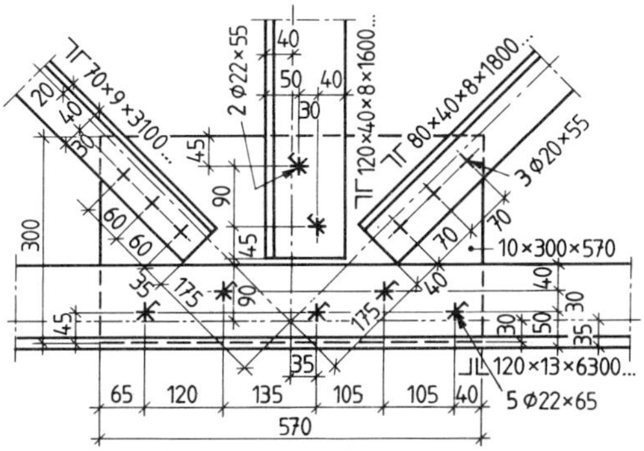

8.20 Knotenpunkt

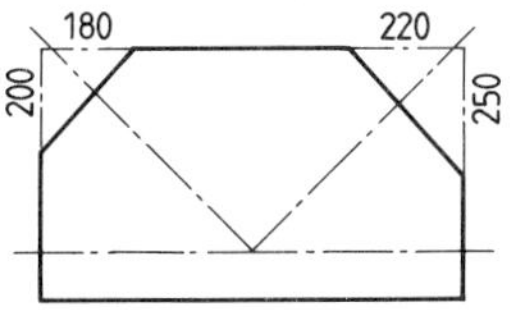

8.21 Knotenblech

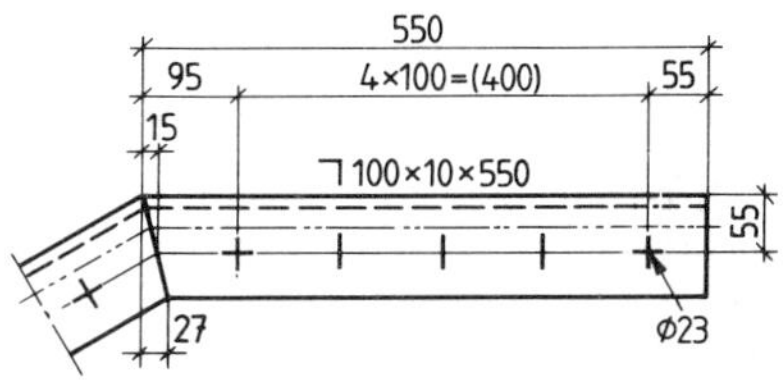

8.22 Geknickter Stab

Maßketten für gleiche Lochteilungen sind tunlichst zu vereinfachen (**8**.22). Lochteilungen bei Knickungen beziehen sich auf den Systempunkt und auf den Rücken der Profile. Zum Ausgleich der Maßabweichungen innerhalb einer Maßkette dient eine Maßzahl in Klammer für eine hierzu geeignete Abmessung.

Bogenlängen werden mit Rollmeßgeräten auf dem Werkstück abgetragen und sinnentsprechend bemaßt (**8**.23).

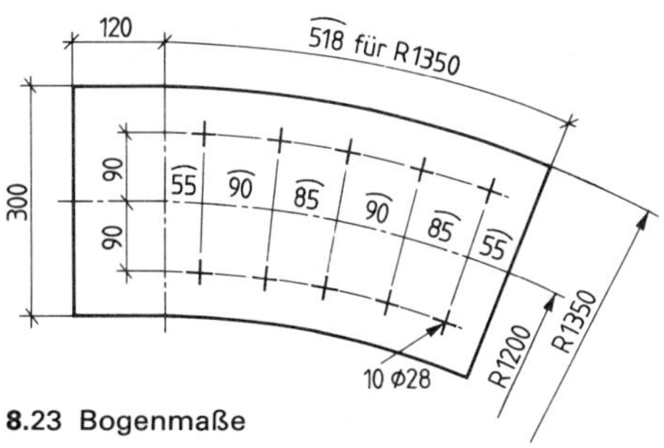

8.23 Bogenmaße

Teilungsmaße auf Mittellinie bezogen

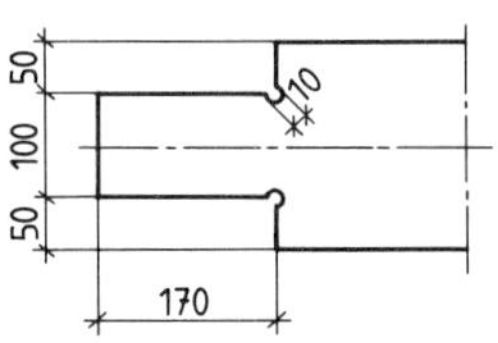

8.24 Ausgebohrte Ecken

Ausgebohrte Ecken werden durch Kreisbogen angegeben, deren Mittelpunkte in den Ecken liegen (**8**.24).

Im System sind die Maßzahlen dicht an die Systemlinien zu setzen, alles übrige der Bemaßung entfällt (**8**.25 auf S. 234).

Höhenlagen gibt man durch Pfeile in Form geschwärzter gleichseitiger Dreiecke und durch mit Vorzeichen versehene Maßzahlen an (**8**.26).

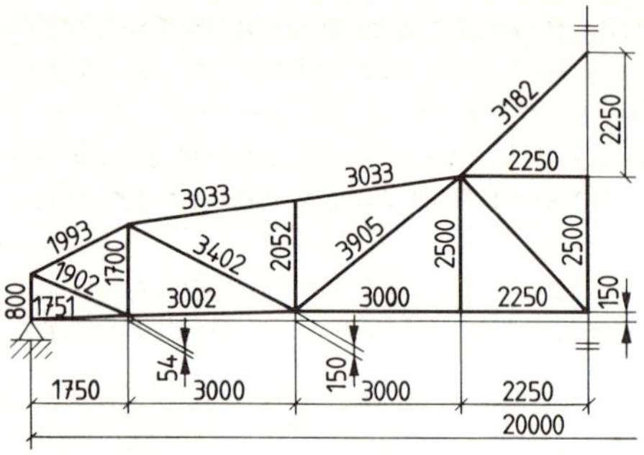

8.25 Bemaßung eines Dachbindersystems

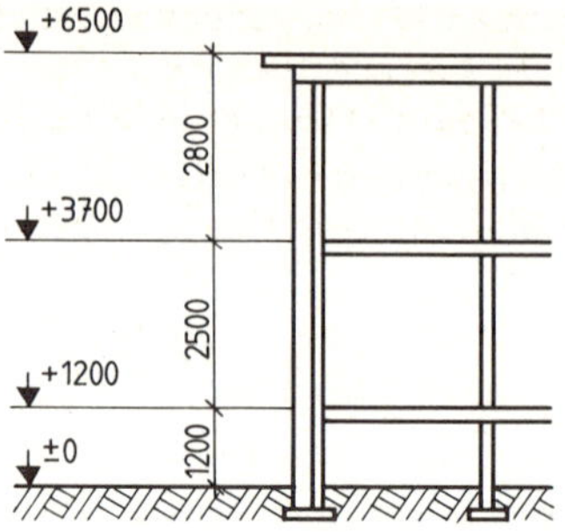

8.26 Angabe von Höhen

8.3 Zeichnungsbeispiele

Der Träger in Bild **8.**27 ist 800 hoch, 7850 lang und aus Blechen, Stab- und Formstählen zusammengesetzt. Wegen verhältnismäßig großer Belastung ist ein 12 dickes Stegblech gewählt worden, das zur Vermeidung des Ausknickens durch gleichschenklige Winkelstähle L80×10 und breitfüßige T-Stähle TB80 unter Verwendung von Futterblechen

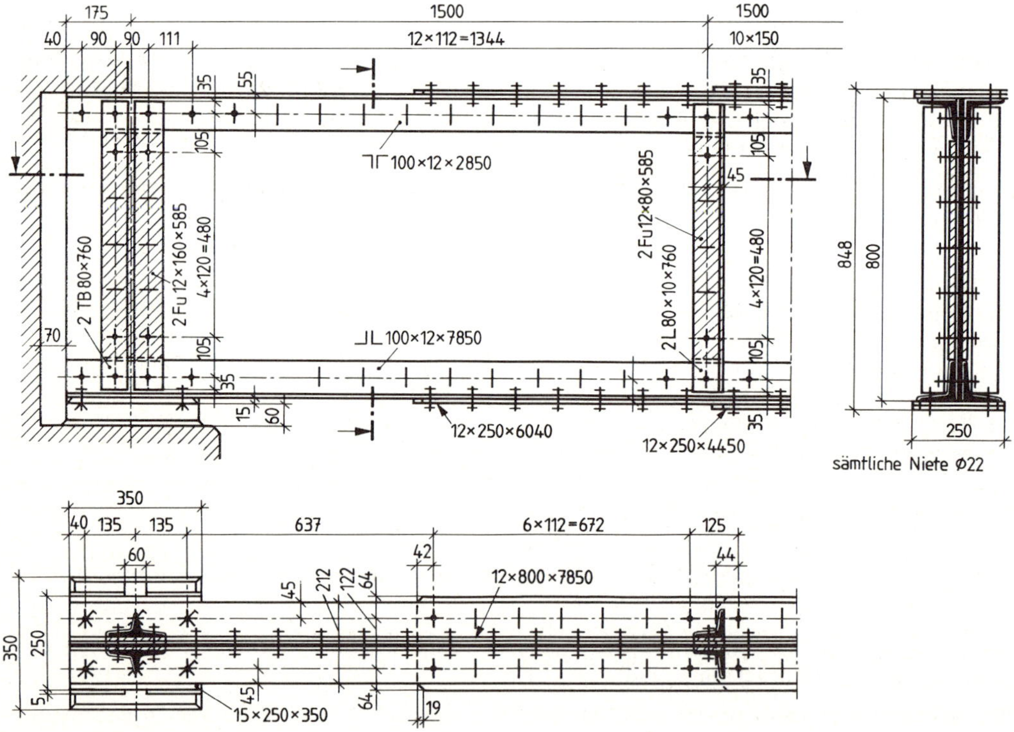

8.27 Teil eines Blechträgers

ausgesteift ist. Der Feldabstand beträgt 1500. Die Gurtwinkel bestehen aus L100 × 12 und die verschieden langen Platten für Ober- und Untergurt aus Blech 12 × 250. An beiden Trägerenden sind Auflageplatten Bl 15 × 250 × 350 angenietet.

Blechträger können sowohl durch Schweißen als auch durch Nieten zusammengesetzt werden. DIN 18800 und DIN 18801 enthalten Vorschriften über geschweißte Stahlhochbauten.

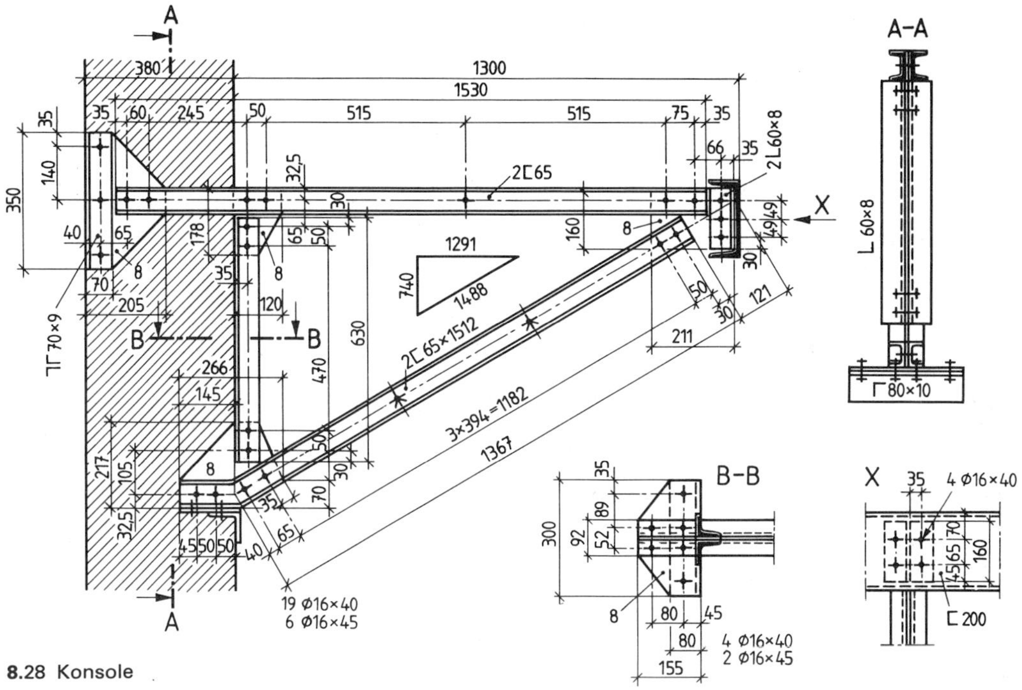

8.28 Konsole

Konsolen wie in Bild **8.28** dienen zum Tragen von Mauervorsprüngen, z. B. Erkern. Die dargestellte Konstruktion besteht aus je 2[65, die durch gleichschenklige Winkelstähle 60 × 8 und Knotenbleche zusammengesetzt und durch die an Bleche genieteten Winkel 70 × 9 und 80 × 10 im Mauerwerk verankert sind. Ein mehrere Konsolen verbindender [-Stahl 200 nimmt das vorkragende Mauerwerk auf.

Bild **8.29** zeigt den Anschluß eines Riegels aus I140 an I180, wie er im Stahlskelettbau üblich ist. Beide Träger sind in der Draufsicht ohne oberen Flansch dargestellt. Demgemäß sind die Stegflächen geschwärzt worden.

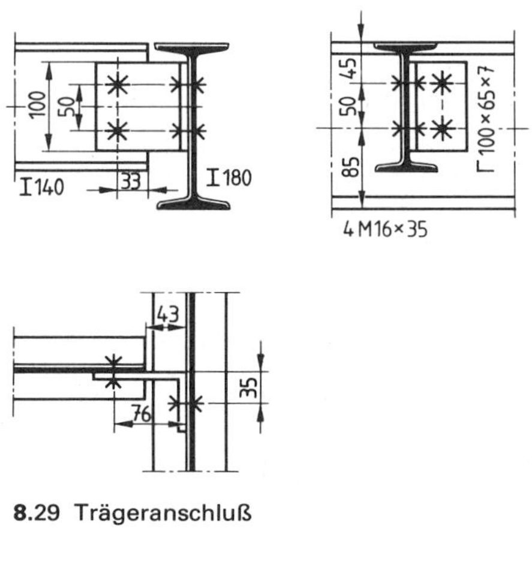

8.29 Trägeranschluß

Übungen

1. Bild **8**.30 zeigt die Draufsicht einer Konsole, die mit insgesamt 12 Sechskantschrauben M 24 × 60 Mu an zwei senkrechten [-Stählen ([260) angeschraubt ist. Dazwischen liegt ein Blech 10 × 500 × 520. An den beiderseits des waagerechten [260 × 540 angeordneten Blechen 10 × 500 × 540 ist die linke untere Ecke bis an die Winkelstähle abgeschnitten worden.

   Es wurden insgesamt 22 Halbrundniete ⌀ 27 verwendet. Das Wurzelmaß für [260 und für die kurzen Schenkel des Winkelstahls beträgt 50. Zeichnen Sie die Konsole in den üblichen drei Ansichten und tragen Sie alle für die Fertigung nötigen Angaben ein.

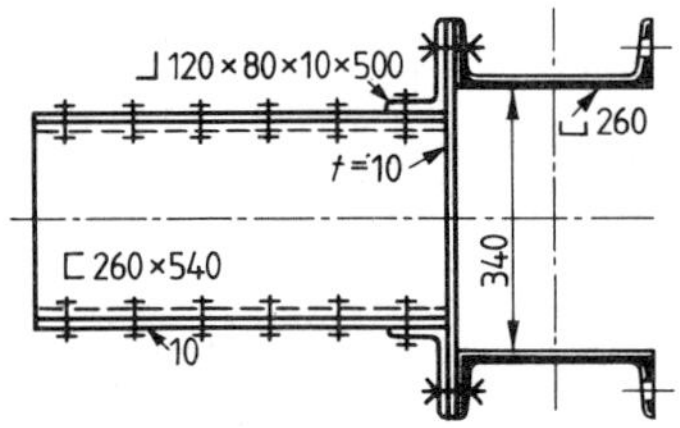

8.30 Draufsicht einer Konsole

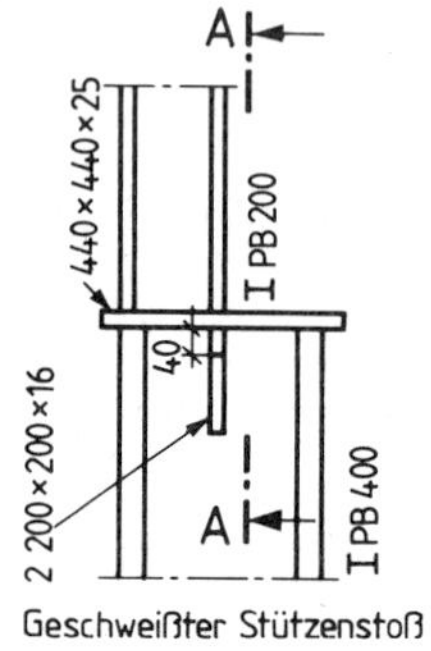

8.31 Geschweißter Stützenstoß

2. Zeichnen Sie den Stützenstoß mit ungleichen Profilgrößen in der gegebenen Ansicht (**8**.31) und dem Schnitt A–A im Maßstab 1 : 5 auf ein Blatt DIN A4 quer. Schweißnähte: Kehlnaht $a = 6$ mm ringsum geschweißt. Die Verstärkungsrippen 200 × 200 × 16 erhalten Schrägschnitte.

9 Grafische Symbole

Grafische Symbole sind sprachungebundene Informationen. Sie dienen – besonders im internationalen Verkehr – der Verständigung auf allen Gebieten des Zusammenlebens (z. B. der Technik, der Wirtschaft, des Privatlebens).

Man unterscheidet zwischen grafischen Symbolen für technische Zeichnungen, für Einrichtungen und Bildzeichen sowie für öffentliche Informationen.

9.1 Grafische Symbole für technische Zeichnungen

Außer den in den folgenden Tabellen genannten Symbolen s. Schweißzeichen Abschn. 7.4, Oberflächenzeichen Abschn. 5.2, Darstellung funktioneller Angaben Abschn. 6.2, Darstellung des Aufbaus von Einrichtungen und Anlagen Abschn. 7.6.3.

Grafische Symbole für Rohrleitungsanlagen sind nach DIN 2429 für Leitungen, Verbindungen, Absperrorgane, Ausgleicher, Zubehör und Rohrhalterungen vorgesehen.

Jede dieser Hauptgruppen hat Grundsinnbilder (**9**.1), aus denen man weitere Symbole zum Darstellen von Einzelheiten abgeleitet hat. Die Lage der Symbole entspricht dem Leitungsverlauf (**9**.2).

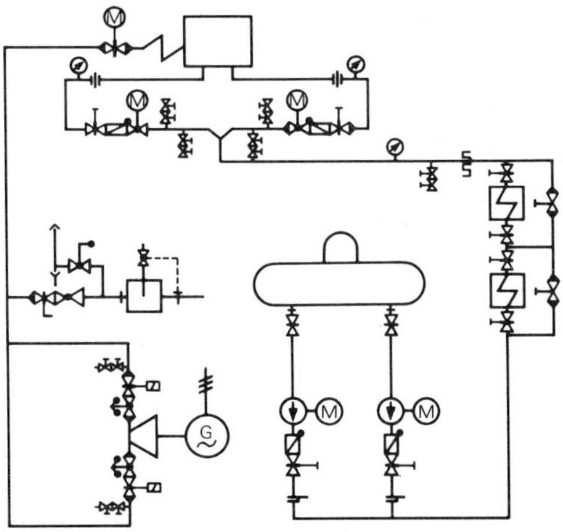

9.1 Anwendung der Sinnbilder für Rohrleitungsanlagen (z.T. Symbole aus anderen Fachgebieten)

Tabelle **9**.2 **Grafische Symbole für Rohrleitungsanlagen (DIN 2429)**

Grundleitung mit Angabe der Durchflußrichtung		Einsteckmuffe	
Leitung mit Mantelrohr		Klammerverbindung	
Begleitheizung		Schraubverbindung	
Flanschverbindung		Kupplung	
Flanschverbindung mit Blindlochscheibe		Schweiß- bzw. Lötverbindung	
Blindflansch		Muffennaht	
Muffenverbindung		geschweißte Kugelmuffe	
Kugelmuffe		geschweißte Einsteckmuffe	

Fortsetzung s. nächste Seite

Tabelle **9**.2, Fortsetzung

Absperrklappe		gewichtsbelastetes Sicherheits-Durchgangventil	
Drosselklappe		federbelastetes Sicherheits-Durchgangventil	
Rückschlagklappe		Durchgang-Rückschlagventil absperrbar	
Fußklappe		Rückschlagventil nicht absperrbar	
Längenausgleicher		Fußventil	
U-Bogen-Ausgleicher		Druckminderventil	
Lyra-Ausgleicher		Eckventil	
Linsen-Ausgleicher		gewichtsbelastetes Sicherheits-Eckventil	
eingeschweißte Armatur		Eck-Rückschlagventil absperrbar	
Absperrorgan geschlossen		Schieber	
– offen		Hahn	
– mit Handrad		Durchgangshahn	
– mit Handkurbel		Eckhahn	
– mit Kraftantrieb		Dreiwegehahn	
– mit Kolbenantrieb		Rohrgleitlager	
– mit Magnetantrieb		Rohrgleitlager mit Führung	
– mit Motorantrieb		Rohrgleitlager auf Rollen	
– mit Membransteuerung		Rohrgleitlager auf Kugeln	
– mit Schwimmersteuerung		Festpunkt	
Ventil		stehend	
Durchgangventil		hängend	
Expansionsbalg		federnde Aufhängung	
Metallschlauch		federnde Stützung	
Stopfbuchs-Ausgleicher		Ausgleich-Unterstützung	
Kondensatableiter			
Kondensatsammler und Ableiter			

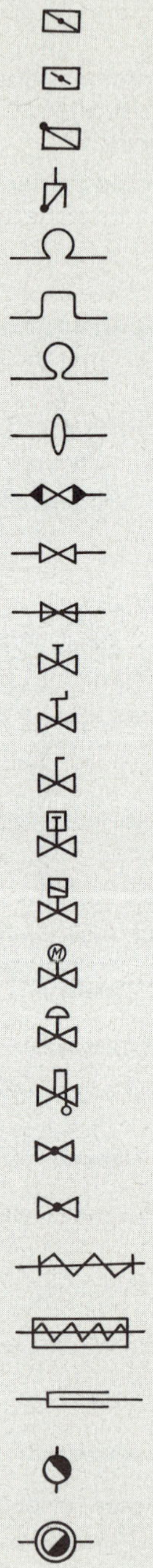

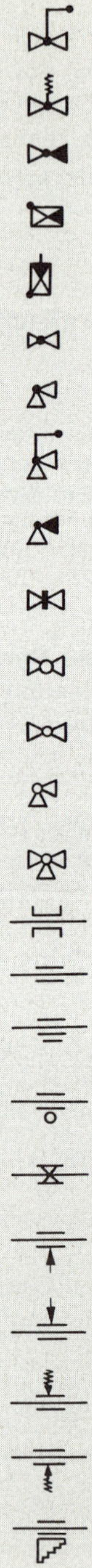

Schaltzeichen für fluidtechnische Systeme und Geräte. DIN ISO 1219 (August 1978) enthält grundsätzliche Angaben über die Verwendung grafischer Symbole und erläutert ihre Anwendung in Hydraulik- und Pneumatik-Schaltplänen, -Systemen und -Geräten (**9**.3 und **9**.4).

Tabelle **9**.3 **Grafische Symbole für fluidtechnische Systeme und Geräte (DIN ISO 1219)**
L = Strichlänge, *E* = Strichdicke, *D* = Abstand zwischen Linien

Linien Anwendung	
Durchflußleitungen – Leitungsverbindung Mechanische Verbindungen (Wellen, Hebel, Kolbenstangen) Zum Umrahmen mehrerer Komponenten zu einer Baugruppe	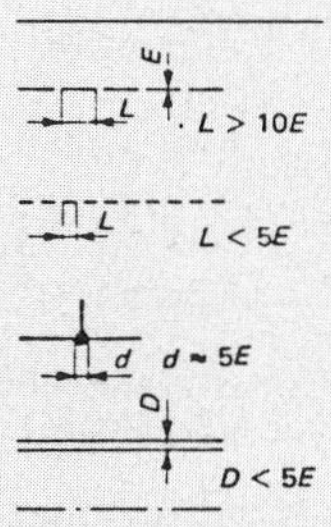
Geräte, ohne Ventile In der Regel Energieumformungseinheiten (Pumpe, Kompressor, Motor) Meßinstrumente Rückschlagventile, Drehverbindungen, usw. Mechanische Gelenke, Rollen usw. Schwenkmotoren	
Steuerventile, ausgenommen Rückschlagventile	
Aufbereitungsgeräte (Filter, Abscheider, Schmiergeräte, Wärmeaustauscher)	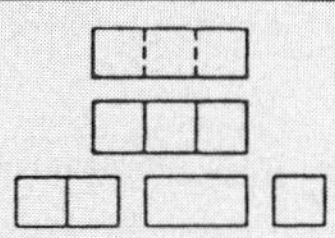
Feder	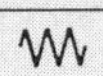
Drosselung – Viskositätsabhängig – Viskositätsstabil	
Richtung des Stroms und Art des Druckmittels Hydrostrom Druckluftstrom oder Auslaß zur Atmosphäre	
Anzeige – Richtung – Drehrichtung	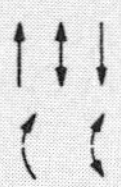

Anzeige – Durchflußweg und Richtung von Druckmittelstrom durch Ventile	
– mögliche Verstellbarkeit oder zunehmende Veränderbarkeit	
Hydraulik-Pneumatik-Stromleitung – Arbeitsleitung, Rücklaufleitung und Zuführleitung – Steuerleitung – Abfluß- oder Leckleitung – flexible Leitungsverbindung	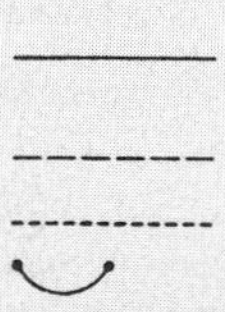
Elektrische Leitung Rohrleitungsverbindung	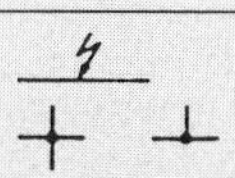
gekreuzte Rohrleitungen	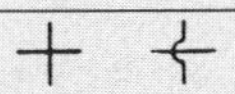
Entlüftung	
Auslaßöffnung – ohne Vorrichtung für einen Anschluß – mit Gewinde für einen Anschluß	
Energieabnehmestelle – mit Stopfen – mit Entnahmeleitung	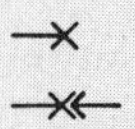
Schnell-Kupplungen – Verbunden, ohne mechanisch öffnendes Rückschlagventil – Verbunden, mit mechanisch öffnenden Rückschlagventilen – entkuppelt, mit offenem Ende – entkuppelt, durch federloses Rückschlagventil gesperrtes Ende	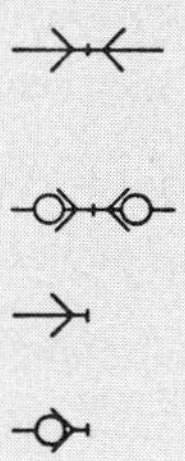

Fortsetzung s. nächste Seiten

Drehverbindung
- 1 Weg
- 3 Wege

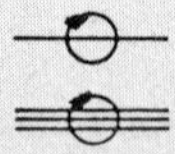

Geräuschdämpfer

Behälter
- offen, mit der Atmosphäre verbunden
- mit Rohrende über dem Flüssigkeitsspiegel
- mit Rohrende unterhalb des Flüssigkeitsspiegels
- mit Rohrende von unten im Behälter

- Druckbehälter

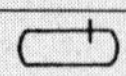

Hydrospeicher

Hydropumpe mit konstantem Verdrängungsvolumen
- mit einer Stromrichtung
- mit zwei Stromrichtungen
- mit Umkehrbarkeit der Stromrichtung
- mit einer Stromrichtung
- mit zwei Stromrichtungen

Drehmomentwandler, Pumpen und/oder Motoren mit veränderlichem Verdrängungsvolumen, Ferngetriebe

Einfachwirkender Zylinder	ausführlich	vereinfacht
Rückhub durch nicht näher bestimmte Kraft		
Rückhub durch Feder		

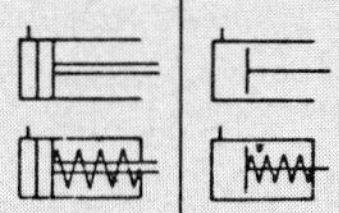

Doppeltwirkender Zylinder		
– mit einfacher Kolbenstange		
– mit zweiseitiger Kolbenstange		
Differentialzylinder		

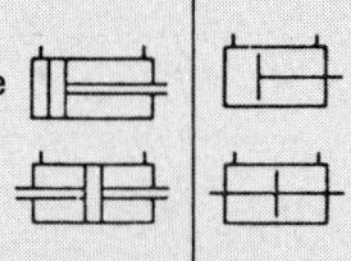

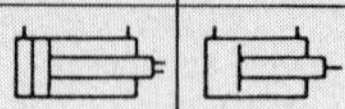

Darstellungsmethode von Ventilen

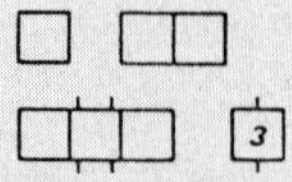

Durchflußwege
- ein Durchflußweg
- zwei gesperrte Anschlüsse
- zwei Durchflußwege
- zwei Durchflußwege und ein gesperrter Anschluß
- zwei Durchflußwege mit Verbindung zueinander
- ein Durchflußweg in Nebenschlußschaltung, zwei gesperrte Anschlüsse

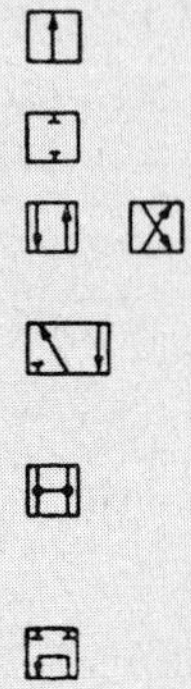

2/2-Wegeventil
- mit Handbetätigung
- durch Druck betätigt (z. B. durch Druckbeaufschlagung) gegen eine Rückholfeder

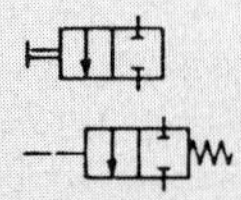

3/2-Wegeventil
- durch Druck betätigt, in beiden Richtungen
- durch Elektromagneten betätigt, mit Rückholfeder

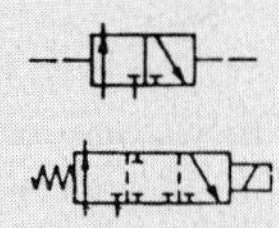

4/2-Wegeventil

ausführlich

Durch Druck in beiden Richtungen betätigt mittels eines Vorsteuerventils (mit einem einfachwirkenden Elektromagneten und einer Rückholfeder)

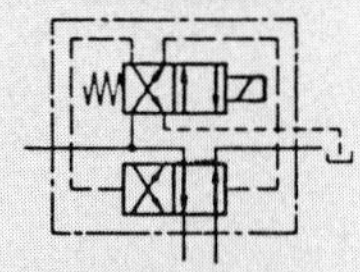

5/2-Wegeventil

vereinfacht

- druckbetätigt, in beiden Richtungen

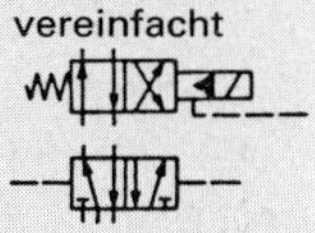

Rückschlagventil
- unbelastet; öffnet, wenn der Einlaßdruck höher ist als der Auslaßdruck
- federbelastet; öffnet, wenn der Einlaßdruck höher ist als der Auslaßdruck einschl. der Federanpreßkraft
- vorgesteuert

Tabelle **9**.3, Fortsetzung

Rückschlagventil		
– Schließen des Ventils		
– Öffnen des Ventils		
Stromregelventil	ausführl.	vereinf.
– mit konstantem Ausgangsstrom		
Filter oder Siebe		
Wasserabscheider		
– mit Handbetätigung		
Lufttrockner		
Öler		
Aufbereitungseinheit		
Temperaturregler		
Kühler		
Vorwärmer		
Rotierende Welle		
– in einer Richtung		
– in beiden Richtungen		
Raste		
Sperrvorrichtung		
Sprungwerk		
Gelenkverbindung		
– einfach		
– mit Seitenhebel		
– mit festem Drehpunkt		
Muskelkraftbetätigung		
– durch Druckknopf		
– durch Hebel		
– durch Pedal		

Mechanische Betätigung
– durch Stößel oder Taster
– durch Feder
– durch Rolle
– durch Rolle, nur in einer Richtung arbeitend
Elektrische Betätigung
– durch Elektromagnet:
– mit 1 Wicklung
– mit 2 Wicklungen, die gegeneinander wirken
– mit 2 Wicklungen, die gegeneinander wirken und die ein stufenloses, veränderbares Verhalten aufweisen
– durch Elektromotor
Druckmessung
– Manometer
Temperaturmessung
– Thermometer
Strommessung
– Strommesser
– Volumenmesser
Andere Geräte
Druckschalter (hydraulisch-elektrisch)

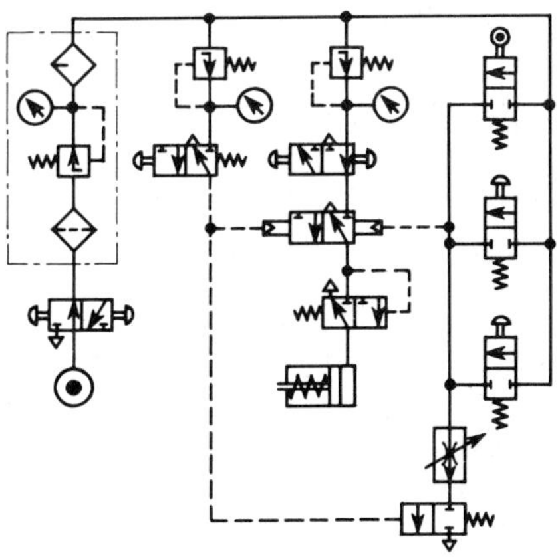

9.4 Anwendung der Sinnbilder für die Steuerung einer Kupplungsbetätigung

Schaltzeichen und Schaltungsunterlagen für die Elektrotechnik (DIN 40700 T1 bis T3, T5 bis T21 und T23 bis T26). Schaltzeichen sind Sinnbilder mit oder ohne vereinfachter Innenschaltung. Tabelle **9**.5 zeigt einige Beispiele. In Schaltplänen werden elektrische Anlagen und Einrichtungen durch Schaltzeichen für Maschinen, Apparate, Geräte, Leitungen u.a. ggf. auch durch Zuhilfenahme anderer Abbildungen dargestellt.

Normblätter über Schaltzeichen und Schaltungsunterlagen sind im DIN-Taschenbuch 7[1]) enthalten.

Tafel **9**.5 **Schaltzeichen** (Auszug aus DIN 40715, weitere Beispiele s. **9**.7)

ohne Innenschaltung, nach Bedarf ein- oder mehrpolig	mit vereinfachter Innenschaltung wahlweise	Benennung
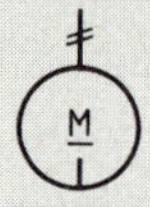		Gleichstrom-Reihenschlußmotor
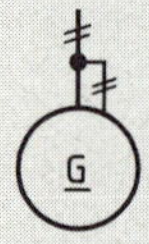	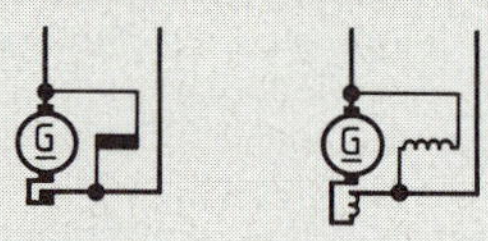	Gleichstrom-Nebenschlußgenerator, Wendepole einseitig zum Anker geschaltet
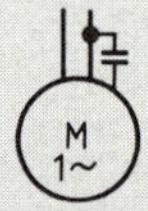	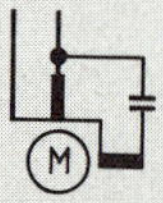	Einphasen-Motor mit Käfigläufer und Anlaufwicklung im Ständer, mit Kondensator
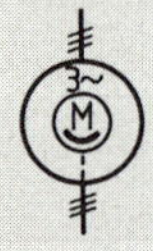	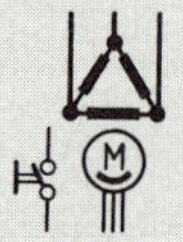	Drehstrom-Motor mit dreisträngigem Schleifringläufer, Kurzschließer und Bürstenabheber mit Handantrieb und Hilfsschalter, Ständerwicklung in Dreieckschaltung
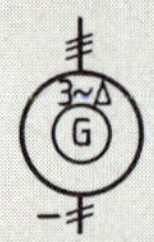		Drehstrom-Synchrongenerator mit ausgeprägten Polen (Innenpolmaschine), Ständerwicklung in Dreieckschaltung
 60kV 6300kVA 50Hz Yd 5 15kV	 60kV 6300kVA 50Hz Yd 5 15kV	Drehstrom-Transformator, Schaltung Y d 5 60/15 kV, mit Sternpunktklemme 6300 kVA, 50 Hz

Schaltpläne zeigen entweder die Wirkungsweise und den Stromverlauf oder die Leitungsverbindungen der Anlage. Zur Darstellung der Wirkungsweise und des Stromverlaufs dienen vorwiegend Übersichtsschalt-, Wirkschalt- und Stromlaufpläne, zur Darstellung der Leitungsverbindungen dagegen Netz-, Leitungs-, Bauschalt- und Installationspläne.

Übersichtsschaltpläne (9.6)

Darin sind nur die wichtigsten Teile der Anlage meist einpolig und durch Schaltkurzzeichen ohne Hilfsleitungen angegeben. Das genügt zur Übersicht über die Anlage, den Stromverlauf und die Schaltmöglichkeiten.

[1]) Zu beziehen durch den Beuth-Verlag, Berlin

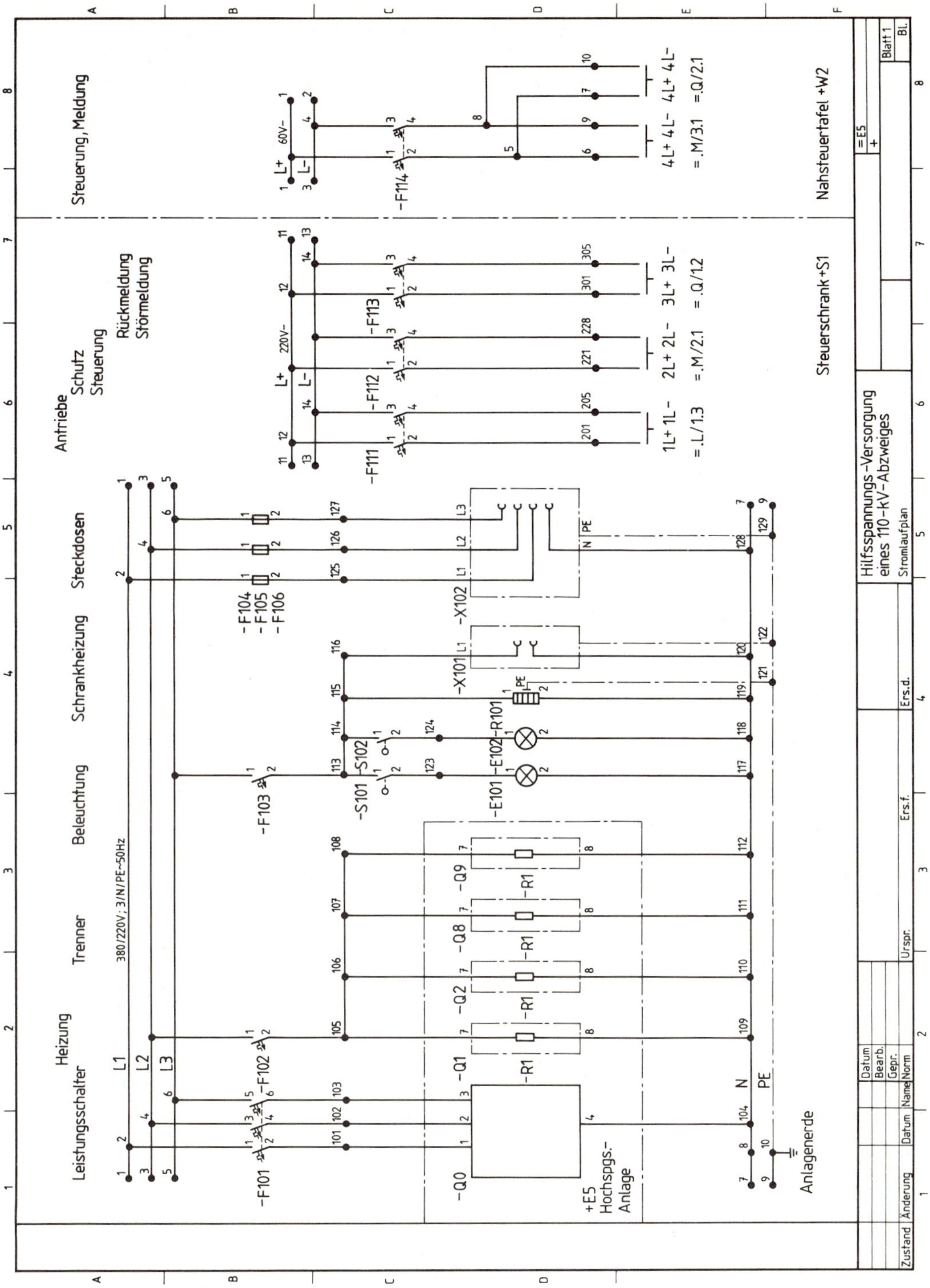

9.6 Hilfsspannungs-Versorgung eines 110-kV-Abzweiges

Für alle in Schaltplänen enthaltenen Teile sind einheitliche und eindeutige Bezeichnungen vorgesehen. Näheres s. DIN 40700 Teil 16 und DIN 40719. Sie sind allgemeiner Art oder beziehen sich auf technische Angaben oder auf Maschinen, Geräte und Anlagen. Die allgemeinen Angaben dienen zur Kennzeichnung der Abzweige, Felder oder Zellen einer Anlage.

Wirkschaltpläne

Sie zeigen alle Einzelheiten und alle Leitungen der Anlage. Die Teile eines Geräts sind zusammenhängend dargestellt und die Geräte zu Gruppen, Zellen oder Feldern vereinigt.

Stromlaufpläne

Ein Stromlaufplan ist die ausführliche Darstellung einer Schaltung mit ihren Einzelheiten. Er zeigt und erläutert durch übersichtliche Darstellung der einzelnen Stromwege die Wirkungsweise einer elektrischen Schaltung. Im Stromlaufplan darf die übersichtliche Darstellung der Wirkungsweise durch die Wiedergabe gerätetechnischer und räumlicher Zusammenhänge nicht beeinträchtigt werden.

Der Stromlaufplan hat den Zweck

- die elektrischen Betriebsmittel einer Anlage und ihr Zusammenwirken so übersichtlich darzustellen, daß das Lesen der Schaltung erleichtert wird,
- die Wirkungsweise eines Betriebsmittels, einer Teilanlage oder Anlage in möglichst einfacher Weise erkennen zu lassen,
- die Prüfung, Wartung und Fehlerortung zu ermöglichen und gegebenenfalls
- Daten für das Ausarbeiten von Verdrahtungsunterlagen bereitzustellen (evtl. zusätzlich Beschreibungen, Diagramme, Tabellen).

Bild **9**.6 zeigt die abzweiggebundenen Hilfsspannungsversorgungen (Sicherungen, Automaten) für einen 110-kV-Abzweig. Die einzelnen Einbauorte sind jeweils durch Begrenzungslinien gekennzeichnet.

Die Hilfsstromkreise für Beleuchtung, Heizung und Steckdosen sind vollständig dargestellt, während umfangreiche Stromkreise wie Rückmeldung, Störmeldung, Schutz und dergleichen in Folgeblättern erscheinen. Die entsprechenden Abbruchstellen sind gekennzeichnet. Führt ein Hilfsstromkreis wie z. B. Steuerung und Meldung im rechten Teil des Stromlaufplans über mehrere Folgeblätter, wird an dieser Stelle auf alle Folgeblätter verwiesen.

Bei der dargestellten Ringleitung genügt als Abschluß die Angabe von Klemmen. Zielhinweise auf Nachbarabzweige sind nicht erforderlich, da eine zusammenhängende Darstellung der Ringleitung in einem gesonderten Stromlaufplan vorhanden ist. Die Hilfskontakte der dargestellten Automaten für Meldungen werden in einem getrennten Stromlaufplan dargestellt.

Netzpläne

Sie zeigen die Leitungen, Verbindungen oder Streckenführungen und die dazugehörigen Anlagen eines Netzes oder -teils und können in Landkarten oder Stadtpläne eingezeichnet werden. Bild **9**.7 zeigt den Plan eines Starkstrom-Verbundnetzes (DIN 40722 Bbl. 1).

Leitungspläne

Darin werden die Leitungen innerhalb eines Geräts oder zwischen Gerätegruppen festgelegt.

Bauschaltpläne

Sie werden zur Leitungsverlegung und zum Eingrenzen von Störungen aufgestellt und deuten die Leitungen und Anschlußstellen innerhalb eines Geräts oder zwischen den Geräten einer Gerätegruppe an. Die Einzelteile sind im Gegensatz zu den Leitungsplänen lagerichtig angeordnet (Bildbeispiel s. DIN 40719 T3).

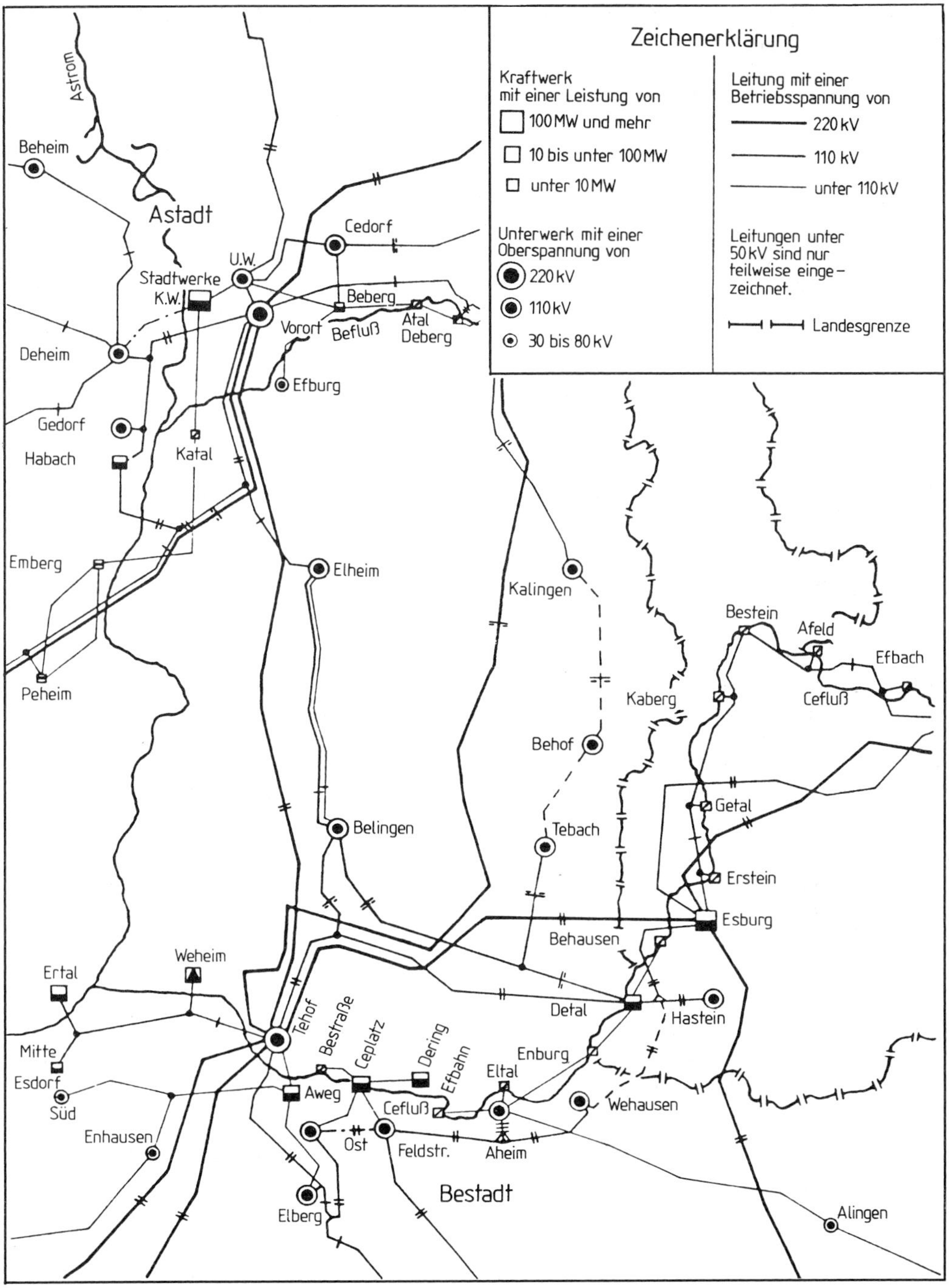

9.7 Planausschnitt eines Starkstrom-Verbundnetzes

Installationspläne

Sie geben die Anordnung der Geräte für Licht-, Kraft- und Fernmeldeanlagen an, werden der Wirklichkeit gemäß in Bauzeichnungen eingetragen und enthalten alle Angaben zum Legen der Leitungen (**9**.8). Die Bedeutung der Schaltzeichen zeigt Tabelle **9**.9.

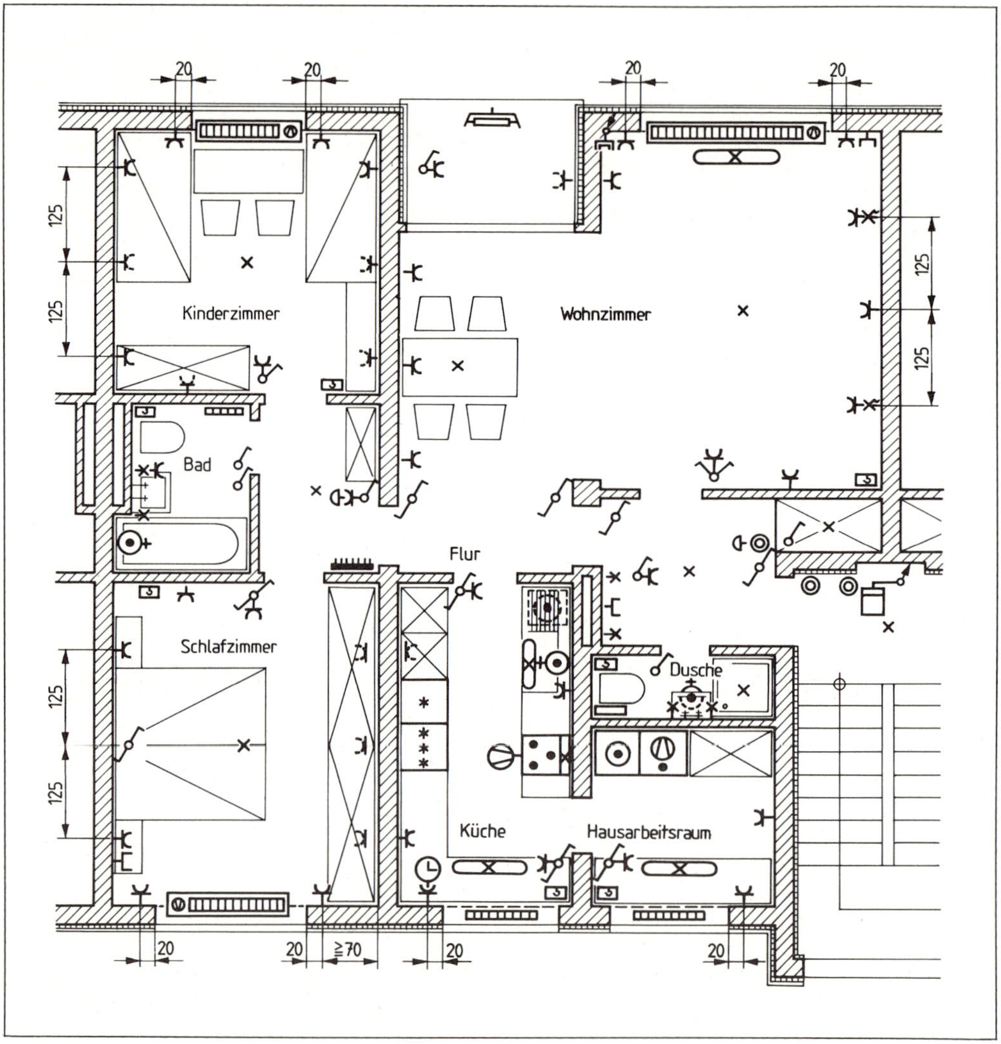

9.8 Beispiel eines Installationsplans für eine Wohnung

Leitungen verschiedener Art werden durch verschiedene Linienarten, Leitungen verschiedener Spannung oder Polarität durch verschiedene Strichbreiten Geräte verschiedener Wichtigkeit durch unterschiedliche Größen der Sinnbilder gekennzeichnet. Die Anzahl der Leiter gibt man an durch schräge, die Anzahl der Stromkreise durch senkrechte, kurze Querstriche in der Leitung. Außerdem den Leitungsquerschnitt in mm², die

Tabelle **9.9** **Installationsschaltzeichen** (Auszug aus DIN 40717)

 Wechselstrom	 Leitung unter Putz	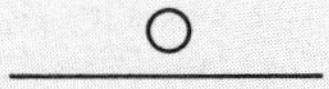 isolierte Leitung in Installationsrohr	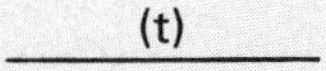 isolierte Leitung für trockene Räume	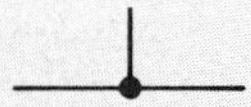 Leitung mit Abzweig
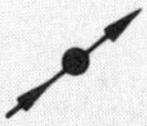 nach unten und oben durchgeführte Leitung mit Speisung nach oben	 Signalleitung	 Fernsprechleitung	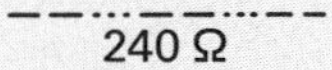 Antennenkabel 240 Ohm	 Tastschalter
 Schalter 1/1 Ausschalter, einpolig	 Schalter 5/1 Serienschalter, einpolig	 Schalter 6/1 Wechselschalter, einpolig	 Einfach-Steckdose	 Zweifach-Steckdose
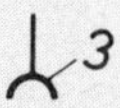 Dreifach-Steckdose	 Einfach-Schutzkontaktsteckdose	 Antennen-Steckdose	 Leuchte, allgemein	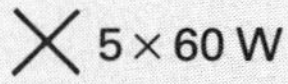 Leuchte mit 5 Lampen je 60 Watt
 Leuchte mit Schalter	 Leuchte mit 2 getrennten Strompfaden	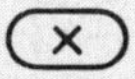 Entladungslampe	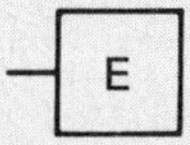 Elektrogerät, allgemein	 Anschlußschnur (Schutzkontaktstecker)
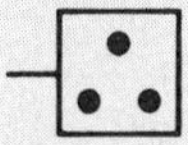 Elektroherd	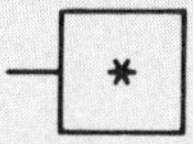 Kühlschrank	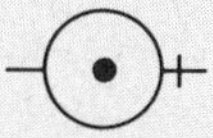 Heißwasserbereiter	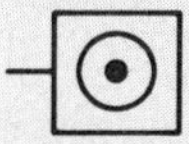 Waschmaschine	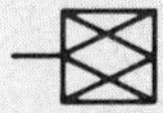 Fernsprechgerät amtsberechtigt
 Wecker	 Türöffner	 Rundfunkempfangsgerät	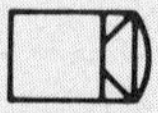 Fernsehempfangsgerät	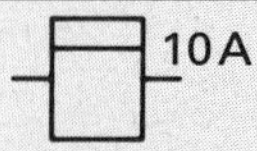 Zählertafel mit Sicherung 10 Ampere

Bauart, die Art der Verlegung und erforderlichenfalls den Werkstoff der Leitungen und die Stromart, die Spannung und gegebenenfalls auch die Frequenz.

Welcher Plan für eine elektrische Einrichtung zu wählen ist, muß von Fall zu Fall entschieden werden; bisweilen sind zwei oder mehr Pläne erforderlich, aber auch Kombinationen untereinander möglich.

Schaltzeichen und Pläne für Fernsprechanlagen, Gefahr- und Zeitmelder, Telegrafen-, Funksende- und Empfangsanlagen, Fernseh-, Fernmeß- und Fernsteueranlagen sowie Hochfrequenz-Übertragungseinrichtungen sind in DIN 40700 T 1 bis 25 und 98 genormt.

9.2 Grafische Symbole für Einrichtungen, Bildzeichen

Man setzt sie ein bei Einrichtungen wie Bedienteilen und Anzeigeelementen (s. Abschn. 9.1) sowie an Gegenständen wie Verpackungen und an Anschlußstellen. Eine Übersicht gibt Tabelle **9**.10.

Tabelle **9**.10 **Bildzeichen der Elektrotechnik** (Auszug aus DIN 40100 T1 bis 22)

	Ein		Schnellstop
	Aus		Handbetätigung
	Vorbereiten (Bereitschafts-stellung)	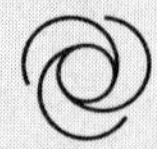	Automatischer Ablauf
	Ein/Aus, stellend	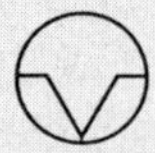	Pause
	Ein/Aus, tastend	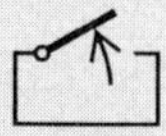	Öffnen
	Zuschalten		Schließen
	Abschalten		Entriegeln
	Vorbereitendes Schalten	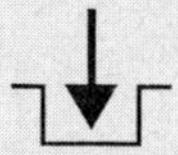	Verriegeln
	Start, Ingangsetzen einer Bewegung		Steuern
	Schnellstart		Regeln
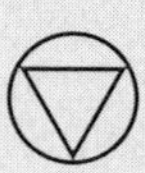	Stop, Anhalten einer Bewegung		Frequenzregeln

Fortsetzung s. nächste Seiten

Tabelle **9.**10, Fortsetzung

	Temperaturregeln		Schaltwagenanlage, Schaltfeld
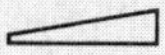	Verändern einer Größe, auch in gebogener Form anwendbar	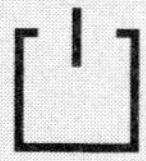	Schaltwagenanlage, Schaltwagen
	Verändern einer Größe mit markierter Ausgangsstellung		Elektrische Steckverbindung, allgemein
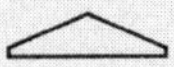	Verändern einer Größe bis zum Maximalwert, Maximum-Einstellung		Druckluftkupplung, einstecken (z. B. für Schaltwagenanlagen)
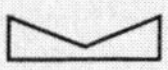	Verändern einer Größe bis zum Minimalwert, Minimum-Einstellung		Druckluftkupplung, ziehen (z. B. für Schaltwagenanlagen)
	Balance		Eichen
	Störung	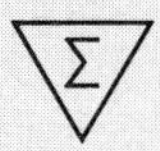	Zählen
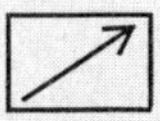	Fernbedienung		Messen
	Intern	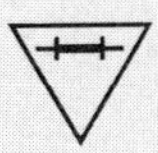	Prüfen
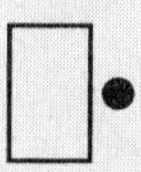	Extern	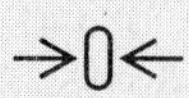	Nullstellung (auf Null stellen)
	Schaltzustand gezogen	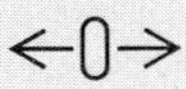	Nullpunktverschiebung
	Schaltzustand gedrückt	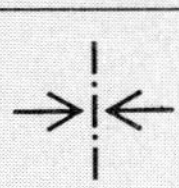	Mittelstellung (auf Mitte einstellen)
	Schalten vom Schalttisch		Gleichstrom (auch Gleichspannung)

Tabelle **9**.10, Fortsetzung

	Wechselstrom (auch Frequenz allgemein, Wechselspannung)	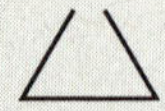	Schaltungsart, offene Dreieckschaltung
	Allstrom (Gleich- und Wechselstrom)		Schaltungsart, Sternschaltung
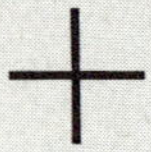	Positiv (Pluspol)		Schaltungsart, Sternschaltung mit herausgeführtem Mittelpunkt
	Negativ (Minuspol)	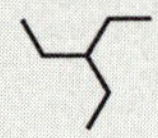	Schaltungsart, Zickzackschaltung
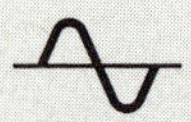	Schwingung	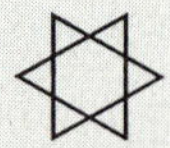	Schaltungsart, Doppeldreieckschaltung
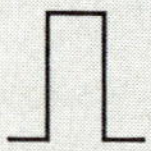	Impuls, allgemein, Rechteckimpuls, kurzer Impuls	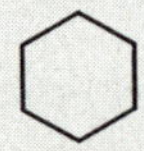	Schaltungsart, Sechseckschaltung
	Schaltungsart, Dreieckschaltung	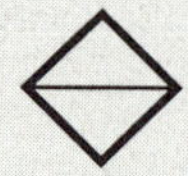	Brückenschaltung allgemein, Vollbrücke

9.3 Grafische Symbole zur Information der Öffentlichkeit

Diese Symbole findet man im Verkehr, in Landkarten und Druckschriften sowie an Bedienteilen öffentlicher Einrichtungen (z.B. Fahrtreppen). Bild **9**.11 gibt einige Beispiele.

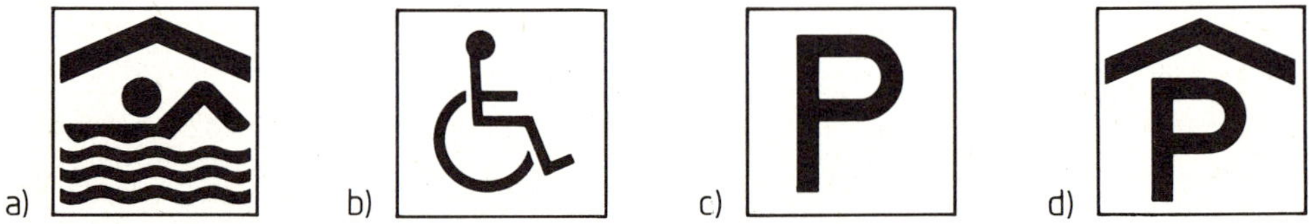

9.11 Informationssymbole
a) Schwimmbad, b) Körperbehinderte, c) Parkplatz, d) Parkhaus

10 Geometrische Konstruktionen

10.1 Grundkonstruktionen

Im Punkt *P* einer Geraden wird eine Senkrechte errichtet (**10**.1).

a) Vom Punkt *P* werden nach beiden Seiten mit dem Zirkel gleich große Strecken auf der Geraden *AB* abgetragen und von den beiden Teilpunkten mit einer größeren Zirkelöffnung Kreisbogen geschlagen. Die Verbindungslinie von deren Schnittpunkt nach *P* bildet mit der Geraden Winkel von 90°.

b) An die Gerade *AB* wird eine Kathete des Zeichendreiecks gelegt und an die Hypotenuse eine beliebige Kante des anderen, festzuhaltenden Dreiecks. Nach dem Verschieben des ersten Dreiecks bis zum Punkt *P* kann die Senkrechte gezogen werden.

Von einem Punkt *P* wird ein Lot auf eine Gerade gefällt (**10**.2).

Mit einer möglichst großen Zirkelöffnung sind von *P* aus gleiche Stücke auf der Geraden *AB* abzutragen. Von den Teilpunkten werden, ohne daß der Zirkel dabei verstellt zu werden braucht, weitere Bogen nach der anderen Seite der Geraden geschlagen. Die vom Schnittpunkt nach *P* gezogene Gerade schneidet *AB* rechtwinklig.

Auf einer Strecke wird eine Mittelsenkrechte errichtet (**10**.3).

Von den Endpunkten *A* und *B* aus werden Kreisbogen geschlagen, die sich in *S* und *S'* schneiden. Eine Zirkelspanne, die etwa der Strecke *AB* entspricht, ergibt gut erkennbare Schnittpunkte. Die Verbindungslinie zwischen *S* und *S'* halbiert die Gerade *AB* und steht senkrecht darauf.

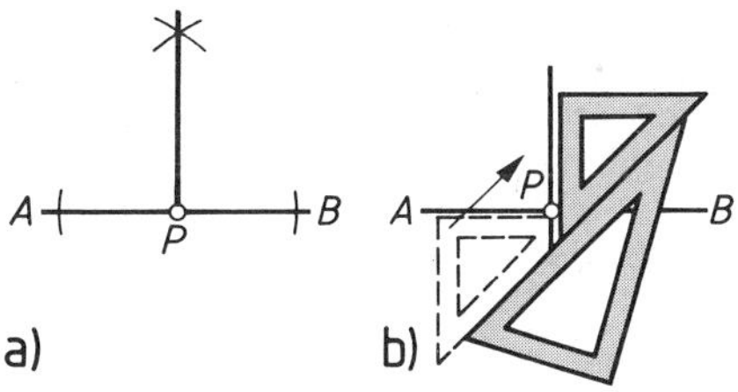

10.1 Senkrechte errichten

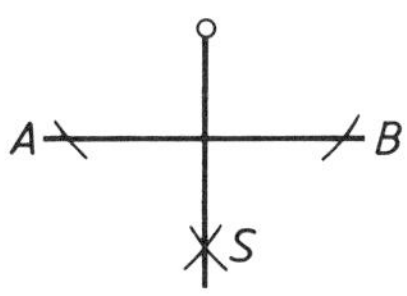

10.2 Lot fällen

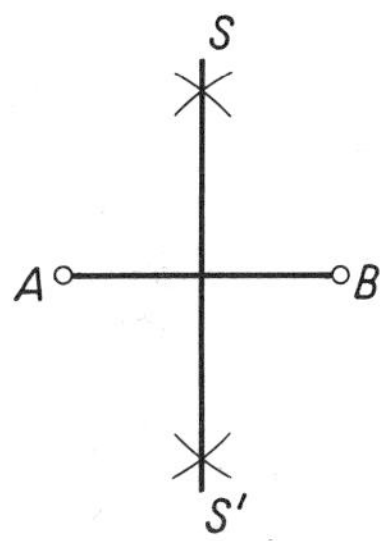

10.3 Mittelsenkrechte errichten

Im Endpunkt *P* der Geraden wird eine Senkrechte errichtet (**10**.4 auf S. 252).

a) Im Endpunkt *P* der Geraden wird mit beliebigem Halbmesser ein Kreisbogen geschlagen und die Zirkelöffnung als Sehne von der Geraden aus abgetragen. Dann wird die Sehne um den Halbmesser verlängert. Die Linie vom Endpunkt *E* der Verlängerung nach dem Endpunkt *P* der Geraden bildet mit dieser einen Winkel von 90°.

b) Vom Punkt *P* auf der Geraden werden fünf beliebig große, unter sich gleiche Teile abgetragen. Mit fünf Teilen als Halbmesser wird um den vierten Teilpunkt ein Bogen und um *P* mit drei Teilen ein weiterer Bogen geschlagen. Die Linie vom Schnittpunkt der Bogen nach *P* ist die Senkrechte.

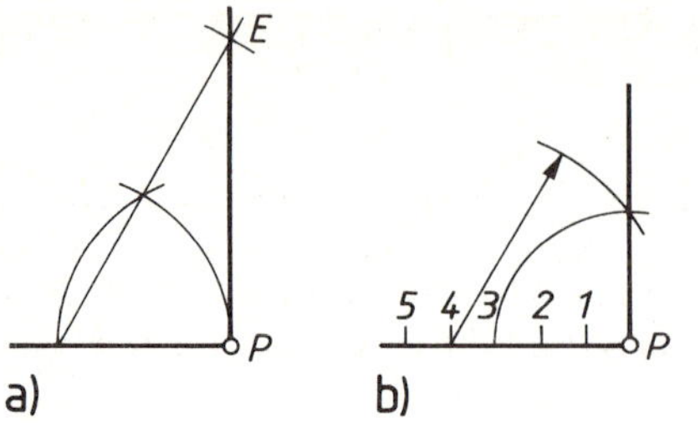

10.4 Senkrechte im Endpunkt *P* errichten

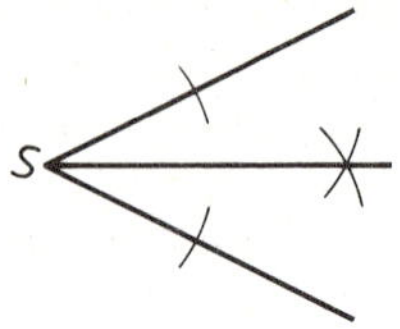

10.5 Winkel halbieren

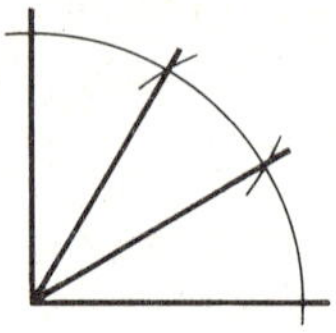

10.6 90°-Winkel dreiteilen

Ein Winkel wird halbiert (10.5).

Vom Scheitelpunkt *S* wird auf jedem Schenkel ein gleichlanges Stück mit dem Zirkel abgetragen. Mit unverstellter Öffnung werden von den Teilpunkten Kreisbogen geschlagen und zum Schnitt gebracht. Die Verbindungslinie vom Schnittpunkt zum Scheitel halbiert den Winkel.

Ein rechter Winkel wird in drei gleiche Teile geteilt (10.6).

Ein Kreisbogen mit beliebigem Halbmesser um den Scheitelpunkt geschlagen, schneidet die Schenkel des Winkels.

Von hier aus wird der Halbmesser als Sehne je einmal abgetragen. Die Verbindungslinien von diesen Schnittpunkten auf den Kreisbogen nach dem Scheitel teilen den rechten Winkel in drei gleiche Teile.

Ein Winkel wird übertragen (10.7).

Um den Scheitelpunkt des gegebenen (a) und des gesuchten Winkels (b) werden mit beliebigem Halbmesser Kreisbogen geschlagen. Die Sehne des Bogens am gegebenen Winkel wird mit dem Zirkel abgegriffen und auf den anderen Bogen übertragen. Nun kann der zweite Schenkel des gesuchten Winkels gezogen werden.

Ein Winkel ohne Scheitel wird halbiert (10.8).

Zu einem Schenkel wird in beliebigem Abstand eine Parallele gezogen, die den anderen Schenkel schneidet. Dadurch entsteht ein neuer Winkel mit dem Scheitelpunkt *S*, um den mit beliebigem Halbmesser ein Kreisbogen auf die Schenkel dieses Winkels geschlagen wird. Durch die Schnittpunkte wird zwischen den Schenkeln des gegebenen Winkels eine Gerade gezogen.

Die Mittelsenkrechte auf der Geraden halbiert den Winkel.

Eine Parallele im Abstand *r* wird gezeichnet (10.9).

a) Nachdem der Abstand *r* durch einen Zirkelschlag festgelegt ist, entsteht die Parallele zu *AB* durch Parallelverschiebung eines Zeichendreiecks längs der Kante eines anderen.

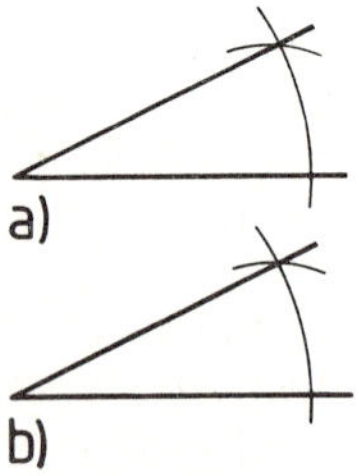

10.7 Winkel übertragen

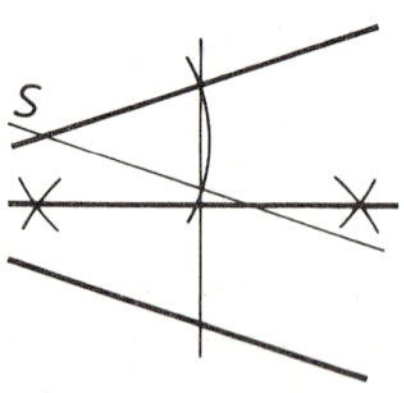

10.8 Winkel ohne Scheitel halbieren

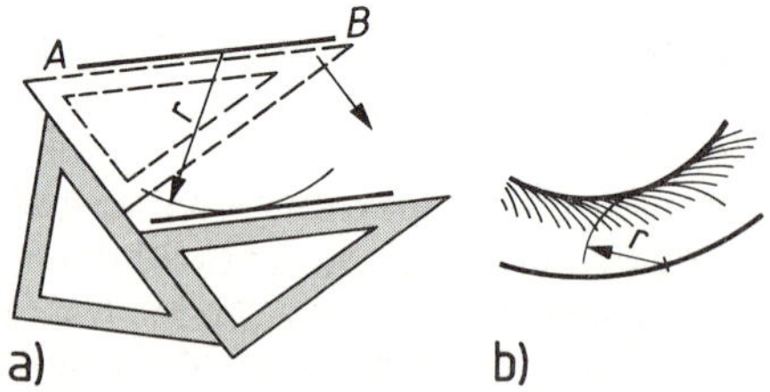

10.9 Parallele ziehen

b) Parallelen zu Bogenlinien werden durch viele Zirkelschläge gefunden. Die Mittelpunkte liegen auf der gegebenen Linie.

Eine Strecke wird in gleiche Teile geteilt (**10**.10).

Durch den Anfangspunkt der Strecke *AB* wird unter beliebigem Winkel eine Gerade gezogen. Soll die Strecke gedrittelt werden, dann sind auf der Geraden drei beliebig große, unter sich gleiche Teile abzutragen. Der Teilpunkt *3* wird mit dem Endpunkt *B* der Strecke verbunden. Parallelen zu dieser Linie durch die anderen Teilpunkte teilen die Strecke in drei gleiche Teile.

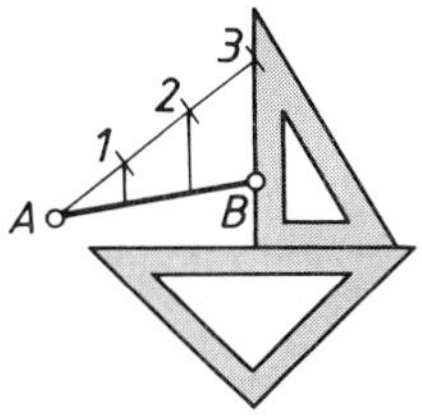

10.10 Strecke teilen

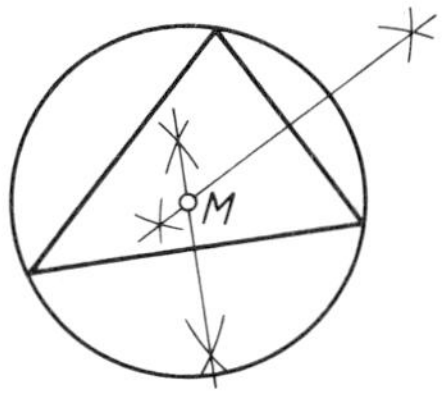

10.11 Außenkreis zeichnen

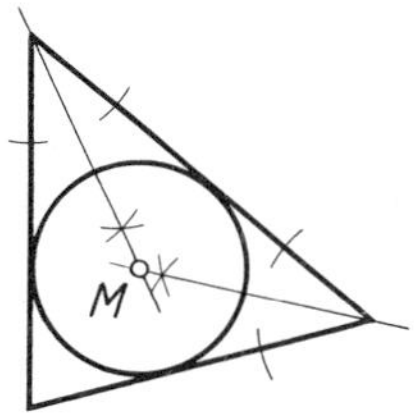

10.12 Innenkreis zeichnen

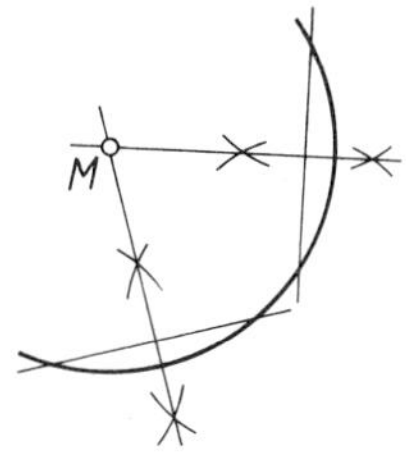

10.13 Mittelpunkt suchen

Der Außenkreis eines Dreiecks wird gezeichnet (**10**.11).

Auf zwei beliebigen Dreieckseiten werden Mittelsenkrechte errichtet, in deren Schnittpunkt der Mittelpunkt *M* des Außenkreises liegt.

Der Innenkreis eines Dreiecks wird gekennzeichnet (**10**.12).

Der Mittelpunkt *M* liegt im Schnittpunkt zweier Winkelhalbierenden.

Der Mittelpunkt eines Kreisbogens wird gesucht (**10**.13).

Der Mittelpunkt *M* liegt im Schnittpunkt zweier Mittelsenkrechten auf beliebigen Sehnen.

Die Tangente durch einen Punkt des Kreises wird gekennzeichnet (**10**.14).

Im Punkt *P* wird nach Bild **10.4** eine Senkrechte errichtet. Sie ist die gesuchte Tangente.

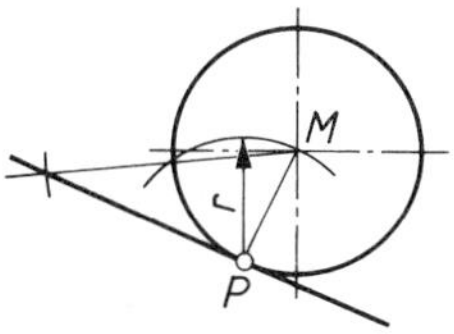

10.14 Tangente durch Punkt *P* ziehen

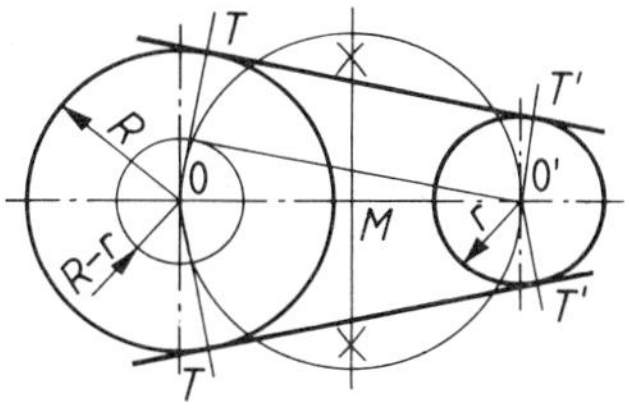

10.15 Äußere Tangenten ziehen

An zwei Kreise werden äußere Tangenten gelegt (**10**.15).

Um *O* wird mit dem Halbmesser $R - r$ ein Hilfskreis geschlagen, dann der Mittenabstand *OO′* der gegebenen Kreise halbiert und in *M* mit *OM* ein weiterer Hilfskreis geschlagen. Durch Geraden von *O* über die Schnittpunkte der Hilfskreise hinaus entstehen die Tangentenpunkte *T* und durch Parallelen zu den Geraden *OT* am anderen Kreis die Tangentenpunkte *T′*.

An zwei Kreise werden innere Tangenten gelegt (**10**.16).

Um *O* wird ein Hilfskreis mit dem Halbmesser *R* + *r* und um *M* ein weiterer Hilfskreis mit *OM* geschlagen. Die Geraden von *O* nach den Schnittpunkten beider Hilfskreise liefern die Tangentenpunkte *T* und Parallelen zu den Geraden *OT* die Tangentenpunkte *T'*.

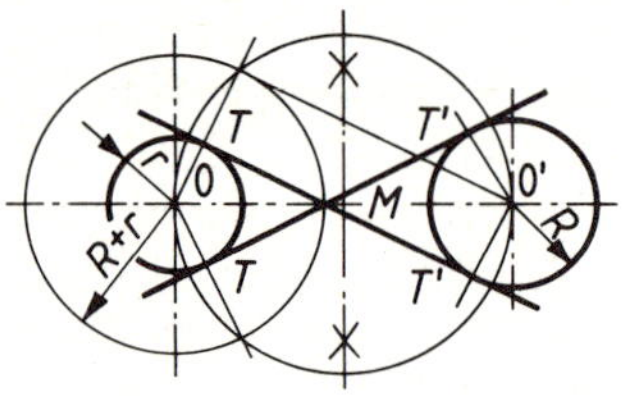

10.16 Innere Tangenten ziehen

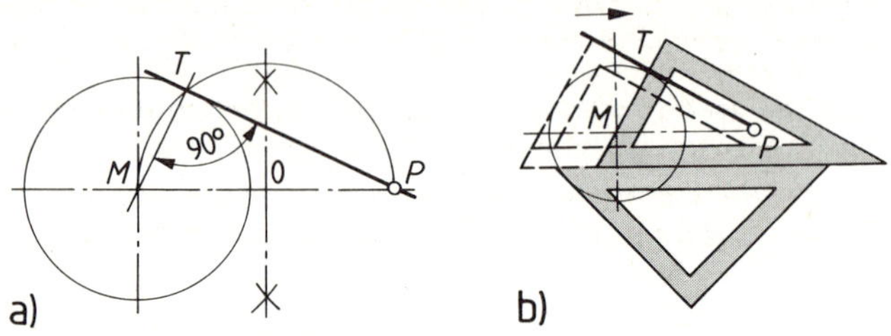

10.17 Tangente vom Punkt *P* ziehen

Von einem Punkt *P* wird eine Tangente an den Kreis gelegt (**10**.17).

a) Die Strecke von *P* bis zum Mittelpunkt *M* wird halbiert. Ein Kreis um Punkt *O* mit *OM* als Halbmesser schneidet den gegebenen Kreis im Tangentenpunkt *T*. Die Verbindungslinie von *P* nach *T* ist die gesuchte Tangente und bildet mit *MT* einen 90°-Winkel.

b) Der Tangentenpunkt kann auch durch Parallelverschiebung gefunden werden.

Eine Strecke *AB* wird im Goldenen Schnitt geteilt (**10**.18).

Im Endpunkt *B* wird eine Senkrechte errichtet, auf der der Mittelpunkt *M* eines Kreises liegt, dessen Halbmesser gleich der halben Strecke *AB* ist. Von *M* nach *A* wird eine Gerade gezogen und mit *AS* als Halbmesser um *A* ein Kreisbogen geschlagen. Er teilt die Strecke *AB* im Goldenen Schnitt.

Es ist *CB*:*AC* = *AC*:*AB*.

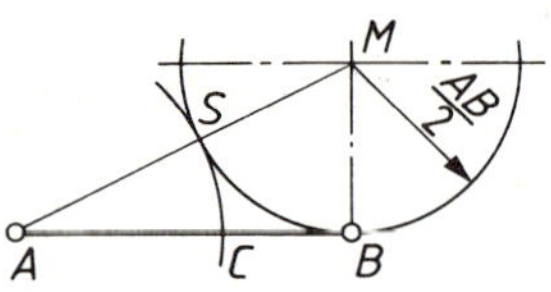

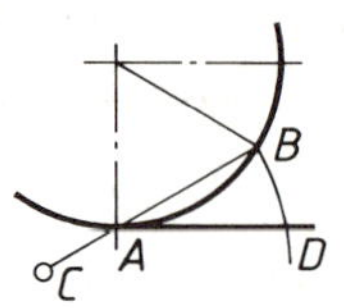

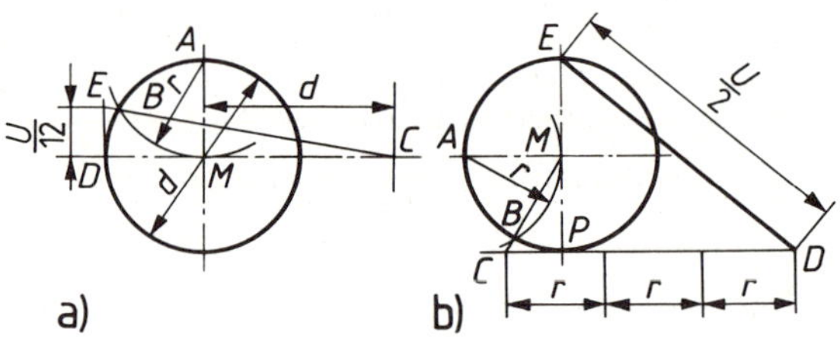

10.18 Goldener Schnitt **10**.19 Bogen abwickeln **10**.20 Kreisabwicklungen

Die Länge eines Bogens *AB* wird abgewickelt (**10**.19).

Die Sehne *AB* wird über *A* hinaus um die Hälfte bis *C* verlängert, durch *A* eine Tangente gezogen und mit *CB* um *C* ein Kreisbogen auf die Tangente geschlagen. *AD* ist dann ausreichend genau die Länge des Bogens *AB*, wenn der zugehörige Zentriwinkel kleiner als 45° ist. Liegt der Bogen zwischen 45° und 90° dann wird *AC* gleich der Sehne des halben Bogens *AB* gewählt.

Der Umfang eines Kreises wird abgewickelt (**10**.20).

a) Ein um *A* mit dem Halbmesser *r* geschlagener Bogen ergibt den Punkt *B*. Auf der Verlängerung der waagrechten Mittellinie von *M* aus wird der Durchmesser *d* abgetragen. Die Verlängerung der Geraden *CB* schneidet die in *D* errichtete Tangente. *DE* ist ein Zwölftel des Kreisumfangs.

b) Nach dem Ziehen der Tangente durch Punkt *P* wird ein Bogen mit dem Halbmesser *r* von *A* aus geschlagen und mit dem Kreis zum Schnitt gebracht. Die Verlängerung der Verbindungslinie *MB* schneidet die durch *P* gezogene Tangente in *C*. Von hier aus wird der Halbmesser *r* auf der Tangente dreimal abgetragen. *ED* ist der halbe Kreisumfang.

10.2 Konstruktion regelmäßiger Vielecke

Ein regelmäßiges Vieleck hat gleichlange Seiten und gleichgroße Winkel.

Viereck (**10**.21). Das regelmäßige Viereck heißt Quadrat. Die Ecken liegen in den Endpunkten zweier senkrecht aufeinanderstehender Kreisdurchmesser.

Achteck (**10**.22). Das regelmäßige Achteck entsteht durch Verbinden der Endpunkte aller Durchmesser, die einander Winkel von 45° bilden.

Die Ecken des Achtecks in einem Quadrat werden durch Zirkelschläge um die Ecken des Quadrats gefunden (**10**.23). Als Halbmesser dient die halbe Diagonale.

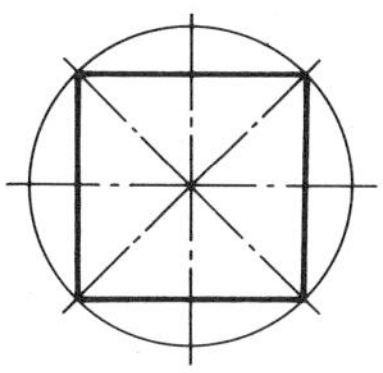

10.21 Quadrat

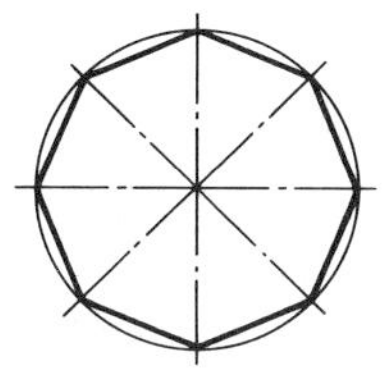

10.22 Achteck

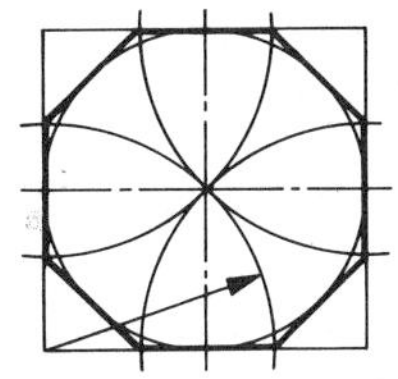

10.23 Achteck im Quadrat

Sechseck(**10**.24). In den beiden Schnittpunkten einer Mittellinie mit dem Kreis wird der Zirkel eingesetzt und mit dem Halbmesser *r* je ein Bogen geschlagen. Die Zirkeleinsatzpunkte und die Schnittstellen der Bogen mit dem Kreis sind die Ecken des regelmäßigen Sechsecks.

Zwölfeck (**10**.25). Der Zirkel wird mit dem Halbmesser *r* als Spanne in allen vier Schnittpunkten der Mittellinien mit dem Kreis eingesetzt. Durch Zirkelschläge jeweils nach beiden Seiten wird der Kreisumfang in zwölf gleiche Teile geteilt.

Dreieck (**10**.25). Das regelmäßige Dreieck entsteht durch Verbinden jeder zweiten Ecke des regelmäßigen Sechsecks.

Fünfeck (**10**.26). Um den Punkt *A* wird mit dem Halbmesser *r* ein Bogen geschlagen und durch die Schnittpunkte auf dem Kreisbogen eine Gerade gezogen. Sie ergibt den Punkt *O*. Dort wird der Zirkel eingesetzt. Ein mit dem Halbmesser *OB* geschlagener Kreisbogen trifft in *C* auf die waagrechte Mittellinie. *BC* (= *s*) ist eine Fünfeckseite.

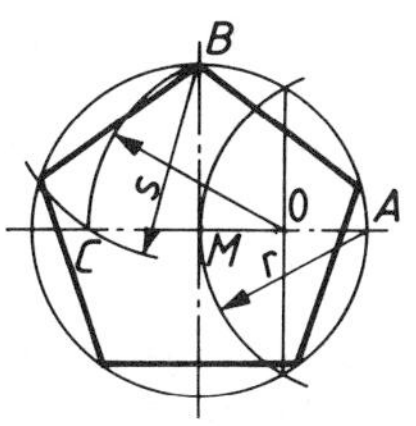

10.24 Sechseck

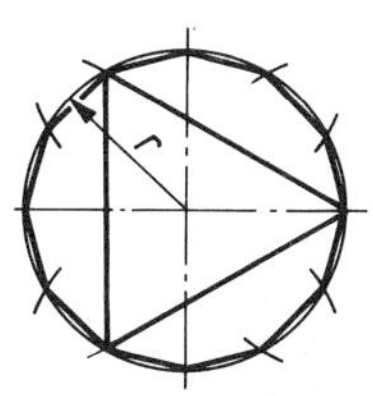

10.25 Zwölfeck und Dreieck

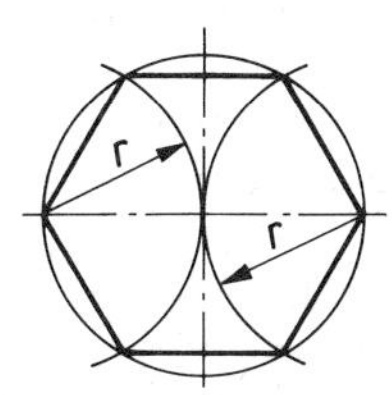

10.26 Fünfeck

Für ein regelmäßiges Fünfeck mit bestimmter Seitenlänge, z.B. 85 mm, wird diese Abmessung auf einer Seite *AB* eines beliebig großen Fünfecks abgetragen (**10**.27) und durch den Teilpunkt *P* eine Parallele zu *MA* gezogen. Sie schneidet *MB* und liefert damit eine Ecke des gesuchten Fünfecks.

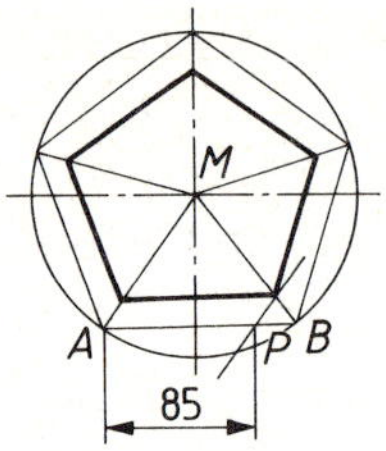

10.27 Fünfeck bestimmter Seitenlänge

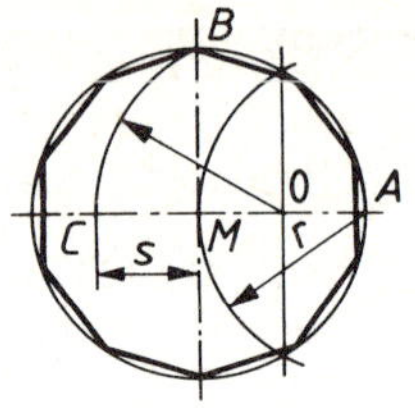

10.28 Zehneck

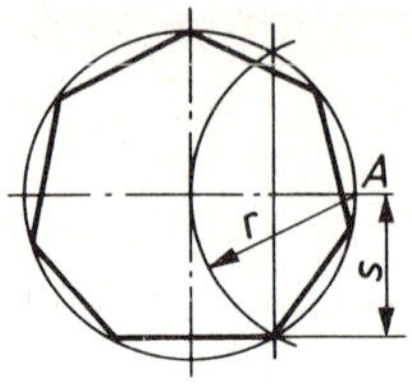

10.29 Siebeneck

Zehneck (**10.**28). Die Konstruktion des regelmäßigen Fünfecks liefert zugleich die Strecke *MC* (= *s*) als Seite eines regelmäßigen Zehnecks.

Siebeneck (**10.**29). Um den Punkt *A* wird mit dem Halbmesser *r* ein Bogen geschlagen und durch die Schnittpunkte auf dem Kreisbogen eine Gerade gezogen. Die Hälfte *s* dieser Geraden ist eine Seite des Siebenecks.

Universalkonstruktionen für alle regelmäßigen Vielecke (**10.**30)

Siebeneck mit bestimmter Seitenlänge. Ein Halbkreis mit der Seitenlänge des Siebenecks als Halbmesser wird in sieben gleiche Teile geteilt. Durch die Teilpunkte *1* bis *4* werden von *M* aus Strahlen gezogen und darauf, von den Teilpunkten *0* bis *5* ausgehend, die Seitenlängen von einem Strahl zum anderen abgetragen.

Fünfeck. Der senkrechte Durchmesser *AB* wird in fünf gleiche Teile geteilt. Dann werden mit dem Durchmesser als Zirkelöffnung in *A* und *B* Kreisbogen geschlagen. Sie schneiden sich in *C* und *D*. Von *C* und *D* aus sind entweder durch die mit geraden oder durch die mit ungeraden Zahlen versehenen Teilpunkt auf dem senkrechten Durchmesser Linien zu ziehen. Wo sie im Innern des Kreisumfangs auftreffen, liegen Ecken des Fünfecks.

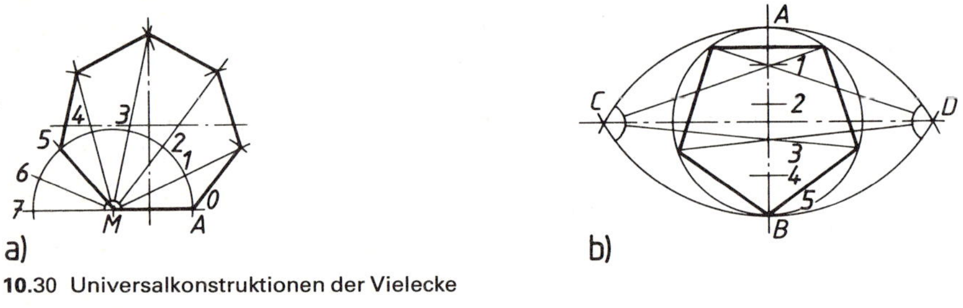

10.30 Universalkonstruktionen der Vielecke

10.3 Konstruktion von Anschlußbogen

Werkstücke haben häufig Abrundungen, die von einer Linie in eine andere übergehen, von einer Linie zu einem Punkt führen oder auch zwischen zwei Punkten liegen. Zum Zeichnen der Bogen müssen Zirkeleinsatzpunkte und Übergangsstellen gesucht werden.

Die Schenkel eines Winkels werden durch Kreisbogen verbunden (**10.**31).

Innerhalb eines Winkels – gleichgültig, ob es sich um einen rechten (**10.**31 a), einen spitzen (**10.**31 b) oder um einen stumpfen Winkel (**10.**31 c) handelt – werden im Abstand des Halbmessers zu den Schenkeln Parallelen gezogen, in deren Schnittpunkt der Zirkeleinsatz *M* liegt. Lote von *M* auf die Schenkel ergeben die Übergangsstellen *A* und *B*. Der

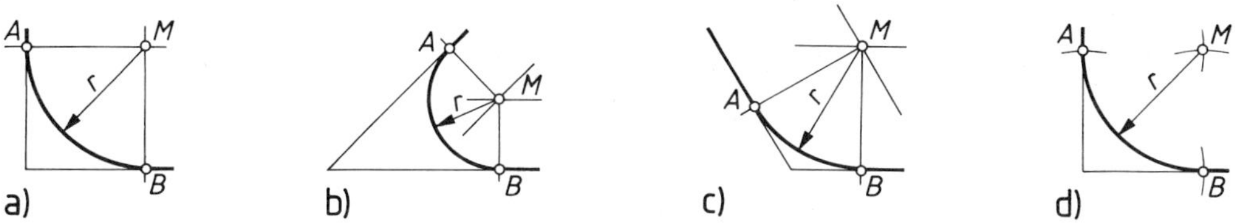

10.31 Übergangsbogen an Winkeln

Bogen im rechten Winkel ist ein Viertelkreis; im spitzen Winkel ist er größer und im stumpfen Winkel kleiner.

Beim rechten Winkel wird der Mittelpunkt *M* auch dadurch gefunden, daß man den Halbmesser *r* auf beiden Schenkeln vom Scheitelpunkt aus abträgt. Von hier aus werden mit derselben Zirkelöffnung weitere Bogen geschlagen und zum Schnitt gebracht (**10**.31d).

Zwei Punkte *P* und *P'* werden durch Kreisbogen verbunden (**10**.32).

Der Mittelpunkt *M* liegt im Schnittpunkt zweier Kreisbögen, die mit dem Halbmesser *r* von den Punkten *P* und *P'* geschlagen werden.

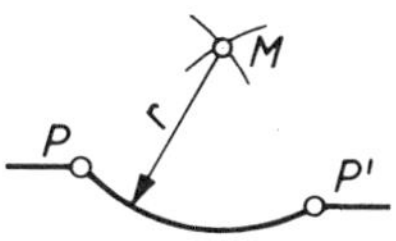

10.32 Zwei Punkte *P* und *P'* durch Bogen verbinden

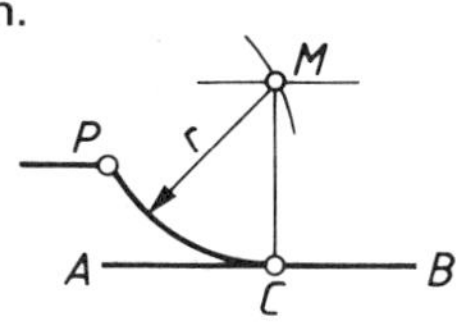

10.33 Gerade *AB* und Punkt *P* durch Bogen verbinden

Eine Gerade *AB* und ein Punkt *P* werden durch einen Kreisbogen verbunden (**10**.33).

Im Abstand des Halbmessers *r* wird eine Parallele zu *AB* gezogen und mit *r* ein Kreisbogen von *P* aus geschlagen; im Schnittpunkt liegt *M*. Der Übergangspunkt *C* wird durch eine Senkrechte von *M* auf *AB* gefunden.

Zwei Kreise werden durch einen hohlen Kreisbogen verbunden (**10**.34).

Mit $R_2 + r$ als Halbmesser wird ein Kreisbogen um O_2 geschlagen, ein zweiter Kreisbogen mit $R_1 + r$ als Halbmesser um O_1. Der Mittelpunkt *M* liegt im Schnittpunkt beider Kreise. Durch Zentralen von *M* nach O_1 und O_2 ergeben sich die Übergangsstellen *A* und *B*.

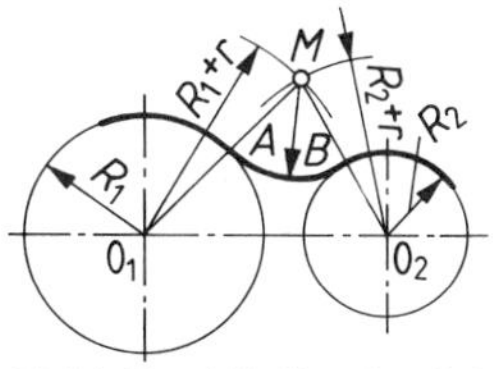

10.34 Zwei Kreise durch hohlen Bogen verbinden

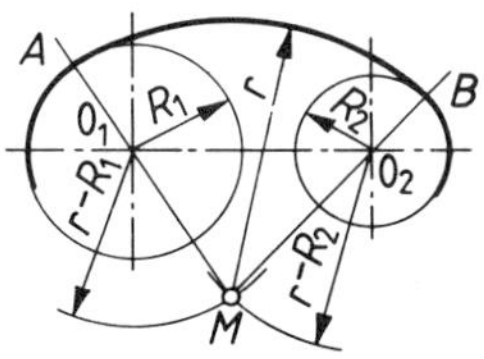

10.35 Zwei Kreise durch überwölbten Kreisbogen verbinden

Zwei Kreise werden durch einen überwölbten Kreisbogen verbunden (**10**.35).

Der Mittelpunkt *M* liegt im Schnittpunkt zweier Kreise, die mit $r - R_1$ um O_1 und mit $r - R_2$ um O_2 geschlagen werden.

Ein Kreis und ein Punkt *P* werden durch Kreisbogen verbunden (**10**.36).

Um *O* wird ein Kreisbogen mit dem Halbmesser $R + r$ und ein weiterer mit *r* um *P* geschlagen. Im Schnittpunkt der Kreisbogen liegt *M* und auf der Zentralen von *M* nach *O* der Übergangspunkt *A*.

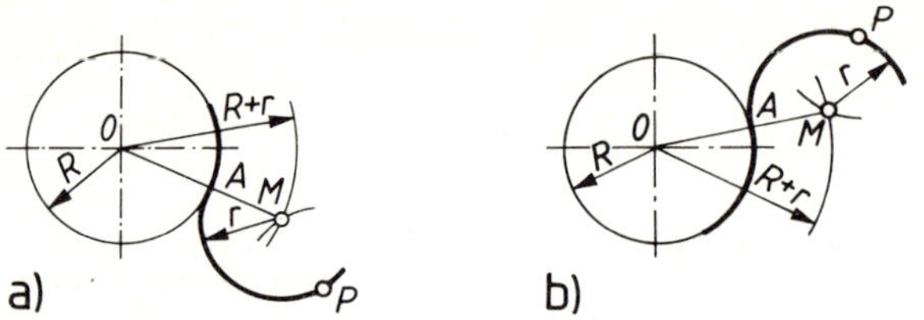

10.36 Kreis und Punkt *P* durch Bogen verbinden

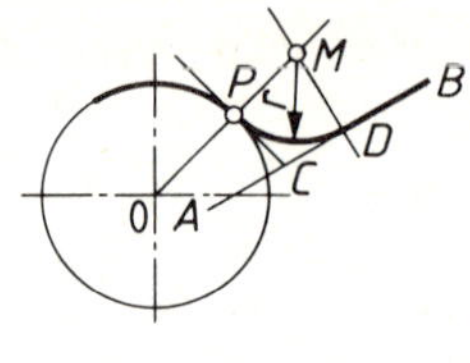

10.37 Punkt *P* und Gerade *AB* durch Bogen verbinden

Ein Punkt *P* auf einer Kreislinie und eine Gerade *AB* werden durch einen Kreisbogen verbunden (10.37).

Durch den Punkt *P* wird eine Tangente gelegt. Sie schneidet *AB* in *C*. Von hier aus wird auf *AB* die Strecke *CP* abgetragen und im Teilpunkt *D* ein Lot errichtet. Es schneidet die von *O* durch *P* gezogene Gerade in *M*. Der Halbmesser ergibt sich hier durch Konstruktion.

Die Schenkel eines Winkels *BAC* werden durch einen Kreisbogen verbunden (10.38).
Der Mittelpunkt soll auf einer bestimmten Senkrechten zu *BA* liegen. Die Senkrechte in *D* wird von der Halbierungslinie des Winkels BAC geschnitten. Damit ergibt sich der Zirkeleinsatzpunkt *M*. Das Lot von *M* auf *AC* kennzeichnet den Übergangspunkt *E*. Die Größe des Halbmessers *r* ergibt sich von selbst.

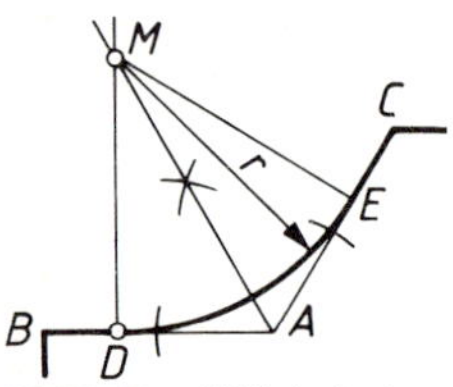

10.38 Zwei Winkelschenkel durch Bogen verbinden

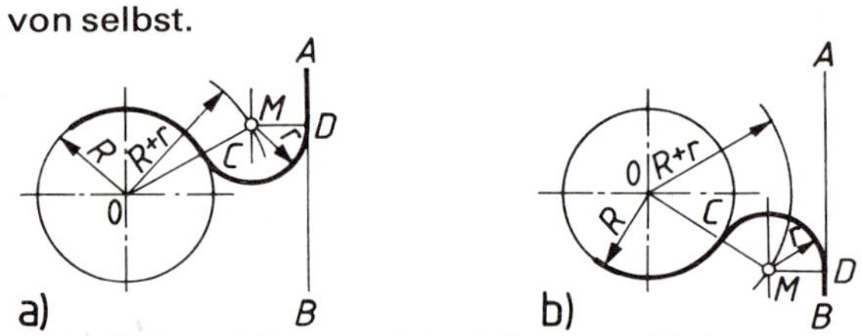

10.39 Kreis und Gerade *AB* durch Bogen verbinden

Ein Kreis und eine Gerade *AB* werden durch einen Kreisbogen verbunden (10.39).
Um den Kreismittelpunkt *O* wird ein Bogen mit dem Halbmesser $R + r$ geschlagen und dann eine Parallele zu *AB* im Abstand *r* gezogen. Im Schnittpunkt des Bogens mit der Parallelen liegt *M*. Der Übergangspunkt *D* wird durch das Lot von *M* auf *AB* festgelegt.

Übungen

Zeichnen Sie den Stellhebel (**10**.40), die Kurvenscheibe (**10**.41) und den Nocken (**10**.42) und bestimmen Sie die Übergangsstellen für die Rundungen.

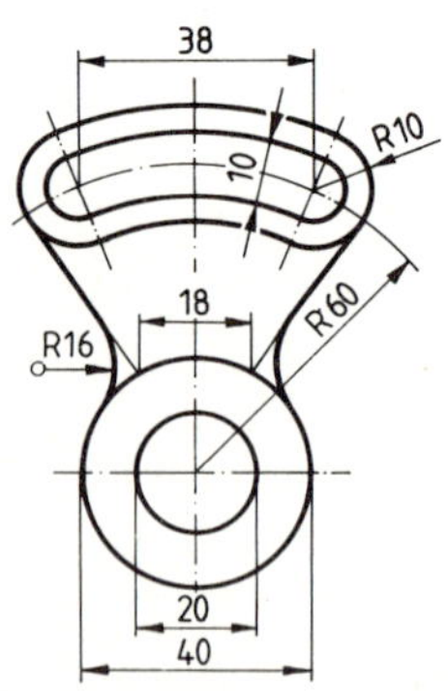

10.40 Stellhebel

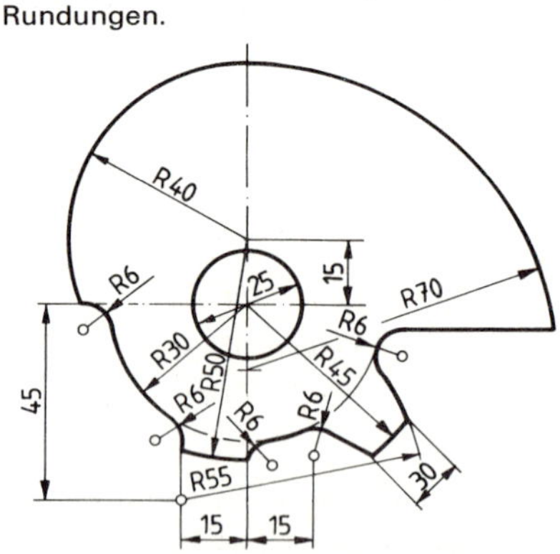

10.41 Kurvenscheibe

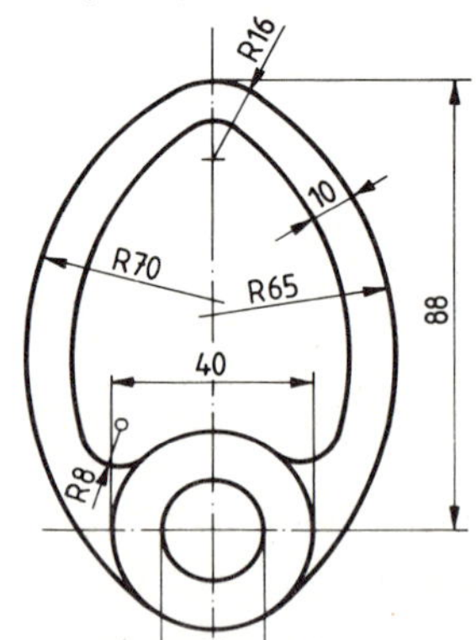

10.42 Nocken

10.4 Konstruktion technischer Kurven

10.4.1 Ellipse

Aufbau (10.43). Alle von einer Ellipsenhälfte zur anderen gezogenen Geraden, die durch den Mittelpunkt *M* gehen, heißen Durchmesser. Der größte und der kleinste Durchmesser sind die Achsen *AB* und *CD*. Sie halbieren sich und stehen senkrecht aufeinander. Jede Ellipse hat zwei Brennpunkte (*F* und *F'*). Sie liegen auf der großen Achse und werden durch Zirkelschlag um einen Endpunkt der kleinen Achse mit der halben großen Achse als Halbmesser gefunden. Verbindungslinien von einem beliebigen Punkt *P* der Ellipse nach den Brennpunkten heißen Brennstrahlen. Jeder Brennstrahl wird von einem Brennpunkt durch die Innenwand der Ellipse nach dem anderen Brennpunkt gespiegelt. Die Winkel zwischen der Tangente in Punkt *P* und den beiden Brennstrahlen sind gleich.

Für jeden Punkt der Ellipse ist die Summe seiner Brennstrahllängen so groß wie die große Achse. Die Halbierungslinie des Winkels α, der durch zwei zusammengehörige Brennstrahlen gebildet wird, heißt Normale *N*. Senkrecht dazu läuft die Tangente *T*; sie wird durch Halbieren des Winkels β gefunden.

Halbiert ein Durchmesser (*GH*) alle Sehnen, die zu einem anderen Durchmesser (*EF*) parallel sind, dann sind diese beiden Durchmesser zugeordnet oder konjugiert (**10.44**).

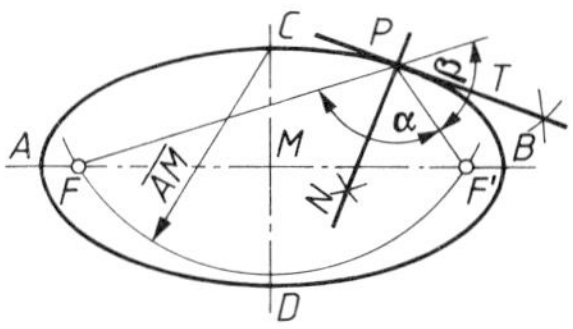

10.43 Ellipse

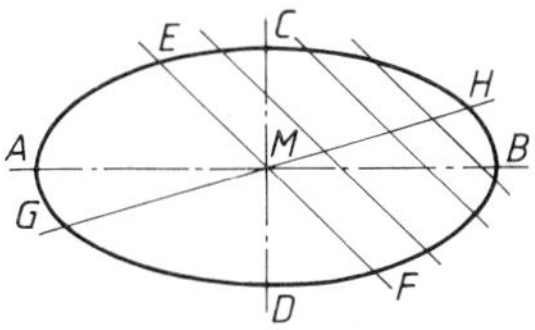

10.44 Konjugierte Durchmesser

Konstruktionen aus beiden Achsen

Fadenkonstruktion (10.45).

Um beide Brennpunkte *F* und *F'* werden mit einem beliebigen Stück *x* der großen Achse Kreisbogen geschlagen. Mit dem restlichen Stück *y* wird ebenso verfahren. In den Schnittpunkten der Kreisbogen liegen Punkte der Ellipse. Mit anderen Werten für *x* und *y* werden weitere Punkte gefunden. Sie werden dann miteinander verbunden.

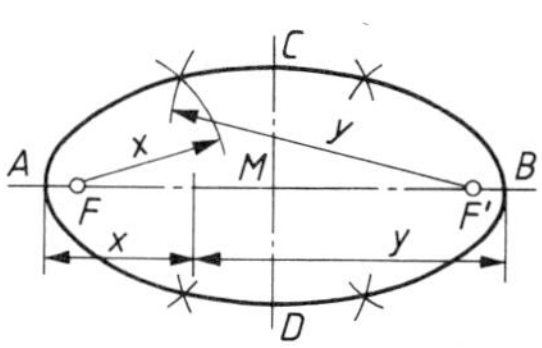

10.45 Fadenkonstruktion

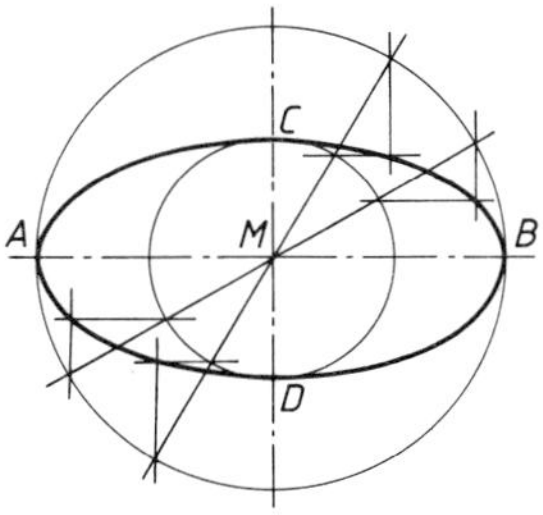

10.46 Konstruktion mit Hilfe konzentrischer Kreise

Konstruktion mit Hilfe konzentrischer Kreise (10.46).

Mit den halben Achsen als Halbmesser werden um den Mittelpunkt Kreise geschlagen. Eine durch *M* beliebig gelegte Gerade schneidet die Kreise. Von den Schnittpunkten sind parallel zu beiden Achsen Linien zu ziehen. Wo sie sich schneiden, liegen Punkte der Ellipse. Durch Wiederholung des Verfahrens mit anderen Geraden durch *M* entstehen weitere Punkte der Kurve.

Papierstreifenkonstruktion (**10**.47).

Durch Abtragen der beiden halben Achsen auf einen Papierstreifen entstehen die Punkte *m, n* und *o*. Wird der Streifen so bewegt, daß sich Punkt *m* auf der kleinen Achse und Punkt *n* auf der großen Achse bewegen, beschreibt *o* eine Ellipse.

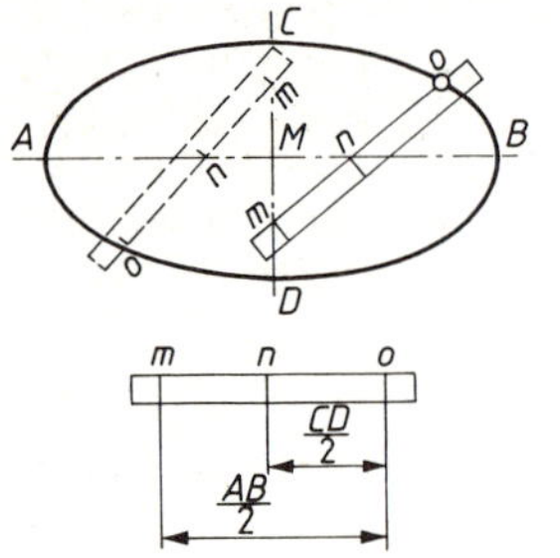

10.47 Papierstreifenkonstruktion

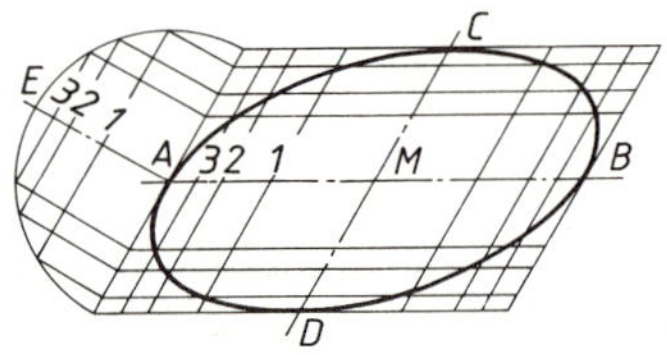

10.48 Einzeichnen der Ellipse in ein Parallelogramm

Eine Ellipse ist in ein Parallelogramm einzuzeichnen (**10**.48).

Um die Mitte einer beliebigen Parallelogrammseite wird ein Halbkreis geschlagen, dessen Durchmesser gleich der Länge dieser Seite ist. Nun werden die halben Achsen *AM* und *BM* und der senkrecht auf der Seite des Parallelogramms stehende Halbmesser *AE* halbiert, geviertelt und geachtelt. Dadurch entstehen die Teilpunkte *1, 2* und *3,* durch die dann Parallelen zu der geneigten Parallelogrammseite gezogen werden. Parallelen durch die Teilpunkte auf dem Halbmesser *AE* schneiden den Halbkreis. Von hier aus werden Parallelen zu *AE* und verlängert zu *AB* gezogen. In den Schnittpunkten mit den geneigten Parallelen liegen die Ellipsenpunkte. Nach diesem Verfahren entstehen auch in Rechtecken Ellipsen.

Mit einem gewöhnlichen Zirkel lassen sich mathematisch genaue Ellipsen nicht zeichnen. Doch können in den Scheiteln *A, B, C* und *D* (**10**.43) kurze, genügend genaue Näherungsbogen geschlagen werden. Deren Krümmungshalbmesser sind $R = a^2/b$ und $r = b^2/a$, worin *a* die halbe große und *b* die halbe kleine Achse sind. Die zwischen den Kreisbogen liegenden Teile der Ellipsen werden mit dem Kurvenlineal gezogen.

Aufsuchen des Mittelpunkts einer Ellipse (**10**.49).

Zwei beliebig gezogene, parallele Sehnen werden halbiert. In der Mitte des durch die Halbierungspunkte führenden Durchmessers *xy* liegt der Mittelpunkt *M* der Ellipse.

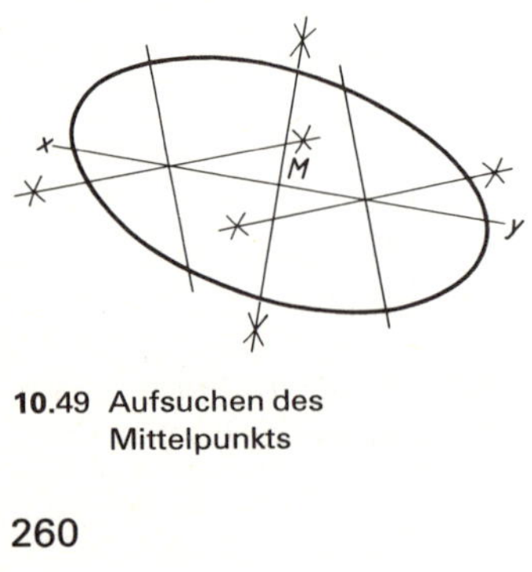

10.49 Aufsuchen des Mittelpunkts

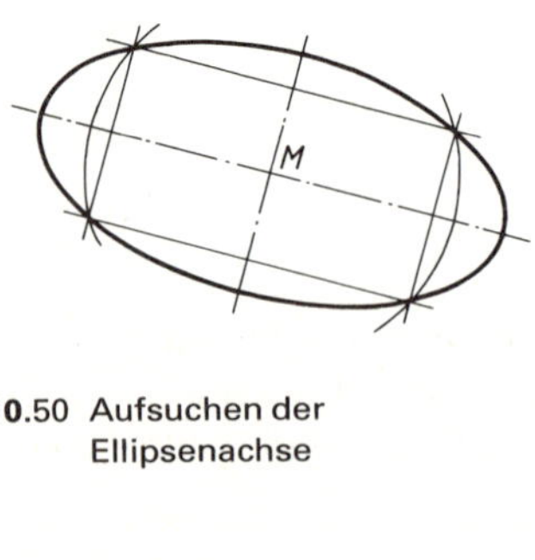

10.50 Aufsuchen der Ellipsenachse

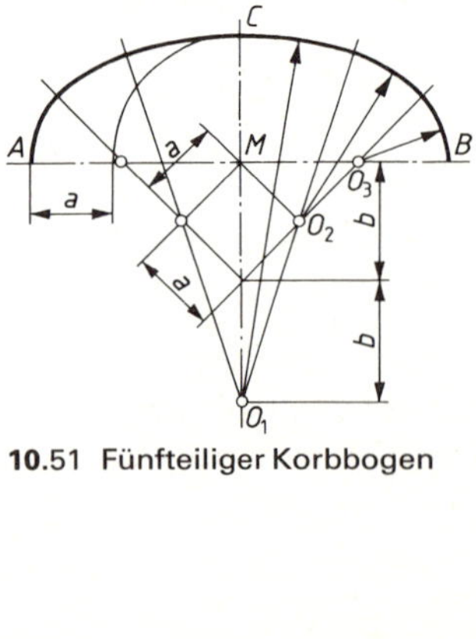

10.51 Fünfteiliger Korbbogen

Aufsuchen der Ellipsenachsen (**10**.50).

Nach dem Schlagen eines Kreises mit geeigneter Zirkelöffnung um den Mittelpunkt *M* werden durch die Schnittpunkte mit der Ellipse vier Sehnen gezogen. Ihre Halbierungslinien sind Achsen der Ellipse.

Fünfteiliger Korbbogen (**10**.51).

MC ist die Bogenhöhe und zugleich Halbmesser eines Kreisbogens um *M*, der auf der Spannweite *AB* die Strecke *a* abteilt. Sie ist die Seitenlänge eines mit der Spitze an *M* hängenden Quadrats. Auf der Verlängerung von *CM* wird die Diagonale *b* noch einmal abgetragen. Durch diese Konstruktion entstehen die Zirkeleinsatzpunkte O_1, O_2 und O_3 und durch die Verlängerung der Verbindungslinien O_1 O_2 und O_2 O_3 die Übergangspunkte der Bogenteile.

10.4.2 Parabel

Aufbau. Jeder Punkt der Parabel hat von einem festen Punkt (dem Brennpunkt *F*) und einer festen Linie (der Leitlinie *L*) gleich großen Abstand (**10**.52).

Es ist mithin *FP* = *PQ*. Die Halbierungslinie des von diesen beiden Geraden gebildeten Winkels ist zugleich die Tangente *T* im Punkt *P*. Senkrecht dazu steht die Normale *N*. Alle geraden Linien vom Brennpunkt nach beliebigen Punkten der Parabel (z.B. *FP*) heißen Brennstrahlen; sie gehen parallel zur Parabelachse *AB* aus der Parabel heraus. Parallelen zur Parabelachse heißen Durchmesser. Die durch den Brennpunkt parallel zur Leitlinie gezogene Sehne *CD* ist der Parameter, das Grundmaß der Parabel, und doppelt so groß wie die Entfernung des Brennpunkts *F* von der Leitlinie. In der Mitte zwischen *F* und *A* liegt der Scheitelpunkt *S*. Der Krümmungshalbmesser *r* für das Bogenstück im Scheitel ist gleich dem halben Parameter.

Konstruktionen

Fadenkonstruktion (**10**.52).

Gegeben: Scheitelpunkt *S* und Brennpunkt *F*. Durch Scheitel und Brennpunkt werden die Achse *AB* und senkrecht dazu die Leitlinie gezogen, deren Abstand vom Scheitelpunkt *S* so groß ist wie dessen Entfernung vom Brennpunkt *F*. In beliebigem Abstand von der Leitlinie wird eine Parallele *EP* gelegt. Mit demselben Abstand schlägt man vom Brennpunkt *F* aus Kreisbogen auf der Parallelen. Sie ergeben Punkte der Parabel. Für weitere Punkte wird das Verfahren wiederholt.

Der gesetzmäßige Verlauf der Parabelkurve ist in Bild **10**.53 zu erkennen. Die gekennzeichneten Punkte liegen von der Achse in senkrechten Abständen, die um das gleiche Stück zunehmen (*1, 2, 3* usw.). Die Abstände der Punkte von der Scheiteltangente vergrößern sich dagegen im Quadrat der hierfür gewählten Teilungsstrecke (*1, 4, 9* usw.).

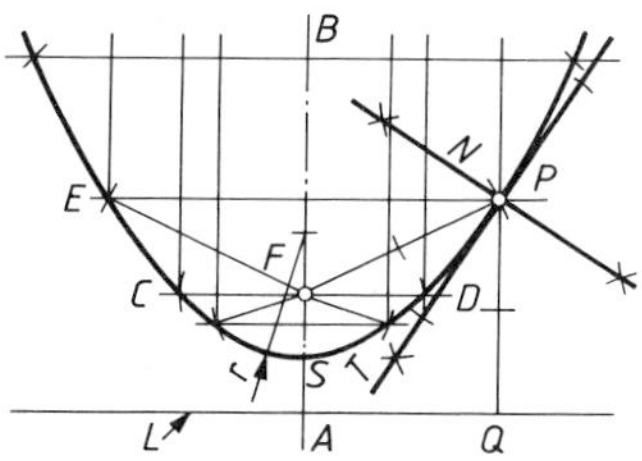

10.52 Fadenkonstruktion

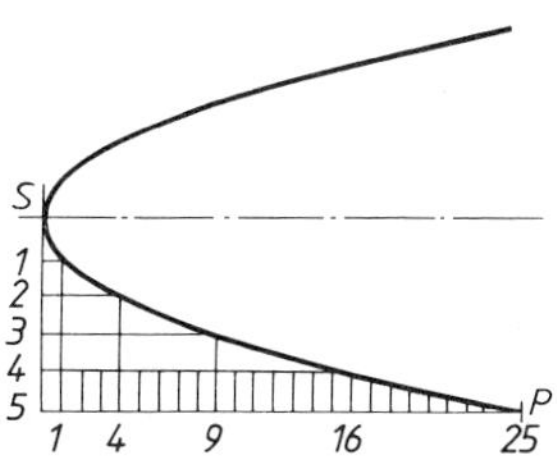

10.53 Verlauf der Parabelkurve

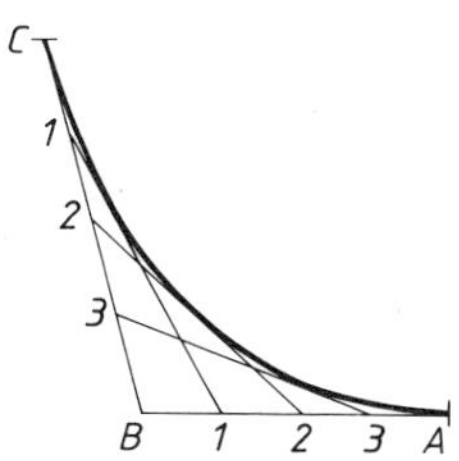

10.54 Hüllkonstruktion

Hüllkonstruktion (**10**.54 auf S. 261).

Gegeben: Tangenten *BA* und *BC*. Jede der beiden Tangenten wird in dieselbe Anzahl gleicher Teile geteilt. Die Teilpunkte mit gleichen Zahlen werden durch Gerade miteinander verbunden. Sie sind Tangenten der gesuchten Parabel.

Die Achse einer Parabel wird ermittelt (**10**.55).

Zwei parallele Sehnen *AB* und *CD* werden halbiert. Auf der Halbierungslinie, einem Durchmesser der Parabel, wird in einem beliebigen Punkt *O* eine Senkrechte *EF* und auf dieser die Mittelsenkrechte errichtet. Sie ist die gesuchte Parabelachse.

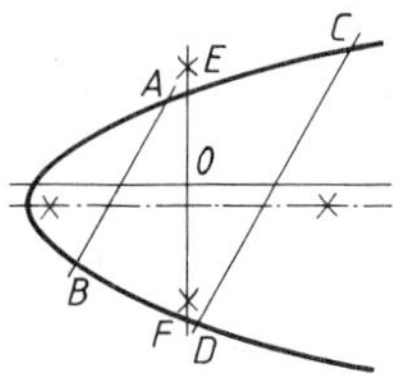

10.55 Ermitteln der Parabelachse

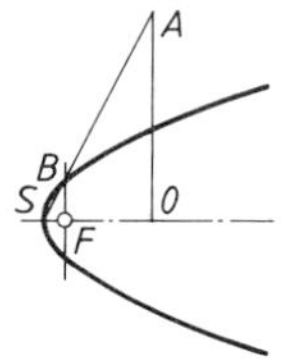

10.56 Ermitteln des Brennpunkts

Der Brennpunkt einer Parabel wird ermittelt (**10**.56).

Auf einer in beliebigem Punkt *O* der Parabelachse errichteten Senkrechten wird die Strecke *OS* zweimal abgetragen. Die Verbindungslinie *AS* schneidet die Parabel in einem Punkt *B*, von dem aus eine Parallele zu *OA* zum Brennpunkt *F* führt.

10.4.3 Hyperbel

Aufbau. *F* und *F′* sind die Brennpunkte der Hyperbel (**10**.57). Die Abstände *PF* und *PF′* eines Punkts *P* der Kurve von den Brennpunkten heißen Brennstrahlen. Wird *PF′* von *PF* abgezogen, ergibt sich der Abstand der beiden Hyperbelscheitel *S* und *S′*.

Für jeden Punkt der Hyperbel ist der Unterschied seiner Abstände von zwei festen Punkten, den Brennpunkten, gleich groß.

Senkrechte durch *S* und *S′* und ein um *M* mit dem Halbmesser *MF* gezogener Kreis ergeben vier Schnittpunkte. Die durch gegenüberliegende Schnittpunkte gezogenen Geraden heißen Asymptoten. Das sind Linien, denen sich die Hyperbeläste um so mehr nähern, je weiter sie vom Mittelpunkt *M* entfernt sind. In unendlicher Entfernung würden Asymptoten und Hyperbelbogen ineinanderlaufen. Bilden die Asymptoten im Mittelpunkt *M* rechte Winkel, sind die dazugehörigen Hyperbeln gleichseitig. Alle Sehnen durch den Mittelpunkt *M* sind Durchmesser der Hyperbel und werden in *M* halbiert. Die Tangente *T* entsteht durch Halbieren des Winkels zwischen den zugehörigen Brennstrahlen. Senkrecht auf der Tangente steht die Normale *N*. Als Parameter bezeichnet man die rechtwinklig zur Hauptachse durch den Brennpunkt *F* gehende Sehne *AB*. Der Krümmungshalbmesser *r* in den Scheiteln ist gleich dem halben Parameter. Bei der gleichseitigen Hyperbel ist $r = a$.

Konstruktionen

Gegeben sind die Scheitelpunkte *S* und *S′* sowie die Brennpunkte *F* und *F′* (**10**.57).

Mit einer beliebigen Strecke *SC* werden um *F* ein Kreisbogen und mit der Strecke *S′C* ein zweiter Kreisbogen um *F′* geschlagen. Sie schneiden sich in *P*, einem Punkt der Hyperbel. Weitere Punkte entstehen durch Kreisbogen um *F′* und *F* mit veränderten Halbmessern. Der Halbmesser für den Kreisbogen um F' ergibt sich stets durch Abziehen der Strecke SS' von der Zirkelöffnung, mit der der Kreisbogen um F geschlagen wurde.

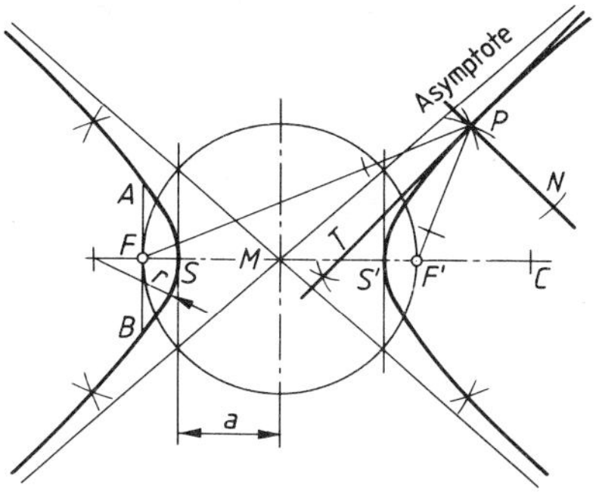

10.57 Hyperbelkonstruktion

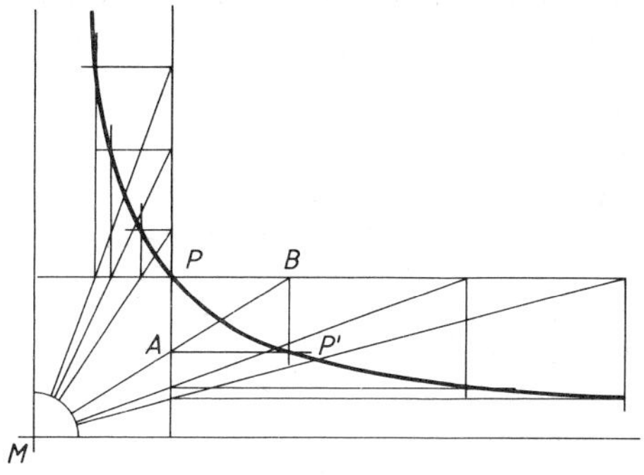

10.58 Konstruktion einer gleichseitigen Hyperbel

Gegeben sind die Asymptoten und ein Punkt *P* der gleichseitigen Hyperbel (**10.**58).

Durch Punkt *P* wird je eine Parallele zu den Asymptoten gezogen. Beliebige Strahlen von *M* aus schneiden die Parallelen. Von den Schnittpunkten *A* und *B* eines Strahls sind Parallelen zu den Asymptoten zu ziehen, die den Punkt *P'* der Hyperbel ergeben. Der Mittelpunkt für die Krümmung der Kurve liegt auf der Halbierungslinie des Winkels, den die Asymptoten bilden. Krümmungshalbmesser ist die kürzeste Entfernung von *M* bis zur Hyperbel.

10.4.4 Archimedische Spirale

Aufbau. Die Archimedische Spirale entsteht durch gleichförmige Fortbewegung eines Punkts auf einem Strahl *OA*, der sich mit gleichbleibender Geschwindigkeit um einen festen Punkt, den Pol *O* dreht (**10.**59).

Die von dem Punkt bei einer Umdrehung des Strahls zurückgelegte Strecke ist so groß wie der Abstand zwischen den Windungen und heißt Steigung oder Ganghöhe der Spirale.

Konstruktion (**10.**59).

Werden eine Steigung von 24 mm und ein Kreuz von 12 Strahlen angenommen, so betragen die Abstände zwischen den konzentrischen Hilfskreisen 24 mm/12 = 2 mm. Der Schnittpunkt eines Strahls mit einem Kreis wird dann mit dem Schnittpunkt des nächsten Strahls mit dem nächsten Kreis usf. bogenförmig verbunden.

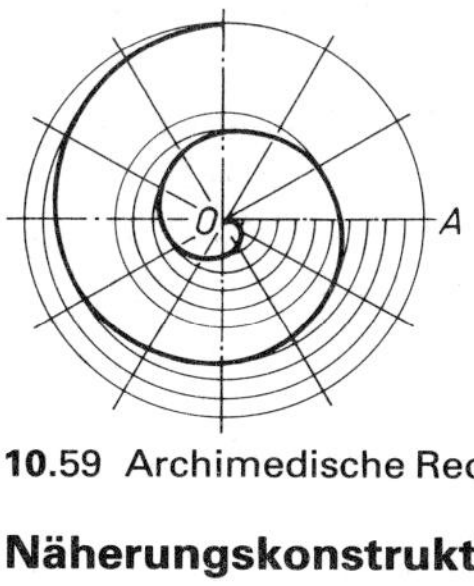

10.59 Archimedische Rechtsspirale

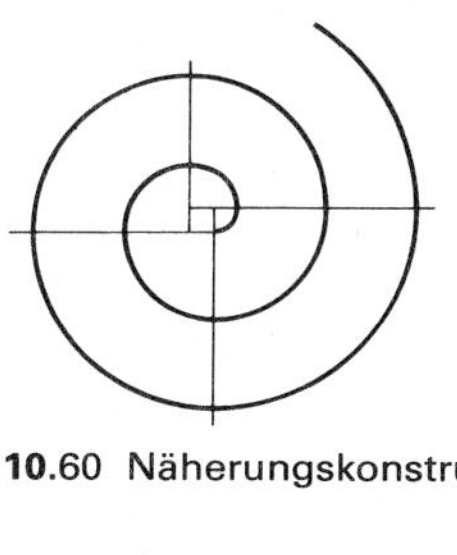

10.60 Näherungskonstruktion der Spirale

Näherungskonstruktion (**10.**60).

Die Archimedische Spirale wird häufig durch Kreisbogen ersetzt, die um die Ecken einer regelmäßigen Fläche geschlagen werden. Sie ist in der dargestellten linksgewundenen

Spirale ein Quadrat, dessen Umfang gleich der Steigung der Spirale ist. Die Bogen sind Viertelkreise und gehen an den verlängerten Quadratseiten ineinander über. An Stelle des Quadrats kann auch ein regelmäßiges Sechseck treten. Je mehr Ecken die Ausgangsfläche hat, um so mehr nähert sich die Konstruktion der mathematisch genauen Spirale.

10.4.5 Evolvente

Aufbau. Ein Punkt einer auf dem Umfang eines Kreises abrollenden Geraden beschreibt eine Evolvente (**10.**61). Auch das Ende eines straffgezogenen Fadens, der von einer feststehenden Rolle abgewickelt wird, beschreibt die Evolvente.

Konstruktion (**10.**61).

Nach dem Teilen des Grundkreisumfangs in zwölf gleiche Teile werden durch die Teilpunkte Tangenten gelegt. Der zwölfte Teil des Umfangs wird auf der ersten Tangente von dem Berührungspunkt aus einmal, auf der folgenden zweimal, auf der dritten dreimal und so fort abgetragen. Die zwölfte Tangente hat demnach die Länge des Grundkreisumfangs, der mithin der Abstand der Windungen voneinander ist. Durch die Verbindung der Endpunkte aller Tangenten entsteht die Evolvente.

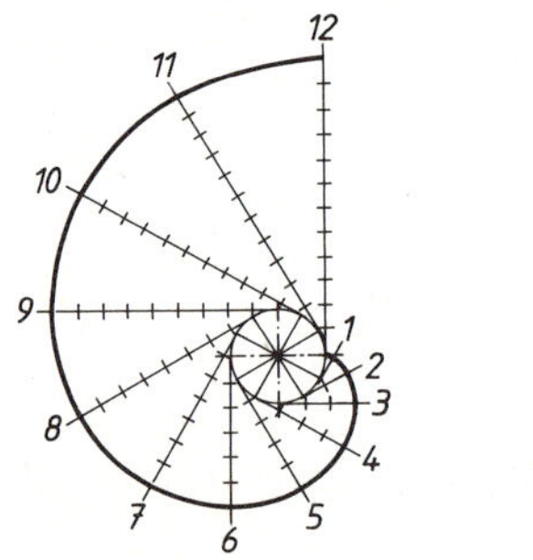

10.61 Evolventenkonstruktion

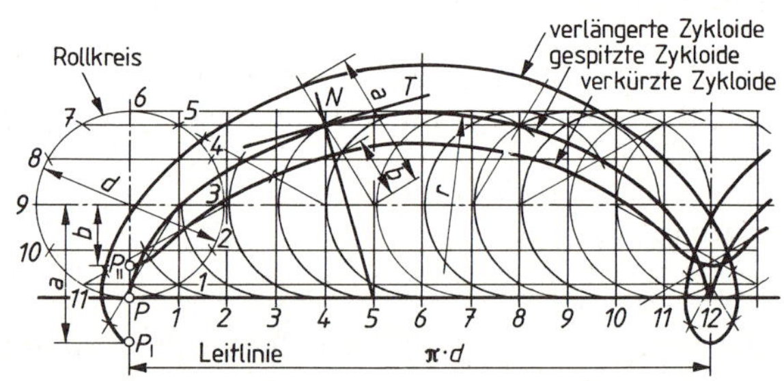

10.62 Zykloidenkonstruktionen

10.4.6 Zykloide

Gewöhnliche oder gespitzte Zykloide (Orthozykloide, 10.62). Ein Punkt *P* am Umfang eines auf einer Geraden abrollenden Kreises erzeugt eine gewöhnliche Zykloide. Der Kreis heißt Roll- Erzeugungskreis, die feststehende Rollbahn Leitlinie.

Konstruktion. Auf der Leitlinie werden Anfangs- und Endstellung des Rollkreises im Abstand seines Umfangs ($= \pi \cdot d$) eingezeichnet. Nachdem Abstand und Rollkreisumfang beispielsweise in zwölf gleiche Teile geteilt sind, werden von den Teilpunkten Parallelen zur Leitlinie und durch die Teilpunkte auf der Leitlinie Senkrechte gezogen. Die Senkrechten geben an, um wieviel Zwölftel des Kreisumfangs sich der Kreismittelpunkt beim Abrollen weiterbewegt hat. Die Parallelen geben an, um wieviel sich der Punkt *P* dabei gehoben oder gesenkt hat. Wo sich die um die einzelnen Teilpunkte der auf der mittleren Parallelen geschlagenen Kreisbogen mit den zugehörigen Parallelen schneiden, liegen Punkte der Kurve. Der Halbmesser *r* für die Krümmung im Scheitel ist $2d$. Durch die Verbindung eines Kurvenpunkts mit dem entsprechenden Punkt auf der Leitlinie entsteht die Normale *N*. Senkrecht dazu liegt die Tangente *T*.

Verlängerte (oder verschlungene) Zykloide (**10.**62). Ein Punkt P_I außerhalb des Kreises erzeugt eine verlängerte Zykloide.

Konstruktion. Der Abstand des Punkts P_I vom Mittelpunkt des Rollkreises ist mit *a* gekennzeichnet. Von den Mittelpunkten der einzelnen Rollkreisstellungen zieht man über die Schnittpunkte der Kreise mit den Parallelen hinaus Gerade und trägt darauf den Abstand *a* vom Mittelpunkt aus ab (Beispiel: Rollkreisstellung *5*).

Verkürzte (oder geschweifte) Zykloide (10.62). Ein Punkt P_{II} innerhalb des Kreises erzeugt eine verkürzte Zykloide.

Konstruktion. Der mit *b* bezeichnete Abstand des Punkts P_{II} vom Mittelpunkt des Rollkreises wird auf der Geraden wie der Abstand *a* für die verlängerte Zykloide abgetragen (Rollkreisstellung *5*).

Epizykloide (Aufradlinie, 10.63). Ein Punkt *P* am Umfang eines Kreises, der auf einer Kreisbahn abrollt, erzeugt eine Epizykloide.

Konstruktion. Die Epizykloide wird nach dem gleichen Verfahren entwickelt wie die gespitzte Zykloide, doch tritt der Leitkreis an die Stelle der Leitlinie. Der Umfang des Rollkreises I und die Länge der Rollbahn für eine Umdrehung auf dem Leitkreis sind in dem Beispiel in je acht gleiche Teile geteilt.

Hypozykloide (Inradlinie). Ein Punkt *P* eines in einer Kreislinie abrollenden Kreises erzeugt eine Hypozykloide (**10.63**).

Konstruktion. Sie ist die gleiche wie die für die Epizykloide. Ist der Durchmesser des Rollkreises II halb so groß wie der Durchmesser des Leitkreises, so ist die Hypozykloide eine gerade Linie von der Länge des Leitkreisdurchmessers.

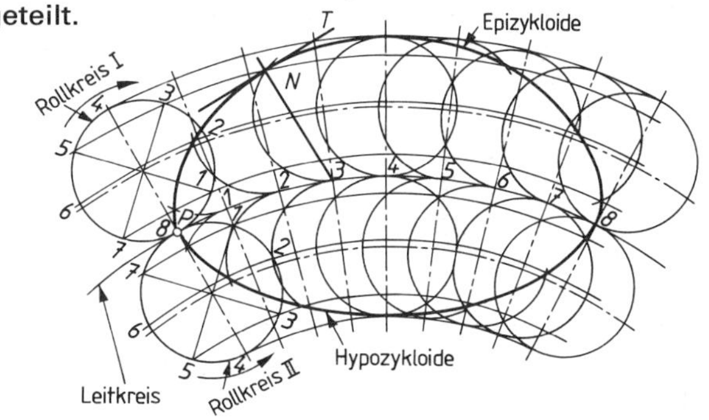

10.63 Epizykloide und Hypozykloide

10.4.7 Schraubenlinie (Wendel)

Aufbau. Die Schraubenlinie wird von der Hypotenuse eines um den Mantel einer Rundsäule gelegten rechtwinkligen Dreiecks gebildet, wobei eine Kathete mit dem Umfang der Grundfläche zusammenfällt (**10.64** auf S. 266). Die andere Kathete ist so groß wie der Abstand einer Windung zur anderen; er wird Ganghöhe oder Steigung *P* genannt. Zwischen der Hypotenuse und der am Umfang der Grundfläche liegenden Kathete liegt der Steigungswinkel α.

Konstruktion mit Hilfe von Mantellinien (**10.64**). Das sind gedachte Linien am Mantel der Rundsäule, die parallel zur Längsachse des Körpers laufen und gleiche Abstände untereinander haben. Meist genügen zwölf Mantellinien. Sie sind mit *1* bis *12* bezeichnet. Die Abstände entstehen durch die Aufteilung der Kreislinie in der Draufsicht. Die Mantellinien werden in der Vorderansicht übertragen und in das Hilfsdreieck eingezeichnet. Von hier aus übernimmt man die verschiedenen Längen der Mantellinien in die Vorderansicht. Die Linie, die dort die oberen Enden aller Mantellinien miteinander verbindet, ist die Projektion der Schraubenlinie oder Wendel auf die Zeichenebene. Sie ist zugleich eine Sinuslinie.

Die Schraubenlinie entsteht aber auch durch Zusammensetzen zweier gleichförmiger Bewegungen, der kreisenden Hauptbewegung eines zylindrischen Werkstücks und der geradlinigen Vorschubbewegung des Schneidstahls beim Gewindeschneiden auf der Drehbank (**10.65**).

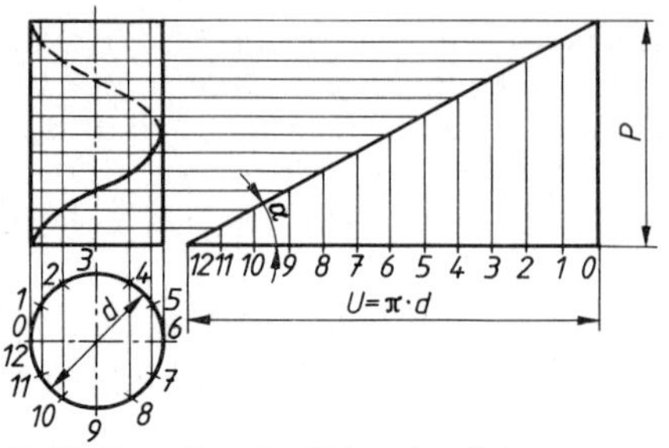

10.64 Entstehen der Schraubenlinie aus einem rechtwinkligen Dreieck

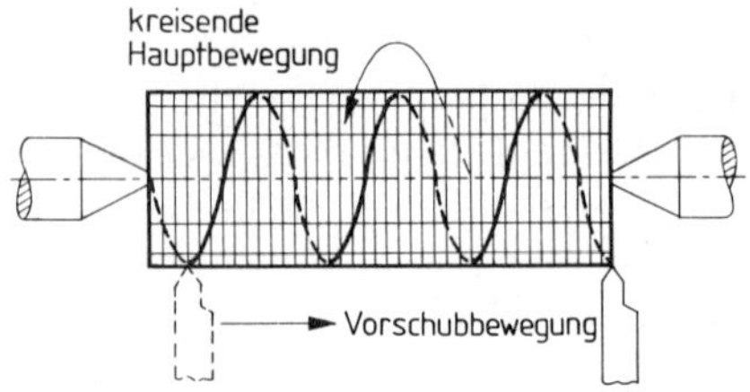

10.65 Entstehen einer Schraubenlinie aus zwei Bewegungen

Übungen

1. Unterteilen Sie ein Blatt DIN A4 in 6 gleichgroße Flächen und konstruieren Sie
   1.1 die Senkrechte in einem Punkt *P* einer frei gewählten Geraden *g*,
   1.2 die Mittelsenkrechte zu einer frei gewählten Strecke $\overline{AB}$ und einen rechten Winkel im Punkt *P* dieser Strecke,
   1.3 das Lot von einem Punkt *P* auf eine frei gewählte Gerade *g*, die nicht durch *P* verläuft,
   1.4 die Halbierung eines nach **4**.13 konstruierten Winkels von 65° und die Drittelung eines rechten Winkels,
   1.5 eine Parallele zu einer frei gewählten Geraden *g* im Abstand *r*,
   1.6 die Teilung einer Strecke $\overline{AB}$ in 5 gleichgroße Abschnitte.
2. Unterteilen Sie ein Blatt DIN A4 in 6 gleichgroße Flächen und konstruieren Sie
   2.1 den Außen- und Innenkreis eines frei gewählten Dreiecks,
   2.2 den Mittelpunkt eines Kreisbogens (Zentrierung einer Welle) und die Tangente an einen Punkt *P* dieses Bogens,
   2.3 die Tangente an einen Kreis von einem Punkt *P* außerhalb dieses Kreises,
   2.4 die Teilung der Strecke $\overline{AB}$ nach dem Goldenen Schnitt,
   2.5 die äußeren Tangenten und
   2.6 die inneren Tangenten an zwei sich nicht berührende Kreise unterschiedlicher Durchmesser.
3. Unterteilen Sie ein Blatt DIN A4 in 6 gleichgroße Flächen und konstruieren Sie
   3.1 ein regelmäßiges Sechseck,
   3.2 ein regelmäßiges Fünfeck,
   3.3 ein regelmäßiges Siebeneck,
   3.4 ein regelmäßiges Achteck,
   3.5/3.6 (Doppelfeld) ein regelmäßiges Neuneck nach der Universalkonstruktion (Bild **10**.30b).
4. Unterteilen Sie ein Blatt DIN A4 hoch in 3 gleichgroße Flächen und konstruieren Sie
   4.1 eine Ellipse (gegeben Durchmesser *D* und Brennpunktabstand $\overline{F_1F_2}$),
   4.2 eine Ellipse (gegeben großer Durchmesser *D* und kleiner Durchmesser *d*),
   4.3 eine Ellipse, die in ein gleichseitiges Parallelogramm eingezeichnet werden soll.
5. Unterteilen Sie ein Blatt DIN A4 hoch in 3 gleichgroße Flächen und konstruieren Sie
   5.1 eine Parabel (gegeben Brennpunkt und Scheitelpunkt),
   5.2 eine Hyperbel (gegeben Brennpunkte und Scheitelpunkte),
   5.3 eine archimedische Spirale mit der Steigung 30 mm.
6. Konstruieren Sie auf je einem Blatt DIN A4 quer
   6.1 eine Evolvente (Kreisdurchmesser $d = 50$ mm).
   6.2 eine Orthozykloide (Kreisdurchmesser $d = 60$ mm),
   6.3 eine Wendel mit der Steigung 80 mm an einem Zylinder mit dem Durchmesser $d = 50$ mm.

11 Projektionszeichnen

11.1 Parallelprojektion

11.1.1 Begriffe

Die Darstellung eines Körpers geht auf die Projektion zurück. Man versteht darunter ein mit dem Sehen vergleichbares Abbildungsverfahren, im weiteren Sinn aber auch das erzeugte Bild. Die Strahlen vom Auge nach markanten Punkten des Gegenstands heißen Projektionslinien (**11**.1). Sie treffen auf einer hinter dem Gegenstand stehenden ebenen Fläche, der Bildebene, auf. Bei dieser Zentralprojektion genannten Abbildung entsteht ein ähnliches, mit den Maßen des Gegenstands nicht übereinstimmendes Bild. Denkt man sich die Projektionslinien in unendlichem Abstand ausgehend, verlaufen sie parallel. Die Abbildung entsteht dabei durch Parallelprojektion (**11**.2).

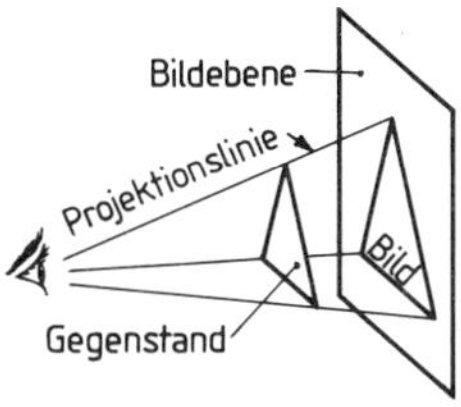

11.1 Zentralprojektion

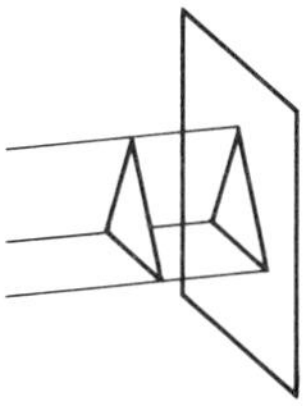

11.2 Rechtwinklige Parallelprojektion

Rechtwinklige Parallelprojektion. Bilden die Projektionslinien mit der Bildebene rechte Winkel, ergibt sich eine rechtwinklige (orthogonale) Parallelprojektion. Eine maßgetreue Abbildung entsteht, wenn die auftreffenden Punkte wie am Gegenstand miteinander verbunden werden. Liegen Hauptflächen (und -kanten) bzw. Symmetrielinien des Körpers parallel zu einer oder mehreren Bildebenen, spricht man von einer Normalprojektion.

Die Gegenstände werden gewöhnlich aus drei rechtwinklig zueinander liegenden Richtungen betrachtet und auf Ebenen projiziert, die zusammen eine Raumecke bilden (**11**.3a). Das von vorn projizierte Bild ist die Vorderansicht (Aufriß), das von links projizierte ist die Seitenansicht (Seitenriß) und das von oben projizierte die Draufsicht (Grundriß). Die Bilder lassen sich durch Projektionslinien miteinander verbinden.

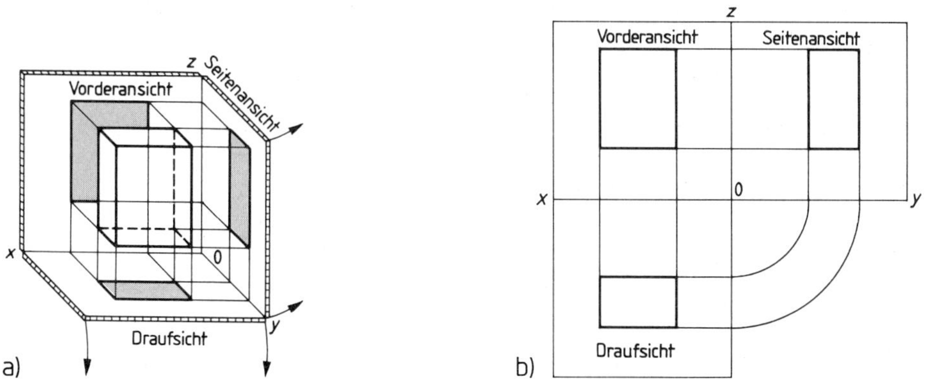

11.3a) Rechtecksäule in der Raumecke, b) aufgeklappte Raumecke

Dreitafelprojektion. Nun werden die Projektionsebene der Draufsicht um die Kante *XO* nach unten und die Projektionsebene der Seitenansicht um die Kante *OZ* nach hinten geklappt, so daß alle drei Projektionsflächen in einer Ebene liegen (**11**.3b). Die Innenkanten der Raumecke sind dann in der Zeichnung senkrecht zueinander stehende Linien geworden und heißen Projektionsachsen. Die von einem Bild zum anderen führenden Projektionslinien liegen parallel zu den Achsen. Als Verbindung zwischen den waagerechten Projektionslinien der Draufsicht und den senkrechten der Seitenansicht werden. Viertelkreisbogen (**11**.3b) oder Linien unter 45° (**11**.5) gezogen, oder es wird nach Bild **11**.6 verfahren. Der Einfachheit halber werden die Projektionsflächen außen nicht umrissen, das Achsenkreuz allein genügt.

> Das technische Zeichnen beruht auf der rechtwinkligen Parallelprojektion. Es ist dadurch möglich, aus zwei beliebigen Ansichten des Gegenstands die dritte zu entwickeln.

Die in Bild **11**.4 gewählte Darstellungsform ist die Normalprojektion im 1. Quadranten. Die Bezeichnung besagt, daß der Gegenstand in Betrachtungsrichtung vor den Bildebenen liegt. Bei der Darstellung in Normalprojektion im 3. Quadranten liegt der Gegenstand in Betrachtungsrichtung hinter den Bildebenen.

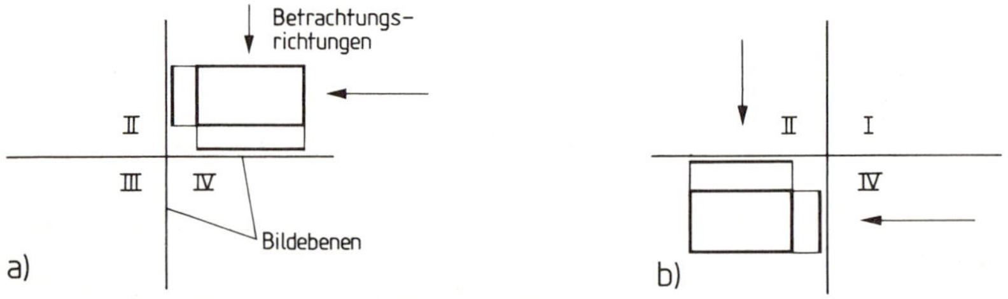

11.4 Projektion a) im 1., b) im 3. Quadranten

11.1.2 Projektion der Linien, Flächen und Körper

Projektion gerader Linien. Sind Vorderansicht und Draufsicht einer geraden Linie gegeben (**11**.5), zieht man vom Anfangs- und Endpunkt der Linie je ein Projektionslinienpaar (*1* und *2*) in die Seitenansicht. Anfangs- und Endpunkt der Linie liegen dort in den Schnittpunkten der zueinander gehörigen Projektionslinien. Die Übertragung eines Winkels zeigt Bild **11**.6. Sie gilt zugleich für eine Dreieckfläche.

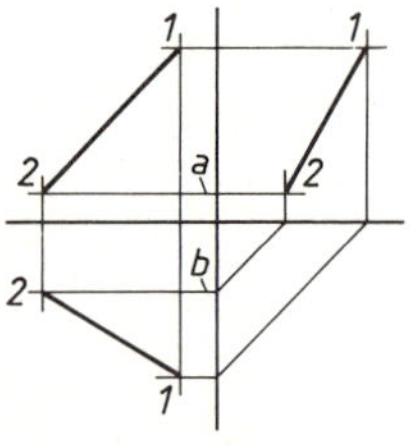

Gesucht: Seitenansicht

11.5 Projektion einer geraden Linie

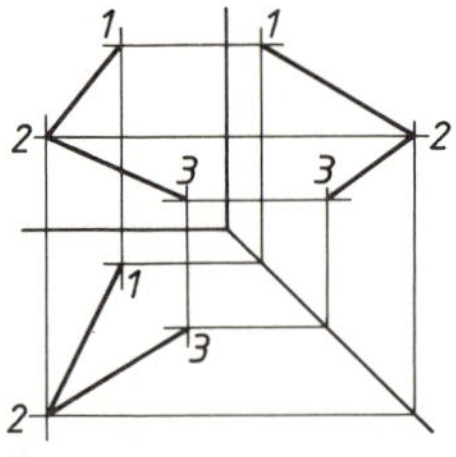

Gesucht: Draufsicht

11.6 Projektion eines Winkels

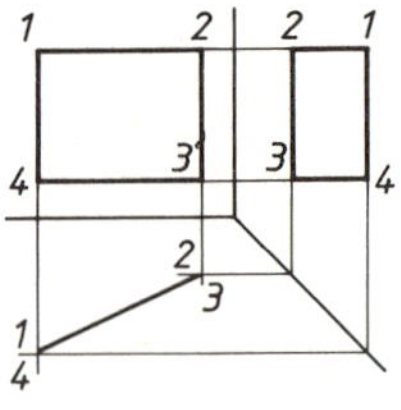

Gesucht: Seitenansicht

11.7 Projektion einer Rechteckfläche

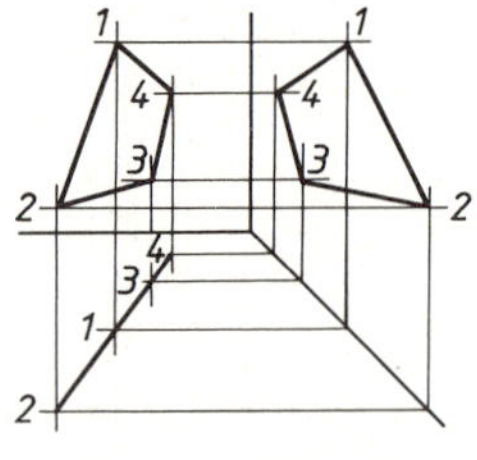

Gesucht: Vorderansicht

11.8 Projektion eines Vierecks

Projektion ebener Flächen (**11**.7). Sind Vorderansicht und Draufsicht einer Fläche gegeben, überträgt man deren Ecken als Punkte einzeln in die Seitenansicht. Projektionslinien können sich in der Zeichnung decken, so daß nur eine Linie zu ziehen ist, wie z. B. für die beiden von den Punkten *3* und *4* der Vorderansicht in die Seitenansicht führenden Linien. Die gefundenen Punkte werden der Reihe nach miteinander verbunden. Man zieht also Linien von *1* nach *2*, von *2* nach *3*, von *3* nach *4* und von *4* nach *1*.

In Bild **11**.8 wird die Vorderansicht eines Vierecks aus Seitenansicht und Draufsicht entwickelt.

Projektion prismatischer Körper. Auch die Bilder prismatischer Körper werden punktweise ermittelt (**11**.9). Ob dabei zunächst die Grund- und die Deckfläche übertragen (**11**.9a) und dann die parallelen Seitenkanten gezogen werden oder ob umgekehrt verfahren wird (**11**.9b), ist gleichgültig.

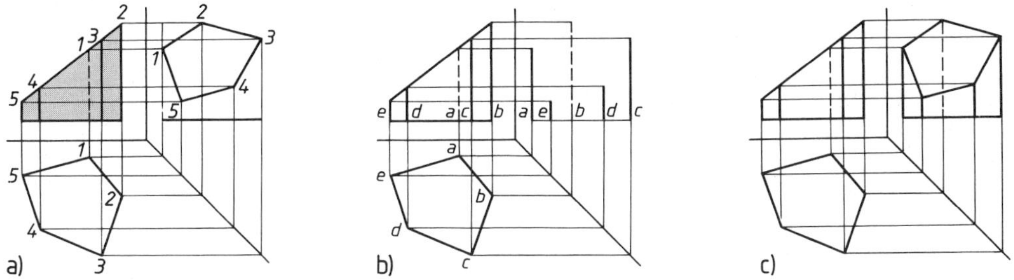

11.9 Projektion eines fünfseitigen Prismas

a) Übertragen der Deck- und Grundfläche, b) Übertragen der parallelen Prismenkanten, c) vollständige Darstellung

Übungen

Zeichnen Sie die in Bild **11**.10 fehlenden Kanten und Ansichten der schräg geschnittenen Prismen.

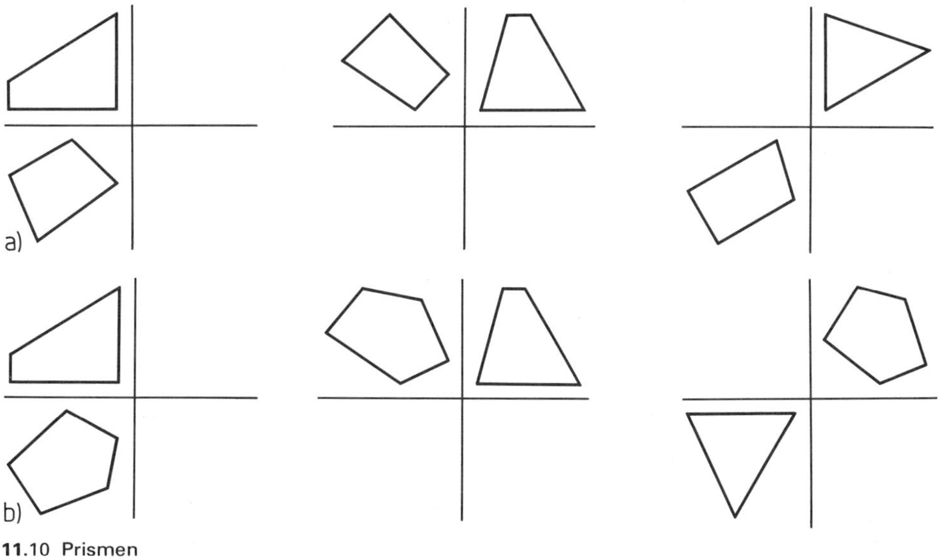

11.10 Prismen

a) vierseitig, b) fünfseitig

11.1.3 Einführung einer neuen Bildebene

Soll eine Projektionsrichtung zur Vermeidung unangenehmer Verkürzungen oder aus einem anderen Grund von der üblichen Richtung abweichen, führt man eine neue Bildebene ein (**11.11**). Die markanten Punkte des Körpers werden wie sonst durch Projektionslinien festgelegt und dann miteinander verbunden. Anwendungsbeispiel s. Bild **4.219**.

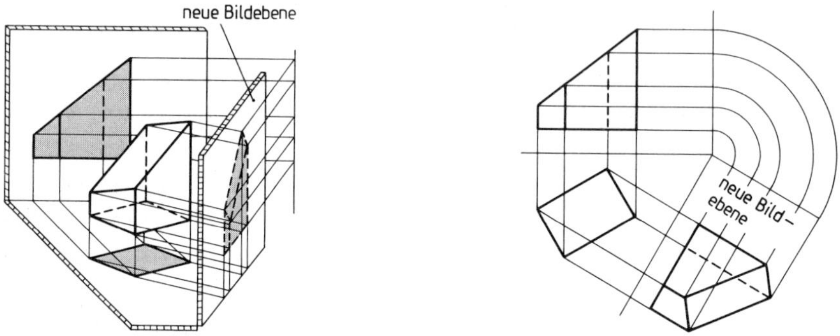

11.11 Neue Bildebene

11.1.4 Ermittlung wahrer Größen

Kanten. Auf einer Bildebene erscheint die wahre Größe einer Kante nur dann, wenn sie parallel zu dieser Ebene liegt. Die Maße *b* und *b′* in Bild **11.12** zeigen, daß diese Kante nicht parallel zur Bildebene der Seitenansicht liegt, dort also nicht in wahrer Größe zu sehen ist. Ebenso ergibt sich aus den Maßen *c* und *c′* eine verkürzte Darstellung in der Draufsicht. In der Vorderansicht hingegen ist die wirkliche Größe der Kante zu sehen, wie aus dem Maß *a* in der Seitenansicht hervorgeht. In Bild **11.13** erscheint die wahre Größe der Kante in der Seitenansicht und in Bild **11.14** in der Draufsicht.

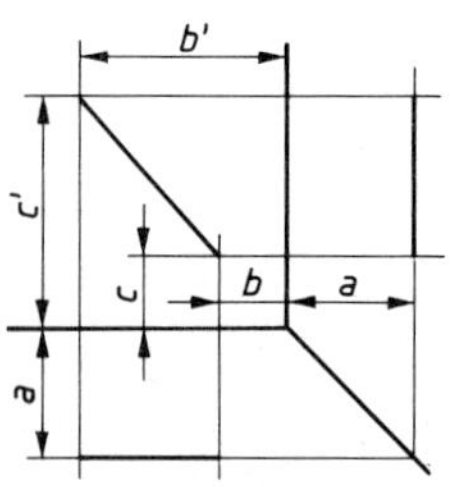

11.12 Wahre Länge in der Vorderansicht

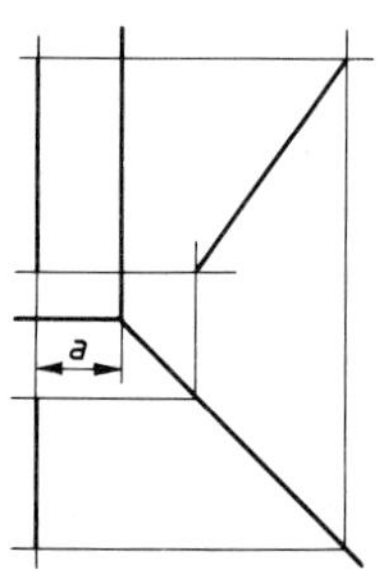

11.13 Wahre Länge in der Seitenansicht

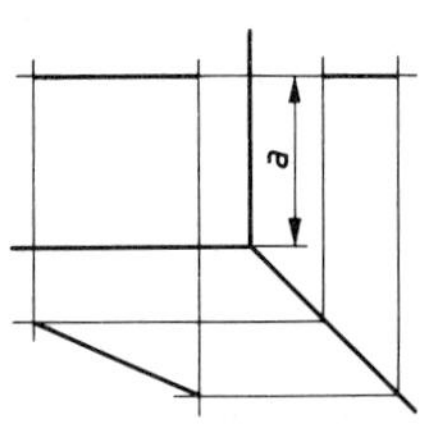

11.14 Wahre Länge in der Draufsicht

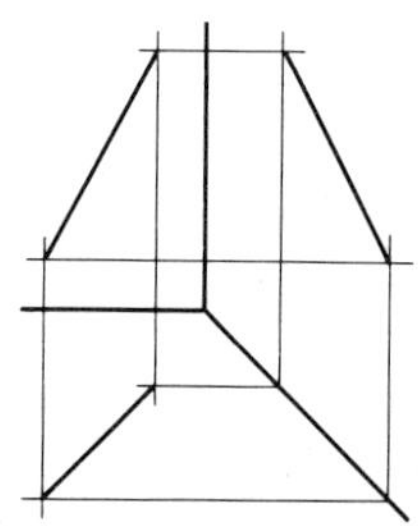

11.15 Die wahre Länge ist nicht erkennbar

Erscheint eine Kante jedoch in allen drei Ansichten verkürzt (**11.15**), kann die wahre Größe unter Benutzung zweier Ansichten konstruiert werden.

Soll die wahre Länge in der Vorderansicht entstehen (**11.16**), schwenkt man bei feststehendem Punkt *A* den Endpunkt *E* in der Draufsicht auf einem Kreisbogen waagerecht nach *E′*. Die Kante ist dann parallel zur waagerechten Projektionsachse und damit auch

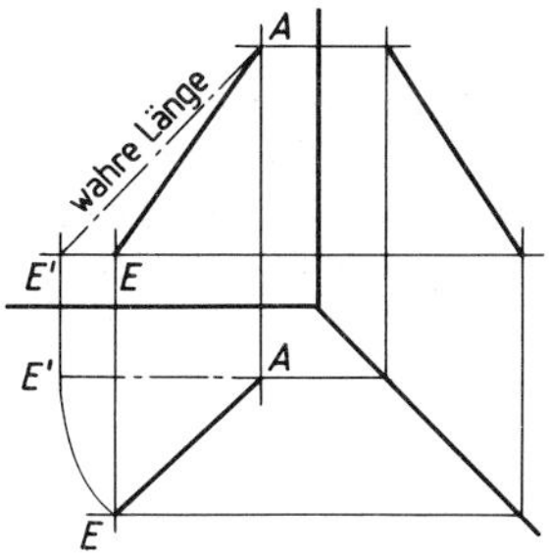

11.16 Wahre Länge
in der Vorderansicht

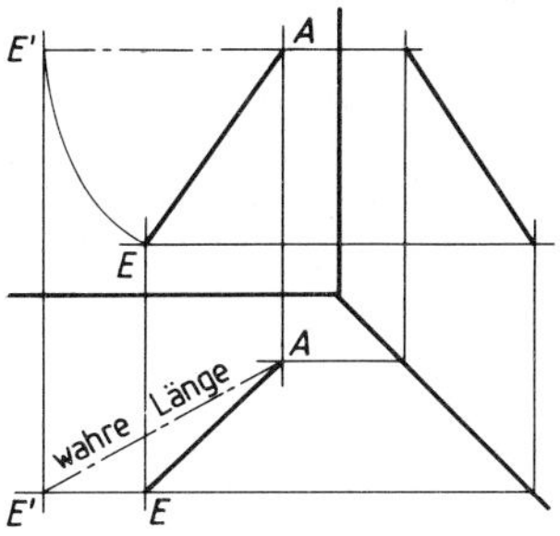

11.17 Wahre Länge
in der Draufsicht

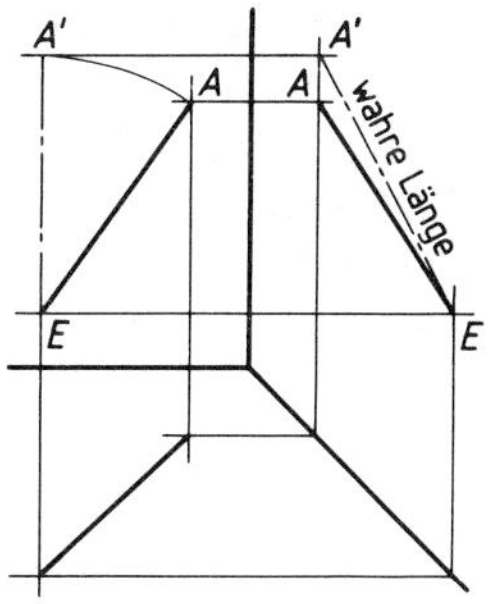

11.18 Wahre Länge
in der Seitenansicht

parallel zur Projektionsebene der Vorderansicht. Dort wird die neue Lage *E'* durch den Schnittpunkt einer von *E* ausgehenden waagerechten Linie mit einer von *E'* aus der Draufsicht hochgezogenen Senkrechten bestimmt. Die Verbindungslinie von *E'* nach *A* in der Vorderansicht ist die wahre Länge.

In der Draufsicht ergibt sich die wahre Länge, wenn die Kante um *A* gedreht wird, bis sie parallel zur Bildebene der Draufsicht liegt (**11.**17). Punkt *E* wird dabei nach *E'* gedreht. Ähnlich kann man die wahre Länge auch in der Seitenansicht konstruieren (**11.**18).

Flächen. Die Dreieckfläche wird zur Konstruktion ihrer wahren Größe um eine Ecke *A* gedreht, bis sie parallel zu einer Projektionsebene steht (**11.**19). Dann haben alle Seiten des Dreiecks parallelen Abstand von dieser Bildebene und erscheinen in der Vorderansicht in wahrer Größe. Damit sind auch die wahren Größen der Dreieckswinkel bestimmt.

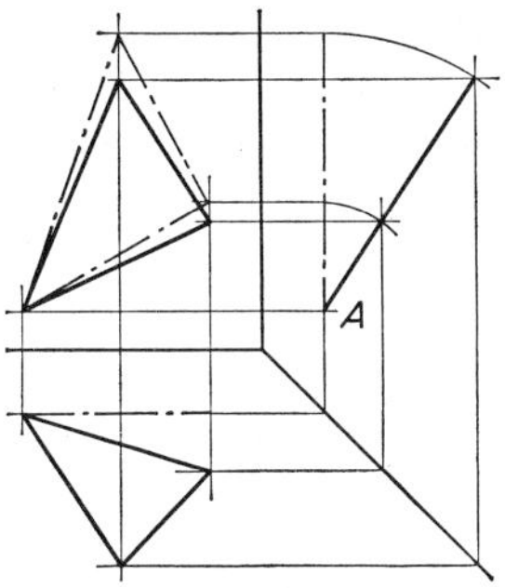

11.19 Wahre Größe
einer Dreieckfläche

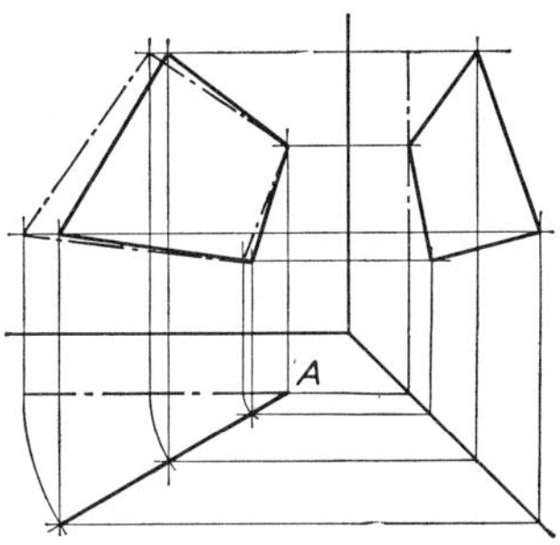

11.20 Wahre Größe
einer Viereckfläche

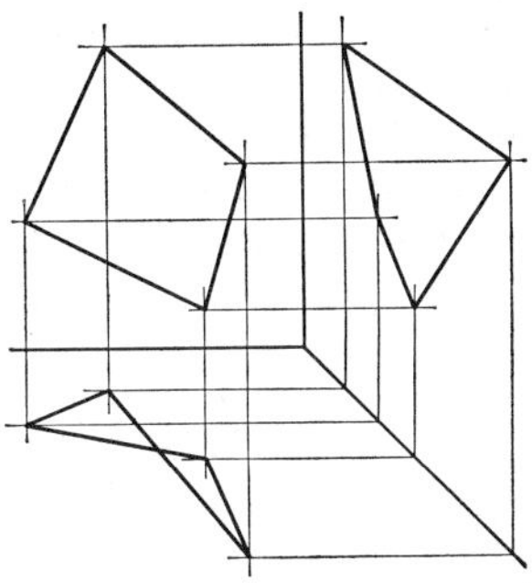

11.21 Unebene Viereckfläche

Erscheint auch in der Seitenansicht die Dreieckfläche nicht als Linie, sondern ebenfalls als Dreieck, ermittelt man die wahre Länge jeder Dreieckseite zweckmäßig einzeln und konstruiert daraus die Fläche. Die wahre Größe einer Fläche mit 4 und mehr Ecken wird nach Bild **11.**20 festgestellt. Notfalls muß man eine solche Fläche in Dreiecke zerlegen, die wahre Größe jeder Dreieckseite ermitteln und aus den einzelnen Dreiecken die Gesamtfläche aufbauen.

Eine Fläche mit mehr als drei Ecken braucht nicht immer eben zu sein, wenn sie nur durch zwei Flächen dargestellt ist. In Bild **11.**21 zeigt die aus Vorderansicht und Seitenansicht entstandene Draufsicht, daß das Viereck windschief ist.

Ist eine ausreichende Sicherheit in diesem Zeichenverfahren erreicht, können die Projektionsachsen und Projektionslinien fortgelassen werden.

11.2 Körperschnitte und Abwicklungen

Einen Körper abwickeln heißt, seine gesamte Oberfläche in einer Ebene ausbreiten. Unter Abwicklung wird aber nicht nur das Verfahren, sondern auch das gezeichnete Bild verstanden. Werden Grund- und Deckfläche nicht mitgezeichnet, handelt es sich um die Abwicklung des Körpermantels. Von großer Bedeutung sind Abwicklungen als Unterlagen für das Zuschneiden der Bleche im Behälter- und Rohrleitungsbau.

11.2.1 Prismatische Körper

Schräggeschnittene Rechtecksäule. Zum Aufzeichnen der Abwicklung sind die mit Buchstaben versehenen Abmessungen aus Vorderansicht und Draufsicht abzugreifen und zu übertragen (**11**.22). Die Umrißlinien der Abwicklung können schmaler gezogen werden als die Vollinien für Körperkanten.

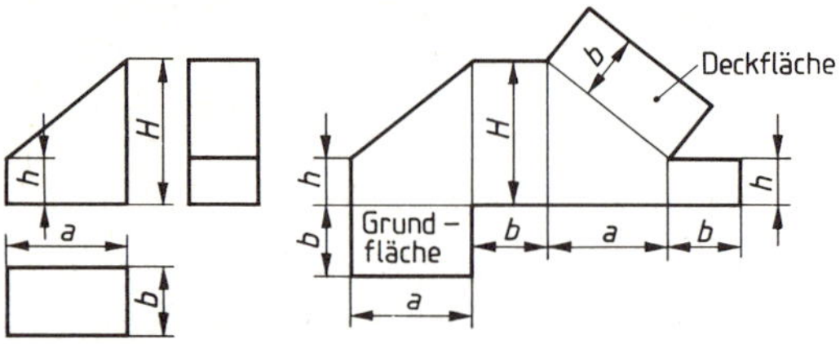

11.22 Darstellung und Abwicklung einer schräggeschnittenen Rechtecksäule

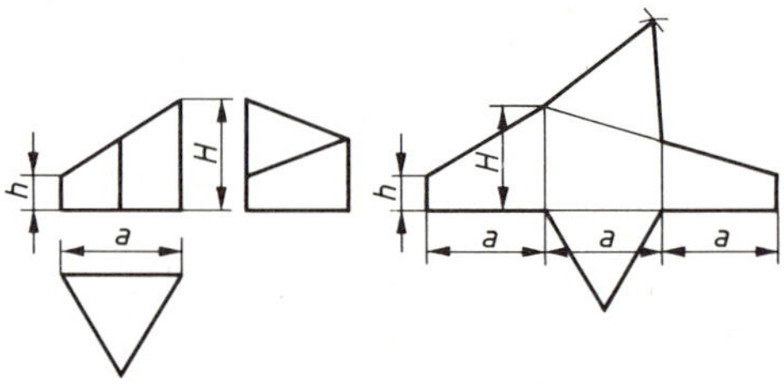

11.23 Darstellung und Abwicklung einer schräggeschnittenen Dreiecksäule

Schräggeschnittene Dreiecksäule. Aus der Draufsicht werden die Breiten der Seitenflächen (Maß *a*) und aus der Vorderansicht die Höhen in die Abwicklung übernommen (**11**.23). Die wirklichen Kantenlängen der in der Draufsicht verkürzt dargestellten Deckfläche ergeben sich zwangsläufig in den schrägen Kanten der abgewickelten Seitenflächen. Diese können als Zirkelöffnung zur Konstruktion der Deckfläche dienen.

Schräggeschnlttene Sechsecksäule. Die Länge einer Sechseckseite wird in der Abwicklung auf der Waagerechten sechsmal abgetragen (Maß *a*); die Höhen werden aus der Vorderansicht übernommen (**11**.24).

Die Deckfläche ist nirgends in wirklicher Größe enthalten, wohl aber die Deckflächenlänge in der Vorderansicht als schräge Linie. Diese Länge wird mit ihren Unterteilungen durch Zirkelschläge übertragen. Die wahre Breite liefert die Draufsicht mit dem Seitenmaß *s*.

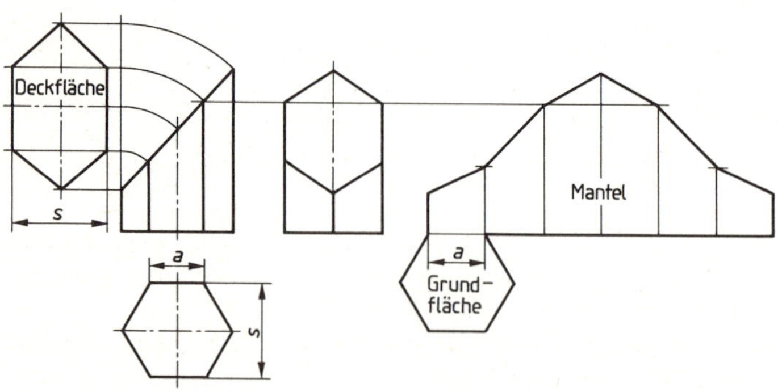

11.24
Darstellung und Abwicklung einer schräggeschnittenen Sechsecksäule

Übungen

Zeichnen Sie die Abwicklung des Blechkanals (**11**.25), des Rauchfangs (**11**.26) und des Schubkarrenkastens (**11**.27) mit den erforderlichen Maßen.

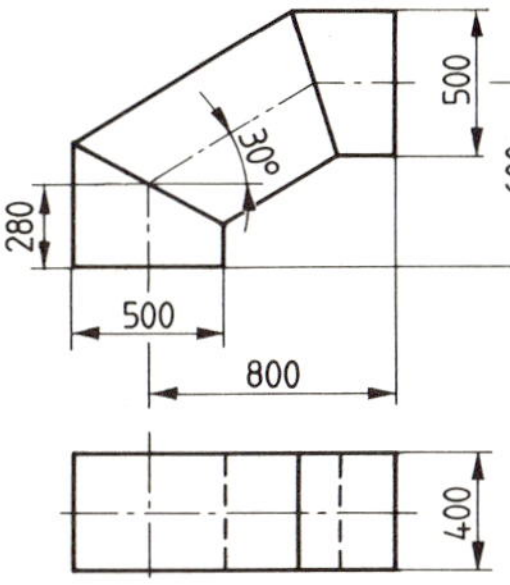

11.25 Blechkanal

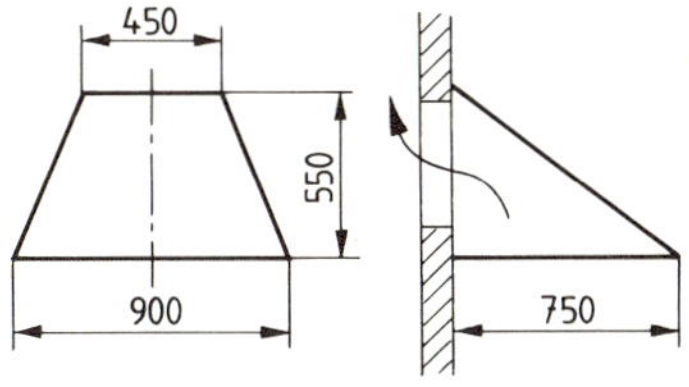

11.26 Rauchfang

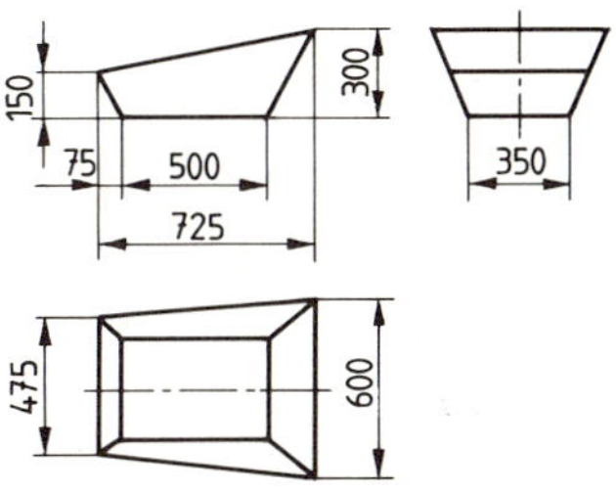

11.27 Schubkarrenkasten

11.2.2 Zylindrische Körper (Rundsäulen)

Schräggeschnittene Rundsäule. Die Deckfläche und die Abwicklung der Oberfläche entstehen unter Zuhilfenahme von 12 Mantellinien (**11**.28), die gleichen Abstand voneinander haben.

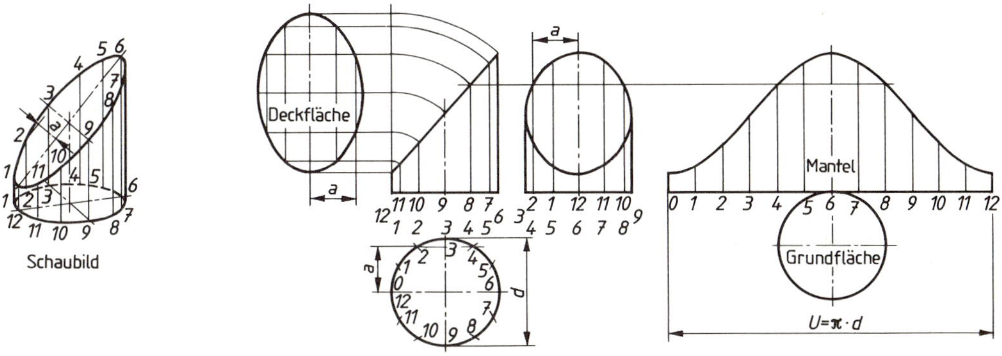

11.28 Darstellung und Abwicklung einer schräggeschnittenen Rundsäule

Aus der Draufsicht werden die Mantellinien in die Vorderansicht übertragen. Sie sind verschieden lang. Die mit *0* bezeichnete ist die kleinste, die größte Mantellinie hat die Nummer *6*. Beide decken sich mit den senkrechten Umrißlinien der Vorderansicht. Die übrigen Mantellinien sind paarweise gleich lang. So fallen in der Vorderansicht die Mantellinien *1* und *11*, *2* und *10*, *3* und *9*, *4* und *8* und *5* und *7* zusammen. Nun werden die Mantellinien aus der Draufsicht in die Seitenansicht übertragen (Beispiel: Maß *a* für Mantellinien *2* und *4*). Dort liegen ungleich lange Mantellinien übereinander, z.B. *2* und *4*, *1* und *5* usw. Die Mantellinien *12* und *6* liegen auf der Mittellinie und *3* und *9*, die sich in der Vorderansicht decken, auf je einer senkrechten Umrißlinie. Jede Mantellinie steht auf der Grundkreiskante des Körpers und reicht mit dem anderen Ende an die Kante der elliptischen Deckfläche. In den Endpunkten der Mantellinien liegen mithin Punkte der Ellipse. Sie werden aus der Vorderansicht in die Seitenansicht übertragen (Beispiel: Mantellinien *4* und *8*) und ergeben durch Verbindung untereinander die Deckfläche.

Die Gesamtbreite *U* der Mantelabwicklung ist gleich dem Umfang des Grundkreises. Er wird berechnet ($U = \pi \cdot d$), aufgezeichnet und in 12 gleiche Teile geteilt. Den 12. Teil des Umfangs kann man auch nach Bild **10**.20 feststellen und 12mal auf die Waagerechte übertragen. Nachdem durch die Teilpunkte senkrechte Mantellinien gezogen und deren Längen durch Übertragen aus der Vorderansicht festgelegt sind (Beispiel: Mantellinien *4* und *8*), zeichnet man die geschwungene Begrenzungslinie; sie ist eine Sinuskurve.

Zum Zeichnen der wahren Größe der Deckfläche wird zunächst die Lage der großen Achse mit ihren Unterteilungen durch Zirkelschläge aus der Vorderansicht abgenommen. Wie das Schaubild zeigt, sind die verschiedenen Breiten der Ellipse die Abstände gleich langer Mantellinien voneinander. Sie werden aus der Draufsicht abgegriffen (Beispiel: Maß *a*).

Ist die Abwicklung nicht erforderlich, kann man die Ellipse durch H i l f s s c h n i t t e konstruieren (**11**.29).

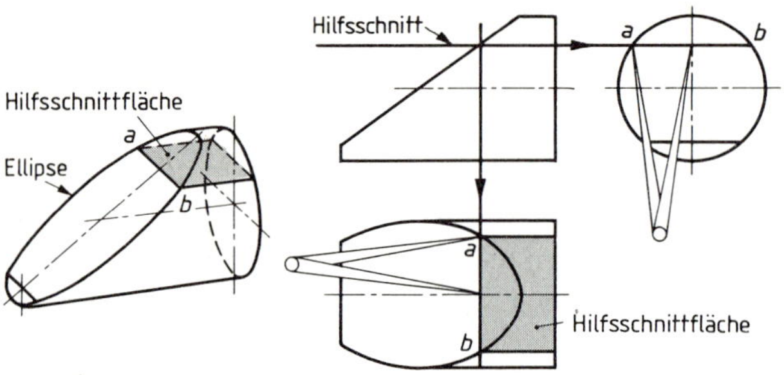

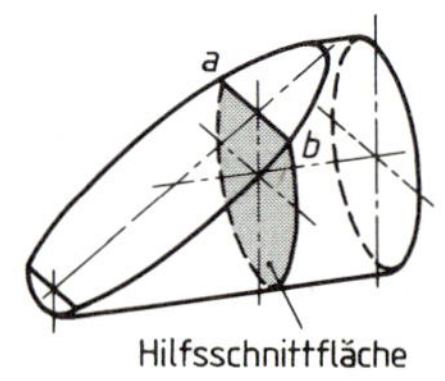

11.29 Konstruktion der Kurve durch Hilfsschnitte parallel zur Körperachse

11.30 Hilfsschnitt rechtwinklig zur Körperachse

Ein Hilfsschnitt parallel zur Längsachse der Rundsäule erzeugt eine Rechteckfläche, deren Breite in der Seitenansicht als Sehne *ab* dargestellt ist und in die Draufsicht übertragen wird. Sie liefert dort zwei Ellipsenpunkte (*a* und *b*). Durch Schnitte mit anderen Abständen von der Körperachse findet man weitere Ellipsenpunkte.

Es können aber auch Hilfsschnitte rechtwinklig zur Längsachse der Rundsäule gewählt werden (**11**.30). Die Fläche eines solchen Schnitts ist eine Kreisfläche, an der ein Abschnitt fehlt. In den Ecken dieser Fläche liegen die Kurvenpunkte *a* und *b*.

Schiefer Kreiszylinder. Grund- und Deckfläche eines schiefen Kreiszylinders sind gleichgroße Kreise in parallelem Abstand voneinander (**11**.31). Jeder Schnitt parallel zur Grundfläche ergibt einen gleichen Kreis, jeder nichtparallele Schnitt dagegen eine Ellipse oder einen Ellipsenabschnitt.

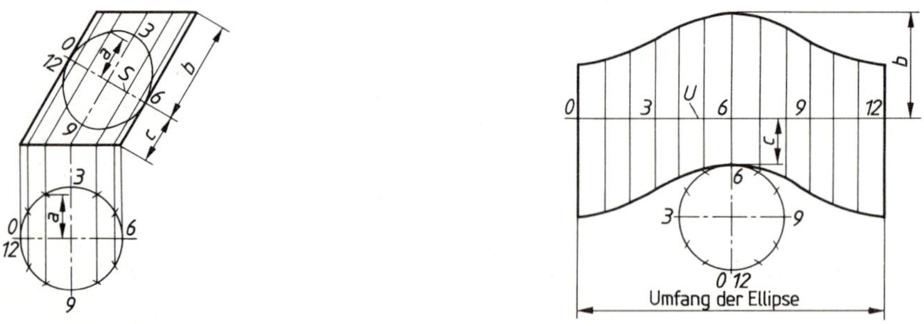

11.31 Darstellung und Abwicklung eines schiefen Kreiszylinders

Nach dem Aufteilen des Grundkreises in der Draufsicht werden die Mantellinien in der Vorderansicht gezogen. Dann legt man im rechten Winkel zur Körperachse an beliebiger Stelle einen Hilfsschnitt *S*. Er erzeugt eine Ellipse. Sie ist in die Bildebene der Vorderansicht eingedreht dargestellt. Die einzelnen Ellipsenpunkte werden aus der Draufsicht abgenommen (Beispiel: Maß *a*). Der Ellipsenumfang *U* ist zugleich die Breite der Mantelabwicklung. Er wird mit enggespanntem Teilzirkel in kleinen Teilen in der Vorderansicht abgegriffen, auf einer Geraden abgetragen und dann in zwölf verschieden große Teile geteilt. Dazu dienen die Unterteilungen von den Punkten *0* bis *3*, *3* bis *6* usw. der Ellipse in der Vorderansicht. Beiderseits des gestreckten Ellipsenumfanges werden nun Mantellinien gezogen und die Längen aus der Vorderansicht darauf übertragen (Beispiel: Maße *b* und *c*).

Übungen

1. Zeichnen Sie die Abwicklungen des Rohrknies (**11**.32), des Rohrkrümmers (**11**.33), der Rohrverzweigung (**11**.34) und des Zwischenstücks der Rohrverbindung (**11**.35).

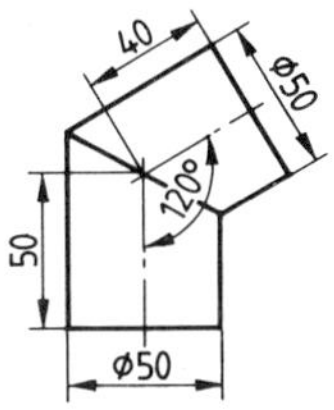

11.32 Rohrknie

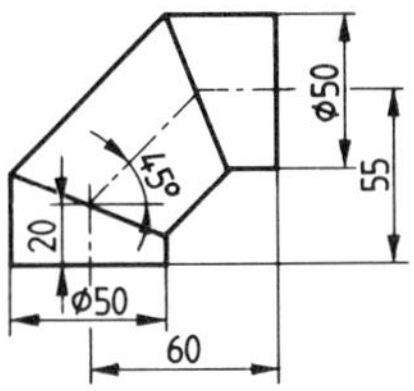

11.33 Rohrkrümmer

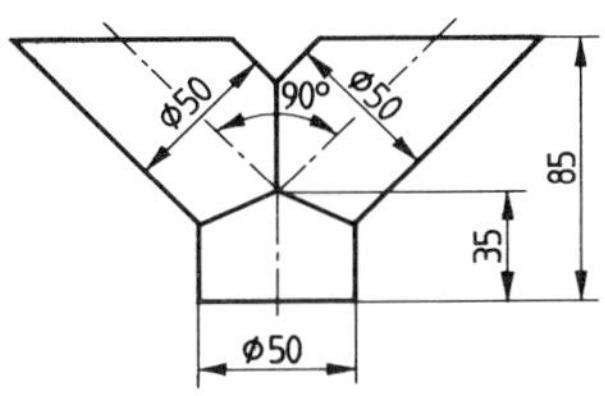

11.34 Rohrverzweigung

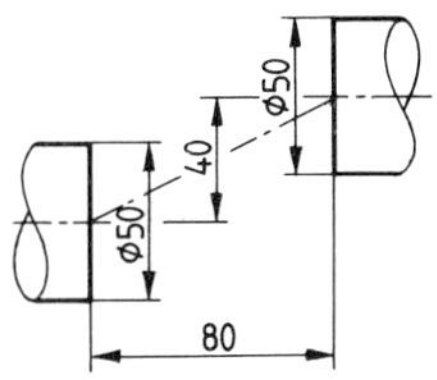

11.35 Rohrverbindung

2. Der Rohrabzweig (**11**.36) ist in drei Ansichten zu zeichnen und abzuwickeln.
3. Zeichnen Sie die Vorderansicht und die Abwicklung des aus fünf Blechen zusammengeschweißten Rohrabzweigs (**11**.37).

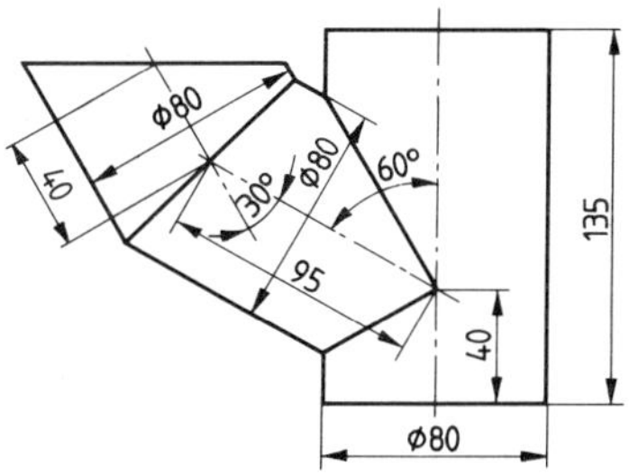

11.36 Rohrabzweig

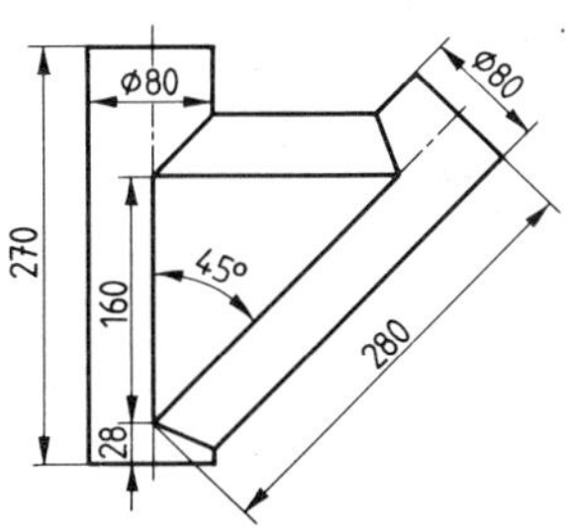

11.37 Rohrabzweig

4. Zeichnen Sie den Dachstift (**11**.38), die Schwalbenschwanzführung (**11**.39), die Vierkantspitze (**11**.40) und den Stempel (**11**.41) in je drei Ansichten und konstruieren Sie die Kurven.

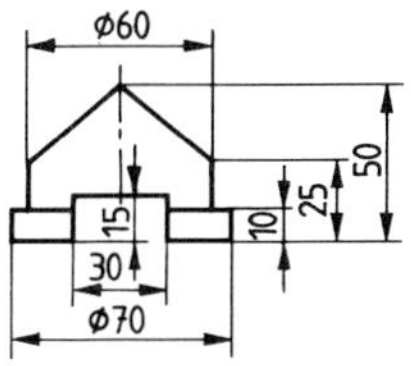

11.38 Dachstift

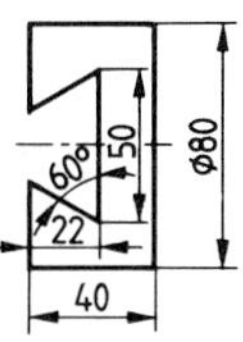

11.39 Schwalbenschwanzführung

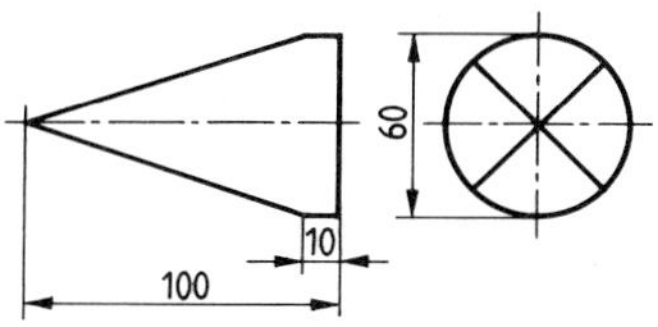

11.40 Vierkantspitze

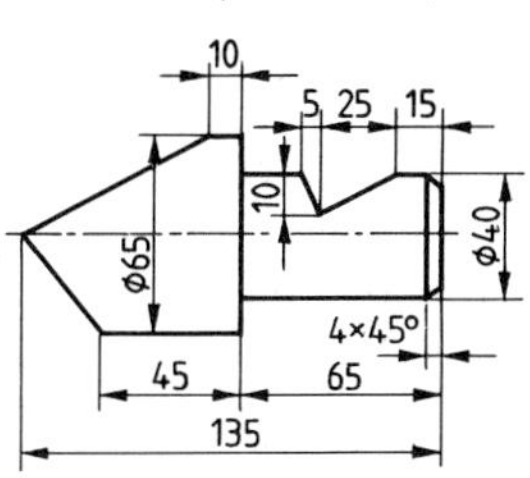

11.41 Stempel

5. Zeichnen Sie die Buchse (**11**.42), das Formstück (**11**.43) und die Dreikantspitze (**11**.44) in je drei Ansichten und konstruieren Sie die Kurven.
6. Die Federplatte (**11**.45) ist in den üblichen drei Ansichten zu zeichnen und die Kurve zu konstruieren. Außerdem ist die Ansicht von rechts im Schnitt darzustellen.

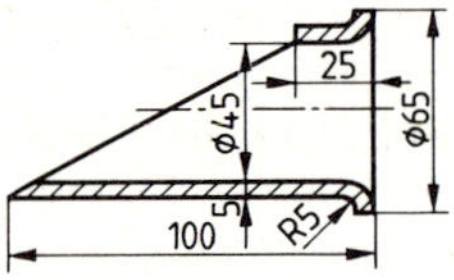

11.42 Abgeschrägte Buchse

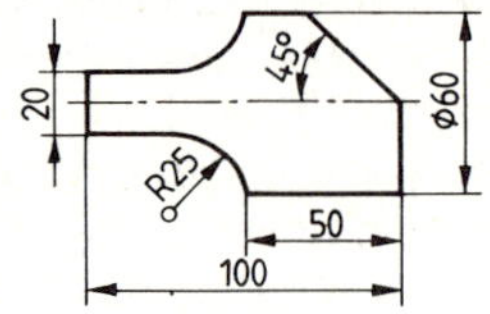

11.43 Formstück

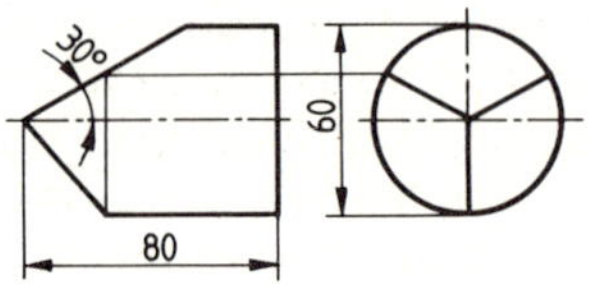

11.44 Dreikantspitze

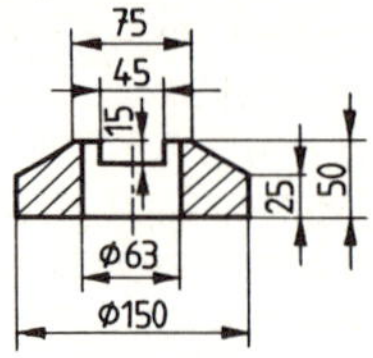

11.45 Federplatte

7. Zeichnen Sie den abgeschrägten Rundstahl (**11**.46), den Keil (**11**.47) und die Hülse (**11**.48) in je drei Ansichten und konstruieren Sie die Kurven.

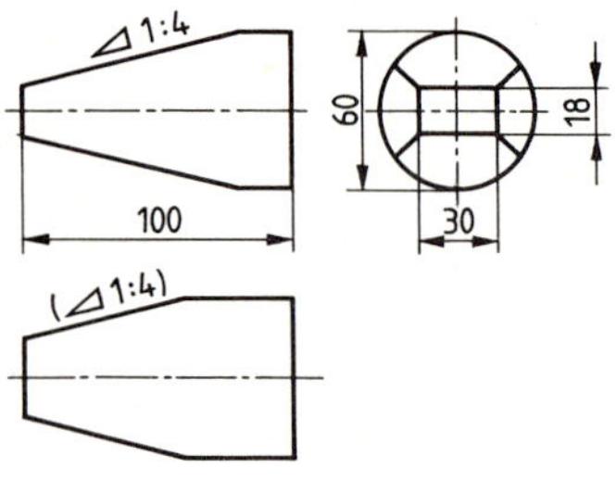

11.46 Abgeschrägter Rundstahl

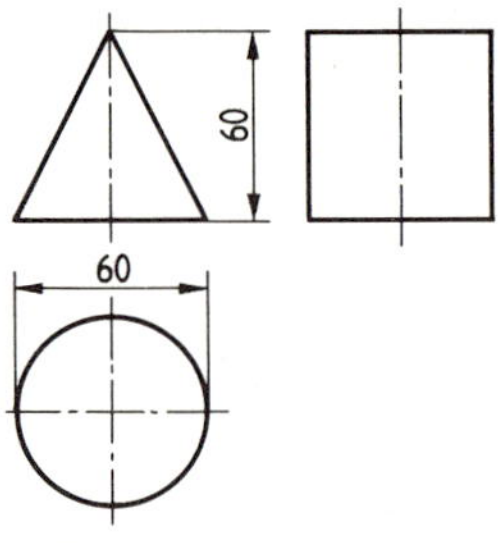

11.47 Keil

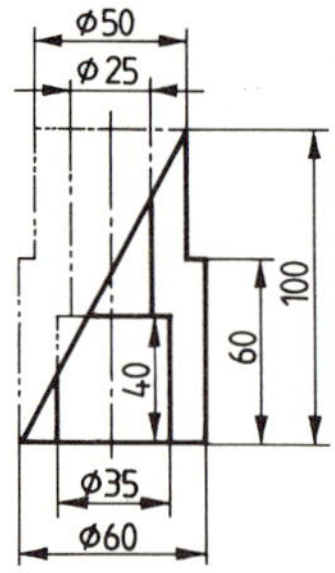

11.48 Hülse

11.2.3 Pyramidische Körper

Pyramidenstümpfe lassen sich durch Umklappen der Seitenflächen um die Kanten der Grundfläche abwickeln (**11**.49). Zur Abwicklung kann man aber auch die wahre Länge der Seitenkanten benutzen (**11**.50).

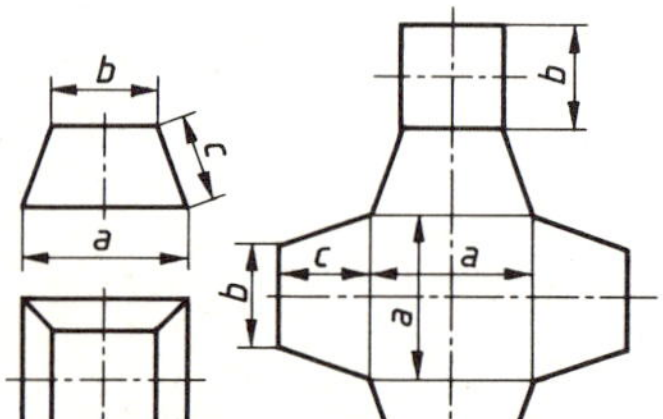

11.49 Abwickeln durch Umklappen der Seitenflächen

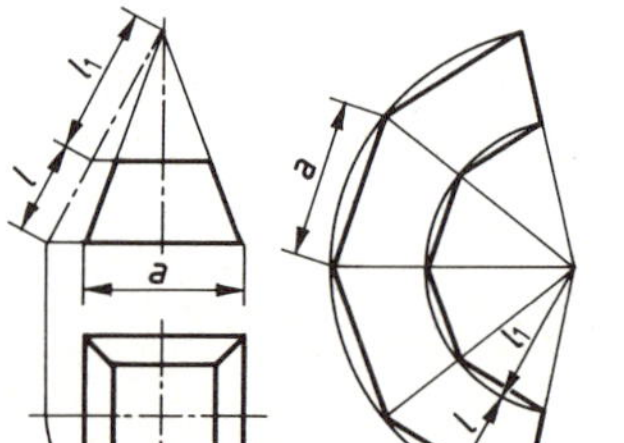

11.50 Abwickeln des Mantels mit Hilfe der wahren Kantenlänge

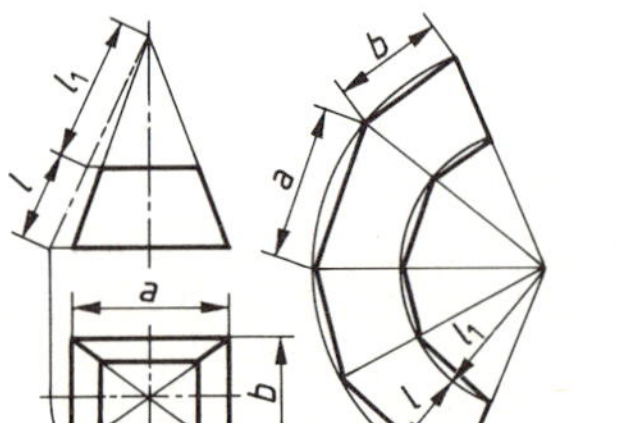

11.51 Abwickeln des Mantels mit Hilfe der wahren Kantenlänge

Nach dem Verfahren in Bild **11**.16 wird die wahre Kantenlänge festgestellt. Eine von der Deckfläche des Pyramidenstumpfes waagerecht gezogene Linie schneidet die wahre Länge der Seitenkanten. Der untere Teil l (**11**.50) ist gleich der Seitenkante des Pyramidenstumpfs, der obere (l_1) gleich der der Pyramidenspitze. Mit der wahren Kantenlänge

($l + l_1$) der ganzen Pyramide als Halbmesser wird dann ein Kreisbogen geschlagen und die Seitenlänge a der Grundfläche viermal darauf abgetragen. Durch Verbinden der Teilpunkte mit dem Zirkeleinsatzpunkt entsteht die Mantelabwicklung der ganzen Pyramide. Dann wird die wahre Länge l_1 der Pyramidenspitze aus der Vorderansicht in den Zirkel genommen und auf den Dreieckseiten der Abwicklung abgetragen. Durch Verbinden dieser Zwischenpunkte entsteht die Mantelabwicklung des Pyramidenstumpfs, an die noch Grund- und Deckfläche angesetzt werden können.

Bei Pyramidenstümpfen mit rechtwinkliger Grundfläche wechseln die verschieden langen Grundkanten a und b auf dem Kreisbogen ab (**11**.51).

Übungen

Zeichnen Sie die Abwicklungen der Trichter (**11**.52 u. **11**.53) und der Pyramidenstümpfe (**11**.54 u. **11**.55) in geeigneten Maßstäben.

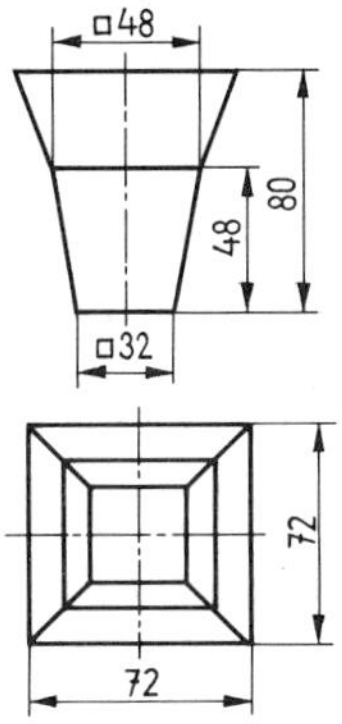

11.52 Trichter

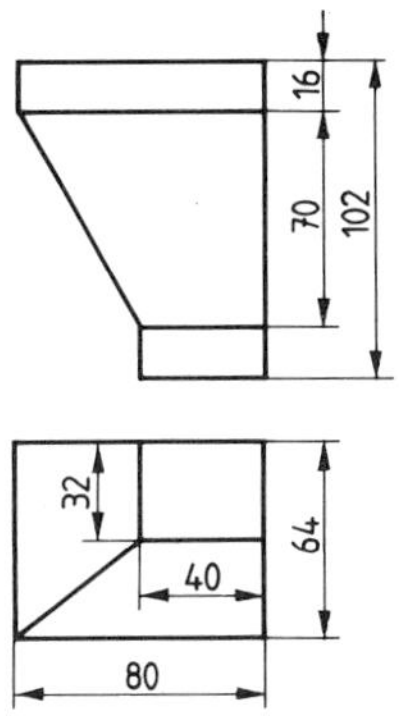

11.53 Schiefer Trichter

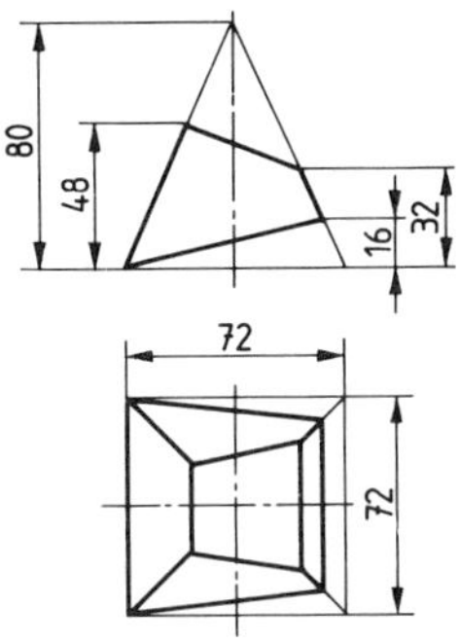

11.54 Pyramidenstumpf

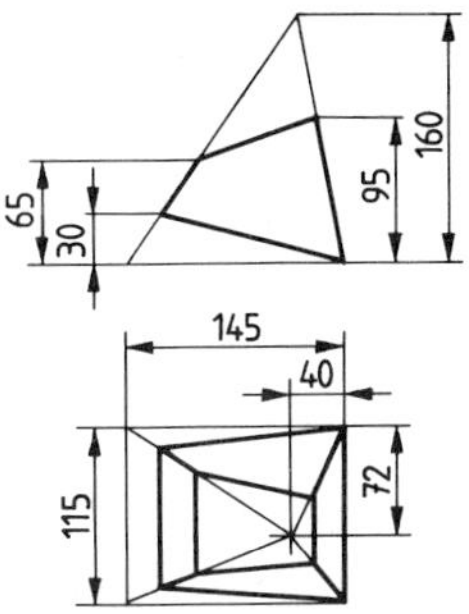

11.55 Schiefer Pyramidenstumpf

11.2.4 Kegelige Körper

Gerader Kreiskegel

Die Abwicklung des Kegelmantels ist ein Kreisausschnitt und die des Kegelstumpfmantels ein Kreisringausschnitt, dessen Halbmesser S und s aus der Vorderansicht stammen (**11**.56).

Der große Bogen des Mantels ist so lang wie der Umfang der Grundfläche ($U = \pi \cdot D$) und wird mit Hilfe des Winkels α bestimmt:

$$\alpha = \frac{180° \cdot D}{S}$$

Es bedeuten:

D Durchmesser der großen Grundfläche
S Seitenlänge des Kegels

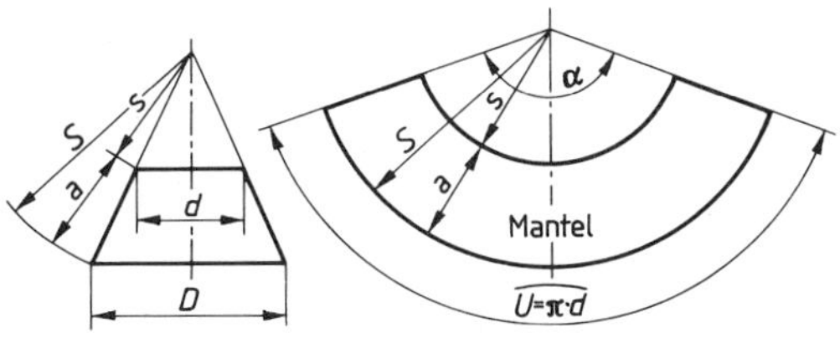

11.56 Darstellung und Mantelabwicklung eines Kegelstumpfs

Die Formel ist aus der Gleichheit der Verhältnisse zwischen dem Mittelpunktswinkel α und der Bogenlänge $\pi \cdot D$ bzw. dem Vollwinkel 360° und dem dazugehörigen Kreisumfang $\pi \cdot 2\,S$ entstanden:

$$\frac{\alpha}{\pi \cdot D} = \frac{360°}{\pi \cdot 2\,S}$$

Beispiel Bei einem Durchmesser $D = 200$ mm und einer Seitenlänge $S = 250$ mm beträgt der Winkel:

$$\alpha = \frac{180° \cdot D}{S} = \frac{180° \cdot 200\ \text{mm}}{250\ \text{mm}} = \mathbf{144°}$$

Ein schräger Schnitt durch einen Kegel erzeugt eine Ellipse, sofern er beide Seitenlinien schneidet (**11**.57), oder einen Ellipsenabschnitt, wenn er eine Seitenlinie und über die Grundfläche hinaus die Verlängerung der anderen schneidet. Zur Konstruktion der Deckfläche in der Seitenansicht und in der Draufsicht sowie zum Aufzeichnen der Abwicklung dienen wiederum Mantellinien. Sie führen von der Grundkante zur Kegelspitze. Dort, wo sie in der Vorderansicht durch die schräge Schnittlinie unterbrochen sind, liegen Punkte der Ellipse. Sie werden auf die gleichen Mantellinien der Seitenansicht und der Draufsicht übertragen (Beispiel: Mantellinien *2* und *10*).

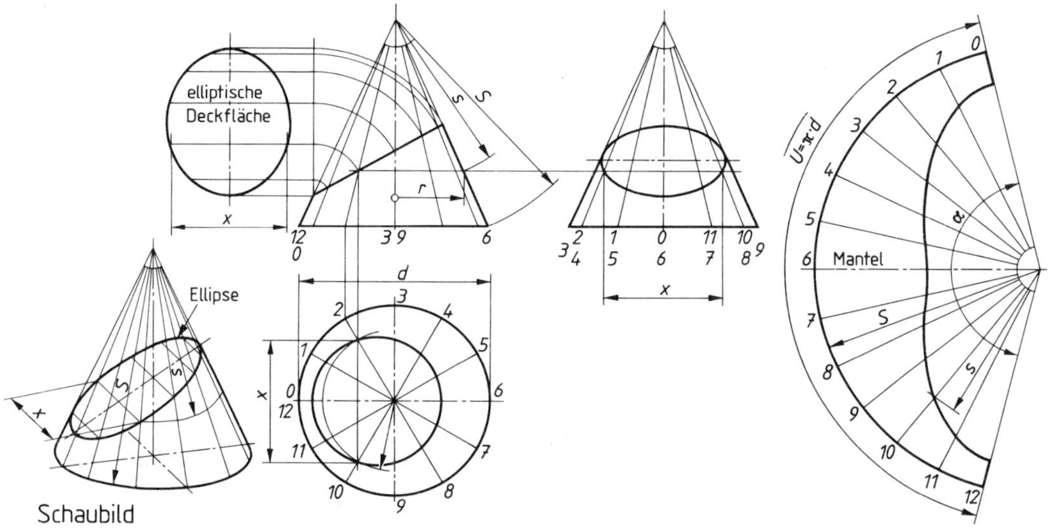

11.57 Darstellung und Abwicklung eines Kegelstumpfs

Die Ellipse in der Draufsicht wird jedoch genauer, wenn sich jede Mantellinie mit dem zugehörigen Kreisbogen schneidet. Das ist der Kreisbogen, der parallel zur Kegelgrundkante durch den zu übertragenden Ellipsenpunkt um den Kegelmantel herumläuft. Die Vorderansicht zeigt den Halbmesser r für den Kreisbogen, der in der Draufsicht die Mantellinien *2* und *10* schneidet.

Für die Abwicklung des Kegelstumpfmantels wird zuerst ein Kreisbogen mit der aus der Vorderansicht entnommenen Seitenlänge S geschlagen, der Winkel α berechnet und abgetragen. Nach der Einteilung des Bogens in 12 gleiche Teile sind Mantellinien zu ziehen und die Längen aus der Vorderansicht abzugreifen. Dort erscheinen sie verkürzt, *0* bzw. *12* und *6* ausgenommen. Um die wirkliche Länge zu erhalten, dreht man den Kegel um seine Längsachse, bis die betreffende Mantellinie (z.B. *10*) mit einer Seitenlinie zusammenfällt. Nun kann die wahre Länge als Maß s aus der Vorderansicht in die Abwicklung übertragen werden.

Um die wahre Größe der Deckfläche aufzuzeichnen, überträgt man zuerst durch Zirkelschläge die Länge der schrägen Schnittlinie einschließlich der Unterteilungen als große Achse der Ellipse aus der Vorderansicht. Die Abstände der Ellipsenpunkte in den Enden zweier gleichlanger Mantellinien werden aus der Draufsicht übernommen (Beispiel: Maß x).

Die Deckfläche in der Draufsicht und in der Seitenansicht kann aber auch durch Hilfsschnitte konstruiert werden (**11**.58). Sie liegen parallel zur Grundfläche und erzeugen Kreisflächen, von denen ein Stück abgetrennt ist. Aus der Vorderansicht wird der Halbmesser *r* abgegriffen, in der Draufsicht damit ein Kreis geschlagen und dann die Sehne durch Herunterloten gezogen. Sie schneidet den Kreis in den Ellipsenpunkten *a* und *b*.

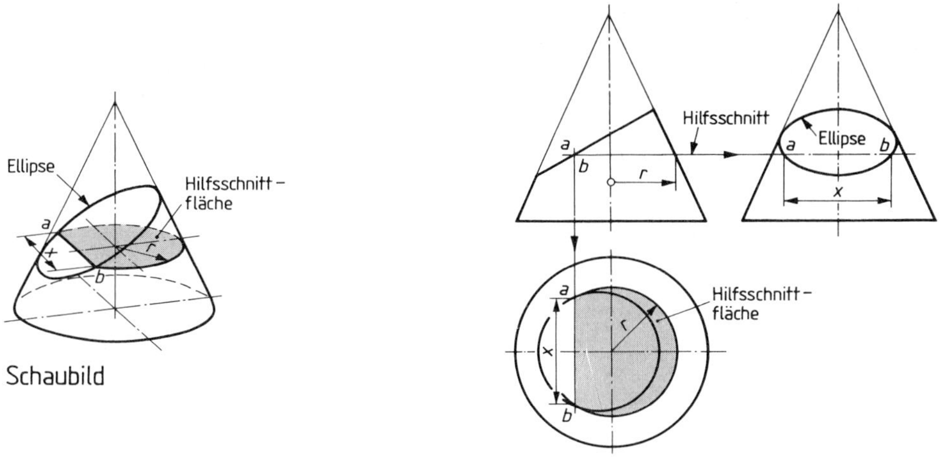

11.58 Konstruktion der elliptischen Deckfläche durch Hilfsschnitte

Diese legt man in der Seitenansicht mit Hilfe des Maßes *x* fest. Weitere Kurvenpunkte werden in der gleichen Weise durch höher und tiefer liegende Hilfsschnitte bestimmt.

Durch einen Schnitt parallel zur Mittelachse des Kegels entsteht eine von einer Hyperbel und einer Geraden begrenzte Fläche. Die Hyperbel tritt in der Seitenansicht in wahrer Größe auf. Die Sehnen der verschieden großen Hilfsschnittflächen liegen in der Draufsicht übereinander (**11**.59).

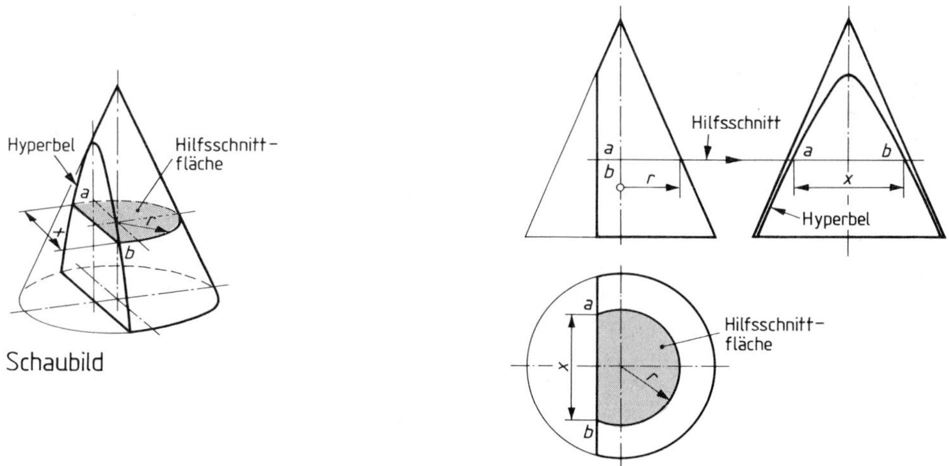

11.59 Konstruktion der Hyperbel durch Hilfsschnitte

Für die Abwicklung des Mantels werden wieder Mantellinien verwendet, die dort, wo die Kurve liegt, zwecks größerer Genauigkeit vermehrt und an anderen Stellen fortgelassen werden können (**11**.60). Verläuft die Schnittführung am Kegel durch die Kegelspitze,

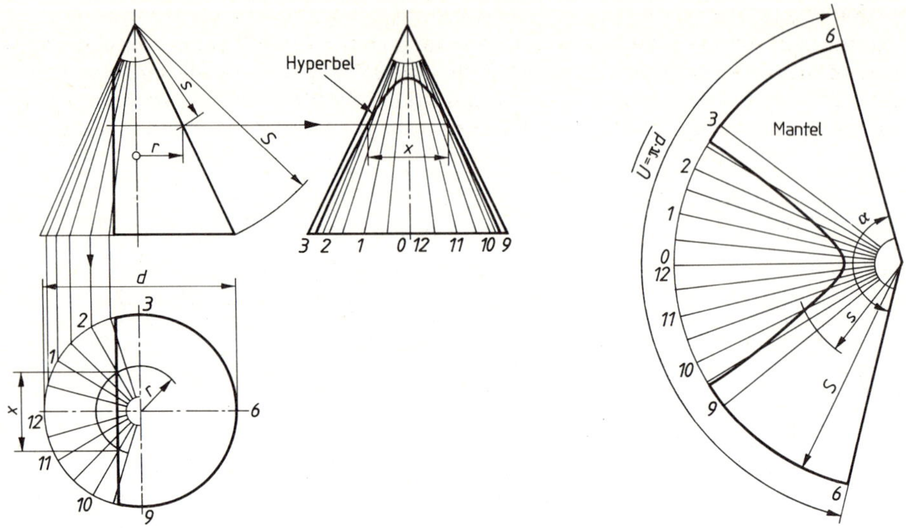

11.60 Konstruktion der Hyperbel und der Abwicklung durch Mantellinien

entstehen, wie man an den Mantellinien in Bild **11.60** erkennen kann, Dreiecke als Schnittflächen.

Durch einen schrägen Schnitt parallel zur Seitenlinie entsteht eine von einer Parabel und einer Geraden begrenzte Fläche (**11.61**). Die in der Seitenansicht und in der Draufsicht liegende Kurve und die Abwicklungen werden nach bereits bekannten Verfahren konstruiert.

Nicht nur der Schnitt parallel zur Körperachse erzeugt eine Hyperbel (**11.59**), sondern auch jeder andere in dem Raum zwischen jenem Schnitt und dem Parabelschnitt.

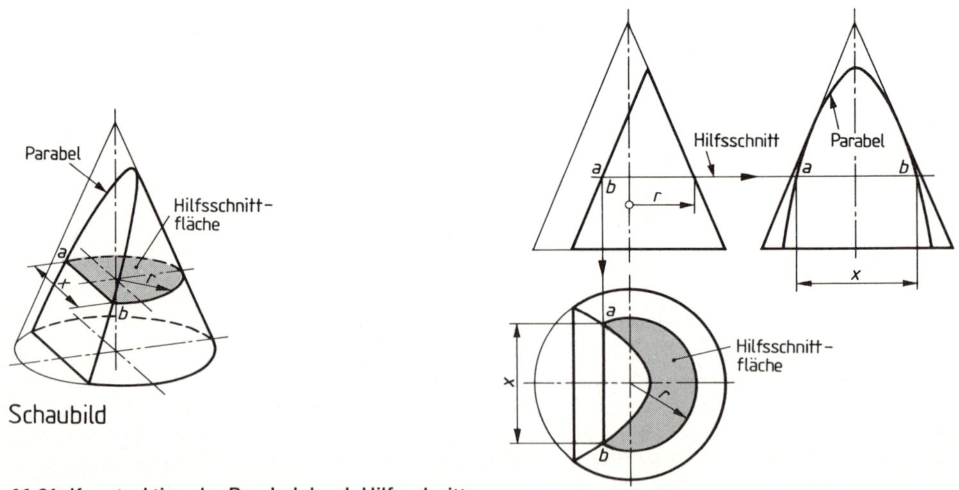

11.61 Konstruktion der Parabel durch Hilfsschnitte

Schiefer Kreiskegel

Die Mantellinien des schiefen Kreiskegels sind verschieden lang (**11**.62) und erscheinen bis auf die beiden *0* bzw. *12* und *6*, die sich mit den Seitenlinien in der Vorderansicht decken, verkürzt.

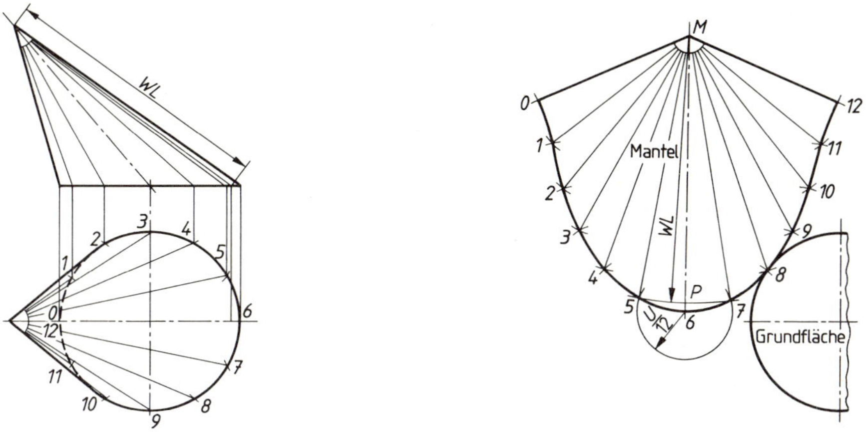

11.62 Schiefer Kreiskegel

Die Mantelabwicklung beginnt mit der längsten Mantellinie *6*. Sie teilt die Abwicklung in Hälften. Die wahre Länge *WL* der Mantellinien *5* und *7* wird ermittelt und damit ein Kreisbogen um den Punkt *M* geschlagen. Mit dem zwölften Umfangsteil der Grundfläche wird dann um den Endpunkt *P* ein zweiter Kreisbogen gezogen und mit dem anderen zum Schnitt gebracht. Damit liegen die Punkte *5* und *7* der geschwungenen Begrenzungslinie fest. Nun werden zwei Kreisbogen um die Punkte *5* und *7* der Abwicklung geschlagen, einer mit der wahren Länge der nächsten Mantellinien *4* und *8*, der andere mit dem zwölften Umfangsteil der Grundfläche. In den Schnittpunkten befinden sich weitere zwei Punkte (*4* und *8*) der geschwungenen Begrenzungslinie. Das Verfahren wird so lange fortgesetzt, bis alle Punkte gefunden sind.

Schnitte durch schiefe Kreiskegel sind wie bei geraden Kreiskegeln je nach der Lage Kreise, Ellipsen, Parabeln oder Hyperbeln.

Übungen

1. Zeichnen Sie Ansichten und Abwicklung des Trichters (**11**.63), des Rohrabzweigs (**11**.64), der Haube (**11**.65), der Rohrverbindung (**11**.67) und des Hosenrohres (**11**.68).

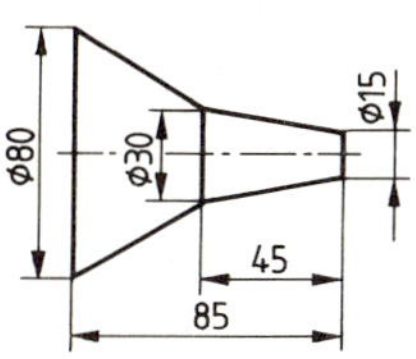

11.63 Trichter

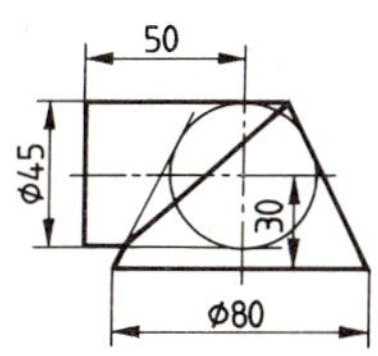

11.64 Rohrabzweig

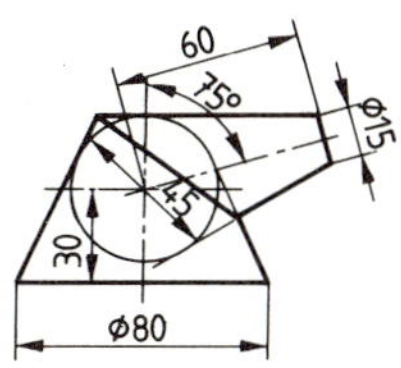

11.65 Haube

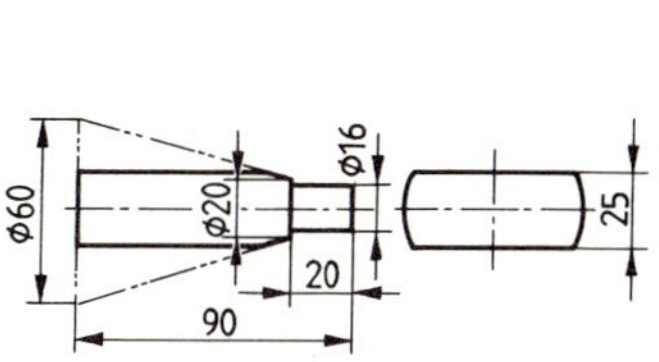

11.66 Kloben

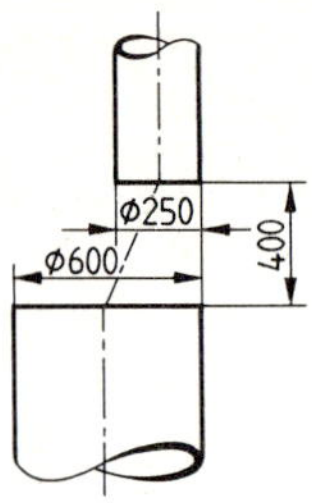

11.67 Rohrverbindung

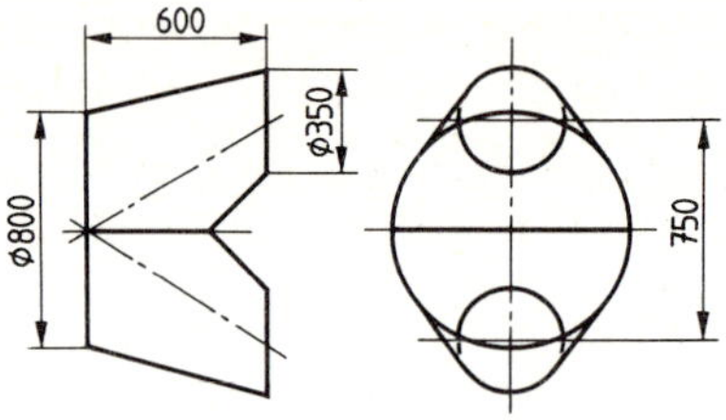

11.68 Hosenrohr

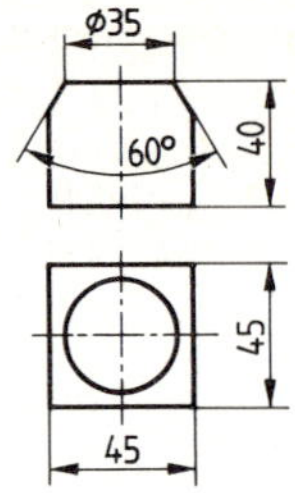

11.69 Kloben

2. Zeichnen Sie die Kloben (**11**.66 u. **11**.69), den Vierkant (**11**.70) und den Sechskant (**11**.71) in drei Ansichten und konstruieren Sie die Schnittkurven.

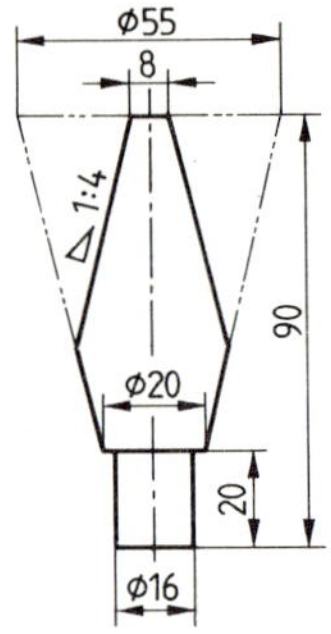

11.70 Vierkant

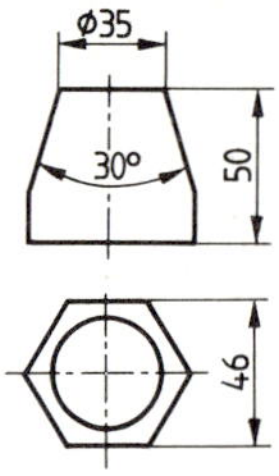

11.71 Sechskant

11.2.5 Andere Drehkörper

Die Hilfsschnitte zur Konstruktion der Kurven an einem Stangenende (**11**.72) liegen rechtwinklig zur Körperachse und ergeben Kreisflächen, an denen zwei gegenüberliegende Stücke fehlen.

Mit dem in der Vorderansicht abzugreifenden Halbmesser *r* wird die Hilfsschnittfläche in der Draufsicht umrissen. In den Schnittpunkten der Bogen mit den waagerechten Körperkanten liegen die Kurvenpunkte *a* und *b*. Sie werden in die Vorderansicht übernommen. In der Seitenansicht erscheint die Kurve als gerade Linie wie in der Draufsicht.

Sind Stangendurchmesser und Kopfbreite gleich groß, sind mithin die waagerechten Körperkanten der Draufsicht Tangenten am Kreise des Schafts, läuft die Kurve in eine Spitze aus.

Die Reihenfolge der Zeichenarbeit beim Aufsuchen von Kurvenpunkten an einem Nockenhebel (**11**.73) geht aus der Bezeichnung der Konstruktionslinien *1* bis *4* hervor. Die Linie, die den Hilfsschnitt darstellt, ist mit *1* bezeichnet.

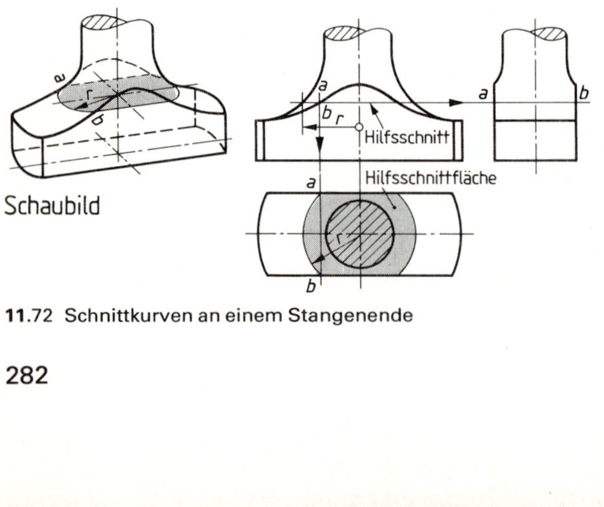

11.72 Schnittkurven an einem Stangenende

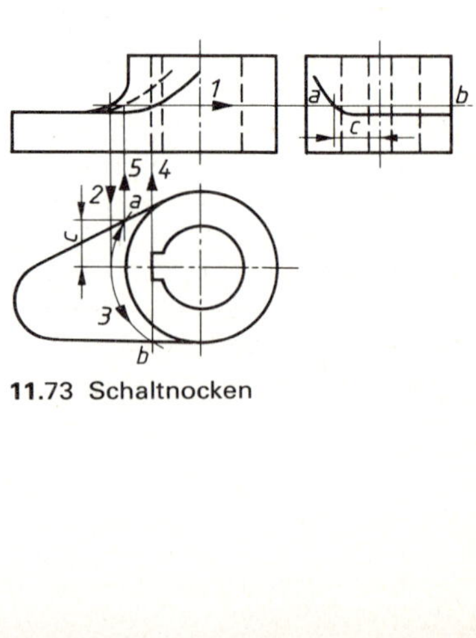

11.73 Schaltnocken

Übungen

Zeichnen Sie die in den Bildern **11.**75 und **11.**76 dargestellten Werkstücke in zwei Ansichten, die in den Bildern **11.**74 und **11.**77 bis **11.**79 dargestellten Teile in drei Ansichten und konstruieren Sie die Kurven.

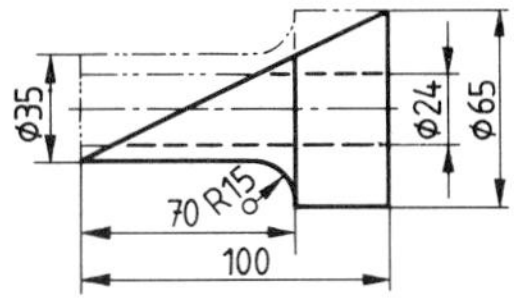

11.74 Hülse

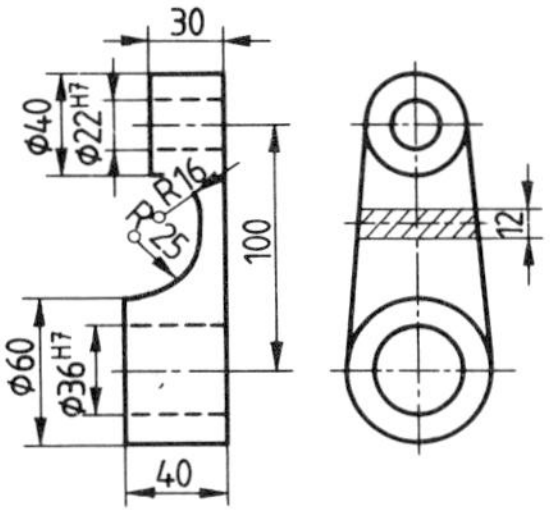

11.75 Hebel

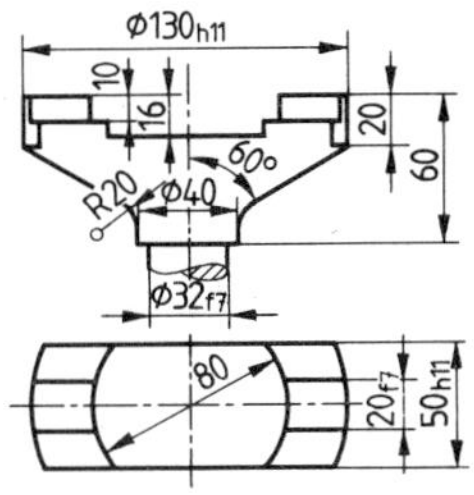

11.76 Kupplungshälfte

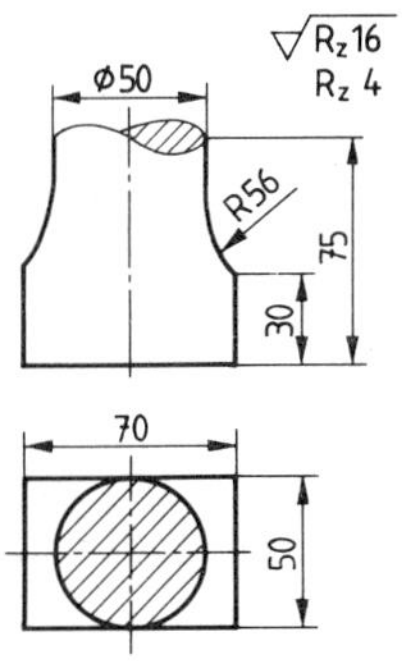

11.77 Stempel

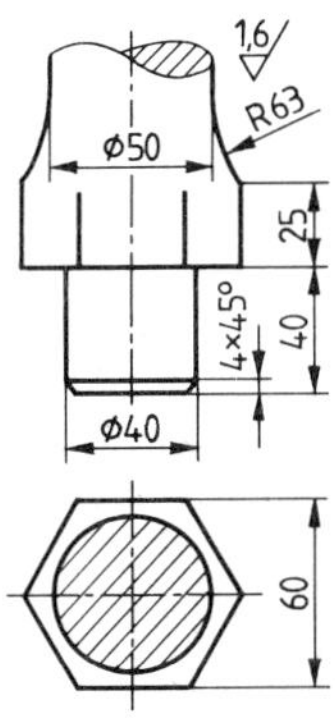

11.78 Sechskantfuß

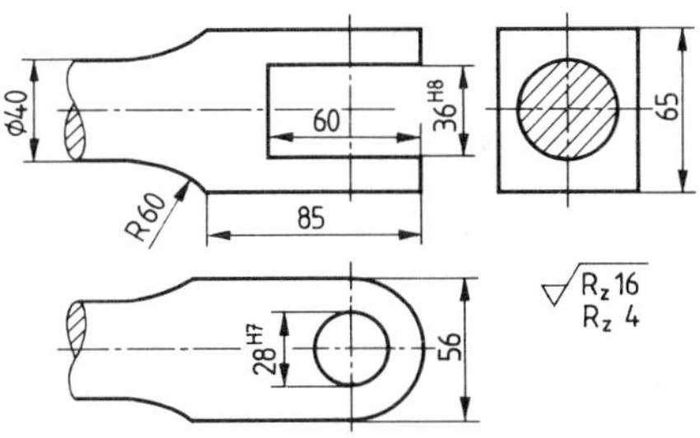

11.79 Gabelkopf

11.2.6 Kugel

Ein ebener Schnitt durch eine Kugel erzeugt stets einen Kreis. Sein Durchmesser ist um so größer, je mehr er sich dem Durchmesser der Kugel nähert. Liegt der Schnitt schräg, erscheint die kreisförmige Schnittfläche in den anderen Ansichten als Ellipse, deren Konstruktion aus Bild **11.80** hervorgeht. Die großen Achsen beider Ellipsen und der Durchmesser der Schnittfläche sind einander gleich.

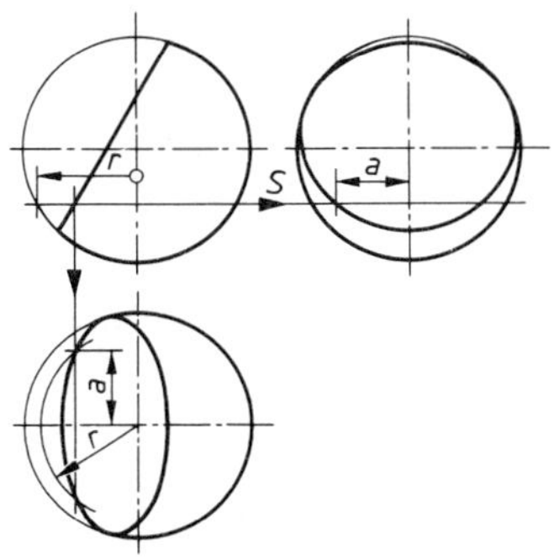

11.80 Schräggeschnittene Kugel

Die Oberfläche einer Kugel läßt sich nicht als Ebene ausbreiten. Die Abwicklung ist daher nur annähernd genau möglich. Die Kugel wird wie die auf dem Globus dargestellte Erdoberfläche mit einem Liniennetz versehen (**11**.81). Dadurch zerlegt man die Oberfläche. Sie besteht bei der dargestellten Kugel aus 12 Teilen (sphärische Zweiecke genannt), deren Längen gleich dem halben Kugelumfang *U*/2 und wie dieser in 6 gleiche Teile geteilt sind. Die einzelnen Breiten *a*, *b* usw. werden der Draufsicht entnommen.

Die Kugel läßt sich auch in Zonen einteilen. Die Oberflächen der unteren Zonen werden als Kegelstumpfmäntel und die der Kuppe als Kegelmantel angesehen und aufgezeichnet (**11**.82).

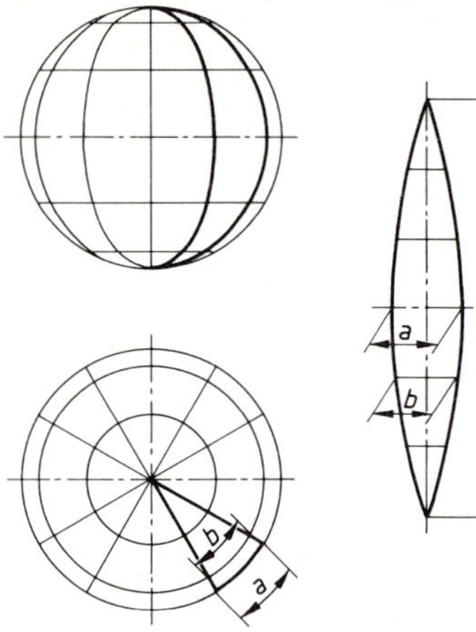

11.81 Abwicklung des sphärischen Zweiecks

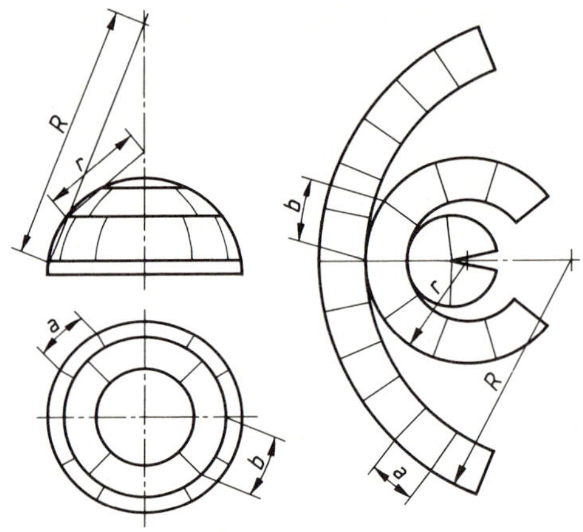

11.82 Abwicklung der Kugelzonen

Übungen

Zeichnen Sie die Werkstücke **11**.83 bis **11**.86 in je drei Ansichten und konstruieren Sie die Kurven.

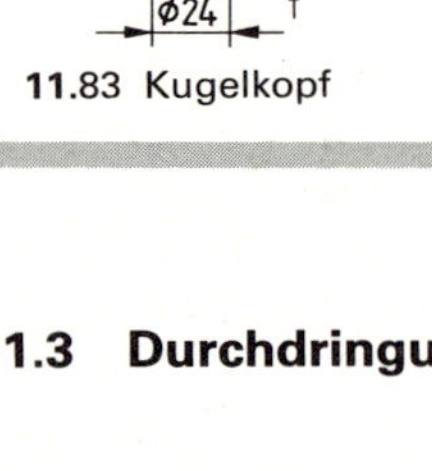

11.83 Kugelkopf

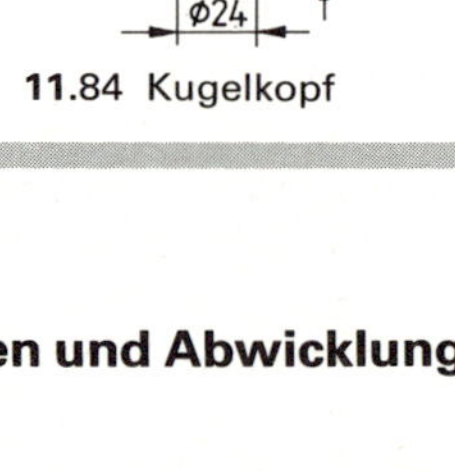

11.84 Kugelkopf

11.85 Stangenende

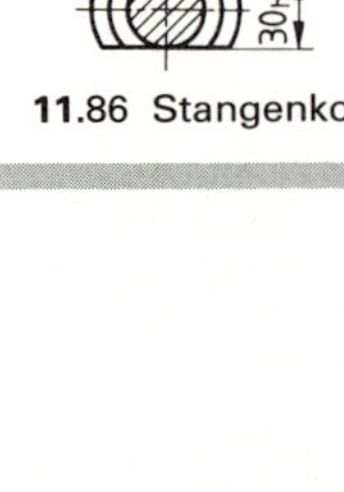

11.86 Stangenkopf

11.3 Durchdringungen und Abwicklungen

Beim Ineinanderstecken von Körpern entstehen an den Stoßstellen neue Kanten. Sie heißen Durchdringungslinien und sind in der Zeichnung geradlinig, wenn die zusammenstoßenden Oberflächen eben sind. Ist aber mindestens eine der Oberflächen gewölbt, treten – von Sonderfällen abgesehen (**11**.92) – Durchdringungskurven auf.

11.3.1 Prismen

Rechtwinklige Durchdringung einer Rechtecksäule mit einer Dreiecksäule. Die Achsen der Körper stehen rechtwinklig zueinander (**11.**87). Die Durchdringungslinien erscheinen im Beispiel in der Vorderansicht und werden aus der Seitenansicht und der Draufsicht übernommen. Zur Erleichterung der Arbeit sind die Seitenkanten der Rechtecksäule mit *1* bis *4* und die der Dreiecksäule mit *I* bis *III* bezeichnet. Die Draufsicht zeigt die Punkte *a*, *b* usw. bis *f*, in denen die Rechtecksäule von den Kanten *I* bis *III* durchstoßen wird. Sie werden in die Vorderansicht übertragen. Die Seitenansicht zeigt die Punkte *g* bis *k*, in denen die Dreiecksäule von den Kanten *1* und *3* durchstoßen wird. Die Punkte werden in die Vorderansicht herübergeholt.

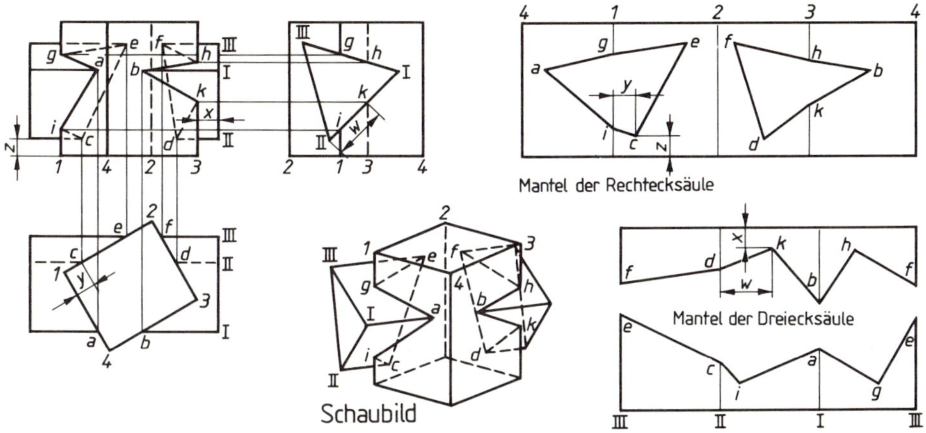

11.87 Rechtwinklige Durchdringung einer Rechtecksäule mit einer Dreiecksäule

Nun verbindet man die in der Vorderansicht gefundenen Punkte *a* bis *k*: Vom Punkt *a* in der Draufsicht führt eine Rechteckseite zur Kante *1*. Auf dieser Kante liegt, wie die Seitenansicht zeigt, der Punkt *g*. Er muß mit *a* verbunden werden. Punkt *g* ist mit *e* zu verbinden, weil beim Umfahren des Rechtecks in der Draufsicht der Punkt *e* folgt. Punkt *e* wird dann mit *c* verbunden. Mit welchem Punkt der auf der Kante *II* liegende Punkt *c* zu verbinden ist, zeigt die Seitenansicht. Dort führt eine Dreieckseite von *II* nach *I*, auf der Punkt *i* liegt. Folglich wird von *c* nach *i* gezogen. In dieser Weise wird die Arbeit fortgesetzt. Die Durchdringungslinien sind zum Teil verdeckt, wie Draufsicht und Seitenansicht zeigen.

Zum Festlegen der Ausschnitte aus dem Mantel der Rechtecksäule trägt man zuerst die Punkte *g* bis *k* auf den Seitenlinien *1* und *3* der Abwicklung ab. Die Abmessungen hierfür liefert die Seitenansicht. Dann werden die Punkte *a* bis f bestimmt, deren Abstände von den Seitenkanten am Umfang der Rechteckfläche in der Draufsicht und deren Höhen aus der Vorderansicht abgegriffen werden (Beispiel: Maße *y* und *z* für Punkt *c*). Ebenso legt man den Ausschnitt aus dem abgewickelten Mantel der Dreiecksäule fest. Die Punkte *a* bis *f* auf den Kanten *I* bis *III* liefert die Draufsicht. Die Abstände für die Punkte *g* bis *k* werden in der Seitenansicht und in der Draufsicht abgegriffen (Beispiel: Maße *w* und *x* für Punkt *k*).

Schiefwinklige Durchdringung zweier Dreiecksäulen. Zuerst werden die Umrisse der Körper in schmalen Linien aufgezeichnet (**11.**88 a). Die Draufsicht zeigt, daß die Kanten *1* und *2* auf die stehende Dreiecksäule auftreffen, und zwar in den Punkten *a* bis *d*. Sie werden von hier in die Vorderansicht und in die Seitenansicht übertragen. Für die Ermittlung der Punkte *e* und *f* legt man einen Hilfsschnitt *A* parallel zur Projektionsfläche der Vorderansicht durch die Kante *II* (**11.**88 b). Er erzeugt an der schiefliegenden Dreiecksäule in der Vorderansicht eine Hilfsschnittfläche, deren Breite aus der Draufsicht ermittelt wird. Damit werden die Punkte *e* und *f* gefunden. Durch einen weiteren Hilfsschnitt *B* entlang der Kante I ermittelt man in der Vorderansicht *g* und *h*. Nachdem die Punkte *e* bis *h* in die Seitenansicht übertragen worden sind, vervollständigt man die Zeichnung.

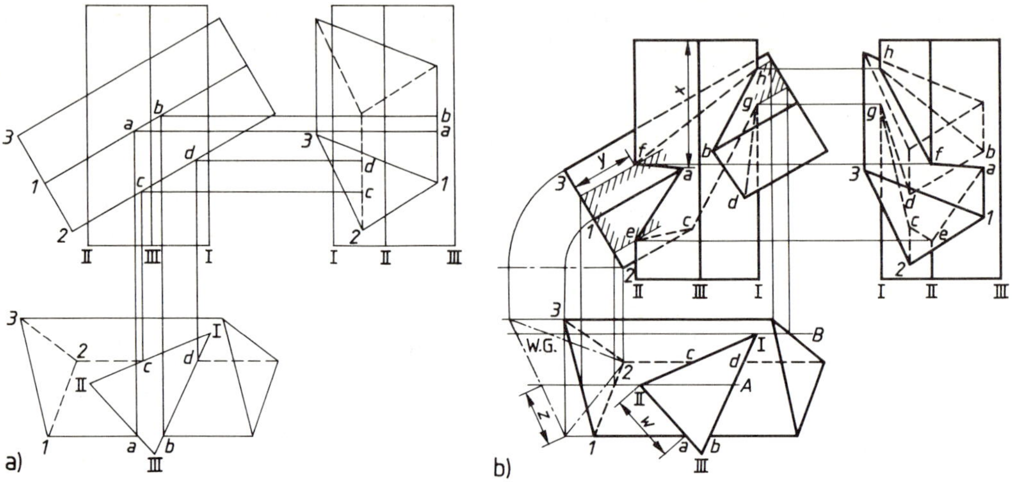

11.88 Schiefwinklige Durchdringung zweier Dreiecksäulen
a) Umrisse der Körper
b) Auffinden der Durchdringungslinien

Für den Ausschnitt des abgewickelten Mantels der stehenden Dreiecksäule (**11.**89 a) werden die Punkte *e* bis *h* von den Seitenkanten *I* und *II* der Vorderansicht übernommen. Die Abstände der Punkte *a* bis *d* von den Seitenkanten stammen aus Draufsicht und Vorderansicht (Beispiel: Maße *w* und *x* für Punkt *a*).

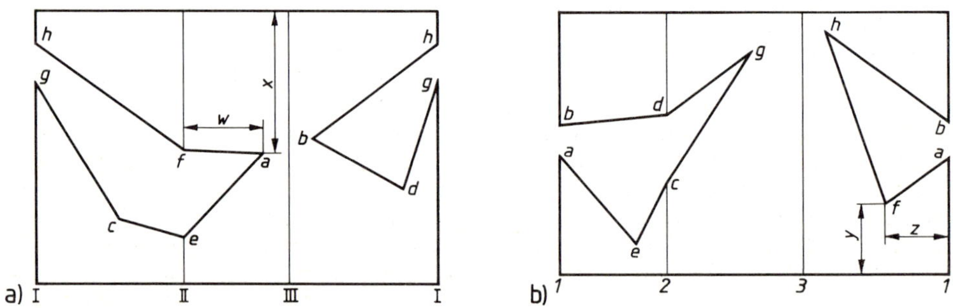

11.89 Abwicklung der Dreiecksäulen
a) Mantel der stehenden Dreiecksäule
b) Mantel der liegenden Dreiecksäule

Zum Aufzeichnen des Mantels der schiefliegenden Dreiecksäule (**11.**89 b) wird zuvor die wahre Größe *WG* der Grundfläche in der Draufsicht ermittelt (**11.**88 b). Die wahren Längen der Dreieckseiten sind die Breiten der Mantelabwicklung. Die Punkte *a* bis *d* der

Abwicklung gehen aus der Vorderansicht hervor. Die übrigen Punkte *e* bis *h* werden durch die Höhen aus der Vorderansicht (Beispiel: Maß *y* für Punkt *f*) und durch die Abstände von den Seitenkanten festgelegt. Diese sind aber an den wahren Längen der Dreieckseiten in der Draufsicht abzugreifen (Beispiel: Maß *z* für Punkt *f*).

11.3.2 Prisma und Pyramide

Schiefwinklige Durchdringung einer Pyramide mit einer Quadratsäule. Zur Ermittlung der Punkte *a* bis *d* in der Vorderansicht dient der Hilfsschnitt *X* (**11**.90). Er liegt parallel zur Längsachse der Pyramide und in den Seitenkanten *1* und *3* der Quadratsäule.

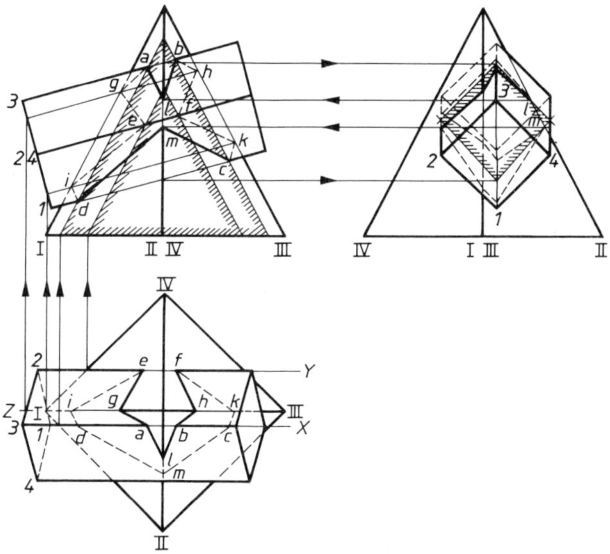

11.90
Schiefwinklige Durchdringung einer Pyramide und einer Quadratsäule

Als Hilfsschnittfläche entsteht in der Vorderansicht das große, am Rand schraffierte Dreieck. In den Schnittpunkten der Dreieckseiten mit den Kanten *1* und *3* liegen die Punkte *a* bis *d*, die nun in die Draufsicht übertragen werden. Durch einen zweiten Hilfsschnitt *Y* parallel zur Pyramidenachse werden in der gleichen Weise die Punkte *e* und *f* in der Vorderansicht gefunden. Der dritte Hilfsschnitt *Z* führt durch die Pyramidenachse und liefert in der Vorderansicht die Punkte *g* bis *k*. Die Punkte *l* und *m* entstehen zuerst in der Seitenansicht, und zwar durch einen Hilfsschnitt entlang der senkrechten Mittellinie in der Vorderansicht. Er erzeugt in der Seitenansicht – von der Pyramide herrührend – eine Dreieckfläche, deren Seiten mit den Umrißlinien der Seitenansicht zusammenfallen. Außerdem erzeugt der Hilfsschnitt – von der Quadratsäule stammend – eine Viereckfläche. Die rechte Dreieckseite schneidet dort zwei Viereckseiten und gibt die Punkte *l* und *m* an.

11.3.3 Zylinder

Rechtwinklige Durchdringung zweier Rundsäulen. Der Hilfsschnitt *S* führt durch beide Rundsäulen (**11**.91). An der stehenden erzeugt er eine kreisförmige, an der anderen eine rechteckige Schnittfläche. Die Breite der rechteckigen Schnittfläche wird als Maß *x* aus der Seitenansicht in die Draufsicht übertragen. Wo die Umrißlinien beider Schnittflächen zusammenstoßen, liegen die Punkte *a* bis *d*; sie werden in die Vorderansicht hochgelotet. Weitere Kurvenpunkte entstehen durch höher und tiefer liegende Hilfsschnitte in gleicher Weise.

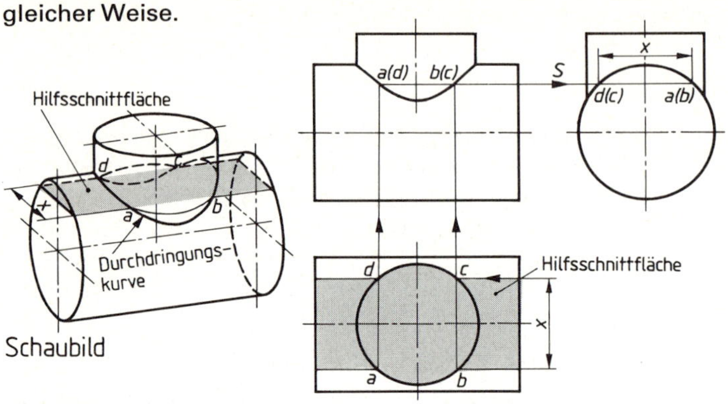

11.91 Rechtwinklige Durchdringung zweier Rundsäulen

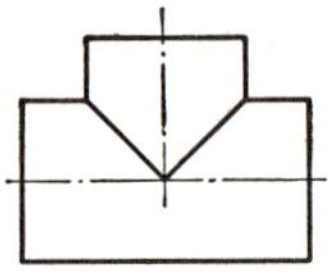

11.92 Durchdringung zweier Rundsäulen gleichen Durchmessers

Die Durchdringungskurve ist eine H y p e r b e l , deren Scheitelbogen genügend genau mit dem Zirkel geschlagen werden kann. Als Halbmesser dient die Entfernung vom Scheitelpunkt bis zur Mittelachse der großen Rundsäule. Sind die Durchmesser gleich groß, entstehen gerade Durchdringungslinien (**11**.92). Gerade Durchdringungslinien zeigen auch die Bilder **11**.107 und **11**.108.

Die Durchdringungskurven können aber auch mit Hilfe von Mantellinien konstruiert werden (**11**.93). Dieses Verfahren ist am Platze, wenn auch die Mantelabwicklung verlangt wird. Für die a u f g e s e t z t e R u n d s ä u l e, deren Mittelachse in dem Beispiel in einer anderen Ebene liegt als die des Hauptkörpers, werden 12 Mantellinien vorgesehen. Die Längen der einzelnen Mantellinien werden aus der Seitenansicht in die Vorderansicht übertragen und liefern dort die Kurvenpunkte. Außerdem geben sie die einzelnen Punkte der geschwungenen Begrenzungslinie der Mantelabwicklung an (Beisp.: Maße *w* und *x*).

Der Umfang der g r o ß e n R u n d s ä u l e wird in der Seitenansicht aufgeteilt. Nun überträgt man die Mantellinien in die Draufsicht, wo die Längen zum Aufzeichnen der Öffnungen in der Mantelabwicklung entstehen (Beispiele: Maße *y* und *z*). Maß *A* in der Abwicklung liefert die Seitenansicht.

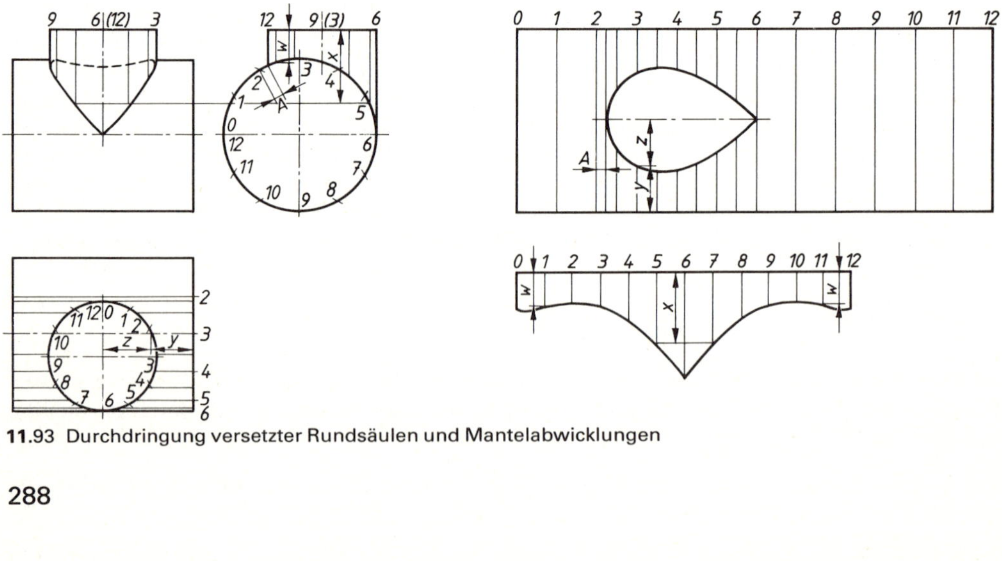

11.93 Durchdringung versetzter Rundsäulen und Mantelabwicklungen

Schiefwinklige Durchdringung zweier Rundsäulen. Die Achsen der beiden Körper liegen in verschiedenen Ebenen (**11**.94). In der Seitenansicht legt man in beliebigem Abstand *m* von der Mittelachse des Abzweigs zwei Hilfsschnitte *S* durch beide Rundsäulen. Um in der Vorderansicht die Breite der Hilfsschnittfläche des Abzweigs zu ermitteln, wird in der Seitenansicht über der waagerechten Mittelachse der Deckfläche ein halber Hilfskreis geschlagen. Er stellt die in die Zeichenebene eingedrehte halbe Deckfläche dar. Das Maß *x* ist mithin die halbe Breite der Hilfsschnittfläche des Abzweigs und in der Vorderansicht beiderseits der Mittelachse abzutragen, wo sich die Punkte *o* und *p* ergeben. Sie werden in die Seitenansicht übernommen. In den Schnittpunkten der Umrißlinien beider Hilfsschnittflächen in der Vorderansicht findet man aber zugleich die Punkte *a* und *b*, dann auch *c* und *d*. Die Übertragung dieser Kurvenpunkte in die Draufsicht geschieht in der üblichen Weise aus den beiden anderen Ansichten.

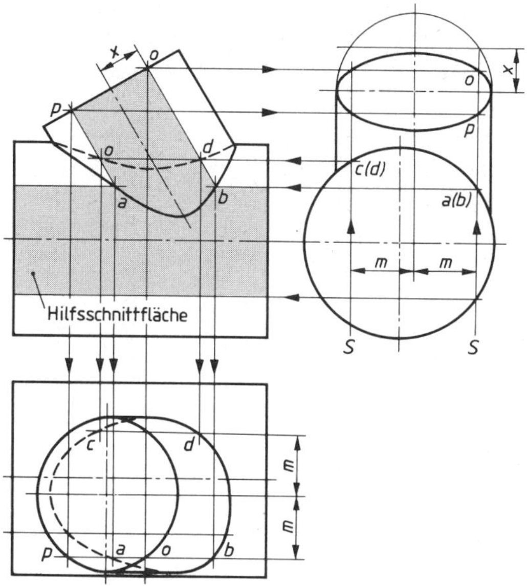

11.94 Schiefwinklige Durchdringung versetzter Rundsäulen

Übungen

1. Zeichnen Sie die Werkstücke (**11**.95 u. **11**.96) in drei Ansichten und konstruieren Sie die Kurven.

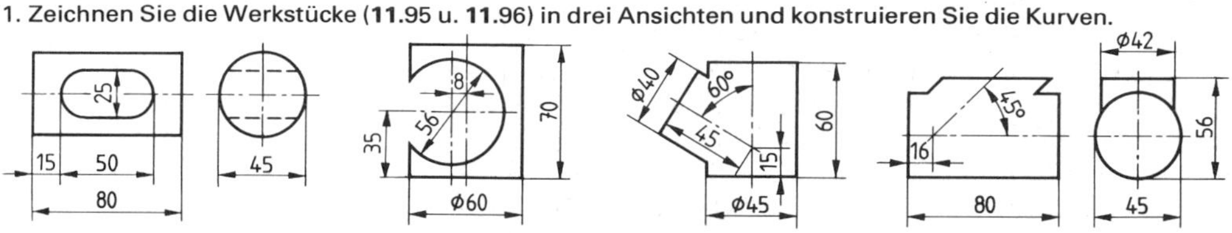

11.95 Geschlitzter Rundstahl **11**.96 Durchbohrter Rundstahl **11**.97 Rohr mit Abzweig **11**.98 Rohr mit Abzweig

2. Es sind die Rohre mit Abzweig (**11**.97 u. **11**.98) in drei Ansichten darzustellen, die Kurven zu konstruieren und die Abwicklungen zu zeichnen.
3. Zeichnen Sie die gegebenen Ansichten des Gehäuses (**11**.99) und ergänzen Sie die Seitenansicht als Schnitt durch die linke Bohrung.

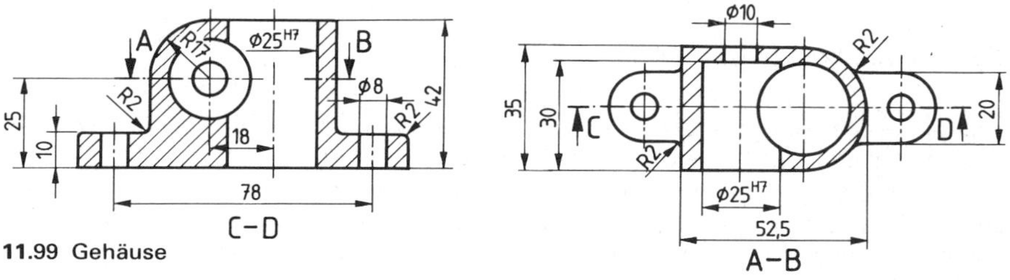

11.99 Gehäuse

11.3.4 Zylinder und Prisma

Rechtwinklige Durchdringung einer Rundsäule mit einem Prisma. Jede Durchdringungskurve in den Darstellungen (**11**.100) ist ein Teil einer Ellipse. Die Hilfsschnitte *S* gehen wie immer durch beide Körper und liefern die einzelnen Kurvenpunkte.

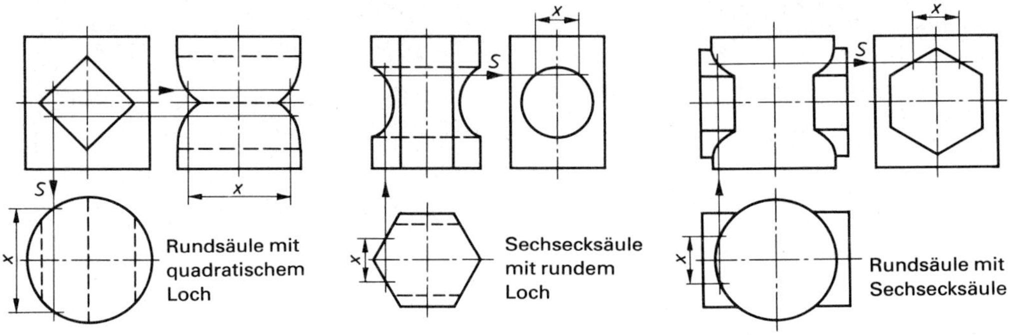

11.100 Rechtwinklige Durchdringungen

11.3.5 Zylinder und Pyramide

Durchdringung einer Pyramide mit einer Rundsäule in Achsrichtung (**11**.101). Die Durchstoßpunkte der Pyramidenseitenkanten am Mantel der Rundsäule werden aus der Draufsicht in die Vorderansicht übernommen und von hier in die Seitenansicht übertragen. Der Hilfsschnitt *S* liegt unter den Durchstoßpunkten und parallel zur Pyramidengrundfläche. Aus der Draufsicht werden die Kurvenpunkte sowohl in die Vorderansicht hochgelotet als auch in die Seitenansicht übertragen (Beispiel: Maß *x*). Die Kurven sind elliptisch.

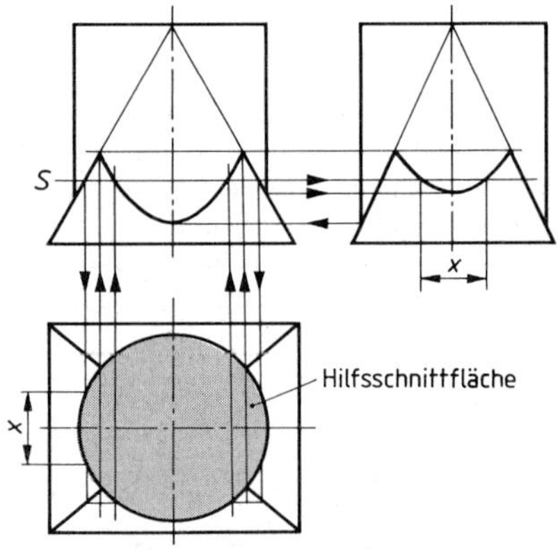

11.101 Durchdringung einer Pyramide mit einer Rundsäule

11.3.6 Zylinder und Kegel

Rechtwinklige Durchdringung eines Kegels mit einer Rundsäule (**11**.102). Der Hilfsschnitt *S* liegt parallel zur Kegelgrundfläche und zur Achse der Rundsäule. Der Halbmesser *r* für die Hilfsschnittfläche wird in der Vorderansicht und die Breite *a* in der Seitenansicht abgegriffen. Die Kurven sind Hyperbeln. Gerade, sich kreuzende Durchdringungslinien entstehen, wenn die Seitenlinien des Kegels in der Seitenansicht Tangenten am Umfang der Rundsäule sind.

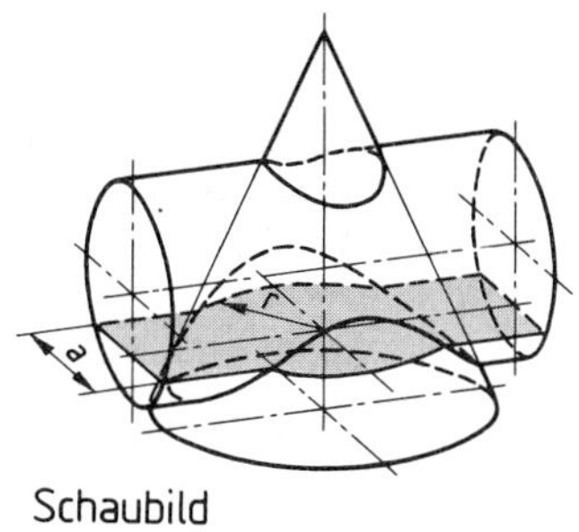

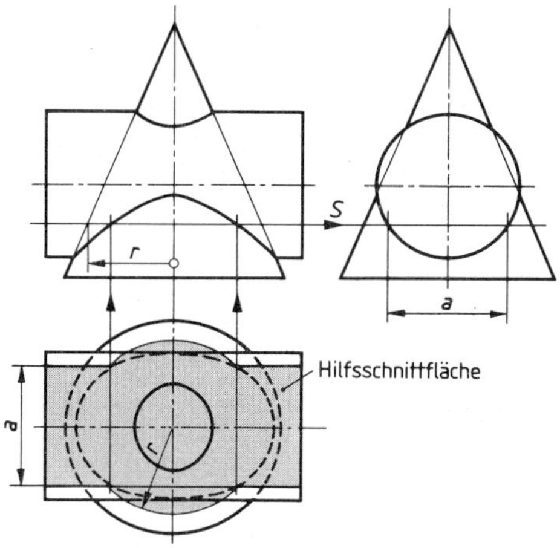

11.102
Rechtwinklige Durchdringung eines Kegels mit einer Rundsäule

11.3.7 Kegel und Kegel

Rechtwinklige Durchdringung zweier Kegel. Die Kurven lassen sich durch Hilfsschnitte parallel zur Achse des stehenden und parallel zur Grundfläche des liegenden Kegels konstruieren (**11**.103). Als Hilfsschnittfläche treten demnach am liegenden Kegel eine Kreis- und am stehenden Kegel eine Hyperbelfläche auf. In den Schnittpunkten ihrer Umrißlinien liegen dann Punkte der Durchdringungskurve. Das Aufsuchen der Punkte mit Hilfe von Hyperbelflächen ist jedoch zeitraubend und ungenau, weil die Hyperbeln auch erst punktweise gefunden werden müßten.

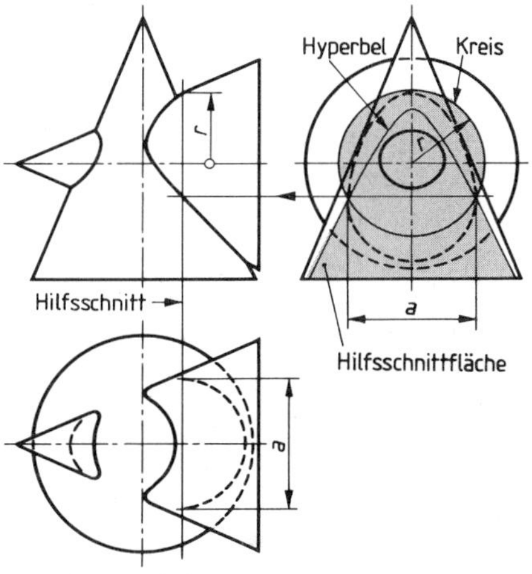

11.103 Rechtwinklige Durchdringung zweier Kegel

11.3.8 Zylinder und Kugel

Durchdringung einer Kugel mit zwei Rundsäulen (11.104). Führt die Achse der durchdringenden Rundsäule durch die Kugelmitte, entsteht als Durchdringungslinie ein Kreis. Er ist in der Vorderansicht und in der Draufsicht als senkrechte Gerade dargestellt. Führt aber die Achse der Rundsäule an der Kugelmitte vorbei, tritt eine Durchdringungskurve auf.

Der Hilfsschnitt *S* schneidet Kugel und Rundsäule. Die Hilfsschnittfläche an der Kugel ist ein Kreis, die an der Rundsäule ein Rechteck, die sich in Kurvenpunkten schneiden. Diese Punkte werden aus der Draufsicht in die Vorderansicht übertragen.

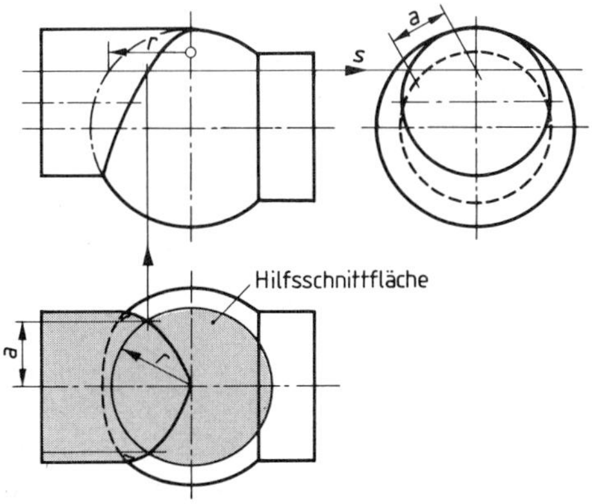

11.104 Durchdringung einer Kugel mit zwei Rundsäulen

11.3.9 Hilfskugelverfahren

Eine einfache Kurvenkonstruktion ist durch das Hilfskugelverfahren möglich, wenn die sich durchdringenden Körper Drehkörper sind, deren Achsen sich in derselben Ebene schneiden. Das Verfahren hat den Vorteil, daß die Kurven ohne Benutzung einer weiteren Ansicht entstehen.

Das Konstruktionsprinzip besteht darin, daß Drehkörper, die eine Kugel mittig durchdringen, immer Kreise als Durchdringungslinien erzeugen. Beim Hilfskugelverfahren denkt man sich verschieden große Kugeln, deren Mittelpunkte im Schnittpunkt der Drehkörper liegen, in die sich durchdringenden Körper eingebracht. Alle Kugeln, die die Mantellinien beider Drehkörper berühren oder schneiden, erzeugen auf beiden kreisförmige Schnittlinien. Gemeinsame Punkte dieser Kreise sind Punkte der Durchdringungslinien.

Das Beispiel „Kegel durchdringt Kegel" soll das erklären: Der Punkt *n* wird durch die größte Hilfskugel ermittelt. Die Durchdringungslinien Kegel–Kugel (sie erscheinen als Senkrechte zu den Kegelachsen) schneiden sich gerade noch innerhalb der Körper (**11**.105a). Punkt *o* entsteht durch die Verwendung einer kleineren Kugel (**11**.105b). Die Durchdringungslinien der Kegel mit der gemeinsamen Hilfskugel schneiden sich in die-

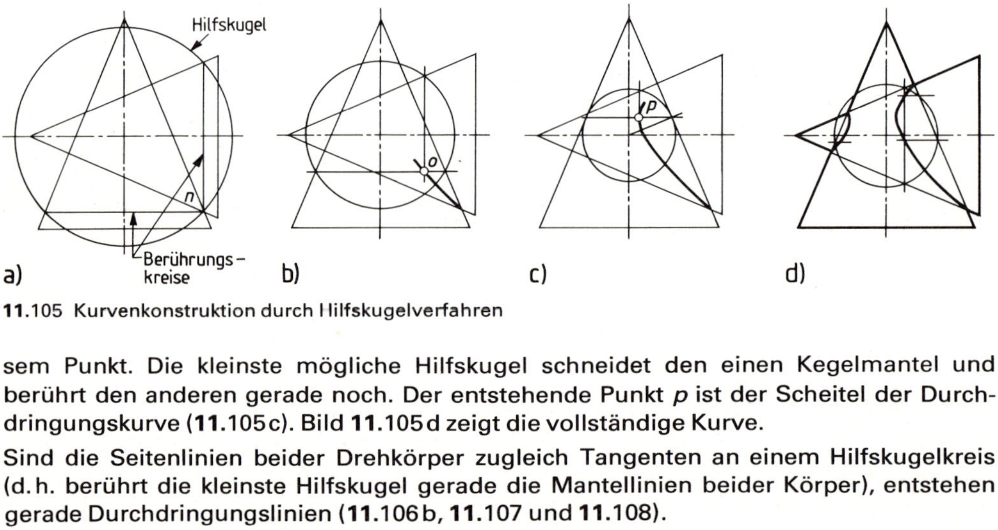

11.105 Kurvenkonstruktion durch Hilfskugelverfahren

sem Punkt. Die kleinste mögliche Hilfskugel schneidet den einen Kegelmantel und berührt den anderen gerade noch. Der entstehende Punkt *p* ist der Scheitel der Durchdringungskurve (**11**.105c). Bild **11**.105d zeigt die vollständige Kurve.

Sind die Seitenlinien beider Drehkörper zugleich Tangenten an einem Hilfskugelkreis (d.h. berührt die kleinste Hilfskugel gerade die Mantellinien beider Körper), entstehen gerade Durchdringungslinien (**11**.106b, **11**.107 und **11**.108).

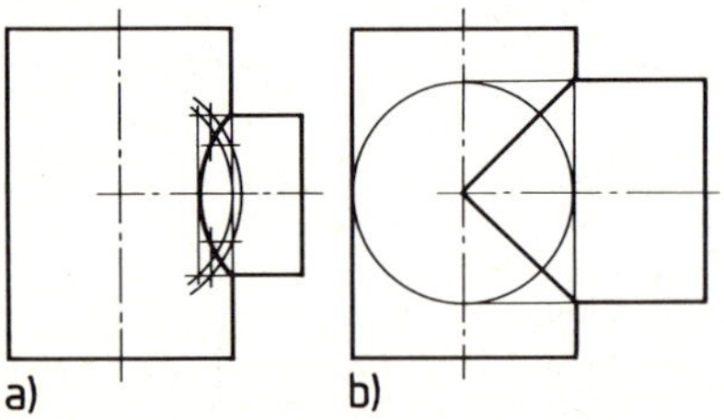

11.106 Zwei Rundsäulen
a) verschieden große Durchmesser
b) gleichgroße Durchmesser

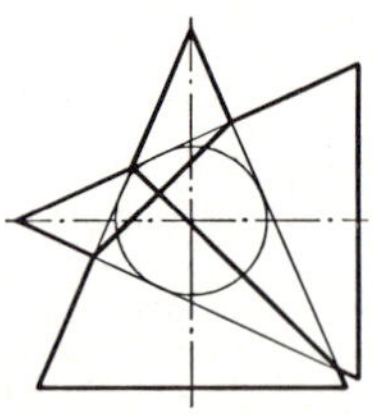

11.107 Zwei Kegel

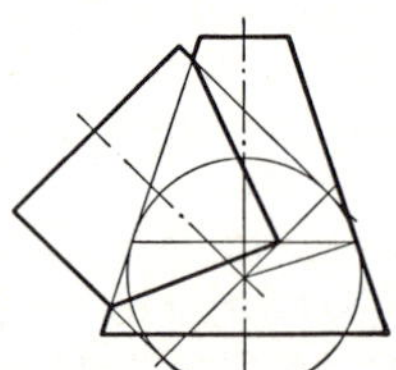

11.108 Kegelstumpf mit Rundsäule

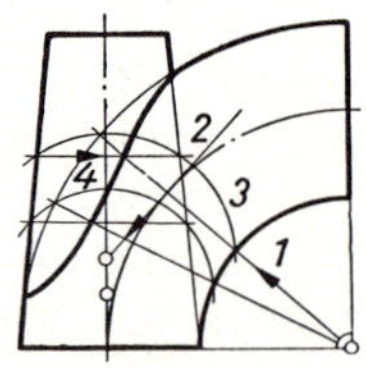

11.109 Rohrkrümmer mit Kegelstumpf

Bei der Konstruktion der Kurven, die bei einem auf einen Rohrkrümmer aufgesetzten kegeligen Abzweig entstehen (**11**.109), ist die Lage der Kugelmitten wegen der Krümmung verschieden. Im Schnittpunkt einer beliebig liegenden Hilfslinie (*1*) mit der Achse des Krümmers wird eine Tangente (*2*) gezogen. Wo sie auf die Mittelachse des Kegelstumpfes auftrifft, liegt der Mittelpunkt einer Hilfskugel (*3*). Der Halbmesser reicht bis zu den Schnittpunkten der Hilfslinie (*1*) mit den Seitenlinien des Krümmers. Die nun durch die Schnittpunkte des Hilfskugelkreises mit den Seiten des Kegelstumpfs zu ziehende Linie (*4*) trifft mit der Hilfslinie (*1*) in einem Kurvenpunkt zusammen.

Übungen

1. Zeichnen Sie die durchbohrten Kegelstümpfe **11**.110 in den drei Ansichten und konstruieren Sie die Durchdringungskurven.

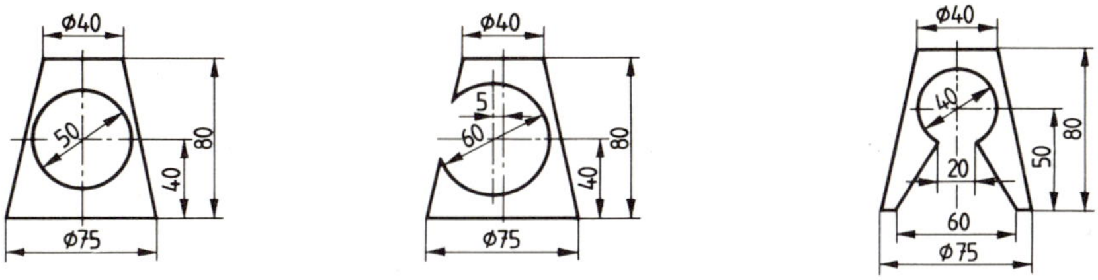

11.110 Durchbohrte Kegelstümpfe

2. Zeichnen Sie die Zunge **11**.111 in den drei Ansichten. Konstruieren Sie die durch die Fertigung entstehenden Kurven.
3. Zeichnen Sie die Durchdringungskurven der Körper nach **11**.112 und **11**.113 mit dem Hilfskugelverfahren. Zeichnen Sie auch die Mantelabwicklungen des kegeligen und des zylindrischen Rohrs nach Bild **11**.113.
4. Zeichnen Sie den Hebel und den Aufsatz **11**.114 und **11**.115 in den drei Ansichten. Konstruieren Sie die an beiden Werkstücken entstehenden Kurven.

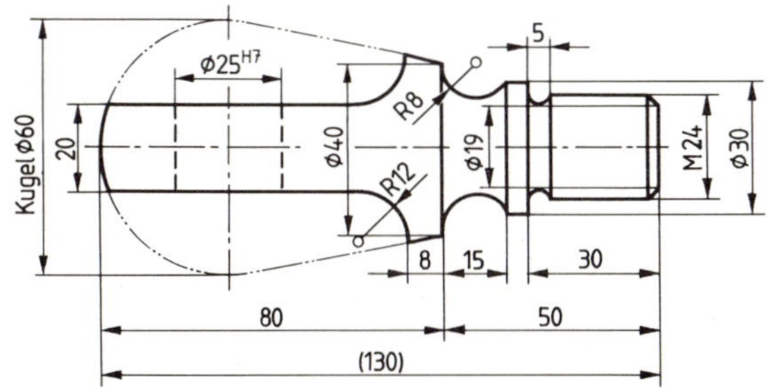

11.111 Zunge

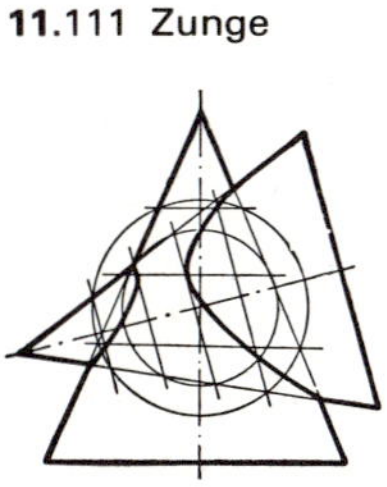

11.112 Zwei Kegel

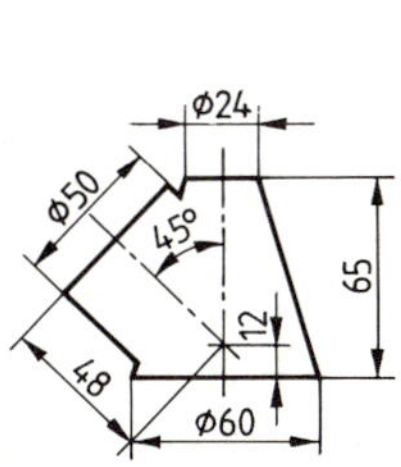

11.113 Kegeliges Rohr mit zylindrischem Abzweig

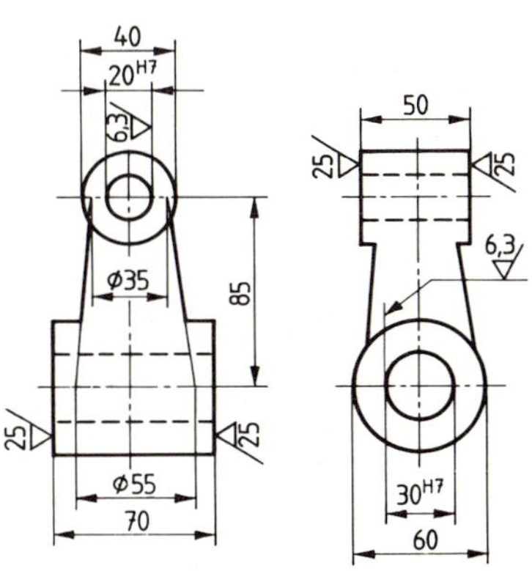

11.114 Hebel

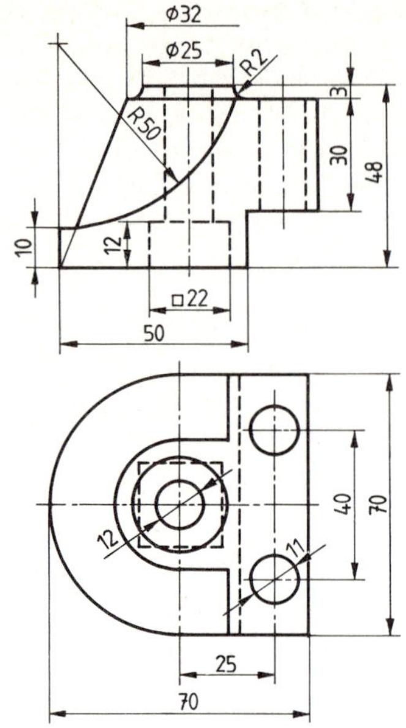

11.115 Aufsatz

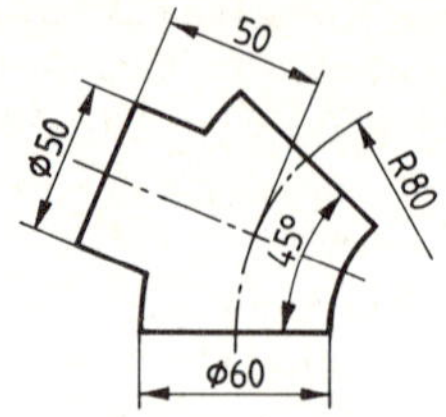

11.116 Krümmer mit zylindrischem Abzweig

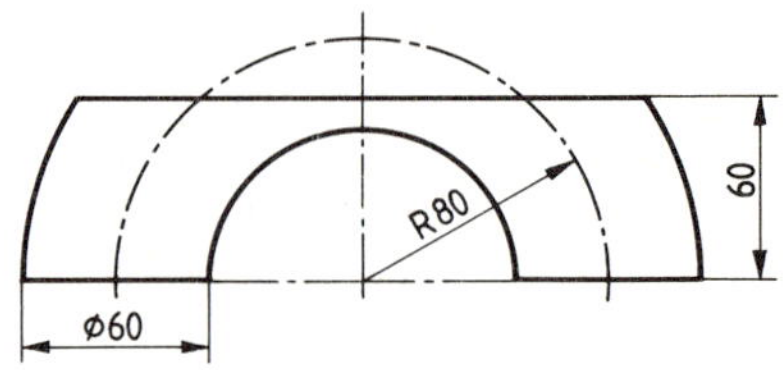

11.117 Abgeflachter halber Ring

5. Zeichnen Sie die Teile **11.**116 bis **11.**120 in je drei Ansichten und konstruieren Sie die Kurven.

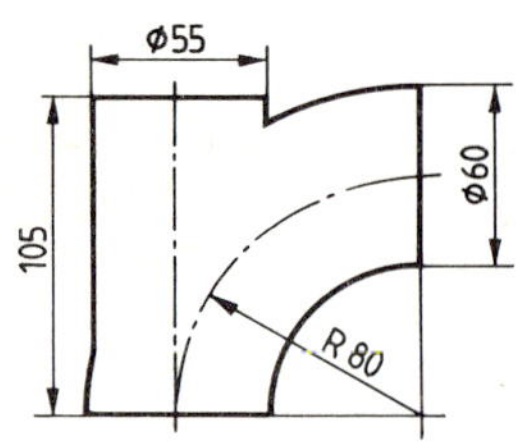

11.118 Krümmer mit zylindrischem Abzweig

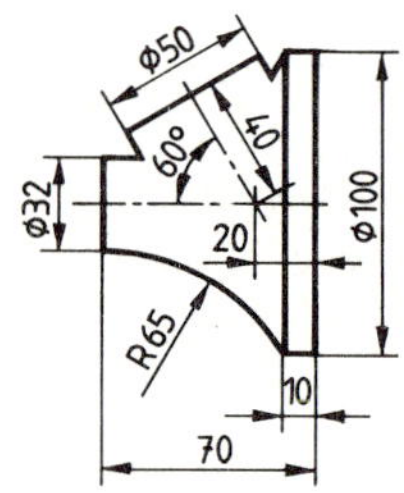

11.119 Drehkörper mit zylindrischem Abzweig

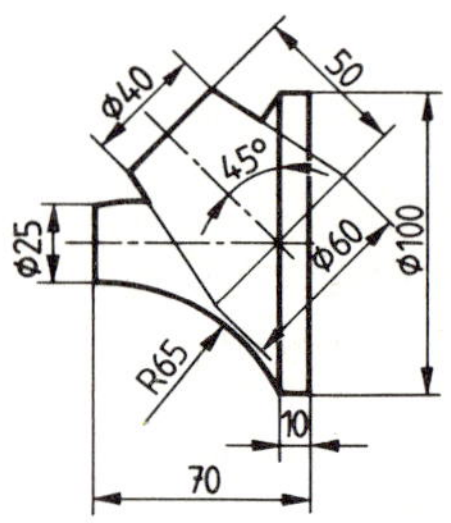

11.120 Drehkörper mit kegeligem Abzweig

6. Zeichnen Sie die Kugelköpfe **11.**121 und **11.**122 in je drei Ansichten und konstruieren Sie die Kurven. (Der Kreis ⌀ 40 in Bild **11.**122 stellt ein durchgehendes Loch dar.)
7. Zeichnen Sie die Vorder- und die Seitenansicht der Fässer mit Abzweig (**11.**123 u. **11.**124), vom letzten auch die untere Hälfte der Draufsicht. Konstruieren Sie dann die Kurven.

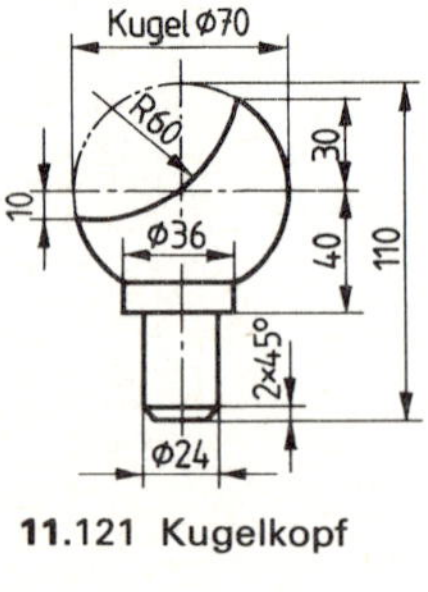

11.121 Kugelkopf

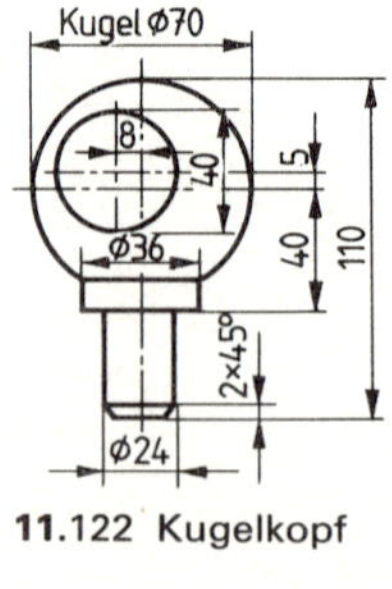

11.122 Kugelkopf

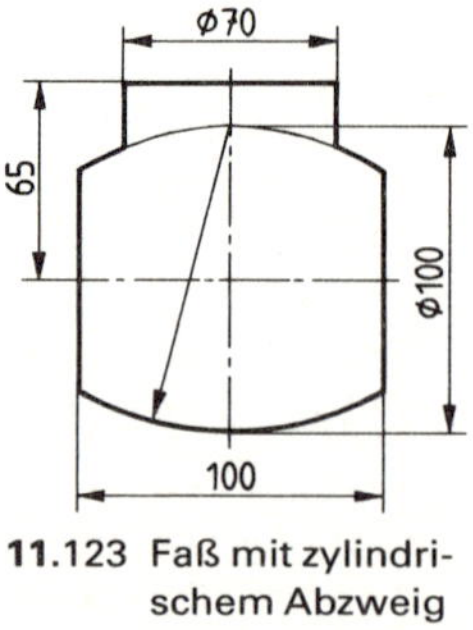

11.123 Faß mit zylindrischem Abzweig

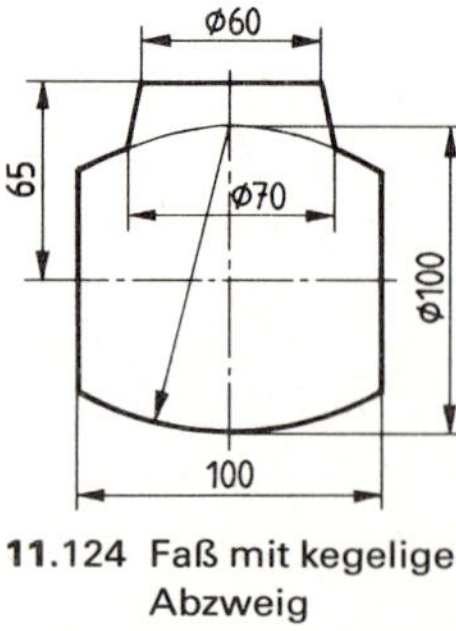

11.124 Faß mit kegeligem Abzweig

8. Zeichnen Sie die Pfanne **11**.125 und konstruieren Sie die Durchdringungskurve im Hohlraum des Werkstücks.
9. Zeichnen Sie die Kugel mit den beiden Abzweigen (**11**.126) und konstruieren Sie die Kurven.

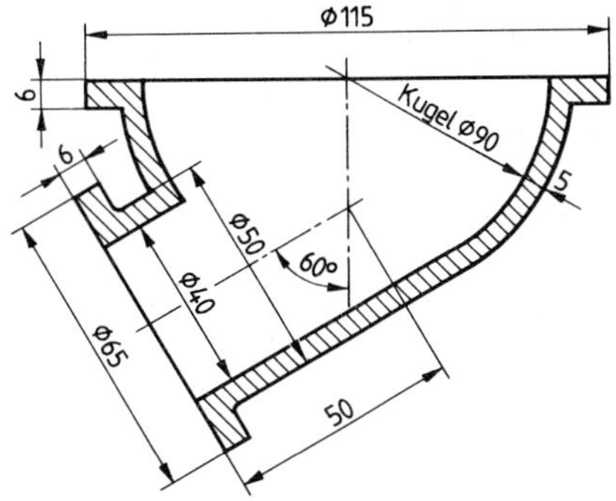

11.125 Pfanne

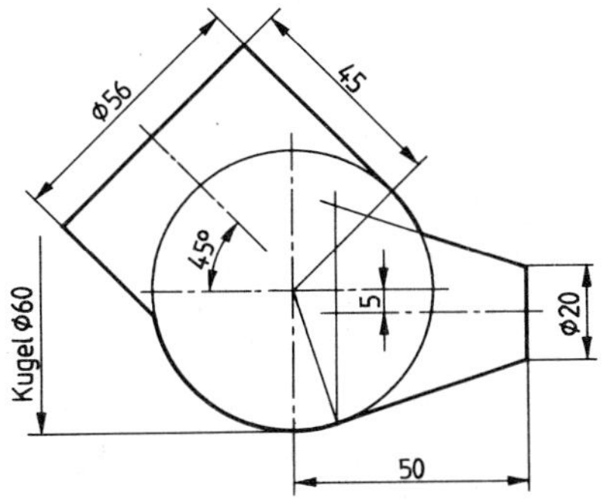

11.126 Kugel mit Abzweigen

12 Axonometrische Projektion (Perspektivzeichnen)

Die axonometrische Projektion (perspektivische Darstellung) ist eine Parallelprojektion, bei der Länge des Gegenstands und/oder Richtung der Projektionslinien so gewählt sind, daß der Gegenstand in seinen drei Ausdehnungen dargestellt wird. Sie wird im künstlerischen Bereich angewendet, um die „Tiefe" des Bildes zu erzeugen. Im technischen Bereich benutzt man sie, um dem im Lesen technischer Zeichnungen Ungeübten ein sofort verständliches Bild des Gegenstands zu vermitteln. Deshalb wird auch in Gebrauchsanweisungen, Ersatzteilkatalogen u.ä. weitgehend davon Gebrauch gemacht.

Perspektivische Darstellungen sind auch für den Konstrukteur von Nutzen. Denn häufig entwirft er das Werkstück in Perspektive, wägt ab, ändert bis zur endgültigen Gestalt und zeichnet es erst dann in den üblichen Ansichten auf.

Während bei der künstlerischen Perspektive horizontale parallele Kanten auf einen Punkt zulaufen (**12**.1), werden technische Perspektiven so gezeichnet, daß parallele Kanten weiterhin parallel verlaufen (**12**.2). Dadurch ist es möglich, gewissermaßen maßstäblich zu zeichnen. Die senkrecht zueinanderstehenden Körperkanten Höhe, Länge und Breite werden entsprechend ihren wahren Größen dargestellt.

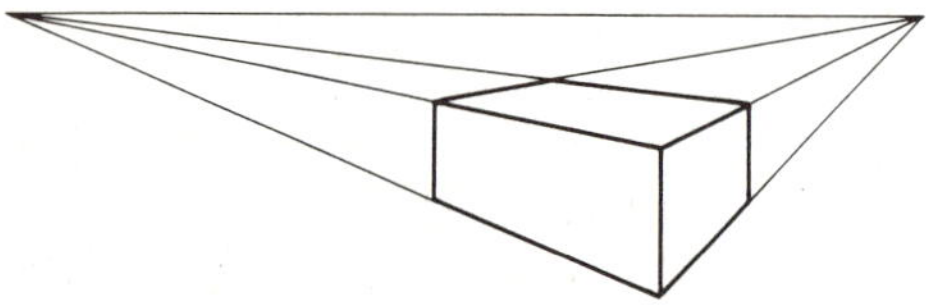

12.1 Künstlerische Perspektive (Fluchtpunktperspektive)

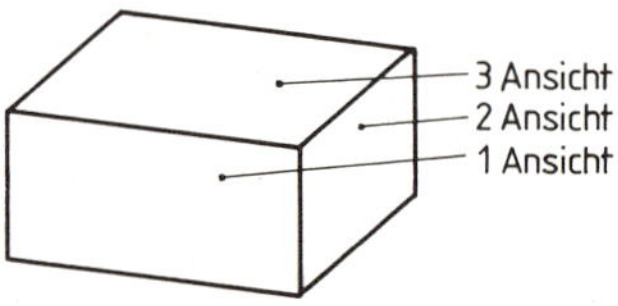

12.2 Technische Perspektive (Parallelperspektive)

Man unterscheidet im wesentlichen zwei Arten der axonometrischen Projektion, die dimetrische und die isometrische:

- **Bei der dimetrischen Darstellung** erscheinen die 2. und 3. Ansicht gegenüber der 1. Ansicht im Verhältnis 1:2 verkleinert. Man benutzt diese Darstellung immer dann, wenn in der 1. Ansicht Wesentliches gezeigt werden soll.
- **Bei der isometrischen Darstellung** werden die 3 Ansichten in gleich großem Maßverhältnis gezeichnet. Immer, wenn in allen 3 Ansichten Wesentliches gezeigt werden soll, wird diese Darstellung genutzt.

12.1 Dimetrische Darstellungen (DIN 5 T2)

12.1.1 Rechtwinklige axonometrische Projektion

Entstehung. Bild **12**.3a zeigt eine Rechtecksäule in der gewöhnlichen Lage. In Bild **12**.3b ist der Körper um 20° 40′ um die Längskante *A* gedreht, wie aus der Draufsicht zu entnehmen ist. Hieraus werden Vorderansicht und Seitenansicht entwickelt. Die Vorderansicht in Bild **12**.3c zeigt den um die untere Ecke der Längskante *A* um 19° 26′ noch gekippten Körper. Dieses Bild stimmt (abgesehen von der Kippstellung) mit der Vorderansicht in Bild **12**.3b überein. In Bild **12**.3c werden nun in Anlehnung an die Draufsicht von Bild **12**.3b die Draufsicht und danach die Seitenansicht konstruiert, die das perspektive Bild ergibt.

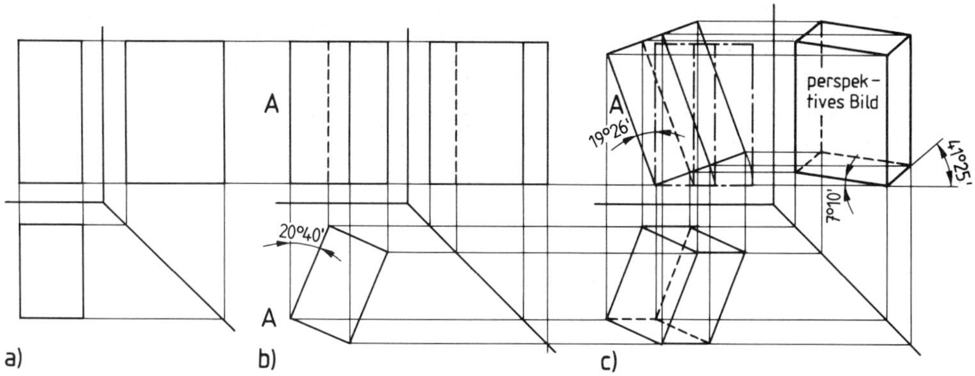

12.3 Entstehung einer dimetrischen Darstellung
a) übliche Stellung, b) gedrehter Körper, c) gedrehter und gekippter Körper

Das perspektive Bild kann auch auf andere Weise entstehen: Der Körper bleibt in der Anfangsstellung, dafür ändert der Beschauer die Blickrichtung. Er verlegt seinen Standort, von dem er nur die Vorderfläche sah, um 20° 40′ nach rechts und um 19° 26′ nach oben. Auf eine ebene Fläche hinter dem Körper, deren Ecken vom Auge des Beschauers gleichen Abstand haben und die somit schief zur Vorderfläche des betrachteten Körpers liegt, wird nun mit den vom Beschauer ausgehenden parallelen Strahlen das Bild des Körpers projiziert. Es ist also durch rechtwinklige Parallelprojektion auf eine schiefe Bildebene entstanden. Durch die Wahl der Winkel 20° 40′ und 19° 26′ entsteht ein Bild, das gut aussieht und bequem gezeichnet werden kann.

Eigentümlichkeiten. In dieser Perspektive bleiben alle parallelen Kanten des Körpers parallel (**12**.3c). Senkrechte Körperkanten erscheinen auch im Bild senkrecht. Die in die Tiefe laufenden Kanten bilden mit der Waagerechten Winkel von 41° 25′ und die Kanten in der Breite Winkel von 7° 10′.

Die Kanten des Körpers erscheinen aber verkürzt, weil sie schräg im Raum liegen. So sind die senkrechten und die unter 7° 10′ laufenden Kanten eines Würfels von $s = 100$ mm Seitenlänge nur 94,28 mm und die in der dritten Richtung nur halb so lang, nämlich 47,14 mm.

Beim Aufzeichnen der perspektiven Bilder werden aber die Kanten in Richtung der Höhe und der Breite in ganzer Größe und die in die Tiefe laufenden Kanten in halber Größe der Körperabmessungen abgetragen. Außerdem rundet man die Winkel auf 42° und 7° (**12**.4).

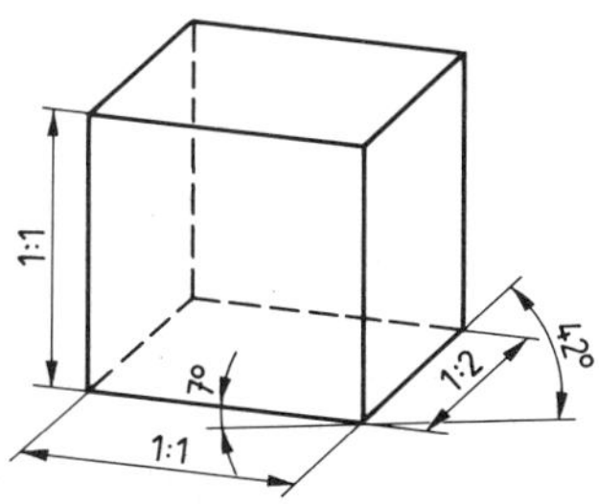

12.4 Würfel in dimetrischer Darstellung

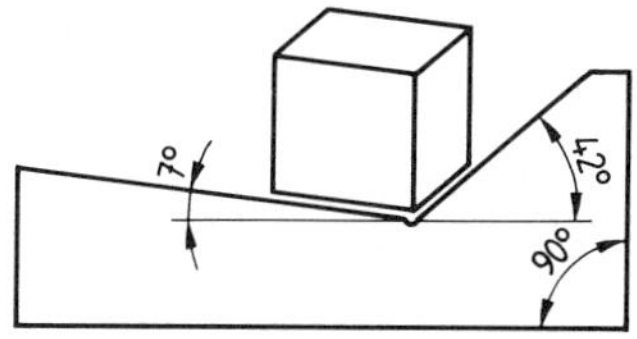

12.5 Gebrauch des Perspektivwinkels

Das so gezeichnete Bild ist mithin in allen Ausdehnungen größer als eine nach Bild **12.3** entwickelte Darstellung. Die Abweichung ist aber unbedeutend gegenüber dem Vorteil der einfacheren Zeichenarbeit in den Maßstäben 1:1 und 1:2.

Mit Perspektivwinkeln werden Linien unter 42° und 7° und auch Senkrechte gezogen (**12.**5).

Papiere, mit Netzaufdruck der drei Achsen (**12.**6) sind für das freihändige Skizzieren perspektiver Bilder sehr geeignet.

Jedes Werkstück kann von links oben, rechts oben, links unten und rechts unten betrachtet werden (**12.**7). Es wird das Bild gewählt, in dem die meisten Körperkanten in der Vorderfläche auftreten. Dieses Bild gibt die Gestalt des Körpers am vollkommensten wieder.

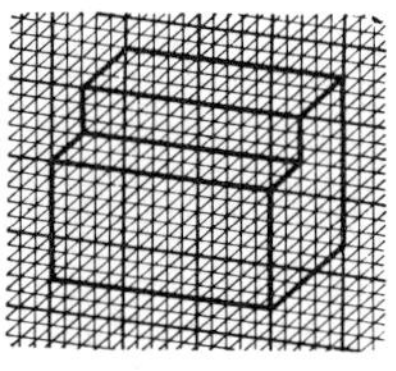

12.6 Gebrauch des Schrägbildpapiers

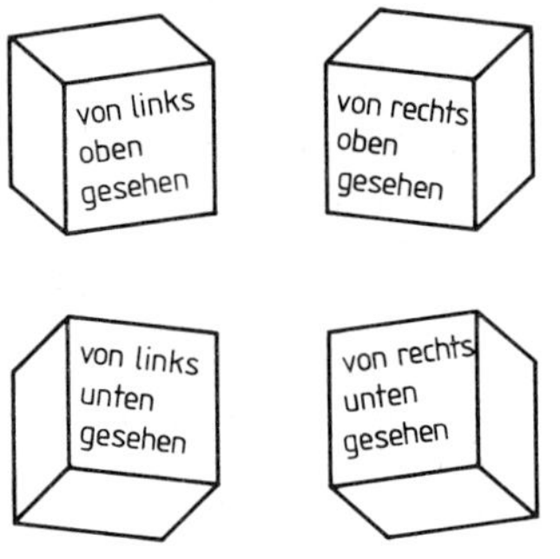

12.7 Verschiedene Blickrichtungen

Darstellung geradlinig begrenzter Flächen. Man zieht Mittellinien in den erforderlichen Richtungen und trägt die Abmessungen nach beiden Seiten ab. Die Bilder **12.8** bis **12.**11 zeigen solche Flächen in je drei verschiedenen Stellungen.

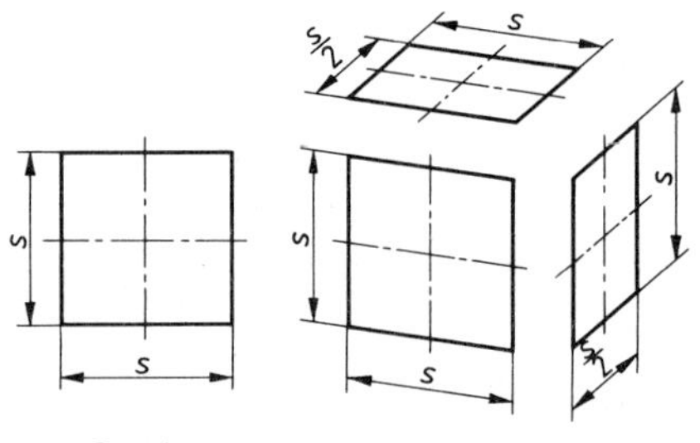

12.8 Quadrat

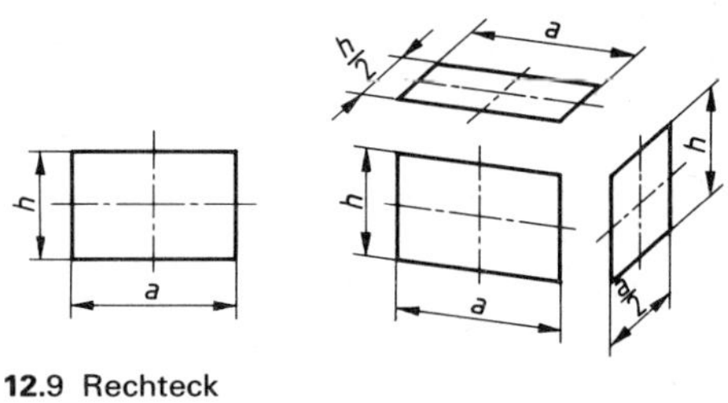

12.9 Rechteck

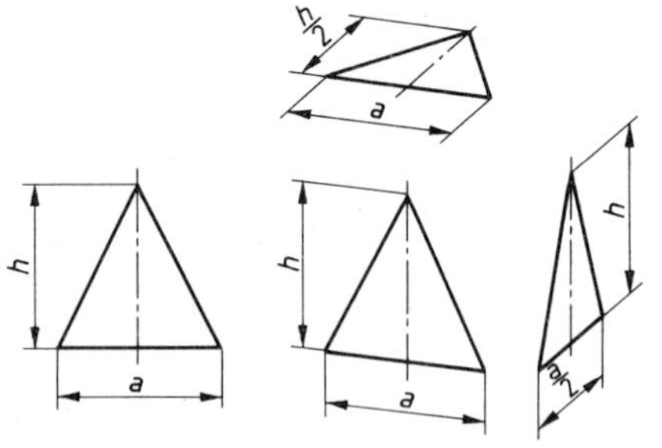

12.10 Dreieck

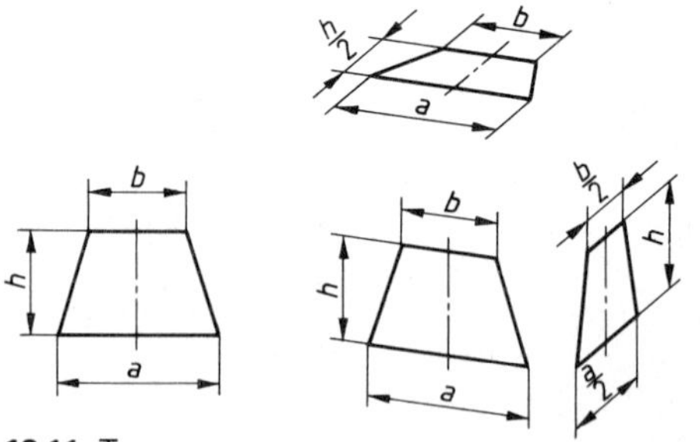

12.11 Trapez

Das Sechseck wird in ein Rechteck eingezeichnet (**12**.12). Die Seiten des Rechtecks sind Eckenmaße *e* und Seitenabstand *s*. Eine Größe ist von der anderen abhängig. Durch Vierteilung (0 bis 4) der langen Rechteckseiten werden die fehlenden Ecken des Sechsecks gefunden.

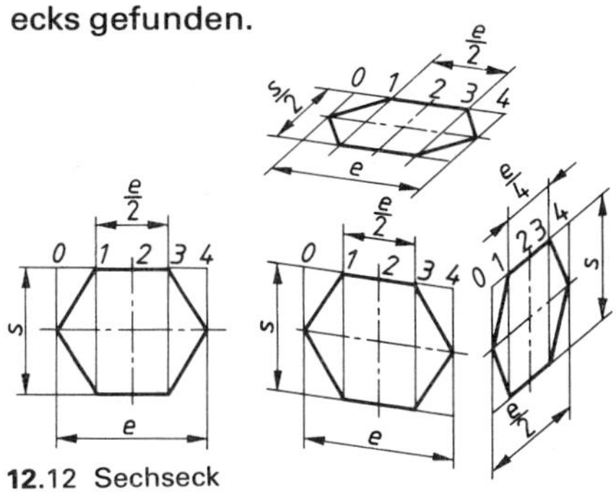

12.12 Sechseck

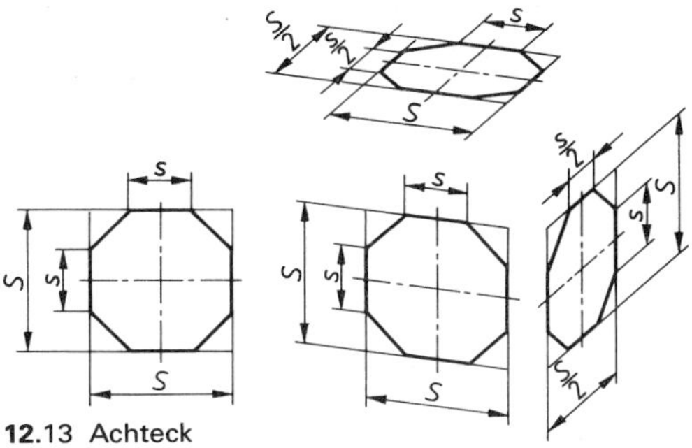

12.13 Achteck

Das Achteck wird von einem Quadrat eingeschlossen, das zum Aufzeichnen des perspektiven Bildes nötig ist (**12**.13).

Winkel erfordern ebenfalls eine Hilfszeichnung (**12**.14). Darin werden mit rechtwinkligen Größen im Winkel liegende Linien festgelegt (z.B. *a, f, g* und *e* für *x*) und sinngemäß in das perspektive Bild übertragen. Der Winkel α ergibt sich beim Aufzeichnen in der Perspektive von selbst.

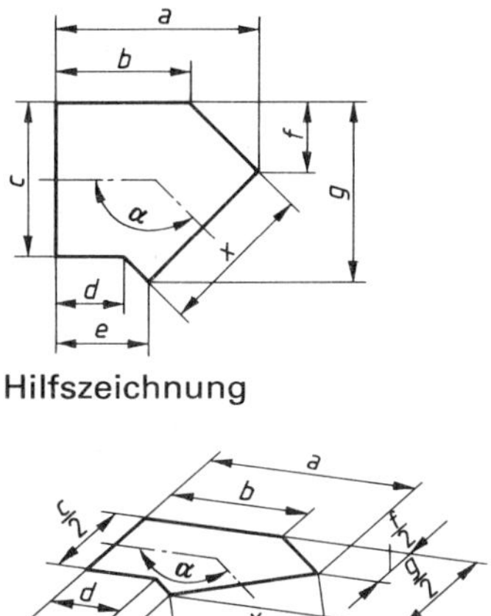

12.14 Blechwinkel

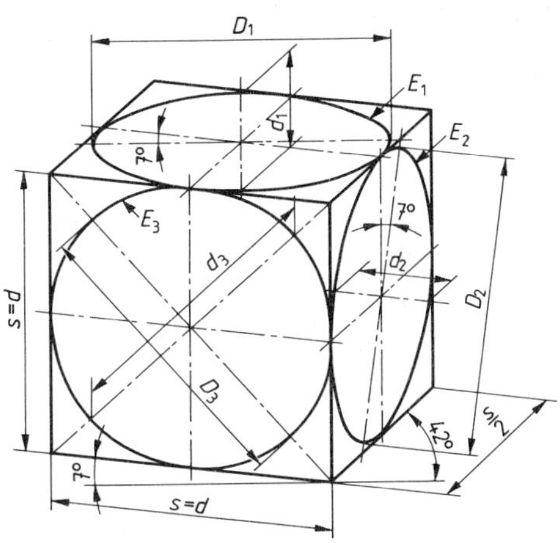

12.15 Kreise in verschiedenen Ebenen

Darstellung der Kreise und Ellipsen. Kreise erscheinen in der Perspektive als Ellipsen. Die große Achse D_1 der in die obere Fläche eingezeichneten Ellipse E_1 liegt waagerecht und ist ≈ 1,06mal so lang wie die Würfelkante *s* oder der wirkliche Kreisdurchmesser *d* (**12**.15). Die kleine Ellipsenachse d_1 steht senkrecht zur großen und ist $^1/_3$ so lang wie diese. Für die Abmessungen der in der Seitenfläche liegenden Ellipse E_2 gilt das gleiche, sie ist jedoch um etwa 7° nach hinten geneigt.

Die Scheitel der Ellipsen E_1 und E_2 lassen sich annähernd genau mit dem Zirkel schlagen, während die dazwischenliegenden Teile erst freihändig und dann mit dem Kurvenlineal

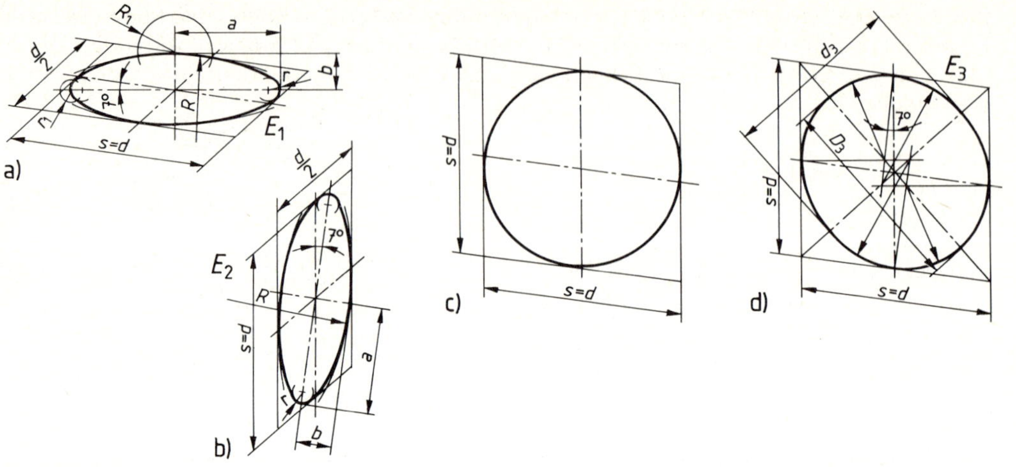

12.16 Behelfskonstruktionen der Ellipsen

gezogen werden (**12**.16a und b). Die Bogen sollten nach jeder Seite aber nicht länger gezogen werden, als durch $R_1 \approx 0{,}2\,d$ und $r_1 \approx 0{,}05\,d$ festgelegt ist (**12**.16a).

Für diese angenäherte Form der Ellipse, die einen Kreis von $d = 100$ mm Durchmesser darstellen soll, betragen

- die halbe große Achse $a \approx$ 53,0 mm
- die halbe kleine Achse $b \approx$ 17,7 mm
- der große Halbmesser $R \approx$ 159,0 mm
- der kleine Halbmesser $r \approx$ 5,9 mm
- der Halbmesser $R_1 \approx$ 20 mm
- der Halbmesser $r_1 \approx$ 5 mm

Mit diesen Zahlen lassen sich die Abmessungen der Ellipsen für andere Kreisdurchmesser berechnen.

Beispiel Für einen Kreis von $d = 60$ mm Durchmesser sind

$$a \approx \frac{60 \cdot 53{,}0}{100} \approx 31{,}8 \text{ mm} \qquad r \approx \frac{60 \cdot 5{,}9}{100} \approx 3{,}5 \text{ mm}$$

$$b \approx \frac{60 \cdot 17{,}7}{100} \approx 10{,}6 \text{ mm} \qquad R_1 \approx \frac{60 \cdot 20}{100} \approx 12 \text{ mm}$$

$$R \approx \frac{60 \cdot 159{,}0}{100} \approx 95{,}4 \text{ mm} \qquad r_1 \approx \frac{60 \cdot 5}{100} \approx 3 \text{ mm}$$

Die Achsen der in der Vorderfläche liegenden Ellipse E_3 fallen mit den Diagonalen des einschließenden Vierecks zusammen (**12**.15). Die große Achse D_3 ist ebenfalls $\approx$ 1,06mal so lang wie die Würfelkante s oder der wirkliche Kreisdurchmesser d, während die Länge der kleinen Ellipsenachse $d_3 \approx 9/10$ der großen beträgt.

Die Ellipse wird, wie es die Norm vorsieht, einfach als Kreis gezeichnet (**12**.16c), kann aber auch aus vier Kreisbogen bestehen (**12**.16d). Die Zirkeleinsatzpunkte liegen in den Schnittpunkten der Diagonalen mit Geraden, die von den Mitten zweier Viereckseiten unter 7° zu den Mittellinien des Vierecks gezogen werden.

Zum Aufzeichnen von perspektiv darzustellenden Ellipsen werden Hilfslinien benutzt. Sie liefern die Abmessungen zur punktweisen Konstruktion der Kurve (**12**.17).

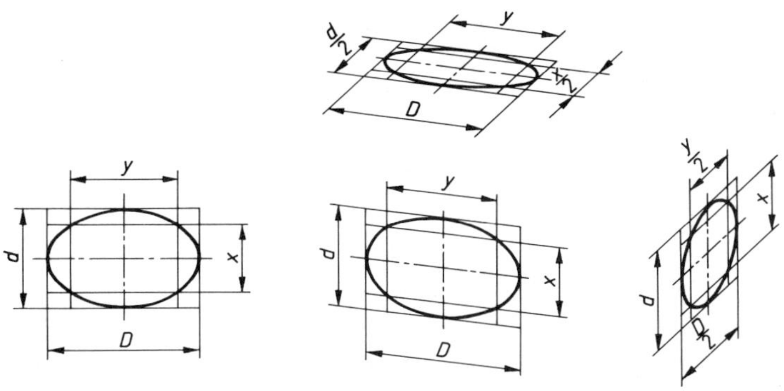

12.17 Ellipse

Zum Erleichtern der Zeichenarbeit dienen Ellipsenschablonen. Sie enthalten Winkel von 7° und 42° sowie Ellipsen für häufig vorkommende Größen.

Darstellung der Körper. Perspektive Abbildungen von Körpern entstehen durch Zusammenfügen der Oberflächen.

Prismen und Pyramiden. Zuerst werden die Achsen festgelegt, dann Grund- und Deckfläche aufgezeichnet und schließlich die Ecken verbunden (**12**.18 u. **12**.19).

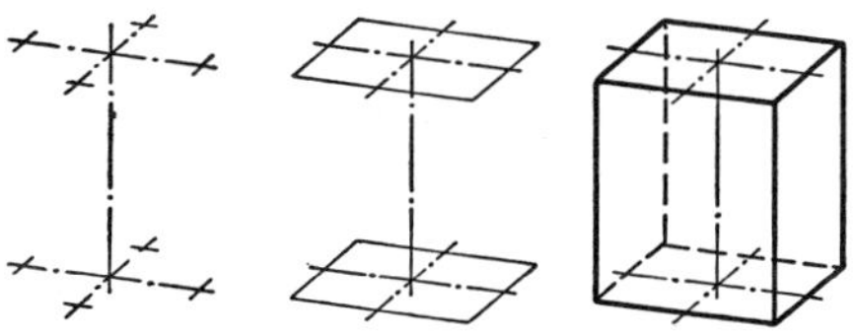

12.18 Aufzeichnen einer Rechtecksäule

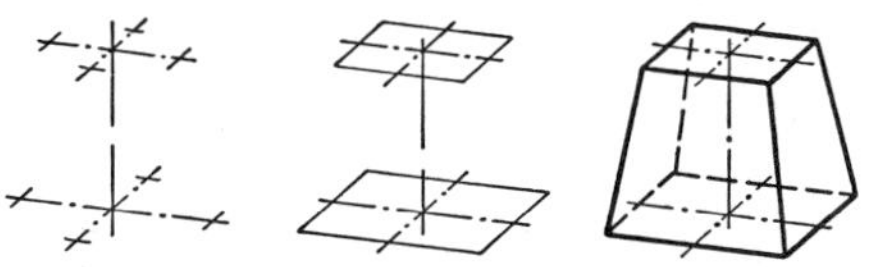

12.19 Aufzeichnen eines Pyramidenstumpfs

Rundsäule und Kegel (**12**.20 u. **12**.21). Sind Kreisflächen als flache Ellipsen darzustellen, werden die Ellipsenachsen aufgezeichnet, die Abmessungen *a*, *b*, *R*, *r*, R_1 und r_1 berechnet (s. S. 300), *a* und *b* auf den Achsen abgetragen, mit *R* und *r* Kreisbogen geschlagen, deren Längen zuvor mit R_1 und r_1 festgelegt wurden, und die Ellipsen mit dem Kurvenlineal vervollständigt bzw. mit der Ellipsenschablone gezeichnet. Zum Schluß zieht man die Seitenlinien.

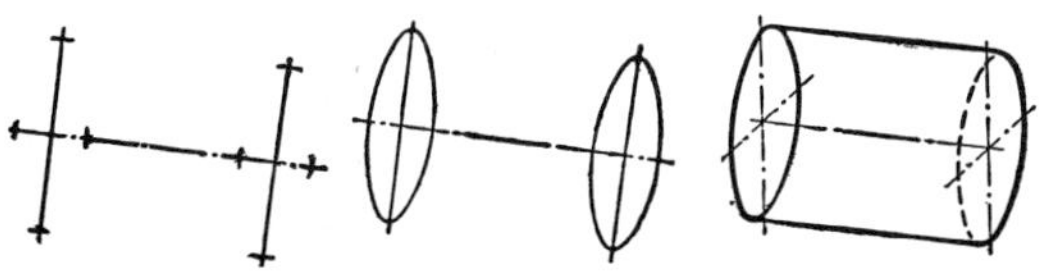

12.20 Aufzeichnen einer Rundsäule

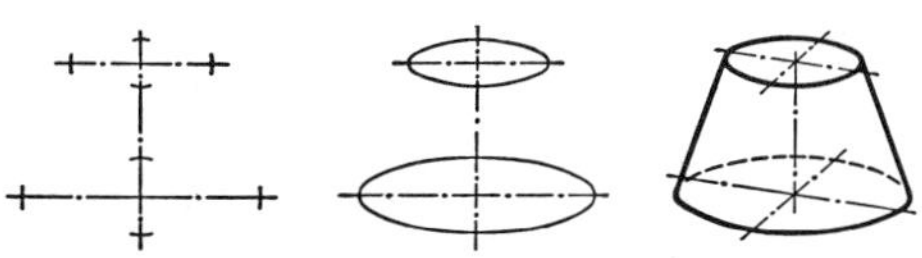

12.21 Aufzeichnen eines Kegelstumpfs

Erscheinen dagegen Kreise als großflächige Ellipsen (**12**.22), trägt man nach dem Aufzeichnen der Körperachsen die wirklichen Durchmesser der Kreise auf den senkrechten und auf den unter 7° zur Waagerechten geneigten Achsen ab, ermittelt dann die Zirkeleinsatzpunkte und zieht schließlich die Kreisbogen und die Umrißlinien des Mantels.

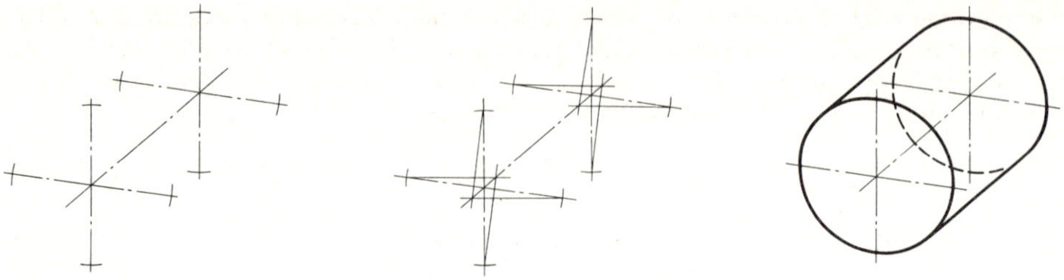

12.22 Aufzeichnen einer Rundsäule

Kugel. Die Umrißlinie einer perspektiv dargestellten Kugel ist ein Kreis (**12.**23). Sein Durchmesser D ist $\approx$ 1,06mal so groß wie in Wirklichkeit, weil auch die Kugel wie alle anderen Körper größer gezeichnet wird. Er kann als $2a$ ebenso wie die Abmessungen der in den Mittelebene der Kugel liegenden Ellipsen berechnet werden (s. S. 300).

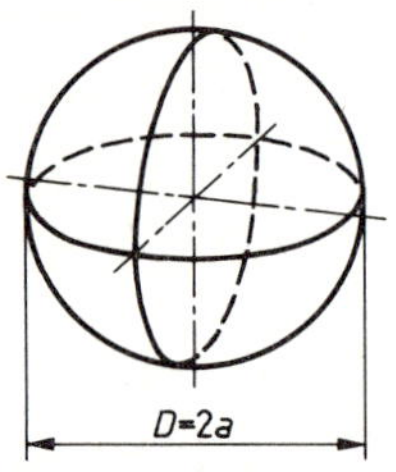

12.23 Darstellung der Kugel

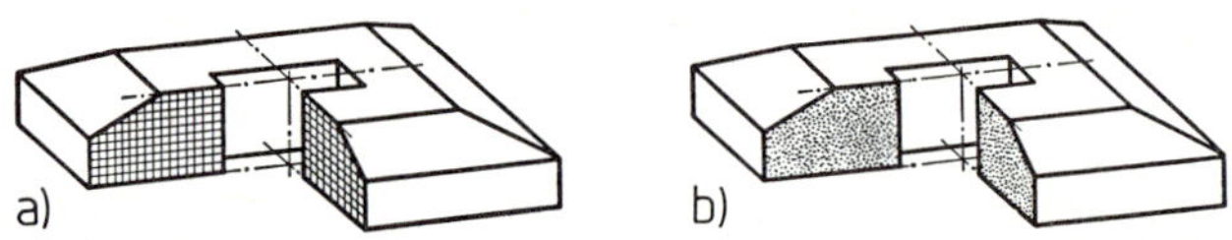

12.24 Schnittdarstellung

Schnittdarstellung. Gewöhnlich wird ein Viertel des Werkstücks herausgeschnitten, und zwar das dem Auge am nächsten liegende (**12.**24). Dadurch wird der Blick ins Körperinnere freigegeben. Es ist zweckmäßig, anfangs alle Körperkanten als schmale Vollinien zu zeichnen, dann die Schnittflächen zu umreißen und danach die sichtbaren Kanten nachzuziehen.

Man kann aber auch mehr als ein Viertel des Werkstücks herausschneiden (**12.**25).

Die Schnittflächen können schraffiert, gepunktet oder geschwärzt werden.

Schnitt- und Durchdringungskurven werden punktweise konstruiert. Hierzu ist jeweils eine Hilfszeichnung erforderlich (**12.26**).

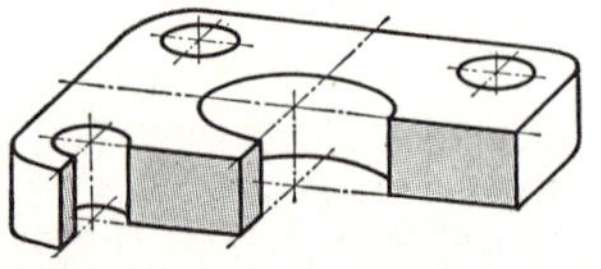

12.25 Gebrochener Schnitt

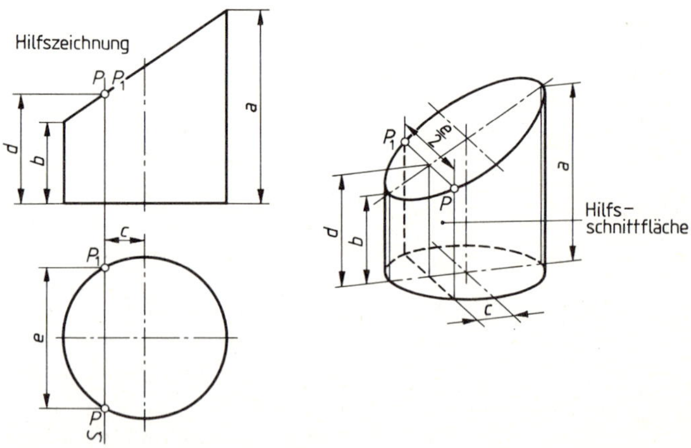

12.26 Konstruktion einer Schnittkurve

Zum Festlegen von Punkten der Ellipse kann man in der Hilfszeichnung Schnitte S parallel zur senkrechten Mittelachse legen. Die Kurvenpunkte P und P_1 werden in die perspektive Darstellung unter Benutzung der Maße c, d und $\frac{e}{2}$ übertragen. Die Konstruktion der Ellipse in der Hilfszeichnung ist nicht nötig.

Übungen

1. Zeichnen Sie die Prismen **12.**27 je auf ein Zeichenblatt A4 im Maßstab 1:2 (Grundmaße 45 × 35 × 65) und stellen Sie dazu die Körper in dimetrischer Perspektive nach DIN 5 dar.

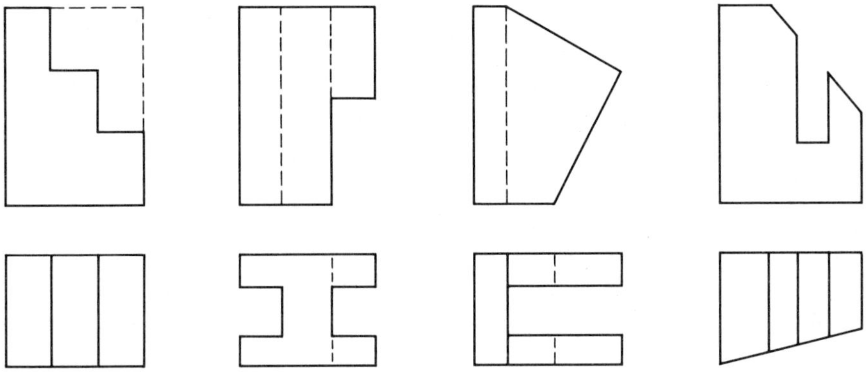

12.27 Prismen

2. Zeichnen Sie das Führungsstück **12.**28 in dimetrischer Perspektive nach DIN 5 auf ein Zeichenblatt A4. Außenmaße des Werkstücks: Länge = 70 mm, Breite = 60 mm, Höhe = 60 mm.

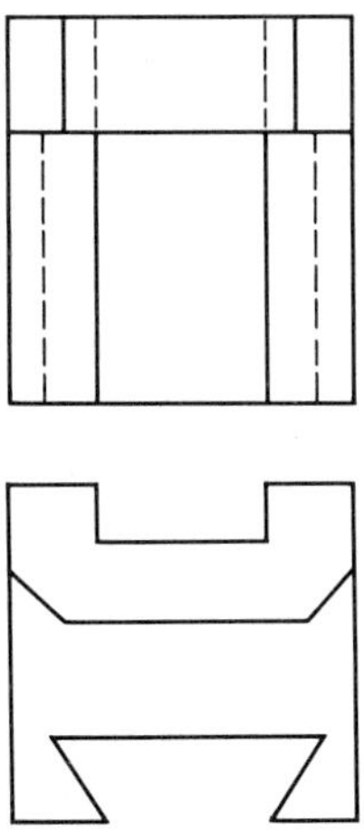

12.28 Führungsstück

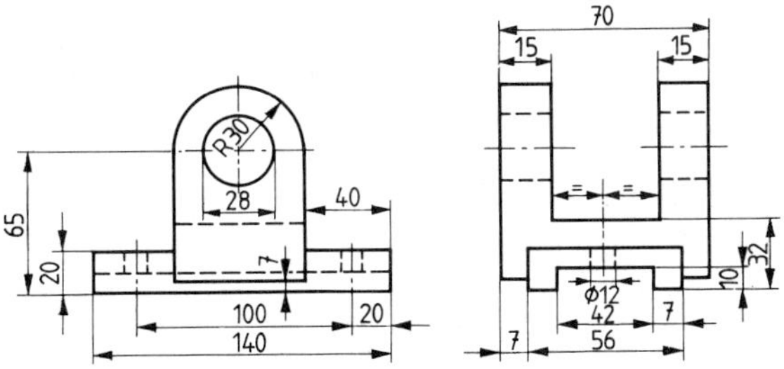

12.29 Lagerbock

3. Zeichnen Sie den Lagerbock **12.**29 auf ein Zeichenblatt A4 quer in dimetrischer Perspektive nach DIN 5.

12.1.2 Schiefwinklige axonometrische Projektion

Das perspektive Bild des Körpers entsteht auf einer ebenen Fläche, die senkrecht und in parallelem Abstand hinter dem Körper steht und auf die die parallelen Projektionslinien schief von der Seite und aus der Höhe auftreffen. Es kann mit einem durch Sonnenstrahlen hervorgerufenen Schatten eines Körpers auf der Erdoberfläche verglichen werden. Je nach der Größe der Winkel, unter denen die Projektionslinien liegen, ist eine große Vielfalt von perspektiven Bildern möglich, bei denen aber immer die Höhen senkrecht und die Breiten waagerecht – beide stets in voller Größe – wiedergegeben werden. Man bevorzugt das Bild, bei dem die in die Tiefe laufenden Kanten unter 45° zur Waagerechten in halber Größe erscheinen (**12**.30), weil es nicht verzerrt aussieht und leicht zu zeichnen ist.

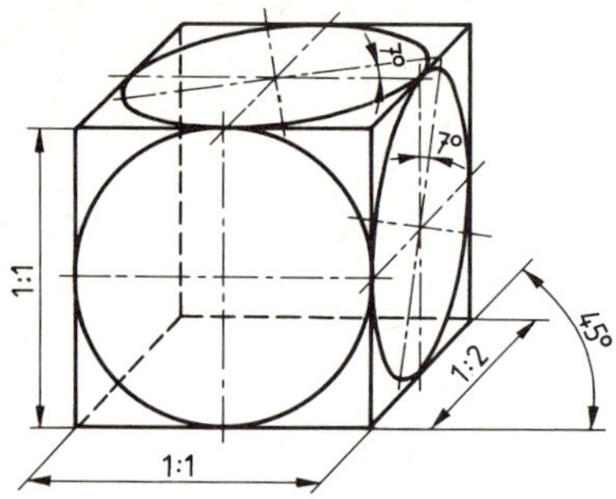

12.30 Würfel in dimetrischer Darstellung

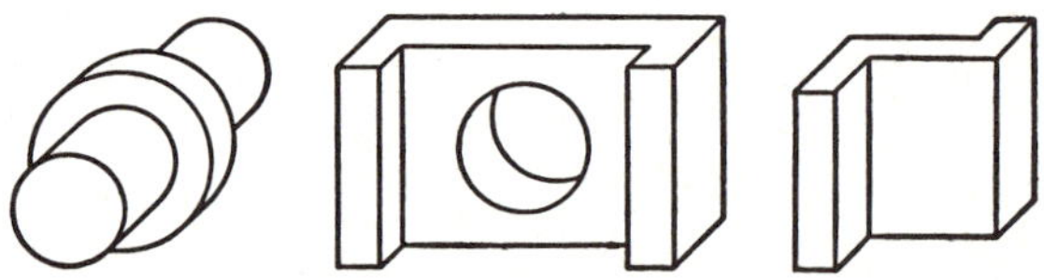
12.31 Darstellungsbeispiele

Alle parallel zur Bildebene liegenden Flächen des Körpers zeigen in dieser Perspektive ihre wirkliche Gestalt. So treten die vordere und die hintere Fläche eines Würfels auch in dem perspektiven Bild als Quadrate und die Kreise darin als Kreise auf. Dagegen erscheinen die in den anderen Würfelflächen liegenden Kreise als unter 7° liegende Ellipsen.

Diese Perspektive ist zwar nicht mehr genormt, gibt aber die naturgetreue Größe des Körpers wieder und wird vorzugsweise angewendet, wenn Wesentliches in der Vorderfläche gezeigt werden soll und wenn Kreisflächen am Werkstück nur in der Bildebene auftreten, da sie dann als Kreise bequem zu zeichnen sind (**12**.31).

Übungen

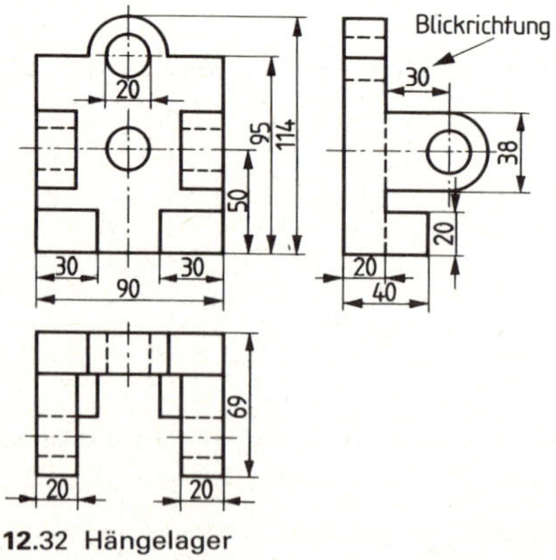

12.32 Hängelager

1. Zeichnen Sie das Hängelager (**12**.32) und den Grundkörper eines Stahlhalters (**12**.33) in schiefer Parallelprojektion.

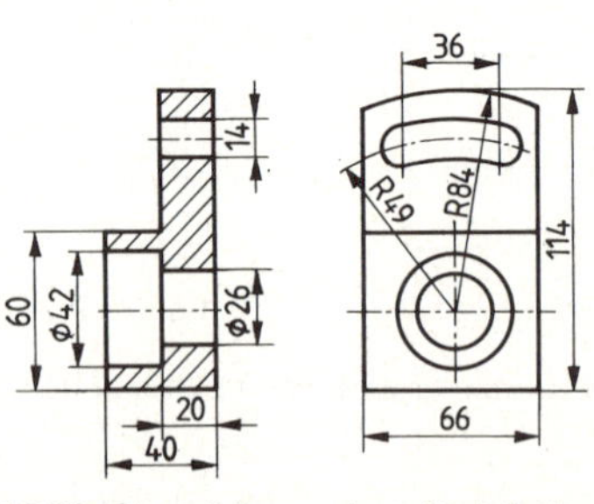

12.33 Grundkörper eines Stahlhalters

2. Zeichnen Sie die Kupplungshülse (**12**.34) in schiefer Parallelprojektion. Zur Verdeutlichung der Hohlräume ist die Hülse nach Vorgabe zu schneiden.

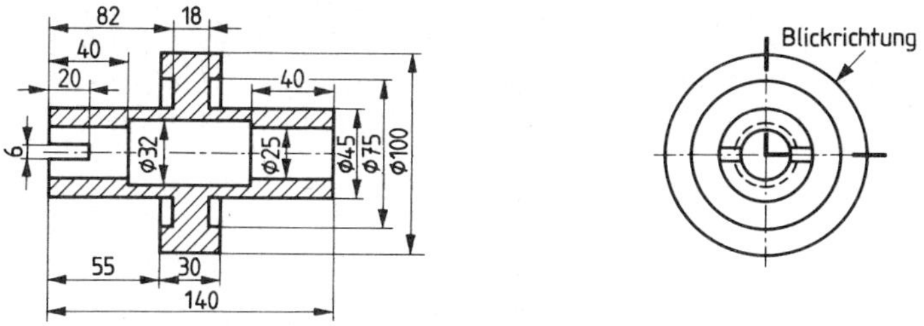

12.34 Kupplungshülse

12.2 Isometrische Darstellung (DIN 5 T 1)

Eine Perspektive ist isometrisch, wenn alle Abmessungen im gleichen Zeichnungsmaßstab dargestellt sind.

Entstehung und Besonderheiten. Wird ein Würfel um 45° gedreht und (damit die Körperdiagonale waagerecht liegt) um 35° 16′ gekippt, entsteht ein Bild, bei dem alle senkrechten Körperkanten als Senkrechte auftreten und die beiden anderen Ausdehnungen in Winkeln von 30° zur Waagerechten liegen(**12**.35).

Das perspektive Bild entsteht also auch durch rechtwinklige Parallelprojektion auf eine schiefe Bildebene (s. S. 296).

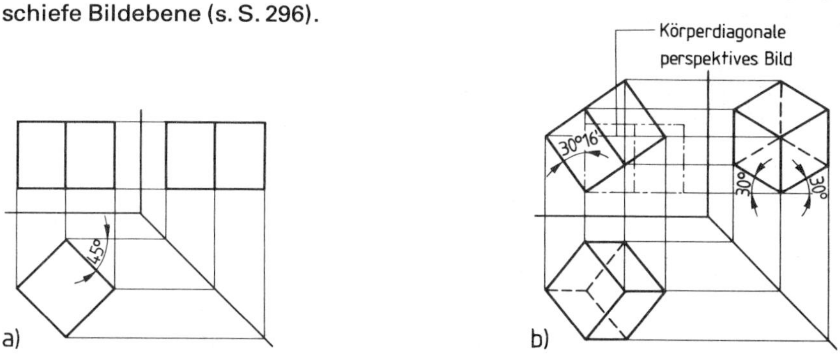

12.35 Entstehung der isometrischen Darstellung
a) um 45° gedreht
b) um 35° 16′ gekippt

Die Quadratflächen des Würfels sind in dieser Perspektive deckungsgleiche Rhomben. Außerdem sind die Ellipsen für alle in den drei Ebenen liegenden Kreise gleichen Durchmessers deckungsgleich (**12**.36).

Die Würfelkanten sind in dem perspektiven Bild (**12**.35 b) infolge der schrägen Lage kürzer als am Körper. Aus z. B. 100 mm wahrer Länge werden in der Perspektive 81,65 mm. Praktisch sind jedoch alle Kanten unverkürzt zu zeichnen (**12**.36).

Die in den Rhomben liegenden Ellipsen haben ein Achsenverhältnis von $1:\sqrt{3}$ ($\sqrt{3} \approx 1{,}732$). Die obere Ellipse liegt waagerecht. Die großen Achsen der beiden anderen liegen unter 60° zur Waagerechten. Gleichheit der Ellipsen, ihre bequeme Lage und der einheitliche Zeichnungsmaßstab für alle Kanten geben dieser Perspektive einen Vorzug gegenüber dem Nachteil, daß die Körper größer dargestellt werden, als die korrekte Konstruktion nach Bild **12.**35 gäbe, weil die Verkürzungen unberücksichtigt bleiben (**12.**36).

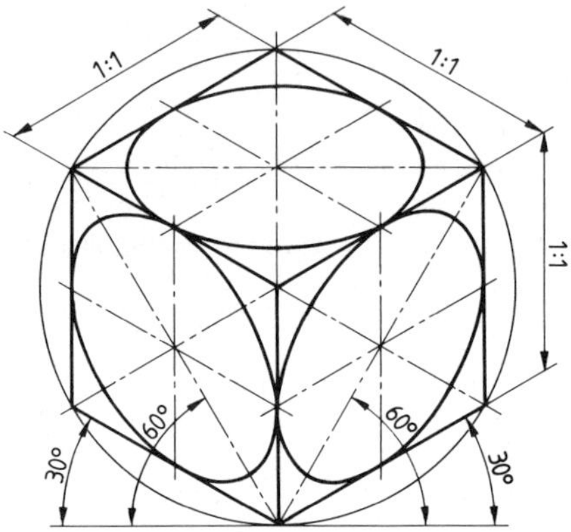

12.36 Kreise in der isometrischen Darstellung

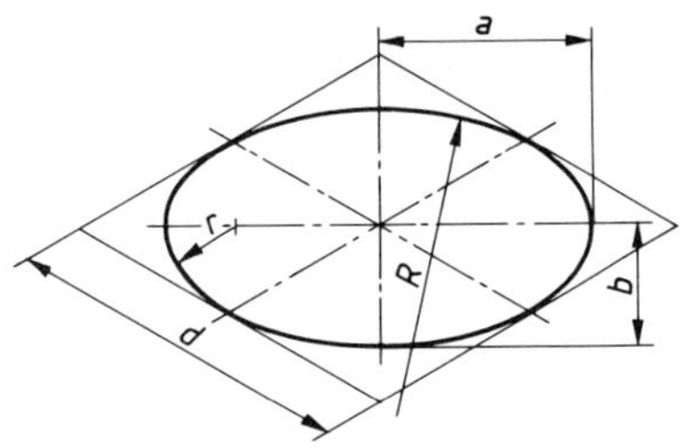

12.37 Abmessungen einer Ellipse

Darstellung der Kreise. Die Hauptabmessungen einer Ellipse (**12.**37), die einen Kreis von $d = 100$ mm Durchmesser darstellt, sind:

- die halbe große Achse $a \approx$ 61,2 mm
- die halbe kleine Achse $b \approx$ 35,4 mm
- der große Halbmesser $R \approx$ 105,8 mm
- der kleine Halbmesser $r \approx$ 20,5 mm

Mit Hilfe dieser Zahlen lassen sich die Abmessungen der Ellipsen für alle in dieser Perspektive auftretenden Kreise errechnen und mit den Halbmessern R und r die Scheitelbogen der Ellipse zeichnen.

Beispiel Für einen Kreis von $d = 40$ mm sind:

$$a \approx \frac{61{,}2 \cdot 40}{100} \approx 24{,}48 \text{ mm} \qquad R \approx \frac{105{,}8 \cdot 40}{100} \approx 42{,}32 \text{ mm}$$

$$b \approx \frac{35{,}4 \cdot 40}{100} \approx 14{,}16 \text{ mm} \qquad r \approx \frac{20{,}5 \cdot 40}{100} \approx 8{,}2 \text{ mm}$$

Eine Ellipsenschablone erleichtert die Zeichenarbeit. Sie ist ein gleichseitiges Dreieck aus durchsichtigem Kunststoff mit elliptischen Löchern in den häufiger auftretenden Größen. An den Innenkanten der Löcher wird der Zeichenstift entlanggeführt.

Häufig genügt eine der Ellipse angenäherte Form aus vier Kreisbogen, die jeweils von Mitte zu Mitte Rhombusseite reichen (**12.**38). Die Einsatzpunkte für den Zirkel liegen in den stumpfwinkligen Rhombusecken und in den Schnittpunkten der großen Diagonale mit den Verbindungslinien von einer stumpfen Ecke zur Mitte der gegenüberliegenden Seite. Für diese angenäherte Form einer Ellipse, die einen Kreis von $d = 100$ mm Durchmesser wiedergibt, betragen die halben Achsen 57,7 und 36,6 mm und die Halbmesser 86,6 und 28,9 mm. Vergleiche hierzu die oben angegebenen Abmessungen für a, b, R und r.

Die isometrische Perspektive wird gern in den Fällen benutzt, in denen Wesentliches in allen drei Flächen gezeigt werden soll (**12**.39), auch zur Darstellung von Getriebeschemen in der Feinmechanik, im Zählwerkbau (**12**.40) und anderen (**12**.41).

Zum Vergleich untereinander zeigen die Bilder **12**.42a bis c ein Gelenkstück und die Bilder **12**.43a und b ein Stopfbüchsengehäuse.

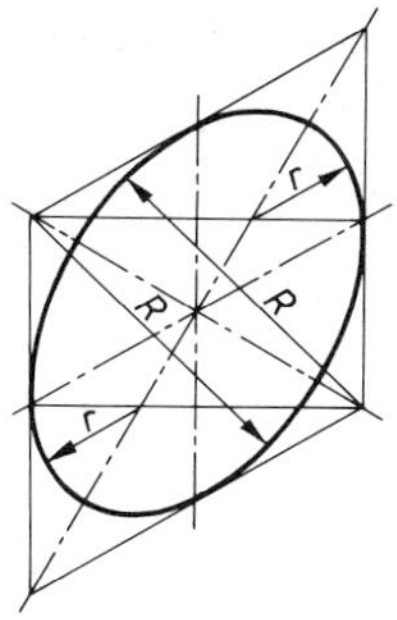

12.38 Konstruktion der angenäherten Ellipse

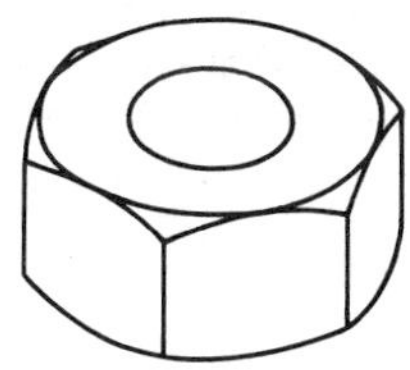

12.39 Rohling für Sechskantmutter

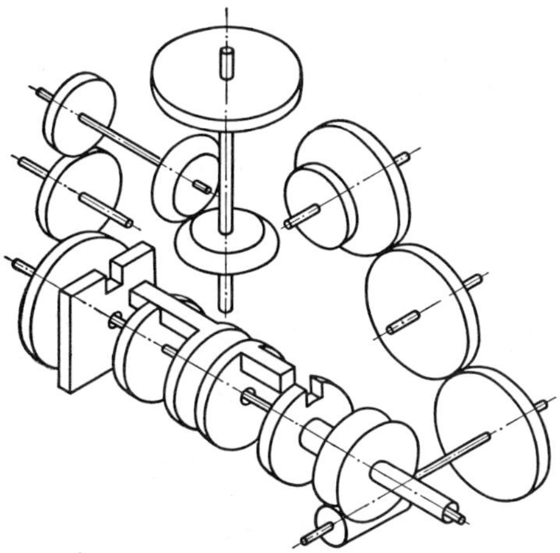

12.40 Teil eines Getriebeschemas

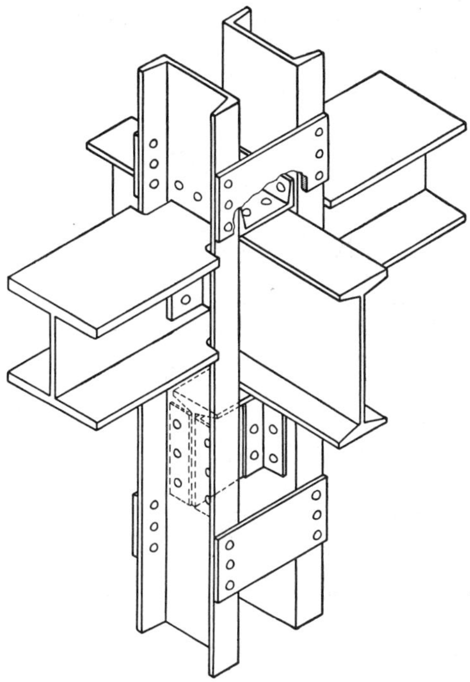

12.41 Trägerkreuzung

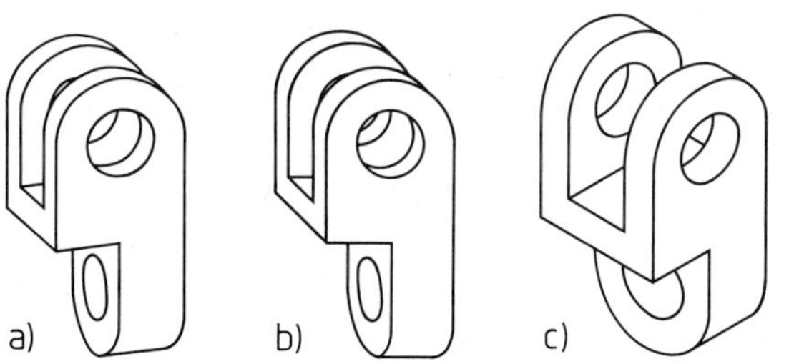

12.42 Gelenkstück

a) dimetrische Darstellung (DIN 5)
b) dimetrische Darstellung (nicht genormt)
c) isometrische Darstellung (DIN 5)

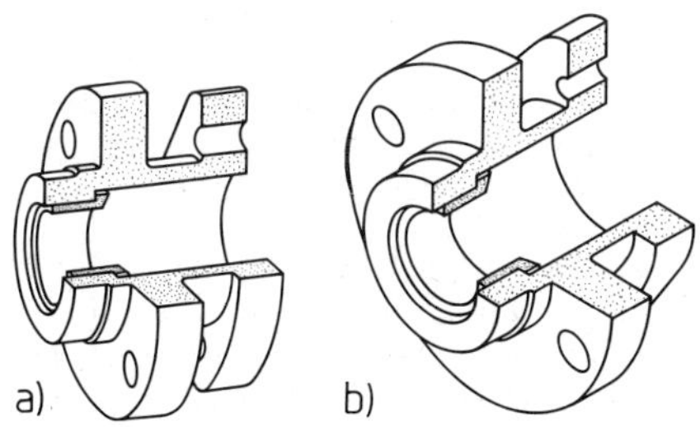

12.43 Stopfbüchsengehäuse

a) dimetrische Darstellung (DIN 5)
b) isometrische Darstellung (DIN 5)

Übungen

1. Zeichnen Sie die Grundplatte **12.44** in isometrischer Perspektive nach DIN 5.

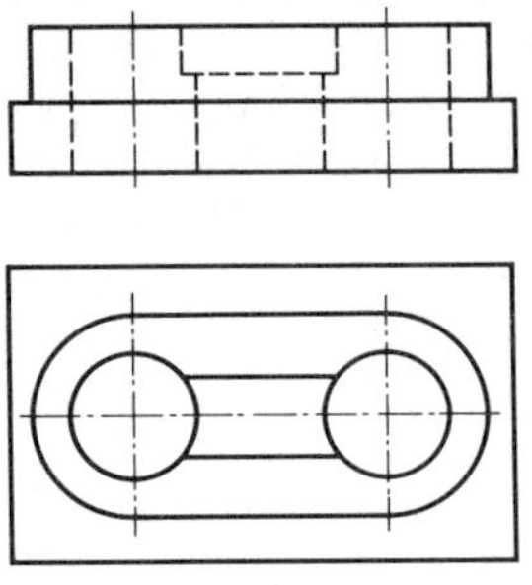

12.44 Grundplatte

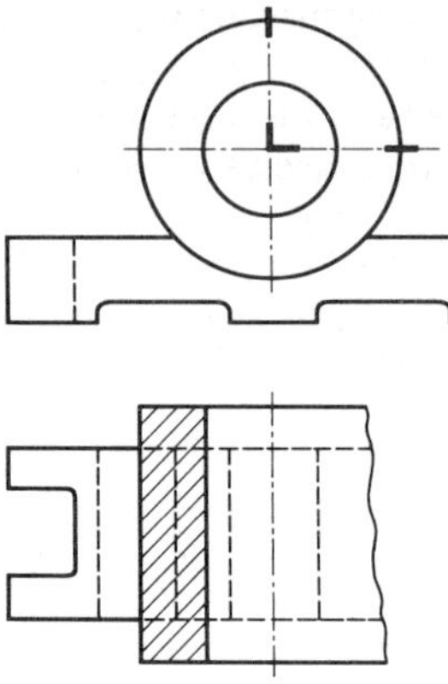

12.45 Augenlager

2. Zeichnen Sie das Augenlager in isometrischer Perspektive nach DIN 5 in der angegebenen Schnittführung (**12.45**).
3. Das Oberteil eines Setzstocks ist in dimetrischer Perspektive als Explosionszeichnung (**12.46** a) und im gefügten Zustand (**12.46** b) als Vorlage vorhanden. Fertigen Sie eine Gesamtzeichnung.

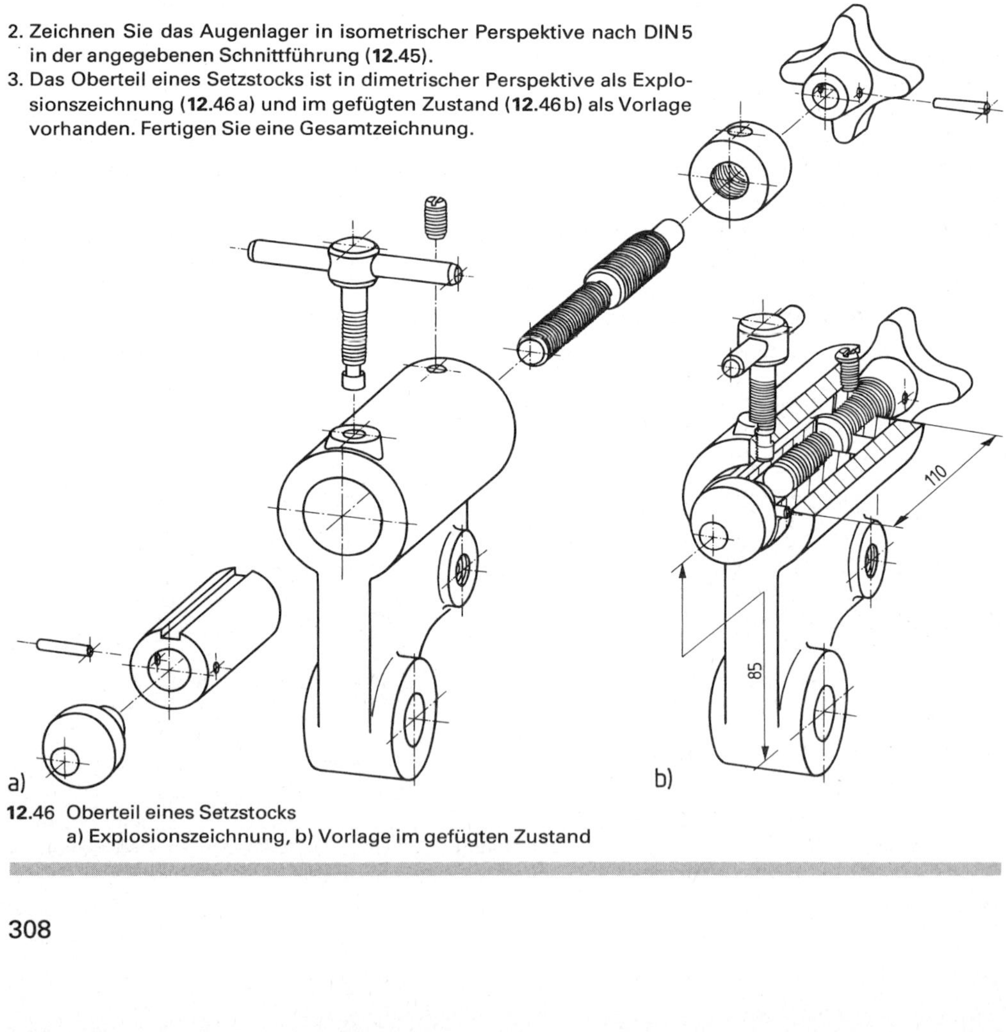

12.46 Oberteil eines Setzstocks
a) Explosionszeichnung, b) Vorlage im gefügten Zustand

13 Grafische Darstellungen und Vervielfältigungen

13.1 Grafische Darstellungen

Grafische Darstellungen sind Schaubilder zum schnelleren Erkennen und Beurteilen funktioneller Zusammenhänge zwischen kontinuierlichen Veränderlichen, z.B. für Veröffentlichungen aus Naturwissenschaft, Technik und Wirtschaft. Man unterscheidet zwischen quantitativen und qualitativen Darstellungen. Grafische Darstellungen in Koordinatensystemen (**13**.1) werden auch Diagramme genannt (DIN 461). Neben diesen Diagrammen werden auch Flächendiagramme angewendet.

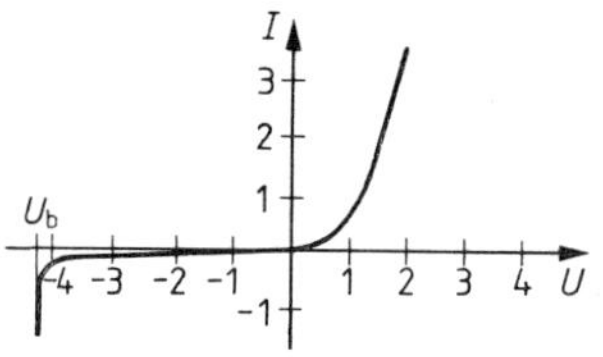

13.1 Koordinatensystem

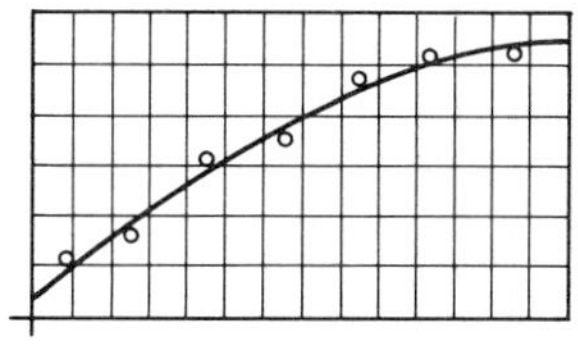

13.2 Verlauf einer Schaulinie

Im ebenen rechtwinkligen kartesischen Koordinatensystem teilt man die beiden Achsen maßstäblich, wobei die zunehmenden Werte der Veränderlichen vorzugsweise nach rechts und nach oben, abnehmende nach links und nach unten eingetragen werden (**13**.2). Die waagerechte heißt Abszissenachse, die senkrechte Ordinatenachse. Gemäß den maßstäblich festgelegten Teilungen werden die Zahlenwerte punktweise eingetragen und dann miteinander verbunden. Dadurch entsteht die Schaulinie.

Bild **13**.2 zeigt, wie die Schaulinie zu ziehen ist. Die aus Versuchen, Statistiken usw. gewonnenen Zahlenwerte werden im Liniennetz durch kleine Kreise vermerkt. Diese Kreise verbindet man durch eine zügige Kurve miteinander. Je mehr Zahlenwerte vorhanden sind und je genauer sie abgetragen wurden, desto besser legt sich der Kurvenzug an.

Sind mehrere Schaulinien in einem Diagramm unterzubringen, kann man – wenn es die Übersichtlichkeit zuläßt – bei allen Kurven die gleiche Linienart anwenden. Erforderlichenfalls sind unterschiedliche Linienarten (**13**.3) oder verschiedene Farben zu benutzen. Bei verschiedenen Linienarten bzw. Farben ist die Bedeutung zu erläutern, am besten in der Bildunterschrift.

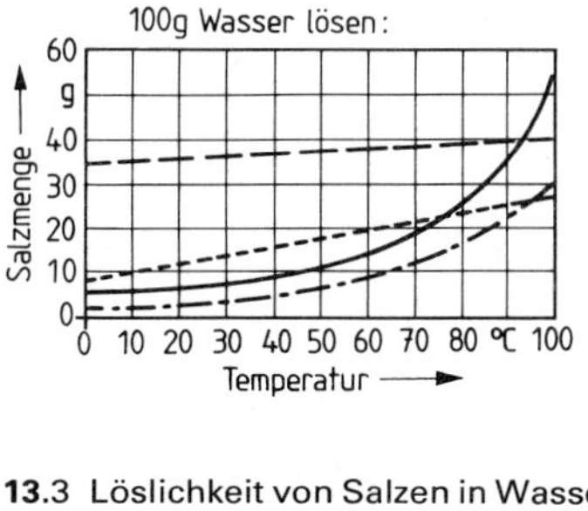

13.3 Löslichkeit von Salzen in Wasser

—— $HgCl_2$ = Quecksilberchlorid (Sublimat)

– – NaCl = Natriumchlorid (Kochsalz)

–·– H_3BO_3 = Borsäure

---- K_2SO_4 = Kaliumsulfat

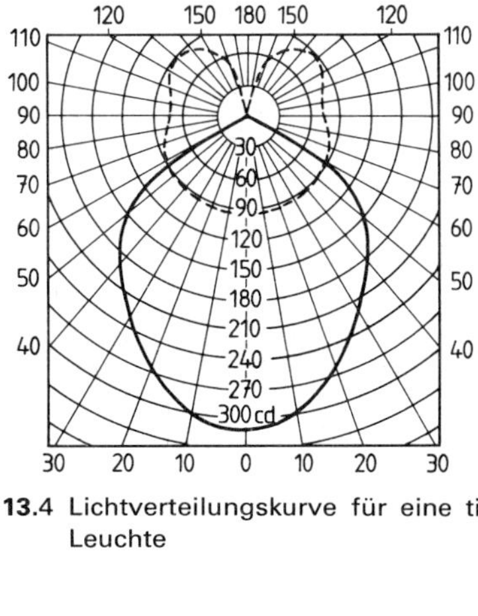

13.4 Lichtverteilungskurve für eine tiefstrahlende Leuchte

Im Polarkoordinatensystem wird meist die waagerechte Achse dem Winkel Null zugeordnet. Der Winkel wird positiv entgegen dem Uhrzeigersinn und negativ im Uhrzeigersinn. Der Radius nimmt meist vom Nullpunkt (Pol) nach außen hin zu. Polkoordinatensysteme veranschaulichen z. B. Ausstrahlungen von Licht- und anderen Wellen (**13**.4).

Pfeilspitzen an den Enden der Koordinatenachsen zeigen an, in welcher Richtung die Koordinate wächst. Die Formelzeichen der Größen stehen unter der waagerechten Pfeilspitze und links neben der senkrechten Pfeilspitze (**13**.1). Die Pfeile dürfen auch parallel zu den Achsen angebracht werden. Formelzeichen oder Benennungen stehen dabei an der Wurzel der Pfeile.

Formelzeichen und Benennungen sollen möglichst ohne Drehen des Bildes lesbar sein. Ist dies nicht möglich, sollen sie von rechts lesbar sein.

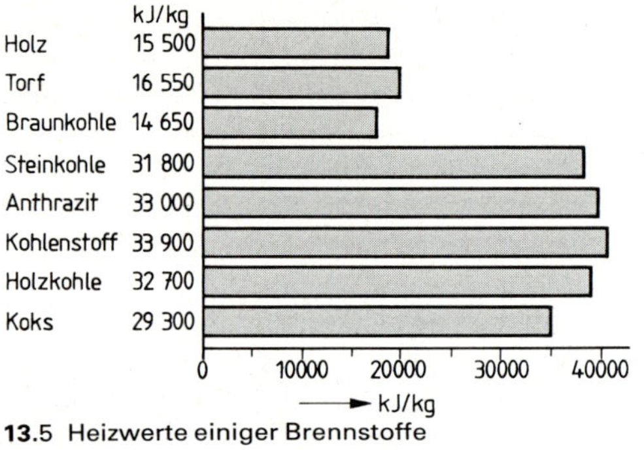

13.5 Heizwerte einiger Brennstoffe

In DIN 461 sind Festlegungen über qualitative und quantitative Darstellung, Skalen, Zahlenwertangaben, Teilungen der Achsen und zeichentechnische Hinweise (Linienbreiten, Beschriftung) enthalten.

Flächendiagramme in vielfältiger Form sind weitere Mittel zur Veranschaulichung.

Säulendiagramme enthalten die darzustellenden Größen als senkrechte oder waagerechte Balken gleicher Breite (**13**.5). Schraffierte oder gefärbte Balken erhöhen die Anschaulichkeit.

Kreisflächendiagramme (**13**.6) werden zur Veranschaulichung von Prozentwerten benutzt. Die Aufteilung der Kreisfläche in Sektoren geschieht auf dem Umfang. Seine Länge entspricht dem Gesamtprozentwert 100. Die Prozentwerte können auch als Zentriwinkel abgetragen werden, wobei 100% dem Winkel von 360° entsprechen. Z. B. erfordern 32% einen Winkel von

$$\frac{360° \cdot 32\%}{100\%} = 115{,}2°$$

Sankeydiagramme (**13**.7) dienen z. B. zur Darstellung des Wärmeflusses in Dampfkesseln, Dampfmaschinen, Verbrennungskraftmaschinen u. a. Das Beispiel zeigt die prozentuale Aufteilung der einem Dampfkessel zugeführten Wärmemenge als Ergebnis eines mehrstündigen Verdampfungsversuchs.

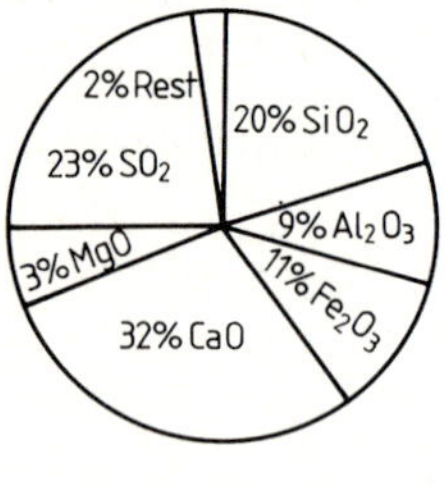

13.6 Bestandteile der Braunkohlenasche

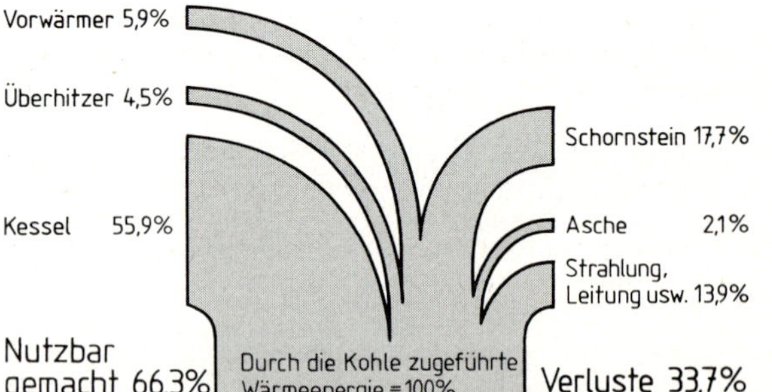

13.7 Sankeydiagramm (Wärmestrom in einem Zweiflammrohrkessel)

13.2 Vervielfältigungsgerechte Zeichnungen (DIN 6774 T 1)

Diese Zeichnungen sollen der besseren Kontraste wegen in Tusche auf weißem Zeichenkarton oder weißer Zeichenfolie ausgeführt werden. Zwischen den Linien ist, um ein „Zusammenlaufen" bei der fotografischen Verkleinerung auszuschließen, ein Mindestabstand einzuhalten. Er beträgt das Doppelte der Linienbreite, mindestens aber 0,5 mm. Die Brauchbarkeit der schmalsten Linien und der kleinsten Schrift ist von verschiedenen Faktoren abhängig (Verkleinerungsmaßstab, Korngröße der lichtempfindlichen Filmschicht u.a.) und sollte zuvor im Betrieb durch Versuche gesichert sein. Schriftform B vertikal nach DIN 6776 T1 (**3**.3) ist zu bevorzugen. Indizes, Exponenten usw. sollen nicht kleiner als 2,5 mm geschrieben werden. Die Festlegungen gelten vorzugsweise für manuell erstellte Zeichnungen.

Vordruckzeichnungen sind gedruckte, seltener lichtgepauste Darstellungen häufig vorkommender, aber verschieden großer Werkstücke ohne Maßzahlen. Durch Nachtragen der Maßangaben werden die von Fall zu Fall erforderlichen Größen bestimmt. Von Vorteil für oft wiederkehrende Einzelheiten (wie Freistiche, Zentrierbohrungen, Tabellen, Sinnbilder) sind auch Gummistempel, deren Abdrücke durch Nachtragen der Maßgrößen, Vermerke u.a. vervollständigt werden. Auch Klebe- und Abreibfolien sind verwendbar. Diese Zeichenhilfen tragen zur Rationalisierung im Konstruktionsbüro bei.

Sinnbilder werden in technischen Zeichnungen immer häufiger verwendet. Sie lassen sich einfach darstellen und geben dennoch das Wesentliche und Typische der Gegenstände treffend wieder. Auf bewährte Sinnbilder wurde in den einschlägigen Abschnitten bereits hingewiesen. Angaben über weitere Normen für Sinnbilder sind im DIN-Katalog enthalten.

13.3 Zeichnungen für Druckzwecke (DIN 6774 T4)

Maßstab. Die Vorlagen sind vorzugsweise in einem Vergrößerungsmaßstab nach DIN ISO 5455 zu zeichnen. Da die Drucktechnik Einfluß auf die Ausführung von Vorlagen hat, müssen Beschriftung, Linienbreiten, Schraffuren, Raster und Farben vor Anfertigung der Druckvorlage abgestimmt werden.

Beschriftung. Die Haupt-Leserichtung von Druckerzeugnissen ist von links nach rechts oder von oben nach unten, wenn sich das Druckerzeugnis in Gebrauchslage befindet. Die Schriftform B, vertikal nach DIN 6776 T 1 ist zu bevorzugen.

Schreibrichtung. Alle Beschriftungen von Darstellungen, Texten und Tabellen sind auf die Leserichtung des Druckerzeugnisses abzustimmen.

Leseentfernung. Die vom Betrachtungsabstand abhängigen kleinsten Linienbreiten sind in Tabelle **13**.8 festgelegt.

Tabelle **13**.8 **Leseentfernung und darauf bezogene kleinste Linienbreiten**

Betrachtungsabstand m	0,35	0,5	0,7	1	1,4	2	2,8	4	5,6	8	11
kleinste Linienbreite mm	0,18	0,25	0,35	0,5	0,7	1	1,4	2	2,8	4	5,6

Verkleinerungsangaben. Von den vergrößert gezeichneten Darstellungen wird eine fotografische Verkleinerung hergestellt, die zum Übertragen des Bildes auf die Druckplatte, den Druckstock oder zur Herstellung einer Offsetvorlage dient. Deshalb ist ein Verkleinerungswert oder das Einstellmaß anzugeben. Der Verkleinerungswert wird angegeben, wenn es bei den gedruckten Bildern nicht auf besondere Genauigkeit ankommt. Er gibt an, auf wieviel % die Originalzeichnung verkleinert wird, und soll der Stufung $1/2\ \sqrt{2}$ entsprechen (z. B. 70%, 50%, 35%, 25%). Sollen die gedruckten Bilder vorgegebenen Maßen entsprechen, ist ein Einstellmaß, ggf. mit der zulässigen Abweichung anzugeben, z. B.

$50 \pm 0{,}1$
Einstellmaß
⟵⟶

Die Mindestmaße für Linienbreiten, Linienabstände und Schriftgrößen sind aus Tabelle **13.**10 zu ersehen. Die Zeilenabstände für Schriften zeigt Tabelle **13.**9.

Tabelle **13.9** **Zeilenabstände für Schriften** (Maße in mm)

Schriftgröße *h*	20	14	10	7	5	3,5	2,5	1,8
Zeilenabstand	32	24	16	12	8	6	4	3

Tabelle **13.**10 **Mindestmaße für Linienbreiten, Linienabstände und Schriftgrößen** (Maße in mm)

		im Druckerzeugnis	in der gezeichneten Vorlage bei Verkleinerung auf 70%	50%	35%	25%	Bemerkungen
Linienbreiten und Linienabstände für:	Hervorzuhebende Darstellungen	0,5	0,7	1	1,4	2	Werte für andere Verkleinerungen oder Vergrößerungen entsprechend $\sqrt{2}$-Stufung größer oder kleiner wählen
	Hauptdarstellungen	0,25	0,35	0,5	0,7	1	
	Nebendarstellungen	0,18	0,25	0,35	0,5	0,7	
	Mittel-, Maß- und Schraffurlinien	0,13	0,18	0,25	0,35	0,5	
	Kleinster lichter Abstand zwischen Linien	0,7 × Linienbreite der schmaleren Linie					
	Kleinster lichter Abstand zwischen Schraffurlinien	0,5	0,7	1	1,4	2	
Schriftgrößen (*h*) nach DIN 1451 Teil 3*) und/oder DIN 6776 Teil 1 für:	Positionsnummern, hervorzuhebende Angaben, Einzelangaben	5	7	10	14	20	
	Text, Wortangaben, Maßzahlen	2,5	3,5	5	7	10	
	Indizes, Exponenten, Fußnotenzeichen	1,8	2,5	3,5	5	7	
	Druckschrift	1,8	2,5	3,5	5	7	(serifenlos)
Vergleichsstrecke von 10 mm		10	14	20	28	40	

*) Z. Z. Entwurf

13.4 Zeichnungen für Dias (DIN 108, DIN 6774 T 3)

Unter Diapositiv versteht man ein fotografisches Bild auf einem durchsichtigen Schichtträger (Film oder Glasplatte) zu Projektionszwecken. Diapositive werden als Diapositivreihen auf Bildbändern geliefert oder als Einzelbild gesondert eingefaßt. Im Sinne von DIN 108 ist unter Dia das vorführfertige, gerahmte Diapositiv zu verstehen.

Format. Die Dia-Nenngröße ist dimensionslos, entspricht jedoch den Abmessungen in cm. Genormt sind die Nenngrößen (Außenabmessungen $a \times b$) 8,5 × 10; 8,5 × 8,5; 7 × 7; 5 × 5 und 3 × 3, wobei die Nenngrößen 5 × 5 und 7 × 7 vorzugsweise benutzt werden.

Die gezeichneten Bildvorlagen sollten möglichst ein Seitenverhältnis $1:\sqrt{2}$ (entsprechend den DIN-Formaten) haben. Empfohlen werden die Formate A3 und A4.

Markierung. Die Bildfeldecken sind zweckmäßig durch ein Linienkreuz zu markieren (**13.**11). Bei starker Verkleinerung ist die Anordnung von Viertelkreisen an den Bildfeldecken außerhalb des Bildfelds vorteilhaft (**13.**11 b). Die Bildfeldmarkierungen werden beim fertigen Dia von der Abdeckung verdeckt.

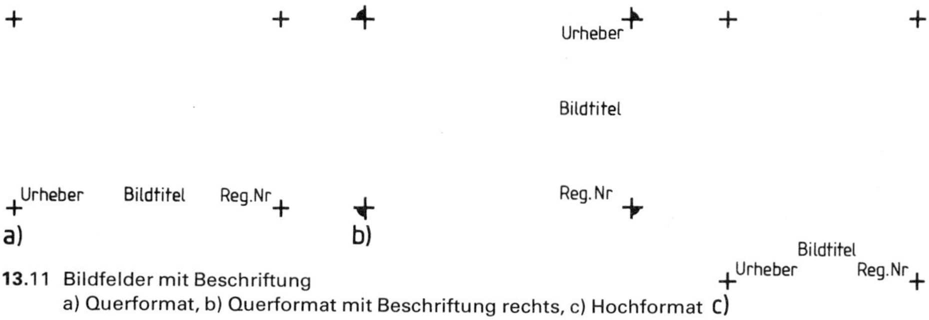

13.11 Bildfelder mit Beschriftung
a) Querformat, b) Querformat mit Beschriftung rechts, c) Hochformat

Angaben. Den Bildtitel ordnet man üblicherweise im unteren Teil des Bildfelds in der Mitte an, links davon Urheber und gegebenenfalls Ursprungsjahr, rechts die Registriernummer (**13.**11 b). Die Eintragung der Angaben bei Anordnung der Schriftleiste auf der rechten Seite des Dias zeigt Bild **13.**11 b, die Beschriftung beim Hochformat Bild **13.**11 c. Nach DIN 1505 sind die Schrifttumsangaben möglichst in die Schriftleiste zu setzen. Bei Platzmangel können sie im Bildfeld über den unteren Bildrand gesetzt werden.

Die bei gezeichneten Bildvorlagen anzuwendenden Linienbreiten, Linienabstände und Schriftgrößen sind aus Tabelle **13.**12 zu ersehen. Tabelle **13.**13 zeigt die Zeilenabstände.

Tabelle **13.**12 **Mindestmaße für Linienbreiten, Linienabstände und Schriftgrößen für Positiv-Darstellungen auf Vorlagen für Dias** (Werte für Negativ-Darstellungen in Klammern, Maße in mm)

		Längste Seite der ausnutzbaren Zeichenfläche ≙ A3 max. 420	≙ A4 max. 297	≙ A5 max. 210	Bemerkungen
Linienbreiten d und Linienabstände	Hervorzuhebende Darstellungen	1 (1,4)	0,7 (1,0)	0,5 (0,7)	Werte für andere Formate entsprechend $\sqrt{2}$-Stufung größer oder kleiner wählen
	Hauptdarstellungen	0,7 (1,0)	0,5 (0,7)	0,35 (0,5)	
	Nebendarstellungen	0,5 (0,7)	0,35 (0,5)	0,25 (0,35)	
	Mittel-, Maß- und Schraffurlinien	0,35 (0,5)	0,25 (0,35)	0,18 (0,25)	
	Kleinster lichter Abstand zwischen Linien	1 × Linienbreite der breiteren Linie (2× Linienbreite)			
	Kleinster lichter Abstand zwischen Schraffurlinien	2,8 (4,0)	2 (2,8)	1,4 (2,0)	
Schriftgrößen (h) nach DIN 6776 Teil 1 für	Bildtitel, Positionsnummern hervorzuhebende Angaben Einzelerkennungen	10 (14)	7 (10)	5 (7)	
	Text, Wortangaben, Maßzahlen	7 (10)	5 (7)	3,5 (5)	
	Indizes, Exponenten, Fußnotenzeichen für Bildtitel	7 (10)	5 (7)	3,5 (5)	
	Indizes, Exponenten, Fußnotenzeichen für Text	5 (7)	3,5 (5)	2,5 (3,5)	
	Schreibmaschinenschrift, Schriftgröße h nach DIN 2107	–	4,5 (z.B. Plakat)	3,2 (z.B. Medium)	serifenlos

Tabelle **13**.13 **Zeilenabstände für Schriftform B nach DIN 6776 T1** (Maße in mm)

Schriftgröße *h*	14	10	7	5	3,5	2,5
Zeilenabstand	22,8	16	11,4	8	5,7	4

Für kurze Texte, einzelne Wörter u.a. kann man Mittelschriften, für alle anderen Texte sollte man Engschriften wählen. Dias können mit oder ohne Dia-Maske hergestellt werden. Um die Blendwirkung zu verhindern, empfiehlt sich jedoch eine Dia-Maske. Das Bild **13**.14 zeigt ein Dia mit der Nenngröße 5 × 5 cm mit einem Maskenausschnitt 27 mm × 38 mm, Bild **13**.15 ein Dia mit der Nenngröße 8,5 × 10 cm mit Schriftleiste ohne Maske.

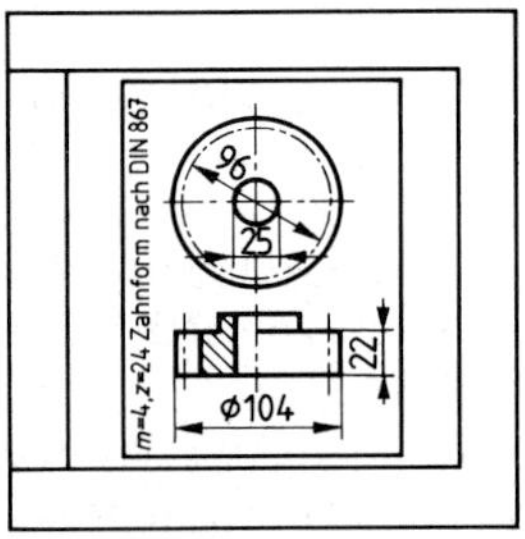

13.14 Dia 5 × 5 ohne Schriftleiste mit Maske (z.B. 27 × 38)

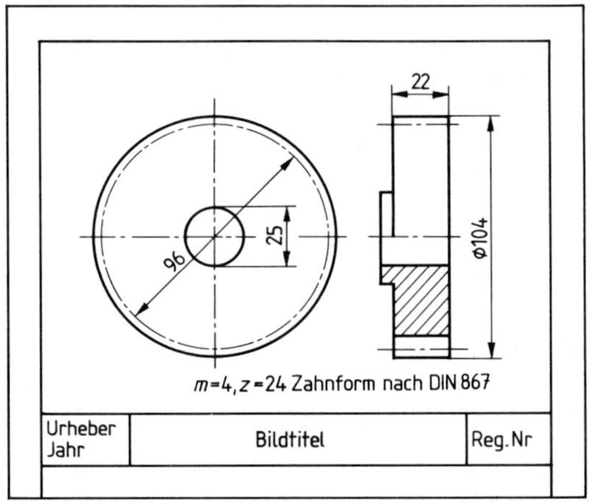

13.15 Dia 8,5 × 10 mit Schriftleiste ohne Maske

Lesbarkeit. Die Bildvorlage ist auf ihre Lesbarkeit zu prüfen. Dabei müssen alle Einzelheiten der gezeichneten Bildvorlage aus einem Betrachtungsabstand von siebenmal der größeren Seite der Bildvorlage noch einwandfrei lesbar sein. Dias sind auf gute Erkennbarkeit mit Hilfe eines Projektors zu prüfen (**13**.16). Der größte Betrachtungsabstand soll dabei 6 × *a*, der kleinste 1,5 × *a* betragen, wobei *a* die projizierte Bildbreite beim Querformat oder die projizierte Bildhöhe beim Hochformat bedeutet.

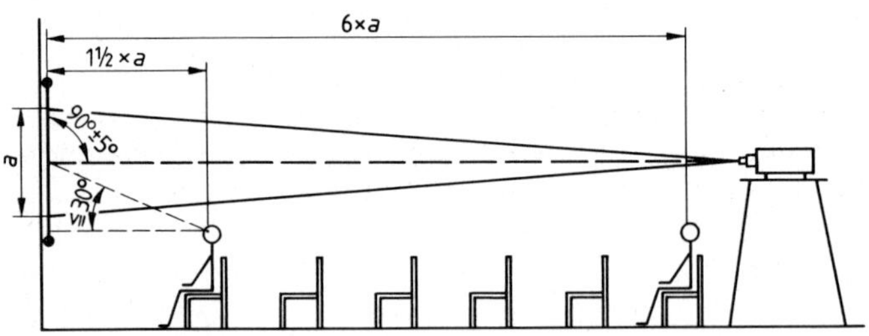

16 Betrachtungsabstände
a = Bildwandhöhe = Bildwandbreite

Die Abmessungen der ausnutzbaren Zeichnungsfelder und Schriftleisten sowie Verkleinerungsfaktoren gezeichneter Bildvorlagen sind DIN 108 T2 zu entnehmen.

13.5 Rechnerunterstützt erstellte Zeichnungen (DIN 6774 T10)

Für rechnerunterstützt erstellte Zeichnungen gelten abweichend von den Festlegungen in DIN 6774 T1 die folgenden Regeln:

- **Bei Linien,** die durch Rasterflächen angenähert dargestellt werden (z.B. bei Anwendung elektrostatischer Plotter), gelten die Angaben für Linienbreiten (DIN 15 T1) sinngemäß. Das heißt, Abweichungen sind nur in dem Rahmen zugelassen, der die Eindeutigkeit der Darstellung und die Unterscheidbarkeit der Linienbreiten sicherstellen.
- **Ungeradlinige Formen** (z.B. Kreise, Kreisbögen, Kurven) dürfen zur Unterscheidung von Vielecken maximal um die halbe Linienbreite von ihrer idealgeometrischen Form abweichen.
- **Schraffuren** werden durch Linien mit einem lichten Abstand von mindestens 4facher Linienbreite dargestellt.
- **Bei Schwärzungen,** die durch Linien dargestellt werden, dürfen die lichten Abstände zwischen den Linien maximal eine halbe Linienbreite betragen.
- **Die Beschriftung** muß DIN 6776 T1 entsprechen. Die Schriftzeichen dürfen durch Vektoren oder ausgefüllte Rasterflächen angenähert dargestellt werden.

13.6 Andere Zeichnungen

Zeichnungsangaben für Optikteile sind in DIN 3140 T1 bis 10 und Hinweise für Schmiedestücke in DIN 7523 T1 bis 3 enthalten. Für die Darstellung von Teilen aus Holz besteht DIN 919 T1 und 2.

Bauzeichnungen im Hochbau haben in DIN 1356 eine Grundlage. Sie enthält Angaben über normgerechtes Zeichnen im Hochbau, besonders über Arten, Maßstäbe und Inhalte der Bauzeichnungen für den Entwurf, die Herstellung und für Besonderheiten, über Blattgrößen, Zeichenflächen, Schriftfeld und Faltung, über Art der Darstellungen (wie Grundrisse, Schnitte, Ansichten) und deren Anordnungen auf dem Zeichenbogen, Linienarten und Linienbreiten, über Bemaßung (wie Maßzahlen, -linien, -begrenzung, -anordnung, -eintragung und Rasterteilung), über Beschriftung und ergänzende Angaben sowie über die Darstellung von Bauteilen (wie Wänden, Pfeilern, Gründungen, Decken, Treppen, Dachstühlen und Dachräumen, Fenstern, Türen, Entwässerungsleitungen und Einrichtungsgegenständen) mit vielen Zeichnungsbeispielen.

13.7 Vervielfältigungen

Stammzeichnungen werden überwiegend im Lichtpausverfahren vervielfältigt. In letzter Zeit haben sich jedoch die Mikroverfilmung und Rückvergrößerung von Zeichnungen immer mehr durchgesetzt. Auch andere Verfahren (z.B. Fotokopieren) sind üblich.

13.7.1 Lichtpausen

Belichtung. Die auf lichtdurchlässigem Papier hergestellte Stammzeichnung wird mit der Vorderseite auf eine ebene oder eine gewölbte Glasscheibe gelegt. Auf die Rückseite kommt Lichtpauspapier, dessen lichtempfindliche Schicht auf der Zeichnung liegt. Beide

Teile werden mit einer Filzplatte, einem Schaumstoffpolster oder einem Spanntuch (bisweilen pneumatisch) fest gegen die Scheibe gepreßt, durch die von der anderen Seite Strahlen einer kräftigen Lichtquelle einfallen.

Belichtungsgeräte sind mit Leuchtstoffröhren oder mit Quecksilberdampflampen ausgestattet. Das Pausgut ruht während der Belichtung.

Belichtungsmaschinen dienen für größeren Bedarf (**13**.17). In ihnen wird das Pausgut durch ein endloses Transporttuch oder einen rotierenden Glaszylinder an den Lichtquellen mit regulierbarer Geschwindigkeit vorbeigeführt. Maschinen mit Leuchtstoffröhren (**13**.18) oder mit Hochdruck-Quecksilberdampflampen sind sehr leistungsfähig.

13.17 Belichtungsmaschine

13.18 Belichtung, schematisch dargestellt

Lichtpauspapiere werden als normal- und als umgekehrtgewickelte Rollen und als fertig zugeschnittene Bogen geliefert. Wird das Papier vor dem Gebrauch in Stücke geschnitten, sind normalgewickelte Rollen vorzuziehen, weil die Schichtseite auch am abgetrennten Papier immer innen liegt und somit geschützt ist. Bei ausgebreiteten Bogen liegt sie oben und damit günstiger im Griff vor dem Einschieben in die Maschine. In umgekehrtgewickelten Rollen befindet sich die empfindliche Schicht außen. Das ist von Vorteil beim Durchgang ganzer Rollen durch die Maschine. Denn infolge der Wölbung des Papiers nach der schichtlosen Seite sind das Einschieben in die Maschine und das Trennen der Stammzeichnung nach der Belichtung bequemer.

Bereits zugeschnittene Bogen liegen immer plan auf und haben keinen oder, falls beschnitten werden muß, nur geringen Abfall. Sie lassen sich bei der Herstellung einzelner Lichtpausen gut handhaben, müssen aber mit der Stammzeichnung sorgfältig zusammengelegt in die Maschine eingeschoben werden.

Die Dauer der Belichtung ist abhängig von der Lichtstärke, der Lichtdurchlässigkeit der Stammzeichnung und der Empfindlichkeit des Lichtpauspapiers. An den Stellen, an denen die lichtempfindliche Schicht nicht von den Bildstellen der Zeichnung abgedeckt ist, wird sie zersetzt und damit ausgebleicht und farbunwirksam. Die lichtempfindliche Schicht besteht aus Diazoverbindungen. Das sind Abkömmlinge des Steinkohlenteers, die sich während der Entwicklung färben. Unmittelbar nach der Belichtung schon ist das Zeichnungsbild in gelben Strichen schwach erkennbar. Durch Entwicklung tritt es kräftiger hervor. Die Bildstellen werden schwarz oder farbig, je nach Zusammensetzung der lichtempfindlichen Schicht. Es entsteht eine positive Lichtpause. Positive Lichtpausen haben hellen Papiergrund und dunkle Striche, bei negativen Lichtpausen, die kaum noch hergestellt werden, ist es umgekehrt.

Entwicklung. Die Zusammensetzung der lichtempfindlichen Schicht ist auch maßgebend für die Art der Entwicklung. Entweder wird trocken oder feucht entwickelt. Bei der trockenen Entwicklung wird das belichtete Papier durch eine Entwicklungsmaschine (**13**.19 und **13**.20) gezogen, in der sich Schalen mit möglichst angewärmter 25%iger

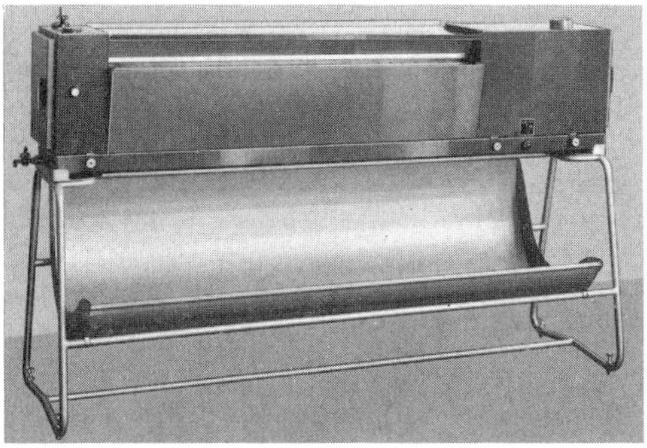

13.19 Entwicklungsmaschine mit Ständer

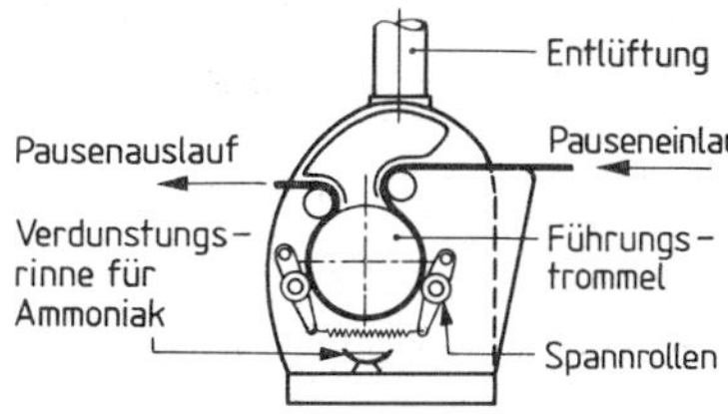

13.20 Wirkungsweise einer Entwicklungsmaschine, schematisch dargestellt

Ammoniaklösung befinden. Die aufsteigenden Dämpfe umspülen die belichtete Schicht und entwickeln die Pause.

Bei der feuchten Entwicklung wird die belichtete Schichtseite mit einer besonderen Salzlösung gleichmäßig benetzt. Das Salz und die Gebrauchsanweisung werden mit dem Lichtpauspapier geliefert. Zum Anfeuchten wird das Papier durch zwei sich drehende waagerechte Gummiwalzen gezogen, von denen die untere in der ganzen Länge ein wenig in die Lösung taucht und sie auf der Vorderseite der Lichtpause aufträgt. Ein besonderes Trocknen ist nicht erforderlich.

Lichtpauskombination. Belichtung und Entwicklung sind meist in einem einzigen Gerät, einer Lichtpauskombination (**13**.21), untergebracht. Sie ist raumsparend und erlaubt eine zügige Arbeit besonders bei längeren Papierbahnen. Bild **13**.22 zeigt einen Lichtpausautomaten, eine kombinierte Belichtungs- und Entwicklungsmaschine für außerordentlich hohe Leistungen.

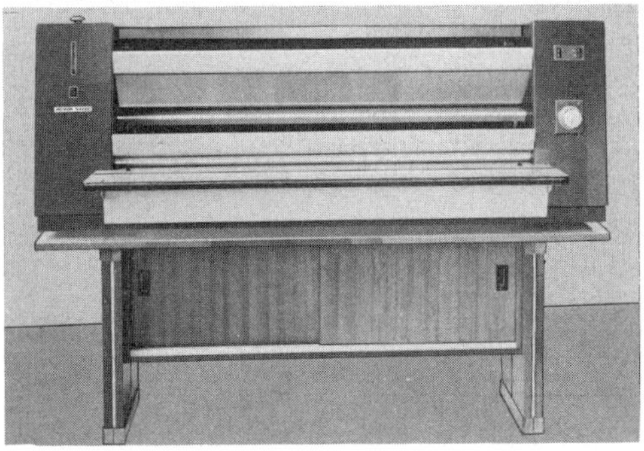

13.21 Lichtpauskombination

13.22 Lichtpausautomat

Fehlerquellen. Lichteintritt, feuchte Luft, Wärme und Ammoniakgas setzen die Gebrauchsfähigkeit der Lichtpauspapiere bis zur Unbrauchbarkeit herab. Ist die unbelichtete Schicht umgefärbt, hat das Papier gelitten. Sorgfältige Aufbewahrung der angebrochenen Rollen und Stapel in der Originalpackung, lichtdichter Verschluß in geeigneten Behältnissen, Lagerung in trockenen, kühlen und gasfreien Räumen und baldiger Verbrauch bewahren vor Verlusten.

Unterbelichtete Pausen haben zu dunklen Grund, doch dürfen Pausen von Bleizeichnungen nicht bis zum völligen Verschwinden der Grundtönung belichtet werden. Überbelichtung macht sich durch lückenhafte Wiedergabe der Zeichnung auf zu hellem Pausengrund bemerkbar. Flaue Tönungen auf Trockenpausen entstehen durch nicht ausreichendes Einwirken der Ammoniakdämpfe und Mangel an Luftfeuchtigkeit, auf Feuchtpausen durch zu dünn angesetzte Salzlösung. Abhilfe ist durch nochmalige Entwicklung möglich. Ungenügender Andruck des Lichtpauspapiers gegen die Zeichnung, Verziehen und Verrutschen während der Belichtung ergeben verschwommene Bilder. Flecken werden durch Berühren der Schichtseite mit feuchten Händen hervorgerufen. Streifen entstehen durch unbeabsichtigte Vorbelichtung, ungleichmäßiges Belichten, ruckweises Durchziehen des Pausguts durch den Entwicklungsapparat und durch ungleichmäßige Einwirkung der Ammoniakdämpfe.

Transparentpause. Die Originalzeichnung wird geschont, wenn man davon eine Transparentpause herstellt. Dazu wird die Vorderseite des Originals auf die lichtempfindliche Schicht des Transparentpapiers gelegt. So wird ein enger Kontakt erreicht, der scharfumrissene Linien auf der Pause ergibt. Es entsteht aber ein Zeichnungsbild, das nur von der Rückseite der Transparentpause gesehen seitenrichtig ist. Die Pause dient nun als Stammzeichnung zur Herstellung von Lichtpausen, muß jedoch mit der Zeichnungsseite auf das Pauspapier gelegt und von hinten durchlichtet werden.

Für Lichtpausen, die mit der Flugpost versandt werden sollen, gibt es sehr leichte Papiere. Besondere Sorten sind auch Papiere mit hinterklebtem Baumwollgewebe und appretiertes Baumwollgewebe mit Lichtpauspräparation.

Farbige Darstellungen werden durch Lichtpausen nicht farbig wiedergegeben. Notfalls müssen die Pausen mit Farbstiften oder durch Anlegen mit farbiger Tusche o.a. ergänzt werden.

Zeichnungsänderungen. Bei der Anfertigung technischer Zeichnungen kann man bisweilen von vorhandenen Zeichnungen ausgehen. Nachdem eine solche Unterlage bis auf den abzuändernden Teil von Hand durchgepaust ist, wird die Änderung nachgetragen. Dieses Verfahren ist aber beim Durchpausen umfangreicher Darstellungen recht kostspielig. Es ist billiger, die Pausarbeit von Hand durch Lichtpausen zu ersetzen. Die Stammzeichnung wird zur Herstellung einer Vervielfältigung lichtgepaust, die Pause aber zunächst noch nicht entwickelt. Auf die nicht abzuändernden Stellen der belichteten Schicht legt man einen lichtundurchlässigen Zeichenkarton und belichtet abermals den nicht abgedeckten Teil, diesmal ohne Stammzeichnung. Er erscheint nach der Entwicklung als freie Fläche und kann nun geändert werden.

Kleinere Stellen auf Transparent- und auf gewöhnlichen Lichtpausen werden mit jeweils besonderem, flüssigem Korrekturmittel betupft, bis die Linien verschwunden sind, und dann mit einer anderen Lösung nachbehandelt, damit die Stellen nicht nachgilben und nicht brüchig werden.

13.7.2 Mikroverfilmung von Zeichnungen

Rationell und kostensparend. Die Mikroverfilmung von Zeichnungen war ursprünglich nur zur Sicherungsarchivierung vorgesehen. Durch den Übergang von der reinen Sicherheitsverfilmung zur aktiven Mikroverfilmung spart man erhebliche Kosten und gestaltet die organisatorischen Abläufe rationeller. So kann man z.B. 90 bis 95% des

Raumbedarfs für ein herkömmliches Zeichnungsarchiv einsparen. Ein weiterer Vorteil besteht darin, daß man mit einem einfachen Lesegerät eine ausreichend lesbare Vergrößerung des Filmbilds erreicht und damit in vielen Fällen auf Rückvergrößerungen verzichten kann.

Rückvergrößerungen sind auf Normal- und Transparentpapier möglich. Um handliche Arbeitsunterlagen zu bekommen, stellt man Rückvergrößerungen im Vergleich zum Original oft um ein bis zwei Stufen kleiner her. Durch Rückvergrößerung auf das Format A4 kann man die Zeichnungen in Werbedruckschriften, Handbüchern, als Informationen für Montagen usw. verwenden.

Format. Früher wurde allgemein der 70-mm-Film benutzt. Wegen der Verbesserung des Filmmaterials, der Empfindlichkeit und des Auflösevermögens ist man inzwischen auf den 35-mm-Mikrofilm mit einem Bildfeld von 28 × 40 mm übergegangen. Bei zusätzlicher Verwendung von 16-mm-Film lassen sich Zeichnungen in den verschiedensten Änderungszuständen, die zugehörigen Stücklisten und andere Mitteilungen auf sehr kleinem Raum als Arbeitsunterlagen zusammenfassen.

Beim Anfertigen der Zeichnungen sind die entsprechenden Zeichnungsnormen (z.B. DIN 15, DIN 6774, DIN 6776 T1) zu beachten. Für die Mikrofilmtechnik (Abmessungen auf dem Film, Aufnahme in mehreren Teilen, Mittenmarkierung usw.) gilt DIN 19052 T1 bis 5.

Die Mikrofilm-Lochkarte verbessert und erweitert die Einsatzmöglichkeiten erheblich (**13**.23). Schnellerer Zugriff, Anfertigen von Duplikatkarten, Verwendungen von Zeichnungen oder Zeichnungsdetails als Bausteine (Module) für neue Zeichnungen sind neben den damit verbundenen Kostensparungen Vorteile der Mikrofilm-Lochkarte. Sie ist in DIN 19053 T1 genormt.

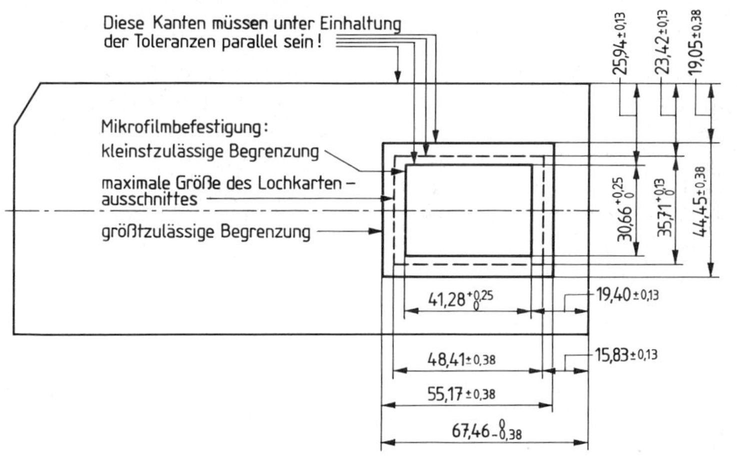

13.23 Mikrofilm-Lochkarte nach DIN 19053 T1
Der Mikrofilm kann in der Lochkarte befestigt werden mit einer Tasche, einem Klebrahmen, einer Befestigungsmöglichkeit in der Lochkarte selbst

13.7.3 Fotokopien

Die hierzu verwendeten Chlorbromsilberpapiere sind lichtempfindlicher, aber auch teurer als Lichtpauspapiere. Das einfachste Fotokopiergerät ist ein mit einer Glasscheibe abgedeckter Kasten, an dessen Boden sich Lichtquellen befinden. Eine eingebaute Schaltuhr regelt die Belichtungsdauer.

Durchlichtverfahren. Zusammen mit der Zeichnung wird ein Bogen Negativpapier, Schichtseite und Vorderseite aufeinander, auf die Glasplatte des Belichtungsgeräts gelegt. Liegt dabei die Rückseite der Zeichnung auf der Platte, wird die Zeichnung von hinten durchstrahlt und das Negativpapier vom Licht getroffen. Dieses Verfahren heißt Durchlichtverfahren.

Reflexverfahren. Ist die Rückseite des Negativpapiers der Lichtquelle zugewandt, wird es zunächst durchstrahlt und das Licht dann von den strichfreien Stellen der Zeichnung auf die lichtempfindliche Schicht des Negativpapiers zurückgeworfen. Dieses Verfahren heißt Reflexverfahren und ist vorherrschend, weil es auch zur Vervielfältigung lichtundurchlässiger und auf beiden Seiten benutzter Bogen geeignet ist.

Nach der Belichtung legt man das Negativpapier auf beschichtetes, aber lichtunempfindliches Übertragungspapier (Positivpapier), so daß die Schichten innen liegen. Nun werden beide Papiere durch eine besondere Flüssigkeit gezogen (**13**.24). Sie schwärzt die belichteten Stellen des Negativpapiers, indem metallisches Silber gebildet wird, und löst die Silbersalze nach dem Zusammenpressen beider Papiere an den nichtbelichteten Stellen auf. Sie wandern in die mit besonderen Zusätzen versehene Schicht des Übertragungspapiers und bilden dort auch metallisches Silber. Dieser Vorgang ist bald nach dem Austritt der Papiere aus dem Gerät beendet. Sie werden nun voneinander abgezogen (**13**.25), und zwar das belichtet gewesene Papier als seitenverkehrtes Negativ (**13**.26), das Übertragungspapier als seitenrichtiges Positiv (**13**.27). Die Negative werden gewöhnlich aufgehoben, weil das Silber zurückgewonnen werden kann und weitere Abzüge möglich sind.

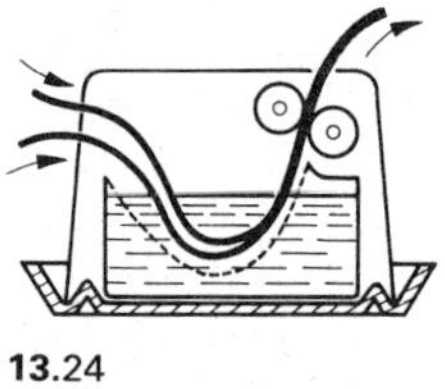

13.24
Schnitt durch das Entwicklungsgerät

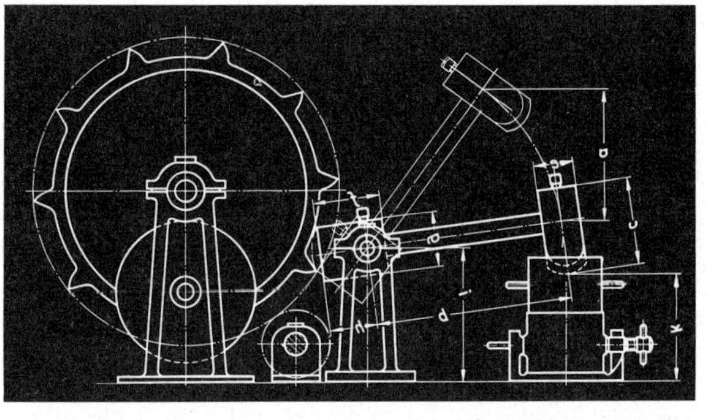

13.25 Seitenverkehrtes Negativ (Zwischenbild)

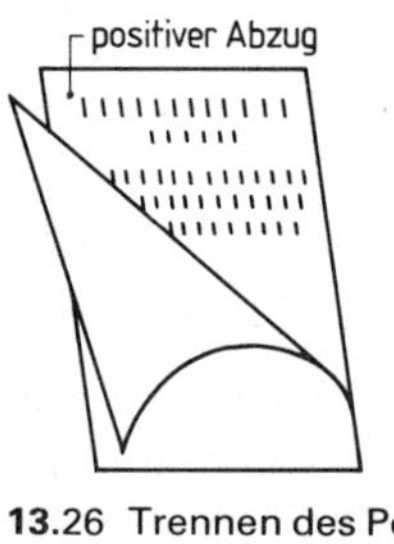

13.26 Trennen des Positivs vom Negativ

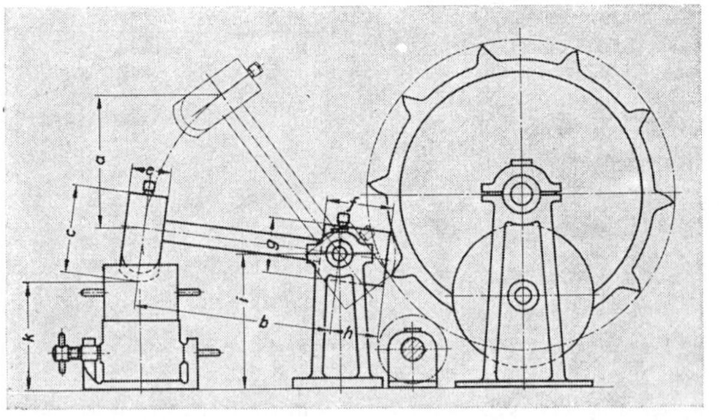

13.27 Positive Fotokopie

Sollen Zweitoriginale für Lichtpausen entstehen, nimmt man transparentes Übertragungspapier. Sie müssen aber einige Minuten gewässert werden, weil sie dann sehr lange haltbar sind und sich beschriften und bestempeln lassen.

Ein Negativ allein läßt sich herstellen, indem man die Rückseite des Originals auf die Glasplatte des Geräts und das Negativpapier mit der Schicht auf die Zeichnung legt und dann belichtet, fixiert und wässert.

Es gibt Fotokopiergeräte und -papiere für Benutzung in der Dunkelkammer oder bei gedämpftem Tageslicht, außerdem Geräte mit Aufnahmekameras, die die Zeichnung verkleinern oder vergrößern und die für die Belichtung der Lichtpausen genommen werden können. Durch Verkleinern auf einheitliche Formate lassen sich Kleinarchive schaffen, aus denen ohne Beeinträchtigung der Deutlichkeit und Bildschärfe die ursprünglichen Größen wieder herstellbar sind.

13.7.4 Andere Verfahren

Xerokopieren ist eine Vervielfältigung mit Hilfe eines trockenen Pulvers und beruht auf elektrostatischen Vorgängen. Die Geräte arbeiten ohne Flüssigkeiten und meist vollautomatisch. Die Kopierplatte ist eben oder gekrümmt und mit einer dünnen Schicht Selen überzogen. Dies ist ein eigentümlicher Grundstoff, dessen Leitfähigkeit für den elektrischen Strom von der Belichtung abhängt. Der Überzug wirkt im Dunkeln als elektrischer Isolator und bei Belichtung als Leiter. Mit Hilfe eines stromführenden Drahtnetzes wird nun die ganze Fläche der Platte positiv aufgeladen. Sie wird mit der Vorderseite des Originals bedeckt und dann von der Rückseite des Originals her belichtet. An den belichteten Stellen verschwindet die Aufladung der Platte, an den unbelichteten aber bleibt sie bestehen und zieht dort ein aufgestäubtes, negativ geladenes Kunstharzpulver an. Nun wird ein Bogen gewöhnliches Papier auf das so entstandene seitenverkehrte Pulverbild gelegt. Nach kurzer Erhitzung verschmilzt es fest mit dem Papier zu einer seitenrichtigen, dauerhaften Kopie. Der Vorgang dauert nur einige Sekunden.

Thermokopieren beruht auf der Eigenschaft gewisser Stoffe, ihre Farbe bei Erwärmung zu verändern. Das Vervielfältigungspapier trägt eine solche Schicht und wird mit dem Original zusammen einer starken Lichtquelle ausgesetzt. Die dunklen Stellen des Originals nehmen mehr Wärme auf als die hellen und bewirken somit eine Färbung auf dem Vervielfältigungspapier.

Plandruck. Auf eine mit einer lichtempfindlichen Chromgelatineschicht versehene Zink- oder Aluminiumplatte legt man ein Negativtransparent der Zeichnung seitenverkehrt auf. Die vom Licht getroffenen Stellen der Platte werden durch Gerbwirkung unlöslich und nehmen nach dem Abwaschen der übrigen Schicht Druckfarbe an. Auf maschinelle Weise werden dann Abzüge in meist hohen Auflagen gedruckt.

Umdruck. Lichtempfindliches Spezialpapier, auf das die Zeichnung gelegt wurde, wird nach dem Belichten mit der Schichtseite auf eine nach besonderer Vorschrift hergestellte Gelatinemasse kurze Zeit aufgequetscht. Da die mit unbelichteten Stellen in Berührung gewesene Gelatineschicht Druckfarbe annimmt, lassen sich im Abziehverfahren ohne maschinelle Hilfsmittel positive Umdrucke in allerdings nur geringen Mengen gewinnen.

13.8 Beschneiden, Falten, Kantenschutz und Aufbewahren der Zeichnungen

Beschneiden. Zeichnungen, Lichtpausen, Fotokopien u.a. müssen auf das vorgesehene Maß gebracht werden. Für größere Mengen und längere Schnitte reicht eine Papierschere aber nicht aus. Je nach Bedarf verwendet man daher Beschneidepulte, Schlagscheren, Beschneidegeräte und Beschneidemaschinen.

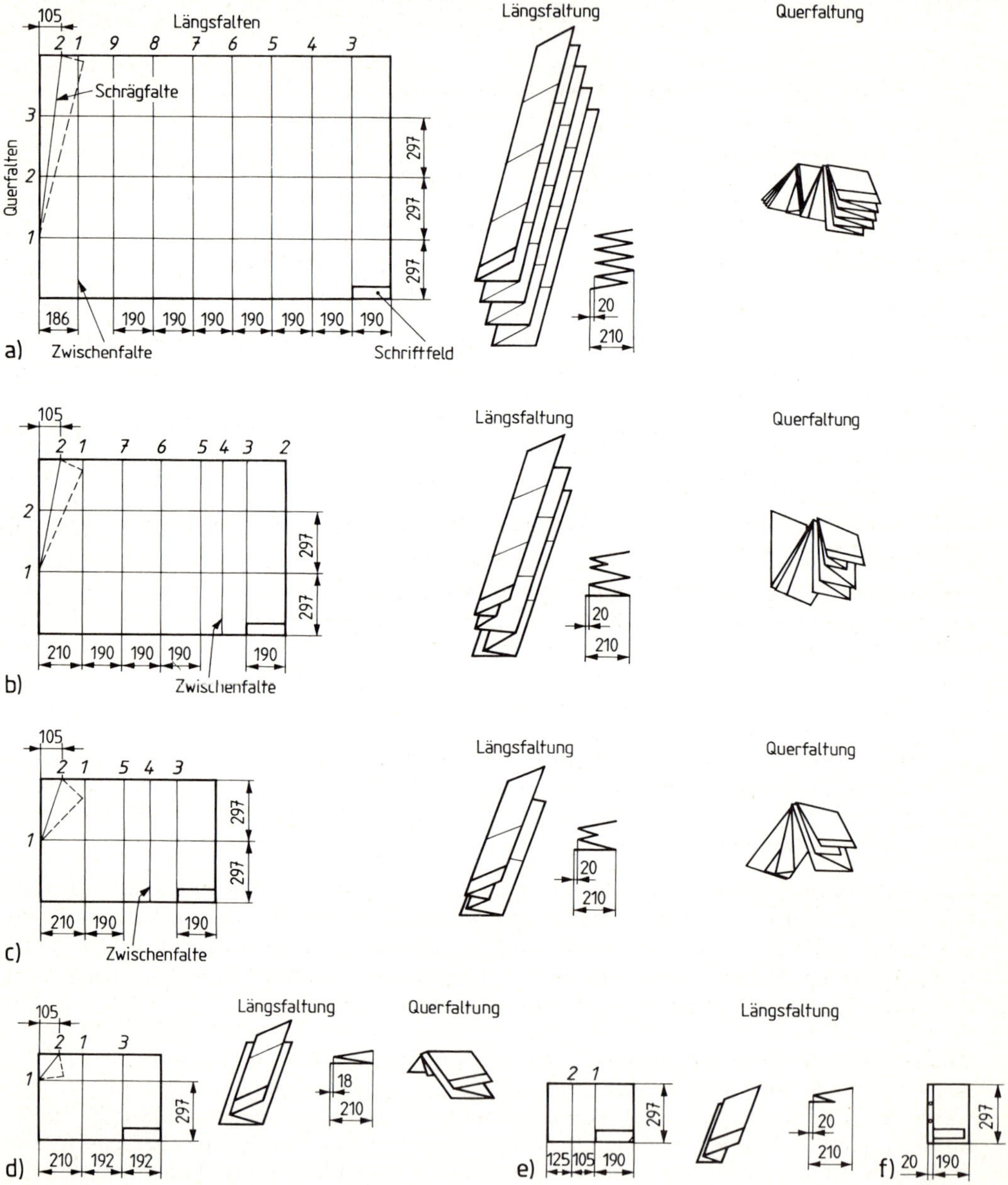

13.28 Faltung Form A der Zeichnung auf DIN A4

Falten der Zeichnungen (DIN 824). Größere Lichtpausen legt man von Hand oder mit Faltgeräten auf das Format A4 zusammen, damit sie in einem Hefter oder Schriftgutbehälter aufbewahrt oder in einem Brief befördert werden können. Genormt sind Faltung Form A (für Ablage mit Heftung und ausgefaltetem Heftrand), Form B (für Ablage mit Heftung und zusätzlich angebrachtem Heftrand) und Form C (für Ablage ohne Heftung). Nach dem Falten liegen das Schriftfeld oben in Leserichtung und in der rechten Ecke, der Heftrand ist frei (**13.**28e). Durch Aufkleben von Verstärkerringen oder eines Kartons im Format A5 auf der Rückseite schützt man die Heftlöcher gegen Einreißen. Stammzeichnungen jedoch werden nicht gefaltet, da die Kniffe leicht einreißen oder auf den Lichtpausen unerwünschte Striche hinterlassen.

Bei den Faltungen entsprechend Form A der Formate A2 und größer entstehen Längs- und Querfalten (**13.**26a bis d). Das Format hat nur Längsfalten, die in 190 mm Abstand von der rechten Blattkarte durch Umlegen nach hinten und in 125 mm Abstand von der linken Blattkante durch Umlegen nach vorn entstehen (**13.**28e). In allen anderen Fällen wird die 1. Falte im Abstand 210 mm von der linken Blattkante nach vorn umgelegt. Die linke obere Ecke des Bogens, die sonst beim Lochen und Einheften stören würde, wird durch die 2. Falte im Abstand von 105 mm nach hinten umgebogen. Nun werden Längsfalten in Abständen von je 190 (bei A2 192) mm von der rechten Blattkante gebildet. Bei den Formen A1 und größer entsteht eine Restfalte R in der Mitte des verbleibenden Teils. Die Gesamtzahl aller Längsfalten ist durch 2 teilbar. Dann wird quergefaltet. Die erste Querfalte wird im Abstand 297 mm von der Unterkante nach hinten umgelegt, die nächste ebenso, bis der Bogen schließlich auf das Format A4 gebracht worden ist. Nach dem gleichen Schema lassen sich auch Zeichnungen in der Hochlage und sogar beliebige Blattgrößen auf das Format A4 Falten.

Faltung nach Form C siehe Norm.

Größere Zeichnungen als DIN A1 sollen möglichst nicht auf DIN A4 gefaltet und nicht in Akten eingeheftet werden.

Kantenschutz gegen Einreißen lichtdurchlässiger Stammzeichnungen besteht aus gummiertem Papier- oder Gewebestreifen, der geknifft beiderseits der Blattkanten maschinell festgeklebt wird (**13.**29). Häufig wird hierzu auch ein farbloser, durchsichtiger oder ein farbiger Klebestreifen aus Kunststoff verwendet. Um die Schneidlinie für die Lichtpause durch den Kantenschutz nicht zu verdecken, hält man die Stammzeichnungen an allen vier Bogenseiten größer. Das gilt auch für Zeichnungen ohne Einfassung, weil sonst die Schneidlinie mit der Blattkante zusammenfällt. Bei kleineren Formaten wird auf den Kantenschutz meist verzichtet.

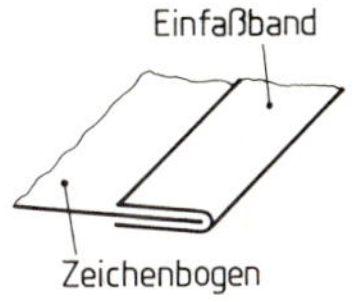

13.29 Kantenschutz

Aufbewahrung. Formate und Inhalte der Zeichnungen sind sehr verschieden. Eine gewisse Ordnung im Ablegen und Aufbewahren ist daher unumgänglich. Nach welchen Gesichtspunkten die Zeichnungen zu ordnen sind – ob sie in Mappen, Schriftgutbehältern, Schränken, Regalen oder in modernsten Registraturen abzulegen sind – hängt nicht nur von der Menge, sondern auch von den gegebenen Verhältnissen ab. Es ist am günstigsten, die Zeichnungen in Sattelreitern hängend, raumsparend, übersichtlich, bequem zugänglich und staubdicht aufzubewahren.

14 Verzeichnis von DIN-Normen

DIN	Teil	Titel und Seite
1		Kegelstifte 191
5	1, 2	Zeichnungen; Axonometrische Projektion 296, 305
6		–; Normalprojektion 36, 65, 72, 74
7		Zylinderstifte 192
10	1	Werkzeug-Vierkante und Schaftdurchmesser nach ISO für rotierende Werkzeuge; Abmessungen 166
13		Metrische ISO-Gewinde 161, 164f.
15	1, 2	Linien in Zeichnungen 37, 44, 134
30	1, 5 bis 8	Zeichnungen; Vereinfachte Darstellungen 11, 180
34		Schutzvermerk zur Beschränkung der Nutzung von Unterlagen 34
74	1 bis 3	Senkungen für Senk- und Zylinderschrauben 173, 176f.
75		– für Senkschrauben, alt 175f.
76	1	Gewindeauslauf, Gewindefreistich für metrische ISO-Gewinde nach DIN 13 163, 166, 173, 175
78		Gewindeenden, Schraubenüberstände 166, 175
79		Vierkante für Spindeln und Bedienteile 51, 166
82		Rändelteilungen 172
84		Zylinderschrauben mit Schlitz 171, 176, 187
85		Flachkopfschrauben mit Schlitz 171
87		Senkkopfschrauben mit Schlitz, großer Kopf 171
93		Scheiben mit Lappen 178
94		Splinte 189
103	1 bis 9	Metrische ISO-Trapezgewinde 164
108	1 bis 10, 17, 21, 25, 54	Diaprojektoren und Dias 312
124		Halbrundniete 183
125		Scheiben, Ausführung mittel 172f.
127		Federringe, aufgebogen oder glatt, mit rechteckigem Querschnitt 173, 178f.
137		Federscheiben gewölbt oder gewellt 179
158		Metrisches kegeliges Außengewinde mit zugehörigem zylindrischen Innengewinde 164
188		Hammerschrauben mit Nase 170
199	1 bis 5	Zeichnungsarten 12
201		Schraffuren, Farben zur Kennzeichnung von Werkstoffen 120
202		Gewinde; Übersicht; Abgekürzte Gewindebezeichnungen 164
228	1, 2	Morsekegel und Metrische Kegel 96
250		Rundungshalbmesser 50, 81
254		Kegel 96
258		Mechanische Verbindungselemente; Technische Lieferbedingungen; Kegelstifte mit Gewindezapfen und konstanten Kegellängen 191f.
259	1 bis 5	Whitworth-Rohrgewinde 164
267	1 bis 6, 10, 13, 15, 18 bis 25	Mechanische Verbindungselemente; Technische Lieferbedingungen; Ausführung von Schrauben, Muttern und ähnl. 161, 165, 168f.
268		Tangentkeile und Tangentkeilnuten für stoßartige Wechselbeanspruchungen 186
271		– für gleichbleibende Beanspruchungen 186
302		Senkniete, Nenndurchmesser 10 bis 36 mm 183
323	1, 2	Normmaße 84
332	1, 10	Zentrierbohrungen 60° 81f.
403		Rändelräder 172
405	1, 2	Rundgewinde 164

Fortsetzung s. nächste Seite

Fortsetzung s. nächste Seite

DIN	Teil	Titel und Seite
962		Schrauben und Muttern; Bezeichnungsangaben, Formen und Ausführungen 171
974		Senkdurchmesser für zylindrische Senkungen; Übersicht und Anwendung 178
985		Sechskantmuttern, selbstsichernd, niedrige Form 179
986		Sechskant-Hutmuttern, selbstsichernd 179
997		Anreißmaße (Wurzelmaße) für Formstahl und Stabstahl 232
998		Lochabstände in ungleichschenkligen Winkelstählen 232
999		– in gleichschenkligen Winkelstählen 232
1026		Stabstahl, Formstahl 98
1028		–; warmgewalzter, gleichschenkliger, rundkantiger Winkelstahl 120
1353	1, 2	Abkürzungen von Benennungen (Halbzeug) 120, 232
1356	1	Bauzeichnungen, Begriffe, Kennzeichnung der Werkstoffe 121, 315
1433		Bolzen ohne Kopf, Ausführung m 189
1434		– mit kleinem Kopf, Ausführung m 189
1435		– mit kleinem Kopf, Ausführung mg 189
1436		– mit großem Kopf, Ausführung mg 189
1440		Scheiben, Ausführung mittel, für Bolzen 189
1441		–, Ausführung grob, für Bolzen 189
1450		Schriften; Leserlichkeit 30
1451	1 bis 4	–; serifenlose Linear-Antiqua 312
1453	1, 2	Griechische Schrift 30
1469		Paßkerbstifte mit Hals 192
1470		Zylinderkerbstifte mit Einführ-Ende 192
1471		Kegelkerbstifte 192
1472		Paßkerbstifte 192
1473		Zylinderkerbstifte 192
1474		Steckkerbstifte 192
1475		Knebelkerbstifte 192
1476		Halbrundkerbnägel 193
1477		Senkkerbnägel 193
1481		Spannstifte, schwere Ausführung 193
1652		Blanker unlegierter Stahl 184
1700		Nichteisenmetalle; Systematik der Kurzzeichen 116
1732	1, 2	Schweißzusatzstoffe für Aluminium 202
1733		– für Kupfer und Kupferlegierungen 202
1736	1, 2	– für Nickel und Nickellegierungen 202
1769		Rechteckstangen aus Aluminium und Aluminium-Knetlegierungen 120
1910	1 bis 5, 10 bis 12	Schweißen; Begriffe und Verfahren 193
1912	1 bis 6	Schmelzschweißen, Verbindungsschweißen 194
1913	1	Stabelektroden für das Verbindungsschweißen von Stahl 201 f.
2076		Runder Federdraht 204
2088		Zylindrische Schraubendruckfedern aus runden Drähten
2089	1, 2	und Stäben 204, 208
2090		– aus Flachstahl; Berechnung 204
2092		Tellerfedern; Berechnung 208
2093		–; Maße, Werkstoff, Eigenschaften 208
2095		Zylindrische Schraubenfedern aus runden Drähten 203
2096	1, 2	Zylindrische Schraubendruckfedern aus runden Drähten und Stäben 207
2097		Zylindrische Schraubenfedern aus runden Drähten; Gütevorschriften 207
2098	1, 2	–; Baugrößen für kaltgeformte Druckfedern ab 0,5 mm Drahtdurchmesser 204 f.
2099	1, 2	–; Angaben für Druckfedern, Vordruck 204, 208

Fortsetzung s. nächste Seite

DIN	Teil	Titel und Seite
2310	1 bis 6	Thermisches Schneiden 126
2401	1 bis 3	Innen- und außenbeanspruchte Bauteile; Druck- und Temperaturangaben 222
2402		Rohrleitungen; Nennweiten, Begriff, Stufung 222
2429		Grafische Symbole für Rohrleitungen 237
2559	1, 2	Schweißnahtvorbereitung 198
3100		Zeichenbretter 19
3101		Zeichenschienen 20
3102		Zeichendreiecke 20
3140	1 bis 10	Zeichnungsangaben für Optikeinzelteile 315
3852	1 bis 3	Einschraubzapfen, Einschraublöcher für Rohrverschraubungen, Armaturen, Verschlußschrauben 166
3960		Begriffe und Bestimmungsgrößen für Stirnräder (Zylinderräder) und Stirnradpaare (Zylinderradpaare) mit Evolventenverzahnung 214
3964		Achsabstandsmaße und Achslagetoleranzen von Gehäusen für Stirnradgetriebe 210
3965	1 bis 4	Toleranzen für Kegelradverzahnungen 217
3972		Bezugsprofile von Verzahnwerkzeugen für Evolventenverzahnungen nach DIN 867 214
3992		Profilverschiebung bei Stirnrädern mit Außenverzahnung 210
4761		Oberflächencharakter, geometrische Oberflächentextur-Merkmale; Begriffe, Kurzzeichen 16, 125
4762	1	Oberflächenrauheit; Begriffe 124
4768	1	Ermittlung der Rauheitsmeßgrößen 123, 169
4769	1 bis 3	Oberflächen-Vergleichsmuster 124
5412	1	Wälzlager; Zylinderrollenlager, einreihig mit Käfig, Winkelringe 219
5412	4, 9	–; –, zweireihig 219, 221
5418		Einbaumaße für Wälzlager 219
5461		Keilwellen-Verbindungen mit geraden Flanken; Übersicht 188
5462		–; Leichte Reihe 188
5463		–; Mittlere Reihe 188
5464		–; Schwere Reihe 188
5471		Werkzeugmaschinen; Keilwellen- und Keilnabenprofile mit 4 Keilen, Innenzentrierung, Maße 188
5472		–; – mit 6 Keilen, Innenzentrierung, Maße 188
5481	1 bis 5	Kerbzahnnaben- und Kerbzahnwellen-Profile (Kerbverzahnungen) 188
5482	1 bis 3	Zahnnabenprofile und Zahnwellenprofile mit Evolventenflanken 188
6771	1, 2, 5	Schriftfelder für Zeichnungen 31 ff.
6773	2 bis 5	Wärmebehandlung von Eisenwerkstoffen 130, 132
6774	1, 3 bis 5, 10	Technische Zeichnungen; Ausführungsregeln 311 f., 315
6776	1 Bbl 1, 20	–; Beschriftung 28, 232, 311 ff.
6784		Werkstückkanten 101
6785		Butzen an Drehteilen; Zeichnungsangaben 187
6797		Zahnscheiben 179
6798		Fächerscheiben 179
6881		Spannungsverbindungen mit Anzug; Hohlkeile 185
6883		–; Flachkeile 185
6884		–; Nasenflachkeile 185
6885	1 bis 3	Mitnehmerverbindungen ohne Anzug, Paßfedern 187
6886		– mit Anzug; Keile, Nuten 184 ff.
6887		Spannungsverbindungen mit Anzug; Nasenkeile, Nuten 185
6888		Mitnehmerverbindungen ohne Anzug; Scheibenfedern 188
6889		– mit Anzug; Nasenhohlkeile 185
6935		Kaltbiegen von Flacherzeugnissen aus Stahl 81

Fortsetzung s. nächste Seite

Fortsetzung s. nächste Seite

DIN-Normen, Fortsetzung

DIN	Teil	Titel und Seite
40719	1 bis 7, 9 bis 11	Schaltungsunterlagen 244
40722		–; Starkstrom- und Fernmeldenetze 244
50103	1, 2	Prüfung metallischer Werkstoffe; Härteprüfung nach Rockwell 132f.
50133	1, 2	–; Härteprüfung nach Vickers 132f.
50190	1 bis 3	Härtetiefe wärmebehandelter Teile 131
50351		–; Härteprüfung nach Brinell 131, 133
50961		Galvanische Überzüge; Zinküberzüge auf Eisenwerkstoffen 135
50962		–; Cadmiumüberzüge auf Eisenwerkstoffen 135
50976		Korrosionsschutz durch Feuerverzinken, auf Einzelteile aufgebrachte Überzüge 135
55928	1 bis 9	– von Stahlbauten durch Beschichtungen und Überzüge 135
58412		Bezugsprofile für Verzahnwerkzeuge der Feinwerktechnik 214
58700	1, 2	ISO-Passungen; Toleranzfeldauswahl für die Feinwerktechnik 159
59130		Stabstahl; warmgewalzter Rundstahl für Schrauben und Niete 165

15 Verzeichnis von ISO-Normen, ISO-Empfehlungen und ISO-Norm-Entwürfen[1])

Hierin bedeuten: ISO = ISO-Norm, ISO/R = ISO-Empfehlung und ISO/DIS = ISO-Norm-Entwurf.

15.1 Technische Zeichnungen

ISO-Nr.	Titel und Seite	Zusammenhang mit DIN[2])	
ISO/R 128	Technische Zeichnungen; Grundregeln für die Darstellung	6 15 T1 u. 2 201 406 T2 1356 6774 ISO 6410	D D D D D D D
ISO/R 129 ISO/DIS 129	–; Maßeintragung	406 T1 406 T2 406 T3	D D D
ISO/R 406	Eintragung von Toleranzen für Längen- und Winkelmaße in Zeichnungen 169	406 T2	D
ISO 1046	Architektur- und Bauzeichnungen; Benennungen	1356	D
ISO 1047	–; Maßstäbe	1356	D
ISO/R 1101/I	Form- und Lagetoleranzen; Teil 1: Allgemeines, Symbole, Eintragung in Zeichnungen	7184 T1 E ISO 1101 T1	A A
ISO 1101/II	–; Teil 2: Maximum-Material-Prinzip	E 7184 T3	A
ISO 1219	Graphische Symbole für Hydraulik und Pneumatik 239	ISO 1219	
ISO 1302	Technische Zeichnungen; Angabe der Oberflächenbeschaffenheit in Zeichnungen 122ff., 214, 217	ISO 1302 ISO 1302 Bbl 1 ISO 1302 Bbl 2	A
ISO 1302 AD1	–; Angabe der Oberflächenbeschaffenheit in Zeichnungen, Symbole	ISO 1302 ISO 1302 Bbl 1 ISO 1302 Bbl 2	D

Fortsetzung s. nächste Seite

[1]) ISO-Normen sind in englischer und französischer Fassung beziehbar durch Beuth Verlag GmbH, Burggrafenstraße 4 bis 10, 1000 Berlin 30.

[2]) Erläuterung des Zusammenhangs:

A: Die genannten DIN-Normen bzw. Norm-Entwürfe **stimmen** mit der angegebenen internationalen Empfehlung bzw. den internationalen Empfehlungen **sachlich überein** und umfassen deren **ganzen** Inhalt.

B: Die genannten DIN-Normen bzw. Norm-Entwürfe **stimmen** mit der angegebenen internationalen Empfehlung **sachlich überein,** umfassen deren gesamten Inhalt, enthalten **darüber hinaus** aber noch weitere Festlegungen.

C: Die genannten DIN-Normen bzw. Norm-Entwürfe **stimmen** mit der angegebenen internationalen Empfehlung **sachlich überein,** umfassen aber **nicht** deren **ganzen** Inhalt.

D: Die genannten DIN-Normen bzw. Norm-Entwürfe **stimmen** mit der internationalen Empfehlung sachlich **nur teilweise** überein, sie sind gegenüber der internationalen Empfehlung geändert, gekürzt oder erweitert.

ISO-Normen, Fortsetzung

ISO-Nr.	Titel und Seite	Zusammenhang mit DIN[2])	
ISO 1660	Form- und Lagetoleranzen; Teil 3: Eintragung von Maßen und Toleranzen für Profile	7184 T1 Bbl 3	A
ISO 1661	–; Teil 4: Eintragungsbeispiele	7184 T1 Bbl 2	A
ISO 2162	Technische Zeichnungen; Darstellung von Federn 208	ISO 2162	A
ISO 2203	–; Darstellung von Zahnrädern 212	ISO 2203	A
ISO 2594	Bauzeichnungen; Projektionsmethoden	1356	D
ISO 2595	–; Maßeintragungen in Ausführungszeichnungen	1356	D
ISO 2692	Technische Zeichnungen; Geometrische Tolerierung; Maximum-Material-Prinzip	E ISO 2692	A
ISO 3040	–; Eintragung von Maßen und Toleranzen für Kegel 93	ISO 3040	A
ISO 3098/I	–; Beschriftung, Teil 1: Schriftzeichen	6776 T1	B
ISO 3511/I	Graphische Symbole für Messen, Steuern, Regeln; Grundsymbole	19227 T1	D
ISO 3753	Vacuumtechnik; Graphische Symbole	28401	D
ISO 3766	Bauzeichnungen; Symbolische Darstellung von Bewehrungen	V 1356 T10	D
ISO/DIS 3952/I	Schematische Darstellung der Kinematik; Teil 1: Graphische Symbole für die Bewegung von Teilen	E ISO 3952 T1	A
ISO/DIS 3952/II	–; Teil 2: Graphische Symbole für Getriebe	E ISO 3952 T2	A
ISO/DIS 3952/III	–; Teil 3: Graphische Symbole für Kupplungen und Bremsen	E ISO 3952 T3	A
ISO 4066	Bauzeichnungen; Symbolische Darstellung von Bewehrungen, Stabformen	E 1356 T10	D
ISO 4068	–; Bezugslinien	1356	
ISO 4069	–; Kennzeichnung von Flächen	201	D
ISO 4157/I	–; Bezeichnung von Gebäuden und Teilen von Gebäuden	E ISO 4157 T1	A
ISO 4157/II	–; Bezeichnung von Räumen	E ISO 4157 T2	A
ISO/DIS 5261	Zeichnungen für den Metallbau 182, 228, 232	ISO 5261	A
ISO 5455	Technische Zeichnungen; Maßstäbe 39, 311	823 ISO 5455	D A
ISO/DIS 5457	–; Formate und Gestaltung von Zeichnungsvordrucken	823	D
ISO/DIS 5459	–; Bezugssysteme für geometrische Toleranzen	ISO 5459	A
ISO 6410	–; Darstellung von Gewinden 162	ISO 6410	A
ISO 6411	Zentrierbohrungen; Angaben in technischen Zeichnungen	332 T10	A
ISO 6414	Technische Zeichnungen für Glasgeräte	E ISO 6414	A
ISO 6433	Technische Zeichnungen; Positionsnummern	ISO 6433	A
ISO 7083	–; Symbole für Form- und Lagetolerierung; Verhältnisse und Maße	ISO 7083	A

15.2 Weitere Gebiete

DIN ISO	Teil	Titel und Seite
273		Mechanische Verbindungselemente; Durchgangslöcher für Schrauben 173
898	1	Mechanische Eigenschaften von Verbindungselementen; Schrauben 169
2722		Emails; Bestimmung der Beständigkeit gegen Citronensäure bei Raumtemperatur 136
2723		Stahlblech-Emails; Herstellung von Proben 136
2733		Emails; Gerät für die Prüfung mit sauren und neutralen Flüssigkeiten und ihren Dämpfen 136
2744		Emails; Bestimmung der Beständigkeit gegen kochendes Wasser und Wasserdampf 136
4759	T1	Mechanische Verbindungselemente, Toleranzen 165, 168
6410		Technische Zeichnungen 162

Bildquellenverzeichnis

Walter Hebel, Kirchen (Sieg): Bild **2**.12

Kalle AG, Wiesbaden-Biebrich: Bild **13**.19, **13**.22

Franz Kuhlmann KG, Wilhelmshaven: Bild **2**.2

Meteor Apparatebau, Siegen: Bild **13**.17, **13**.21

Rotring-Werke, Hamburg: Bild **2**.3, **2**.7, **2**.13, **2**.22, **2**.23

Siemens AG, München: Bild **2**.24

Alle anderen Bilder und Zeichnungen stammen aus dem Verlags-Bildarchiv.

Sachwortverzeichnis